나만 모르는 통계학 with EXCEL

Only I don't know

남상복 · 이영훈 지음

북스힐

사랑하는 미연 그리고

소중한 경빈과 경화

서 문

통계학은 관심 대상에 대한 관련 자료를 수집하고 그 자료를 요약 정리하여 불확실한 사실에 대한 결론이나 일반적인 규칙성을 추구하는 학문으로 모든 학문 분야에서 통계학이 사용되고 있다. 4차 산업의 핵심인 인공지능(A.I)은 머신러닝이 발전된 딥 러닝을 알고 있으며, 딥 러닝을 이해한다는 것은 알고리즘과 대학 미분적분학, 선형대수학, 그리고 통계학을 알고 있다는 것을 의미하며, 수학적인 내용 중 통계학은 인공지능(A.I). 분야에서 제일 높은 비중을 차지하고 있다.

그러나 통계학은 통계학을 배우기도 전에 통계학에 대한 흥미를 느끼지 못하는 경우가 많고, 대부분의 통계학 교재는 이론적·전문적이어서 통계학을 전공하지 않은 학생들이 공부하는데 어려우며, 인공지능의 토대가 되는 수학적인 내용을 이해한다는 것은 더욱더 어려운 실정이다.

저자에게 "확률과 통계" 교과를 수강한 학생들은 주어진 자료를 가지고 표와 그래프를 그리는 다양한 방법을 알려준 것, 과학적으로 분석하는 방법과 추론하는 방법을 알려준 것, 또한, 대학 수학에서 이해하지 못한 어려운 정적분 문제와 선형대수학에서 배운 연립방정식을 EXCEL로 문제를 해결하는 방법을 알려준 것에 대하여 항상 감사하다고 했습니다.

"**나만 모르는 통계**" 교재는 계산 과정에서의 어려움이 없도록 EXCEL을 이용하여 자세하고 쉬운 풀이 등을 통하여 다른 통계학 교재에서 찾아볼 수 없는 통계의 초심자를 위한 통계학의 입문에 해당하는 내용을 위주로 작성된 교재이다.

이 교재의 주요 내용은 EXCEL을 이용하여 자료를 정리하고 요약하는 방법(표와 그래프, 기초통계 등), 확률을 구하는 방법(이항분포, 정규분포, T-분포 등), 추정하고 검정하는 방법(신뢰구간, ANOVA 검정 등)을 위주로 하였으며, 대학 수학에서 배운 정적분 하는 방법, 선형대수학에서 배운 연립방정식의 해를 구하는 방법 등을 소개하였고, 설문 분석을 하는 방법을 수록하여 취업에도 도움이 될 수 있도록 구성하는 등 통계학과 연관된 EXCEL의 기본적인 기능 외에 다양한 기능들을 익히면서 통계학을 배울 수 있도록 하였다.

통계학을 처음 배우거나, 다시 공부해 보고 싶거나, 정말 통계학을 전혀 모른다고 생각하는 이들을 위하여 통계학의 기초적인 개념과 개념에 연관된 다양한 사회적인 문제들을 예제로 편성하였으며, 연습문제는 배운 내용을 다시 익힐 수 있도록 최소화하여 편성하였다.

이 교재는 실제로 어려워만 했던 통계학을 처음 접하려는 이들에게 조금이라도 도움이 된다면 책을 쓰려고 했던 고생에 위안이 되리라 생각합니다.

끝으로, 이 책을 집필하면서 도움을 주신 분들에게 감사드리며, 특히 이 책의 출판을 허락해주신 (주) 북스힐 조승식 사장님과 (주) 북스힐 가족 여러분께 진심으로 감사드립니다.

2024년 3월

"나만 모르는 통계 with EXCEL" 교재의 특징

"나도 15일이면 통계학에 입문한다."

"나만 모르는 통계 with EXCEL" 교재는 통계학의 입문서에 맞게 통계학의 기초적인 내용을 위주로 집필하였으며, 이 교재의 특징은 다음과 같다.

첫째, 예제 및 기본적인 계산은 EXCEL을 이용한다.

수학의 사칙연산 및 통계학의 평균, 분산, 표준편차 외에 쉽고 어려운 정적분의 계산 등 기본적인 계산을 틀리지 않도록 EXCEL을 이용한다.

본 교재에 있는 예제는 EXCEL의 어떤 경로로 어떻게 계산하는지 자세하게 알려주며, 연습문제는 예제와 연관된 문제로 최소화하였다.

둘째, 데이터를 표와 그래프로 만드는 방법은 EXCEL을 이용한다.

주어진 데이터를 이용하여 도수분포 표 만들기, 차트 표현하기(점그래프, 막대그래프, 원그래프, 히스토그램 등), 상자-수염 차트를 만들고 자료 분석하는 방법, 변수가 많을 때, 피봇 테이블을 이용하여 표를 만들고 분석하는 방법 알아보기 등

셋째, 함수마법사의 기능과 데이터분석은 EXCEL을 이용한다.

통계와 연관된 EXCEL의 함수마법사에 등장하는 대화상자의 내용에 입력하는 방법을 자세하게 설명하여 통계 분석을 유리하게 하며, 데이터분석에 등장하는 분산분석, 기술 통계, 상관관계분석, 신뢰구간 구하기, F-검정, T-검정, Z-검정 등 다양한 기능을 배울 수 있도록 하였다.

넷째, 수학적인 전문적 증명 방법은 가볍게 패스하면 된다.

통계학에서 어렵게만 느껴졌던 이론적인 내용을 수학적인 증명기법을 이용하여 자세하게 증명하여 통계학을 응용할 수 있게 하였으며, 증명 방법이 너무 어려우면 가볍게 패스하면 된다.

"나만 모르는 통계" 교재의 구성

"**나만 모르는 통계**" 교재는 통계 처리를 위한 계산은 EXCEL을 이용하였으며, 1개 학기(주당 3시간) 수업이 가능하도록 통계학에서 꼭 필요한 내용으로 구성하였다.

본 교재는 크게 기술통계학(1장에서 3장), 확률(4장에서 6장), 추측통계학(7장에서 10장)의 크게 3개 영역으로 구성되었다.

기술통계학

제1장 : 통계학의 개요 및 자료의 정리

제2장 : 자료의 요약(도수분포 표 만들기, 그래프로 나타내기 등)

제3장 : 기초통계학(이산형 및 연속형 자료 : 평균, 분산, 표준편차 등)

확률

제4장 : 확률 및 확률변수(분포)

제5장 : 이산확률분포(이항, 포아송, 초기하) 계산하기

제6장 : 연속 확률 분포(균등, 정규, 표준 정규, T-분포 등) 계산하기

추측통계학

제7장 : 표본분포(1 변수 및 2 변수) 계산하기

제8장 : 추정(신뢰구간 구하기)

제9장 : 검정(1 변수 및 2 표본) 계산하기

제10장 : ANOVA 검정(3 표본 이상) 계산하기

1개 학기(주당 3시간) 수업이 가능한 주당 강의 내용은 다음과 같다.

주차	강의 내용	교재
1	통계학의 개요 및 강의 방법 및 평가 안내	제1장
2	이산형 자료(도표 및 차트 만들기) 시각화	제2장
3	연속형 자료(도수분포표 및 차트 만들기) 시각화	제2장
4	이산형 자료(기초통계 구하기)	제3장
5	연속형 자료(기초통계 구하기)	제3장
6	확률 및 확률변수 알아보기	제4장
7	확률 분포 계산(1 변수 및 2 변수)	제4장
8	중간고사	
9	이산확률분포(이항, 포아송, 초기하) 계산하기	제5장
10	연속 확률 분포(균등, 정규, 표준 정규) 계산하기	제6장
11	연속 확률 분포(T-분포, F 분포 등 기타) 계산하기	제6장
12	표본분포(1 변수 및 2 변수) 계산하기	제7장
13	추정 및 검정(1 변수) 계산하기	제8장과 제9장
14	검정(2 변수 및 ANOVA) 계산하기	제9장과 제10장
15	기말고사	
부록 1	연립방정식을 EXCEL로 해결하는 방법	
부록 2	칸트 차트로 표현하는 방법	
부록 3	정적분의 계산을 EXCEL로 해결하는 방법	

“나만 모르는 통계 with EXCEL” 교재 미리보기

사회적인 이슈를 활용한 예제 및 연습문제 구성 및 다양한 풀이 제공

표를 만드는 방법 다양화

60명의 대학생이 일주일 동안 인터넷을 사용한 시간을 조사하여 다음의 결과를 얻었다고 한다. 이 자료에 대한 도수분포 표를 3가지 방법으로 구하시오.

28	12	47
16	22	37
13	24	33
8	5	42
44	56	31
38	35	26
29	14	41
12	27	30
13	24	33
18	25	12
45	5	36
27	35	46
7	35	26
18	27	21
26	44	29
11	39	57
26	23	44
45	52	37
17	32	31
12	27	12

FREQUENCY 함수 이용 도수분포표 구하는 방법

계급 구간		도수
4.5	12.5	10
12.5	20.5	7
20.5	28.5	15
28.5	36.5	12
36.5	44.5	9
44.5	52.5	5
52.5	60.5	2
합계		60

히스토그램 이용하여 도수분포표 구하는 방법

계급 구간		도수
5	17	15
17	29	19
29	41	15
41	53	9
53	65	2
합계		60

피벗 테이블로 도수분포표 구하는 방법

행 레이블	개수 : 시간
4.5-12.5	10
12.5-20.5	7
20.5-28.5	15
28.5-36.5	12
36.5-44.5	9
44.5-52.5	5
52.5-60.5	2
총합계	**60**

자료 분석에 대한 자세한 설명

주어진 통계 데이터를 도수분포 표를 만들고, 다양한 그래프로 표현하는 방법 및 주어진 자료들을 통계학적으로 분석하는 방법을 자세하게 소개한다.

예를 들면, 어느 대학에서 A 학과 중간고사(20점 만점)를 마친 후 35명 학생의 성적을 도수분포 표로 나타냈으며, 이 표를 이용하여 통계적인 수치인 평균과 분산, 표준편차를 구하고, EXCEL을 이용하여 막대그래프 또는 선 그래프로 나타낸 것을 말한다.

<표 1-1, A 학과 중간고사 성적분포 >

성적분포	인원	비율
15 이상 ~ 20 미만	8명	22.9%
10 이상 ~ 15 미만	15명	42.9%
5 이상 ~ 10 미만	10명	28.6%
5 미만	2명	5.7%
계	35명	100%

A 학과 중간고사 성적분포는 20점 만점에 평균 11.6, 분산 3.88(표준편차 1.97)의 분포를 이루고 있으며, 10점 이상 15점 미만이 42.9%로 가장 높게 나타났으며, 5점 이상 10점 미만 28.6%, 15점 이상 20점 미만 22.9%, 5점 미만 5.7% 순으로 나타났다.

<그림 1-2, 막대그래프>

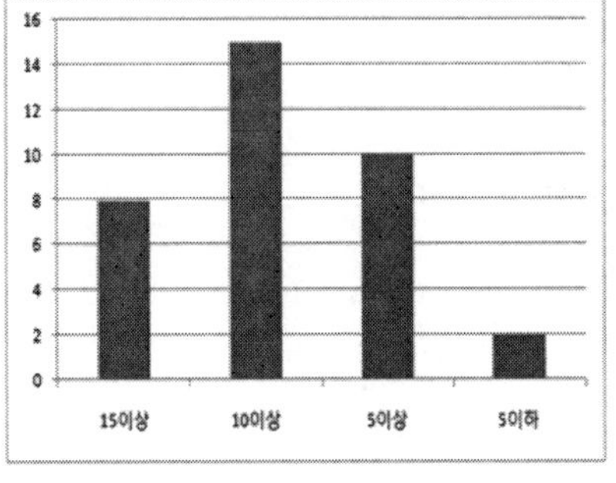

<그림 1-3, 선 그래프>

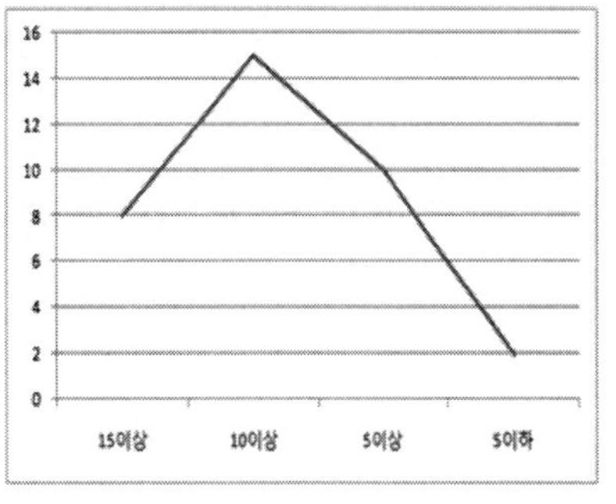

예제 문제에 대한 EXCEL 함수마법사 기능의 다양화를 통한 해결

확률변수 $X \sim N(60, 16)$을 따를 때, 다음 확률을 구하시오.

$$P(55 \le X \le 63)$$

첫째, 정규분포 EXCEL : 함수마법사/통계/NORM. DIST

$X \sim N(60, 16)$이므로 평균 $\mu = 60$, 표준편차 $\sigma = 4$ 이다.

(1) $P(55 \le X \le 63) = P(X \le 63) - P(X \le 55) = 0.7734 - 0.1056 = 0.6677$

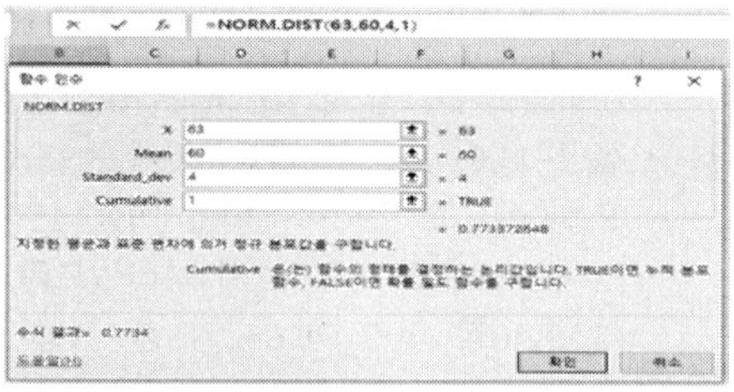

대화상자	의미와 입력 값
X	구하고자 하는 값 63
Mean	평균 60
Standard_dev	표준편차 4
Cumulative	누적 분포 1

0.7734

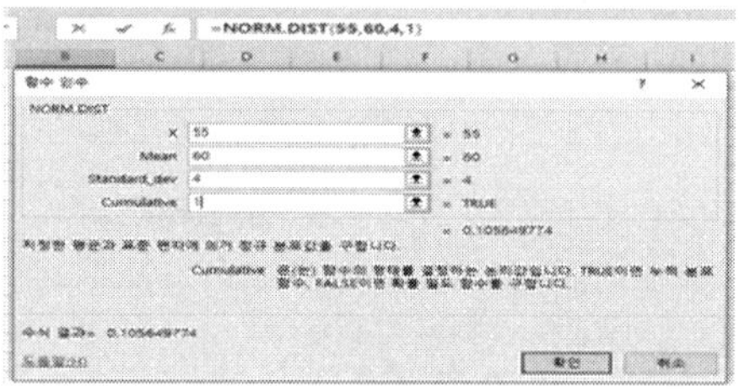

대화상자	의미와 입력 값
X	구하고자 하는 값 55
Mean	평균 60
Standard_dev	표준편차 4
Cumulative	누적 분포 1

0.1056

둘째, 표준정규분포 EXCEL : 함수마법사/통계/NORM. S. DIST

$X \sim N(60, 16)$이므로 표준화하면 $Z = \dfrac{X-60}{4} \sim N(0, 1^2)$이다.

(1) $P(55 \le X \le 63) = P\left(\dfrac{55-60}{4} \le \dfrac{X-60}{4} \le \dfrac{63-60}{4}\right) = P\left(-\dfrac{5}{4} \le Z \le \dfrac{3}{4}\right)$

$= P(-1.25 \le Z \le 0.75) = P(Z \le 0.75) - P(Z \le -1.25)$

$= 0.7734 - 0.1056 = 0.6677$

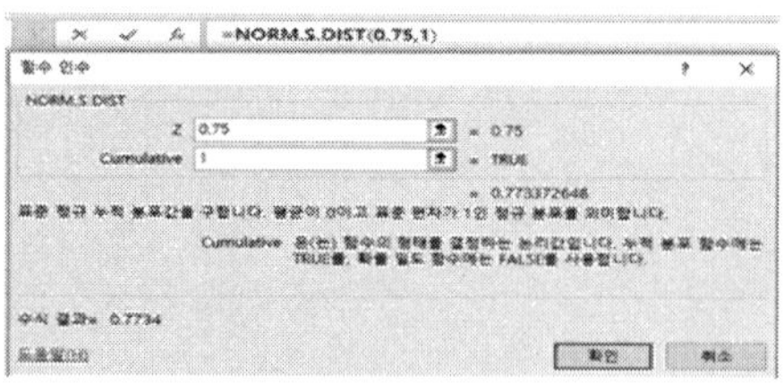

대화상자	의미와 입력 값
Z	구하고자 하는 값 0.75
Cumulative	누적 분포 1

0.7734

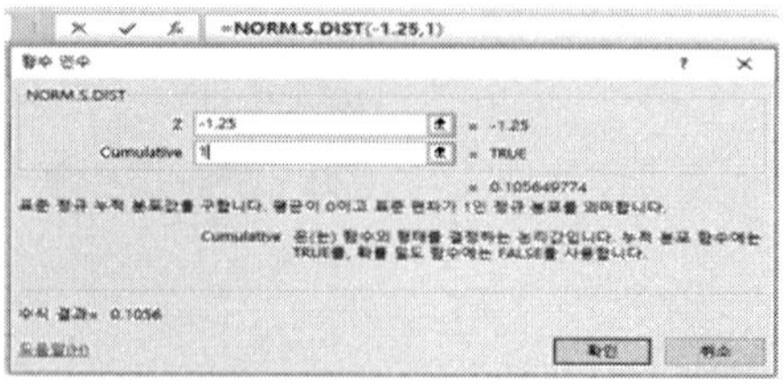

대화상자	의미와 입력 값
Z	구하고자 하는 값 -1.25
Cumulative	누적 분포 1

0.1056

연립방정식을 EXCEL로 해결하는 방법

[예제 3] 다음 3원 1차 연립방정식의 해를 구하시오.

2x+3y-z=5
x-y+z=2
3x+2y-3z=-2

역행렬이용

A^(-1)*B를 쓰고, 크기가 같게 설정 후 함수마법사/수학/MMULT 함수/확인

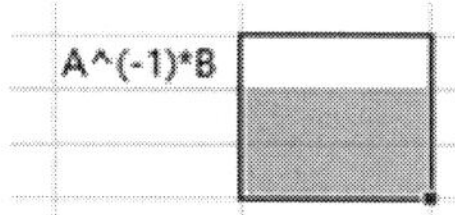

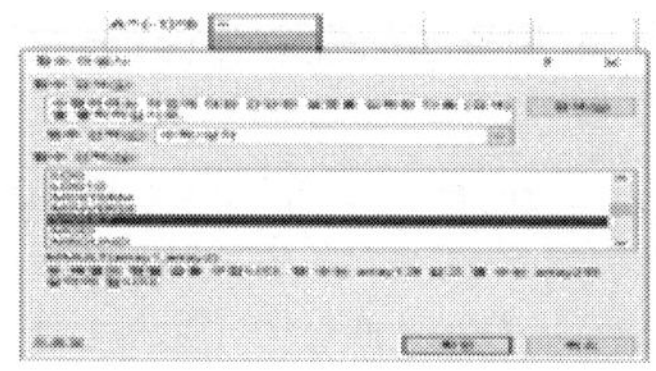

대화상자 Array 1 : 역행렬 A^(-1) /Array 2 : 행렬 B/확인

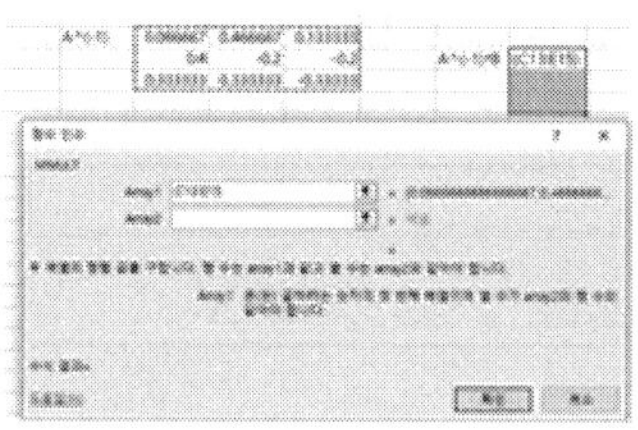

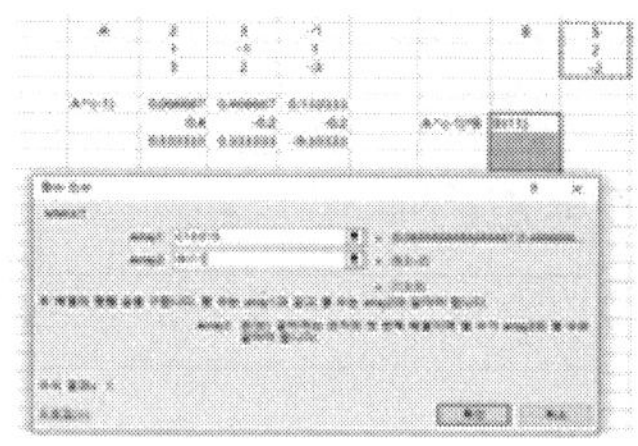

CRAMER RULE 이용

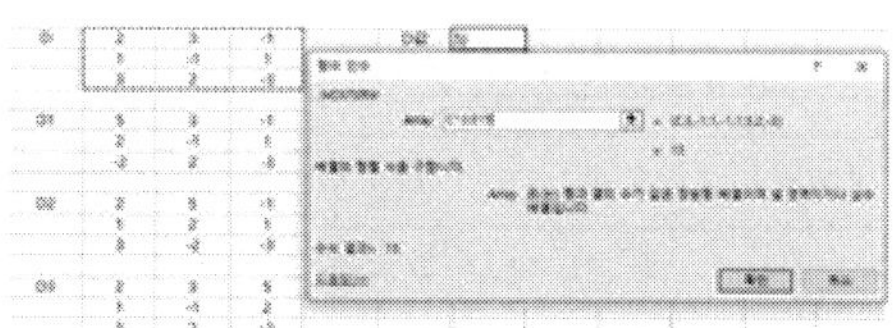

D값	15

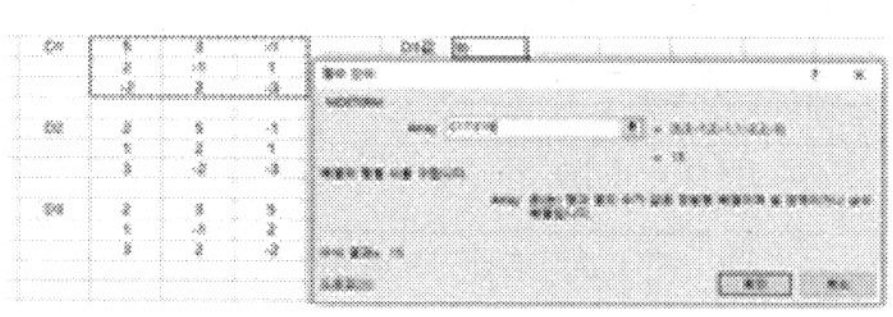

D1값	15

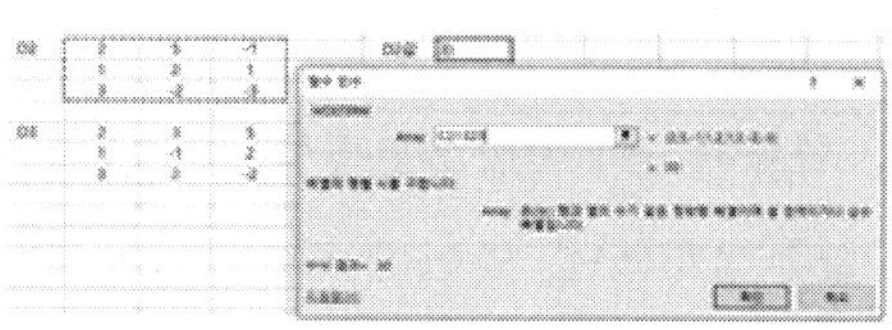

D2값	30

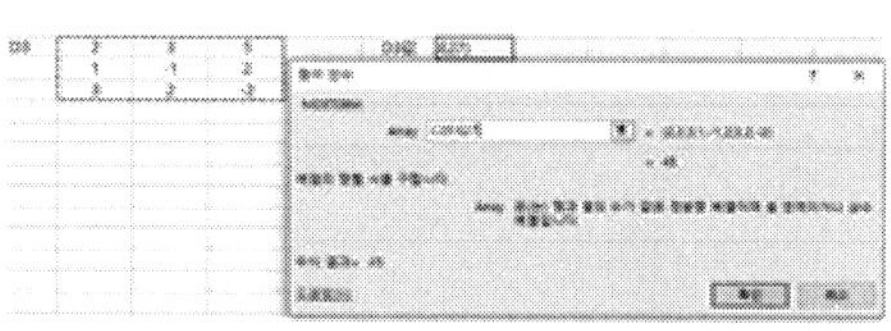

D3값	45

그러므로 $x=\frac{D_1}{D}=\frac{15}{15}=1$, $y=\frac{D_2}{D}=\frac{20}{15}=2$, $z=\frac{D_3}{D}=\frac{45}{15}=3$ 이다.

핵심 용어 및 주요 정리의 증명 : 어려우면 PASS

확률변수 X가 횟수가 n, 확률이 p인 이항분포를 따를 때, 다음 물음에 답하시오.

(1) 확률변수 X의 적률 생성 함수 $M_X(t)$를 구하시오.

(2) 확률변수 X의 평균 $E(X)$과 분산 $V(X)$를 구하시오,

(1) 이항분포의 확률밀도함수 $f(x) = {}_nC_k p^k q^{n-k}$이며, $(a+b)^n = \sum_{k=0}^{n} {}_nC_k a^k b^{n-k}$일 때,

$$M_X(t) = E(e^{tx}) = \sum_{x=0}^{n} e^{tx}\, {}_nC_x p^x q^{n-x} = \sum_{x=0}^{n} {}_nC_x e^{tx} p^x q^{n-x} = \sum_{x=0}^{n} {}_nC_x (e^t p)^x q^{n-x}$$

$$= (e^t p + q)^n \quad \text{단, } p+q=1$$

(2) 확률변수 X의 평균 $E(X)$과 분산 $V(X)$은 다음과 같다.

$$M_X'(t) = n(e^t p + q)^{n-1} e^t p$$

$$\therefore\ M_X'(0) = n(e^0 p + q)^{n-1} e^0 p = n(p+q)^{n-1} p = np = E(X)$$

$$\begin{aligned}
M_X''(t) &= n[(e^t p + q)^{n-1} e^t p]' \\
&= n[[(e^t p + q)^{n-1}]' e^t p + (e^t p + q)^{n-1} (e^t p)'] \\
&= n[(n-1)(e^t p + q)^{n-2} (e^t p)^2 + (e^t p + q)^{n-1} (e^t p)] \\
M_X''(0) &= n[(n-1)(e^0 p + q)^{n-2} (e^0 p)^2 + (e^0 p + q)^{n-1} (e^0 p)] \\
&= n[(n-1)(p+q)^{n-2} p^2 + (p+q)^{n-1} p] \\
&= n(n-1)p^2 + np = E(X^2) \\
V(X) &= E(X^2) - [E(X)]^2 = n(n-1)p^2 + np - (np)^2 \\
&= n^2p^2 - np^2 + np - n^2p^2 = np - np^2 = np(1-p) = npq
\end{aligned}$$

왜? 확률변수 X가 횟수가 n, 확률이 p인 이항분포를 따를 때, 평균이 np이고, 분산이 npq인지 모른다면, 적률 생성 함수 $M_X(t)$를 알아야 하며, 위와 같이 계산된다는 것을 모르고 외우라고 했기 때문이다.

차 례

제4장 확률(Probability)과 확률 분포

제5장 이산확률분포

제6장 연속확률분포(continuous probability distribution)

제7장 표본분포(Sampling Distribution)

제8장 추정(estimation)

제9장 가설 검정(hypothesis testing)

제10장 ANOVA 검정

제1장

통계학의 개요

우리나라가 2024년 파리올림픽에서 몇 개의 금메달을 딸 수 있는가? 2026년 3개국(미국, 캐나다, 멕시코)에서 개최되는 월드컵에서 4강 신화를 재현할 수 있는가? 아니면 2024년 프로 야구 우승팀은 누가 될 것인가? 2024년 2학기에는 어느 정도 학점을 받을 수 있는지 등 우리는 불확실한 세계에서 살고 있다고 해도 과언이 아니다. 이러한 불확실한 상황에서 생활한다고 하여 그대로 방치할 수는 없다고 판단된다. 북한 문제에 대하여 불확실하다고 판단하여 정부에서 아무런 대책도 없이 방관만 한다면 우리나라의 장래는 어떻게 되겠는가? 2026년 월드컵 본선에 대비하여 아무런 준비를 하지 않으면서 예선을 통과하여 4강에 진출할지 모른다고 수수방관만 하고 있다고 문제가 해결되는 것은 아니라고 생각된다.

이러한 문제가 개인에 관한 것이든 기업이건 정부이건 보다 현명한 의사를 결정하기 위해서는 주어진 불확실한 상황을 정확하게 분석하여, 불확실성을 최소화하려는 노력이 필요하다고 판단된다. 이러한 노력을 체계적으로 정리한 것이 통계학이다.

1-1. 통계학이란?

통계학은 지금껏 여러 분야의 데이터들에 대한 정보들을 모아놓은 숫자 또는 그래프로서 다른 학문 분야의 연구 결과를 뒷받침하는 보조적인 학문으로 인식해 왔다. 그러나 통계학은 사회과학뿐만 아니라 자연과학과 이에 관련된 여러 분야와도 밀접한 관계를 맺고 있다.

프로 야구 시합의 승부를 예측하기 위하여 팀들의 과거 승률을 조사하여 어느 팀이 더 유리하다고 예측할 것이며, 여러분들이 어느 대학 어떤 학과를 진학하고자 할 때 그 학과의 합격 가능성을 예측하기 위하여 대학수학능력시험 성적의 분포, 내신 성적 반영 비율, 학과의 합격선 등을 고려하여 지원 여부를 결정하는 것 등은 미래의 불확실성을 줄이기 위해 통계학의 개념을 이용한 경우이다. 그러나 이러한 의사결정의 불확실성을 감소시키려는 행위가 통계학이 아니라 자료를 수집하여 수량화하고 자료를 분석하는 일, 자료를 분석하고 해석하기 위한 학문적 체계가 확립되어야만 할 것이다.

그러므로 통계학이란 불확실한 상황에서 현명한 의사결정을 하기 위하여 임의로 취한 표본을 통해 얻은 자료를 분석하여 얻은 정보에 근거하여 사회현상을 관찰하고 처리하는 방법을 연구하는 학문이라고 말할 수 있다.

1-2. 통계학의 기본 용어

통계학의 기본 용어로 모집단(statistical population)이란 어떤 집단을 통계적으로 조사할 때, 관찰의 대상이 되는 집단 전체를 조사하는 것은 어렵기 때문에 전체에서 일부를 추출하여 그것을 조사함으로써 전체의 성질을 추정하는 방법을 취한다. 이런 경우 원래의 집단 전체를 모집단이라 하고, 추출된 일부를 표본이라고 한다.

또한, 모수(parameter)는 모집단으로부터 얻어진 평균, 분산, 표준편차 등의 수치로서

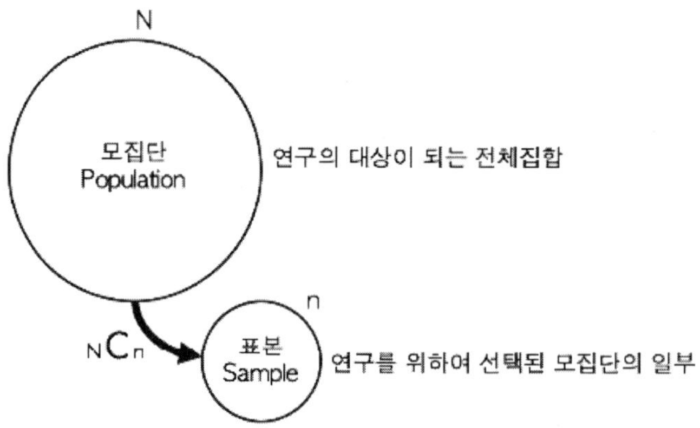

그림 1-1 모집단과 표본 〈출처, https://m.blog.naver.com〉

모집단의 특성을 수치로 나타낸 것을 말하며, 통계량(statistic)은 표본으로부터 얻어진 평균, 분산, 표준편차 등의 수치로서 표본의 특성을 나타낸다.

전수조사란 조사의 대상이 되는 자료 전체를 빠짐없이 조사하는 것(즉 모집단 전체를 조사)을 말하며, 표본조사란 조사의 대상이 되는 자료 전체에서 일부를 택하여 조사함으로써 전체를 추측하는 조사를 말한다.

일 예로, 2017년 대통령 선거에서 신문과 방송을 통해 많이 접하게 되는 내용으로 " A 후보의 지지도가 27%이다. 이 조사는 전국에 거주하는 유권자 중 1,000명을 대상으로 조사하였고, 95%의 신뢰수준에 표준편차는 ± 3.5%이다" 라는 내용이다. 이외에도 우리나라 인구의 평균 몸무게를 조사한다든지, 통계학을 수강했던 학생들의 통계 과목에 대한 시험점수 분포를 조사한다든지, 등 우리가 연구하고자 또는 조사하고자 하는 모집단의 수가 많거나 적을 수 있지만 시간적·경제적으로 모집단 전체를 파악한다는 것은 많은 모집단에서는 어려운 상황이기에 표본을 선택하고 분석하여 모집단의 특성을 파악하려고 하는 것이 현대통계학의 주류이다.

1-3. 통계 분석 절차

1-3-1. 자료의 효과적인 수집

연구의 주제가 정해지고 연구 대상이 결정되면 연구의 다음 단계는 자료를 수집하고 정리하는 것이다. 모든 연구 과정을 뒷받침하는 가장 기본적인 요소로서 연구에 필요한 자료는 가장 객관적인 자료를 수집하여야 한다. 만약 자료 수집 과정에서 주관성이 개입되어 객관성을 상실한다면 연구 결과에 대한 신뢰를 얻을 수 없기 때문이다.

통계조사에서 사용되는 효과적인 자료수집방법은 크게 우편조사, 전화조사, 직접 면접조사로 구분되며, 자료수집방법에 따라 신중히 검토하여 적합한 자료 수집 방법을 결정해야 한다.

통계가 요건이나 신뢰성 등을 제대로 확보하지 못해 경제 및 정책 운용의 걸림돌이 된다는 지적은 어제오늘의 일이 아니다. 정확하지 못한 데이터를 근거로 통계자료가 분석되거나 자의적 해석, 분류 누락, 중복 통계로 인해 국가 정책이 잘못 수립되거나, 예산 낭비 등의 심각한 문제를 초래한다는 지적이 꾸준히 제기돼 온 것이 사실이다.

우선 가장 대표적인 것이 실업률 통계다. 우리나라는 비경제활동 및 비정규직 비율이 높은데도 이를 제대로 실업률에 반영하지 못해 체감실업률과의 격차가 꾸준히 벌어져 왔다.

국회 예산정책처에 따르면 우리의 체감실업률은 지난해 7.5%였지만 정부가 발표한 공식 실업률은 3.25% 수준으로 체감실업률이 2배 이상 높은 셈이다. 체감실업률과 공식 실업률 격차는 2000~2008년 2.7~3.5%포인트 사이를 오가다 2008년 국제금융위기 뒤에는 2009년 4%포인트, 2010년 4.3%포인트, 2011년 4.7%포인트 등으로 점차 벌어졌다. 2009년부터 지난해까지 두 실업률 간 격차는 2.16배, 2.38배, 2.34배 등 2배 이상을 기록하고 있다.

이같이 두 통계가 차이가 나는 것은 주당 근로시간 36시간 이하 불완전취업자 중 추가 취업희망자와 1년 이상 구직활동을 포기한 구직단념자, 취업준비자 등 정부 통계에 보조지표를 공표하면서도 실업률에는 반영하지 않았기 때문이다.

반면 미국은 전체 경제활동인구와 한계근로자 가운데 공식 실업자, 한계근로자, 일거리가 없어 파트타임으로 일하는 사람 등의 비율인 'U-6'를 실업률 보조지표로 적용하고 있다. 캐나다 역시 공식 실업자, 취업 대기자, 불완전취업자 등을 집계한 보조지표가 있다.

정부 발표와 실제 체감률에서 차이가 나면 올바른 실업 정책을 펴기 어렵다. 정확한 통계가 아니기 때문에 정부에서 실업률 해소를 천명해도 실질적으로 해소하기 힘들다는 이야기다.

그러므로 자료의 수집은 통계를 분석하는 첫 단계인 만큼 자료를 수집하는 과정에서 대표성이 없는 자료를 수집하여 자료를 분석한다고 하더라도 부실 통계의 우려가 있으므로 가장 효과적이고 대표성이 있는 객관적인 자료를 수집하여야 한다.

1-3-2. 자료를 요약된 형태로 표현

자료를 요약된 형태로 표현한다는 것은 자료를 요약하여 도표 또는 그래프로 나타내는 방법을 말한다. 통계자료를 요약하는 방법으로는 자료의 중심을 나타내는 평균, 중앙값, 최빈값 등이 있으며, 자료의 산포 정도를 나타내는 분산, 범위 등이 있으며, 이러한 자료들을 도표 또는 그래프로 나타내는 방법으로 기둥, 원, 막대, 줄기나 잎, 상자 그림 등이 있다.

예를 들면, 어느 대학에서 A 학과 중간고사(20점 만점)를 마친 후 35명 학생의 성적을 도수분포표로 나타냈으며, 이 표를 이용하여 통계적인 수치인 평균과 분산, 표준편차를 구하고, EXCEL을 이용하여 막대그래프 또는 선 그래프로 나타낸 것을 말한다.

표 1-1 A 학과 중간고사 성적분포

성적분포	인원	비율
15 이상~20 미만	8명	22.9%
10 이상~15 미만	15명	42.9%
5 이상~10 미만	10명	28.6%
5 미만	2명	5.7%
계	35명	100%

A 학과 중간고사 성적분포는 20점 만점에 평균 11.6, 분산 3.88(표준편차 1.97)의 분포를 이루고 있으며, 10점 이상 15점 미만이 42.9%로 가장 높게 나타났으며, 5점 이상 10점 미만 28.6%, 15점 이상 20점 미만 22.9%, 5점 미만 5.7% 순으로 나타났다.

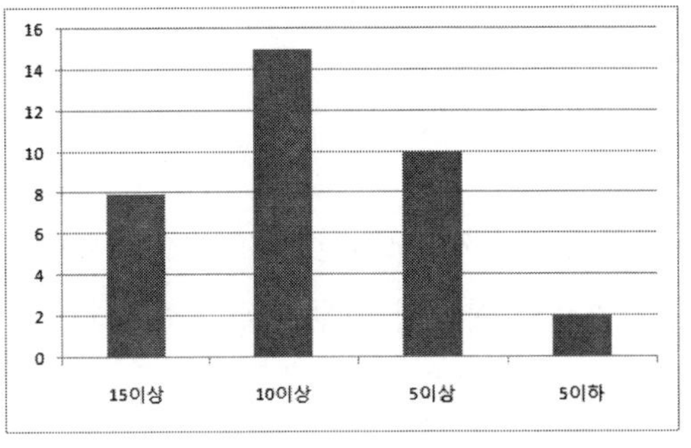

그림 1-2 막대그래프

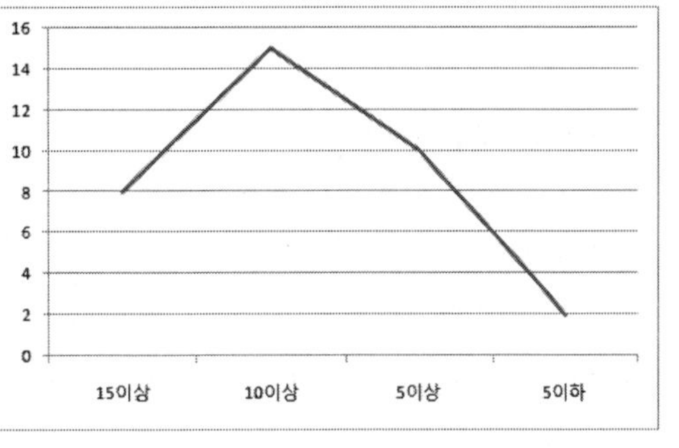

그림 1-3 선 그래프

1-3-3. 모수의 추정

모수(parameter)는 모집단으로부터 얻어진 평균, 분산, 표준편차 등의 수치로서 모집단의 특성을 수치로 나타낸 것을 말하며, 모집단에서 임의 추출한 표본의 평균과 분산을 통하여 모수를 추정할 수 있다.

예를 들면, 표본의 평균으로 모집단의 평균을 예측할 수 있으며, 표본의 크기가 클수록 둘의 차이는 작아지기에 표본평균과 모평균의 편차에 대한 기댓값은 0이다. 표본의 크기와 관계없이 표본평균에 대한 이론적 기댓값은 모집단의 평균이 되기 때문이다. 또한, 표본의 분산으로 모집단의 분산을 예측할 수 있다.

따라서 어느 모집단으로부터 구한 표본에서 얻어진 결과를 기초로 그 모집단에 관해 추측하는 과정을 통계적 추측(statistical inference)이라고 하며, 모수를 추정하는 방법은 대응하는 모집단의 단일 수치를 이용하는 점 추정(point estimate)과 모집단의 구간을 나타내는 구간추정(interval estimate)으로 나누어진다.

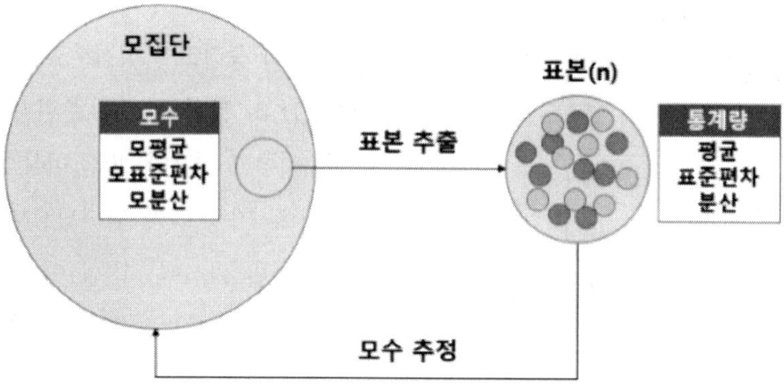

그림 1-4 모수의 추정 〈출처 : https://www.ssacstat.com〉

1-3-4. 가설 검정

가설 검정(testing hypothesis)은 통계적 추측의 하나로써, 모집단 실제의 값이 얼마가 된다는 주장과 관련해, 표본의 정보를 사용해서 가설의 합당성 여부를 판정하는 과정을 의미하는 것으로 다음과 같은 총 6단계 절차를 거치게 된다.

제1단계 : 유의수준의 결정
제2단계 : 귀무가설과 대립가설의 설정
제3단계 : 검정통계량의 설정
제4단계 : 기각역의 설정
제5단계 : 검정통계량 계산
제6단계 : 통계적인 의사결정

예를 들어, 연구가설 내용을 통계적 가설로 바꾸어 줌으로써 가설 검정이 시작된다.
통계적 가설은 귀무가설(H_0)과 대립가설(H_1)로 나누어진다.
가령, 미국 성인 여성의 평균 신장이 180cm라는 하나의 가설을 검정할 계획이라면, 귀무가설은 다음과 같이 표기한다.

$$H_0 \; : \; \mu = 180$$

이때, 귀무가설과 반대되는 대립가설은 다음과 같은 형태가 있다.

제1형(H_1) : $\mu \neq 180$

제2형(H_1) : $\mu > 180$

제3형(H_1) : $\mu < 180$

여기서 제1형은 양측검정(two-sided test), 제2형과 제3형은 단측검정(one-sided test)이라고 하며, 단측검정을 세분화하면 제2형은 우측 검정이라고 하며, 제3형은 좌측 검정이라고 부른다.

1-3-5. 모형을 설정하고 분석

수집된 자료가 특정한 모형에서 추출되었다고 가정하고, 해당 모형을 추정하는 단계로서 분석하는 방법에는 회귀분석, 실험계획법, 범주형 자료 분석 등이 있다.

회귀분석(regression analysis)은 통계학에서 관찰된 연속형 변수들에 대해 독립변수와 종속변수 사이의 인과관계에 따른 수학적 모델인 선형적 관계식을 구하여 어떤 독립 변수가 주어졌을 때 이에 따른 종속변수를 예측한다. 또한 이 수학적 모델이 얼마나 잘 설명하고 있는지를 판별하기 위한 적합도를 측정하는 분석 방법이며, 실험계획법(experiments design)은 기업이 근대적 통계해석법을 기반으로, 이상 변동을 가져오는 많은 원인 중에서 중요한 원인을 적은 비용으로 선정, 그 효과를 수량적으로 측정하는 방법을 말하며, 범주형 자료(categorical data) 분석은 관측값을 어떤 속성에 따라 분류하여, 속성별 도수를 나타낸 자료를 각 모집단이 두 가지 이상의 서로 다른 속성을 갖는 개체로 나뉘는 경우 여러 모집단을 비교하는 방법을 말한다.

또한, 자료를 분석하기 위한 통계 패키지로 EXCEL, MINITAB, SAS, BMDP, SPSS 등이 있으며 최근에는 SPSS를 가정 선호하는 것으로 나타났다.

SPSS(Statistical Package for the Social Sciences)는 1969년 미국 시카고대학에서 데이터관리 및 통계 분석을 목적으로 개발된 소프트웨어로 사회과학 분야에서 얻은 각종 자료를 컴퓨터를 이용하여 쉽고 편리하게 분석하는 통계 전문프로그램으로 데이터 입력과 관리, 집계, 통계 분석 등의 작업을 수행할 수 있으며, 분석 결과를 일목요연하게 표와 그래프로 나타낼 수 있기에 교차분석, 상관분석, 회귀분석, 분산분석, 판별분석, 요인분석 등 다변량 분석도 가능한 프로그램으로 직접 명령어를 입력하는 SAS 보다 전 세계적으로 널리 사용되고 있는 프로그램이다.

그러나 이 교재에서는 학생들이 쉽게 접할 수 있고, 취업 후 직장에서도 많이 사용하고 있으며, 최근 version이 향상된 EXCEL 2016을 이용한 통계 분석 방법을 소개하고자 한다.

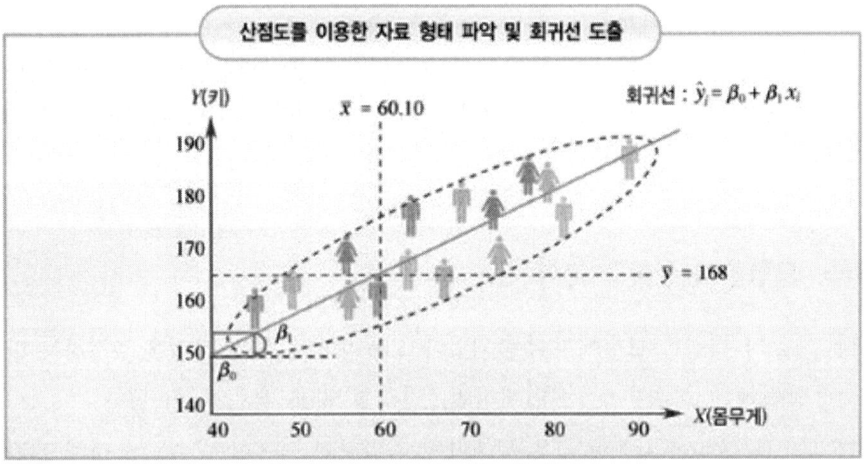

〈출처 : 이영훈의 연구 방법론 p. 408〉

1-3-6. EXCEL 실습에 필요한 주요 함수 요약

1) 함수마법사/통계, 수학/삼각

함수/통계/수학	의미와 계산
AVERAGE	자료들의 평균을 구합니다.
BINOM. DIST	개별 이항분포 확률을 구합니다.
CHISQ. DIST	카이제곱분포의 좌측 확률을 구합니다.
CHISQ. DIST. RT	카이제곱분포의 우측 확률을 구합니다.
CHISQ. TEST	교차분석 독립검정 결과를 구합니다.
CORREL	두 데이터 집단 사이의 상관계수를 구합니다.
COUNT	범위에서 숫자가 포함된 셀의 개수를 구합니다.
FREQUENCY	도수분포 표를 구합니다.
KURT	데이터 집합의 첨도를 구합니다.
MAX	최댓값을 구합니다.
MEDIAN	주어진 수들의 중앙값을 구합니다.

MIN	최솟값을 구합니다.
MODE. MULT	데이터 집합에서 최빈값을 구합니다.
NORM. DIST	평균과 표준편차에 의한 정규분포의 확률을 구합니다.
PERMUT	순열의 수를 구합니다.
POISSON. DIST	포아송 분포의 확률을 구합니다.
SKEW	분포의 왜도를 구합니다.
STDEV. P	모집단의 표준편차를 구합니다.
VAR. P	모집단의 분산을 구합니다.
LN	자연로그 값을 구합니다
LOG	지정한 밑수에 대한 로그 값을 구합니다.
SQRT	양의 제곱근을 구합니다.

2) 데이터분석

데이터분석	의미와 계산
분산분석 : 일원배치법	1개의 독립변수와 1개의 종속변수가 있을 때는 일원 분산분석
분산분석 : 이원배치법	2개의 독립변수와 1개의 종속변수가 있을 때는 이원 분산분석
상관분석	다변수 간의 상관관계분석.
기술 통계법	평균, 표준오차 등 기초통계 및 신뢰구간 분석
F-검정	F-분포를 이용하여 두 집단 간의 분산과 집단 내의 분산 비교
T-검정	두 집단 간 평균을 비교하는 통계 분석 기법(분산 : unknown)
Z-검정	두 집단 간 평균을 비교하는 통계 분석 기법(분산 : known)

1-4. 자료의 수집과 정리

연구의 주제가 정해지고 연구 대상이 결정되면 다음 단계의 연구는 자료를 수집하고 정리하는 것이다. 연구에 필요한 자료 수집은 모든 연구 과정을 뒷받침하는 가장 기본적인 요소로서 만약 자료 수집 과정에서 주관성이 개입되어 객관성을 상실한다면 연구 결과에 대한 신뢰를 할 수 없기에 가장 객관적인 자료를 수집하여야 한다.

표 1-1 자료 수집 방법 : 연구자가 필요로 하는 연구 방법 및 성격에 따라 구분

자료	내용
1차	연구자가 현재 수행 중인 연구와 관련하여 직접 수집한 자료
2차	정부 자료 또는 조사 기관의 간행물 등 통계 처리된 자료

1-4-1. 자료 조사 방법

조사목적을 달성하기 위한 연구 대상 전체인 모집단(population)으로부터 모집단을 대표하도록 선택된 일부를 표본(sample)이라고 하며, 이러한 표본을 모집단으로부터 선택하는 과정을 표집(sampling) 또는 표본추출이라고 한다. 자료 조사 방법은 크게 전수조사와 표본조사로 분류된다.

1) 전수조사(complete survey)

전수조사란 연구 대상이 되는 모집단을 하나하나 전부 조사하는 자료 조사 방법으로 전체조사 또는 완전계수법 등으로도 불리며, 전수조사의 대표적인 것으로는 국민 전체를 모집단으로 하여 전 국민을 조사하는 인구주택 총조사, 국세조사 등이 있으며, 학교에서 전 재학생을 대상으로 실시하는 신체검사 등이 있다.

전수조사의 대표적인 예로 통계청에서 실시하는 인구주택 총조사를 들 수 있는데 인구주택 총조사는 1985년부터 시작되었으며, 5년마다 한 번씩 실시되며, 면접 조사 기간은 9개월에 불과하지만 사전 준비에 2년, 결과의 집계분석에 2년이 소요되는 국내 최대 규모의 통계조사이다.

2) 표본조사(sampling survey)

표본조사란 연구 대상이 되는 모 집단의 일부를 표본으로 추출하여 조사한 결과로서 전체의 성질을 추측하는 자료 조사 방법으로 학교폭력 실태조사, 선거 예측이나 쌀 수확량의 예측 등에서 표본조사가 널리 사용된다.

교육부는 17개 시도 교육감이 공동으로 전국 초·중·고등학교(초 4~고 2) 학생을 대상으로 학교폭력 관련 경험·인식 등을 조사한 「2020년 학교폭력 실태 조사」 결과를 발표했습니다.

표 1-2 참고 : 인구주택 총조사

인구주택총조사는 무엇인가요?

인구주택총조사란 우리나라에 사는 모든 내·외국인과 주택의 규모 및 특징을 알기 위한 국가의 기본적인 **통계조사**입니다. 등록센서스로 행정자료를 활용한 인구, 가구, 주택에 관한 통계는 매년 생산되고 있지만, 지역의 복지·경제·교통 등 정책수립에 필요한 실질적인 자료를 수집하기 위해 **5년마다 우리나라 전체 가구의 20% 표본을 선정하여 현장조사를 실시**하고 있습니다.

2020 인구주택총조사의 참여방법

인터넷조사 참여방법

- 인터넷조사 참여하기를 클릭하여 인터넷조사 참여 페이지로 이동합니다.
- 여러분 가정에 배부된 조사안내문에 있는 참여번호를 입력합니다.
- 안내문에 있는 QR 코드를 통해 모바일로도 참여하실 수 있습니다.

전화조사 참여방법

- 인구주택총조사 무료 콜센터 (080-400-2020)로 전화하셔서 '1번 전화조사'로 연결합니다.
- 콜센터 상담원에게 조사안내문의 참여번호를 알려줍니다.

표본가구 중 인터넷, 전화조사로 참여하지 않으신 가구는 11월 1일 이후 조사원이 방문하여 면접조사가 실시됩니다.

조사항목의 특징

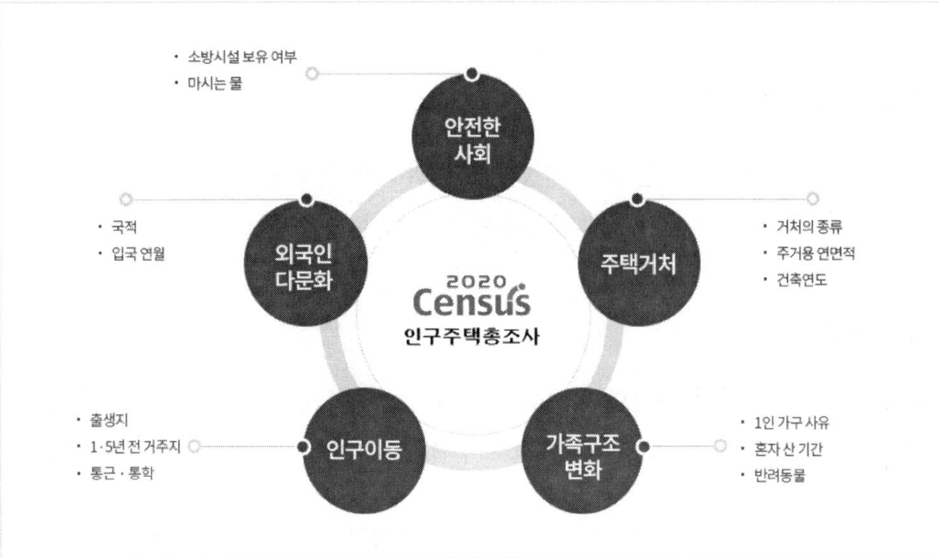

학교폭력 실태조사는 매년 두 번 실시(4월 전수조사, 9월 표본조사)하여 왔으나, 2020년에는 코로나19 확산 상황을 고려하고 학교 현장의 업무 부담을 경감하기 위해 한 번으로 축소하여 9월과 10월에 온라인으로 시행하였다. 이번 실태조사는 대상 학생의 82.6%인 295만 명이 참여하였고, 조사 결과 학교폭력 피해 응답률이 0.9%로, 전년 대비 0.7% 감소하였다. 학교폭력 실태조사 결과 학생 천 명당 피해 유형 응답 건수는 지난해와 비교해 모든 피해 유형에서 감소한 것으로 나타났으며, 언어폭력(4.9건), 집단따돌림(3.8건), 사이버폭력(1.8건) 등의 순으로 조사되었다.

표 1-3 학생 천 명당 피해유형별 응답 건수

구분	2015년 1차	2016년 1차	2017년 1차	2018년 1차	2019년 1차	2020년	증감 (건)
언어폭력	6.8	6.2	6.3	8.7	8.1	4.9	△3.2
집단따돌림	3.6	3.3	3.1	4.3	5.3	3.8	△1.5
스토킹	2.6	2.0	2.3	3.0	2.0	1.0	△1.0
신체 폭력	2.4	2.2	2.2	2.5	2.0	1.2	△0.8
사이버폭력	1.9	1.7	1.8	2.7	2.0	1.8	△0.2
금품갈취	1.5	1.2	1.2	1.6	1.4	0.8	△0.6
성폭력	0.9	0.8	0.9	1.3	0.9	0.5	△0.4
강요	0.9	0.8	0.7	1.0	1.1	0.6	△0.5

1-4-2. 자료수집방법

자료를 수집하는 방법은 질문지법, 면접법, 참여관찰법, 문헌연구법, 실험법 등이 있으며 각각의 방법들에 대한 장점·단점을 요약하여 정리하면 다음과 같다.

1) 질문지법

질문지법은 다수로부터 유사한 정보를 얻고자 할 때 조사 내용을 질문지로 작성하여 조사 대상자에게 직접 기입하게 하는 방법으로 우편, 전화, 방문, 인터넷 등 방법이 다양하다.

〈장점〉 시간과 비용을 절약할 수 있으며, 통계분석과 비교분석이 용이함.

〈**단점**〉 사전조사를 통하여 질문 내용에 대한 오해의 가능성을 최소화하여야 하며, 문맹자에게는 조사하기 어렵고 무성의한 대답과 낮은 회수율로 인하여 통계의 오류를 범할 가능성이 있음.

2) 면접법

면접법은 질적 연구의 일환으로 소수의 응답자로부터 깊이 있는 정보를 알고 조사 대상자와 대화를 통해 질문하고 답변을 구하는 방법이다.

〈**장점**〉 문맹자에게도 실시할 수 있으며, 낮은 회수율과 무성의한 응답에 대한 해결을 할 수 있음.

〈**단점**〉 표본 선정이 어렵고 조사자의 주관이 개입되기 쉬우며 시간과 비용이 많이 발생할 수 있음.

3) 참여관찰법

참여관찰법은 의사소통이 어려운 집단을 대상으로 심층적인 자료를 수집하기 위한 방법으로 조사 대상 집단에 직접 참여하여 그들과 함께 생활하면서 관찰 및 기록하는 방법이다.

〈**장점**〉 어린이나 의사소통 어려운 종족을 연구하거나 피 조사자의 반응과 관계없이 연구가 가능하여 연구 자료에 대한 실제성을 보장받을 수 있음.

〈**단점**〉 시간과 비용이 많이 들며 예상치 못한 변수 통제의 어려움과 원하는 현상이 나타날 때까지 기다려야 하는 등 이 있음.

4) 문헌연구법

문헌연구법은 모든 연구의 기초가 되는 작업으로 연구하고자 하는 기록의 연구 결과나 역사적 문헌 또는 통계자료를 통해 수집된 논문, 신문, 통계 등을 이용하는 연구방법이다.

〈**장점**〉 종단연구와 횡단연구와 같이 시공을 초월한 연구가 가능하며, 기존에 연구되었던 동향을 파악하는데 유리할 뿐만 아니라 시간과 비용을 절약할 수 있음.

〈**단점**〉 문헌의 신뢰성과 정확성 그리고 문헌을 해석하는데 주관이 개입될 가능성이 있음.

5) 실험법

실험법은 실험집단에 일정한 조작을 가하고 이로 인한 행동의 변화를 통제집단과 비교함으로써 자료를 수집하는 방법으로 사회문화 현상에 대한 인과관계의 고찰과 독립변인과 종속변인과의 상관관계를 연구하는 양적 연구 방법이다.

〈장점〉 과학적 연구가 가능하고, 정밀성이 보장되며 인과관계 고찰을 통한 비교 및 분석이 용이함.

〈단점〉 조작 및 통제 정도가 쉬우나 법적·윤리적 문제가 발생할 수 있음.

1-4-3. 측정척도

연구의 원재료는 자료(data)이다. 자료를 얻기 위해, 연구자들은 사람, 사건 또는 사무의 특성을 측정해야만 한다. 변수(variable)는 연구 대상인 사람, 사건 또는 사물 사이에 다르게 측정되는 하나의 특징이다. 광범위한 의미에서 측정(measurement)은 일련의 규칙에 따라 사물 또는 사건에 대해 수를 지정해 주는 것이다. Stevens는 변수에 대한 측정 척도를 명목(nominal), 서열(ordinal), 등간(interval), 비율(ratio) 척도의 4가지 유형으로 구분하였다.

1) 명목척도(nominal scales) 자료

명목척도는 분류와 특성에 기초를 두고 수치화한 데이터로서 단순히 이름으로 분류가 가능한 척도로서 주요 통계량은 빈도수, 퍼센트, 최빈값을 사용하며, 통계 분석 방법으로는 chi-square 독립성 검정, chi-square 적합도 검정, 비모수 통계기법으로는 sign test, runs test, phi-coefficient 등이 있으며, 모수 통계기법으로는 비율분석 등이 있습니다.

예를 들면, 다음과 같다.

예제 1 ㉠~㉣의 한자가 모두 바르게 표기된 것은?(2019, 국가직 7급)

① 한국 ② 중국 ③ 일본 ④ 싱가포르 ⑤ 태국

예제 2 당신의 성별은?

① 여자 ② 남자

예제 3 당신이 좋아하는 색깔은?

① 빨강색 ② 노란색 ③ 파랑색 ④ 녹색

예제 4 당신이 좋아하는 과목은?

① 수학 ② 영어 ③ 컴퓨터 교과 ④ 음악관련 교과

예제 5 당신의 거주 형태는 ?

① 아파트 ② 빌라(연립주택)

③ 단독주택 ④ 기타

2) 서열척도(ordinal scales) 자료

서열척도는 측정하고자 하는 대상 간에 서열 관계(높고, 낮음 또는 많고 적음)를 나타내는 척도로서 주요 통계량은 명목척도의 통계량, 백분위 수, 제4분위 수, 중앙값을 사용하며, 통계 분석 방법으로는 스피어만의 상관관계분석, 만휘트니 U test, 크루즈칼-왈리스 검정 등이 있다.

예를 들면, 다음과 같다.

예제 6 당신의 학번은 무엇입니까?

① 2019학번 이전 ② 2019학번 ③ 2020학번 ④ 2021학번

예제 7 당신의 직책은?

① 대리 ② 과장 ③ 부장 ④ 차장

예제 8 당신의 계급은 무엇입니까?

① 하사 ② 중사 ③ 상사 ④ 소위 이상

3) 구간 척도(interval scales) 자료

구간 척도는 측정하고자 하는 대상 간에 간격이 일정한 척도로서 주요 통계량은 서열척도의 통계량, 평균, 분산을 사용하며, 통계 분석 방법으로는 평균 검정, 분산분석, 회귀분석, 상관관계분석 등에 이용할 수 있으며, 요인분석, 판별분석, 군집분석, 다차원 척도법을 이용할 수 있다.

예를 들면, 다음과 같다.

예제9 고등학교 한 반의 IQ 평균은 대략 어느 정도라고 생각하십니까?

① 81~90 ② 91~100 ③ 101~110 ④ 111 이상

예제 10 2021학년도 2학기 본인이 예상하고 있는 통계학의 예상 학점은?

① D 학점 대 ② C 학점 대 ③ B 학점 대 ④ A 학점 대

예제 11 당신의 삶의 만족도를 스스로 평가한다면?(50점 만점)

① 0점 ~10점 ② 10점~20점 ③ 20점~30점
④ 30점~40점 ⑤ 40점~50점

예제 12 당신이 가입한 스포츠클럽의 만족도는?

① 대단히 만족 ② 만족 ③ 보통
④ 불만족 ⑤ 대단히 불만족

4) 비율 척도(ratio scale) 자료

비율 척도는 측정 수준 가운데 가장 높은 수준으로, 측정치의 순위와 측정치 사이의 간격이 의미가 있으며, 임의로 정해놓은 0이 아닌 자연적으로 결정된 0을 가진다. 즉 비율 척도는 등간척도가 가지는 특성 외에 절대 원점이라는 개념을 갖고 있으며, 주요 통계량은 모든 통계량을 사용하며, 통계분석기법은 상관, 회귀, T-검정, Z-검 등 등간척도와 같다.

예를 들면, 다음과 같다.

예제 13 당신은 통계학 시험을 앞두고 공부한 시간은 얼마나 됩니까?

① 전혀 하지 않았음(0시간) ② 1시간

③ 2시간 ④ 3시간 ⑤ 4시간 이상

예제 14 당신이 일주일에 매우 유쾌했던 일의 수는?

① 하루 ② 2일 ③ 3일 ④ 4일 이상

예제 15 당신의 가족은 몇 명입니까?

① 1명 ② 2명 ③ 3명 ④ 4명 ⑤ 5명 이상

1-4-4. 자료의 종류

1) 양적 자료(quantitative data)

양적 자료는 자료의 크기나 양을 숫자로 표현할 수 있는 자료로서 사칙연산이 가능하며, 정량적으로 크기를 비교할 수 있다.

[예] 80명 정원인 컴퓨터공학과 학생의 키
800개의 제품 중 불량품의 수
2023년 7월 1일부터 7월 30일까지 기록된 온도

양적 자료는 자료의 특성에 따라 이산자료와 연속자료로 구분되며, 숫자들이 비율의 의미를 갖지 못하고 단순하게 산술적으로 비교할 수 있거나 덧셈과 뺄셈이 가능한 자료를 구간자료(interval data)라 하고, 구간자료의 특성이 있으면서 곱셈과 나눗셈이 가능한 비율의 의미를 갖는 비율자료(ratio data)라 한다.

[예] 이산자료 : 불량품의 개수, 결점의 수, 가구 수 등
연속자료 : 길이, 무게, 온도, 등

[예] 구간자료 : 온도, 지능지수, 주가지수, 물가지수
비율자료 : 몸무게, 키, 무게, 압력

2) 질적 자료(qualitative data) 또는 범주형 자료(categorical data)

질적 자료는 숫자로 표시될 수 없는 자료로서 크기를 서로 비교할 수 없는 자료이다.

[예] 상표의 구분, 성별의 구분, 직업의 구분

명목 자료(nominal data)는 질적 자료의 각 범주를 수치화한 자료를 말하며, 이때 수치는 양적 의미가 있는 것이 아닌 단순하게 각 범주를 설명하는 숫자를 의미한다.

[예] 혈액형을 다음과 같이 숫자로 표현할 수 있다.
A형 - 1, B형 - 2, O형 - 3, AB형 - 4
여기에서 숫자 1은 A형을 의미

각 범주를 수치화할 때, 반드시 1, 2, 3, 4만 이용하는 것이 아니고, 범주를 설명하는 숫자를 의미하므로 다음과 같이 표현해도 된다.

A형 - 0, B형 - 1, O형 - 2, AB형 - 3

제2장

자료의 요약

통계 분석은 주어진 자료를 체계적으로 정리하여 일정한 패턴을 발견하고 기본적인 특성을 밝히는 단계에서부터 출발한다. 그러나 체계적으로 정리되지 않은 자료는 한낱 한 무더기의 숫자 더미에 불과하다. 수만 개의 자료가 단순히 나열되어 있다면 그로부터 통계자료의 특성을 파악할 수 없을 뿐 아니라 의사결정에 도움을 주지 못한다. 자료의 특성을 파악하고 의사 결정자에게 의미 있는 통계정보를 제공하기 위해서는 자료를 적절한 방법으로 일목요연하게 정리해야 한다.

통계학의 첫 단계는 자료를 수집하고 이를 분석하는 것이다. 이때 구한 자료가 관심의 대상 전체인지 아니면 일부인지를 구분한다. 관심의 대상이 되는 모든 개체의 집단을 모집단(population)이라 하고, 관심 대상의 전체 중 일부를 표본(sample)이라 한다.

그러나 모집단은 크기가 방대하고 여러 가지 조건을 고려해야 하는 등 전수조사가 불가능한 경우가 많은 관계로 우리가 조사하고 분석할 자료는 표본을 대상으로 한다.

일 예로, 다음 자료는 한 고객으로부터 식료품 업종의 지난해 연간수익률을 분석해 달라는 요청을 받고, 식료품 업종에 포함된 30개 종목 주식의 연간수익률을 조사하여 작성한 표이다.

0.5	1.3	2.3	5.7	2.9	−4.7
−1.5	5.6	4.5	−3.7	7.6	0.8
−3.3	2.1	−6.2	7.2	−11.2	−2.8
0.9	1.7	12.2	3.9	3.7	10.4
0.1	0.1	−9.8	−9.3	9.2	9.2

고객에게 위의 자료를 그대로 보여 주면 고객은 어떤 가치 있는 정보를 얻을 수 있을까? 이 질문에 대한 해답은 '별로 없다.'이다. 왜냐하면 단순히 30개의 숫자가 나열된 표에서 전문적 식견이 부족한 일반 고객이 필요한 정보를 얻기는 사실상 힘들기 때문이다. 만약 단순히 나열된 자료의 개수가 더욱 늘어나 수백, 수천 개 이상이 된다면 정리되지 않은 자료에서 의미 있는 정보를 얻을 가능성은 더욱 낮아지고, 정리되지 않은 채로 단순히 나열된 자료를 원자료(raw data) 혹은 미정리자료라 한다. 원자료 속에 숨어 있는 가치 있는 정보를 찾아내려면 원자료를 체계적으로 정리하는 것이 필요하다. 그 대표적인 수단으로는 표나 그림과 같이 시각적으로 요약하는 방법과 평균, 분산 등 자료의 특징을 수치로 표현하는 방법을 들 수 있다.

시각적으로 요약하는 방법은 표(table)나 차트(chart)로 제시할 수 있으며, 차트는 흔히 자료를 기술, 탐색, 요약할 수 있는 가장 효과적인 방법으로 막대그래프, 히스토그램, 도수분포다각형, 꺾은 선 그래프, 줄기-잎 그림, 원그래프, 띠그래프 등을 포함한 여러 종류가 있다.

제2장에서는 시각적으로 요약하는 방법을 범주형 자료와 연속형 자료가 주어진 경우로 나누어 시각적으로 요약할 예정이며, 자료의 특성을 수치로 표현하는 방법은 제3장에서 다루도록 하겠다.

2-1. 범주형 자료의 요약

2-1-1. 도수 표(frequency table)로 나타내기

변량(variate)은 서로 다른 여러 가지 값을 취할 수 있는 양을 의미하며, 점수, 시간 같은 여러 자료를 수량으로 나타낸 것을 말하며, 도수(frequency)는 각 범주에 속하는 변량의 개수를 말한다.

따라서 도수 표(frequency table)는 각 범주에 속하는 변량의 개수를 나타낸 표를 말하며, 상대도수(relative frequency)와 백분율(percentage)을 함께 나타내면 좋다.

상대도수(relative frequency)는 각 범주의 도수를 전체도수로 나눈 값이며, 백분율(percentage)은 상대도수에 100을 곱한 값이며, 단위는 % 이다.

예제1 컴퓨터공학과 학생 20명의 혈액형을 조사한 결과가 다음과 같다고 할 때, 도수 표로 나타내시오.

B	A	O	B	O	O	AB	O	A	AB
A	O	AB	B	O	A	A	AB	O	O

풀이 ① 범주의 수 4개(A, B, O, AB)이므로 도수 표는 다음과 같이 구성한다.

〈참고〉 범주의 수 k, 크기가 $(k+2)\times 4$인 표를 만든다.

② 첫째 행에 범주 이름, 도수, 상대도수, 백분율을 써넣는다.

혈액형	도수	상대도수	백분율
합계			

③ 첫째 열에 각 범주와 합계를 써넣는다.

혈액형	도수	상대도수	백분율
A			
B			
O			
AB			
합계			

④ 두 번째 열에 각 범주에 속하는 관찰도수와 합계를 써넣는다.

혈액형	도수	상대도수	백분율
A	5		
B	3		
O	8		
AB	4		
합계	20		

⑤ 세 번째 열에 상대도수와 합계를 써넣는다.

혈액형	도수	상대도수	백분율
A	5	$\frac{5}{20}$	
B	3	$\frac{3}{20}$	
O	8	$\frac{8}{20}$	
AB	4	$\frac{4}{20}$	
합계	20	$\frac{20}{20}$	

⑥ 네 번째 열에 백분율과 합계를 써넣는다.

혈액형	도수	상대도수	백분율
A	5	0.25	0.25 × 100
B	3	0.15	0.15 × 100
O	8	0.40	0.40 × 100
AB	4	0.20	0.20 × 100
합계	20	1	100

그러므로 도수 표를 완성하면 다음과 같다.

혈액형	도수	상대도수	백분율
A	5	0.25	25
B	3	0.15	15
O	8	0.40	40
AB	4	0.20	20
합계	20	1	100

WITH Excel

① 1행에 혈액형, 도수, 상대도수, 백분율을 써넣는다.

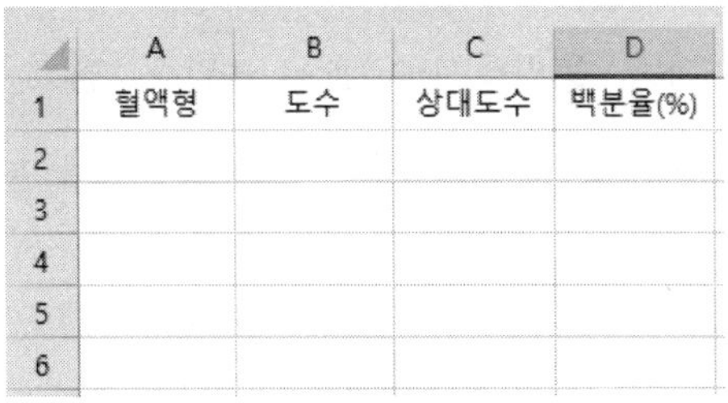

	A	B	C	D
1	혈액형	도수	상대도수	백분율(%)
2				
3				
4				
5				
6				

② 혈액형의 각 범주와 각 범주에 해당하는 관찰한 도수를 써넣는다. (가운데 맞춤)

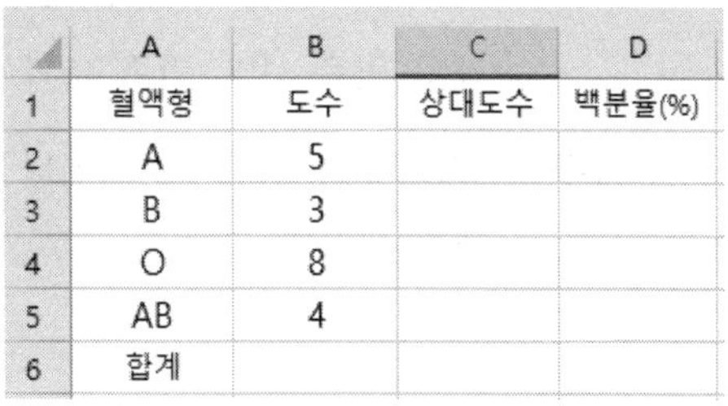

	A	B	C	D
1	혈액형	도수	상대도수	백분율(%)
2	A	5		
3	B	3		
4	O	8		
5	AB	4		
6	합계			

③ B6 셀에 커서를 놓고, 메뉴 바에서 **자동 합계($\sum$)**를 누른 후 Enter 키를 누른다. =SUM(B2:B5)

	A	B	C	D
1	혈액형	도수	상대도수	백분율(%)
2	A	5		
3	B	3		
4	O	8		
5	AB	4		
6	합계	20		

④ C2 셀에 커서를 놓고, "=B2/$B$6"를 써넣은 후, Enter 키를 누른다. 이제 C2 셀의 오른쪽 하단으로 마우스로 끌어 내린다. (+ 기호에서)

	A	B	C	D
1	혈액형	도수	상대도수	백분율(%)
2	A	5	0.25	
3	B	3	0.15	
4	O	8	0.4	
5	AB	4	0.2	
6	합계	20	1	

⑤ D2 셀에 커서를 놓고, "=C2*100"을 기입하고 Enter 키를 누른다. 이제 D2 셀의 오른쪽 하단을 마우스로 끌어 내린다.(+ 기호에서)

	A	B	C	D
1	혈액형	도수	상대도수	백분율(%)
2	A	5	0.25	25
3	B	3	0.15	15
4	O	8	0.4	40
5	AB	4	0.2	20
6	합계	20	1	100

완성된 표는 다음과 같다.
(가운데 맞춤 & 모든 테두리)

	A	B	C	D
1	혈액형	도수	상대도수	백분율(%)
2	A	5	0.25	25
3	B	3	0.15	15
4	O	8	0.4	40
5	AB	4	0.2	20
6	합계	20	1	100

〈참고〉 ④에서 "=B2/$B$6"를 쓰는 요령은 먼저 = B2/B6를 써넣은 후 F4 키를 누르면, =B2/$B$6 이 된다.

예제2 컴퓨터공학과 학생 40명의 학과 만족도를 조사한 결과가 다음과 같다고 할 때, 도수 표로 나타내시오. (EXCEL 이용)
매우 만족 4명/ 만족 15명/ 보통 14명/ 불만족 4명/ 매우 불만족 3명

풀이 EXCEL을 이용하여 컴퓨터공학과 학생 40명의 학과 만족도를 도수 표로 나타내면 다음과 같다.

A	B	C	D
구분	도수	상대도수	백분율(%)
매우 만족	4	0.1	10
만족	15	0.375	37.5
보통	14	0.35	35
불만족	4	0.1	10
매우 불만족	3	0.075	7.5
합계	40	1	100

2-1-2. 차트(chart)로 나타내기

차트의 가장 큰 장점은 데이터를 빠르고 직관적으로 이해하도록 해준다는 점이며, Excel 2016에서 제공되는 차트의 종류는 다음과 같다.

세로 막대형	방사형
꺾은선형	트리맵
원형	선버스트
가로 막대형	히스토그램
영역형	상자 수염 그림
분산형	폭포
지도	깔때기형
주식형	콤보
표면형	

가로 막대그래프는 표시해야 할 항목의 개수가 많아 간결한 데이터 시각화가 어려운 경우에 사용합니다.

[예제 1]의 도수 표를 세로 막대그래프로 나타내면 다음과 같다.

혈액형	1반
A	5
B	3
O	8
AB	4
합계	20

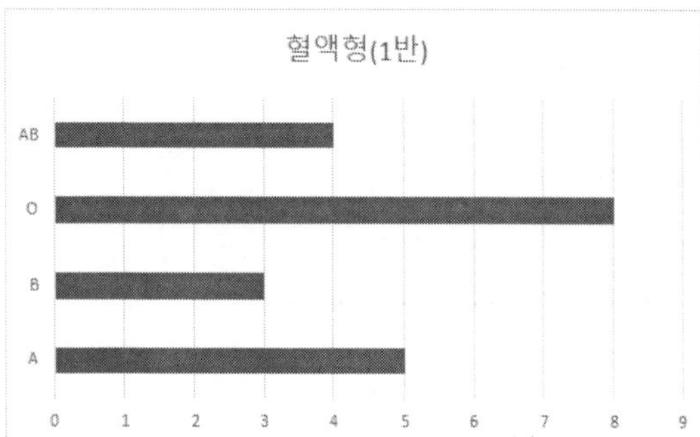

2) 꺾은 선 그래프

꺾은선 그래프는 시간의 흐름과 관련된 데이터(=시계열 데이터)를 시각화할 때 사용하는 것이 좋다. 값의 성장세를 강조하거나 미래의 예측된 데이터의 가능성을 강조할 때 사용하면 효과적입니다.

[예제 1]의 도수 표를 꺾은선 그래프로 나타내면 다음과 같다.

혈액형	1반
A	5
B	3
O	8
AB	4
합계	20

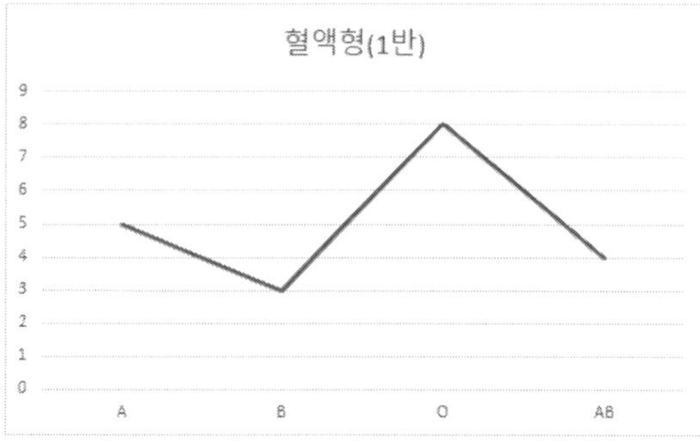

3) 누적 막대그래프

누적 막대그래프는 시간의 흐름에 따른 특정 항목의 점유율 변화량을 표시하거나 도드라지는 값의 변화가 있을 시 값의 변동 요인을 설명할 때 사용하는 차트입니다.

[예제 1]의 도수 표를 누적 막대 그래프로 나타내면 다음과 같다.

혈액형	1반
A	5
B	3
O	8
AB	4
합계	20

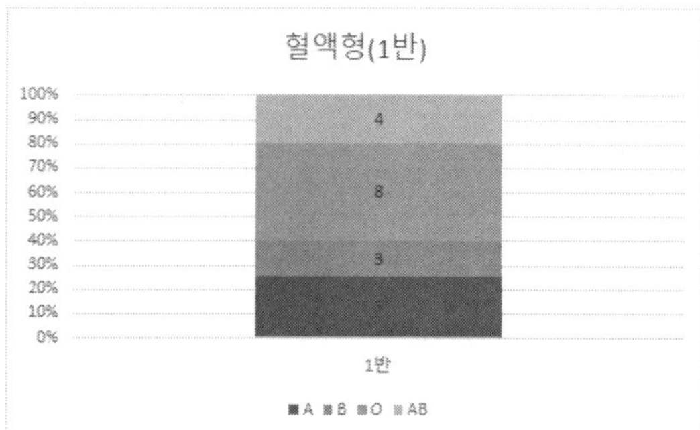

4) 원형(도넛형) 그래프

원형(도넛형) 그래프는 특히, 강조하고자 하는 항목이 비약적으로 높은 점유율을 갖고 있는 경우에 사용하면 효과적이며, 백분율 등을 같은 폭의 사각형 모양인 수직 막대로 나타낸 그림이다.

[예제 1]의 도수 표를 원형 그래프로 나타내면 다음과 같다.

혈액형	1반
A	5
B	3
O	8
AB	4
합계	20

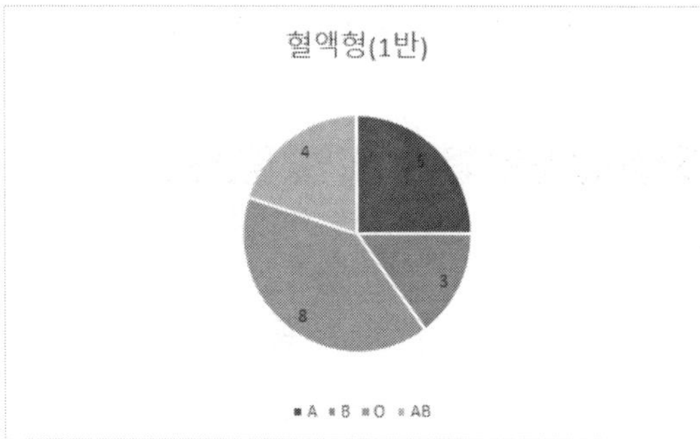

5) 기타 그래프

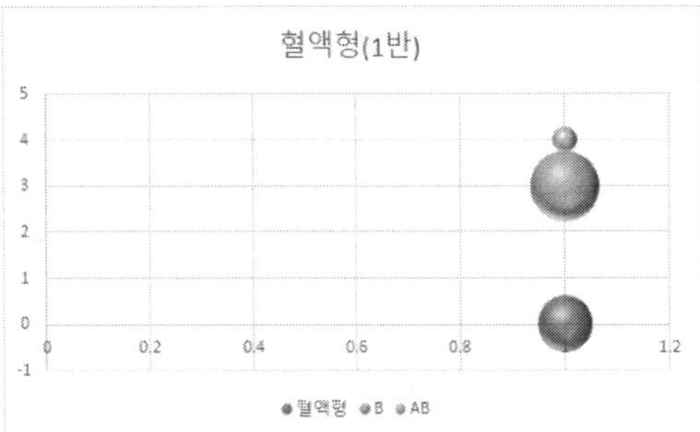

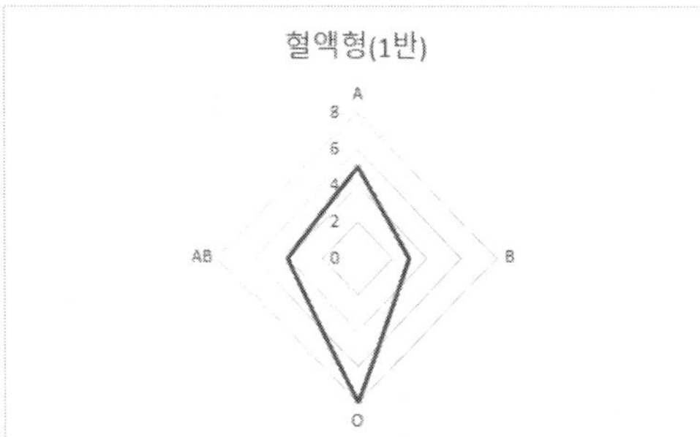

WITH Excel 세로 막대그래프 만드는 방법

[예제 1]의 도수 표가 주어진 경우, 세로 막대그래프는 다음과 같은 방법으로 만들면 된다.

① 도수 표에서 혈액형과 도수를 드래그한다.

혈액형	도수	상대도수	백분율(%)
A	5	0.25	25
B	3	0.15	15
O	8	0.4	40
AB	4	0.2	20
합계	20	1	100

② 메뉴 바에서 삽입〉 추천 차트 아이콘 클릭〉세로 막대그래프〉 확인

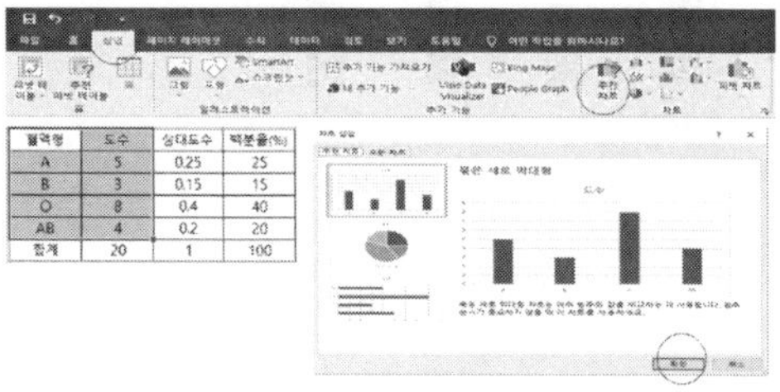

③ 메뉴 바 상단이 바뀌며, 막대그래프가 만들어 짐

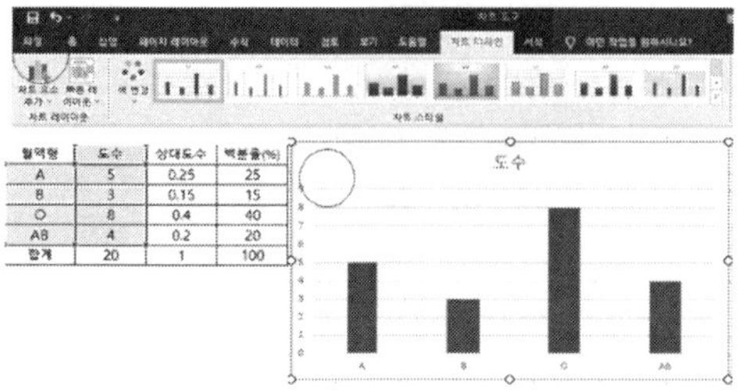

④ 막대그래프의 "도수"를 더블 클릭 후, 도수를 "혈액형"으로 변경//2차원 막대그래프 완성

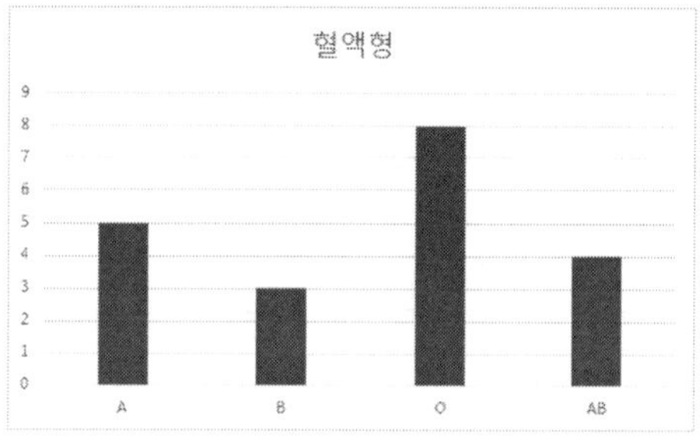

〈참고〉 그림 클릭 후, 차트 요소를 클릭하면 차트의 모양이 바뀌는 것을 볼 수 있음.

⑤ **모양 바꾸기 1** : 생성된 막대그래프 클릭 후 차트 요소 ⊞ 크릭

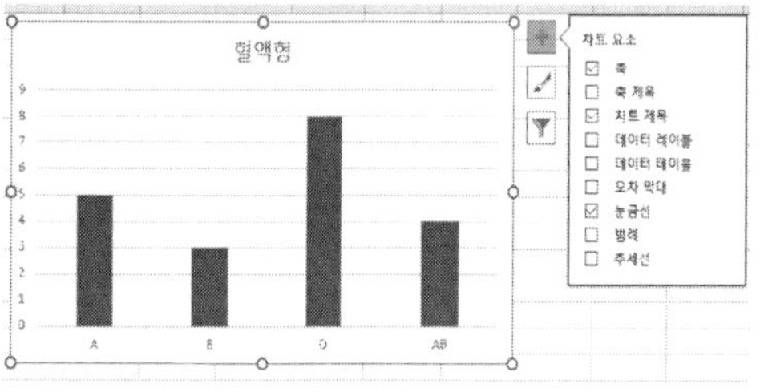

☑ 눈금선의 체크 삭제하면 눈금선이 없어짐

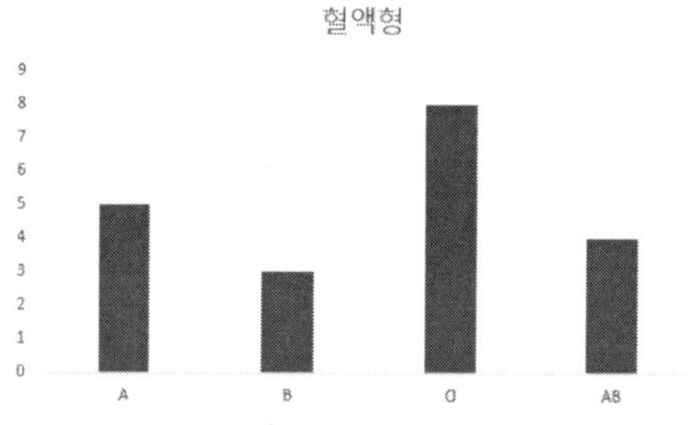

⑥ **모양 바꾸기 2** : 생성된 막대그래프 클릭 후 차트 요소 ⊞ 클릭

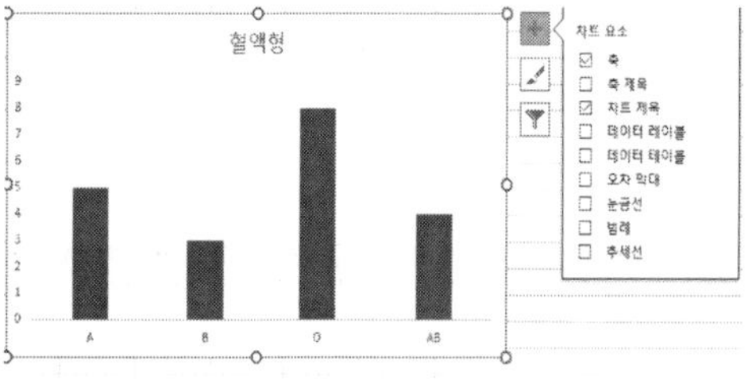

☐ 데이터레이블의 ☐안에 체크 후 ☑ 으로 변경 막대그래프에 숫자가 나옴

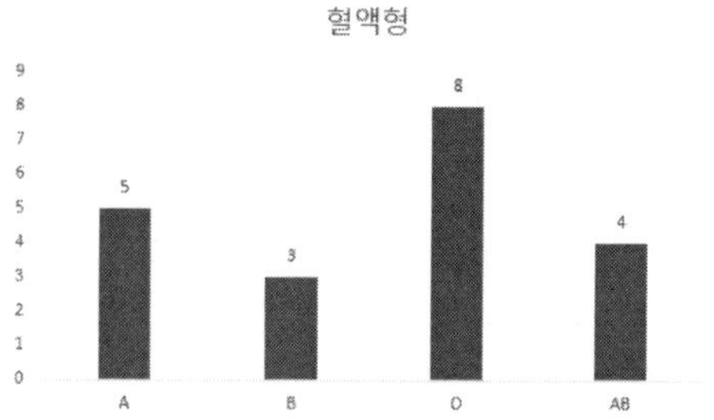

⑦ **모양 바꾸기 3** : 생성된 2차 막대그래프를 클릭 후 메뉴 바에서 막대그래프 클릭

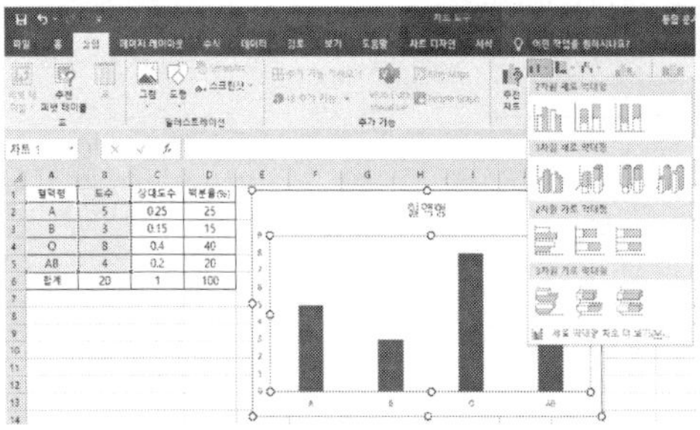

2차원 막대그래프를 3차원 막대그래프로 변경

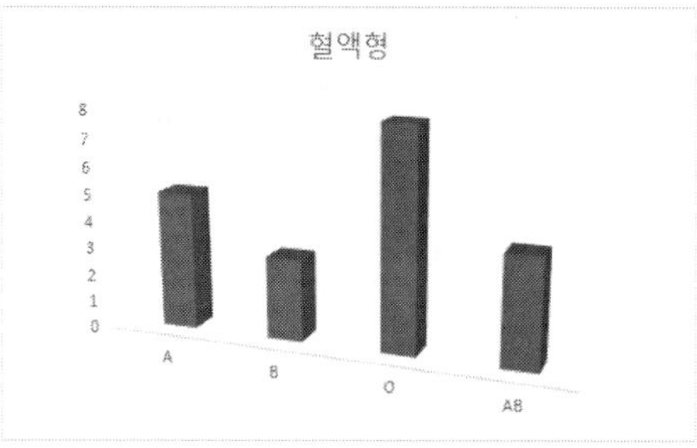

⑧ **모양 바꾸기 4** : 생성된 3차 막대그래프에서 그래프 안에 있는 막대 클릭 후 오른쪽 마우스 크릭

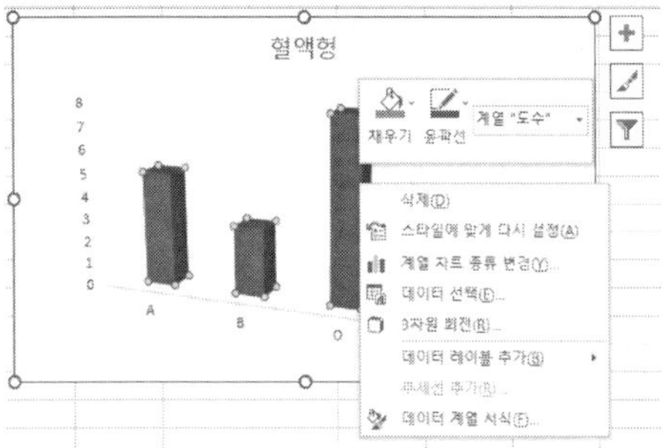

채우기 ▽ : 원하는 막대 모양 색깔 바꾸기

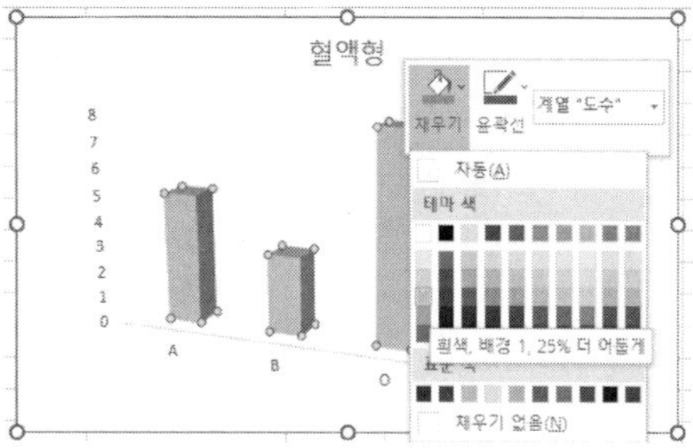

예제3 [예제 1]의 혈액형과 상대도수의 3차원 세로 막대 그래프를 만드시오.

풀이

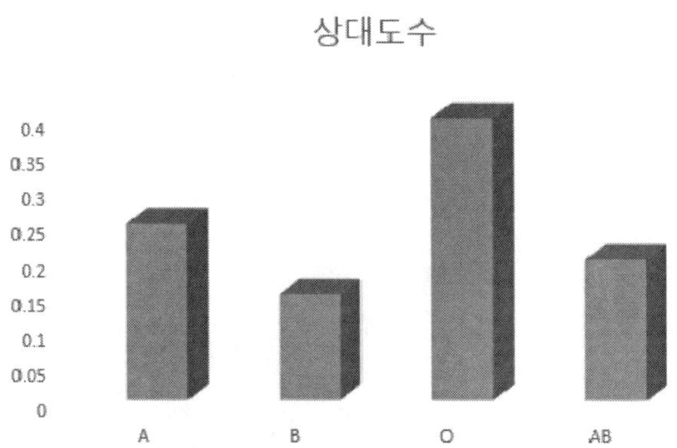

WITH Excel 파레토 차트 만드는 방법

다음과 같은 도수 표가 주어진 경우, 파레토 차트 만들기

구분	도수
O	9
A	4
B	7
계	20

첫째, 차트 범위 드래그 후 메뉴 바에서 삽입/차트 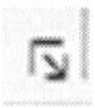 클릭

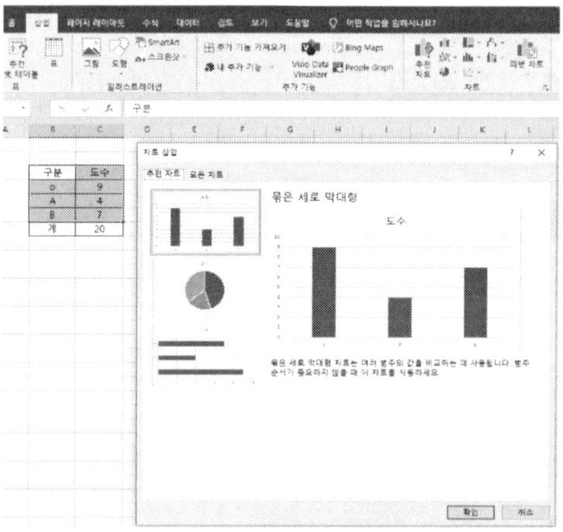

둘째, 차트 삽입〉 모든 차트〉 히스토그램〉 상단 2번째 그림 클릭〉 확인

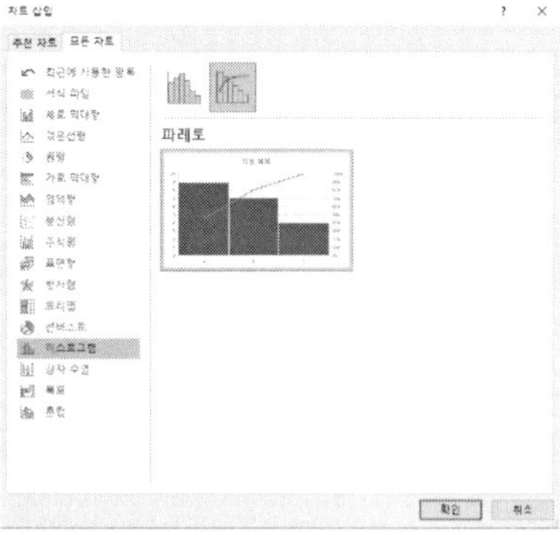

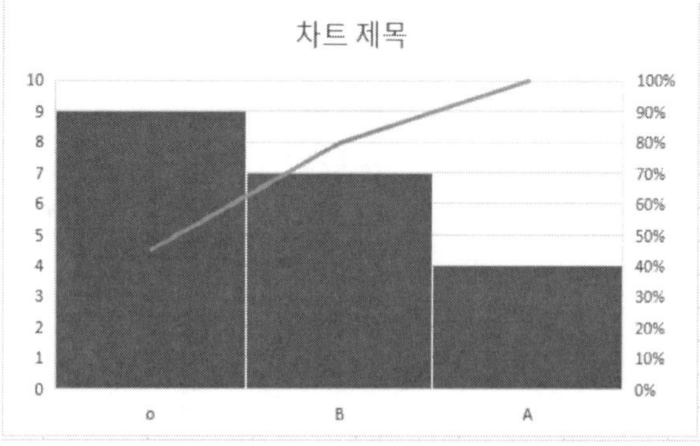

WITH Excel 띠그래프(누적 세로 막대 그래프) 만드는 방법

[예제 1]의 도수 표가 주어진 경우, 세로 막대그래프는 다음과 같은 방법으로 만들면 된다.

① 도수 표에서 혈액형과 도수를 드래그한다.

혈액형	도수	상대도수	백분율(%)
A	5	0.25	25
B	3	0.15	15
O	8	0.4	40
AB	4	0.2	20
합계	20	1	100

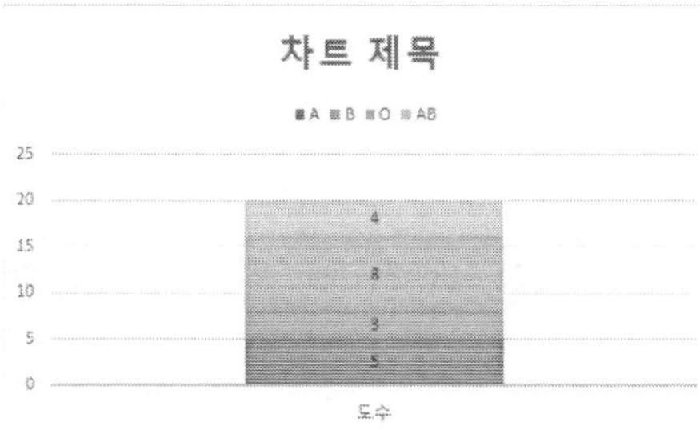

② 메뉴 바에서 삽입〉 전체 차트 아이콘 클릭〉 세로 막대그래프〉 두 번째 〉 확인

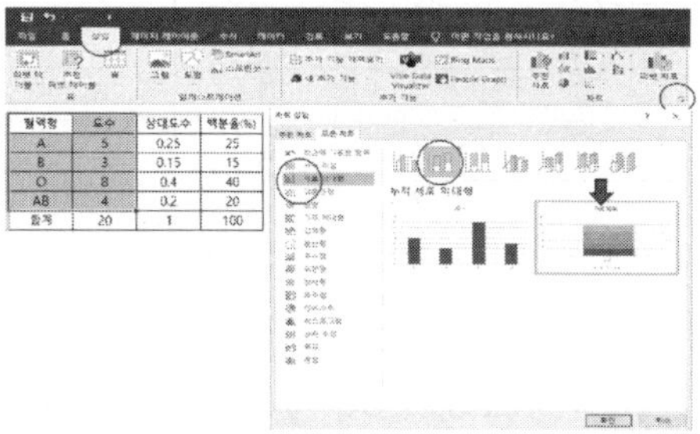

WITH Excel 꺾은 선 그래프 만드는 방법

[예제 1]의 도수 표가 주어진 경우, 세로 막대그래프는 다음과 같은 방법으로 만들면 된다.

① 도수 표에서 혈액형과 도수를 드래그한다.

혈액형	도수	상대도수	백분율(%)
A	5	0.25	25
B	3	0.15	15
O	8	0.4	40
AB	4	0.2	20
합계	20	1	100

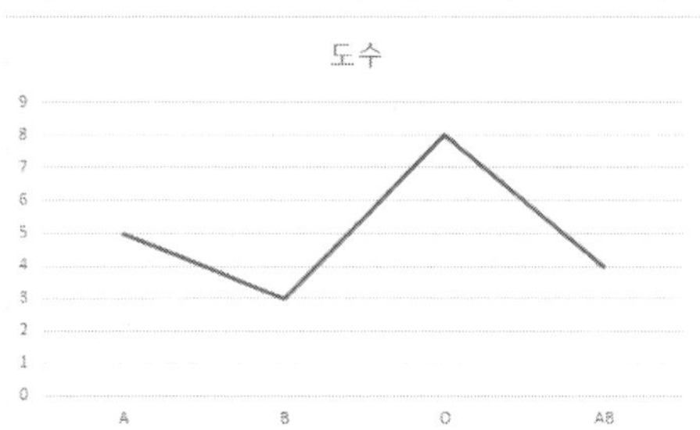

② 메뉴 바에서 삽입〉 차트 〉 꺾은 선 그래프〉 확인

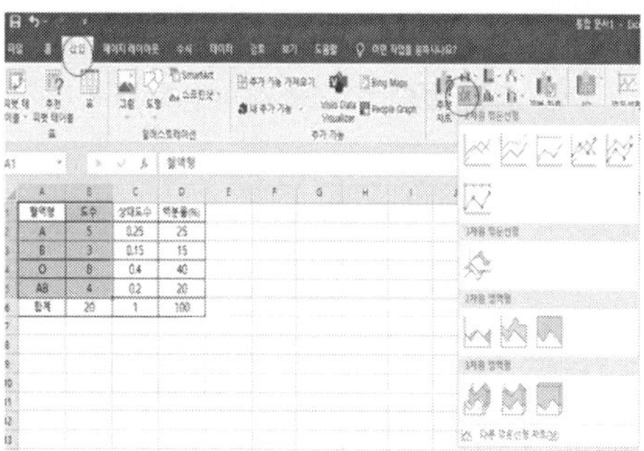

WITH Excel 원(또는 도우넛)그래프 만드는 방법

① 도수 표에서 혈액형과 도수를 드래그한다.

혈액형	도수	상대도수	백분율(%)
A	5	0.25	25
B	3	0.15	15
O	8	0.4	40
AB	4	0.2	20
합계	20	1	100

② 메뉴 바에서 삽입〉 원 아이콘 클릭〉 원하는 2차원 또는 3차원 원 그래프

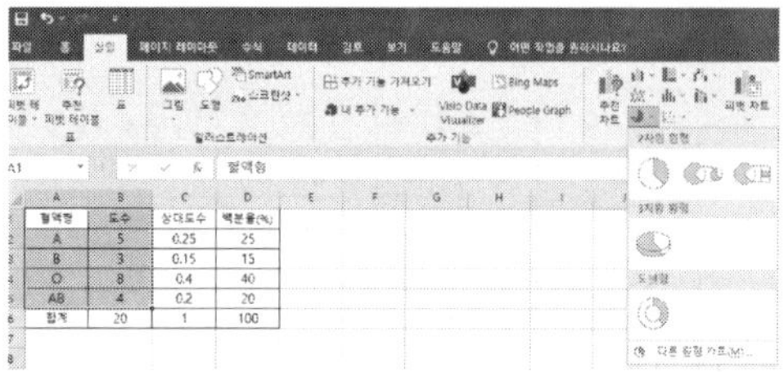

③ 2차원 원 그래프 확인 후 상단의 메뉴 바에서 취향에 맞는 원그래프 선택

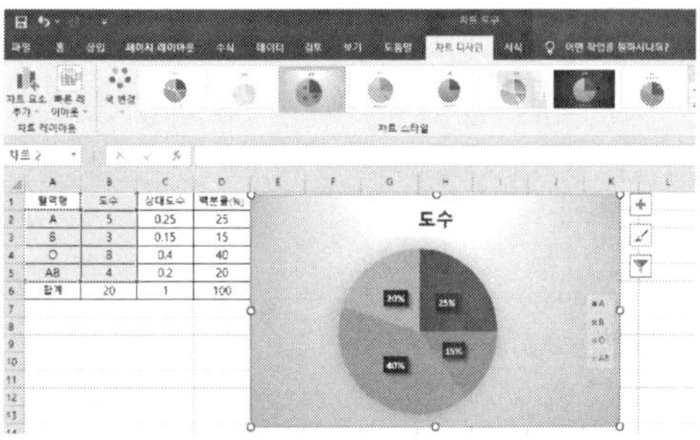

④ 3차원 원 그래프 확인 후 상단의 메뉴 바에서 취향에 맞는 원그래프 선택

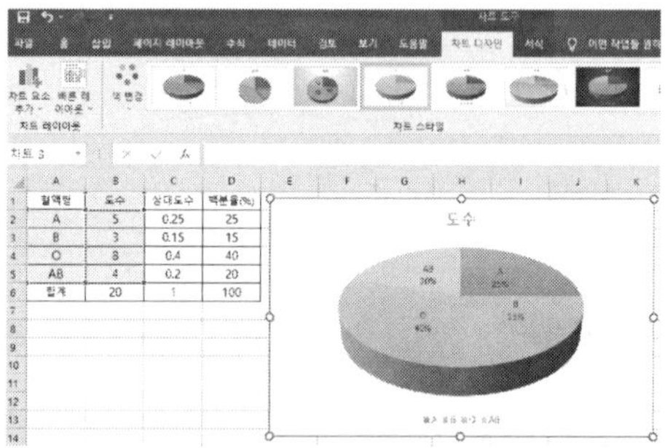

〈참고〉 원그래프에서 “O형” 강조

⑤ 모양 바꾸기 1 : 생성된 원그래프 클릭 후 그래프에서 “O형” 더블 클릭 후 오른쪽 마우스 클릭

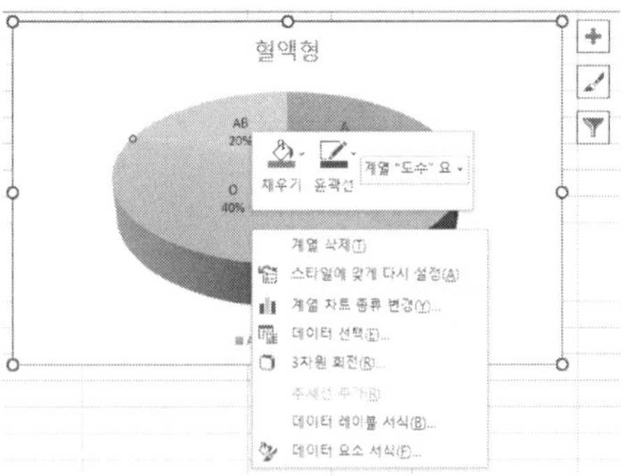

하단의 “데이터 요소 서식” 클릭 〉 오른쪽 화면 “계열 옵션” 생성

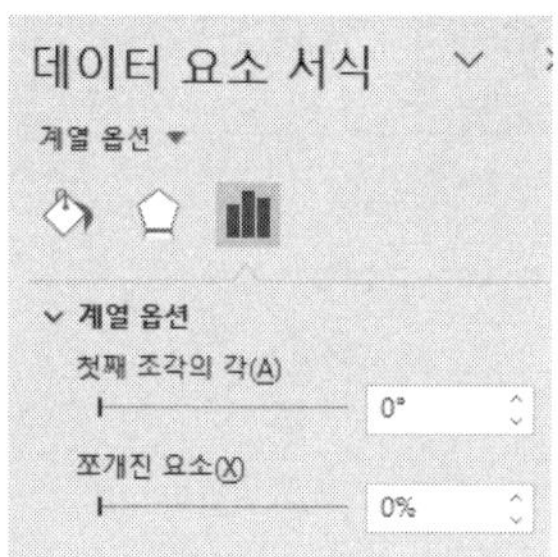

데이터 요소 서식 〉 쪼개진 요소 30 입력

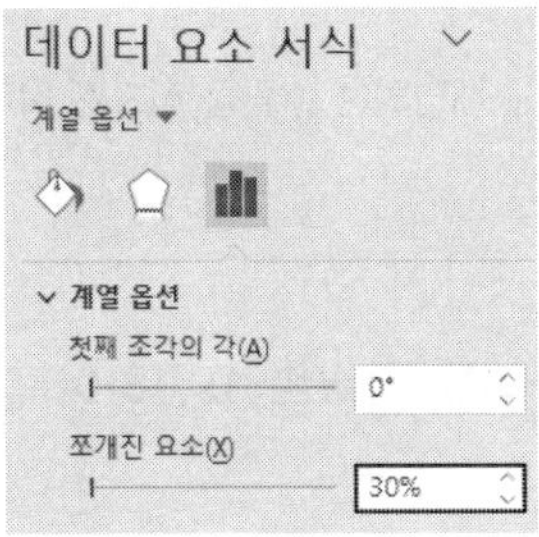

원그래프에서 “O형” 강조

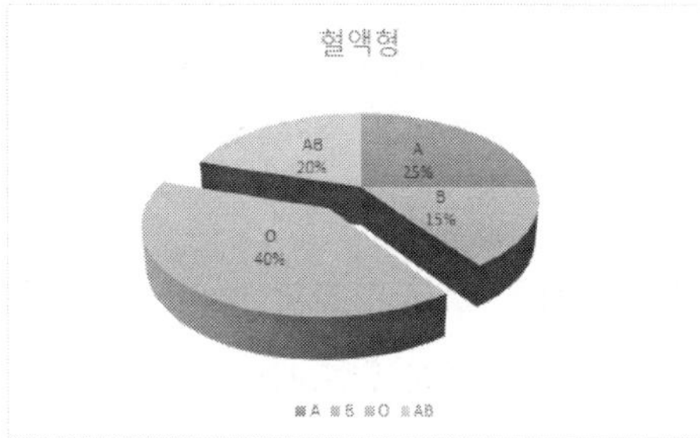

〈참고〉 도우넛 그래프도 원그래프와 유사한 방법으로 생성

① 도수 표에서 혈액형과 상대도수를 드래그한다.

혈액형	도수	상대도수	백분율(%)
A	5	0.25	25
B	3	0.15	15
O	8	0.4	40
AB	4	0.2	20
합계	20	1	100

② 메뉴 바에서 삽입〉 원 아이콘 클릭〉 도우넛 그래프 생성

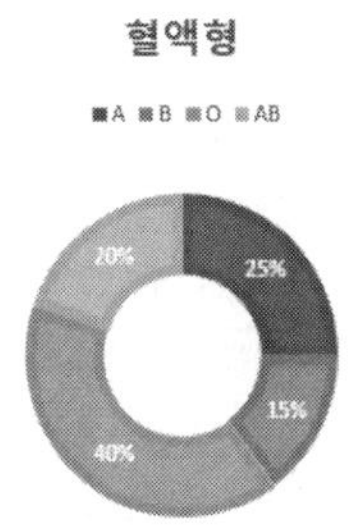

△ 혈액형을 먼저 드래그 후 CTRL 키를 누른 후 상대도수 드래그

예제4 [예제 1]의 혈액형과 상대도수의 3차원 원그래프를 만든 후, “A형”을 강조하시오.

풀이

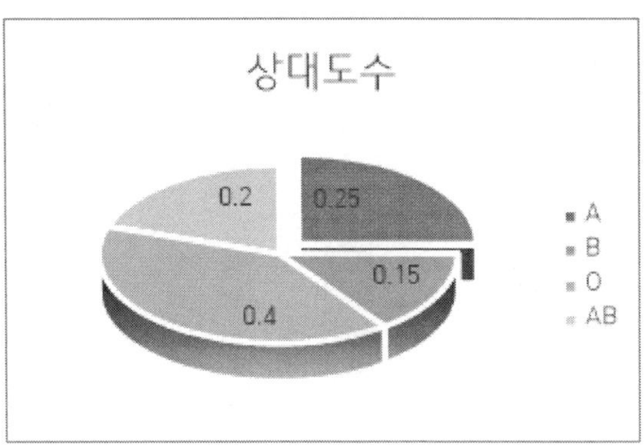

WITH Excel 점도표 만드는 방법

〈참고〉 점도표는 가로축에 각 범주를 작성하고, 세로축에 각 범주의 측정값에 해당하는 수만큼 점으로 나타낸 그림으로 가장 간단한 형태의 그림이다.

예제5 다음과 같은 도수 표가 주어진 경우, 점도표에서 점을 사과로 표현하여 점도표를 만드시오.

혈액형

구분	인원
O	8
A	5
B	7

⇒

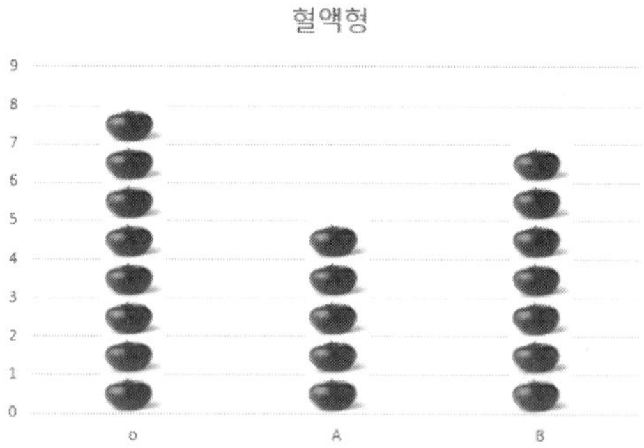

첫째, 먼저 주어진 자료를 막대그래프로 그린다.

혈액형

구분	인원
O	8
A	5
B	7

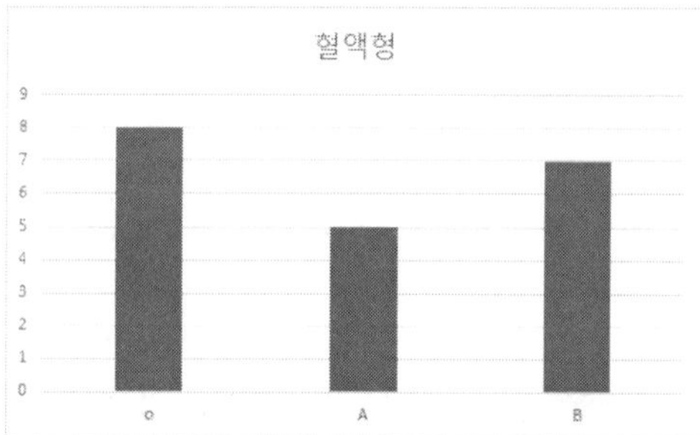

둘째, 막대그래프 클릭/오른쪽 마우스 클릭/데이터 계열 서식

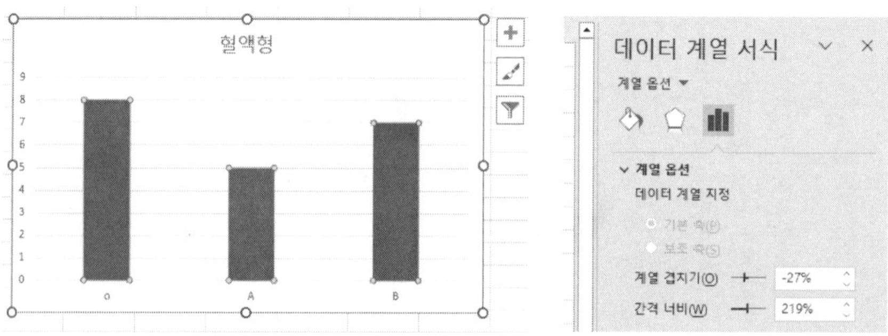

셋째, 데이터 계열 서식/채우기/그림 또는 질감 채우기/삽입 클릭/오른쪽 화면 생성

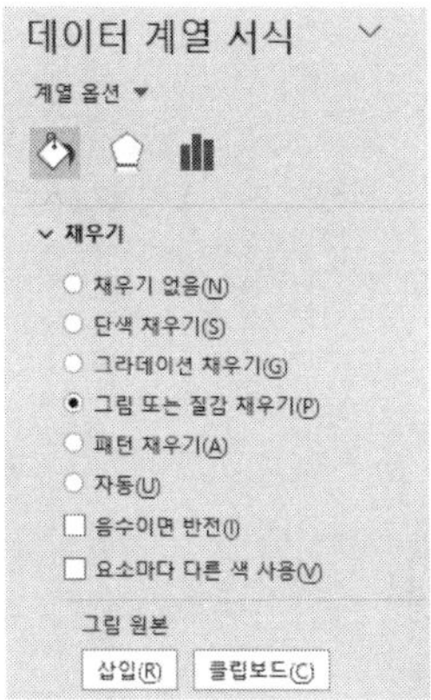

넷째, 삽입/ Bing 이미지 검색/사과 입력/ENTER / 첫 번째 그림 클릭

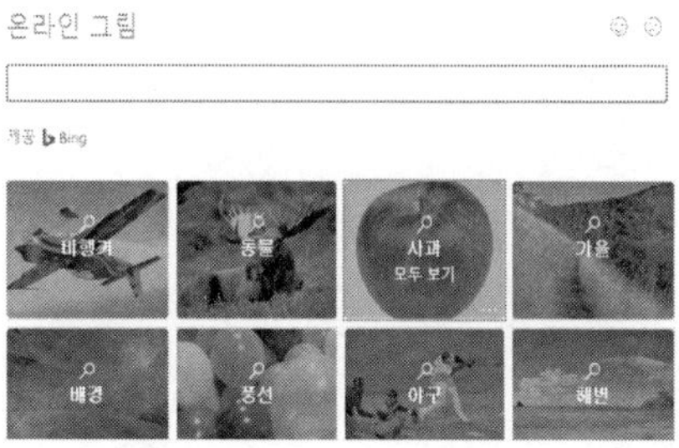

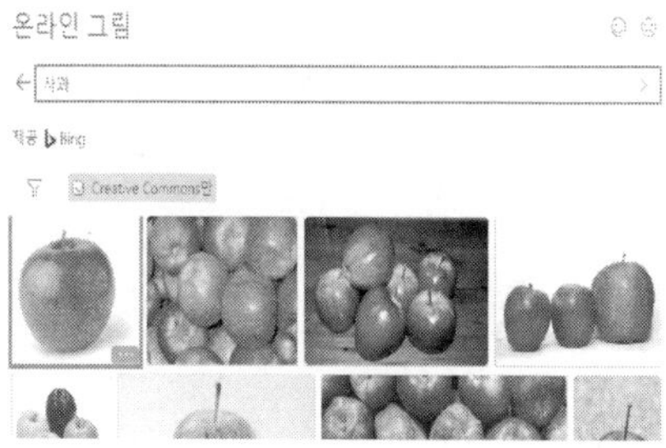

다섯째, EXCEL 막대그래프 안에 사과 그림이 생김.

여섯째, 막대그래프 클릭/데이터 계열 서식/채우기/다음 배율에 맞게 쌓기 (단위/사진 1) 입력

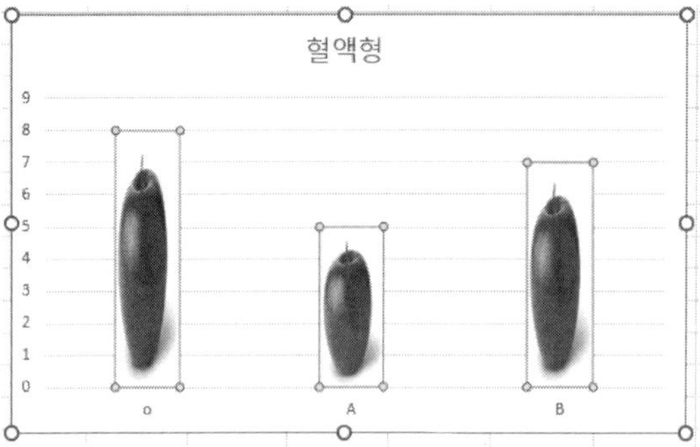

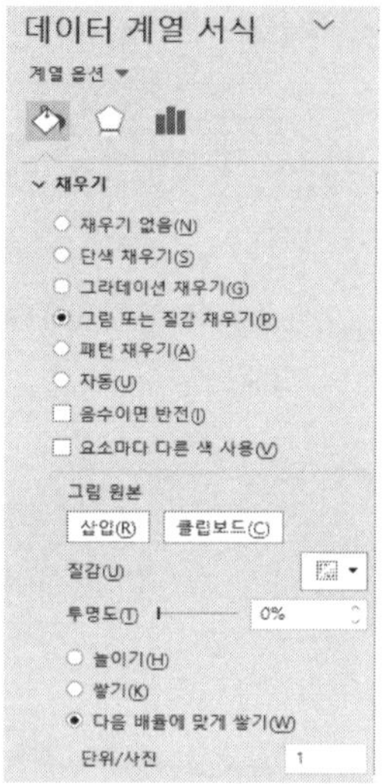

일곱째, 점도표와 같은 형태의 그림을 출력할 수 있음.

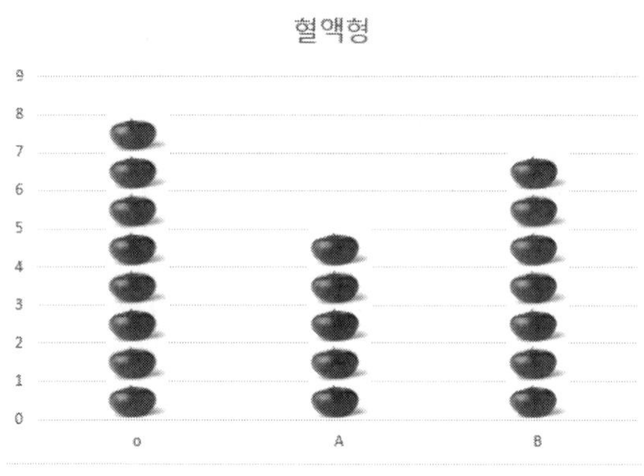

자료의 정리와 요약 부분에서 가장 사용되고 있는 5가지 차트는 세로 막대, 누적 세로 막대, 가로 막대, 원(또는 도우넛), 꺽은 선 그래프이며, 이 그래프를 만드는 방법을 소개하였으며, 그 외에 점그래프 만드는 방법과 몇 가지 EXCEL의 기능적인 측면에 대하여 소개하였다.

또한, 시간에 따른 자료의 변화 추이를 분석한 그림을 시계열 그림(time series plot)라 하며, 꺽은 선 그래프의 가로축에 해당하는 부분을 다각형의 둘레로, 세로축에 해당하는 부분을 중심에서 다각형의 꼭지점을 향하는 선분 또는 직선으로 표현한 정다각형 모양의

그림을 방사형 그림(radar chart)라 한다.

주어진 도수 표를 방사형 차트로 나타내면 다음과 같다.

혈액형	1반	2반
A	5	6
B	3	2
O	8	9
AB	4	3
합계	20	20

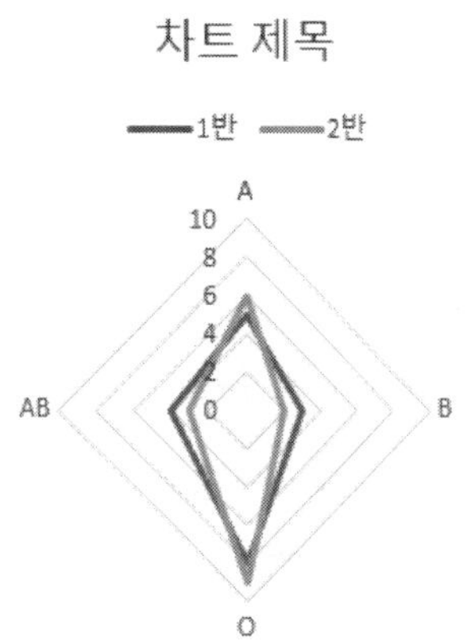

2-2. 연속형 자료의 요약

2-1절에서는 이산형 자료를 요약하여 차트로 나타내기 위하여 도수 표를 구하는 방법과 도수 표를 이용하여 차트로 나타내는 다양한 방법을 소개하였다.

연속형 자료는 이상형 자료와 마찬가지로 먼저 자료가 주어진 경우, 도수 표로 나타낼 수 있어야 챠트로 나타낼 수 있으므로 연속형 자료를 도수 표로 나타내는 방법을 소개하고자 한다.

2-2-1. 도수분포 표(frequency distribution table) : 자료가 주어진 경우

통계자료의 기술 방법으로 변량을 적당한 폭으로 나눈 계급으로 계열화한 것을 이 변량에 대한 도수분포라고 하며, 도수분포표란 자료 전체를 몇 개의 계급으로 나누고 각 계급의 도수를 조사하여 나타낸 표를 말하며, 자주 쓰이는 용어를 정리하면 다음과 같다.

첫째, 자료 : 키, 몸무게 등과 같이 자료를 수량으로 나타낸 것

▷ 자료의 수 : count

둘째, 도수 : 각 계급에 속하는 자료의 수

▷ 도수의 합 = 전체 자료의 수

셋째, 계급값 : 계급을 대표하는 값으로 계급의 중앙에 있는 값

▷ 계급값 = 계급의 양 끝값의 합 ÷ 2

넷째, 계급의 개수

▷ 계급의 개수 구하는 방법

전체 자료의 수가 n 이고, 계급의 수를 k라 할 때, 다음 조건을 만족하는 최소의 정수를 계급의 개수로 정함.

① 일반적인 방법 : $k = \sqrt{n}$

② Sturges 공식 : $2^k \geq n$ 또는 $k \geq \log_2 n$

▷ $\sqrt{\ }$: SQRT(square root)

다섯째, 계급의 간격

▷ 계급의 간격 구하는 방법

계급의 간격≒ (자료의 최댓값 - 자료의 최솟값)/계급의 개수

▷ 자료의 최댓값 = max, 자료의 최솟값 = min

여섯째. 제1계급의 하한

▷ 제1계급의 하한 구하는 방법

제1계급의 하한 = 자료의 최솟값 - 자료의 기본 단위×0.5

예제6 다음과 같은 도수분포 표가 주어진 경우, 다음 물음에 답하시오.

재위 기간	도수
0.5 ~ 9.5	9
9.5 ~ 18.5	7
18.5 ~ 27.5	4
27.5 ~ 36.5	2
36.5 ~ 45.5	3
45.5 ~ 54.5	2
합계	27

1) 자료의 전체 개수를 구하시오.
2) 제1계급의 하한값을 구하시오.
3) 계급의 개수를 구하시오.
4) 계급의 간격을 구하시오.
5) 계급의 계급값을 구하시오.
6) 상대도수를 구하시오.
7) 백분율을 구하시오.

풀이 1) 자료의 전체 개수는 합계에 표시된 27이다.

2) 제1계급의 하한값은 0.5이다.

3) 계급의 개수는 6개이다.

4) 계급의 간격은 9이다.

5) 계급의 계급값은 계급별 하한과 상한의 평균을 구하면 된다.

재위 기간	계급값	도수
0.5 ~ 9.5	5	9
9.5 ~ 18.5	14	7
18.5 ~ 27.5	23	4
27.5 ~ 36.5	32	2
36.5 ~ 45.5	41	3
45.5 ~ 54.5	50	2
합계		27

6) 상대도수는 전체 도수에 대한 도수의 비율을 구하면 된다.

재위 기간	계급값	도수	상대도수
0.5 ~ 9.5	5	9	0.33
9.5 ~ 18.5	14	7	0.26
18.5 ~ 27.5	23	4	0.15
27.5 ~ 36.5	32	2	0.07
36.5 ~ 45.5	41	3	0.11
45.5 ~ 54.5	50	2	0.07
합계		27	1

7) 백분율은 상대도수에 대한 %를 구하면 된다.

재위 기간	계급값	도수	상대도수	백분율
0.5 ~ 9.5	5	9	0.33	33.3%
9.5 ~ 18.5	14	7	0.26	25.9%
18.5 ~ 27.5	23	4	0.15	14.8%
27.5 ~ 36.5	32	2	0.07	7.4%
36.5 ~ 45.5	41	3	0.11	11.1%
45.5 ~ 54.5	50	2	0.07	7.4%
합계		27	1	100%

⊞ 도수분포 표 만드는 순서

먼저 조선왕조 27대 왕들의 재위 기간을 표시한 자료를 가지고 도수분포 표를 만드는 과정에 대하여 설명하고자 한다.

왕	재위 기간	왕	재위 기간	왕	재위 기간
태조	6년	연산군	12년	숙종	46년
정종	2년	중종	38년	경종	4년
태종	18년	인종	1년	영조	52년
세종	32년	명종	22년	정조	24년
문종	2년	선조	41년	순조	34년
단종	3년	광해군	25년	헌종	15년
세조	13년	인조	26년	철종	14년
예종	1년	효종	10년	고종	44년
성종	2년	현종	15년	순종	3년

첫째, 데이터의 개수가 27개이고, 계급의 수를 k라 할 때, 계급의 수는

$2^k \geq n$ $(k \geq \log_2 n)$ 또는 $k \geq \sqrt{n}$을 만족하는 최소의 정수이므로

$2^k \geq 27$이므로 $k \geq 5$이므로, 계급의 수를 5보다 큰 것으로 정한다.

[$k \geq \log_2 27$이고, $\log_2 16 = \log_2 2^4, \log_2 32 = \log_2 2^5$이므로]

마찬가지로, $k \geq \sqrt{27} = 5.\square$ 이므로 계급의 수를 6으로 정한다.

〈참고〉 계급의 수는 통상 5~15개가 적당하다.

둘째, 계급의 간격을 구한다.

1) 주어진 자료 중 최댓값과 최솟값을 구한다.
   즉 최대 영조 52년, 최소 예종과 인종 1년
2) 계급의 수 : 6
3) 계급의 간격 $= \dfrac{52-1}{6} \fallingdotseq 8.\triangle \fallingdotseq 9$(계산의 편리성)

셋째, 제1계급의 하한 결정

주어진 자료 중 최솟값이 제1계급에 포함될 수 있도록 제1계급의 하한 결정

$$제1계급의\ 하한 = (자료\ 중\ 최솟값) - \frac{기본단위}{2}$$

따라서 제1계급의 하한 $= 1 - \frac{1}{2} = 0.5$이다.

넷째, 계급 구간의 결정

주어진 자료 중 최댓값(제6계급)과 최솟값(제1계급)이 계급 구간에 포함되었는지 확인

계급 구간	재위 기간
제1계급	0.5 년 이상 ~ 9.5년 미만
제2계급	9.5 년 이상 ~ 18.5년 미만
제3계급	18.5년 이상 ~ 27.5년 미만
제4계급	27.5년 이상 ~ 36.5년 미만
제5계급	36.5년 이상 ~ 45.5년 미만
제6계급	45.5년 이상 ~ 54.5년 미만

다섯째, 도수분포 표를 만든다.

주어진 자료에서 계급 구간에 맞는 관찰 도수를 모두 기록하고, 합계가 일치하는지 확인

계급 구간	재위 기간	인원
제1계급	0.5 년 이상 ~ 9.5년 미만	
제2계급	9.5 년 이상 ~ 18.5년 미만	
제3계급	18.5년 이상 ~ 27.5년 미만	
제4계급	27.5년 이상 ~ 36.5년 미만	
제5계급	36.5년 이상 ~ 45.5년 미만	
제6계급	45.5년 이상 ~ 54.5년 미만	
합계		

EXCEL을 이용하여 도수분포표의 도수를 구하는 방법은 다음과 같다.

첫째, FREQUENCY 함수를 이용하는 방법

둘째, 히스토그램을 이용하는 방법

셋째, 피벗 테이블을 이용하는 방법

넷째, COUNTIF 함수를 이용하는 방법(설문 분석)

단순 자료는 FREQUENCY 함수를 이용하고, 피벗 테이블은 변수가 많은 자료에서 활용되며, 설문자료는 COUNTIF 함수를 이용하는 것이 좋다.

WITH Excel FREQUENCY 함수 이용 도수분포표 구하는 방법

먼저, 주어진 자료가 단순 자료이므로 FREQUENCY 함수를 가지고 도수분포 표 만드는 과정에 대하여 알아보도록 하겠습니다.

왕	재위 기간	왕	재위 기간	왕	재위 기간
태조	6년	연산군	12년	숙종	46년
정종	2년	중종	38년	경종	4년
태종	18년	인종	1년	영조	52년
세종	32년	명종	22년	정조	24년
문종	2년	선조	41년	순조	34년
단종	3년	광해군	25년	현종	15년
세조	13년	인조	26년	철종	14년
예종	1년	효종	10년	고종	44년
성종	2년	현종	15년	순종	3년

□ 자료를 EXCEL에 입력한다. (한글 자료 복사 후 붙여넣기)

주의 : EXCEL에서 숫자만 인식 (찾기 및 선택/바꾸기/모두 바꾸기/확인)

[6년 → 6으로 수정]

왕	재위 기간	왕	재위 기간	왕	재위 기간
태조	6년	연산군	12년	숙종	46년
정종	2년	중종	38년	경종	4년
태종	18년	인종	1년	영조	52년
세종	32년	명종	22년	정조	24년
문종	2년	선조	41년	순조	34년
단종	3년	광해군	25년	현종	15년
세조	13년	인조	26년	철종	14년
예종	1년	효종	10년	고종	44년
성종	2년	현종	15년	순종	3년

왕	재위 기간	왕	재위 기간	왕	재위 기간
태조	6	연산군	12	숙종	46
정종	2	중종	38	경종	4
태종	18	인종	1	영조	52
세종	32	명종	22	정조	24
문종	2	선조	41	순조	34
단종	3	광해군	25	현종	15
세조	13	인조	26	철종	14
예종	1	효종	10	고종	44
성종	2	현종	15	순종	3

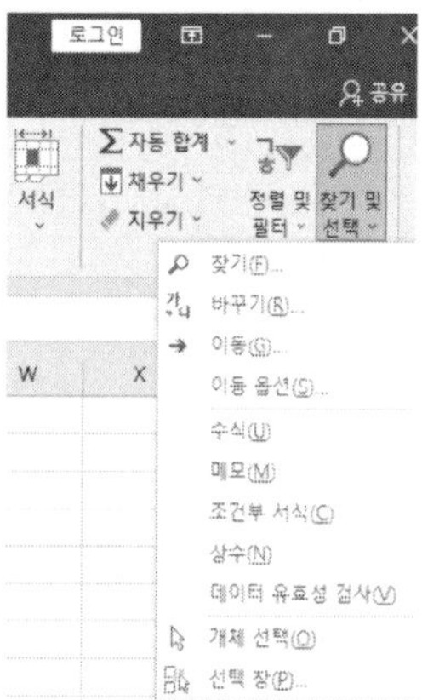

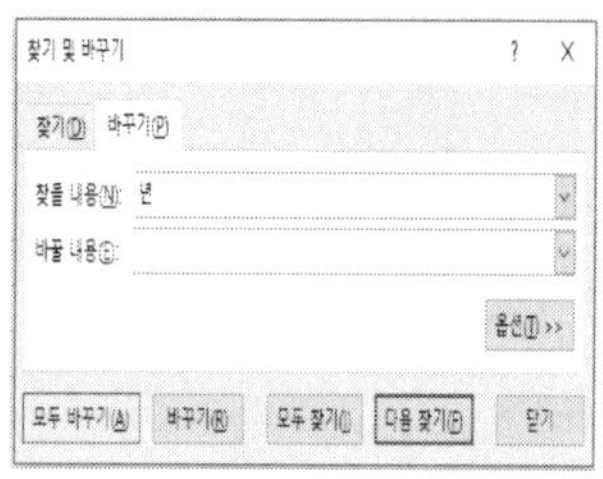

□ 자료에 한글과 숫자가 있으므로 자료를 세로로 배열한다.

왕	재위 기간	왕	재위 기간	왕	재위 기간
태조	6	연산군	12	숙종	46
정종	2	중종	38	경종	4
태종	18	인종	1	영조	52
세종	32	명종	22	정조	24
문종	2	선조	41	순조	34
단종	3	광해군	25	현종	15
세조	13	인조	26	철종	14
예종	1	효종	10	고종	44
성종	2	현종	15	순종	3

왕	재위 기간
태조	6
정종	2
태종	18
세종	32
문종	2
단종	3
세조	13
예종	1
성종	2
연산군	12
중종	38
인종	1
명종	22
선조	41
광해군	25
인조	26
효종	10
현종	15
숙종	46
경종	4
영조	52
정조	24
순조	34
현종	15
철종	14
고종	44
순종	3

□ 도수분포 표를 구하는 필요한 내용을 기록한다.

왕	재위 기간
태조	6
정종	2
태종	18
세종	32
문종	2
단종	3
세조	13
예종	1
성종	2
연산군	12

자료의 개수
계급의 수 log
최대값
최소값
계급의 간격
제1계급 하한

□ 자료의 개수를 구하는 방법 (함수마법사 f_x 이용)

자료가 몇 개인지 구하는 문제이므로 EXCEL/함수마법사/통계 확인 /count 확인

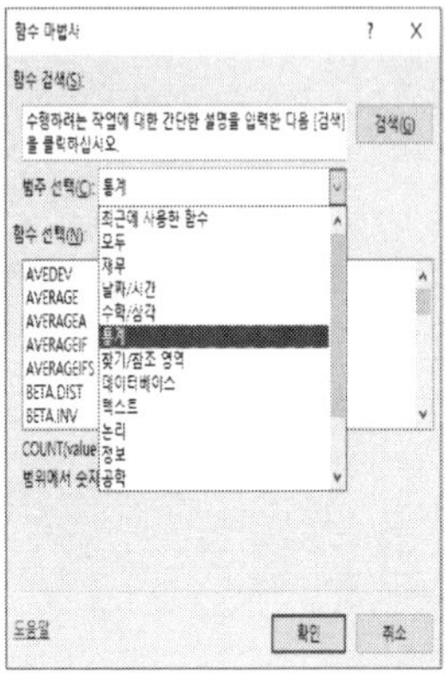

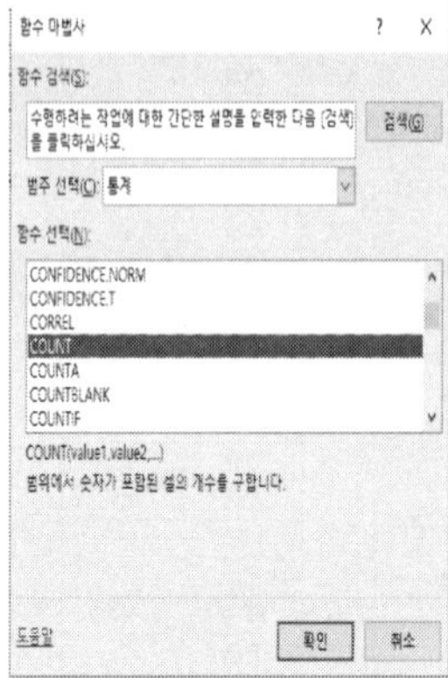

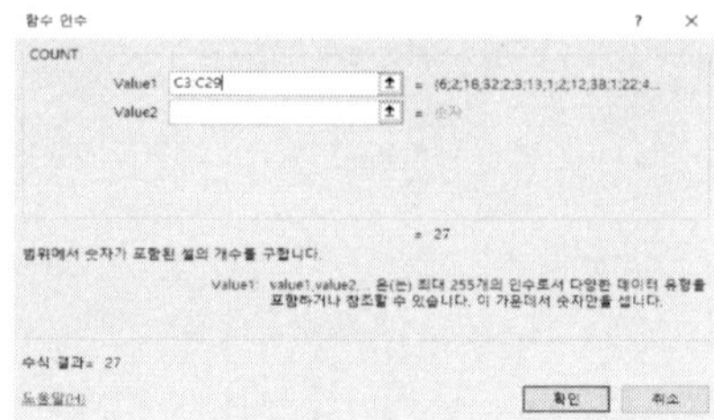

대화상자 입력

대화상자	의미와 입력 값
Value 1	숫자가 있는 범위 드래그

대화상자 입력 후 확인

□ 계급의 수를 구하는 방법 (함수마법사 f_x 이용)

$2^k \geq n$ ($k \geq \log_2 n$) 또는 $k \geq \sqrt{n}$ 을 만족하는 최소의 정수를 구하는 문제이므로

▷ 로그함수 이용 [$k \geq \log_2 n$]

함수마법사 f_x 클릭 후 범주 선택 : 수학/삼각에서 LOG 확인

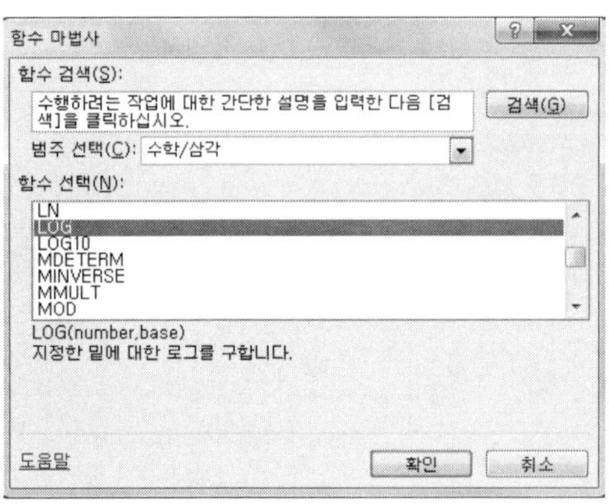

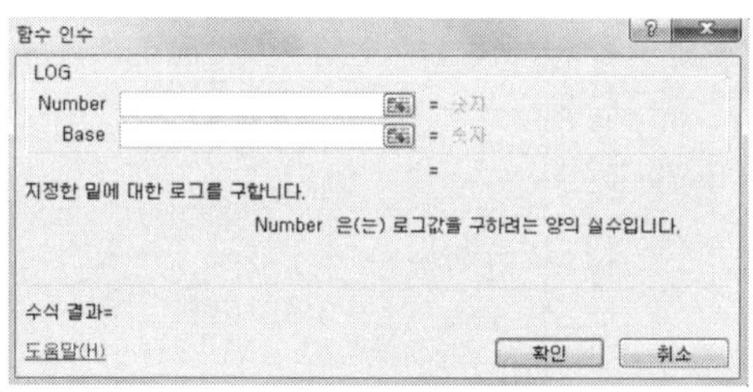

대화상자 입력 값

대화상자	의미와 입력 값	입력
Number	자료의 수	27
Base	log함수의 밑 수	2

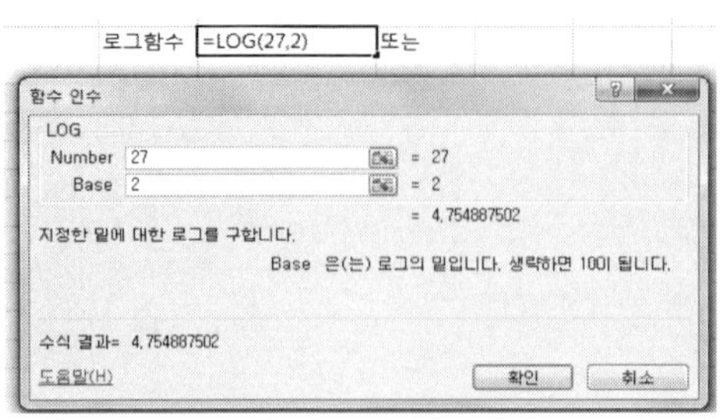

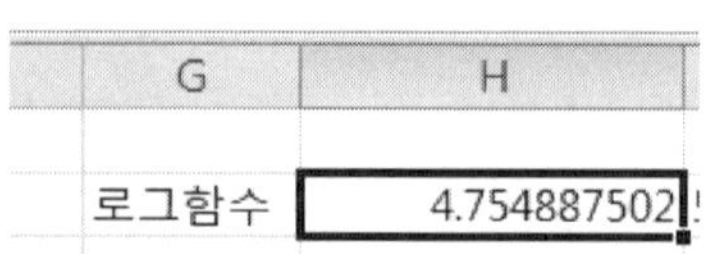

결과 : $k > 4.75$

▷ 무리수 이용 [$k \geq \sqrt{n}$]

함수마법사 f_x 클릭 후 범주 선택 : 수학/삼각에서 SQRT 확인

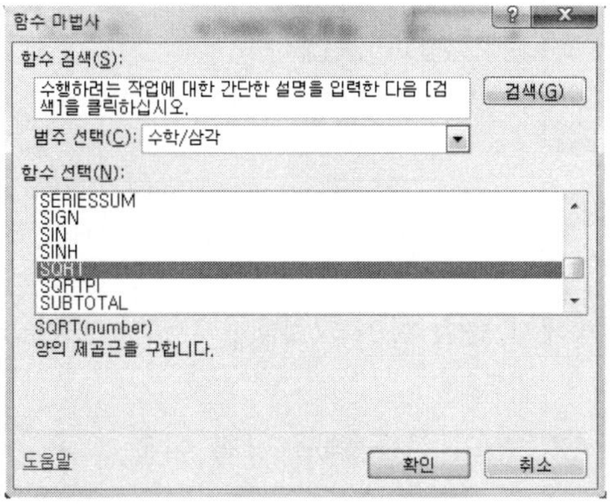

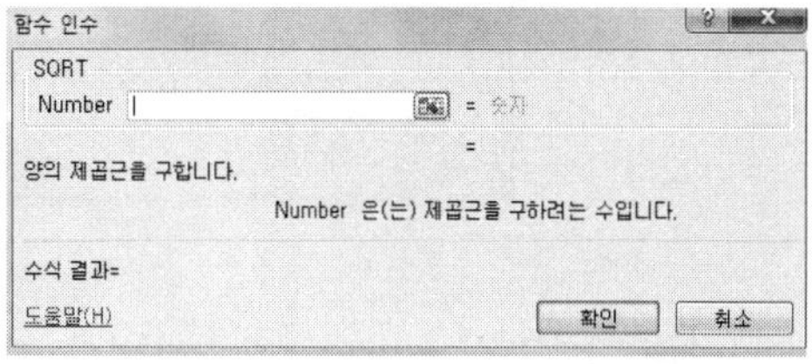

대화상자 입력 값

대화상자	의미와 입력 값	입력
Number	자료의 수	27

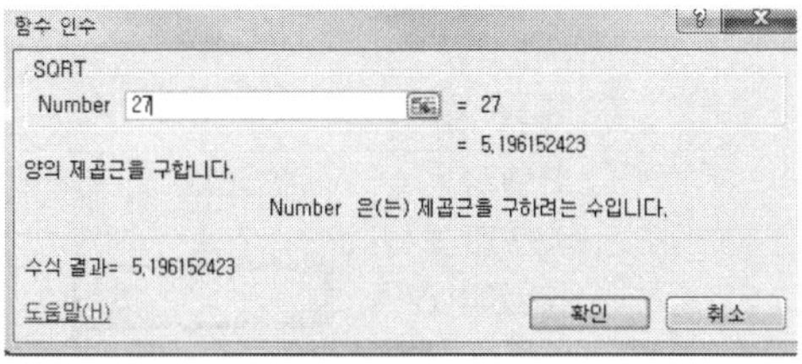

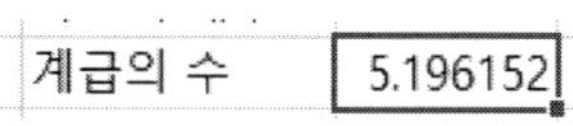

결과 : $k > 5.19$

계급의 수는 6으로 정함.

□ 최댓값 구하는 방법 (함수마법사 f_x 이용)

함수마법사 f_x 클릭 후 범주 선택 : 통계에서 MAX 확인

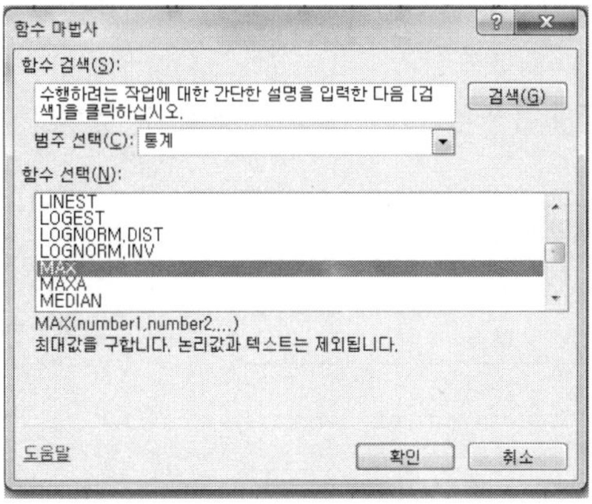

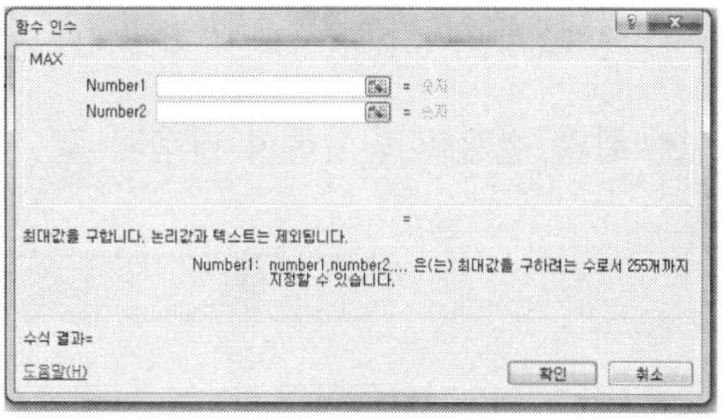

대화상자 입력 값

대화상자	의미와 입력 값
Number	실제 데이터 자료 드래그

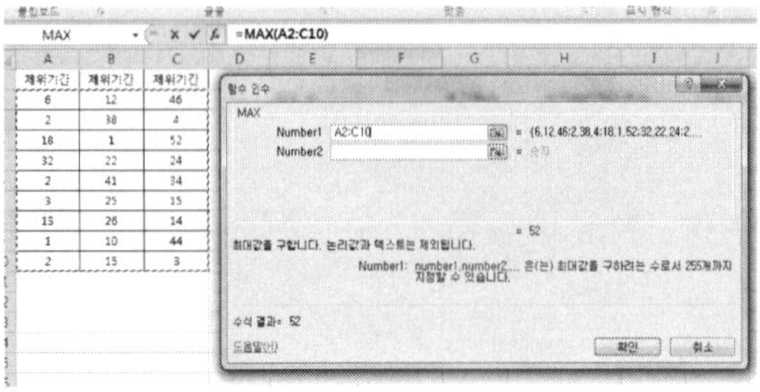

최댓값	52

결과 : 52

□ 최솟값 구하는 방법 (함수마법사 f_x 이용)

함수마법사 f_x 클릭 후 범주 선택 : 통계에서 MIN 확인 //최댓값 구하는 방법 동일

□ 계급의 구간 구하는 방법 : 기초적인 EXCEL의 산술 계산 방법 이용

계급의 간격 $= \dfrac{(\text{최댓값} - \text{최솟값})}{\text{계급의 수}}$ 이므로 셀의 위치를 클릭하여 확인

계급 수	6
최댓값	52
최솟값	1
계급의 간격	=(F3-F4)/F2

계급 수	6
최댓값	52
최솟값	1
계급의 간격	8.5

결과 : 8.5 ≒ 9

□ 제1계급의 하한

주어진 자료 중 최솟값이 제1계급에 포함될 수 있도록 제1계급의 하한 결정

$$\text{제1계급의 하한} = (\text{자료 중 최솟값}) - \frac{\text{기본 단위}}{2} = 1 - \frac{1}{2} = 0.5$$

▣ 위의 결과를 종합하여 다음과 같은 도수분포의 기본 형태를 구할 수 있다.

계급	계급 구간	왕의 수
제1계급	0.5 ~ 9.5	
제2계급	9.5 ~ 18.5	
제3계급	18.5 ~ 27.5	
제4계급	27.5 ~ 36.5	
제5계급	36.5 ~ 45.5	
제6계급	45.5 ~ 54.5	
계		

이제 도수분포표를 완성하기 위한 도수를 구하는 방법을 알아보도록 하겠다.
먼저, 도수분포의 기본 형태에서 계급 구간의 끝값을 새롭게 구성한다.

계급	계급 구간	끝값	왕의 수
제1계급	0.5 ~ 9.5	9.5	
제2계급	9.5 ~ 18.5	18.5	
제3계급	18.5 ~ 27.5	27.5	
제4계급	27.5 ~ 36.5	36.5	
제5계급	36.5 ~ 45.5	45.5	
제6계급	45.5 ~ 54.5	54.5	
계			

□ 구하고자 하는 자료 범위 선택(드래그) 후 함수마법사 f_x : 통계/ FREQUENCY 선택

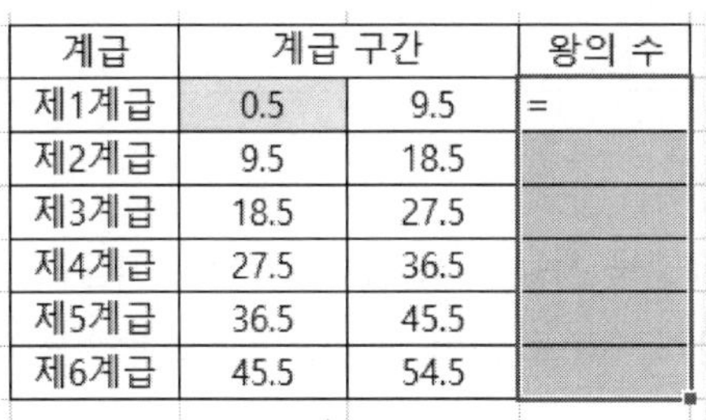

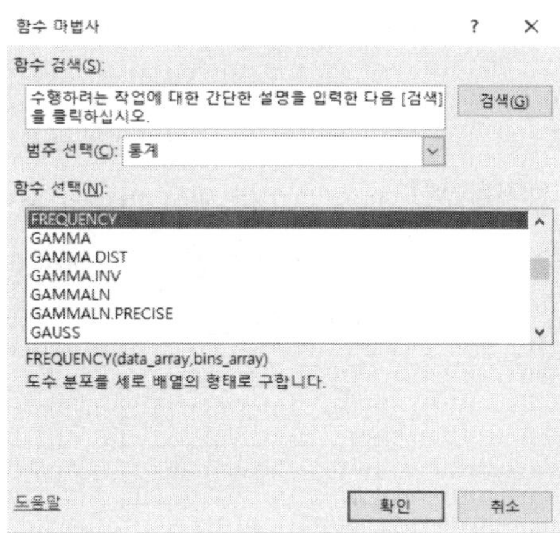

□ FREQUENCY 선택 후 확인 클릭

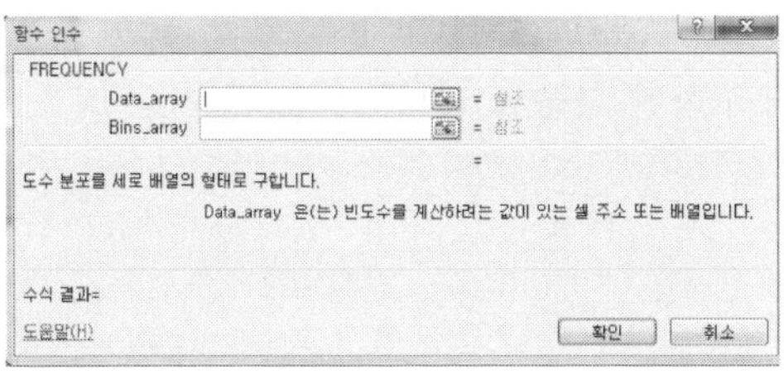

대화상자	의미와 입력 값
Data_array	실제 데이터 자료 드래그
Bins_array	계급 구간의 끝값 드래그

□ 입력 내용

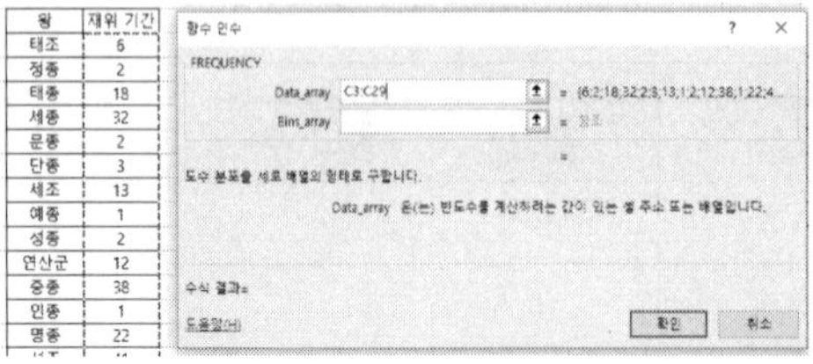

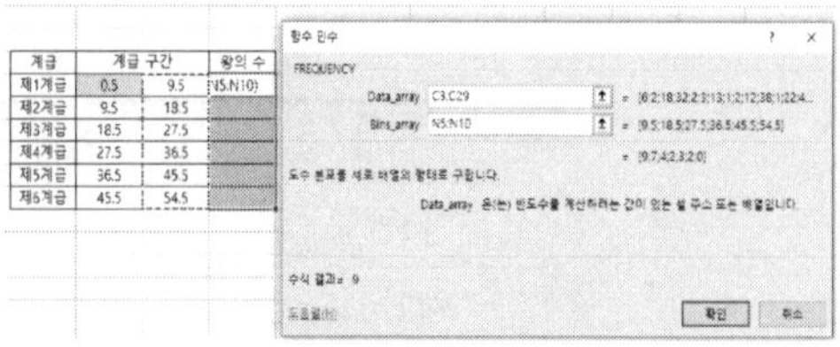

□ Ctrl + Shift + Enter 클릭 : FREQUENCY 함수로 만든 도수분포표 결과

계급	계급 구간		왕의 수
제1계급	0.5	9.5	9
제2계급	9.5	18.5	7
제3계급	18.5	27.5	4
제4계급	27.5	36.5	2
제5계급	36.5	45.5	3
제6계급	45.5	54.5	2

계급	계급 구간		왕의 수
제1계급	0.5	9.5	9
제2계급	9.5	18.5	7
제3계급	18.5	27.5	4
제4계급	27.5	36.5	2
제5계급	36.5	45.5	3
제6계급	45.5	54.5	2
합계			27

예제7 60명의 대학생이 일주일 동안 인터넷을 사용한 시간을 조사하여 다음의 결과를 얻었다고 한다. 이 자료에 대한 도수분포 표를 FREQUENCY 함수를 이용하여 구하시오.

28	16	13	8	44	38	29	12	13	18	45	27
12	22	24	5	56	35	14	27	24	25	5	35
47	37	33	42	31	26	41	30	33	12	36	46
7	18	26	11	26	45	17	12	26	21	29	57
35	27	44	39	23	52	32	27	44	37	31	12

풀이 계급의 수에 따라 도수분포 표가 달라지므로, 위와 같은 순서에 의해 FREQUENCY 함수를 이용하여 구하면 다음과 같다.

(1) 계급의 수가 7개인 경우

계급 구간		도수
4.5	12.5	10
12.5	20.5	7
20.5	28.5	15
28.5	36.5	12
36.5	44.5	9
44.5	52.5	5
52.5	60.5	2
합계		60

1) 제1계급의 하한값 : 4.5
2) 계급의 개수 : 7
3) 계급의 간격 : 8
4) 제7계급의 하한값 : 52.5

(2) 계급의 수가 8개인 경우

계급 구간		도수
4.5	11.5	5
11.5	18.5	12
18.5	25.5	6
25.5	32.5	15
32.5	39.5	10
39.5	46.5	8
46.5	53.5	2
53.5	60.5	2
합계		60

1) 제1계급의 하한값 : 4.5
2) 계급의 개수 : 8
3) 계급의 간격 : 7
4) 제7계급의 하한값 : 53.5

WITH Excel 히스토그램 이용하여 도수분포표 구하는 방법

예제8 60명의 대학생이 일주일 동안 인터넷을 사용한 시간을 조사하여 다음의 결과를 얻었다고 한다. 이 자료에 대한 도수분포 표를 히스토그램을 이용하여 구하시오.

28	16	13	8	44	38	29	12	13	18	45	27
12	22	24	5	56	35	14	27	24	25	5	35
47	37	33	42	31	26	41	30	33	12	36	46
7	18	26	11	26	45	17	12	26	21	29	57
35	27	44	39	23	52	32	27	44	37	31	12

풀이 히스토그램을 이용하여 도수분포 표를 구하는 방법은 다음과 같다.

첫째, 주어진 자료를 세로로 배열한다.

둘째, 전체 자료 드래그/메뉴 상단 삽입/모든 차트/히스토그램 확인

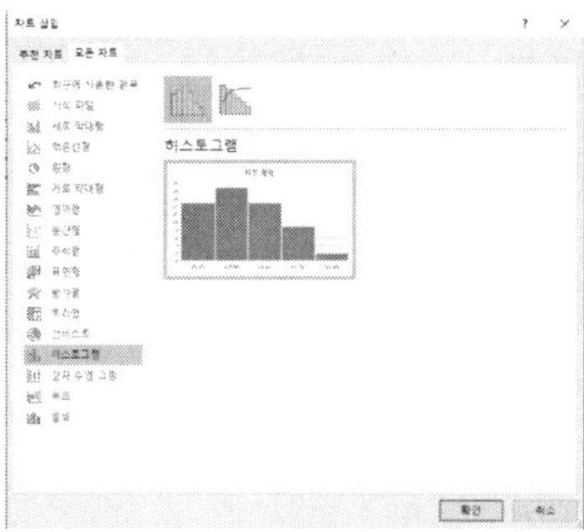

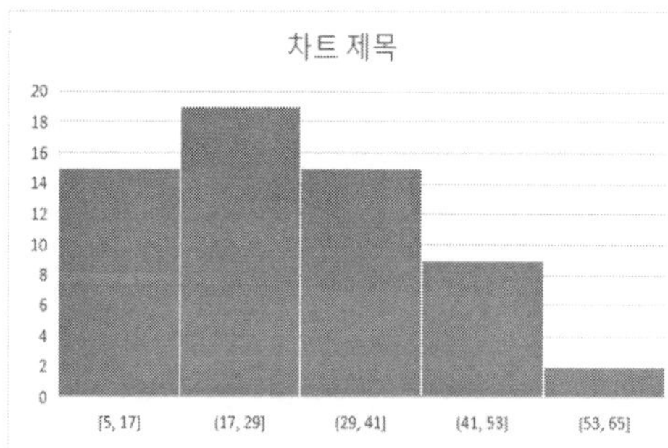

셋째, 차트 요소/눈금선 삭제 및 데이터레이블 클릭

넷째, 히스토그램은 5개의 계급으로 구성되어 있으며 하단에 계급 구간이 표시되어 있고, 데이터레이블의 도수가 표시되어 있으므로 다음과 같이 도수분포 표를 완성하면 된다.

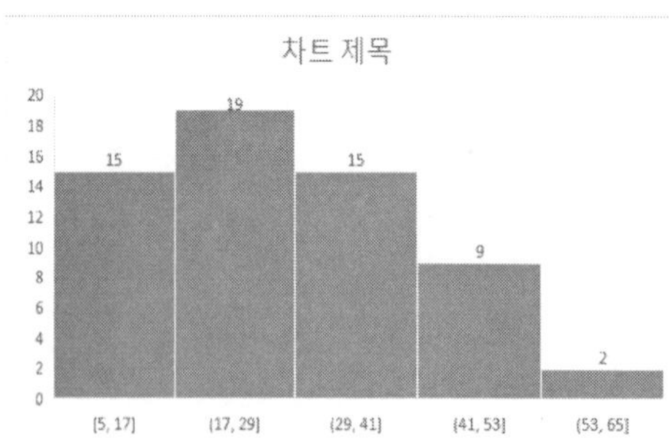

계급 구간		도수
5	17	15
17	29	19
29	41	15
41	53	9
53	65	2
합계		60

WITH Excel 피벗 테이블로 도수분포표 구하는 방법

□ 자료에 한글과 숫자가 있으므로 자료를 세로로 배열한다.

왕	재위 기간	왕	재위 기간	왕	재위 기간
태조	6	연산군	12	숙종	46
정종	2	중종	38	경종	4
태종	18	인종	1	영조	52
세종	32	명종	22	정조	24
문종	2	선조	41	순조	34
단종	3	광해군	25	헌종	15
세조	13	인조	26	철종	14
예종	1	효종	10	고종	44
성종	2	현종	15	순종	3

왕	재위 기간
태조	6
정종	2
태종	18
세종	32
문종	2
단종	3
세조	13
예종	1
성종	2
연산군	12
중종	38
인종	1
명종	22
선조	41
광해군	25
인조	26
효종	10
현종	15
숙종	46
경종	4
영조	52
정조	24
순조	34
헌종	15
철종	14
고종	44
순종	3

□ 구하고자 하는 자료 범위 선택(드래그) 후, 삽입 클릭 후 피벗 테이블 선택

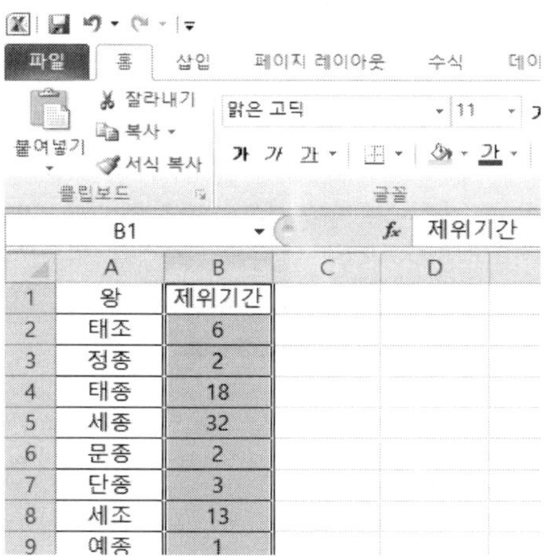

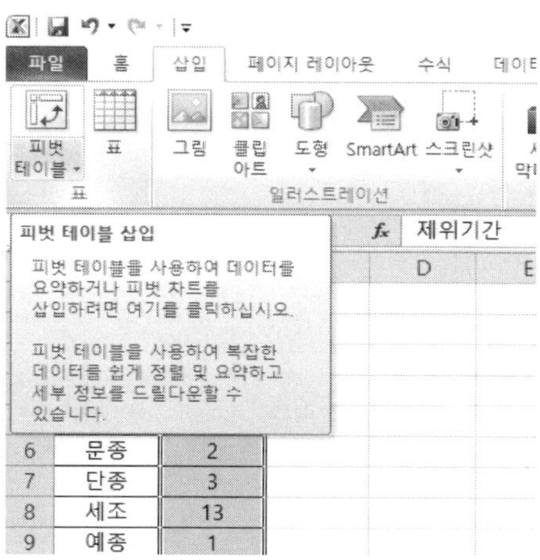

□ 피벗 테이블 만들기 대화창/기존 워크시트 체크/위치 클릭 후, 셀 위치 선택, 확인 클릭

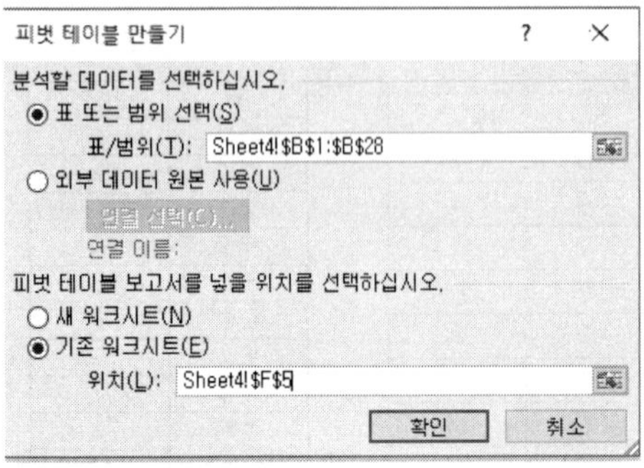

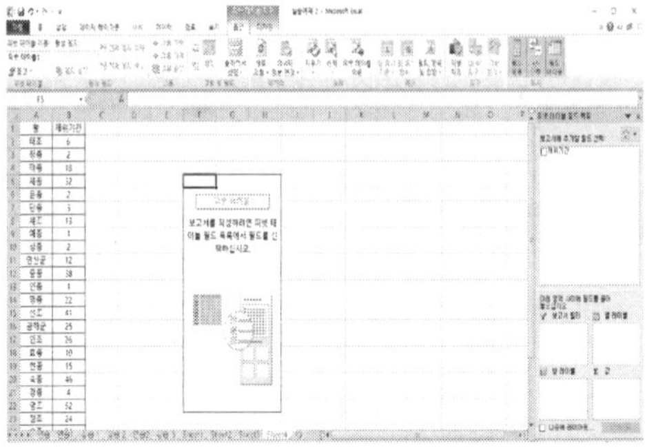

□ 피벗 테이블 필드 목록/재위 기간을 행 레이블로 이동, 재위 기간을 ∑값으로 이동

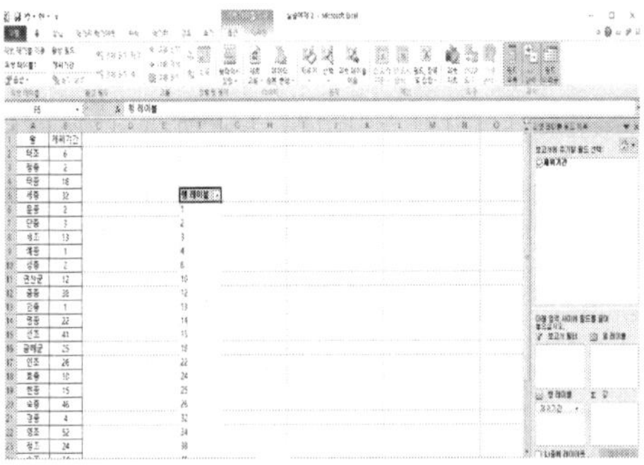

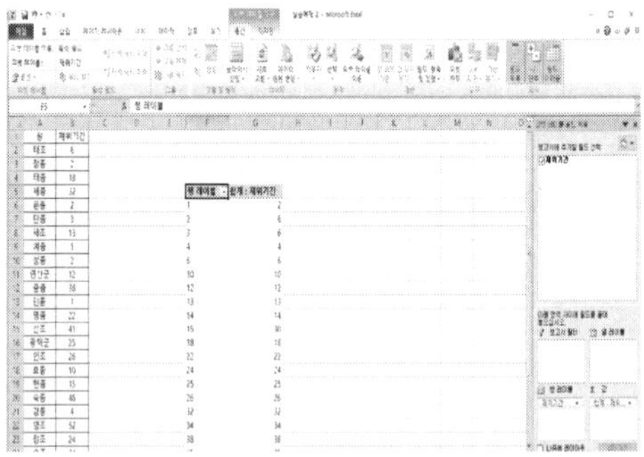

□ 도수를 구하는 문제이므로, ∑값에서 ▼ 선택/값 필드 설정/개수 선택 후 확인

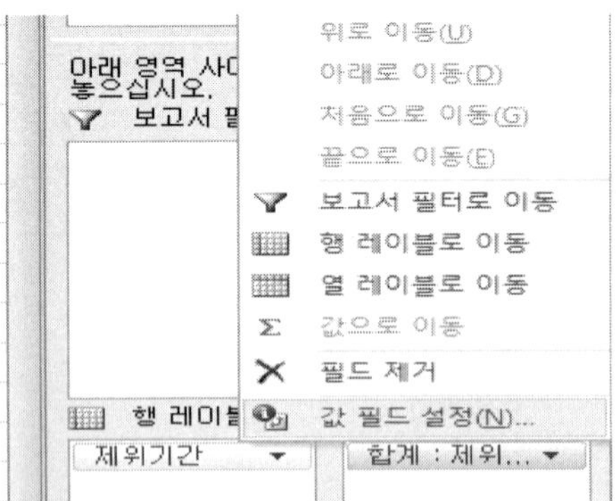

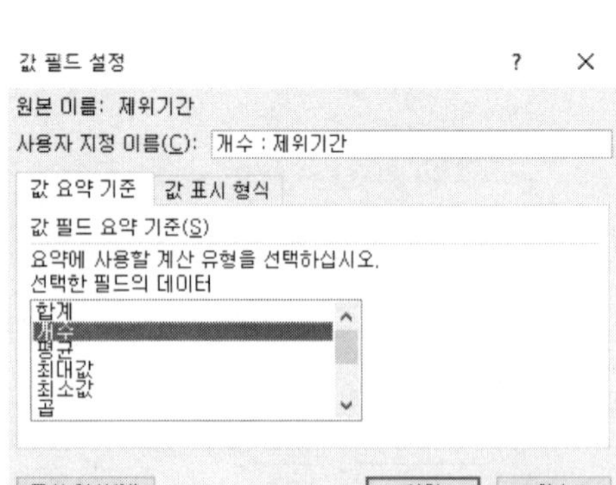

□ 도수를 구하는 문제이므로, ∑값에서 ▼ 선택/값 필드 설정/개수 선택 후 확인

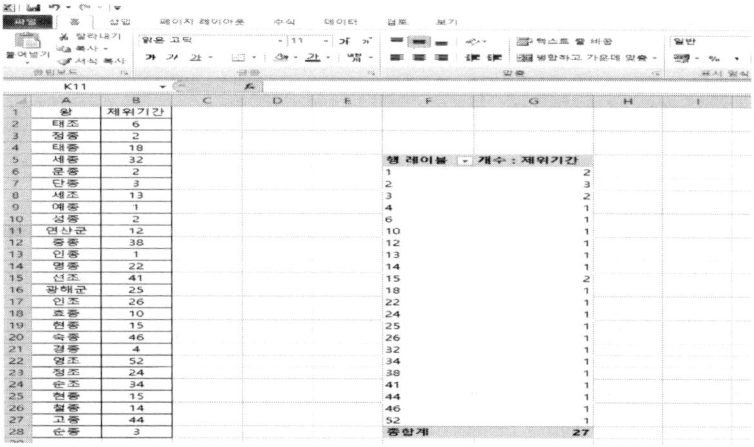

□ 행 레이블에서 우측 마우스 클릭/그룹 선택, 그룹화 대화창 시작/끝 변경

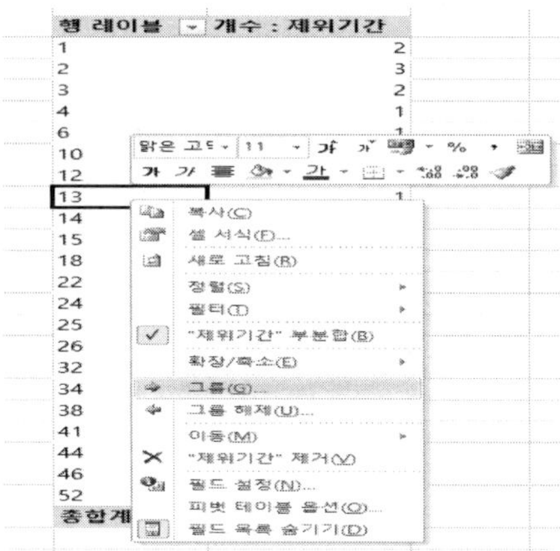

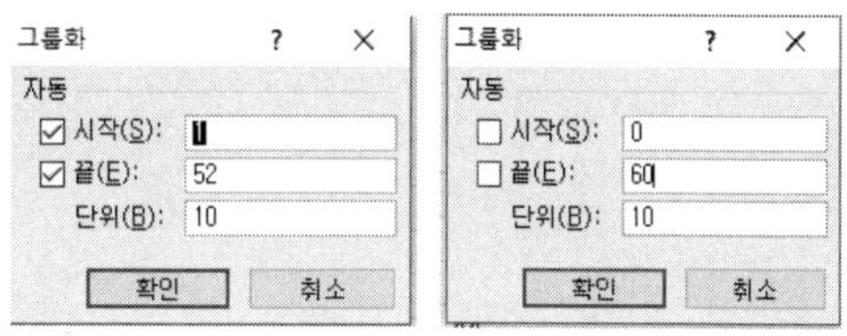

시작 : 최소값

끝 : 최댓값

단위 : 계급의 구간

□ 피벗 테이블로 만든 도수분포표 결과

행 레이블	개수 : 제위기간
0-9	9
10-19	7
20-29	4
30-39	3
40-49	3
50-60	1
총합계	**27**

예제9 60명의 대학생이 일주일 동안 인터넷을 사용한 시간을 조사하여 다음의 결과를 얻었다고 한다. 이 자료에 대한 도수분포 표를 피벗 테이블을 이용하여 구하시오.

28	16	13	8	44	38	29	12	13	18	45	27
12	22	24	5	56	35	14	27	24	25	5	35
47	37	33	42	31	26	41	30	33	12	36	46
7	18	26	11	26	45	17	12	26	21	29	57
35	27	44	39	23	52	32	27	44	37	31	12

풀이 □ 자료를 세로로 배열한 후 상단에 "시간"을 쓴다.

28	16	13	8	44	38	29	12	13	18	45	27
12	22	24	5	56	35	14	27	24	25	5	35
47	37	33	42	31	26	41	30	33	12	36	46
7	18	26	11	26	45	17	12	26	21	29	57
35	27	44	39	23	52	32	27	44	37	31	12

시간
28
16
13
8
44
38
29
12
13
18
45
27
12
22
24
5
56
35
14
27
24
25
5
35

□ 구하고자 하는 자료 범위 선택(드래그) 후, 삽입 클릭 후 피벗 테이블 선택/확인

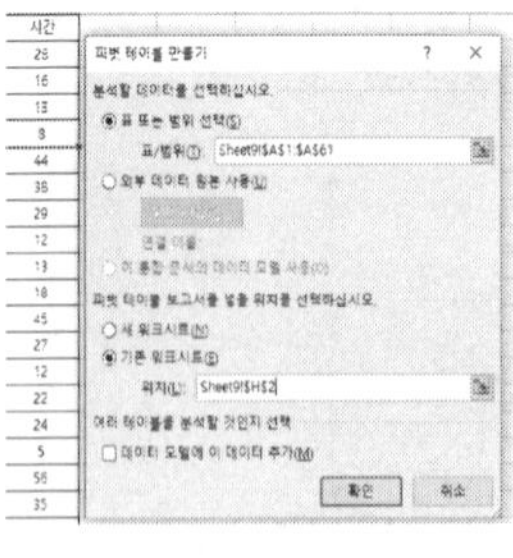

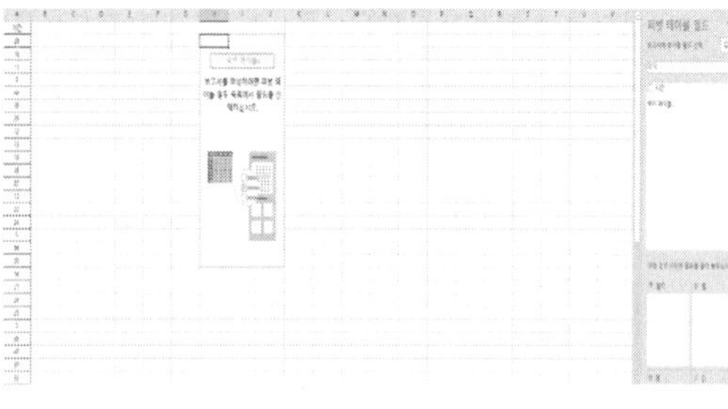

□ 피벗 테이블 필드 목록/시간을 행 레이블로 이동, 시간을 ∑값으로 이동

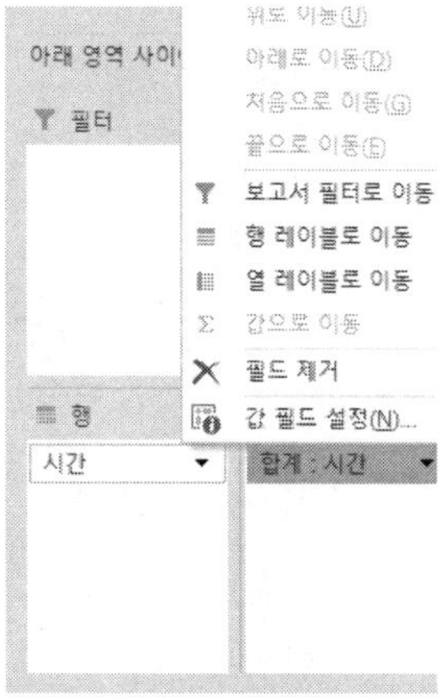

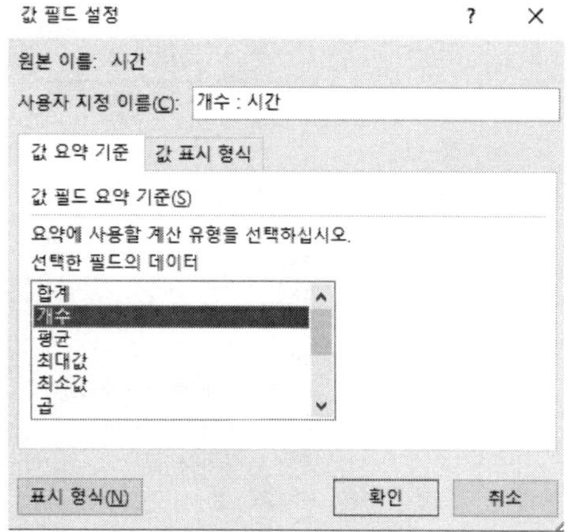

□ 도수를 구하는 문제이므로, ∑값에서 ▼ 선택/값 필드 설정/개수 선택 후 확인

행 레이블	개수 : 시간
5	2
7	1
8	1
11	1
12	5
13	2
14	1
16	1
17	1
18	2
21	1
22	1
23	1
24	2
25	1
26	4
27	4

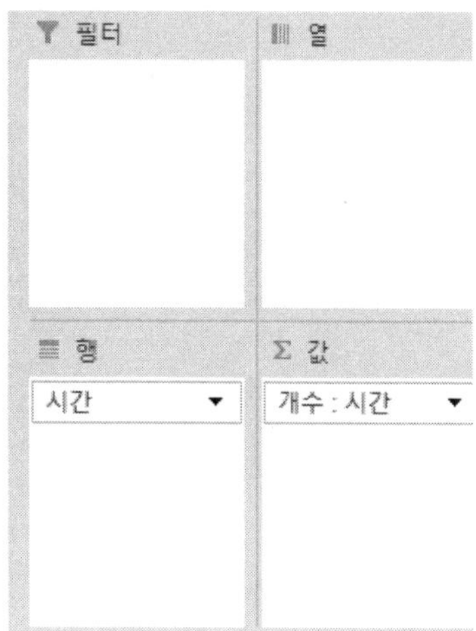

□ 행 레이블에서 우측 마우스 클릭/그룹 선택, 그룹화 대화창 시작/끝 변경

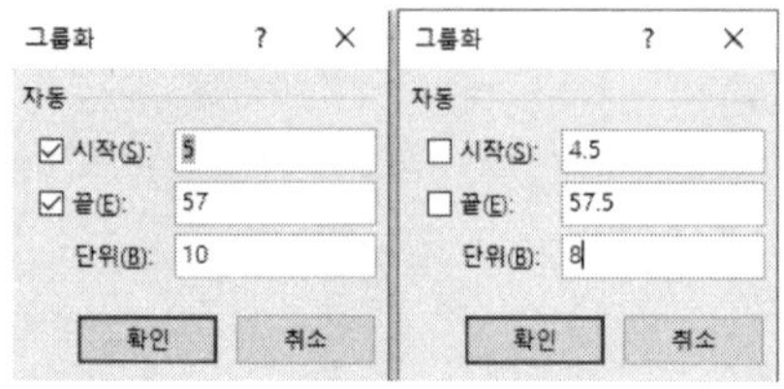

시작 : 최소값

끝 : 최댓값

단위 : 계급의 구간

□ 피벗 테이블로 만든 도수분포표 결과

행 레이블	개수 : 시간
4.5-12.5	10
12.5-20.5	7
20.5-28.5	15
28.5-36.5	12
36.5-44.5	9
44.5-52.5	5
52.5-60.5	2
총합계	**60**

2-2-2. 도수분포표(frequency table) : 설문자료가 주어진 경우

설문 조사인 경우, 기본적으로 많은 인원을 대상으로 실시하므로 관찰 도수로 계급에 맞는 도수를 구하는 것이 어려운 관계로 EXCEL의 COUNTIF 함수(지정된 범위에서 조건에 맞는 셀의 개수)를 가지고 도수분포 표를 만들어야 한다.

WITH Excel **COUNTIF 함수 이용(설문 분석에 용이)**

예제 10 다음은 어느 로봇학원에서 실시한 로봇학원의 만족도 중 유형성에 대한 4개의 질문 문항에 5점 척도로 27명이 응답한 다음의 결과를 얻었다고 한다. 이 자료에 대한 도수분포 표를 구하시오.

번호	유 형 성			
	1. 우리 학원은 로봇 교육을 위한 최신 실습 장비를 갖추고 있다.	2. 우리 학원은 급수, 냉난방, 화장실 등의 시설이 잘 갖추어져 있다.	3. 우리 학원의 내부 인테리어는 디자인도 우수하고 시각적으로도 좋다.	4. 우리 학원의 각종 시설과 장비는 사용하기 편리하게 잘 작동된다.
1	4	5	5	4
2	4	5	5	4
3	4	5	4	4
4	5	5	5	5
5	4	5	5	5
6	5	5	5	4
7	4	5	4	5
8	4	5	5	5
9	4	5	4	5
10	5	5	5	5
11	5	5	5	5
12	4	4	3	4
13	3	5	3	4
14	5	5	4	3
15	4	4	3	4
16	4	5	4	5
17	5	5	5	5
18	5	5	4	4
19	5	5	3	4
20	5	5	3	4
21	5	5	4	5
22	4	4	3	5
23	5	5	3	5
24	3	3	2	3
25	4	4	4	4
26	4	5	3	4
27	4	5	4	5

〈참고〉 5점 척도 유형 (① 매우 불만족 ② 불만족 ③ 보통 ④ 만족 ⑤ 매우 만족)

첫째, 자료를 EXCEL에 입력한다. (한글 자료 복사 후 붙여넣기)

둘째, 계급의 수를 결정한다.

계급의 수는 5점 척도를 사용한 질문이므로 계급을 제5계급으로 분류한 후, 계급별로 도수를 구하면 된다.

계급	계급 구간	도수
제1계급	1	
제2계급	2	
제3계급	3	
제4계급	4	
제5계급	5	

셋째, 계급별 도수 구하는 방법

▷ 전체 4개 문항으로 구성되어 있으므로 1번 문항의 1번에 응답한 도수를 구하는 방법을 알면, 1번 문항의 2번~5번 문항까지 구할 수 있음.

1) 1번 문항의 1번에 응답한 도수를 구하는 방법

□ 셀의 위치를 제1계급의 도수를 구하는 위치에 두고, 통계/COUNTIF 함수/ 확인

계급	계급 구간	도수
제1계급	1	=
제2계급	2	
제3계급	3	
제4계급	4	
제5계급	5	

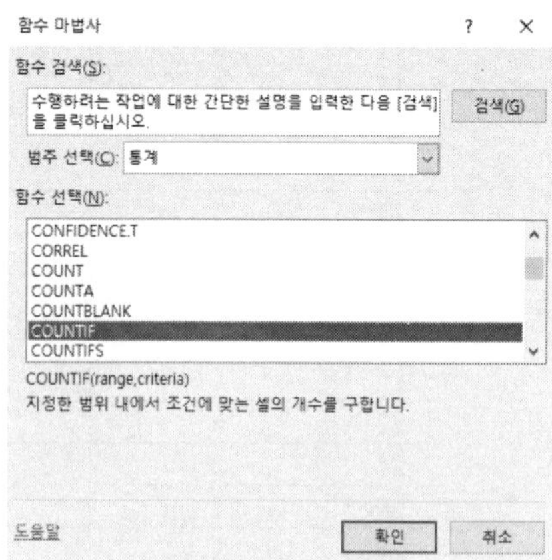

□ COUNTIF 함수를 이용하여 제1계급의 도수를 구한다.

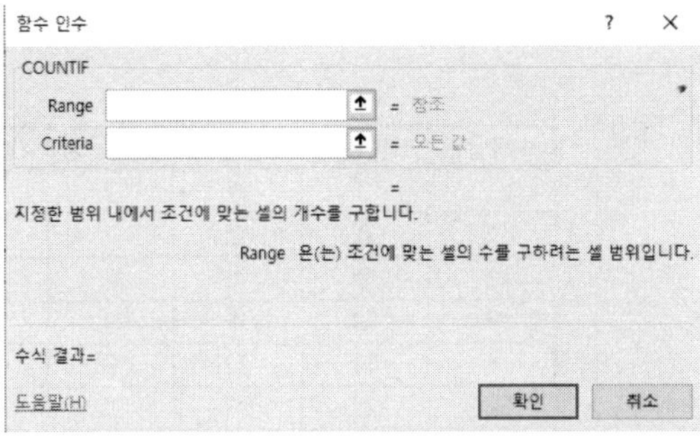

대화상자	의미와 입력 값
Range	1번 문항 응답자 전체 드래그
Criteria	1 또는 1의 셀의 위치 지정

□ 확인 및 결과

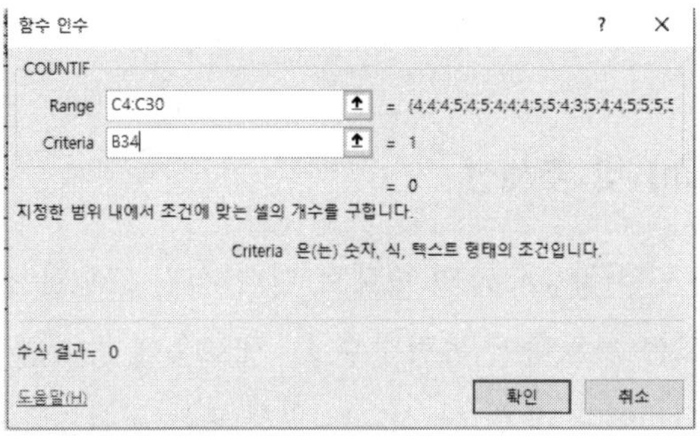

계급	계급 구간	도수
제1계급	1	0

결과 확인

1번 문항에 "1"로 응답한 인원이 없음.

이와 같은 방법으로

유형성 1번 문항의 2번에 응답한 도수

유형성 1번 문항의 3번에 응답한 도수

유형성 1번 문항의 4번에 응답한 도수

유형성 1번 문항의 5번에 응답한 도수

를 각각 구하면 된다.

계급	계급 구간	도수
제1계급	1	0
제2계급	2	0
제3계급	3	2
제4계급	4	14
제5계급	5	11

또한, 2번, 3번, 4번 문항의 도수는 1번 문항의 도수 전체 드래그하면 구할 수 있습니다.

먼저 1번 문항 +에서 드래그하면 2번, 3번, 4번 문항이 생김

계급	1번 문항
1	0
2	0
3	2
4	14
5	11
합계	27

\+

계급	1번 문항	2번 문항	3번 문항	4번 문항
1	0			
2	0			
3	2			
4	14			
5	11			
합계	27			

도수(계급 1에서 합계) 전체 드래그 후 +에서 드래그하면 2번, 3번, 4번 문항의 도수가 만들어 짐.

계급	1번 문항	2번 문항	3번 문항	4번 문항
1	0			
2	0			
3	2			
4	14			
5	11			
합계	27			

계급	1번 문항	2번 문항	3번 문항	4번 문항
1	0	0	0	0
2	0	0	1	0
3	2	1	8	2
4	14	4	9	12
5	11	22	9	13
합계	27	27	27	27

문항의 수가 많은 경우, COUNTIF 함수를 이용하는 것이 문항별 도수분포 표를 빠르게 생성할 수 있다.

2-2-3. 산 점도(scatter diagram) 및 추세선

자료집단이 서로 종속인 경우는 보통 순서쌍 (x, y)의 형태로 나타나며, 그림은 **산 점도** (scatter diagram)로 나타낸다. 산 점도는 가로축에 독립변수 x, 세로축에 종속변수 y를 쓰고, 자료를 순서쌍(x, y)으로 표현한 그림이다. 또한 산 점도는 직선 또는 곡선으로 나타낼 수 있는 추세선(trend line)을 구할 수 있고, 특정한 독립변수에 대한 종속변수의 값을 예측할 수도 있다.

예제 11 서울시의 구별 동별 평균소득을 나타내는 자료가 다음과 같을 때, 산 점도를 이용하여 차트를 생성하고, 추세선을 나타내고, 직선의 방정식을 구하시오.

행정동 코드	1	2	3	4	5	6	7	8	9
평균소득(만원)	4984	3670	3870	3423	4194	3555	3175	4757	3834

풀이 EXCEL을 이용하여 다음과 같이 구하면 된다.

WITH Excel **산 점도 및 추세선**

□ 전체 자료 드래그 후, 테이블 메뉴에서 삽입/차트/분산형

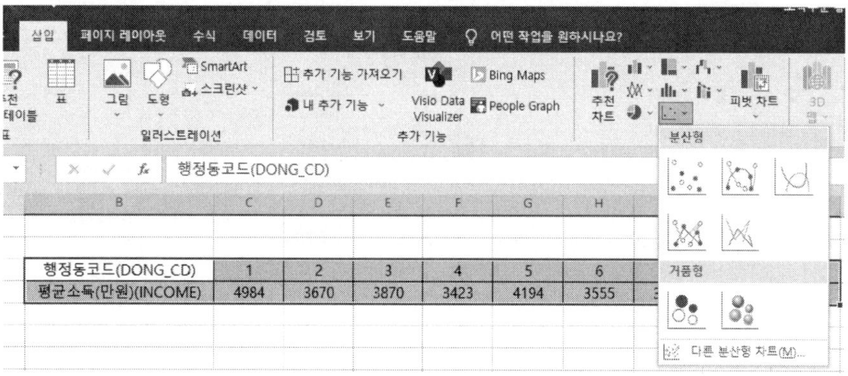

□ 분산형 중 점으로 표시된 차트 출력

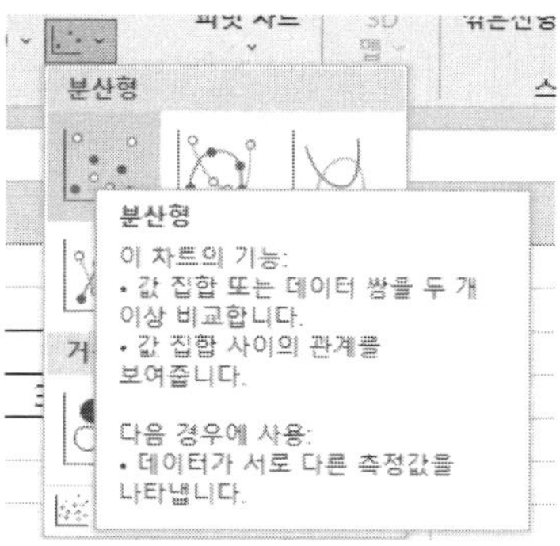

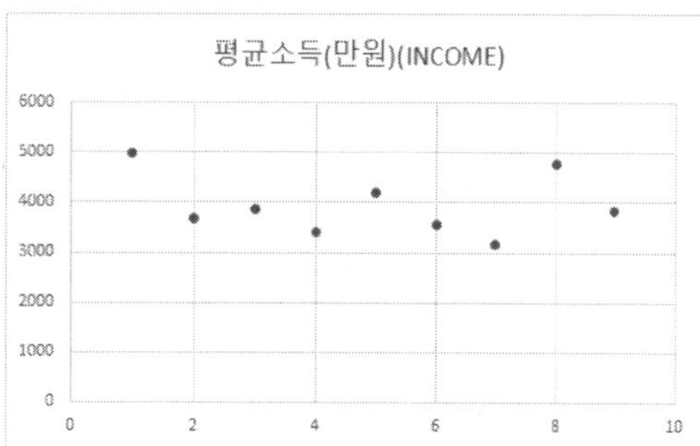

□ 점을 클릭 후 차트 요소에서 추세선 클릭

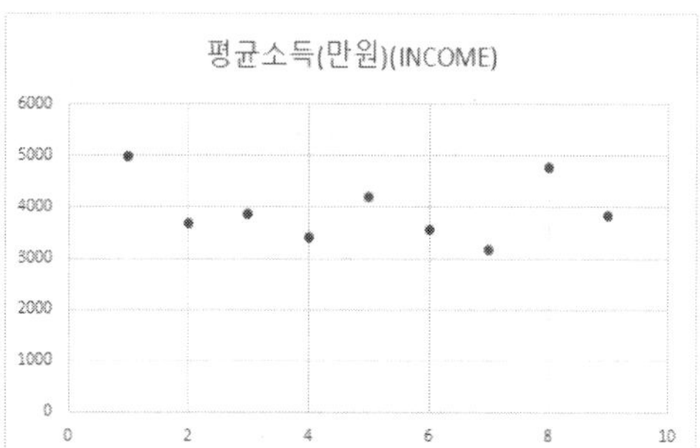

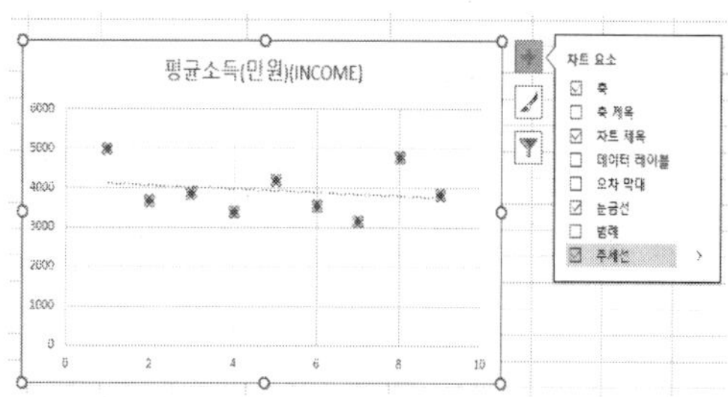

□ 추세선 서식 중 선형 선택/1차 함수가 나타남

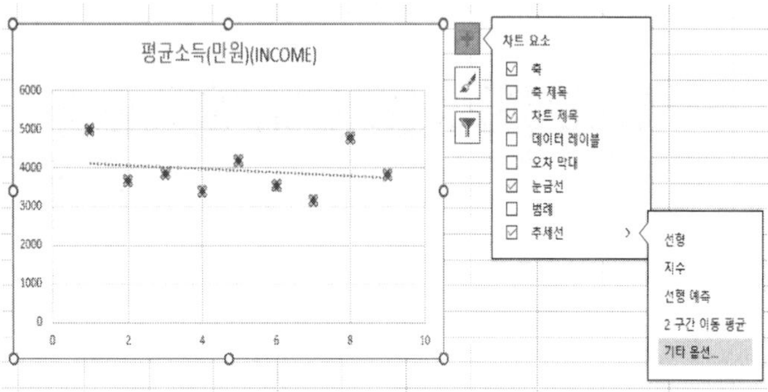

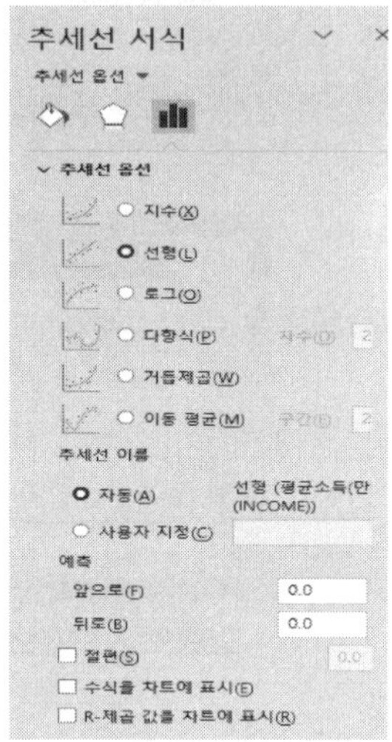

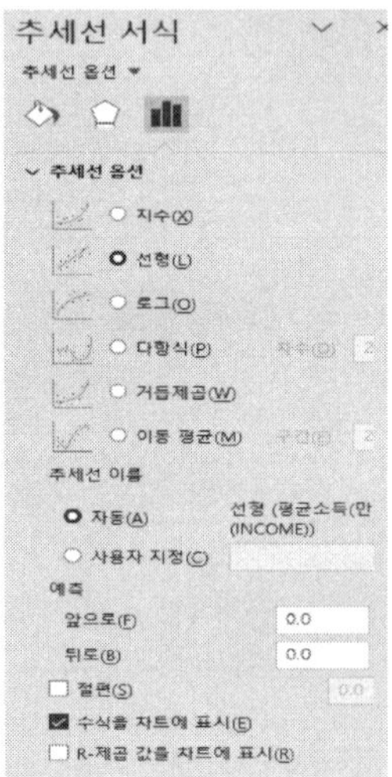

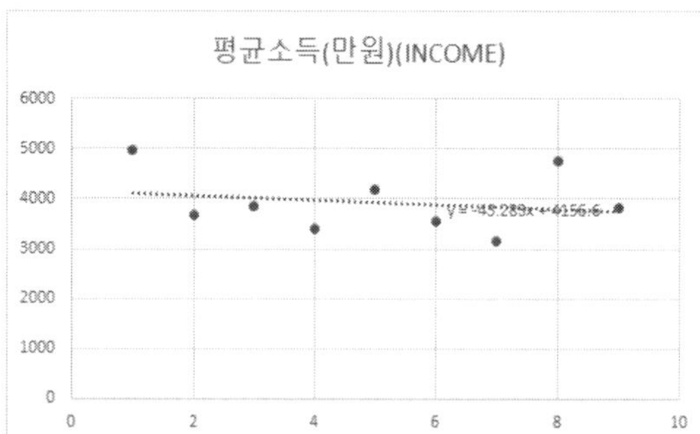

2-2-4. 줄기-잎 그림(stem and leaf plot)

줄기-잎 그림은 1977년 미국의 투키(Tukey, J.)교수에 의해 개발된 "탐색적 자료분석(Exploratory Date Analysis)"의 한 방법으로 자료를 정리하는 새로운 방법으로서 통계적 자료를 표 형태와 그래프 형태의 혼합된 방법으로 나타내는 것을 말하는 것으로 원자료에 대한 정보를 잃지 않고 정리하는 방법이다.

줄기-잎 그림의 장점은 자료의 수가 적을 때 자료의 분포를 빠른 시간에 쉽게 작성이 가능하며, 히스토그램에 비해 정보손실 적고, 중위수 및 사 분위수를 줄기-잎 그림을 통해서 직접 구할 수 있지만 줄기-잎 그림의 단점으로는 구간의 폭을 임의로 정할 수 없다는 점이다.

줄기-잎 그림의 .작성 순서는 다음과 같다.

먼저 다음과 같은 통계적 자료가 있다고 하자.

45, 89, 67, 46

첫째, 주어진 자료를 줄기와 잎으로 나눈다.

즉 45를 계산하면 45 = 4×10 + 5가 될 때, 아래 그림과 같이 4×10은 줄기가 되고, 나머지인 5가 잎이 된다. 마찬가지로 89, 67, 46을 줄기와 잎으로 나누면 다음과 같다.

	줄기	잎
	↓	↓
45 =	4 × 10	+ 5
89 =	8 × 10	+ 9
67 =	6 × 10	+ 7
46 =	4 × 10	+ 6

둘째, 줄기를 크기순으로 정렬한다.

위의 예에서 주어진 자료를 줄기와 잎으로 나눈 후, 줄기를 크기순으로 정렬한다. 즉

	줄기	잎
	↓	↓
45 =	4 × 10	+ 5
46 =	4 × 10	+ 6
67 =	6 × 10	+ 7
89 =	8 × 10	+ 9

셋째, 줄기별 잎에 해당하는 수치들을 다시 크기순으로 정렬한다.

즉 다음과 같이 나타낸다.

줄기	잎	도수
↓	↓	
4	5, 6	2
6	7	1
8	9	1

이때 표의 줄기는 자료들의 공통되는 부분을 모아놓게 되며, 잎은 줄기 부분의 나머지 부분을 모아둔다. 도수는 한 줄기에 속하는 자료의 개수를 의미한다.

예제 12 다음과 같은 통계적 자료를 줄기-잎 그림으로 나타내시오.

123	123	121	126	127
137	139	140	141	141
128	134	136	136	137
148	149	150	159	159

풀이 먼저 주어진 자료를 세로로 배열 후, 오름차순으로 정리한다.
줄기별 잎에 해당하는 수치들을 크기순으로 정열한다.

121
123
123
126
127
128
134
136
136
137
137
139
140
141
141
148
149
150
159
159

➡

	줄기	잎
	↓	↓
121 =	12 × 10	+ 1
123 =	12 × 10	+ 3
123 =	12 × 10	+ 3
126 =	12 × 10	+ 6
127 =	12 × 10	+ 7
128 =	12 × 10	+ 8
134 =	13 × 10	+ 4
136 =	13 × 10	+ 6
136 =	13 × 10	+ 6
137 =	13 × 10	+ 7
137 =	13 × 10	+ 7
139 =	13 × 10	+ 9
140 =	14 × 10	+ 0
141 =	14 × 10	+ 1
141 =	14 × 10	+ 1
148 =	14 × 10	+ 8
149 =	14 × 10	+ 9
150 =	15 × 10	+ 0
159 =	15 × 10	+ 9
159 =	15 × 10	+ 9

줄기별 잎에 해당하는 수치들을 다시 크기순으로 정렬한다.

줄기	잎	도수
↓	↓	
12	1, 3, 3, 6, 7, 8	6
13	4, 6, 6, 7, 7, 9	6
14	0, 1, 1, 8, 9	5
15	0, 9, 9	3

2-2-5. 상자 그림(box plot)

상자 그림은 '상자 수염 그림'(box-and-whisker plot, box-and-whisker diagram)으로도 부르며, 사 분위 수(Quartile)를 기준으로 양적 자료들의 특성이 요약되어 한 번에 알아볼 수 있도록 데이터로 얻어낸 5가지 요약 수치를 가지고 그래프를 그린다. 이때, 5가지 요약 수치란 최솟값, 제1사분위(Q_1), 제2사분위(Q_2), 제3사분위(Q_3), 최댓값을 일컫는 말이다. 히스토그램과는 다르게 집단이 여러 개인 경우에도 한 공간에 수월하게 나타낼 수 있으며, 상자 그림에 표현되는 수치를 통해 데이터 내에 '이상치 (Outlier)'가 있는지도 확인할 수 있다.

상자 그림의 특징은 다음과 같다.

첫째, "탐색적 자료분석(Exploratory Date Analysis)"의 한 방법

둘째, 상자 그림의 몸통은 사분위수 범위(Inter-Quartile Range ; IQR)라 하며, IQR은 제3사 분위(Q_3)에서 제1사 분위(Q_1)를 뺀 값을 의미한다. 즉 $I.Q.R = Q_3 - Q_1$이다.

셋째, 상자 그림의 몸통 가운데 선은 중앙값을 의미하며, 제2사 분위(Q_2)와 같다.

넷째, 최댓값은 위쪽 상자 그림의 끝부분이며, 최솟값은 아래쪽 상자 그림의 끝부분이며, 수직을 이룬다.

다섯째, 이상치는 최대・최소를 벗어난 값으로 $I.Q.R \times 1.5$로 계산하며, 보통 점을 찍어 표시한다.

상자 수염 그림을 사용하면 하나 이상의 데이터 세트를 빠르게 그래픽으로 검사할 수 있다. 상자 수염 그림은 히스토그램 또는 커널 밀도 추정보다 원시적인 것처럼 보일 수

있지만 이점이 있다. 상자 수염그림은 적은 공간을 차지하므로 여러 그룹 또는 데이터 세트 사이의 분포를 비교할 때 특히 유용하다.

예제 13 다음과 같은 통계적 자료를 상자 그림으로 나타내시오.

1	4	5	5	5
6	7	9	14	15
15	16	17	20	23
24	25	27	28	28
29	29	30	31	61

풀이 먼저 주어진 자료를 세로로 배열한 후, 오름차순으로 정리한다.

1
4
5
5
5
6
7
9
14
15
15
16
17

전체자료 드래그 후, 삽입/모든 차트/ 상자-수염 그림/ 확인

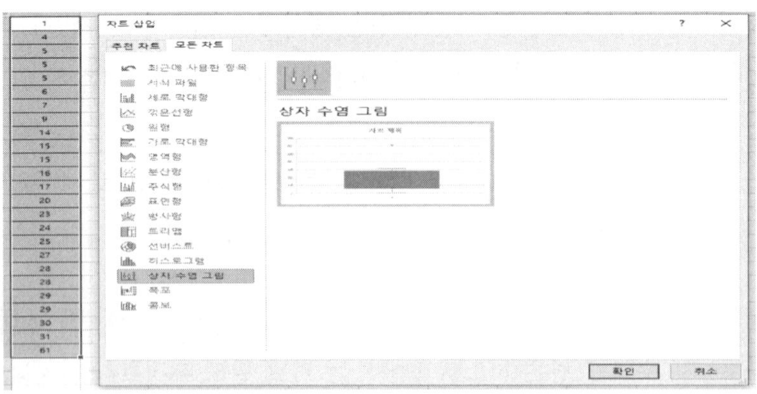

차트 요소에서 눈금선 및 테이터 레이블 체크

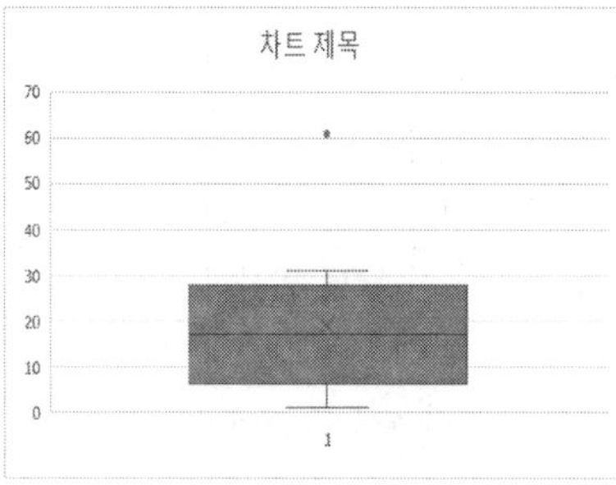

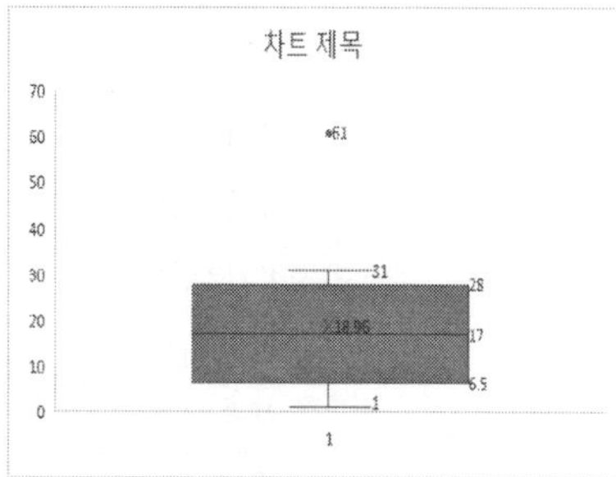

상자-수염 그림에서 기초통계자료 구함

최댓값 : 61

제1사 분위(Q_1) : 6.5

제2사 분위(Q_2) : 17

제3사 분위(Q_3) : 28

$I.Q.R = Q_3 - Q_1$: 21.5

최솟값 : 1

T =: IQR*1.5 : 32.25

Q_3+T : 60.25

Q_3−T : −25.75

이상치(outlier) : 61

예제 14 서울에서 속초까지 양양 고속도로와 영동 고속도로에 있는 모든 터널의 재원이 다음과 같을 때, 상자-수염 그림을 통해 이상치를 구하시오.

터널이름	소재지	길이
월문1터널	경기도 남양주시 와부읍 월문리	1,229m
월문2터널	경기도 남양주시 와부읍 월문리	84m
월문3터널	경기도 남양주시 와부읍 월문리	988m
금남터널	경기도 남양주시 화도읍 금남리	680m
서종터널	경기도 양평군 서종면 수입리	639m
천안터널	경기도 가평군 설악면 천안리	1,270m
엄소터널	경기도 가평군 설악면 엄소리	380m
창의터널	경기도 가평군 설악면 창의리	1,348m
송산터널	경기도 가평군 설악면 송산리	1,154m

미사터널	경기도 가평군 설악면 미사리	2,193m
마곡터널	강원도 홍천군 서면 마곡리	919m
발산1터널	강원도 춘천시 남면 발산리	633m
발산2터널	강원도 춘천시 남면 발산리	480m
발산3터널	강원도 춘천시 남면 발산리	254m
발산4터널	강원도 춘천시 남면 발산리	433m
추곡터널	강원도 춘천시 남면 추곡리	433m
행촌터널	강원도 춘천시 남산면 행촌리	463m
광판터널	강원도 춘천시 남산면 광판리	358m
군자1터널	강원도 춘천시 동산면 군자리	474m
군자2터널	강원도 춘천시 동산면 군자리	885m
동산1터널	강원도 춘천시 동산면 조양리	683m
동산2터널	강원도 춘천시 동산면 조양리	1,133m
북방1터널	강원도 춘천시 동산면 봉명리	2,298m
북방2터널	강원도 홍천군 북방면 성동리	326m
북방3터널	강원도 홍천군 북방면 성동리	1,518m
화촌1터널	강원도 홍천군 화촌면 송정리	721m
화촌2터널	강원도 홍천군 화촌면 송정리	378m
화촌3터널	강원도 홍천군 화촌면 외삼포리	527m
화촌4터널	강원도 홍천군 화촌면 군업리	35m
화촌5터널	강원도 홍천군 화촌면 군업리	125m
화촌6터널	강원도 홍천군 화촌면 군업리	621m
화촌7터널	강원도 홍천군 화촌면 군업리	40m
화촌8터널	강원도 홍천군 화촌면 장평리	978m
화촌9터널	강원도 홍천군 화촌면 장평리	3,705m
내촌1터널	강원도 홍천군 내촌면 와야리	1,248m
내촌2터널	강원도 홍천군 내촌면 와야리	100m
내촌3터널	강원도 홍천군 내촌면 물걸리	154m
내촌4터널	강원도 홍천군 내촌면 물걸리	364m
내촌5터널	강원도 홍천군 내촌면 물걸리	205m
서석터널	강원도 홍천군 내촌면 물걸리	3,061m
행치령터널	강원도 홍천군 서석면 수하리	1,422m
상남1터널	강원도 인제군 상남면 상남리	60m
상남2터널	강원도 인제군 상남면 상남리	115m
상남3터널	강원도 인제군 상남면 상남리	1,719m
상남4터널	강원도 인제군 상남면 상남리	1,434m

상남5터널	강원도 인제군 상남면 상남리	1,773m
상남6터널	강원도 인제군 상남면 상남리	1,816m
상남7터널	강원도 인제군 상남면 상남리	2,287m
기린1터널	강원도 인제군 기린면 현리	118m
기린2터널	강원도 인제군 기린면 현리	397m
기린3터널	강원도 인제군 기린면 현리	162m
기린4터널	강원도 인제군 기린면 현리	750m
기린5터널	강원도 인제군 기린면 현리	1,148m
기린6터널	강원도 인제군 기린면 방동리	2,665m
인제양양터널	강원도 인제군 기린면 진동리	10,962m
서면1터널	강원도 양양군 서면 서림리	110m
서면2터널	강원도 양양군 서면 서림리	248m
서면3터널	강원도 양양군 서면 서림리	212m
서면4터널	강원도 양양군 서면 영덕리	117m
서면5터널	강원도 양양군 서면 영덕리	1,311m
서면6터널	강원도 양양군 서면 수리	2,968m
서면7터널	강원도 양양군 서면 수리	743m
양양1터널	강원도 양양군 양양읍 거마리	470m
양양2터널	강원도 양양군 양양읍 거마리	887m
강현1터널	강원도 양양군 강현면 석교리	140m
강현2터널	강원도 양양군 강현면 강선리	50m
청대터널	강원도 속초시 조양동	1,532m
노학터널	강원도 속초시 노학동	30m

풀이 먼저 주어진 자료에서 엑셀 상단 메뉴/찾기/바꾸기/m -> 없앤 후, 자료 전체 드래그 후, 삽입/모든 차트/상자-수염 그림/ 확인을 통해 이상치 확인 (차트 요소에서 눈금선 및 테이터 레이블 체크)

이상치(특이점)는 2968, 3705, 10,962 등 3개이다.

2-3. 두 개 이상의 자료의 요약

2-3-1. 범주형 자료

2-2절에서는 범주형 자료들에 대한 도수분포 표를 작성하는 방법을 소개하였으며, 이 절에서는 범주형 자료가 2 개 주어진 경우 , 작성된 도수분포 표를 차트로 나타내는 방법과 피벗테이블을 이용한 교차분석에 대하여 소개하고자 한다 .

예제 15 다음과 같은 도수분포 표에 대하여 주어진 그래프로 나타내시오.

혈액형	1반	2반
A	5	6
B	3	2
O	8	9
AB	4	3
합계	20	20

1) 세로 막대그래프
2) 가로 막대그래프
3) 꺽은 선 그래프
4) 누적 막대그래프
5) 도넛형 그래프
6) 방사형 그래프

풀이

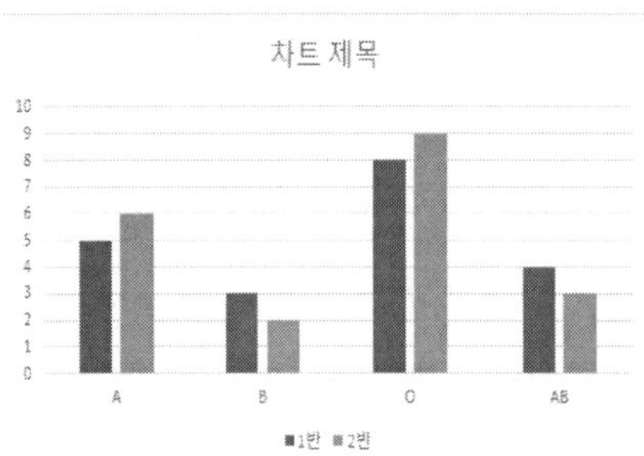

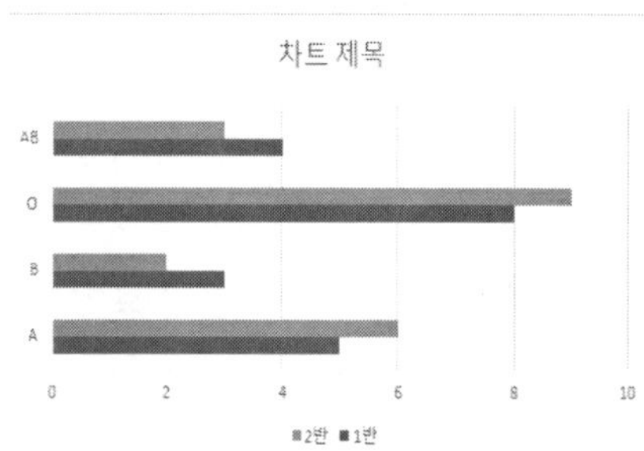

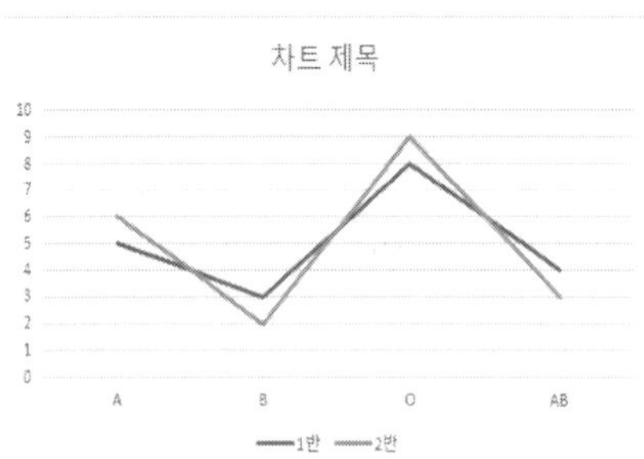

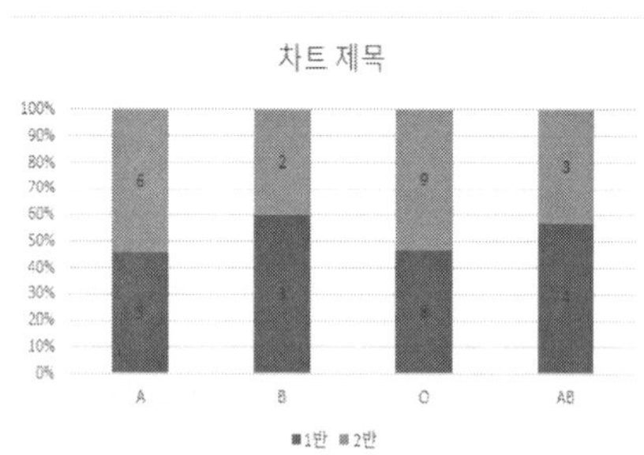

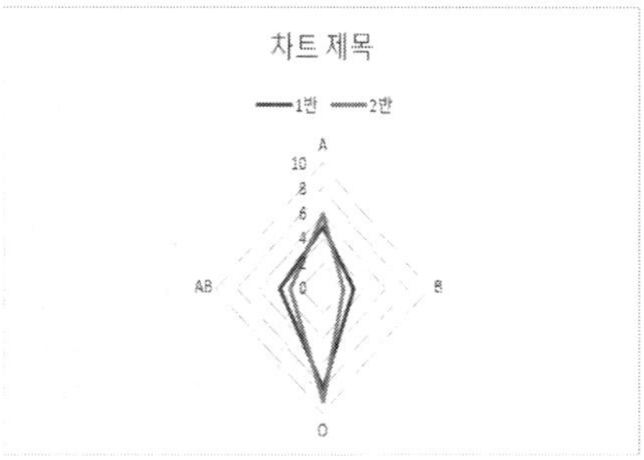

2-3-2. 연속형 자료

연속형 자료는 2개의 자료집단이 서로 독립관계에 있는지, 서로 종속관계에 있는지 크게 2가지 형태로 생각할 수 있으며, 범주형 자료와 마찬가지로 다양한 차트를 선택할 수 있다. 특히, 자료집단이 서로 종속인 경우는 산점도(scatter diagram)와 추세선(trend line)을 이용하여 특정한 독립변수에 대한 종속변수의 값을 구할 수 있다.

△ 자료집단이 서로 독립인 경우

- 유사 제품을 생산하는 두 업체의 판매량 비교
- 같은 교과에 대한 두 개학과 학생들의 학점 분포 비교 등

예제 16 다음과 같은 도수분포 표에 대하여 주어진 그래프로 나타내시오.

계급 간격		A 학과	B 학과
0.5	4.5	6	7
4.5	8.5	11	4
8.5	12.5	5	8
12.5	16.5	12	15
16.5	20.5	4	6
합계		38	40

1) 세로 막대그래프
2) 꺾은 선 그래프
3) 세로 막대와 꺾은 선 그래프(혼합)
4) 누적 막대형 그래프
5) 산점도
6) 방사형 그래프

풀이

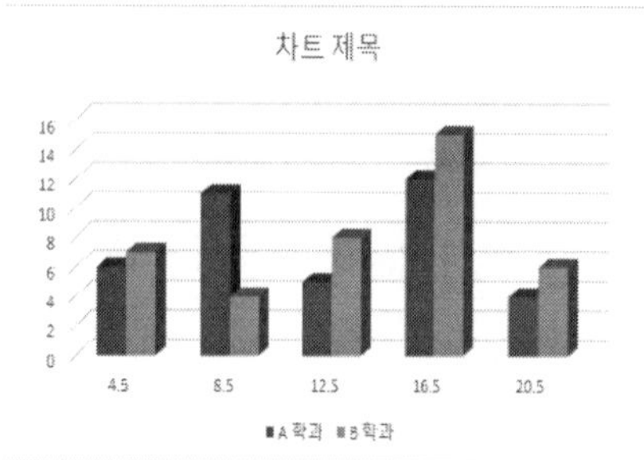

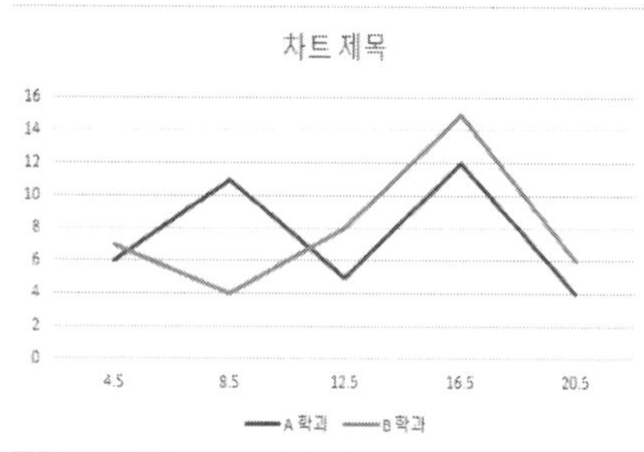

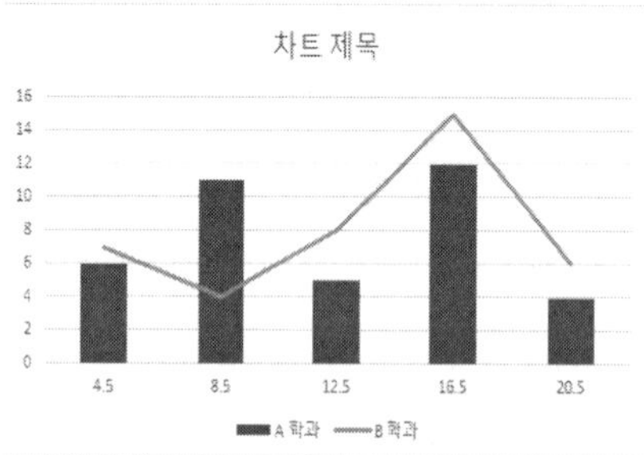

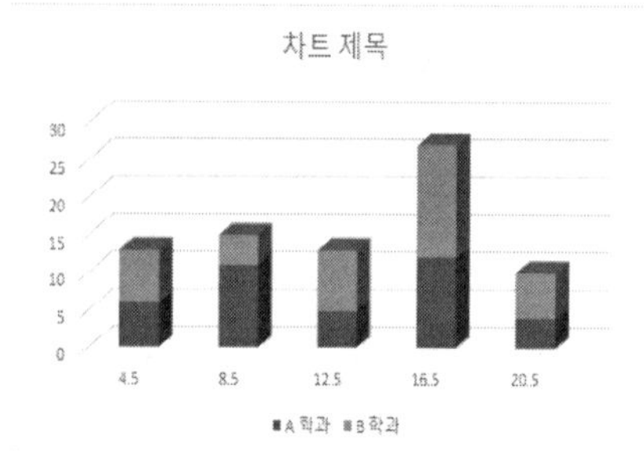

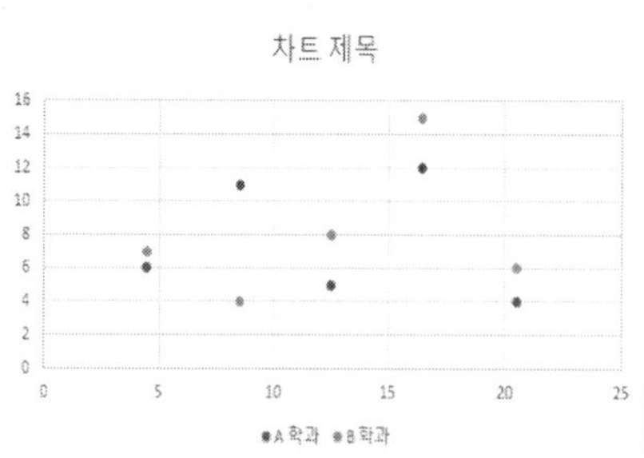

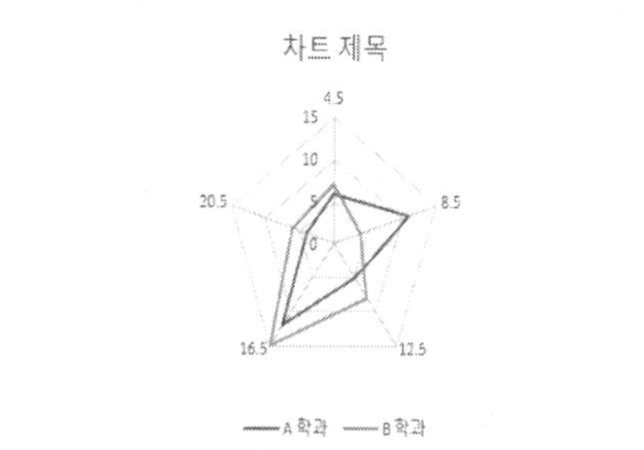

〈참고〉 먼저 주어진 도수분포 표에 상대도수 및 백분율을 구한 후, A 학과와 B 학과를 계급별로 비교하여 간단하게 분석하면 다음과 같다.

계급 간격		A 학과			B 학과		
		도수	상대도수	백분율	도수	상대도수	백분율
0.5	4.5	6	0.16	15.8%	7	0.175	17.5%
4.5	8.5	11	0.29	28.9%	4	0.1	10.0%
8.5	12.5	5	0.13	13.2%	8	0.2	20.0%
12.5	16.5	12	0.32	31.6%	15	0.375	37.5%
16.5	20.5	4	0.11	10.5%	6	0.15	15.0%
합계		38	1.00	100.0%	40	1.00	100.0%

A 학과는 제4계급이 31.6%로 제일 높게 나타났으며, 제2계급(15.8%), 제3계급(13.2%) 순으로 나타났으며, B 학과는 제4계급이 37.5%로 제일 높게 나타났으며, 3계급(20.0%), 제1계급 (17.5%) 순으로 나타났고 A 학과는 B 학과에 비해 제2계급을 제외한 모든 계급별 비율이 낮은 것으로 분석된다. 또한 자료 중 중앙에 위치하는 계급을 조사한 결과 A 학과는 전체 38명 중 누적 상대도수를 계산했을 때, 중앙값이 제3계급에 속하며 B 학과는 전체 40명 중 누적 상대도수를 계산했을 때, 중앙값이 제4계급에 속한다는 것을 알 수 있다.

WITH Excel 피벗 테이블 이용(설문 분석 : 교차 분석)

예제 17 어느 매장에서 오전 10시부터 12시까지 방문한 50명의 고객 만족도 조사 결과가 다음과 같을 때, 2가지 형태의 도수분포 표를 피벗 테이블을 이용하여 구하시오.

고객 번호	만족도	성별	고객 번호	만족도	성별
1	매우 만족	여자	26	보통	여자
2	보통	여자	27	만족	남자
3	매우 만족	여자	28	매우 불만족	여자
4	보통	남자	29	만족	여자
5	만족	여자	30	보통	여자
6	매우 만족	남자	31	보통	여자
7	보통	남자	32	매우 불만족	남자
8	보통	여자	33	보통	여자
9	불만족	여자	34	매우 만족	여자
10	매우 불만족	남자	35	매우 불만족	여자
11	매우 불만족	여자	36	보통	여자
12	보통	남자	37	매우 불만족	여자
13	보통	여자	38	보통	남자
14	만족	여자	39	매우 만족	여자
15	보통	여자	40	만족	남자
16	매우 불만족	여자	41	불만족	여자
17	만족	남자	42	만족	남자
18	만족	남자	43	보통	남자
19	매우 만족	여자	44	매우 불만족	여자
20	만족	여자	45	매우 만족	여자
21	매우 불만족	여자	46	매우 불만족	여자
22	만족	남자	47	매우 만족	남자
23	보통	여자	48	불만족	여자
24	매우 만족	남자	49	보통	남자
25	불만족	남자	50	보통	여자

*표는 아래 페이지의 참조 참고

만들고 싶은 피벗 테이블의 형태 1

구분	매우 만족	만족	보통	불만족	매우 불만족	총합계
남자	3	6	6	1	2	18
여자	6	4	11	3	8	32
총합계	9	10	17	4	10	50

만들고 싶은 피벗 테이블의 형태 2

구분	남자	여자	총합계
매우 만족	3	6	9
만족	6	4	10
보통	6	11	17
불만족	1	3	4
매우 불만족	2	8	10
총합계	18	32	50

풀이 첫째, 테이블 메뉴/삽입/피벗 테이블 클릭/테이블 범위에서 클릭/범위 지정

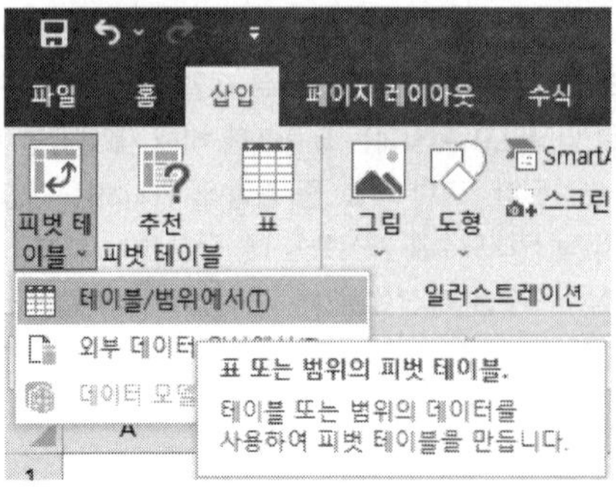

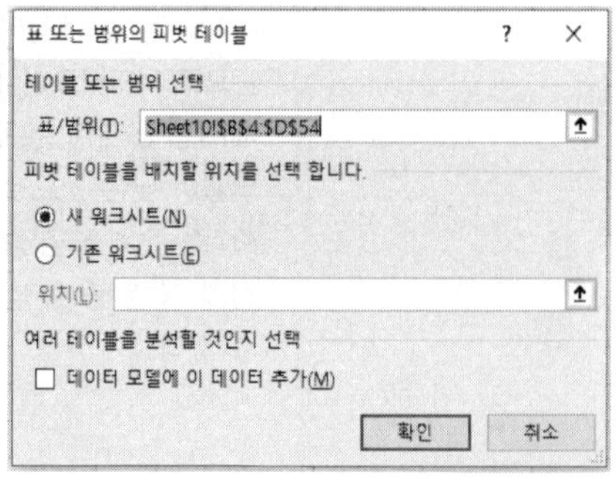

둘째, 피벗 테이블 생성 위치 선정/기존 워크시트 클릭 후 셀 지정/ 확인 클릭

피벗 테이블과 피벗 테이블 필드 생성

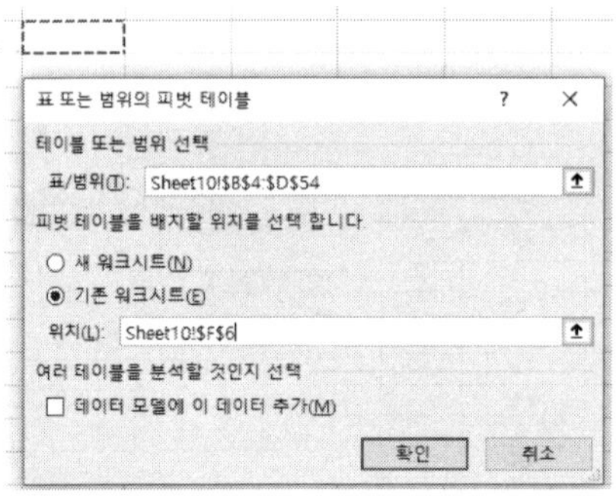

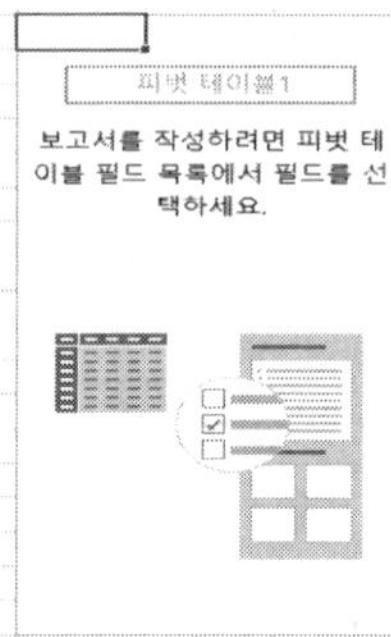

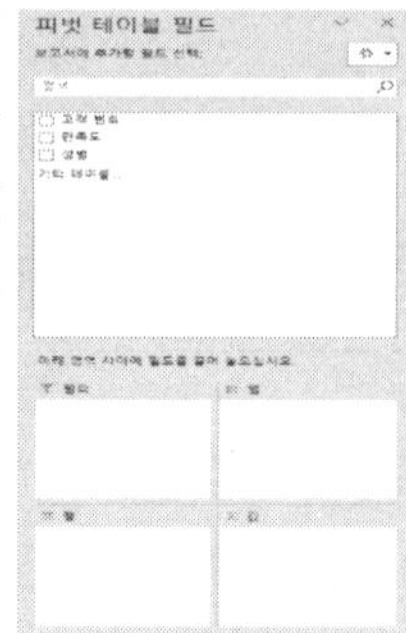

셋째, ($Type$ 1) 만들고 싶은 피벗 테이블의 형태 1

〈특징〉 행의 위치 : 성별 구분//열의 위치 : 만족도 구분

피벗 테이블 필드에서 만족도 및 성별 체크 후 성별을 행으로 드래그, 만족도는 열로 드래그, $\sum$값에 성별 드래그

개수 : 성별	열 레이블					
행 레이블	만족	매우	매우 불	보통	불만족	총합계
남자	6	3	2	6	1	18
여자	4	6	8	11	3	32
총합계	10	9	10	17	4	50

넷째, ($Type$ 2) 만들고 싶은 피벗 테이블의 형태 2

〈특징〉 행의 위치 : 만족도 구분//열의 위치 : 성별 구분

피벗 테이블 필드에서 만족도 및 성별 체크 후 성별을 열로 드래그, 만족도는 행으로 드래그, $\sum$값에 만족도 드래그

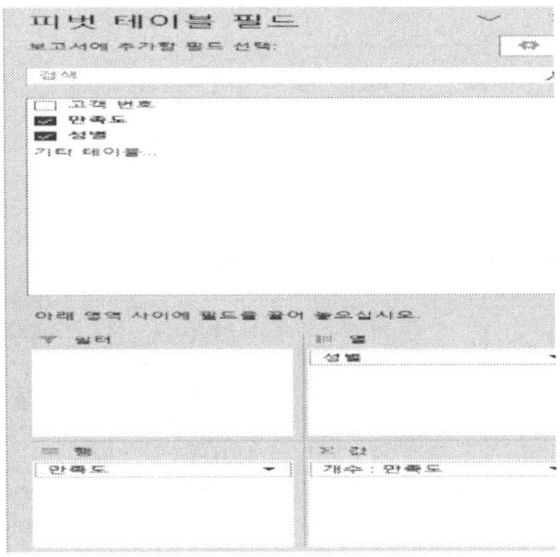

개수 : 만족도	열 레이블		
행 레이블	남자	여자	총합계
만족	6	4	10
매우 만족	3	6	9
매우 불만족	2	8	10
보통	6	11	17
불만족	1	3	4
총합계	**18**	**32**	**50**

예제 18 대학 생활에 있어 모든 학생에게 공통으로 요구되는 수학에 대한 기본적인 생각과 기본 수리 능력 수준을 스스로 알아볼 수 있는 설문 조사 중 일부로 30명의 자료입니다. 피벗 테이블을 이용하여 다음 물음에 답하시오.

1) 성별 학과 만족도 교차분석

2) 성별 수학 흥미도 교차분석

학생	성별	모집 전형	학과 만족도	수학 흥미도
1	남성	수시	만족	보통
2	남성	수시	만족	보통
3	남성	정시	만족	매우 불만족
4	여성	수시	보통	매우 만족
5	여성	수시	만족	불만족
6	남성	정시	보통	불만족
7	남성	수시	보통	보통
8	여성	수시	만족	매우 만족
9	남성	수시	보통	매우 불만족
10	남성	수시	만족	매우 만족
11	남성	정시	보통	보통

12	남성	수시	만족	매우 만족
13	여성	수시	보통	보통
14	남성	수시	만족	매우 만족
15	남성	정시	만족	보통
16	남성	수시	매우 만족	보통
17	남성	수시	만족	보통
18	남성	수시	매우 만족	매우 만족
19	남성	정시	만족	보통
20	여성	수시	만족	매우 불만족
21	남성	수시	보통	매우 만족
22	남성	수시	만족	불만족
23	남성	수시	만족	보통
24	남성	수시	보통	매우만족
25	남성	수시	보통	불만족
26	남성	수시	보통	보통
27	남성	정시	매우 만족	매우 만족
28	남성	수시	보통	불만족
29	남성	정시	보통	보통
30	여성	정시	보통	보통

풀이

성별 학과 만족도

성별	만족	매우 만족	보통	합계
남성	11	3	10	24
여성	3	0	3	6
합계	14	3	13	30

성별 수학 흥미도

구분	남성	여성	총합계
매우 만족	7	2	9
매우 불만족	2	1	3
보통	11	2	13
불만족	4	1	5
총합계	24	6	30

〈참고〉 [예제 17] 어느 백화점의 고객만족도 조사 결과

고객 번호	만족도	성별	고객 번호	만족도	성별
1	매우 만족	여자	26	보통	여자
2	보통	여자	27	만족	남자
3	매우 만족	여자	28	매우 불만족	여자
4	보통	남자	29	만족	여자
5	만족	여자	30	보통	여자
6	매우 만족	남자	31	보통	여자
7	보통	남자	32	매우 불만족	남자
8	보통	여자	33	보통	여자
9	불만족	여자	34	매우 만족	여자
10	매우 불만족	남자	35	매우 불만족	여자
11	매우 불만족	여자	36	보통	여자
12	보통	남자	37	매우 불만족	여자
13	보통	여자	38	보통	남자
14	만족	여자	39	매우 만족	여자
15	보통	여자	40	만족	남자
16	매우 불만족	여자	41	불만족	여자
17	만족	남자	42	만족	남자
18	만족	남자	43	보통	남자
19	매우 만족	여자	44	매우 불만족	여자
20	만족	여자	45	매우 만족	여자
21	매우 불만족	여자	46	매우 불만족	여자
22	만족	남자	47	매우 만족	남자
23	보통	여자	48	불만족	여자
24	매우 만족	남자	49	보통	남자
25	불만족	남자	50	보통	여자

제2장 연습문제

2-1. 100g당 인의 함유량을 식품별로 분류한 자료가 다음과 같을 때, 아래 조건에 맞는 도수분포표를 구하시오.

11	110	30	151	156
97	38	46	22	175
26	620	13	127	158
102	576	18	10	180
72	196	23	1	111
54	152	18	25	12
37	163	11	57	100
203	132	25	34	78
89	22	40	110	28
184	142	40	172	44

1) FREQUENCY 함수를 이용하여
  (1) 계급의 수가 6개
  (2) 계급의 수가 7개
  (3) 계급의 수가 8개
2) 히스토그램을 이용하여
3) 피벗 테이블을 이용하여

2-2. [예제 17] 어느 백화점의 고객만족도 조사 결과를 이용하여 성별 만족도에 대한 교차분류 표를 세로에 만족도, 가로에 성별이 나타나는 교차분석 표를 구하시오.

2-3. 본 설문 조사는 기본 수리 능력/기본 집합 능력에 대하여 5점 척도로 조사하였다. 기본 집합 능력의 수의 집합에 대하여 다음 물음에 답하시오.

기본 집합 능력					
자연수	정수	소수	제곱근	유리수	무리수
4	4	3	3	3	2
2	3	3	4	3	3
5	5	5	5	5	1
3	3	3	3	3	3
1	1	1	1	1	1
3	3	4	4	3	3
5	5	4	5	5	4
1	1	1	1	1	1
4	4	4	4	2	2
1	1	1	1	1	1
5	5	5	5	5	5
4	3	5	4	3	3
5	5	5	5	3	3
3	3	3	3	3	3
3	3	4	3	3	3
3	3	2	2	2	2
3	3	3	3	3	3
1	1	1	2	2	2
3	3	3	3	3	3
5	5	5	5	5	5
2	3	2	3	1	1
2	2	2	3	4	1
4	4	4	4	4	4
5	5	3	3	3	3
5	5	5	5	5	5
3	4	4	4	4	4
5	5	4	3	3	3
3	3	3	3	2	2
4	4	4	4	3	3
4	5	3	4	3	3
3	4	4	4	3	3
5	5	5	5	4	4

(1) 수의 집합 각각에 대한 도수분포 표를 구하시오.

(2) 수의 집합 각각에 대한 도수분포 표의 차트를 구하시오.

2-4. 서울에서 속초까지 양양 고속도로와 영동 고속도로에 있는 모든 터널의 재원이 [예제 14]와 같을 때, 다음 물음에 답하시오.

1) 상자-수염 그림을 통해 이상치를 제외한 도수분포 표를 구하시오.

2) 1)에서 구한 도수분포 표를 이용하여

(1) 점도표로 표현하시오.

(2) 3차원 원그래프로 표현하시오.

(3) 꺽은 선 그래프로 표현하시오.

2-5. 2023년 어느 대학에서 수학1과 수학 2 교과에 성적분포가 다음과 같을 때, 다음 물음에 답하시오.

수학 1	3	3.5	3	2.5	2.5	3	2.5	2.5	3.5	2.5	3.5
수학 2	2.5	4	3	3.5	3	2.5	4	2.5	3	2.5	4.5

(1) 수학 1 교과 학점에 따른 수학 2 교과 학점의 산점도 및 추세선을 그리시오.

(2) 추세선의 선형 방정식을 구하시오.

(3) 수학 1 교과 학점이 3.7일 때, 수학 2 교과 학점의 예상 학점을 구하시오.

(4) 수학 2 교과 학점이 4.0일 때, 수학 1 교과 학점의 예상 학점을 구하시오.

제3장

기술통계학

제3장에서는 양적 자료의 분포가 가지고 있는 특성을 수치로 요약한 기술 통계량인 집중화 경향, 산포도, 그리고 대칭도에 대해서 살펴보도록 하자.

집중화 경향은 대푯값이라고도 하며 자료가 어느 위치를 중심으로 분포되어 있는가를 나타내는 통계량으로 산술평균(arithmetic mean), 중앙값(median), 최빈값(mode) 등 중심위치를 나타내는 척도라고 한다. 산포도는 범위, 표준오차, 분산 등 수치를 통해 자료가 조밀하게 흩어져 있는지 또는 조밀하게 흩어져 있지 않은지 등을 가늠하며, 이외에 사분위수, 평균편차, 표준오차, 편이 계수 등이 있으며, 비대칭의 정도를 알아보기 위한 왜도와 첨도, 그리고 피어슨의 비대칭도가 있다.

3-1. 집중화 경향 : 위치 척도(이산형 자료)

3-1-1. 평균(mean)[산술평균(arithmetical mean)]

정의 **평균 [산술평균]**

n개의 수(또는 자료) x_1, x_2, x_3, $\cdots$, x_n가 있을 때, 산술평균은 원소의 총합을 총 개수로 나눈 값을 말한다.

〈기호〉 μ(모평균 : 모집단의 평균) 또는 $\overline{x}$ (표본평균 : 표본 집단의 평균)

〈계산 방법〉 $\overline{x} = \dfrac{x_1 + x_2 + x_3 + \cdots + x_n}{n} = \dfrac{1}{n}\sum_{k=1}^{n} x_k$

예제1 9명의 학생이 시험을 본 결과가 다음과 같을 때, 평균을 구하시오. (10점 만점)

7　3　6　8　2　7　9　5　4

풀이 $\overline{x} = \dfrac{7+3+6+\cdots+4}{9} = \dfrac{51}{9} \fallingdotseq 5.67$

WITH Excel 평균(함수마법사 〉 통계 〉 average)

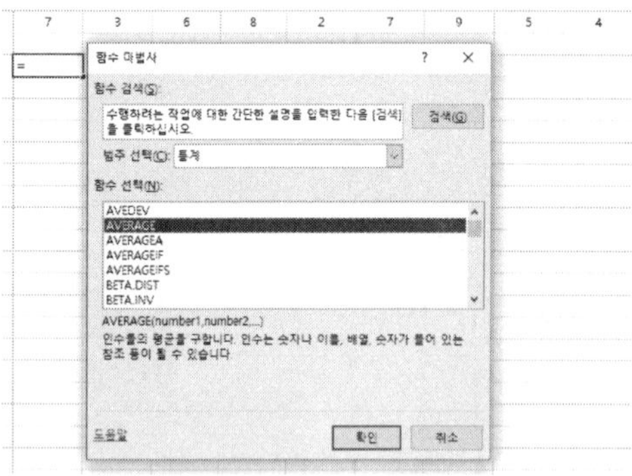

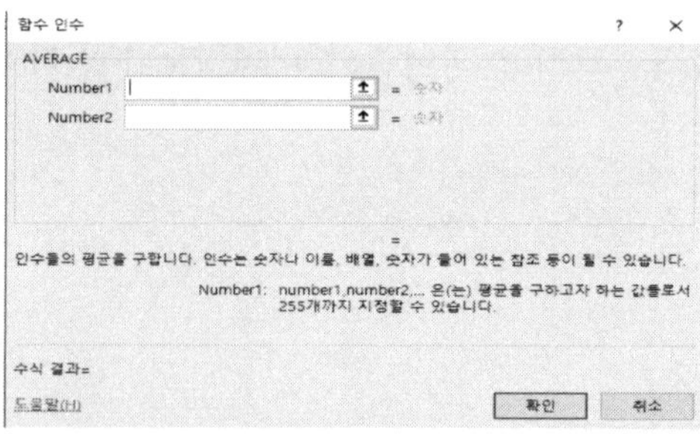

대화상자 입력 값

대화상자	의미와 입력 값	입력
Number 1	자료의 범위 드래그	셀의 위치
Number 2		

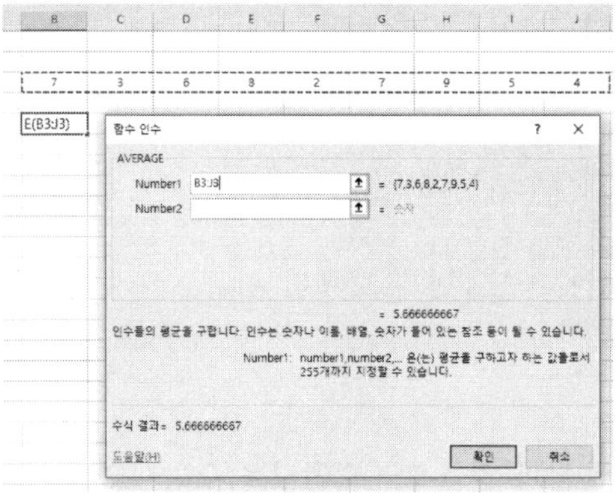

확인 클릭

예제2 2023년 통계청에서 발표한 0세~4세 추계인구가 다음과 같을 때, 2020년부터 2026년까지 0~4세 추계인구에 대한 남자와 여자 평균을 각각 구하시오. (단위 : 천명)

성별	2020	2021	2022	2023	2024	2025	2026
남자	911	830	760	704	658	629	617
여자	865	787	722	669	625	598	587

풀이 남자의 평균을 $\overline{x}$, 여자의 평균을 $\overline{y}$라고 하면, $\overline{x}$와 $\overline{y}$의 값은 다음과 같다.

$$\overline{x} = \frac{911+830+760+\cdots+617}{7} = \frac{5109}{7} \fallingdotseq 729.9$$

$$\overline{y} = \frac{865+787+722+\cdots+587}{7} = \frac{4853}{7} \fallingdotseq 693.3$$

3-1-2. 중앙값(median)

정의 **중앙값(median)**

통계집단의 변량을 크기의 순서로 늘어놓았을 때, 중앙에 위치하는 값

〈기호〉 Md

〈참고〉 중앙값은 한 집단의 점수분포에서 전체 사례를 상위 $\frac{1}{2}$과 하위 $\frac{1}{2}$로 나누는 점

정의 **이산형 자료에서 중앙값을 구하는 방법**

자료의 개수 총개수에 따라 다름.

(1) n이 홀수일 때, 중앙값 Md는 $\frac{n+1}{2}$번째의 자료값

(2) n이 짝수일 때, 중앙값 Md는 $\frac{n}{2}$번째와 $\frac{n+2}{2}$번째 자료의 평균

예제3 9명의 학생이 시험을 본 결과가 다음과 같을 때, 중앙값을 구하시오.

$$7 \quad 3 \quad 6 \quad 8 \quad 2 \quad 7 \quad 9 \quad 5 \quad 4$$

풀이 주어진 자료를 크기순으로 배열한다.

$$2 \quad 3 \quad 4 \quad 5 \quad 6 \quad 7 \quad 7 \quad 8 \quad 9$$

따라서 중앙값은 전체 자료의 수가 9이므로, 중앙(5번째)에 위치하는 “6”이다.

$$Md = 6.$$

WITH Excel 중앙값(함수마법사 〉 통계 〉 median)

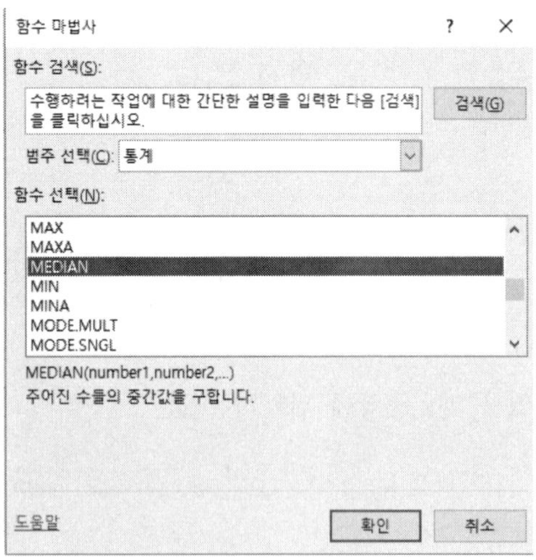

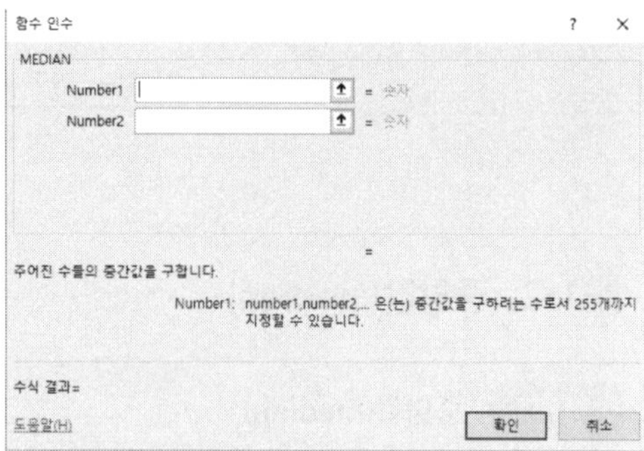

대화상자 입력 값

대화상자	의미와 입력 값	입력
Number 1	자료의 범위 드래그	셀의 위치
Number 2		

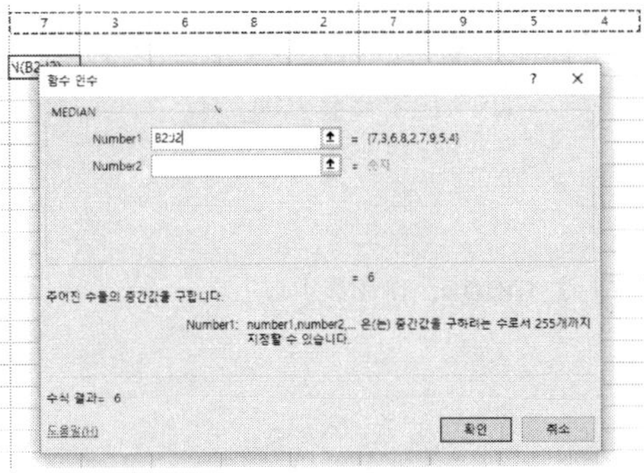

확인 클릭

예제4 10명의 학생이 시험을 본 결과가 다음과 같을 때, 중앙값을 구하시오.

2 3 4 5 5 6 7 7 9 9

풀이 주어진 문제에서 자료가 크기순으로 배열되어 있고, 자료의 수가 10개이므로 5번째 수와 6번째 수의 평균을 구하면 된다.

따라서, 중앙값은 $Md = \dfrac{5+6}{2} = \dfrac{11}{2} = 5.5$ 이다.

3-1-3. 최빈값(mode)

정의 **최빈값(mode)**

주어진 자료 중에서 가장 많이 관측된 값

〈기호〉 Mo

예제5 9명의 학생이 시험을 본 결과가 다음과 같을 때, 최빈값을 구하시오.

7 3 6 8 2 7 9 5 4

풀이 주어진 자료 중에서 "7"이 2번 관측되어, 가장 많이 관측된 최빈값은 "7"이다.

예제6 10명의 학생이 시험을 본 결과가 다음과 같을 때, 최빈값을 구하시오.

2 3 4 5 5 6 7 7 8 9

풀이 주어진 자료 중에서 '5"와 "7"이 2번 관측되어, 가장 많이 관측된 최빈값은 "5"와 "7"이다.

WITH Excel 최빈값(함수마법사 〉 통계 〉 mode. multi.)

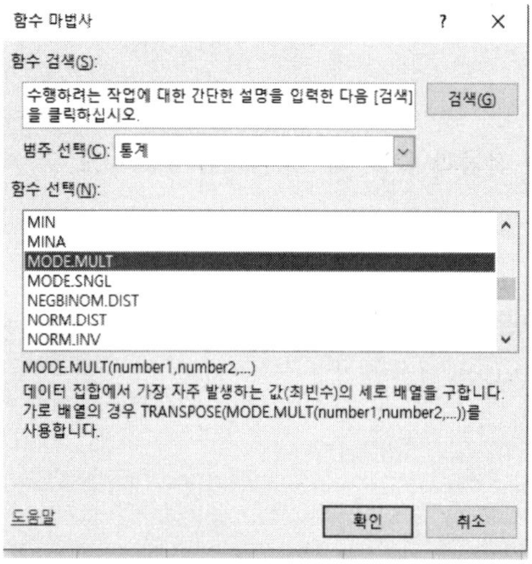

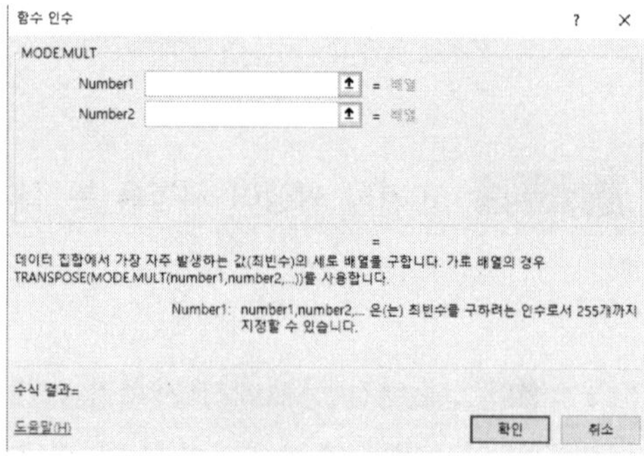

대화상자 입력 값

대화상자	의미와 입력 값	입력
Number 1	자료의 범위 드래그	셀의 위치
Number 2		

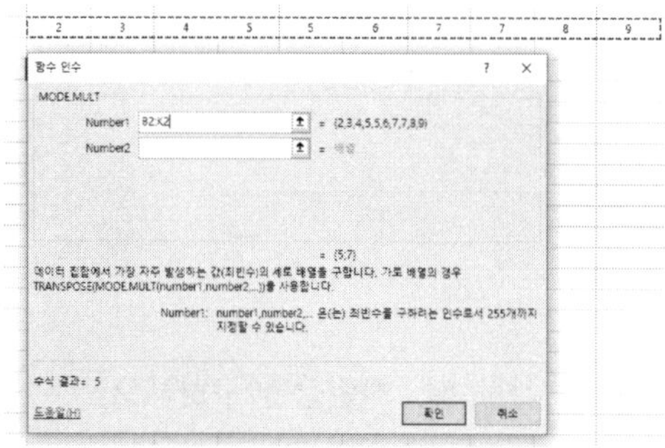

확인 클릭

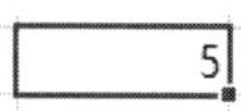

〈참고〉 셀의 위치에는 1개의 숫자만 표시

최빈값은 5와 7이다.

위의 [예제 5]와 [예제 6]은 최빈값은 1개 또는 2개, 그리고 없을 수도 있으므로 중심위치를 나타내는 척도로 맞지 않는다.

3-1-4. 절사평균(trimmed mean)

정의 **절사평균(trimmed mean)**

자료의 전체 개수에서 일정한 비율만큼 가장 큰 자료와 가장 작은 자료를 제거한 나머지 자료의 산술평균

〈기호〉 Tm

예를 들면, 집단 $A=\{1,2,3,4,5\}$의 평균은 3이며, 집단 $B=\{1,2,3,4,10\}$의 평균은 4이다.

만약 집단 B에서 1과 10을 제거한 후 평균을 구하면 평균은 3이 되어 집단 A의 평균과 같게 된다.

음악에 맞춘 스케이팅을 하는 경기인 '피겨 스케이팅'에 대한 기술 요소의 최종 점수는 예술적인 평가와 함께 이루어지는 관계로 12명의 저지들의 주관적인 평가에 의존하는 관계로 12명 저지들의 수행 점수(GOE : Grade of Execution) 값 중 9명의 심사위원이 무작위로 선정되어 처리되며, 가장 높고 낮은 값이 버려진 뒤 나머지 7명의 평균 가산점이 반영된다.

정의 **이산형 자료에서 절사평균을 구하는 방법**

수집된 자료의 개수가 n일 때, $\alpha\%$ 절사평균

(1) 수집된 자료를 작은 값부터 크기순으로 배열한다.

(2) $n\alpha = k$(자연수)이면, k에 해당하는 수만큼 양 끝에서 제거한다.
만약, $n\alpha$가 자연수가 아니면, 소수점을 버린 자연수로 선택

(3) 제거하고 남은 자료에 대한 산술평균을 구한다.

예제9 아래 주어진 자료의 10% 절사평균과 25% 절사평균을 각각 구하시오.

8	3	9	2	3	6	4	3
5	3	6	3	1	7	6	2
4	24	7	4	3	3	5	4

풀이 EXCEL을 이용하여 다음과 같이 구하면 된다.

첫째, 수집된 자료를 작은 값부터 크기순으로 배열한다.

1	2	2	3	3	3	3	3	3	3	4	4	4	4	5	5	6	6	6	7	7	8	9	24

둘째, 자료의 수 : 함수마법사 〉 통계 〉 count 이용 // 자료의 수 24

셋째, 제거한 자료의 수를 구한다.

10%일 때, 24×0.1 = 2.4, 양 끝에서 2개씩 제거

25%일 때, 24×0.25 = 6, 양 끝에서 6개씩 제거

넷째, 10% 절사평균과 25% 절사평균을 각각 구한다.

10% 절사평균(24개 중 4개를 제거한 20개의 평균) : 4.45

2	3	3	3	3	3	3	3	4	4	4	4	5	5	6	6	6	7	7	8

25% 절사평균(24개 중 12개를 제외한 12개의 평균) : 4.17

3	3	3	3	4	4	4	4	5	5	6	6

WITH Excel **10% 절사평균(함수마법사 〉 통계 〉 trimmean)**

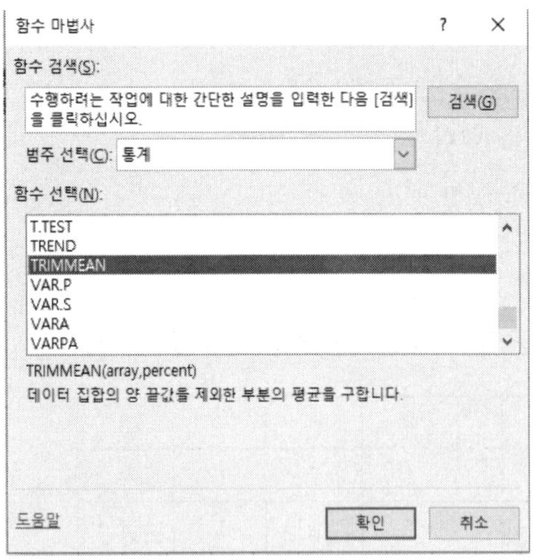

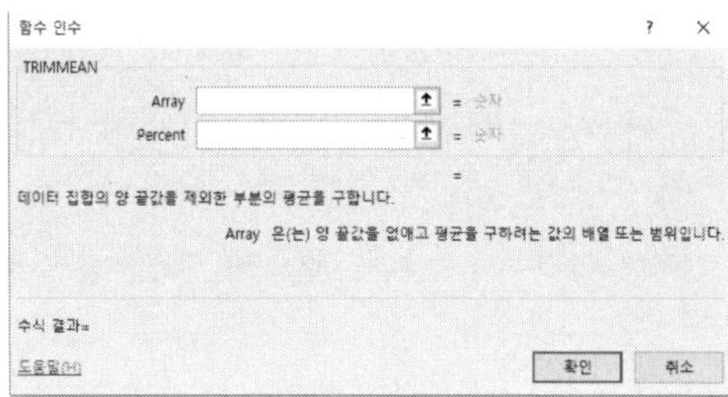

대화상자 입력 값

대화상자	의미와 입력 값	입력
Array	자료의 범위 드래그	셀의 범위
Percent	제외 자료 %×2	0.2

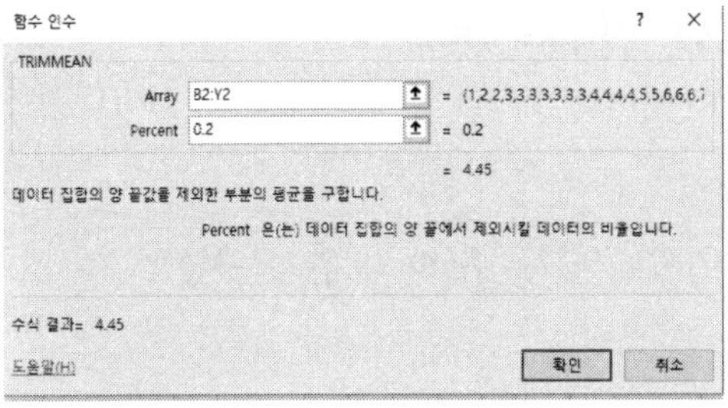

확인 클릭

WITH Excel 25% 절사평균(함수마법사 〉 통계 〉 trimmean)

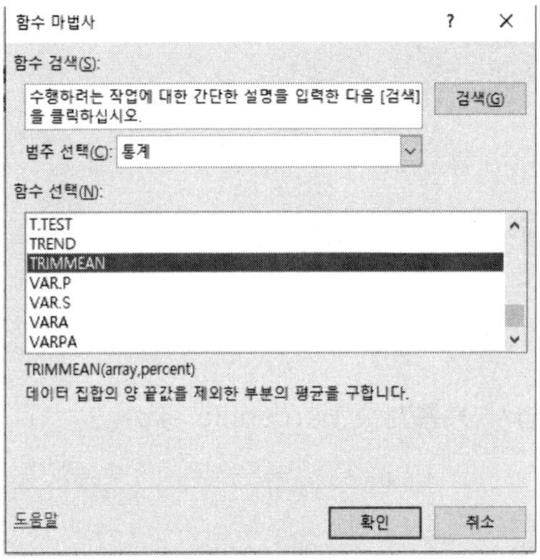

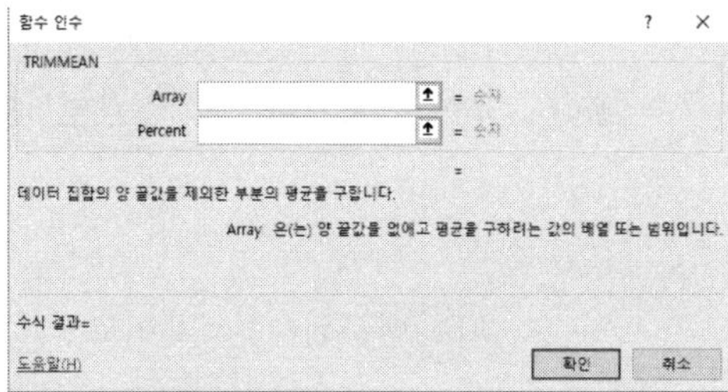

대화상자 입력 값

대화상자	의미와 입력 값	입력
Array	자료의 범위 드래그	셀의 범위
Percent	제외 자료 %×2	0.5

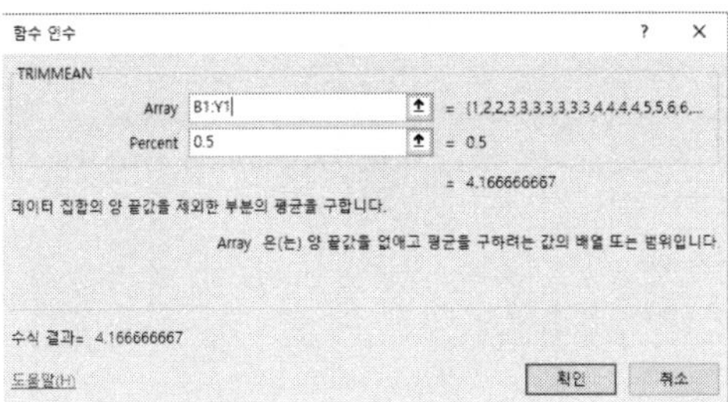

확인 클릭

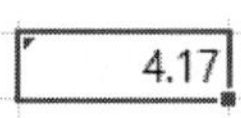

3-1-5. 백 분위 수(percentile)와 사 분위 수(quartile)

정의 p% 백분위수(percentile)

크기순으로 나열된 전체 자료 중 p% 의 위치에 있는 수(1%씩 간격 구분)
중앙값은 50% 백분위수와 같음

예제8 9명의 학생이 시험을 본 결과가 다음과 같을 때, 30% 백분위수와 50% 백분위수를 구하시오.

7 3 6 8 2 7 9 5 4

풀이 주어진 자료를 크기순으로 배열한다.

2 3 4 5 6 7 7 8 9

30% 백분위수는 "4"이고, 50% 백분위수는 "6"이다.

WITH Excel **30% 백분위수(함수마법사 〉 통계 〉 percentile.exc)**

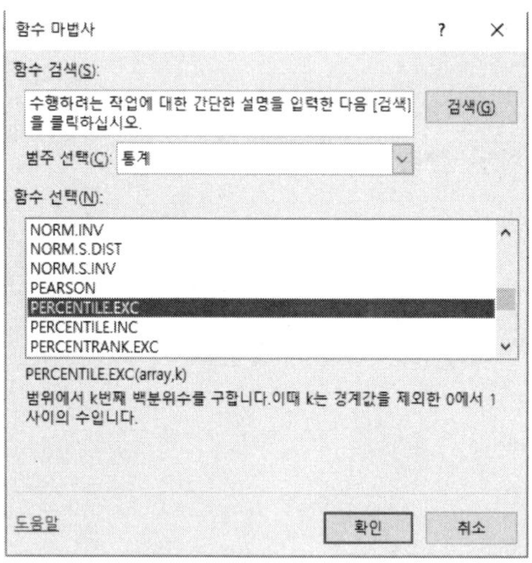

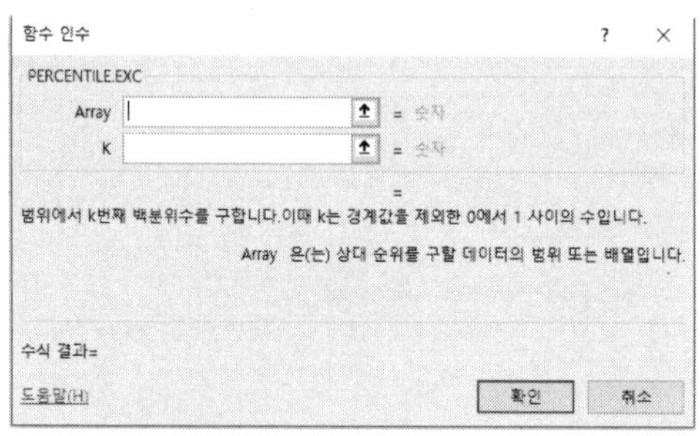

대화상자 입력 값

대화상자	의미와 입력 값	입력
Array	자료의 범위 드래그	셀의 범위
k	구하고자 하는 값	0.3

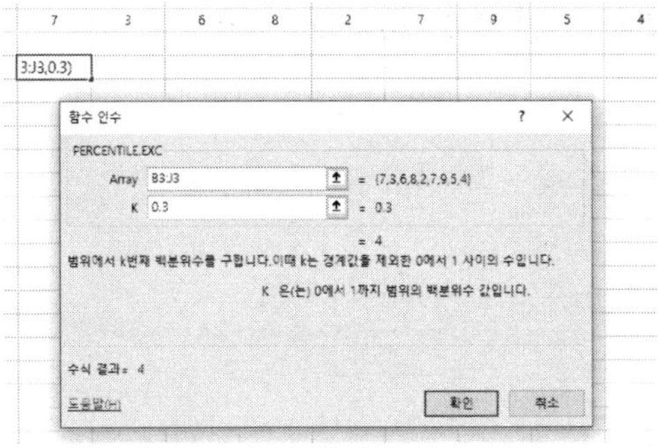

확인 클릭

정의 **사분위 수(quartile)**

크기순으로 나열된 전체 자료를 4 등분하는 위치에 있는 수

제1 사분위 수(Q1), 제2 사분위 수(Q2), 제3 사분위 수(Q3), 제4 사분위 수(Q4)

〈참고〉 제1 사분위 수(Q1) = 25% 백분위수, 제2 사분위 수(Q2) = 50% 백분위수 = 중앙값

예제9 아래의 자료는 어느 어린이집에서 4개월 된 유아 30명의 키를 측정하여 기록한 자료입니다. 다음 물음에 답하시오.

63.2	61.3	64.5	66.1	65.1
62.0	63.7	66.0	62.8	63.8
63.8	64.5	63.8	68.3	64.7
68.3	67.1	63.0	61.3	68.3
66.3	68.3	66.5	64.8	63.8
63.2	60.8	59.0	61.0	71.0

1) 제1 사분위 수(Q1)를 구하시오.
2) 30% 백분위수를 구하시오.
3) 제3 사분위 수(Q3)를 구하시오.

풀이 1), 2), 3)을 EXCEL을 이용하여 다음과 같이 구하면 된다.

WITH Excel 제1 사분위 수(함수마법사 〉 통계 〉 quarttile.exc)

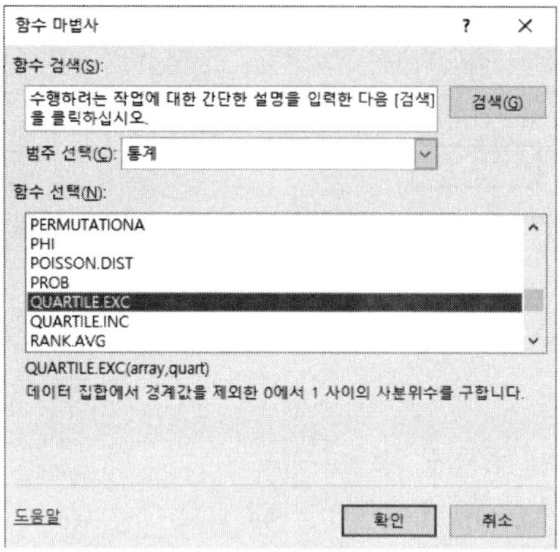

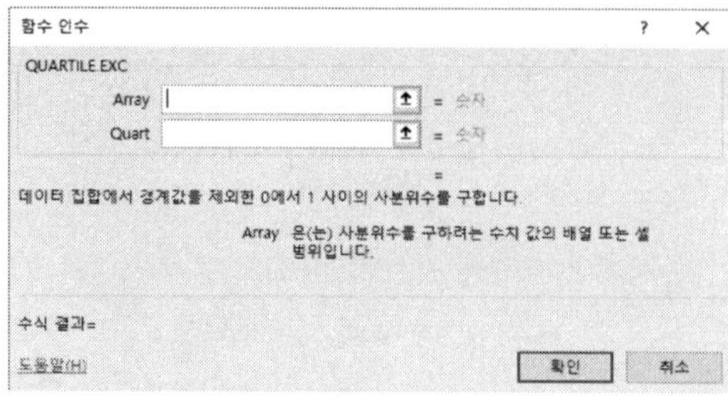

대화상자 입력 값

대화상자	의미와 입력 값	입력
Array	자료의 범위 드래그	셀의 범위
Quart	구하고자 하는 값	1

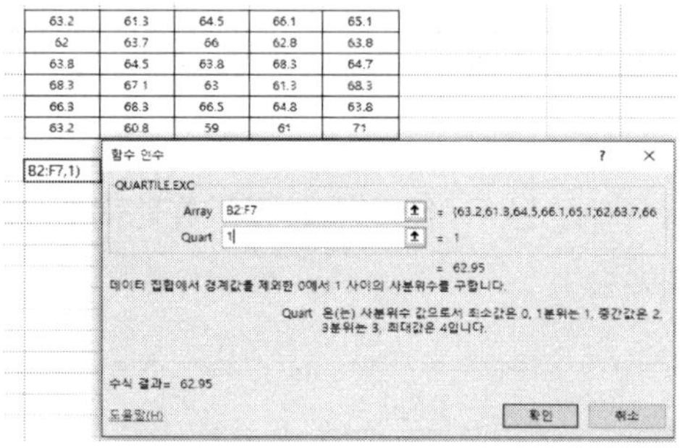

확인 클릭

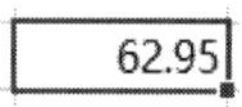

WITH Excel 30% 백분위수(함수마법사 〉 통계 〉 percentile.exc)

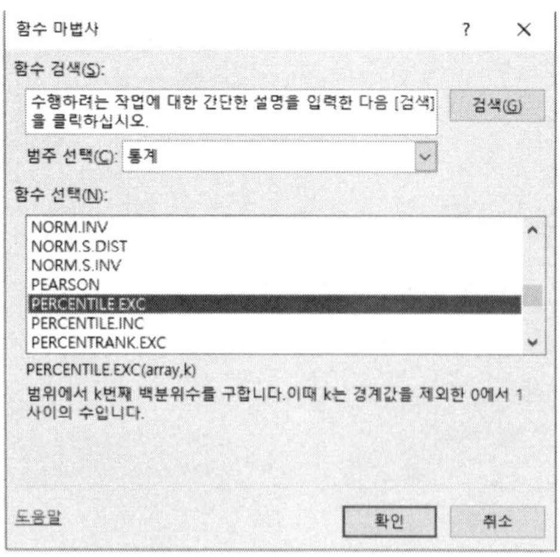

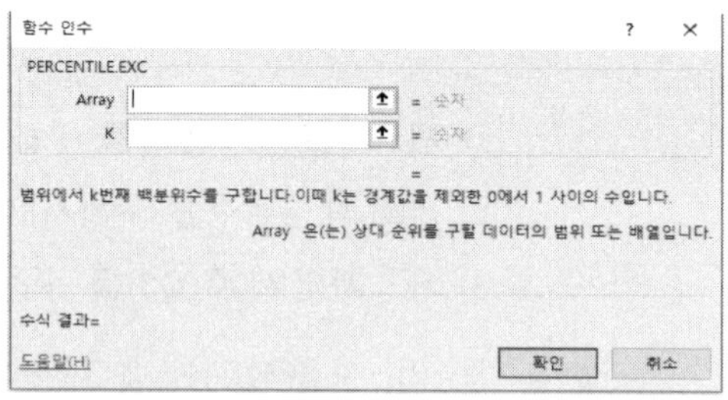

대화상자 입력 값

대화상자	의미와 입력 값	입력
Array	자료의 범위 드래그	셀의 범위
k	구하고자 하는 값	0.3

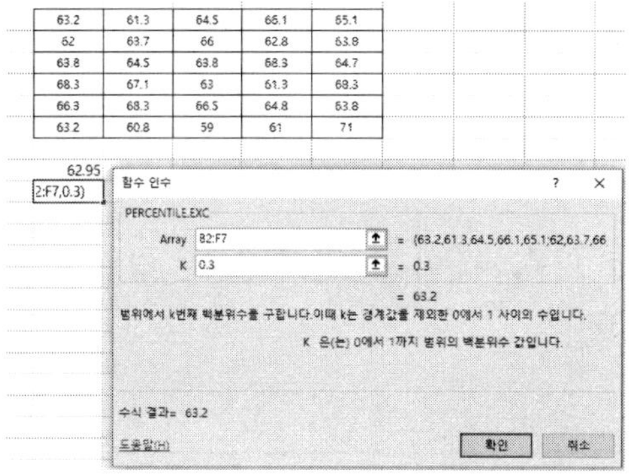

확인 클릭

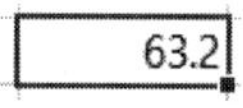

WITH Excel 제3 사분위 수(함수마법사 〉 통계 〉 quartile.exc)

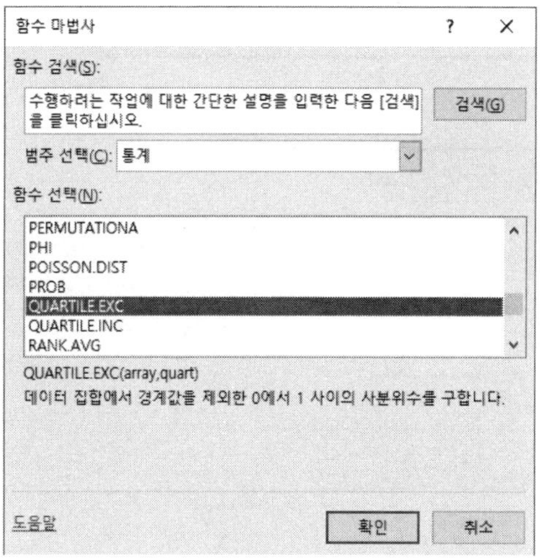

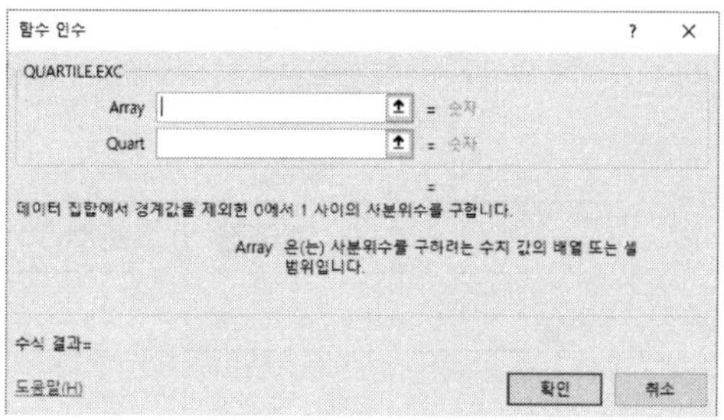

대화상자 입력 값

대화상자	의미와 입력 값	입력
Array	자료의 범위 드래그	셀의 범위
k	구하고자 하는 값	3

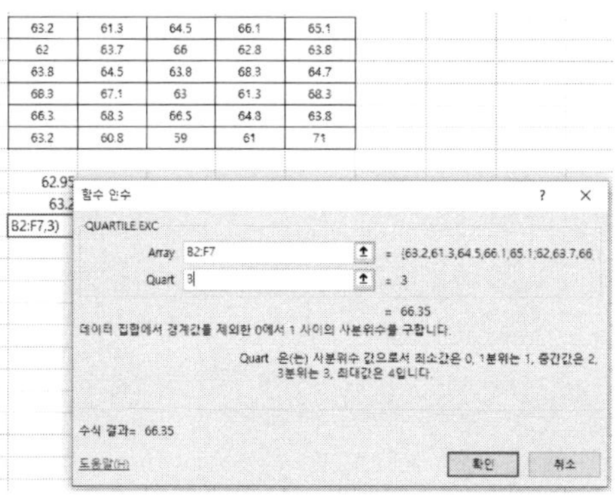

확인 클릭

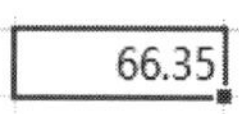

3-2. 집중화 경향 : 위치 척도(연속형 자료)

3-2-1. 가중평균(weighted mean)

연속형 자료는 도수분포표가 주어진 경우이므로 다음과 같이 도수를 이용하는 경우 단계별로 차례대로 계산하면 가중평균을 구할 수 있다.

1단계	각 계급의 계급값을 구한다.
2단계	계급별 도수들의 합을 구한다.
3단계	계급값과 도수들의 곱을 구한다.
4단계	3단계 합을 구한다.
5단계	4단계를 도수의 합으로 나눈다. (=평균)

계급	① 계급값	도수	③ 계급값 × 도수
	x_1	f_1	$x_1 f_1$
	x_2	f_2	$x_2 f_2$
	x_3	f_3	$x_3 f_3$
	$\vdots$	$\vdots$	$\vdots$
	x_n	f_n	$x_n f_n$
합계		② $\sum_{k=1}^{n} f_k$	④ $\sum_{k=1}^{n} x_k f_k$

⑤ 평균

$$\mu = \frac{\sum_{k=1}^{n} x_k f_k}{\sum_{k=1}^{n} f_k}$$

또한, 연속형 자료는 도수분포표가 주어진 경우이므로 다음과 같이 상대도수를 이용하는 경우 ① , ②, ③, ④, ⑤ 단계로 차례대로 계산하면 가중평균을 구할 수 있다.

계급	① 계급값	도수	③ 상대도수	④ 계급값*상대도수
	x_1	f_1	$\dfrac{f_1}{\sum_{k=1}^{n} f_k} = g_1$	$x_1 g_1$
	x_2	f_2	$\dfrac{f_2}{\sum_{k=1}^{n} f_k} = g_2$	$x_2 g_2$
	$\vdots$	$\vdots$	$\vdots$	
	x_n	f_n	$\dfrac{f_n}{\sum_{k=1}^{n} f_k} = g_n$	$x_n g_n$
합계		② $\sum_{k=1}^{n} f_k$	$1 = \sum_{k=1}^{n} g_k$	⑤ $\mu = \sum_{k=1}^{n} x_k g_k$

⑤ 평균

$$\mu = \sum_{k=1}^{n} x_k g_k$$

예제 10 조선왕조 27대 왕들의 재위 기간에 대한 도수분포표가 다음과 같을 때, 조선왕조 27대 왕들의 평균 재위 기간을 구하시오.

재위 기간	왕의 수
0 년 이상 ~ 10년 미만	10 명
10년 이상 ~ 20년 미만	6 명
20년 이상 ~ 30년 미만	4 명
31년 이상 ~ 40년 미만	3 명
41년 이상 ~ 50년 미만	3 명
51년 이상 ~ 60년 미만	1 명

풀이

1단계	각 계급의 계급값을 구한다.

도수분포표에서 계급값은 각 계급의 중앙에 있는 값을 의미하며, 계급값은 계급의 양 끝값(상한과 하한)의 합을 2로 나눈 값을 말한다.

재위 기간	계급값(년)(x_i)	왕의 수(f_i)
0 년 이상 ~ 10년 미만	**5**	10 명
10년 이상 ~ 20년 미만	**15**	6 명
20년 이상 ~ 30년 미만	**25**	4 명
31년 이상 ~ 40년 미만	**35**	3 명
41년 이상 ~ 50년 미만	**45**	3 명
51년 이상 ~ 60년 미만	**55**	1 명

2단계 계급별 도수들의 합을 구한다.

각 계급의 도수들이 $f_1, f_2, f_3, \cdots, f_n$으로 주어져 있을 때, 각 계급의 도수들의 합

즉 $f_1 + f_2 + f_3 + \cdots + f_n = \sum_{k=1}^{n} f_k$을 구한다.

재위 기간	계급값(년)(x_i)	왕의 수(f_i)
0 년 이상 ~ 10년 미만	5	10 명
10년 이상 ~ 20년 미만	15	6 명
20년 이상 ~ 30년 미만	25	4 명
31년 이상 ~ 40년 미만	35	3 명
41년 이상 ~ 50년 미만	45	3 명
51년 이상 ~ 60년 미만	55	1 명
계		**27 명**

3단계 각 계급의 계급값과 도수들의 곱을 구한다.

각 계급의 계급값과 계급값에 있는 도수들과의 곱을 구한 후, 그 합을 구한다.

먼저 계급값과 도수의 곱 $x_1f_1, x_2f_2, x_3f_3, \cdots, x_nf_n$을 구한다.

재위 기간	계급값(년)(x_i)	왕의 수(f_i)	**계급값 × 왕의 수**
0 년 이상 ~ 10년 미만	5	10 명	5 × 10 = 50
10년 이상 ~ 20년 미만	15	6 명	15 × 6 = 80
20년 이상 ~ 30년 미만	25	4 명	25 × 4 = 100
31년 이상 ~ 40년 미만	35	3 명	35 × 3 = 105
41년 이상 ~ 50년 미만	45	3 명	45 × 3 = 135
51년 이상 ~ 60년 미만	55	1 명	55 × 1 = 55
계		27 명	

4단계 3단계의 합을 구한다.

$x_1f_1 + x_2f_2 + x_3f_3 + \cdots + x_nf_n = \sum_{k=1}^{n} x_kf_k$를 구하면 된다.

재위 기간	계급값(년)(x_i)	왕의 수(f_i)	계급값 × 왕의 수
0 년 이상 ~ 10년 미만	5	10 명	5 × 10 = 50
10년 이상 ~ 20년 미만	15	6 명	15 × 6 = 80
20년 이상 ~ 30년 미만	25	4 명	25 × 4 = 100
31년 이상 ~ 40년 미만	35	3 명	35 × 3 = 105
41년 이상 ~ 50년 미만	45	3 명	45 × 3 = 135
51년 이상 ~ 60년 미만	55	1 명	55 × 1 = 55
계		27 명	535

5단계 4단계를 도수의 합으로 나누면 평균을 얻는다.

그러므로 평균 $\mu = \dfrac{\sum_{k=1}^{n} x_kf_k}{\sum_{k=1}^{n} f_k} = \dfrac{535}{27} = 19.81$이다.

WITH Excel 가중평균 구하기 1 (도수 이용)

먼저 주어진 도수분포 표를 EXCEL에서 작업이 가능하도록 찾기 및 선택/ 바꾸기 기능을 통하여 변경한다.

재위 기간	왕의 수
0 년 이상 ~ 10년 미만	10 명
10년 이상 ~ 20년 미만	6 명
20년 이상 ~ 30년 미만	4 명
31년 이상 ~ 40년 미만	3 명
41년 이상 ~ 50년 미만	3 명
51년 이상 ~ 60년 미만	1 명

➡

재위 기간		왕의 수
0	10	10
10	20	6
20	30	4
30	40	3
40	50	3
50	60	1

상단에 구하고자 하는 계급값, 왕의 수, 계급값* 왕의 수 및 하단에 합계를 쓴다.

재위 기간		계급값	왕의 수	계급값*왕의 수
0	10		10	
10	20		6	
20	30		4	
30	40		3	
40	50		3	
50	60		1	
합계				

C2 셀에서 =(A2+B2)/2 /ENTER 후, 드래그

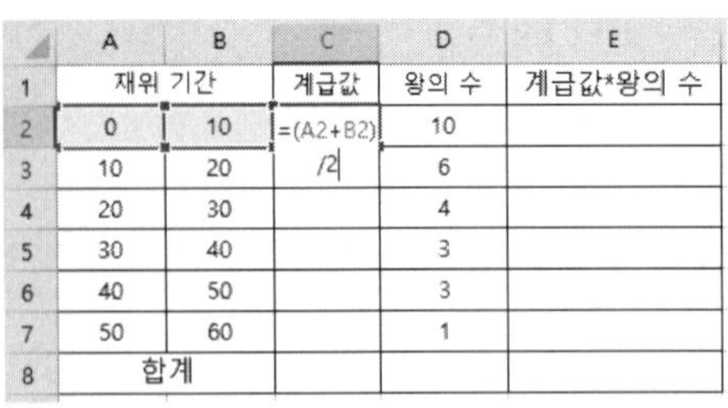

	A	B	C	D	E
1	재위 기간		계급값	왕의 수	계급값*왕의 수
2	0	10	=(A2+B2)/2	10	
3	10	20		6	
4	20	30		4	
5	30	40		3	
6	40	50		3	
7	50	60		1	
8	합계				

➡

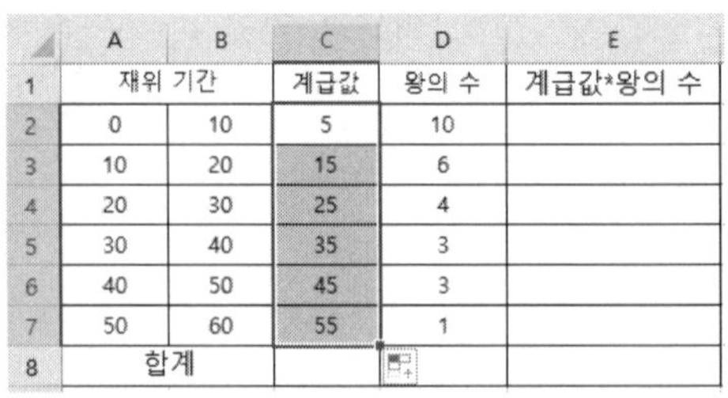

	A	B	C	D	E
1	재위 기간		계급값	왕의 수	계급값*왕의 수
2	0	10	5	10	
3	10	20	15	6	
4	20	30	25	4	
5	30	40	35	3	
6	40	50	45	3	
7	50	60	55	1	
8	합계				

E2 셀에서 =C2*D2 / ENTER 후, 드래그

	A	B	C	D	E
1	재위 기간		계급값	왕의 수	계급값*왕의 수
2	0	10	5	10	=C2*D2
3	10	20	15	6	
4	20	30	25	4	
5	30	40	35	3	
6	40	50	45	3	
7	50	60	55	1	
8	합계				

➡

	A	B	C	D	E
1	재위 기간		계급값	왕의 수	계급값*왕의 수
2	0	10	5	10	50
3	10	20	15	6	90
4	20	30	25	4	100
5	30	40	35	3	105
6	40	50	45	3	135
7	50	60	55	1	55
8	합계				

왕의 수 및 계급값*왕의 수의 합계를 구한다.

	A	B	C	D	E
1	재위 기간		계급값	왕의 수	계급값*왕의 수
2	0	10	5	10	50
3	10	20	15	6	90
4	20	30	25	4	100
5	30	40	35	3	105
6	40	50	45	3	135
7	50	60	55	1	55
8	합계			=SUM(D2:D7	

➡

	A	B	C	D	E
1	재위 기간		계급값	왕의 수	계급값*왕의 수
2	0	10	5	10	50
3	10	20	15	6	90
4	20	30	25	4	100
5	30	40	35	3	105
6	40	50	45	3	135
7	50	60	55	1	55
8	합계			27	=SUM(E2:E7

따라서 다음과 같은 도수분포 표가 완성되며, 가중평균을 구하면 된다.

	A	B	C	D	E
1	재위 기간		계급값	왕의 수	계급값*왕의 수
2	0	10	5	10	50
3	10	20	15	6	90
4	20	30	25	4	100
5	30	40	35	3	105
6	40	50	45	3	135
7	50	60	55	1	55
8	합계			27	535

➡

가중평균

$$\mu = \frac{E8}{D8} = \frac{535}{27} = 19.81$$

예제 11 조선왕조 27대 왕들의 재위 기간에 대한 도수분포표가 다음과 같을 때, 조선왕조 27대 왕들의 평균 재위 기간을 구하시오. (상대도수를 이용하여)

재위 기간	왕의 수
0 년 이상 ~ 10년 미만	10 명
10년 이상 ~ 20년 미만	6 명
20년 이상 ~ 30년 미만	4 명
31년 이상 ~ 40년 미만	3 명
41년 이상 ~ 50년 미만	3 명
51년 이상 ~ 60년 미만	1 명

풀이

1단계 각 계급의 계급값을 구한다.

도수분포표에서 계급값은 각 계급의 중앙에 있는 값을 의미하며, 계산 방법은 다음과 같다.
계급값은 계급의 양 끝값(상한과 하한)의 합을 2로 나눈 값을 말한다.

재위 기간	계급값(년)(x_i)	왕의 수(f_i)
0 년 이상 ~ 10년 미만	5	10 명
10년 이상 ~ 20년 미만	15	6 명
20년 이상 ~ 30년 미만	25	4 명
31년 이상 ~ 40년 미만	35	3 명
41년 이상 ~ 50년 미만	45	3 명
51년 이상 ~ 60년 미만	55	1 명

2단계 계급별 도수들의 합을 구한다.

각 계급의 도수들이 $f_1, f_2, f_3, \cdots, f_n$으로 주어져 있을 때, 각 계급의 도수들의 합

즉 $f_1 + f_2 + f_3 + \cdots + f_n = \sum_{k=1}^{n} f_k$ 을 구한다.

재위 기간	계급값(년)(x_i)	왕의 수(f_i)
0 년 이상 ~ 10년 미만	5	10 명
10년 이상 ~ 20년 미만	15	6 명
20년 이상 ~ 30년 미만	25	4 명
31년 이상 ~ 40년 미만	35	3 명
41년 이상 ~ 50년 미만	45	3 명
51년 이상 ~ 60년 미만	55	1 명
계		**27 명**

3단계 계급별 상대도수를 구한다.

각 계급의 도수를 합계의 도수로 나눈 상대도수(p_i)를 구한다.

재위 기간	계급값(년)(x_i)	왕의 수(f_i)	**상대도수(p_i)**
0 년 이상 ~ 10년 미만	5	10 명	0.37
10년 이상 ~ 20년 미만	15	6 명	0.22
20년 이상 ~ 30년 미만	25	4 명	0.15
31년 이상 ~ 40년 미만	35	3 명	0.11
41년 이상 ~ 50년 미만	45	3 명	0.11
51년 이상 ~ 60년 미만	55	1 명	0.04
계		27 명	

4단계 계급의 계급값과 상대도수들의 곱을 구한다.

재위 기간	계급값(년)(x_i)	왕의 수(f_i)	상대도수(p_i)	**계급값×상대도수**
0 년 이상 ~ 10년 미만	5	10 명	0.37	5×0.37=1.85
10년 이상 ~ 20년 미만	15	6 명	0.22	15×0.22=3.33
20년 이상 ~ 30년 미만	25	4 명	0.15	25×0.15=3.70
31년 이상 ~ 40년 미만	35	3 명	0.11	35×0.11=3.89
41년 이상 ~ 50년 미만	45	3 명	0.11	45×0.11=5.00
51년 이상 ~ 60년 미만	55	1 명	0.04	55×0.04=2.04
계		27 명		

5단계	4단계의 합을 구한다.

즉 $x_1p_1 + x_2p_2 + x_3p_3 + \cdots + x_npf_n = \sum_{k=1}^{n} x_kp_k$이다.

그러므로 평균 $\mu = \sum_{k=1}^{n} x_kp_k = 19.81$이다.

WITH Excel 가중평균 구하기 2 (상대도수 이용)

먼저 주어진 도수분포 표를 EXCEL에서 작업이 가능하도록 찾기 및 선택/ 바꾸기 기능을 통하여 변경한다.

재위 기간	왕의 수
0 년 이상 ~ 10년 미만	10 명
10년 이상 ~ 20년 미만	6 명
20년 이상 ~ 30년 미만	4 명
31년 이상 ~ 40년 미만	3 명
41년 이상 ~ 50년 미만	3 명
51년 이상 ~ 60년 미만	1 명

➡

재위 기간		왕의 수
0	10	10
10	20	6
20	30	4
30	40	3
40	50	3
50	60	1

상단에 구하고자 하는 계급값, 왕의 수, 계급값*왕의 수 및 하단에 합계를 쓴다.

재위 기간		계급값	왕의 수	상대도수	계급값*상대도수
0	10		10		
10	20		6		
20	30		4		
30	40		3		
40	50		3		
50	60		1		
합계					

C2 셀에서 =(A2+B2)/2 /ENTER 후, 드래그

	A	B	C	D	E
1	재위 기간		계급값	왕의 수	상대도수
2	0	10	=(A2+B2)/2	10	
3	10	20		6	
4	20	30		4	
5	30	40		3	
6	40	50		3	
7	50	60		1	
8	합계			27	

➡

	A	B	C	D	E
1	재위 기간		계급값	왕의 수	상대도수
2	0	10	5	10	
3	10	20	15	6	
4	20	30	25	4	
5	30	40	35	3	
6	40	50	45	3	
7	50	60	55	1	
8	합계			27	

먼저 왕의 수의 합계를 구한 후, E2 셀에서 =D2/D8 & F4(고정) / ENTER 후, 드래그

	A	B	C	D	E
1	재위 기간		계급값	왕의 수	상대도수
2	0	10	5	10	=D2/$D$8
3	10	20	15	6	
4	20	30	25	4	
5	30	40	35	3	
6	40	50	45	3	
7	50	60	55	1	
8	합계			27	

➡

	A	B	C	D	E
1	재위 기간		계급값	왕의 수	상대도수
2	0	10	5	10	0.37037037
3	10	20	15	6	0.222222222
4	20	30	25	4	0.148148148
5	30	40	35	3	0.111111111
6	40	50	45	3	0.111111111
7	50	60	55	1	0.037037037
8	합계			27	

상대도수의 합을 구한 후 ENTER / 소숫점 자리수를 줄임

	A	B	C	D	E
1	재위 기간		계급값	왕의 수	상대도수
2	0	10	5	10	0.37037037
3	10	20	15	6	0.222222222
4	20	30	25	4	0.148148148
5	30	40	35	3	0.111111111
6	40	50	45	3	0.111111111
7	50	60	55	1	0.037037037
8	합계			27	=SUM(E2:E7

➡

	A	B	C	D	E
1	재위 기간		계급값	왕의 수	상대도수
2	0	10	5	10	0.37
3	10	20	15	6	0.22
4	20	30	25	4	0.15
5	30	40	35	3	0.11
6	40	50	45	3	0.11
7	50	60	55	1	0.04
8	합계			27	1

계급값*상대도수를 구한 후 ENTER / 드래그

	A	B	C	D	E	F
1	재위 기간		계급값	왕의 수	상대도수	계급값*상대도수
2	0	10	5	10	0.37	=C2*E2
3	10	20	15	6	0.22	
4	20	30	25	4	0.15	
5	30	40	35	3	0.11	
6	40	50	45	3	0.11	
7	50	60	55	1	0.04	
8	합계			27	1	

➡

	A	B	C	D	E	F
1	재위 기간		계급값	왕의 수	상대도수	계급값*상대도수
2	0	10	5	10	0.37	1.851851852
3	10	20	15	6	0.22	3.333333333
4	20	30	25	4	0.15	3.703703704
5	30	40	35	3	0.11	3.888888889
6	40	50	45	3	0.11	5
7	50	60	55	1	0.04	2.037037037
8	합계			27	1	

계급값*상대도수의 합을 구한 후, 자리수 줄임.

	A	B	C	D	E	F
1	재위 기간		계급값	왕의 수	상대도수	계급값*상대도수
2	0	10	5	10	0.37	1.851851852
3	10	20	15	6	0.22	3.333333333
4	20	30	25	4	0.15	3.703703704
5	30	40	35	3	0.11	3.888888889
6	40	50	45	3	0.11	5
7	50	60	55	1	0.04	2.037037037
8	합계			27	1	19.81481481

➡

	A	B	C	D	E	F
1	재위 기간		계급값	왕의 수	상대도수	계급값*상대도수
2	0	10	5	10	0.37	1.851851852
3	10	20	15	6	0.22	3.333333333
4	20	30	25	4	0.15	3.703703704
5	30	40	35	3	0.11	3.888888889
6	40	50	45	3	0.11	5
7	50	60	55	1	0.04	2.037037037
8	합계			27	1	19.81

따라서 상대도수를 이용한 가중평균은 계급값*상대도수의 합으로 19.81이다.

예제 12 아래의 자료는 어느 어린이집에서 4개월 된 유아 30명의 키를 측정하여 기록한 자료입니다. 다음 물음에 답하시오.

63.2	61.3	64.5	66.1	65.1
62.0	63.7	66.0	62.8	63.8
63.8	64.5	63.8	68.3	64.7
68.3	67.1	63.0	61.3	68.3
66.3	68.3	66.5	64.8	63.8
63.2	60.8	59.0	61.0	71.0

1) 도수분포 표를 구하시오.
2) 가중평균을 구하시오. (단, 도수 이용)
3) 가중평균을 구하시오. (단, 상대도수를 이용)

풀이 1), 2), 3)을 EXCEL을 이용하여 다음과 같이 구하면 된다.

1) 함수마법사〉 통계〉 FREQUENCY를 이용하여 도수분포 표를 구하면 다음과 같다.

개수	25
계급의 수	5
계급의 간격	3
하한	58.95

계급 구간		도수
58.95	61.95	5
61.95	64.95	14
64.95	67.95	6
67.95	70.95	4
70.95	73.95	1
합계		30

2) 가중평균(도수 이용)

계급 구간	도수(f_i)	계급값(x_i)	계급값(x_i)×도수(f_i)
58.95~61.95	5	60.45	5×60.45=302.25
61.95~64.95	14	63.45	14×63.45=888.3
64.95~67.95	6	66.45	6×66.45=398.7
67.95~70.95	4	69.45	4×69.45=277.8
70.95~73.95	1	72.45	1×72.45=72.45
합계	30		1939.5

따라서 평균 $\overline{x} = \frac{1939.5}{30} = 64.65$이다.

3) 가중평균(상대도수 이용)

계급 구간	도수(f_i)	계급값(x_i)	상대도수(p_i)	계급값(x_i)×상대도수(p_i)
58.95~61.95	5	60.45	5/30=0.17	60.45×0.17=10.08
61.95~64.95	14	63.45	14/30=0.47	63.45×0.47=29.61
64.95~67.95	6	66.45	6/30=0.20	66.45×0.20=13.29
67.95~70.95	4	69.45	4/30=0.13	69.45×0.13=9.26
70.95~73.95	1	72.45	1/30=0.03	72.45×0.03=2.42
합계	30			**64.65**

따라서 평균 $\overline{x} = 64.65$이다.

예제 13 60명의 대학생이 일주일 동안 인터넷을 사용한 시간을 조사하여 다음과 같은 도수분포 표를 얻었을 때, 다음 물음에 답하시오.

계급 구간		도수
4.5	11.5	5
11.5	18.5	12
18.5	25.5	6
25.5	32.5	15
32.5	39.5	10
39.5	46.5	8
46.5	53.5	2
53.5	60.5	2
합계		60

1) 가중평균을 구하시오. (단, 도수 이용)

2) 가중평균을 구하시오. (단, 상대도수를 이용)

풀이 EXCEL을 이용하여

1) 가중평균을 구하시오. (단, 도수 이용)

계급 구간		도수	계급값	도수*계급값
4.5	11.5	5	8	40
11.5	18.5	12	15	180
18.5	25.5	6	22	132
25.5	32.5	15	29	435
32.5	39.5	10	36	360
39.5	46.5	8	43	344
46.5	53.5	2	50	100
53.5	60.5	2	57	114
합계		60		1705

따라서 평균 $\bar{x}=\dfrac{1705}{60}=28.42$이다.

2) 가중평균을 구하시오. (단, 상대도수를 이용)

계급 구간		도수	계급값	상대도수	상대도수*계급값
4.5	11.5	5	8	0.08	0.67
11.5	18.5	12	15	0.20	3.00
18.5	25.5	6	22	0.10	2.20
25.5	32.5	15	29	0.25	7.25
32.5	39.5	10	36	0.17	6.00
39.5	46.5	8	43	0.13	5.73
46.5	53.5	2	50	0.03	1.67
53.5	60.5	2	57	0.03	1.9
합계		60			28.42

따라서 평균 $\bar{x}=28.42$이다.

3-2-2. 가중중앙값(weighted median)

도수분포표가 주어진 경우, 중앙값은 다음과 같은 공식을 이용하여 구한다.

$$Me = L + \frac{\left[\left(\frac{n}{2} - c\right)\right]h}{f_i}$$

L : 중앙값이 있는 계급의 하한, n : 총 도수

c : 중앙값이 있는 계급 이전까지의 누적도수

h : 계급의 간격

f_i : 중앙값이 있는 계급의 도수

〈참고〉 $\frac{\left[\left(\frac{n}{2} - c\right)\right]h}{f_i}$: 비례식

예제 14 다음과 도수분포 표가 있을 때, 다음 물음에 답하시오.

계급 구간		도수
58.95	61.95	5
61.95	64.95	14
64.95	67.95	6
67.95	70.95	4
70.95	73.95	1
합계		30

1) 중앙값이 있는 계급을 구하시오.
2) 중앙값이 있는 계급의 하한(L)을 구하시오.
3) 중앙값이 있는 계급의 도수(f_i)를 구하시오.
4) 중앙값이 있는 계급 이전까지의 누적도수(c)를 구하시오.
5) 계급의 간격(h)을 구하시오.
6) 총 도수(n)을 구하시오.
7) 중앙값을 구하시오.

풀이 1) 중앙값이 있는 계급은 제2계급이다.
2) 중앙값이 있는 계급의 하한(L)은 61.95이다.
3) 중앙값이 있는 계급의 도수(f_i)는 14이다.

4) 중앙값이 있는 계급 이전까지의 누적도수(c)는 5이다.

5) 계급의 간격(h)은 3이다.

6) 총 도수(n)는 30이다.

7) $\frac{\left[\left(\frac{n}{2}-c\right)\right]h}{f_i}=x$라 하면, $x=\frac{\left[\left(\frac{30}{2}\right)-5\right]3}{14}=\frac{10\times3}{14}$이며, 비례관계로 표현하면,

$$14:10=3:x$$
$$14x=10\times3$$
$$x=\frac{10\times3}{14}$$

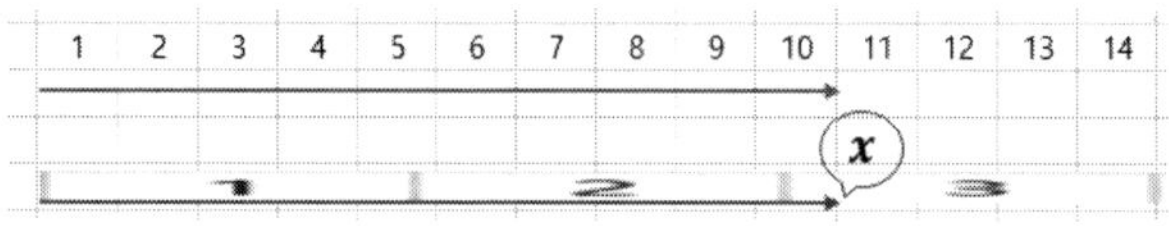

중앙값이 있는 계급의 도수(f_i)는 14이며, 중앙값은 제2계급의 10번째에 있게 된다.

또한, 제2계급의 간격은 3이며, 중앙값은 제2계급의 하한에서 x만큼 떨어진 곳에 위치한다.

따라서 중앙값은 $Me=L+\frac{\left[\left(\frac{n}{2}-c\right)\right]h}{f_i}=61.95+2.14=64.09$이다.

예제 15 60명의 대학생이 일주일 동안 인터넷을 사용한 시간을 조사하여 다음과 같은 도수분포 표를 얻었을 때, 중앙값을 구하시오.

계급 구간		도수
4.5	11.5	5
11.5	18.5	12
18.5	25.5	6
25.5	32.5	15
32.5	39.5	10
39.5	46.5	8
46.5	53.5	2
53.5	60.5	2
합계		60

풀이 중앙값이 있는 구간은 제4계급이다.

제4계급의 하한 (L)은 25.5이다.

제4계급의 도수(f_i)는 15이다.

제3계급까지 누적도수(c)는 23이다.

계급의 간격(h)은 7이다.

총 도수(n)는 60이다.

따라서 중앙값은

$$Me = L + \frac{\left[\left(\frac{n}{2} - c\right)\right]h}{f_i} = 25.5 + \frac{\left(\frac{60}{2} - 23\right) \times 7}{15} = 25.5 + \frac{49}{15} \fallingdotseq 28.8$$

이다.

3-2-3. 가중최빈값(weighted mode)

도수분포표가 주어진 경우, 최빈값은 도수가 가장 많은 계급의 계급값이다.

예제 16 다음과 도수분포 표가 있을 때, 최빈값을 구하시오.

계급 구간		도수
58.95	61.95	5
61.95	64.95	14
64.95	67.95	6
67.95	70.95	4
70.95	73.95	1
합계		30

풀이 최빈값은 도수가 가장 많은 계급인 제2계급이며, 제2계급의 계급값은

$\frac{61.95 + 64.95}{2} = 63.45$이므로 최빈값은 63.45이다.

예제 17 60명의 대학생이 일주일 동안 인터넷을 사용한 시간을 조사하여 다음과 같은 도수분포 표를 얻었을 때, 최빈값을 구하시오.

계급 구간		도수
4.5	11.5	5
11.5	18.5	12
18.5	25.5	6
25.5	32.5	15
32.5	39.5	10
39.5	46.5	8
46.5	53.5	2
53.5	60.5	2
합계		60

풀이 최빈값은 도수가 가장 많은 계급인 제4계급이며, 제4계급의 계급값은 $\frac{25.5+32.5}{2}=29$이므로 최빈값은 29이다.

3-3. 산포 척도(이산형 자료)

3-3-1. 분산(variance)과 표준편차(standard deviation)

분산과 표준편차는 산포 척도(또는 변동성 척도)로 가장 많이 사용하며, 평균을 모평균과 표본평균으로 구분하듯이 모집단의 분산을 나타내는 모분산과 표본 집단의 분산을 나타내는 표본 분산으로 구분한다.

편차(deviation)는 다음과 같이 정의한다.

n개의 수(또는 자료) $x_1, x_2, x_3, \cdots, x_n$와 모평균 $\mu = \frac{1}{n}\sum_{k=1}^{n} x_k$에 대하여,

n개의 수(또는 자료)에서 모평균 μ를 뺀 $x_1-\mu, x_2-\mu, x_3-\mu, \cdots, x_n-\mu$를 편차라 한다.

모분산(population variance)은 모집단의 **편차 제곱의 평균**으로 정의하며, σ^2으로 나타낸다.

$$\text{모분산 } \sigma^2 = \frac{1}{n}\sum_{k=1}^{n}(x_k - \mu)^2 \quad \text{단, } \mu \text{ : 모평균}$$

표본 분산(standard variance)은 표본 집단의 편차 제곱을 $(n-1)$로 나눈 값으로 정의하며, S^2으로 나타낸다.

$$\text{표본 분산 } S^2 = \frac{1}{n-1}\sum_{k=1}^{n}(x_k - \overline{x})^2 \quad \text{단, } \overline{x} \text{ : 표본평균}$$

따라서 산포 척도인 분산은 모분산과 표분 분산의 정의와 기호가 다른 관계로 주어진 문제가 모분산을 구하는 문제인지, 표본 분산을 구해야 하는 문제인지를 파악하여야 한다.

또한 모분산과 표분 분산의 계산 결과는 제곱이므로 주어진 자료와 단위가 맞지 않는다. 따라서 양의 제곱근($\sqrt{\ }$)은 단위가 맞지 않는 문제를 해결하기 위한 좋은 도구가 된다. 그러므로 표준편차는 주어진 자료와 단위를 일치시키기 위해 분산의 양의 제곱근으로 정의한다.

$$\text{모 표준편차} \quad \sigma = \sqrt{\frac{1}{n}\sum_{k=1}^{n}(x_k - \mu)^2}$$

$$\text{표본 표준편차} \quad S = \sqrt{\frac{1}{n-1}\sum_{k=1}^{n}(x_k - \overline{x})^2}$$

표준편차는 산포 척도로 사용하고, 평균으로부터 어느 정도 떨어져 있는지를 판단하는 기준이 되므로 분산 또는 표준편차가 클수록 "평균을 중심으로 넓게 분포" 한다는 의미이다.

첫째	이산형 자료에서 분산과 표준편차 구하는 방법

〈참고〉 2가지 방법이 많이 사용됨.

[방법 1] n 개의 수(또는 자료) x_1, x_2, x_3, $\cdots$, x_n 이 있을 때,

단계	내용
1	자료들의 평균(μ)을 구한다.
2	자료들의 편차를 구한다. 편차 : $x_i - \mu$ [평균으로부터 떨어진 거리, 차이]
3	편차들을 제곱한다. $(x_i - \mu)^2$
4	3단계의 합을 구한다. $\sum(x_i - \mu)^2$
5	4단계를 자료의 수로 나눈다. (분산$=\sigma^2$) $\sigma^2 = \dfrac{\sum(x_i - \mu)^2}{n}$
6	분산의 양의 제곱근을 구한다. 즉 $\sqrt{\text{분산}} = \sqrt{\sigma^2} = \sigma =$ 표준편차

예제 18 3개의 이산자료 2, 5, 8 이 주어진 경우, 분산과 표준편차를 구하시오.

풀이 1단계 : 평균을 구한다. 평균 $\mu = \dfrac{2+5+8}{3} = 5$이다.

2단계 : 자료들의 편차($X_i - \mu$)를 구한다. 즉, 2-5, 5-5, 8-5이므로 -3, 0, 3이다.

3단계 : 편차들의 제곱 $(X_i - \mu)^2$을 구한다. 즉, $(-3)^2, 0^2, 3^2$ 이므로 9, 0, 9이다.

4단계 : 편차들의 제곱을 합한 $\sum(X_i - \mu)^2$을 구한다.

$$\sum_{i=1}^{3}(x_i - \mu)^2 = 9 + 0 + 9 = 18\text{이다.}$$

5단계 : 4단계를 자료의 수로 나눈 분산 σ^2을 구한다.

$$\sigma^2 = \frac{\sum_{i=1}^{3}(x_i - \mu)^2}{3} = \frac{18}{3} = 6\text{이다.}$$

6단계 : 표준편차 σ는 분산의 양의 제곱근이므로 $\sigma = \sqrt{\sigma^2} = \sqrt{6}$ 이 된다.

[방법 2] n 개의 수(또는 자료) $x_1, x_2, x_3, \cdots, x_n$ 이 있을 때,

단계	내용
1	자료들의 평균(μ)을 구한다.
2	자료를 제곱한다. x_i^2
3	자료들을 제곱한 자료들의 합의 구한다. $\sum x_i^2$
4	자료들을 제곱한 자료들의 합의 자료의 수로 나눈다. $\dfrac{\sum x_i^2}{n}$
5	4단계의 자료에서 평균의 제곱을 뺀다. (분산$=\sigma^2$) $\dfrac{\sum x_i^2}{n}-\mu^2$
6	분산의 양의 제곱근을 구한다. 즉 $\sqrt{\text{분산}}=\sqrt{\sigma^2}=\sigma=$ 표준편차

예제 19 3개 이산형 자료 2, 5, 8이 주어진 경우, 분산과 표준편차를 구하시오.

풀이 1단계 : 평균을 구한다. 평균 $\mu=\dfrac{2+5+8}{3}=5$ 이다.

2단계 : 자료들의 제곱(x_i^2) 한다. $2^2, 5^2, 8^2$ 이므로 4, 25, 64이다.

3단계 : 자료들을 제곱한 자료들의 합을 구한다. $\sum x_i^2=4+25+64=93$

4단계 : 자료들을 제곱한 자료들의 합의 자료의 수로 나눈다.

$$\frac{\sum x_i^2}{n}=\frac{93}{3}=31$$

5단계 : 4단계의 자료에서 평균의 제곱을 뺀다. (분산$=\sigma^2$)

$$\sigma^2=\frac{\sum_{i=1}^{3}x_i^2}{3}-\mu^2=31-5^2=31-25=6$$

6단계 : 표준편차는 분산의 양의 제곱근 이므로 $\sigma=\sqrt{\sigma^2}=\sqrt{6}$ 이 된다.

정의 **이산형 자료 : 분산과 표준편차 구하는 방법**

분산 : $\sigma^2=\dfrac{\sum_{i=1}^{n}(x_i-\mu)^2}{n}=\dfrac{\sum_{i=1}^{n}x_i^2}{n}-\mu^2$ 단, μ는 평균

표준편차 : $\sigma=\sqrt{\sigma^2}$

예제 20 통계청에서 2022년 발표한 전국 행정 구역별 박물관 및 미술관의 수가 다음과 같을 때, 전국 행정 구역별 국공립 미술관의 평균과 분산, 표준편차를 구하시오.

행정 구역별	박물관				미술관			
	소계	국공립	사립	대학	소계	국공립	사립	대학
서울특별시	132	34	70	28	46	7	34	5
부산광역시	33	13	9	11	9	2	5	2
대구광역시	17	8	6	3	4	2	0	2
인천광역시	28	16	11	1	5	2	3	0
광주광역시	5	2	0	3	16	4	11	1
대전광역시	15	4	4	7	5	2	3	–
울산광역시	10	8	1	1	0	0	0	0
세종특별자치시	7	3	4	0	0	0	0	0
경기도	124	50	63	11	55	13	39	3
강원도	99	49	45	5	19	4	15	0
충청북도	43	26	12	5	12	6	6	0
충청남도	58	34	19	5	8	2	6	0
전라북도	44	29	9	6	18	7	11	0
전라남도	64	43	18	3	35	11	24	0
경상북도	77	43	23	11	11	5	5	1
경상남도	74	46	22	6	10	5	5	0
제주특별자치도	62	17	44	1	21	7	14	0
총계	892	425	360	107	274	79	181	14

풀이 정의를 이용하여 먼저 국공립 박물관의 평균을 구한 후, 분산을 구하여야 한다. 주어진 자료는 $n=15$이고, 평균 $\mu=5.27$이다.

국공립 (x_k)	편차 $(x_k-\mu)$	편차 제곱 $(x_k-\mu)^2$
7	1.73	3.00
2	−3.27	10.67
2	−3.27	10.67
2	−3.27	10.67
4	−1.27	1.60
2	−3.27	10.67
13	7.73	59.80
4	−1.27	1.60
6	0.73	0.54
2	−3.27	10.67
7	1.73	3.00
11	5.73	32.87
5	−0.27	0.07
5	−0.27	0.07
7	1.73	3.00
15개	0.00	158.93

모분산

$$\sigma^2 = \frac{1}{n}\sum_{k=1}^{n}(x_k-\mu)^2$$

$$= \frac{158.93}{15} = 10.6$$

모 표준편차

$$\sigma = \sqrt{\frac{1}{n}\sum_{k=1}^{n}(x_k-\mu)^2}$$

$$= \sqrt{10.6} = 3.26$$

〈참고〉 편차 $(x_k-\mu)$의 합은 "0"이다.

WITH Excel 분산과 표준편차 구하기 1

먼저 주어진 표에서 문제에 맞는 필요한 자료를 세로로 배열 후, 평균을 구한다.

국공립
34
13
8
16
2
4
8
3
50
49
26
34
29
43
43
46
17
425

개수를 알기 쉽게 정리한 후
하단에 평균을 쓰고,
평균을 구한다.
= average 이용

평균 : 25

	A	B	C
1	개수	국공립	
2	1	34	
3	2	13	
4	3	8	
5	4	16	
6	5	2	
7	6	4	
8	7	8	
9	8	3	
10	9	50	
11	10	49	
12	11	26	
13	12	34	
14	13	29	
15	14	43	
16	15	43	
17	16	46	
18	17	17	
19	합계	425	
20			
21	평균	=AVERAGE(B2:B18	

상단에 구하고자 하는 편차, 편차의 제곱 및 하단에 합계를 쓰고, 편차 및 편차^2을 계산

개수	국공립	편차	편차^2
1		=B2-$B$21	
2	13		
3	8		
4	16		
5	2		
6	4		
7	8		
8	3		
9	50		
10	49		
11	26		
12	34		
13	29		
14	43		
15	43		
16	46		
17	17		
합계	425		
평균	25		

개수	국공립	편차	편차^2
1	34	9	=C2*C2
2	13		
3	8		
4	16		
5	2		
6	4		
7	8		
8	3		
9	50		
10	49		
11	26		
12	34		
13	29		
14	43		
15	43		
16	46		
17	17		
합계	425		

편차 및 편차^2을 계산한 후 드래그/ 편차^2의 합계를 구한다.

개수	국공립	편차	편차^2
1	34	9	81
2	13	-12	144
3	8	-17	289
4	16	-9	81
5	2	-23	529
6	4	-21	441
7	8	-17	289
8	3	-22	484
9	50	25	625
10	49	24	576
11	26	1	1
12	34	9	81
13	29	4	16
14	43	18	324
15	43	18	324
16	46	21	441
17	17	-8	64
합계	425		

개수	국공립	편차	편차^2
1	34	9	81
2	13	-12	144
3	8	-17	289
4	16	-9	81
5	2	-23	529
6	4	-21	441
7	8	-17	289
8	3	-22	484
9	50	25	625
10	49	24	576
11	26	1	1
12	34	9	81
13	29	4	16
14	43	18	324
15	43	18	324
16	46	21	441
17	17	-8	64
합계	425		=SUM(D2:D18

편차^2의 합을 전체 개수(17)로 나눈 후 ENTER(분산)

A	B	C	D
개수	국공립	편차	편차^2
1	34	9	81
2	13	-12	144
3	8	-17	289
4	16	-9	81
5	2	-23	529
6	4	-21	441
7	8	-17	289
8	3	-22	484
9	50	25	625
10	49	24	576
11	26	1	1
12	34	9	81
13	29	4	16
14	43	18	324
15	43	18	324
16	46	21	441
17	17	-8	64
합계	425		4790
평균	25		
분산	)19/A18		

A	B	C	D
개수	국공립	편차	편차^2
1	34	9	81
2	13	-12	144
3	8	-17	289
4	16	-9	81
5	2	-23	529
6	4	-21	441
7	8	-17	289
8	3	-22	484
9	50	25	625
10	49	24	576
11	26	1	1
12	34	9	81
13	29	4	16
14	43	18	324
15	43	18	324
16	46	21	441
17	17	-8	64
합계	425		4790
평균	25		
분산	281.76		
표준편차	=SQRT(B22		

그러므로 분산은 281.76이고, 표준편차는 16.79이다.

모분산 σ^2은 $\sum$의 성질에 의하여 다음과 같이 계산된다.

$$\sigma^2 = \frac{1}{n}\sum_{k=1}^{n}(x_k-\mu)^2 \quad \& \quad \mu = \frac{1}{n}\sum_{k=1}^{n}x_k$$

$$= \frac{1}{n}\sum_{k=1}^{n}(x_k^2 - 2x_k\mu + \mu^2) \quad \& \quad \sum\text{의 성질 : } \sum_{k=1}^{n}(a_k \pm b_k) = \sum_{k=1}^{n}a_k \pm \sum_{k=1}^{n}b_k$$

$$= \frac{1}{n}\sum_{k=1}^{n}x_k^2 - 2\frac{1}{n}\sum_{k=1}^{n}x_k\mu + \frac{1}{n}\sum_{k=1}^{n}\mu^2 \quad \& \quad \sum\text{의 성질 : } \sum_{k=1}^{n}ca_k = c\sum_{k=1}^{n}a_k,\ \sum_{k=1}^{n}c = cn$$

$$= \frac{1}{n}\sum_{k=1}^{n}x_k^2 - 2\mu\frac{1}{n}\sum_{k=1}^{n}x_k + \frac{1}{n}(n\mu^2) = \frac{1}{n}\sum_{k=1}^{n}x_k^2 - 2\mu^2 + \mu^2 = \frac{1}{n}\sum_{k=1}^{n}x_k^2 - \mu^2$$

$$\sigma^2 = \frac{1}{n}\sum_{k=1}^{n}(x_k-\mu)^2 = \frac{1}{n}\sum_{k=1}^{n}x_k^2 - \mu^2$$

예제 21 통계청에서 2022년 발표한 전국 행정 구역별 박물관 및 미술관의 수가 다음과 같을 때, 전국 행정 구역별 국공립 미술관의 평균과 분산, 표준편차를 구하시오.

풀이 정의를 이용하여 먼저 평균을 구한 후, 분산을 구하여야 한다.
주어진 자료는 $n = 15$이고, 평균 $\mu = 5.27$이며 제곱의 평균은 38.33이다.

국공립(x_k)	제곱(x^{2_k})
7	49
2	4
2	4
2	4
4	16
2	4
13	169
4	16
6	36
2	4
7	49
11	121
5	25
5	25
7	49
15개	575

모분산

$$\sigma^2 = \frac{1}{n}\sum_{k=1}^{n}x_k^2 - \mu^2$$

제곱의 평균 : $\frac{1}{n}\sum_{k=1}^{n}x_k^2 = \frac{575}{15} = 38.33$

평균 : $\mu = 5.27$

$$= 38.33 - (5.27)^2 = 38.33 - 27.74$$

$$= 10.6$$

모 표준편차

$$\sigma = \sqrt{\frac{1}{n}\sum_{k=1}^{n}(x_k-\mu)^2}$$

$$= \sqrt{10.6} = 3.26$$

WITH Excel 분산과 표준편차 구하기 2

먼저 주어진 표에서 문제에 맞는 필요한 자료를 세로로 배열 후, 평균을 구한다.

국공립
34
13
8
16
2
4
8
3
50
49
26
34
29
43
43
46
17
425

개수를 알기 쉽게 정리한 후
하단에 평균을 쓰고,
평균을 구한다.
=average 이용

평균 : 25

	A	B	C
1	개수	국공립	
2	1	34	
3	2	13	
4	3	8	
5	4	16	
6	5	2	
7	6	4	
8	7	8	
9	8	3	
10	9	50	
11	10	49	
12	11	26	
13	12	34	
14	13	29	
15	14	43	
16	15	43	
17	16	46	
18	17	17	
19	합계	425	
20			
21	평균	=AVERAGE(B2:B18	

상단에 구하고자 하는 자료의 제곱 및 하단에 합계를 쓰고, 자료^2을 계산/ 드래그

A	B	C
개수	국공립	국공립^2
1	34	=B2^2
2	13	
3	8	
4	16	
5	2	
6	4	
7	8	
8	3	
9	50	
10	49	
11	26	
12	34	
13	29	
14	43	
15	43	
16	46	
17	17	
합계	425	
평균	25	

개수	국공립	국공립^2
1	34	1156
2	13	169
3	8	64
4	16	256
5	2	4
6	4	16
7	8	64
8	3	9
9	50	2500
10	49	2401
11	26	676
12	34	1156
13	29	841
14	43	1849
15	43	1849
16	46	2116
17	17	289
합계	425	

자료^2의 합계를 구한 후, 자료^2의 합계를 전체 자료의 수로 나누어 평균^2을 빼서 분산을 계산하면 된다.

개수	국공립	국공립^2
1	34	1156
2	13	169
3	8	64
4	16	256
5	2	4
6	4	16
7	8	64
8	3	9
9	50	2500
10	49	2401
11	26	676
12	34	1156
13	29	841
14	43	1849
15	43	1849
16	46	2116
17	17	289
합계		=SUM(C2:C18

A	B	C
개수	국공립	국공립^2
1	34	1156
2	13	169
3	8	64
4	16	256
5	2	4
6	4	16
7	8	64
8	3	9
9	50	2500
10	49	2401
11	26	676
12	34	1156
13	29	841
14	43	1849
15	43	1849
16	46	2116
17	17	289
합계	425	15415
평균	25	
분산	=(C19/A18)-B21^2	

표준편차는 분산의 양의 제곱근이므로 함수마법사/SQRT 함수 이용

그러므로 분산은 281.76이고, 표준편차는 16.79이다.

분산과 표준편차를 구하는 방법은 정의를 이용하여 위의 2가지 방법으로 EXCEL을 이용하여 쉽게 계산할 수 있다. 그러나 정의에 맞게 계산하는 방법은 복잡하고 어려워하는 학생들이 많은 관계로 좀 더 쉬운 방법을 소개하고자 한다.

분산과 표준편차를 구하는 방법은 주어진 집단이 모집단인 경우와 표본 집단의 경우로 EXCEL을 이용하면 다음과 같이 쉽게 분산과 표준편차를 구할 수 있다.

모집단의 경우	분산(σ^2) : VAR. P 표준편차(σ) : STDEV. S
표본 집단의 경우	분산(S^2) : VAR. S 표준편차(S) : STDEV. S

WITH Excel 분산(함수마법사 〉 통계 〉 VAR. P(모집단))

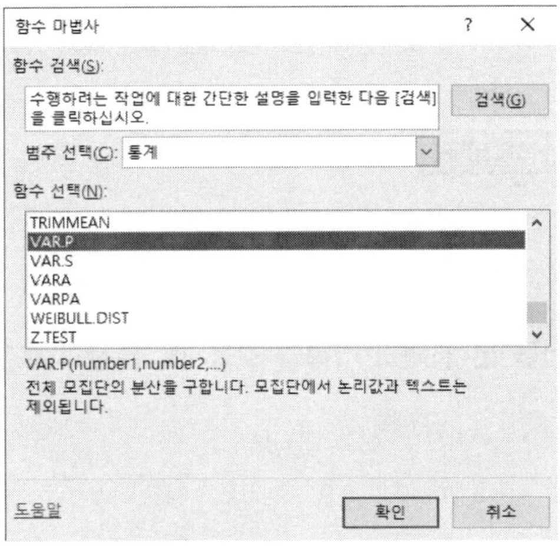

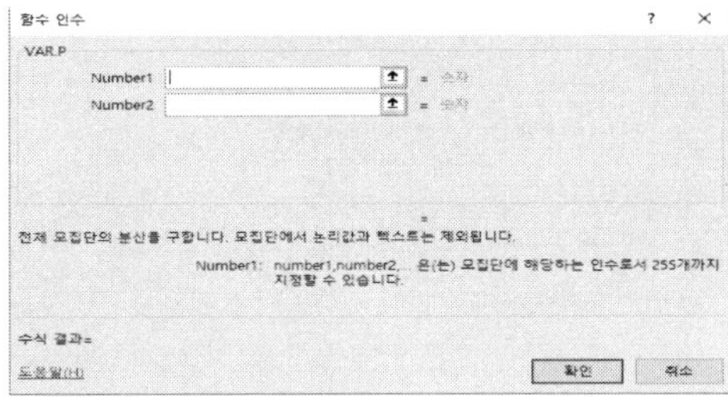

대화상자 입력 값

대화상자	의미와 입력 값	입력
number 1	자료의 범위 드래그	셀의 범위
number 2		

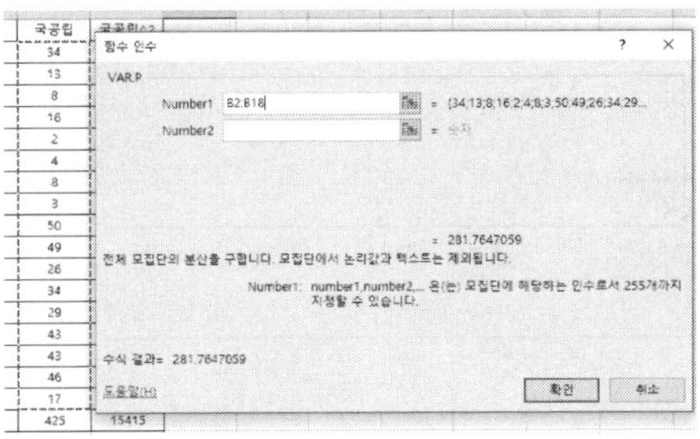

확인 클릭

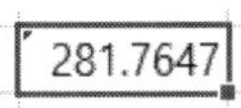

WITH Excel 표준편차(함수마법사 〉 통계 〉 STDEV. P(모집단))

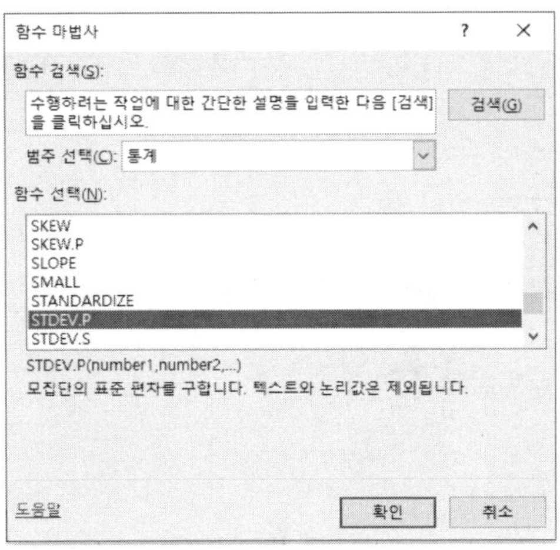

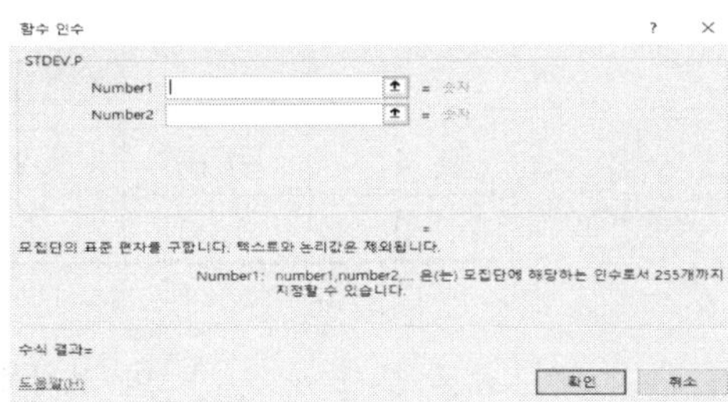

대화상자 입력 값

대화상자	의미와 입력 값	입력
number 1	자료의 범위 드래그	셀의 범위
number 2		

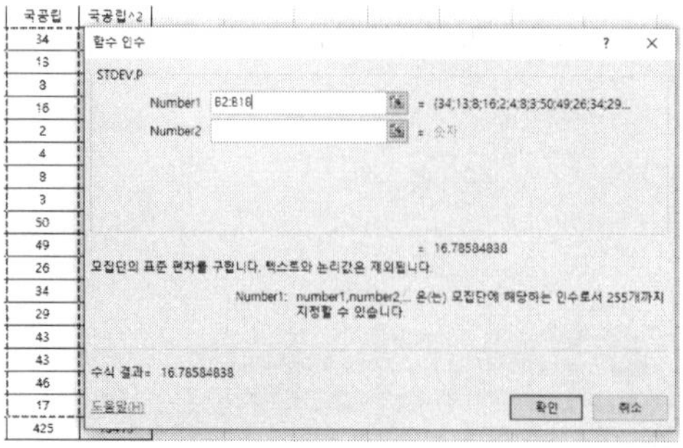

확인 클릭

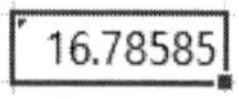

예제 22 표본으로 얻은 9명의 학생이 시험을 본 결과가 다음과 같을 때, 분산과 표준편차를 구하시오.

$$7 \quad 3 \quad 6 \quad 8 \quad 2 \quad 7 \quad 9 \quad 5 \quad 4$$

풀이 1 정의를 이용하여 먼저 평균을 구한 후, 분산을 구하여야 한다.

주어진 자료는 $n=9$이고, 평균 $\overline{x}=5.67$이다.

성적 (x_k)	편차 $(x_k-\overline{x})$	편차 제곱 $(x_k-\overline{x})^2$
7	1.33	1.78
3	-2.67	7.11
6	0.33	0.11
8	2.33	5.44
2	-3.67	13.44
7	1.33	1.78
9	3.33	11.11
5	-0.67	0.44
4	-1.67	2.78
9	0.00	44.00

표본 분산

$$S^2 = \frac{1}{n-1}\sum_{k=1}^{n}(x_k-\overline{x})^2$$

$$= \frac{44}{8} = 5.5$$

표본 표준편차

$$S = \sqrt{\frac{1}{n-1}\sum_{k=1}^{n}(x_k-\overline{x})^2}$$

$$= \sqrt{5.5} = 2.35$$

표본 분산 S^2은 $\sum$의 성질에 의하여 다음과 같이 계산된다.

$$S^2 = \frac{1}{n-1}\sum_{k=1}^{n}(x_k-\overline{x})^2 \;\; \& \;\; \overline{x} = \frac{1}{n}\sum_{k=1}^{n}x_k$$

$$= \frac{1}{n-1}\sum_{k=1}^{n}(x_k^2 - 2x_k\overline{x} + \overline{x}^2)$$

& $\sum$의 성질 : $\sum_{k=1}^{n}(a_k \pm b_k) = \sum_{k=1}^{n} a_k \pm \sum_{k=1}^{n} b_k$

$$= \frac{1}{n-1}\sum_{k=1}^{n} x_k^2 - 2\frac{1}{n-1}\sum_{k=1}^{n} x_k \bar{x} + \frac{1}{n-1}\sum_{k=1}^{n} \bar{x}^2$$

& $\sum$의 성질 : $\sum_{k=1}^{n} ca_k = c\sum_{k=1}^{n} a_k,\ \sum_{k=1}^{n} c = cn$

$$= \frac{1}{n-1}\sum_{k=1}^{n} x_k^2 - 2\bar{x}\frac{1}{n-1}\sum_{k=1}^{n} x_k + \frac{1}{n-1}\left(n\bar{x}^2\right)$$

$$= \frac{1}{n-1}\sum_{k=1}^{n} x_k^2 - 2\bar{x}\frac{1}{n-1}n\bar{x} + \frac{n}{n-1}\bar{x}^2$$

$$= \frac{1}{n-1}\sum_{k=1}^{n} x_k^2 - \frac{2n}{n-1}\bar{x}^2 + \frac{n}{n-1}\bar{x}^2$$

$$= \frac{1}{n-1}\sum_{k=1}^{n} x_k^2 - \frac{n}{n-1}\bar{x}^2 = \frac{1}{n-1}\left[\sum_{k=1}^{n} x^{2_k} - n(\bar{x})^2\right]$$

그러므로 표본 분산 S^2은

$$S^2 = \frac{1}{n-1}\sum_{k=1}^{n}(x_k - \bar{x})^2 = \frac{1}{n-1}\left[\sum_{k=1}^{n} x_k^2 - n(\bar{x})^2\right]$$ 이다.

풀이 2 정의를 이용하여 먼저 평균을 구한 후, 분산을 구하여야 한다.

주어진 자료는 $n = 9$이고, 평균 $\bar{x} = 5.67$이다.

성적 (x_k)	제곱 ($(x_k)^2$)
7	49
3	9
6	36
8	64
2	4
7	49
9	81
5	25
4	16
9개	333

표본 분산

$$S^2 = \frac{1}{n-1}\sum_{k=1}^{n}(x_k - \bar{x})^2$$
$$= \frac{1}{n-1}\left[\sum_{k=1}^{n} x_k^2 - n(\bar{x})^2\right]$$
$$= \frac{1}{8}\left[333 - 9(5.67)^2\right]$$
$$= \frac{1}{8}(333 - 9 \times 32.1)$$
$$= \frac{1}{8}(333 - 289) = \frac{44}{8} = 5.5$$

표본 표준편차

$$S = \sqrt{\frac{1}{n-1}\sum_{k=1}^{n}(x_k - \bar{x})^2} = \sqrt{5.5} = 2.35$$

WITH Excel 분산(함수마법사 〉 통계 〉 VAR. P (표본 집단))

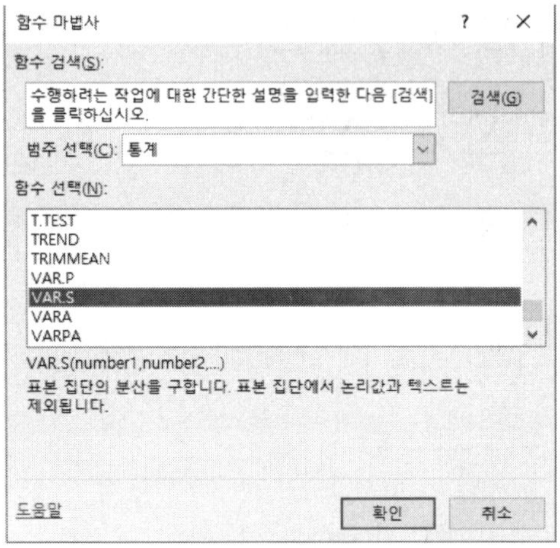

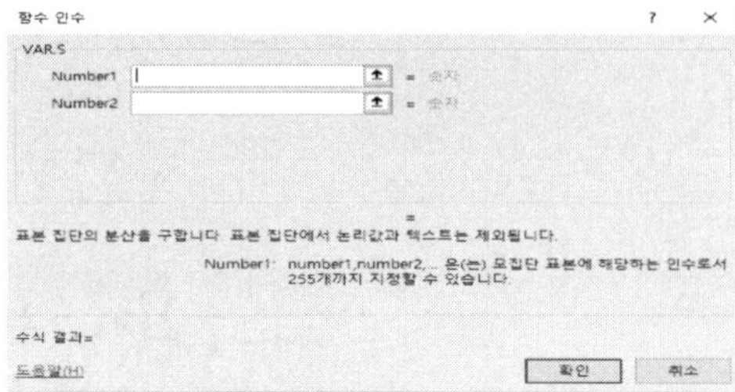

대화상자 입력 값

대화상자	의미와 입력 값	입력
number 1	자료의 범위 드래그	셀의 범위
number 2		

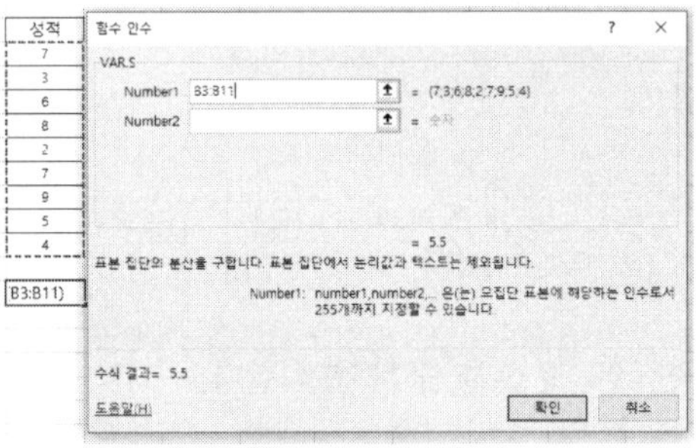

확인 클릭

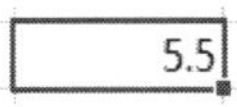

WITH Excel 표준편차(함수마법사 〉 통계 〉 STDEV. S (표본 집단))

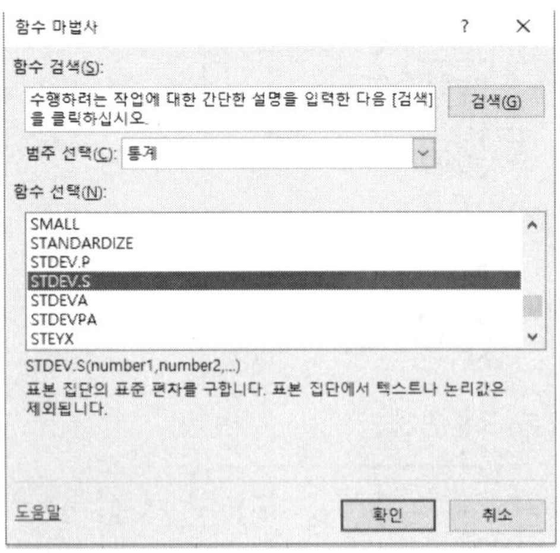

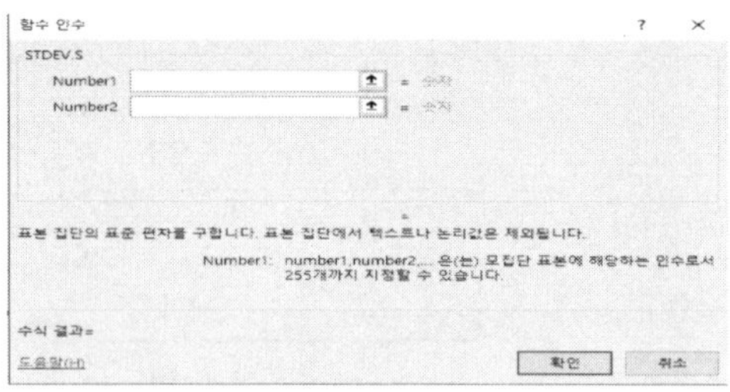

대화상자 입력 값

대화상자	의미와 입력 값	입력
number 1	자료의 범위 드래그	셀의 범위
number 2		

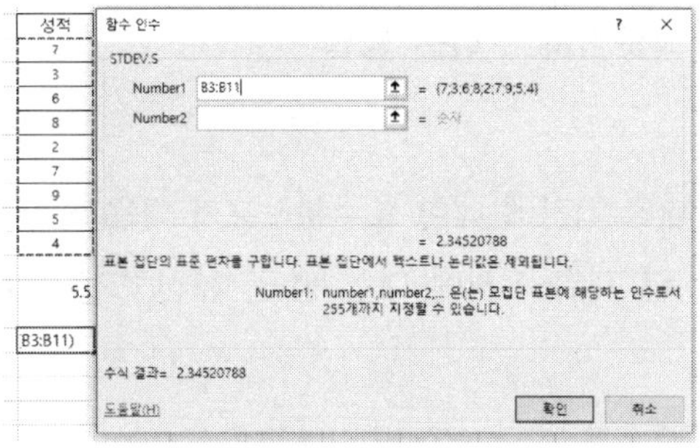

확인 클릭

2.345208

예제 23 어느 초등학교 학생 25명의 몸무게를 조사하였더니 다음과 같은 표를 얻었다고 할 때, 분산과 표준편차를 구하시오. (단위, Kg)

27.6	41.5	31.4	40.6	54.7
33.8	34.5	35.6	42.9	59.3
35.2	44.6	41.5	37.1	52.5
42.1	50.3	39.5	53.9	47.4
39.6	48.1	44.0	56.8	62.7

풀이 EXCEL을 이용하여 쉽게 계산할 수 있다.(분산 VAR.S와 표준편차 STDEV. S)

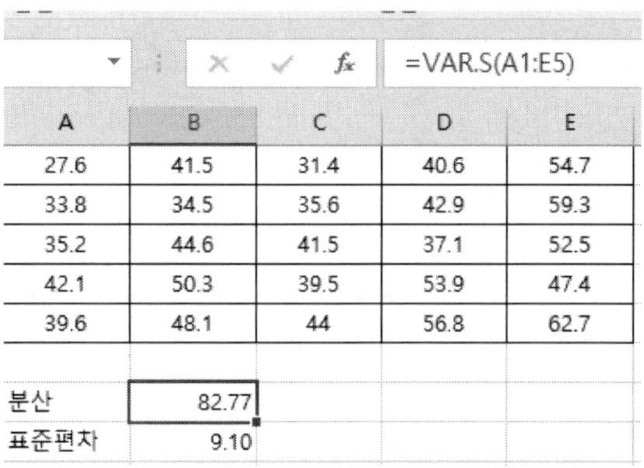

=VAR.S(A1:E5)

A	B	C	D	E
27.6	41.5	31.4	40.6	54.7
33.8	34.5	35.6	42.9	59.3
35.2	44.6	41.5	37.1	52.5
42.1	50.3	39.5	53.9	47.4
39.6	48.1	44	56.8	62.7
분산	82.77			
표준편차	9.10			

분산 : 82.77

표준편차 : 9.10

둘째 연속적인 자료에서 분산과 표준편차 구하는 방법

예제 24 조선왕조 27대 왕 중 30년 미만 재위 기간에 대한 도수분포표가 다음과 같을 때, 조선왕조 27대 왕 중 30년 미만 재위 기간에 대한 평균, 분산, 표준편차를 구하시오.

재위 기간	왕의 수
0 년 이상 ~ 10년 미만	10 명
10년 이상 ~ 20년 미만	6 명
20년 이상 ~ 30년 미만	4 명

STEP 1 : 평균 구하는 방법

1단계 계급별 계급값을 구한다.

재위 기간	계급값(년)	왕의 수
0 년 이상 ~ 10년 미만	**5**	10 명
10년 이상 ~ 20년 미만	**15**	6 명
20년 이상 ~ 30년 미만	**25**	4 명

2단계 계급별 도수들의 합을 구한다. $\sum f_i$

재위 기간	계급값(년)	왕의 수
0 년 이상 ~ 10년 미만	5	10 명
10년 이상 ~ 20년 미만	15	6 명
20년 이상 ~ 30년 미만	25	4 명
계		**20 명**

3단계	계급별 계급값과 도수(왕의 수)들을 곱한 후, 합을 구한다.

재위 기간	계급값(년)	왕의 수	계급값 × 왕의 수
0 년 이상 ~ 10년 미만	5	10 명	5 × 10 = 50
10년 이상 ~ 20년 미만	15	6 명	15 × 6 = 90
20년 이상 ~ 30년 미만	25	4 명	25 × 4 = 100
계		20명	240

4단계	3단계를 도수(왕의 수)의 합으로 나누면 평균을 얻는다.

그러므로 평균값(mean value) $\mu = \dfrac{\sum_{k=1}^{n} x_k f_k}{\sum_{k=1}^{n} f_k} = \dfrac{240}{20} = 12$이다.

STEP 2 : 분산 구하는 방법

5단계	편차를 구한다. $[x_i - \mu]$

재위 기간	계급값	왕의 수	편차
0 년 이상 ~ 10년 미만	5	10 명	5−12
10년 이상 ~ 20년 미만	15	6 명	15−12
20년 이상 ~ 30년 미만	25	4 명	25−12

6단계	편차의 제곱을 구한다. $[(x_i - \mu)^2]$

재위 기간	계급값	왕의 수	편차	$(편차)^2$
0 년 이상 ~ 10년 미만	5	10 명	5−12=−7	$(-7)^2 = 49$
10년 이상 ~ 20년 미만	15	6 명	15−12=3	$(3)^2 = 9$
20년 이상 ~ 30년 미만	25	4 명	25−12=13	$(13)^2 = 169$
		20명		

7단계	편차의 제곱에 도수를 곱한다. $[(x_i-\mu)^2 \times f_i]$

재위 기간	계급값	왕의 수	편차	(편차)^2	(편차)^2× 도수
0 년 이상 ~ 10년 미만	5	10 명	5−12	$(-7)^2=49$	$49\times10=490$
10년 이상 ~ 20년 미만	15	6 명	15−12	$(3)^2=9$	$9\times6=54$
20년 이상 ~ 30년 미만	25	4 명	25−12	$(13)^2=169$	$169\times4=676$
		20명			

8단계	7단계의 합을 구한다. $[\sum(x_i-\mu)^2 \times f_i]$

재위 기간	계급값	왕의 수	편차	(편차)^2	(편차)^2× 도수
0 년 이상 ~ 10년 미만	5	10 명	5−12	$(-7)^2=49$	145
10년 이상 ~ 20년 미만	15	6 명	15−12	$(3)^2=9$	54
20년 이상 ~ 30년 미만	25	4 명	25−12	$(13)^2=169$	676
		20명			1220

9단계	편차 제곱의 합을 도수의 합으로 나눈다. $[\sum(x_i-\mu)^2 f_i / \sum f_i]$

그러므로 분산 $\sigma^2=\dfrac{\sum(x_i-\mu)^2 f_i}{\sum f_i}=\dfrac{1,220}{20}=61$이며, 표준편차는 분산의 양의 제곱근이므로 표준편차는 $\sigma=\sqrt{\sigma^2}=\sqrt{61}\fallingdotseq 7.81$이다.

WITH Excel **분산(연속형 자료)**

먼저 주어진 자료를 EXCEL에서 사용할 수 있도록 한글을 지우고, 숫자만 남긴다.
먼저 평균을 구한 후, 분산을 구한다.
상단에 계급값을 쓰고, 계급값의 첫 번째 셀을 계산 후, 드래그하여 계산한다.

재위 기간	왕의 수
0 년 이상 ~ 10년 미만	10 명
10년 이상 ~ 20년 미만	6 명
20년 이상 ~ 30년 미만	4 명

➡

A	B	C	D
재위 기간		계급값	왕의 수
0	10	=(A2+B2)/2	10
10	20		6
20	30		4
합계			

우측에 계급값×왕의 수(도수)를 쓴 후, 첫 번째 셀을 계산 후, 드래그하여 계산한다.
왕의 수의 합계를 구한다.

A	B	C	D	E
재위 기간		계급값	왕의 수	계급값* 왕의 수
0	10	5	10	=C2*D2
10	20	15	6	
20	30	25	4	
합계				

➡

A	B	C	D	E
재위 기간		계급값	왕의 수	계급값* 왕의 수
0	10	5	10	50
10	20	15	6	90
20	30	25	4	100
합계			=SUM(D2:D4	

계급값×왕의 수의 합계를 구한 후, 평균을 구한다.

A	B	C	D	E
재위 기간		계급값	왕의 수	계급값* 왕의 수
0	10	5	10	50
10	20	15	6	90
20	30	25	4	100
합계			20	=SUM(E2:E4

➡

A	B	C	D	E
재위 기간		계급값	왕의 수	계급값* 왕의 수
0	10	5	10	50
10	20	15	6	90
20	30	25	4	100
합계			20	240
	평균	=E5/D5		

따라서 평균 μ는 $\mu = 12$이다.

상단의 우측에 편차, 편차^2, 편차^2*왕의 수를 쓰고, 각각을 계산한다.

A	B	C	D	E	F	G	H
재위 기간		계급값	왕의 수	계급값* 왕의 수	편차	편차^2	편차^ 왕의 수
0	10	5	10	50	=C2-$C$7		
10	20	15	6	90			
20	30	25	4	100			
합계			20	240			
	평균	12					

A	B	C	D	E	F	G	H
재위 기간		계급값	왕의 수	계급값* 왕의 수	편차	편차^2	편차^ 왕의 수
0	10	5	10	50	-7	=F2^2	
10	20	15	6	90	3		
20	30	25	4	100	13		
합계			20	240			

A	B	C	D	E	F	G	H
재위 기간		계급값	왕의 수	계급값* 왕의 수	편차	편차^2	편차^ 왕의 수
0	10	5	10	50	-7	49	=G2*D2
10	20	15	6	90	3	9	
20	30	25	4	100	13	169	
합계			20	240			

편차^2*왕의 수의 합계를 구한 후, 왕의 수의 합으로 나누어 계산한다.

A	B	C	D	E	F	G	H
재위 기간		계급값	왕의 수	계급값* 왕의 수	편차	편차^2	편차^2* 왕의 수
0	10	5	10	50	-7	49	490
10	20	15	6	90	3	9	54
20	30	25	4	100	13	169	676
합계			20	240			1220
	평균	12					
	분산	=H5/D5					

그러므로 분산 σ^2은 $\sigma^2 = 61$이고, 표준편차 σ는 $\sigma = \sqrt{\sigma^2} = \sqrt{61} = 7.81$이다.

예제 25 고등학교 1학년 학생 10명의 키를 조사한 도수분포표가 다음과 같을 때, 평균, 분산, 표준편차를 구하시오.

키(cm)	학생 수
140 이상~ 150 미만	2 명
150 이상 ~ 160 미만	6 명
160 이상 ~ 170 미만	2 명
계	10 명

풀이 평균, 분산, 표준편차를 EXCEL을 이용하여 구하면 다음과 같다.

A	B	C	D	E	F	G	H
키		계급값	학생 수	계급값*학생수	편차	편차^2	편차^2*학생수
140	150	145	2	290	-10	100	200
150	160	155	6	930	0	0	0
160	170	165	2	330	10	100	200
계			10	1550			400
	평균	155					
	분산	40					
	표준편차	6.32					

그러므로 평균은 155, 분산은 40, 표준편차는 6.32이다.

모집단(population)이 주어진 경우, 분산(σ^2)과 표준편차(σ)를 구할 수 있으며, 엄밀하게 표현하면 모분산(population variance)과 모 표준편차(population standard deviation)로 표현하여야 하며, 위의 식에서 구한 분산과 표준편차는 각각 모분산과 모 표준편차의 편의추정량(biased estimator)이 된다.

그러나 일반적으로 통계를 분석할 때, 편의추정량보다 불편추정량(unbiased estimator)을 더 많이 사용하게 되므로 표본이 주어진 경우, 분산(S^2)과 표준편차(S)를 모집단의 경우와 다르게 표현하며, 계산 방법에 차이가 있다는 것도 알아야한다.

모집단	표본 집단
분산 $\sigma^2 = \dfrac{\sum_{i=1}^{n}(x_i - \mu)^2}{n}$	표본 분산 $S^2 = \dfrac{\sum_{i=1}^{n}(x_i - \overline{x})^2}{n-1}$
표준편차 $\sigma = \sqrt{\sigma^2}$	표본 표준편차 $S = \sqrt{S^2}$
단, 평균 μ	단, 표본평균 $\overline{x}$

3-4. 표준오차(standard error 또는 standard error of the mean)

모집단에서 서로 다른 표본 집단 m개를 추출한 후, 각각의 표본들에 대한 평균 $\overline{X_i}$를 구하는 과정을 도식화하여 보여준 그림이다.

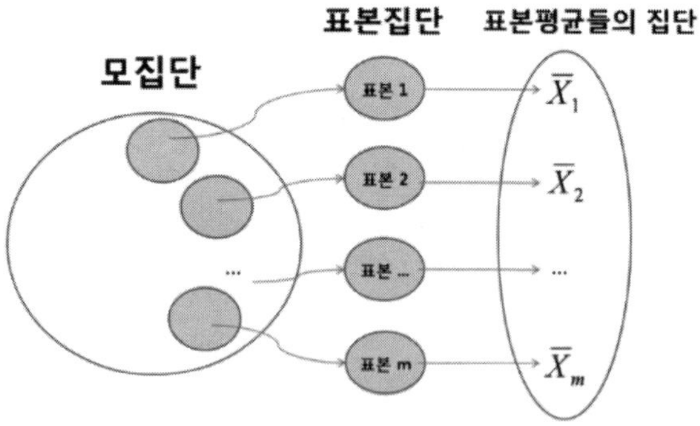

〈출처 : https://www.google.com〉

POINT : 표본은 m개, 표본=1, 표본=2, ⋯, 표본=m에서 각각의 자료의 개수는 n개

정의 **표준오차(standard error)**

모집단에서 서로 다른 표본 집단 m개를 추출하면, 서로 다른 m개의 표본평균 $\overline{X_1}$, $\overline{X_2}$, ⋯, $\overline{X_m}$ 들에 대한 표본평균들의 표준편차를 말함.

〈기호〉 SE

〈계산 방법〉 $SE = \dfrac{S}{\sqrt{m}}$

단, $\overline{X} = \dfrac{\overline{X_1} + \overline{X_2} + \cdots + \overline{X_m}}{m} = \dfrac{1}{m}\sum \overline{X_i}$

표본 분산 $S^2 = \dfrac{\sum(\overline{X_i} - \overline{X})^2}{m-1}$, 표본 표준편차 $S = \sqrt{S^2}$

〈참고〉 표준오차란 표본추출의 과정에서 발생하는 오차와 연관되어 있음.
표본이 모집단으로부터 얼마나 떨어져 있는지를 나타내는 것
각 표본들의 평균과 전체 평균과의 간격
표준오차가 작을수록 표본의 대표성이 높음.

예제 26 모집단에 숫자 카드 2, 3, 4가 있을 때,

(1) 모 집단의 표준편차를 구하시오.

(2) 표본의 크기가 2인 표본분포의 표준오차를 구하시오.

풀이 (1) 1단계 : 평균을 구한다. 평균 $\mu = \frac{2+3+4}{3} = \frac{9}{3} = 3$이다.

2단계 : 편차($x_i - \mu$)를 구한다. 2-3, 3-3, 4-3이므로 -1, 0, 1이다.

3단계 : 편차들의 제곱을 구한다. $(-1)^2, 0^2, 1^2$ 이므로 1, 0, 1이다.

4단계 : 편차들의 제곱 합을 구한다.

$$\sum(x_i - \mu)^2 = (-1)^2 + 0^2 + 1^2 = 2\text{이다.}$$

5단계 : 모분산을 구한다. $\sigma^2 = \frac{\sum(x_i - \mu)^2}{n} = \frac{2}{3} \fallingdotseq 0.67$이다.

6단계 : 모 표준편차는 분산의 양의 제곱근이므로

$$\sigma = \sqrt{\sigma^2} = \sqrt{0.67} \fallingdotseq 0.82 \text{ 이다.}$$

(2) 표본의 크기가 2이므로, 나올 수 있는 모든 경우의 수를 생각하면, 9가지의 경우가 나오며, 이들의 표본평균을 구하면 다음 표와 같다.

따라서 위와 같은 과정을 반복하여 적용하여 표본평균의 분산 및 표준편차를 구하면 다음과 같다.

표본	표본평균(X_i)	$X_i - \overline{X}$	$(X_i - \overline{X})^2$
2, 2	2	-1	1
2, 3	2.5	-0.5	0.25
2, 4	3	0	0
3, 2	2.5	-0.5	0.25
3, 3	3	0	0
3, 4	3.5	0.5	0.25
4, 2	3	0	0
4, 3	3.5	0.5	0.25
4, 4	4	1	1
계	27	0	3

표본평균의 분산 $S^2 = \frac{\sum_{i=1}^{9}(X_i - \overline{X})^2}{n-1} = \frac{3}{8} = 0.375$, $S = \sqrt{S^2} \fallingdotseq 0.612$

그러므로 표준오차 $SE = \frac{S}{\sqrt{n}} = \frac{0.612}{3} \fallingdotseq 0.204$이다.

3-5. 크롬바흐 α

신뢰도라는 개념은 1904년 찰스 스피어맨이 처음 소개하였으며, 신뢰도는 설문 측정 도구가 같은 대상에 대해 여러 번 반복 시행해도 같은 결과를 얻을 수 있는 정도를 의미하는 것으로 검사 도구의 안정성 혹은 내적 일관성을 의미한다.

신뢰도는 크롬바흐 알파(Cronbach's α) 계수를 사용하여 판단하며, 크롬바흐 알파 계수에 대한 판단 기준은 다음과 같다.

$\alpha = 0$는 내적 일관성이 전혀 없다는 것을 의미

$\alpha = 1$은 내적 일관성이 완전함을 의미

$\alpha > 0.6$이면 신뢰성이 있다는 것을 의미

크롬바흐 알파(Cronbach's α)를 사용하는 목적은 설문지의 신뢰도를 평가하기 위하여 사용하고, 설문 항목에 대하여 신뢰성을 저해하는 항목(문항)을 찾아내고 제거하기 위함이다.

크롬바흐 알파(Cronbach's α) 공식은 다음과 같다.

$$Cronbach'\alpha = \left(\frac{\text{문항수}}{\text{문항수}-1}\right) \times \left(1 - \frac{\text{분산합}}{\text{합계의 분산}}\right)$$

대학 생활 적응 정도 관련 문항이 3개가 주어지고, 4명이 설문에 응답하였을 때, 대학 생활적응 정도에 대한 크롬바흐 α 계수를 구하는 방법은 다음과 같다.

		요인 1(대학 생활 적응 정도)			합
		설문 문항 1	설문 문항 2	설문 문항 3	
요인 2	참여자 1	x_1	x_5	x_9	$x_1+x_5+x_9$
	참여자 2	x_2	x_6	x_{10}	$x_2+x_6+x_{10}$
	참여자 3	x_3	x_7	x_{11}	$x_3+x_7+x_{11}$
	참여자 4	x_4	x_8	x_{12}	$x_4+x_8+x_{12}$
문항별 분산		$V_1(X)$	$V_2(X)$	$V_3(X)$	

설문 문항별 분산을 각각 x_1, x_2, x_3, x_4의 분산을 $V_1(X)$, x_5, x_6, x_7, x_8의 분산을 $V_2(X)$, x_9, x_{10}, x_{11}, x_{12}의 분산을 $V_3(X)$이며, 설문 문항 참여자 응답의 합 $x_1+x_5+x_9$,

$x_2+x_6+x_{10}$, $x_2+x_6+x_{10}$, $x_4+x_8+x_{12}$의 분산을 $V(X)$라 하면, 크롬바흐 α는 다음과 같이 계산한다.

$$\text{크롬바흐 } \alpha = \frac{n}{n-1}\left(1-\frac{\sum_{i=1}^{n} V_i(X)}{V(X)}\right) = \frac{3}{2}\left(1-\frac{V_1(X)+V_2(X)+V_3(X)}{V(X)}\right)$$

단, 분산 합 : $V_1(X)+V_2(X)+V_3(X)$, 합계의 분산 $V(X)$

예제 28 2022학년도 실시한 어느 로봇학원의 유형성에 대한 설문 결과가 다음과 같을 때, 이 설문에 대한 신뢰도를 구하시오.

번호	유형성			
	1. 우리 학원은 로봇교육을 위한 최신 실습 장비를 갖추고 있다.	2. 우리 학원은 급수, 냉난방, 화장실 등의 시설이 잘 갖추어져 있다.	3. 우리 학원의 내부 인테리어는 디자인도 우수하고 시각적으로도 좋다.	4. 우리 학원의 각종 시설과 장비는 사용하기 편리하게 잘 작동 된다.
1	4	5	5	4
2	4	5	5	4
3	4	5	4	4
4	5	5	5	5
5	4	5	5	5
6	5	5	5	4
7	4	5	4	5
8	4	5	5	5
9	4	5	4	5
10	5	5	5	5
11	5	5	5	5
12	4	4	3	4
13	3	5	3	4
14	5	5	4	3
15	4	4	3	4
16	4	5	4	5
17	5	5	5	5
18	5	5	4	4
19	5	5	3	4
20	5	5	3	4
21	5	5	4	5
22	4	4	3	5

풀이 EXCEL/함수마법사/VAR.S를 이용하여 다음과 같이 계산하면 된다.

하단에 분산을 쓰고 유형성의 1번 문항에 대한 분산을 구한 후, 드래그하면 문항별 분산

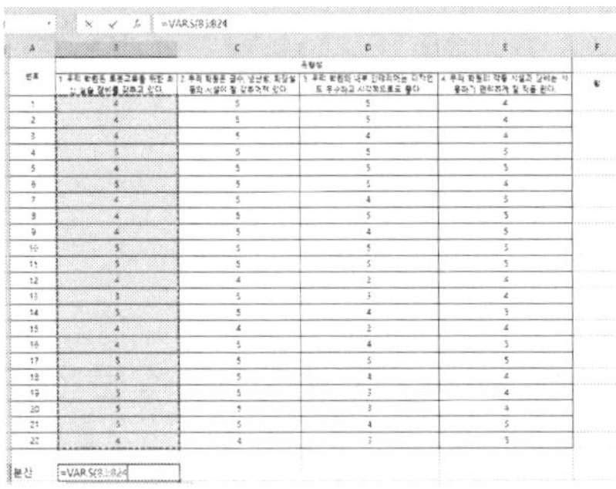

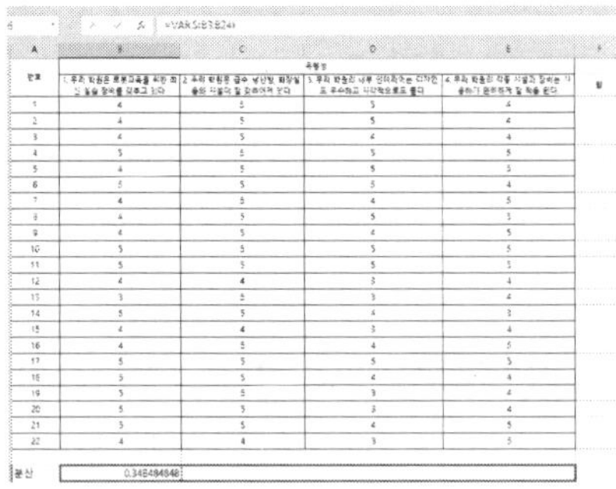

을 구할 수 있으며, 문항별 분산의 합(=sum)을 구하면 된다.

상단에 합을 쓰고, 설문자별 문항별 합을 구한 후, 아래로 드래그 설문자별 문항별 합

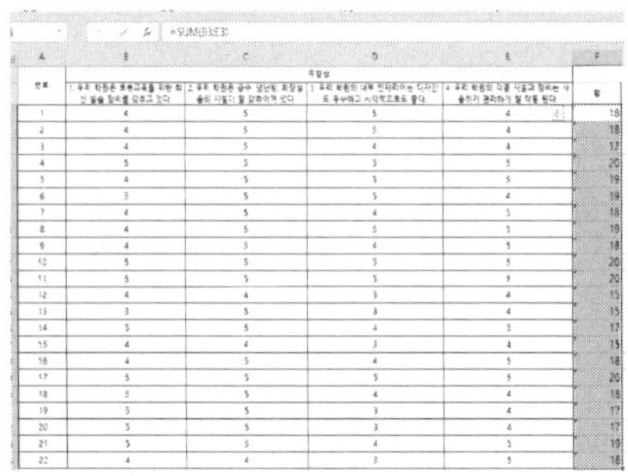
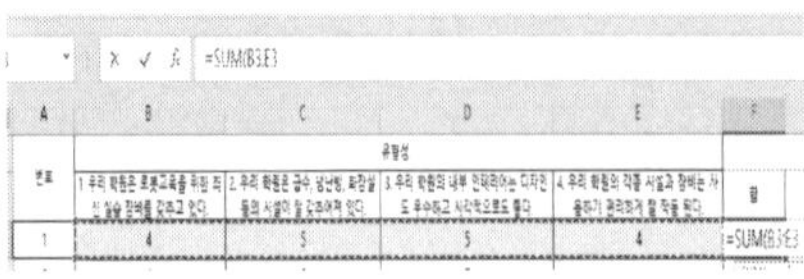

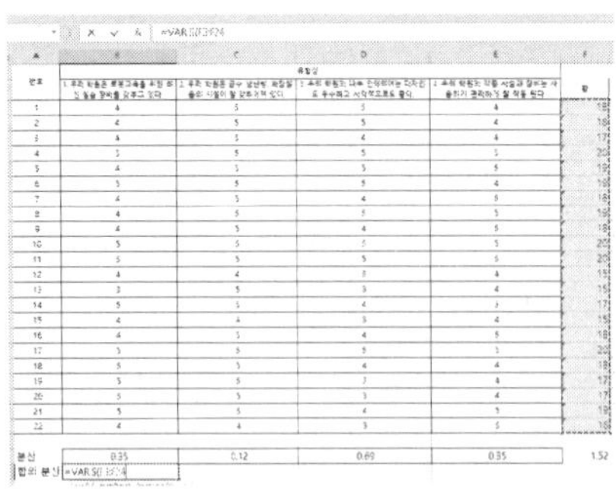

합계의 분산 결과 2.60

문항 수 : 4개

크롬바흐

$$\alpha = \frac{4}{3} \times \left(1 - \frac{1.52}{2.60}\right) = 0.55$$

크롬바흐 α는 $\alpha = 0.55$이다.

3-6. 대칭도

대칭도란 관찰값들이 어느 쪽으로 치우쳐있는가를 알아보기 위한 방법으로 왜도와 첨도, 그리고 피어슨의 비대칭도가 있으며, 일반적으로 피어슨의 비대칭도가 많이 활용된다.

3-6-1. 왜도(skewness)

왜도는 자료의 대칭성을 알아보는 측도입니다. 좌우 대칭 형태를 띠는 정규분포는 왜도가 '0' 이며, 오른쪽으로 꼬리가 긴 분포(right-skewed distribution)는 왜도 '0'보다 크며, 왼쪽으로 꼬리가 긴 분포(left-skewed distribution)는 왜도가 '0'보다 작습니다.

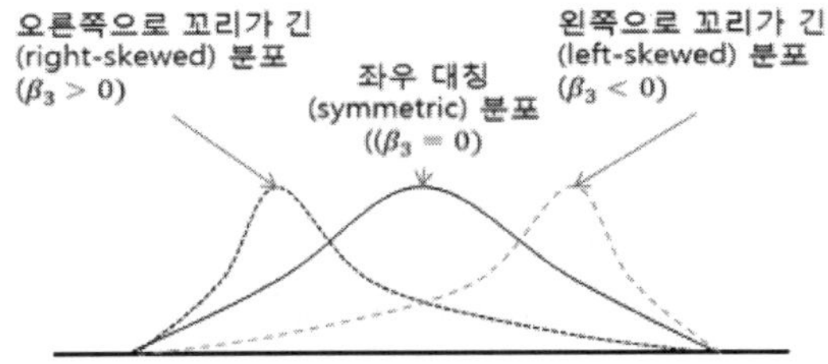

〈출처: [R, Python 분석과 프로그래밍 (by R Friend)]〉

왜도를 구하는 식은 다음과 같다.

$$\beta_3 = \sum_{i=}^{n} \frac{\left(\frac{X_i - \overline{X}}{S}\right)^3}{n-1}$$

단, $\overline{X}$: 표본평균, S : 표본 표준편차

이산적 자료가 주어진 경우, EXCEL을 이용하면 쉽게 구할 수 있으나, 연속성 자료의 경우 구하는 식에 맞게 구하여야 한다.

예제 28 모집단이 2, 3, 4일 때, 주어진 자료의 왜도를 구하시오.

풀이 EXCEL을 이용하면 다음과 같다. **(함수마법사/통계/skew. p)**

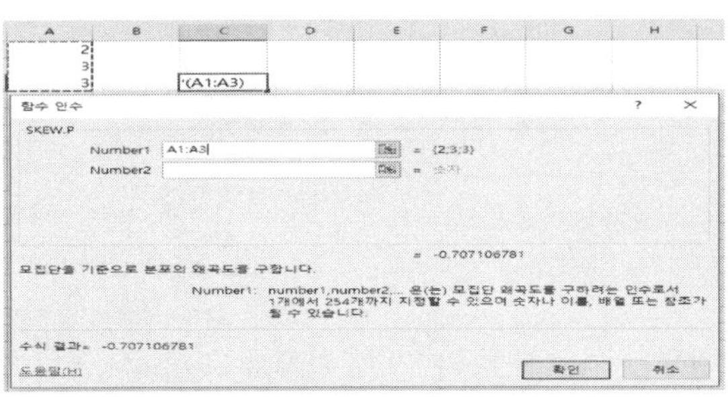

확인

-0.71

따라서 왜도는 -0.71이다.

그러므로 주어진 자료는 왼쪽으로 꼬리가 긴 분포를 이룬다.

3-6-2. 첨도(kurtosis)

첨도는 정규분포 대비 봉오리의 높이를 알아보는 측도입니다. 첨도가 '0'보다 크면 ($\beta 4 > 0$) 정규분포보다 뾰족하다는 의미이며, 첨도가 '0'보다 작으면 ($\beta 4 < 0$) 정규분포보다 납작하다는 뜻으로 해석하면 되겠습니다.

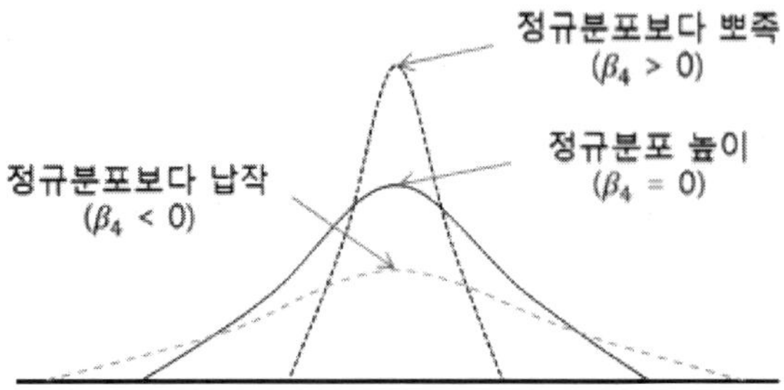

〈출처: [R, Python 분석과 프로그래밍 (by R Friend)]〉

첨도를 구하는 식은 다음과 같다.

$$\beta_4 = \sum \frac{(\frac{X_i - \overline{X}}{S})^4}{n-1} - 3$$

단, $\overline{X}$: 표본평균,

S : 표본 표준편차

예제 29 데이터 2, 3, 4가 있을 때, 주어진 데이터의 첨도를 구하시오.

풀이 EXCEL을 이용하면 다음과 같다. **(함수마법사/통계/kurt)**

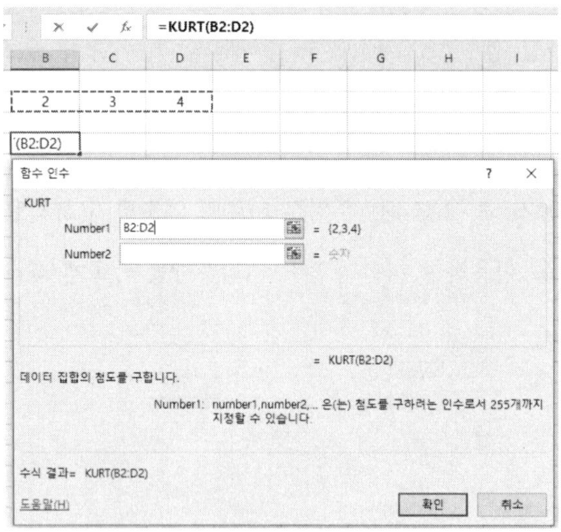

확인

따라서 첨도는 자료의 수가 적은 관계로 구할 수 없다.

3-6-3. 피어슨의 비대칭도

피어슨의 비대칭도는 산술평균과 중앙값의 차이가 표준편차에 비하여 얼마나 떨어져 있는가를 나타내며, 대칭분포의 경우에는 어느 식에서나 피어슨의 비대칭도(S_k)$=0$이 되며, 오른쪽 꼬리 분포에서는 + 값이, 왼쪽 꼬리 분포에서는 − 값이 나타난다.

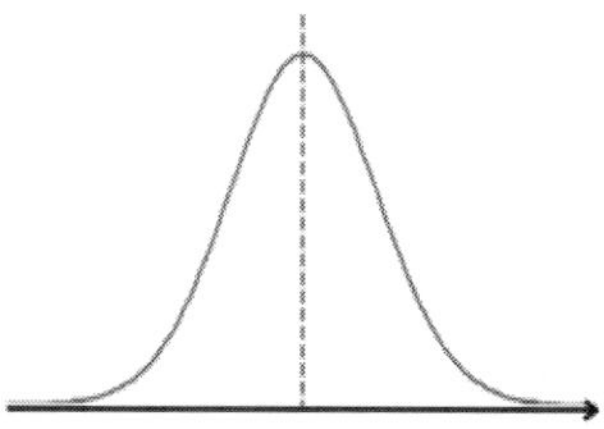
대칭분포($S_k=0$)

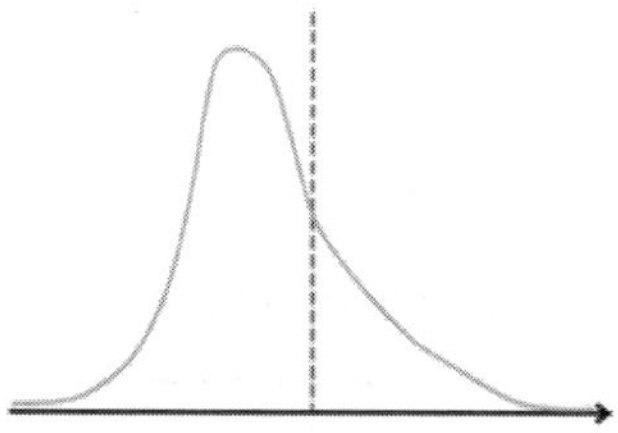
오른쪽 꼬리 분포($S_k>0$)

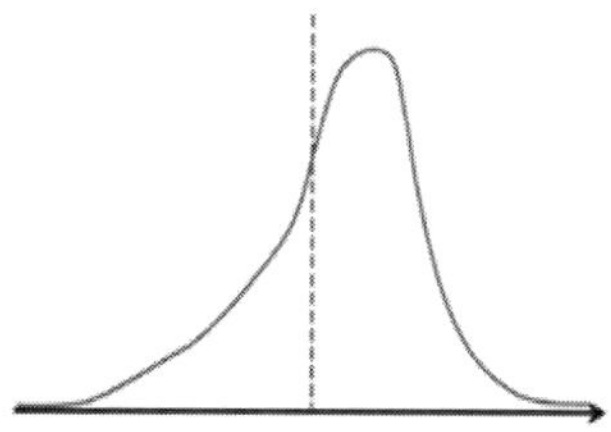
왼쪽 꼬리 분포($S_k<0$)

피어슨의 비대칭도 $S_k=\dfrac{3(\mu-Md)}{\sigma}$ 단, μ는 평균, Md는 중앙값, σ는 표준편차

피어슨의 비대칭도 특성

① $S_k<-1$인 경우 : 분포가 오른쪽으로 치우치고 왼쪽으로 긴 꼬리

② $-1\le S_k<0$인 경우 : 분포가 약간 오른쪽으로 치우치고 왼쪽으로 짧은 꼬리

③ $S_k=0$인 경우 : 좌우 대칭

④ $S_k>1$인 경우 : 분포가 왼쪽으로 치우치고 오른쪽으로 긴 꼬리

⑤ $0<S_k\le 1$인 경우 : 왼쪽으로 치우치고 오른쪽으로 짧은 꼬리

예제 30 데이터 2, 3, 5, 7, 8이 있을 때, 주어진 데이터에 대한 피어슨의 비대칭도를 구하시오.

풀이 EXCEL을 이용하여 평균, 중앙값, 표준편차를 계산한 후, 피어슨의 비대칭도 S_k를 구하면 된다.

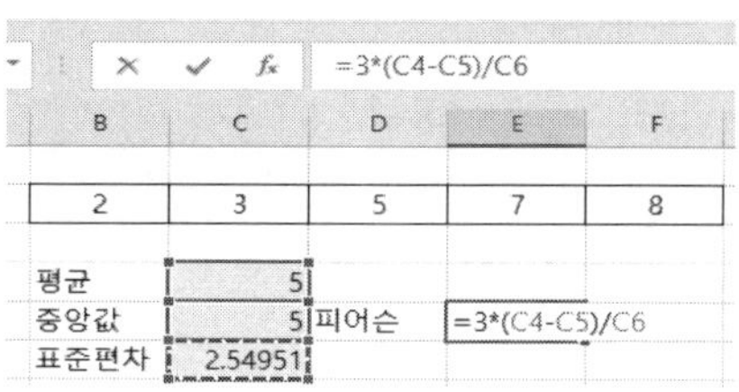

$S_k=0$

대칭분포

예제 31 강남에 있는 어떤 병원에서 갓 태어난 신생아의 체중을 재어보았더니 다음과 같을 때, 신생아의 체중 분포에 대한 피어슨의 비대칭도를 구하시오.

체중(Kg)		빈도(명)
1.5	1.9	1
1.9	2.3	1
2.3	2.7	4
2.7	3.1	8
3.1	3.5	4
3.5	3.9	2
계		20

풀이 EXCEL을 이용하여 도수분포 표가 주어진 경우, 평균과 표준편차를 계산한다. 또한 도수분포 표가 주어진 경우, 중앙값을 계산한 후, 피어슨의 비대칭도 S_k를 구하면 된다. 먼저 평균과 표준편차를 계산한다.

체중		도수	계급값	도수*계급값	편차	편차^2	편차^2*도수
1.5	1.9	1	1.7	1.7	-1.18	1.3924	1.3924
1.9	2.3	1	2.1	2.1	-0.78	0.6084	0.6084
2.3	2.7	4	2.5	10	-0.38	0.1444	0.5776
2.7	3.1	8	2.9	23.2	0.02	0.0004	0.0032
3.1	3.5	4	3.3	13.2	0.42	0.1764	0.7056
3.5	3.9	2	3.7	7.4	0.82	0.6724	1.3448
계		20		57.6			4.632

평균 : 2.88
분산 : 0.24
표준편차 : 0.49

중앙값을 계산한다.
중앙값이 4계급의 하한(L)은 2.7이며, 중앙값이 있는 계급의 도수(f_i)는 8이다. 또한, 중앙값이 있는 계급 이전까지의 누적도수(c)는 6이고, 계급의 간격(h)은 0.4이다. 총 도수(n)는 20이므로 중앙값은

$$Me = L + \frac{\left[\left(\frac{n}{2} - c\right)\right]h}{f_i} = 2.7 + \frac{\left(\frac{20}{2} - 6\right) \times 0.4}{8} = 2.7 + \frac{1.6}{8} \fallingdotseq 2.9$$

이다. 따라서 피어슨의 비대칭도

$$S_k = \frac{3(\mu - Md)}{\sigma} = \frac{3(2.88 - 2.9)}{0.49} = -\frac{0.02}{0.49} = -0.041$$

이다. 그러므로 신생아의 체중 분포는 약간 오른쪽으로 치우치고 왼쪽으로 짧은 꼬리의 형태를 이루고 있다.

3-7. 데이터 분석 설치 및 이용 방법 소개

엑셀 분석 도구는 기본 설치 사항이 아니므로 아무리 분석 도구를 찾아도 나타나지 않습니다. 지금부터 엑셀에서 데이터 분석을 설치하는 방법을 소개하고자 합니다.

엑셀 상단의 매뉴/맨 앞/**파일** 선택. 메뉴에서 파일을 선택하면 아래의 화면이 나오므로 왼쪽 바에서 가장 하단에 있는 옵션을 클릭

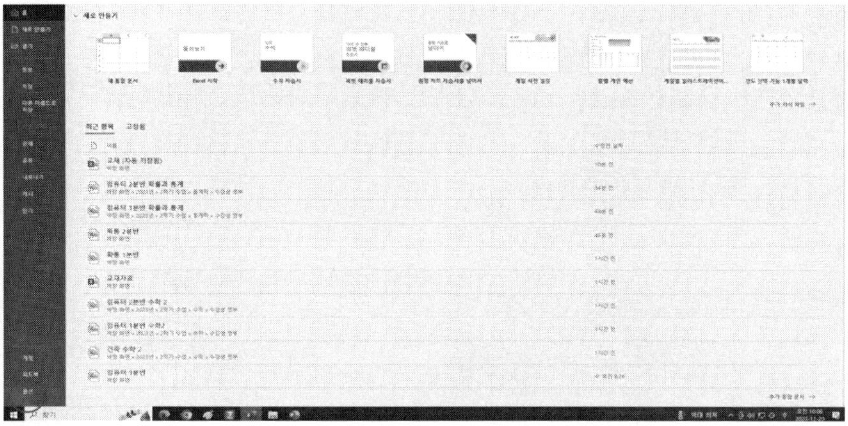

[EXCEL 옵션] 창이 뜹니다. EXCEL 옵션은 EXCEL을 편리하게 사용하기 위한 다양한 기능이 있음. 여기서는 "분석 도구" 설치하는 것만 알려드립니다.

[EXCEL 옵션] 창 왼쪽 바에서 추가기능 선택

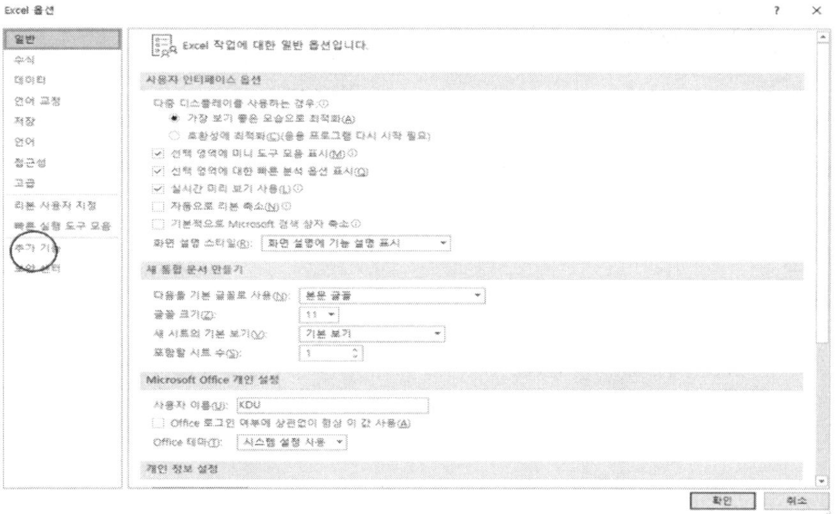

추가기능 선택 후 다음의 화면이 뜨면 중간의 분석 도구 팩 클릭 후 하단의 **이동** 클릭합니다.

추가기능/4가지 메뉴가 뜨게 됩니다. 여기에서 분석 도구-VBA를 체크한 후 **확인**을 누르시면 엑셀 분석 도구의 설치가 완료됩니다.

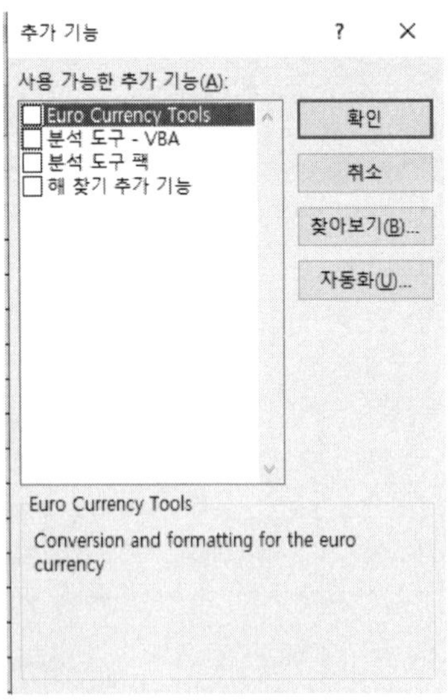

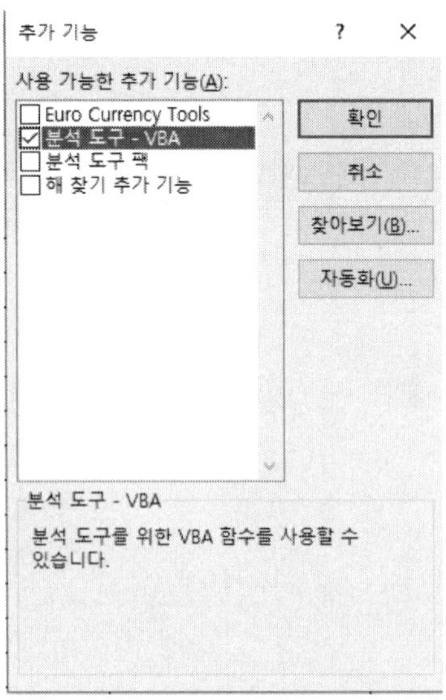

▣ 데이터 분석 설치 완료

엑셀 분석 도구는 EXCEL 상단 메뉴에서 데이터를 클릭하면 오른쪽 끝에 데이터 분석이 생성되면 정상적으로 설치가 된 것입니다.

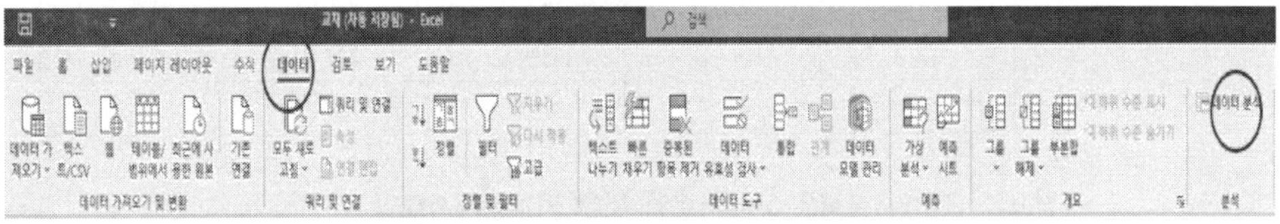

▣ 데이터 분석을 클릭하면 다음의 창이 뜹니다.

통계 데이터 분석에는 일원 분석(일원 배치법)에서 Z-검정(평균에 대한 두 집단)까지 다양한 분석이 가능하며, 이러한 각 기능은 수업을 통하여 추후 하나하나 사용 방법에 대하여 소개하도록 하겠습니다.

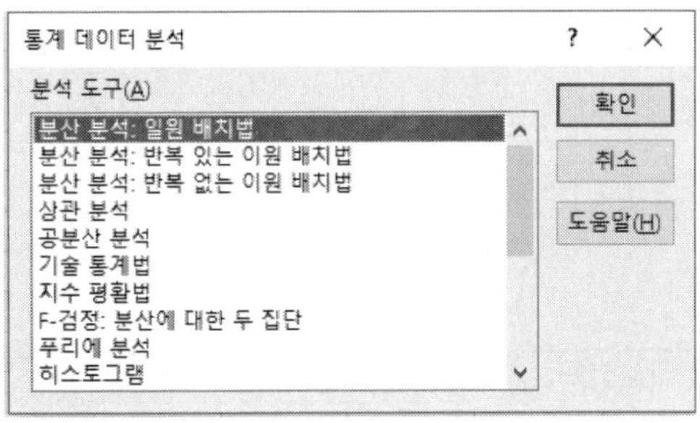

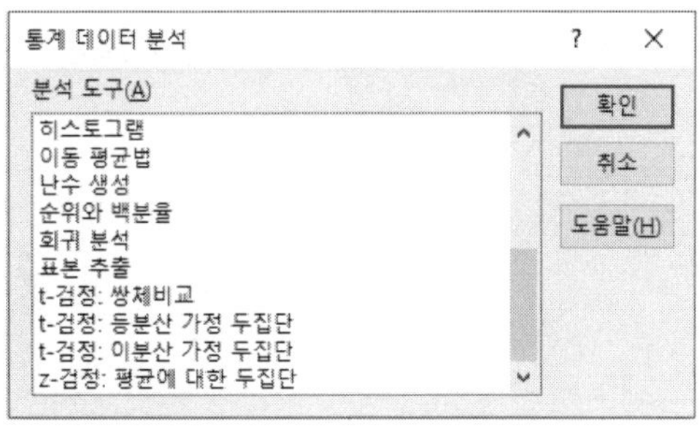

먼저 데이터 분석 기능은 제3장 기초통계와 연관된 기술 통계법과 히스토그램입니다.

▣ 데이터 분석/기술 통계법 사용법

이산자료가 주어진 경우, 자료들의 대표가 되는 수치인 평균, 중앙값, 최빈값과 산포도와 같이 자료들의 퍼져있는 상태를 나타내는 수치인 분산과 표준편차, 왜도, 첨도 등 데이터의 특성을 하나의 수치로 나타내는 방법을 기술 통계법이라 한다.

예제 32 어느 초등학교 학생 25명의 몸무게를 조사하였더니 다음과 같은 표를 얻었다. 데이터 분석을 이용하여 기술통계를 구하시오. (단위, Kg)

27.6	41.5	31.4	40.6	54.7
33.8	34.5	35.6	42.9	59.3
35.2	44.6	41.5	37.1	52.5
42.1	50.3	39.5	53.9	47.4
39.6	48.1	44.0	56.8	62.7

〈참고〉 데이터 분석은 표본자료에 대한 기초통계자료임.

풀이 EXCEL/데이터/데이터 분석/기술 통계법/확인

첫째, 주어진 자료를 세로로 배열

둘째, EXCEL/데이터/데이터 분석/기술 통계법/확인

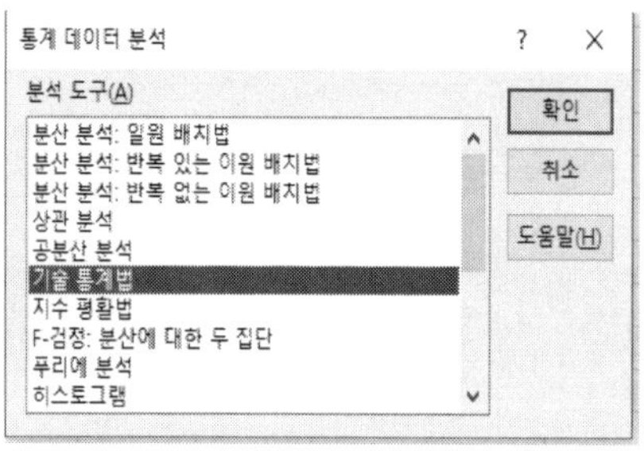

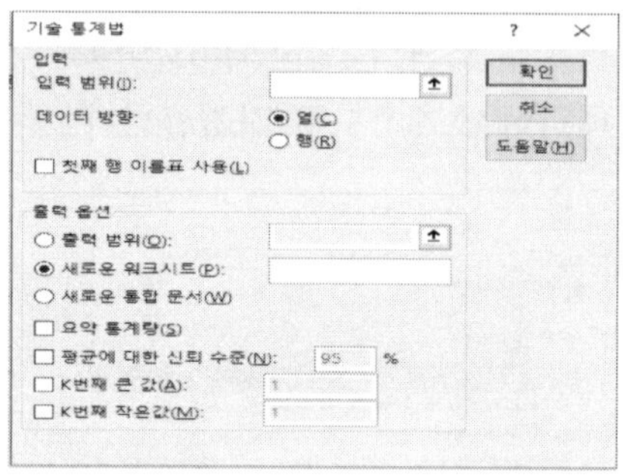

대화상자 입력 후 확인을 클릭

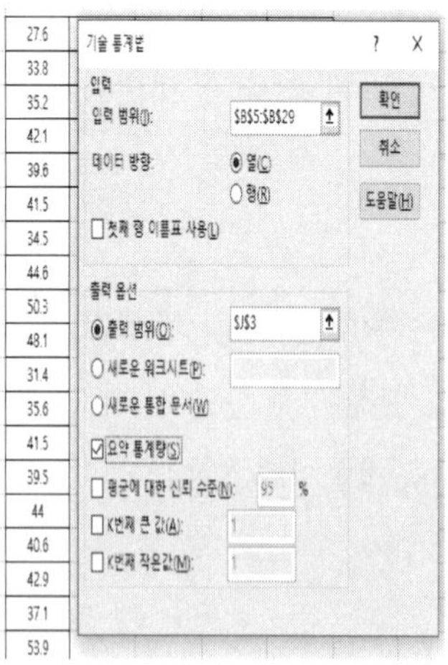

대화상자	의미와 입력값
입력 범위	전체 자료 드래그
데이터 방향	데이터의 정렬 방향 열 또는 행 ※ 주어진 자료들을 열 방향으로 배열
첫째 행 이름표 사용	변수의 입력 범위에 한글 제목이 포함되면 체크(∨) 변수의 입력 범위에 한글 제목이 포함되지 않으면 체크 X
출력 범위	결과를 출력할 셀(또는 시트)의 위치 : 결과 출력 현재 시트의 셀의 위치
요약 통계량	기술통계 수치 확인 체크(∨)
평균에 대한 신뢰구간	체크 X(추후 배울 예정)
k번째 큰 값	체크 X
k번째 작은 값	체크 X

기술통계 : 데이터의 특성 파악이 기능한 자료가 출력

Column1	
평균	43.89
표준 오차	1.82
중앙값	42.1
최빈값	41.5
표준 편차	9.10
분산	82.77
첨도	-0.55
왜도	0.35
범위	35.1
최소값	27.6
최대값	62.7
합	1097.2
관측수	25

□ 데이터 분석/히스토그램 사용법

데이터 분석/히스토그램 사용법은 어떤 내용이 필요한지 알아본 후 사용하기로 하자. EXCEL/데이터/데이터 분석/히스토그램/확인

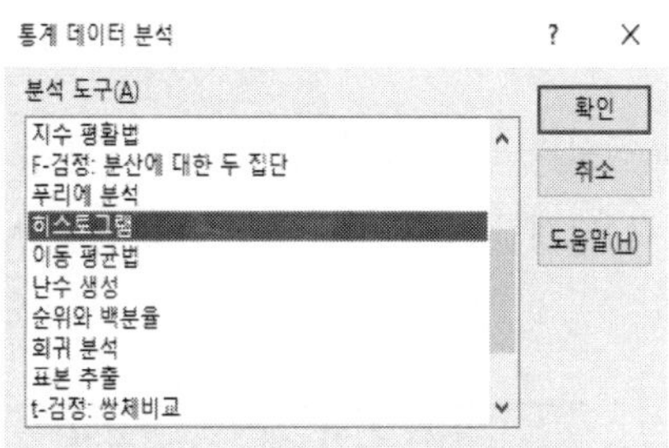

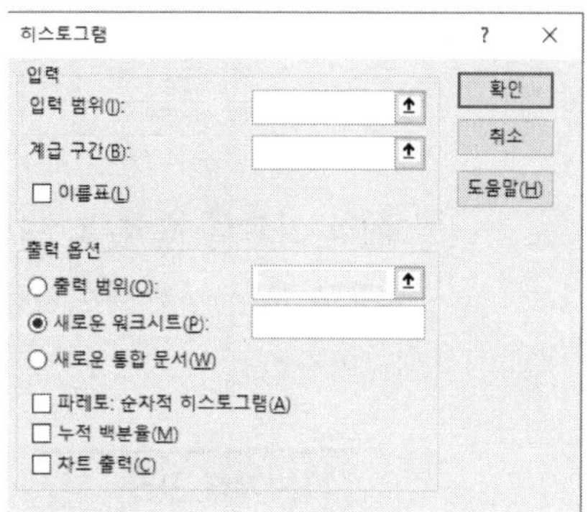

대화상자 내용에서 입력 범위는 주어진 자료를 드래그하면 되지만, 계급 구간은 미리 설정하여 설정 구간을 드래그하여야 한다. 따라서 FREQUENCY 함수를 사용할 때와 마찬가지 방법으로 계급 구간을 설정하여야 한다.

예제 33 조선왕조 27대 왕들의 재위 기간을 표시한 자료를 가지고 도수분포 표를 구하시오. 단, 데이터 분석/히스토그램을 이용

왕	재위 기간	왕	재위 기간	왕	재위 기간
태조	6년	연산군	12년	숙종	46년
정종	2년	중종	38년	경종	4년
태종	18년	인종	1년	영조	52년
세종	32년	명종	22년	정조	24년
문종	2년	선조	41년	순조	34년
단종	3년	광해군	25년	헌종	15년
세조	13년	인조	26년	철종	14년
예종	1년	효종	10년	고종	44년
성종	2년	현종	15년	순종	3년

풀이 □ 제2장 자료의 요약/도수분포표에서와 같이 도수분포 표를 구하는 필요한 내용을 기록한다.

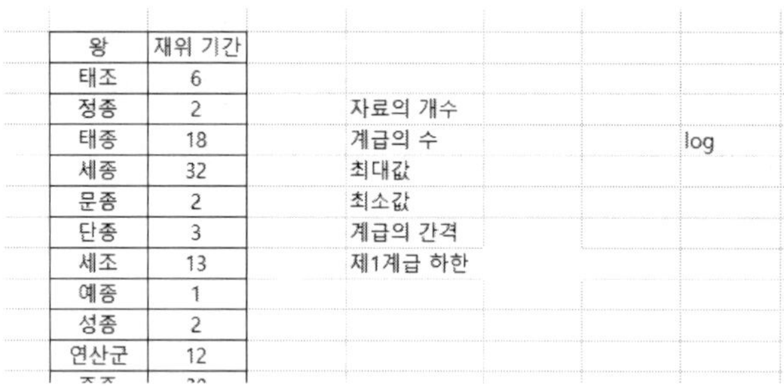

왕	재위 기간		
태조	6		
정종	2	자료의 개수	
태종	18	계급의 수	log
세종	32	최대값	
문종	2	최소값	
단종	3	계급의 간격	
세조	13	제1계급 하한	
예종	1		
성종	2		
연산군	12		

□ 제2장 자료의 요약/도수분포표에서와 같이 도수분포 표를 구하는 필요한 내용을 모두 구한 후, 다음과 같은 계급 구간을 구한 후 계급 구간의 끝값을 기술한다.

계급 구간
0.5 ~ 9.5
9.5 ~ 18.5
18.5 ~ 27.5
27.5 ~ 36.5
36.5 ~ 45.5
45.5 ~ 54.5

➡

계급 구간	끝값
0.5 ~ 9.5	9.5
9.5 ~ 18.5	18.5
18.5 ~ 27.5	27.5
27.5 ~ 36.5	36.5
36.5 ~ 45.5	45.5
45.5 ~ 54.5	54.5

□ 자료에 한글과 숫자가 있으므로 자료를 세로로 배열한다.

왕	재위 기간	왕	재위 기간	왕	재위 기간
태조	6	연산군	12	숙종	46
정종	2	중종	38	경종	4
태종	18	인종	1	영조	52
세종	32	명종	22	정조	24
문종	2	선조	41	순조	34
단종	3	광해군	25	현종	15
세조	13	인조	26	철종	14
예종	1	효종	10	고종	44
성종	2	현종	15	순종	3

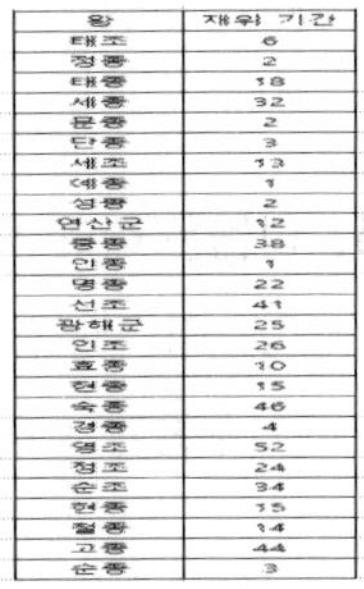

왕	재위 기간
태조	6
정종	2
태종	18
세종	32
문종	2
단종	3
세조	13
예종	1
성종	2
연산군	12
중종	38
인종	1
명종	22
선조	41
광해군	25
인조	26
효종	10
현종	15
숙종	46
경종	4
영조	52
정조	24
순조	34
헌종	15
철종	14
고종	44
순종	3

□ 데이터 분석/히스토그램/확인/ 대화상자 입력/확인

대화상자	의미와 입력값
입력 범위	전체 자료 드래그 \$B\$1:\$B\$28
계급 구간	구간 드래그 \$E\$2:\$E\$8
이름표	이름표 (√) ※ 입력 범위에 한글 포함
출력 범위	현재 시트의 셀의 위치 \$G\$3
파레토	체크(X)
누적 백분율	체크(X)
차트 출력	체크(√)

□ 데이터 분석/히스토그램 출력 결과

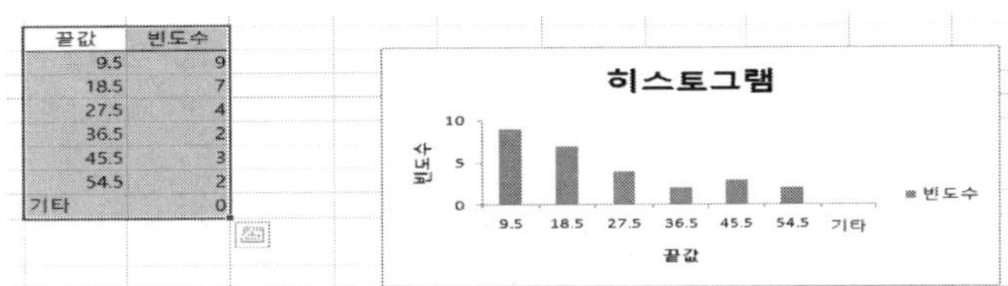

끝값	빈도수
9.5	9
18.5	7
27.5	4
36.5	2
45.5	3
54.5	2
기타	0

〈참고〉 EXCEL/함수마법사/자주 이용하는 통계

구분	함수
평균	= AVERAGE (Number 1)
최빈값	= MODE. MULT (Number 1)
중앙값	= MEDIAN (Number 1)
분산	= VAR.P (Number 1)
표준편차	= STDEV.P(Number 1)
왜도	= SKEW(Number 1)
첨도	= KURT(Number 1)

제3장 연습문제

3-1. 다음은 어느 지방자치단체 60명 의원이 지난 1년간의 지방자치단체를 출입한 횟수이다. 이 자료에 대하여 아래의 조건에 맞는 기초통계에 필요한 값들을 구하시오.
(기초통계 : 평균, 중앙값, 최빈값, 분산, 표준편차, 첨도, 왜도)

124	112	122	110	84	106	122	124	112	118	128	108	120	110	106
106	103	144	103	121	112	110	130	114	115	110	115	118	126	117
104	102	110	104	112	112	121	110	112	115	119	108	94	116	168
120	116	94	120	112	112	106	102	118	112	116	98	116	114	120

(1) 함수마법사를 이용
(2) 데이터 분석을 이용

3-2. 다음은 어느 지방자치단체 60명 의원이 지난 1년간의 지방자치단체를 출입한 횟수이다. 이 자료에 대하여 함수마법사를 이용한 도수분포표(계급의 수 : 8)를 구하고, 평균과 분산을 구하시오.

124	112	122	110	84	106	122	124	112	118	128	108	120	110	106
106	103	144	103	121	112	110	130	114	115	110	115	118	126	117
104	102	110	104	112	112	121	110	112	115	119	108	94	116	168
120	116	94	120	112	112	106	102	118	112	116	98	116	114	120

3-3. 서울에 있는 어느 대학 학생들이 한 학기 동안 최소 10시간 이상 70시간 미만의 봉사활동시간에 대한 도수분포 표가 다음과 같을 때, 학과별 중앙값을 구하시오. (단위 : 시간)

시 간	A 학과	B 학과
10시간 ~ 20시간	1 명	1 명
20시간 ~ 30시간	1 명	2 명
30시간 ~ 40시간	16 명	17 명
40시간 ~ 50시간	8 명	8 명
50시간 ~ 60시간	9 명	9 명
60시간 ~ 70시간	5 명	3 명

3-4. 다음은 어느 로봇학원에서 실시한 로봇학원의 만족도에 대한 4개 문항의 설문 조사 결과가 다음과 같을 때, 이 자료에 대하여 다음 물음에 답하시오.

(1) 설문 조사 결과에 대한 신뢰도를 구하시오.

(2) 문항별 기술통계 값들을 데이터 분석을 이용하여 구하시오.

(3) 문항별 도수분포표를 구하고, 문항별 차트로 표현하시오.

번호	만족도			
	1. 우리 학원은 로봇 교육을 위한 최신 실습 장비를 갖추고 있다.	2. 우리 학원은 급수, 냉난방, 화장실 등의 시설이 잘 갖추어져 있다.	3. 우리 학원의 내부 인테리어는 디자인도 우수하고 시각적으로도 좋다.	4. 우리 학원의 각종 시설과 장비는 사용하기 편리하게 잘 작동된다.
1	4	5	5	4
2	4	5	5	4
3	4	5	4	4
4	5	5	5	5
5	4	5	5	5
6	5	5	5	4
7	4	5	4	5
8	4	5	5	5
9	4	5	4	5
10	5	5	5	5
11	5	5	5	5
12	4	4	3	4
13	3	5	3	4
14	5	5	4	3
15	4	4	3	4
16	4	5	4	5
17	5	5	5	5
18	5	5	4	4
19	5	5	3	4
20	5	5	3	4

제4장

확률(Probability)과 확률 분포

우리는 일상생활에서 “확률”이란 말을 아주 쉽게 접하면서 살고 있다. ‘한국 축구대표팀이 2026년 월드컵에 출전할 확률은?’, ‘통계학 시험에서 A^+를 받을 확률은?’, 로또 복권을 산다면 당첨될 확률은?’ 등과 같이 어떠한 일이 일어날 가능성 혹은 확률에 대해서 궁금해한다. 그렇다면 통계에서 왜 확률이 필요한가? 바로 확률과정을 이론화하는 것이 통계이론이기 때문이다. ‘’

4-1. 확률(Probability)

“확률이란 무엇인가?”라고 질문을 받는다면 우리는 무엇이라고 말할 수 있겠는가?

이러한 쉽지 않은 질문의 대답으로서 다음과 같은 각각의 확률의 의미를 알아보자.

경우의 수를 따지는 것이 일상생활에서 매우 중요하다는 것은 옛날부터 잘 알려진 사실인데, 이른바 수학으로서의 순열·조합을 처음으로 발견한 것은 12세기의 인도의 수학자 A.바스카라라고 한다. 확률은 B.파스칼, G.W.라이프니츠, J.베르누이 등에 의하여 17세기에 이론적으로 연구되기 시작되었으며, 18세기가 되어서야 비로소 그 체계가 수립되었다.

확률의 기본 용어

시행 : 같은 조건에서 반복할 수 있으며 모든 가능한 결과를 알 수 있는 어떠한 실험, 관찰, 행위 등을 말한다.

사건(event) : 시행의 결과로 나타나는 현상을 말한다.

〈기호〉 영어의 대문자

표본공간(Sample Space) : 경험 또는 실험의 결과(시행의 결과)로 나타날 수 있는 모든 경우의 수를 말한다.

〈기호〉 S 또는 U

〈시행 : 예제〉 1개의 주사위를 던진다. // 1개의 동전을 던진다,
1개의 주사위와 1개의 동전을 동시에 던진다.

〈사건 : 예제〉 한 개의 주사위를 던질 때, 짝수의 눈이 나오는 사건
짝수의 눈이 나오므로, $\{2,4,6\}= A$ (사건)

〈참고〉 경우의 수 : $n(A)=3$을 의미

〈표본공간 : 예제〉 한 개의 주사위를 던질 때, 표본공간은
$S= \{1,2,3,4,5,6\}$을 의미하며, 경우의 수는 $n(S)=6$이다.

순열(Permutation)의 정의

서로 다른 n개 중에서 r개 $(n \geq r)$를 택하여 그들을 일렬로 순서있게 배열할 때, 배열한 것 하나하나를 n개 중에서 r개를 택한 순열이라 한다.

〈기호〉 ${}_nP_r$

〈참고〉 계승(factorial) : 1부터 어떤 양의 정수 n까지 모든 정수를 곱한 것을 말하며, $n!$로 나타낸다.

예제 1 다음을 계산하시오.

(1) ${}_5P_4$ (2) ${}_7P_2$ (3) ${}_6P_3$

풀이 EXCEL에서 순열 계산 방법 : 함수마법사/통계/PERMUT/확인

(1) ${}_5P_4$의 계산

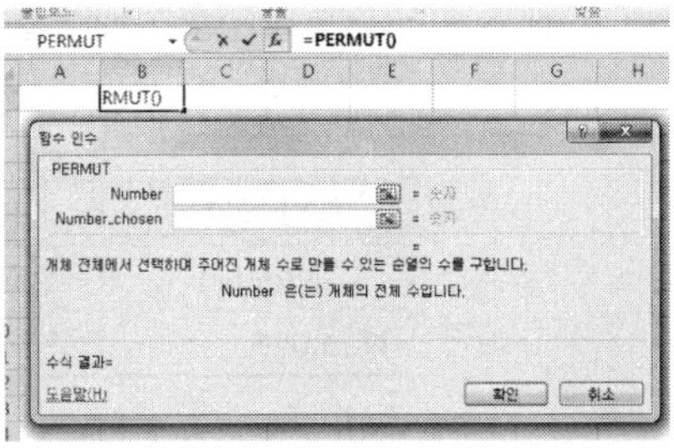

대화상자	의미와 입력 값
Number	자료의 총 개수 5
Number_chosen	구하려는 개체 수 4

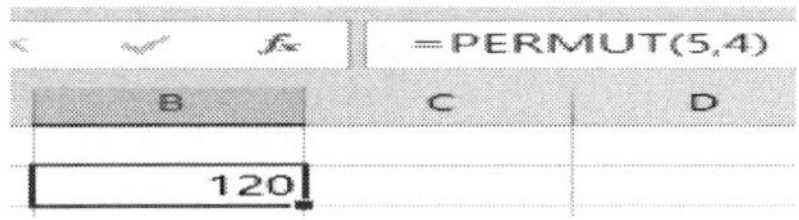

(2) ${}_7P_2$의 계산

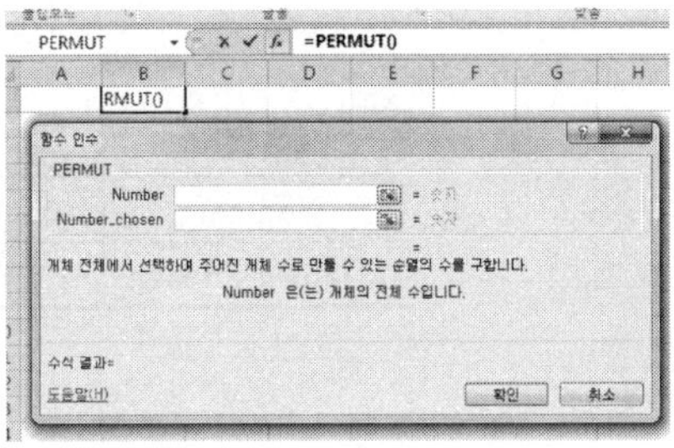

대화상자	의미와 입력 값
Number	자료의 총 개수 7
Number_chosen	구하려는 개체 수 2

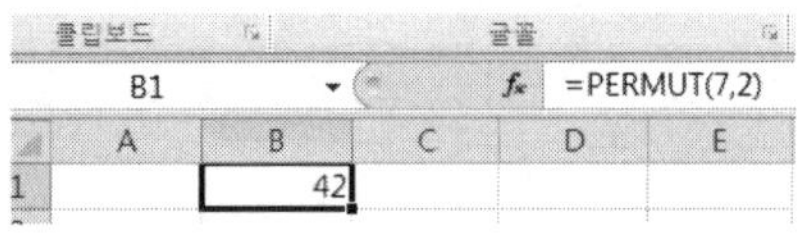

(3) ${}_6P_3$의 계산

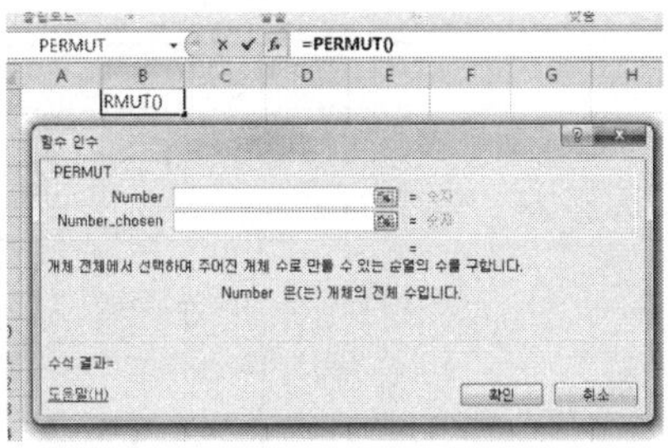

대화상자	의미와 입력 값
Number	자료의 총 개수 6
Number_chosen	구하려는 개체 수 3

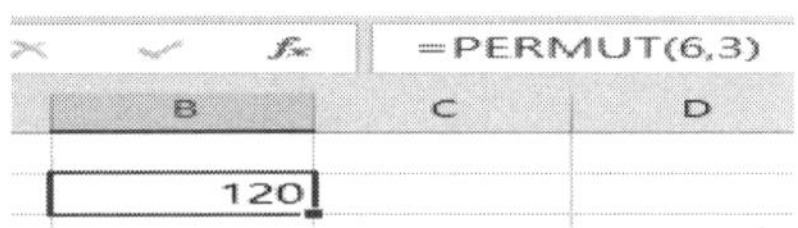

조합(Combination)의 정의

서로 다른 n개 중에서 순서를 생각하지 않고 r개$(n \geq r)$를 택할 때, n개 중에서 r개를 택한 조합이라 한다.

〈기호〉 ${}_nC_r$

〈계산 방법〉 ${}_nC_r = \dfrac{{}_nP_r}{r!} = \dfrac{n!}{r!(n-r)!}$

예제 2 다음을 계산하시오.

(1) ${}_5C_4$ (2) ${}_7C_2$ (3) ${}_6C_3$

풀이 EXCEL에서 조합 계산 방법 : 함수마법사/통계/PERMUT/확인

(1) ${}_5C_4$의 계산

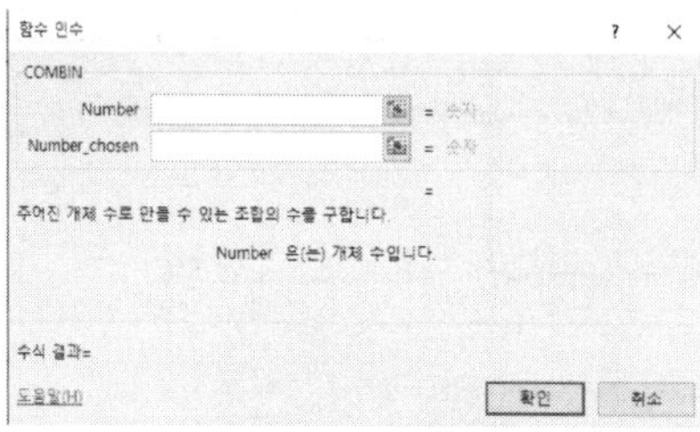

대화상자	의미와 입력 값
Number	자료의 총 개수 5
Number_chosen	구하려는 개체 수 4

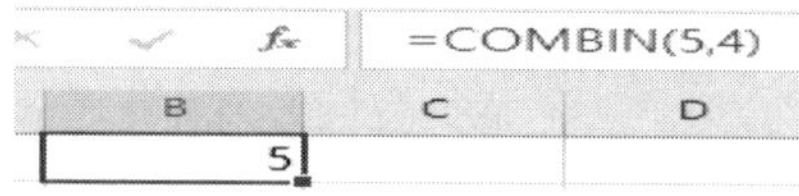

(2) ${}_7C_2$의 계산

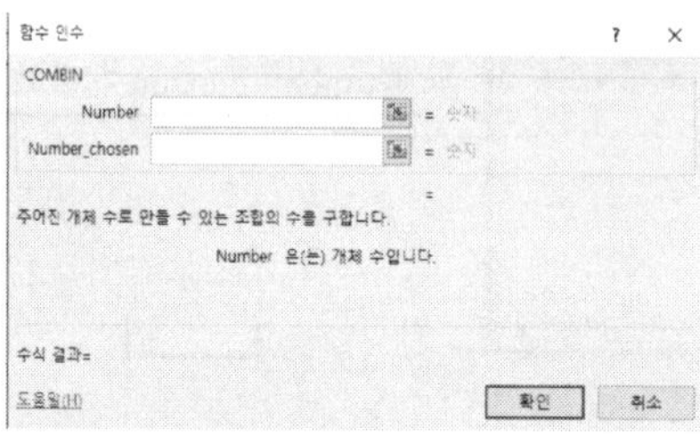

대화상자	의미와 입력 값
Number	자료의 총 개수 7
Number_chosen	구하려는 개체 수 2

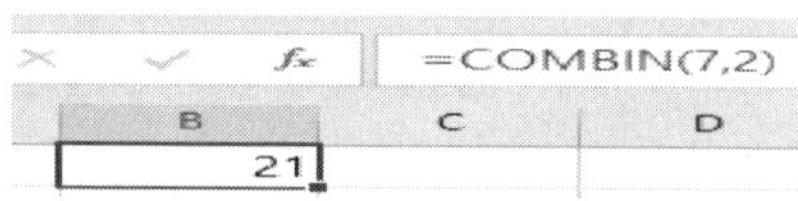

(3) ${}_6C_3$의 계산

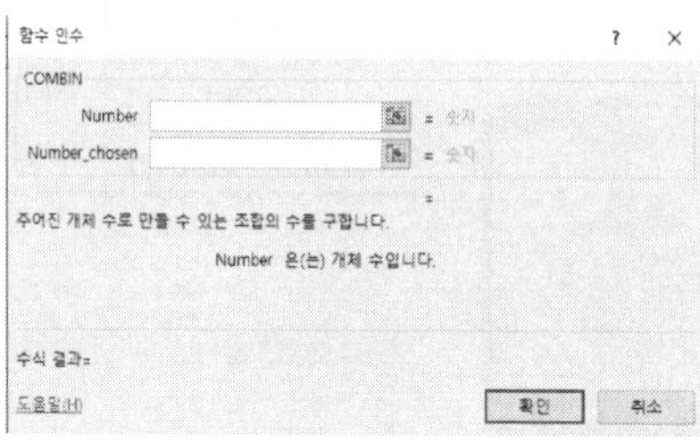

대화상자	의미와 입력 값
Number	자료의 총 개수 6
Number_chosen	구하려는 개체 수 3

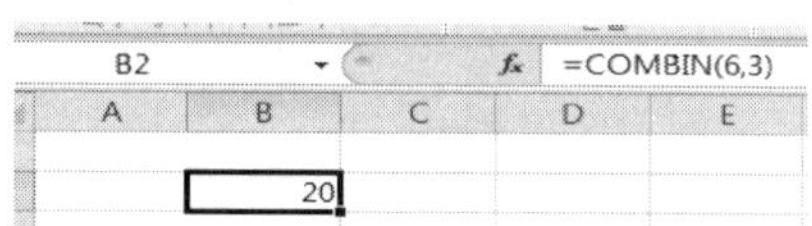

경우의 수(합의 법칙)

두 사건이 동시에 일어나지 않을 때,

사건 A가 일어나는 경우의 수가 $n(A)=a$ 가지

사건 B가 일어나는 경우의 수가 $n(B)=b$ 가지일 때,

$\Rightarrow$ 사건 A 또는 사건 B가 일어나는 경우의 수는 $a+b$ 가지

〈참고〉 $n(A\cup B)=n(A)+n(B)-n(A\cap B)$에서 $A\cap B=\varnothing$인 경우임.

예제 3 어떤 학생이 서점에 가서 책을 사려고 하는데, 수학 참고서가 a, b, c, d 출판사의 4종류가 있고, 영어참고서는 e, f, g 출판사의 3종류가 있다고 할 때, 수학 참고서 또는 영어참고서 중 어느 한 권을 사는 경우의 수를 구하시오.

풀이 수학 참고서 또는 영어참고서 중 어느 한 권을 사는 경우의 수는 두 사건이 동시에 일어나지 않으므로 수학 참고서 4종류 또는 영어참고서 3종류이므로 총 7가지이다.

예제 4 1~20까지 적힌 카드에서 한 장의 카드를 뽑을 때, 3의 배수 또는 7의 배수일 경우의 수를 구하시오.

풀이 1~20까지 적힌 카드 전체의 집합을 S라 하면, $S=\{1,2,3,\cdots,20\}$ 이다.
또한, 1~20까지 적힌 카드 중 3의 배수인 집합을 A, 7의 배수인 집합을 C라 하면, $A=\{3,6,9,12,15,18\}$, $C=\{7,14\}$이다.
따라서 3의 배수 또는 7의 배수가 뽑힐 경우의 수는 $A\cap C=\varnothing$이므로 $n(A)+n(C)$와 같다. 그러므로 3의 배수 또는 7의 배수가 뽑힐 경우의 수는 8가지이다.

예제 5 서로 다른 주사위 2개를 던질 때, 나오는 눈의 합이 3 또는 7이 나오는 경우의 수를 구하시오.

풀이 나오는 눈의 합이 3 또는 7이 나오는 경우의 수를 도식화하면 다음과 같다.

나오는 눈의 합이 3인 경우		나오는 눈의 합이 7인 경우	
주사위 1	주사위 2	주사위 1	주사위 2
1	2	1	6
2	1	2	5
		3	4
		4	3
		5	2
		6	1

따라서 나오는 눈의 합이 3인 경우는 2가지이며, 나오는 눈의 합이 7인 경우는 6가지이므로 총 8가지이다.

경우의 수(곱의 법칙)

두 사건이 동시에 일어날 때,
사건 A가 일어나는 경우의 수가 $n(A)=a$ 가지
사건 B가 일어나는 경우의 수가 $n(B)=b$ 가지일 때,
$\Rightarrow$ 사건 A와 사건 B가 동시에 일어나는 경우의 수는 $a\times b$ 가지

예제 6 P지역에서 Q지역으로 가는 길이 3가지가 있고, Q지역에서 R지역으로 가는 길이 2가지가 있다고 할 때, P지역을 출발하여 Q지역을 거쳐 R지역까지 가는 경우의 수를 구하시오.

풀이 P지역을 출발하여 Q지역으로 가는 길이 3가지이고, Q지역에서 R지역으로 가는 길이 2가지이므로 P지역을 출발하여 Q지역을 거쳐 R지역까지 가는 경우의 수는 총 6가지이다.

예제 7 동전을 두 번 던질 때, 처음에 앞면이 나오고 다음에 뒷면이 나올 경우의 수를 구하시오.

풀이 처음에 앞면이 나오는 경우는 1가지이고, 다음에 뒷면이 나오는 경우는 1가지이다.
따라서 처음에 앞면이 나오고 다음에 뒷면이 나올 경우의 수는 1가지이다.

예제 8 주사위 1개와 동전 1개를 동시에 던질 때, 주사위의 3의 눈과 동전의 앞면이 동시에 나올 경우의 수를 구하시오.

풀이 주사위의 3의 눈이 나오는 경우는 1가지이고, 동전의 뒷면이 나오는 경우는 1가지이다. 따라서 주사위의 3의 눈과 동전의 앞면이 동시에 나올 경우의 수는 1가지이다.

예제 9 검은 구슬 3개, 붉은 구슬 2개, 흰 구슬 3개가 들어있는 주머니에서 임의로 2개를 꺼낼 때, 다음 물음에 답하시오.
(1) 검은 구슬 1개와 붉은 구슬 1개가 동시에 나올 경우의 수를 구하시오.
(2) 검은 구슬 1개와 흰 구슬 1개가 동시에 나올 경우의 수를 구하시오.

(3) 흰 구슬 1개와 붉은 구슬 1개가 동시에 나올 경우의 수를 구하시오.

풀이 (1) 검은 구슬 1개와 붉은 구슬 1개가 동시에 나올 경우의 수는 주머니에 검은 구슬이 3개, 붉은 구슬이 2개이므로 6가지이다.

(2) 검은 구슬 1개와 흰 구슬 1개가 동시에 나올 경우의 수는 주머니에 검은 구슬이 3개, 흰 구슬이 3개이므로 9가지이다.

(3) 흰 구슬 1개와 붉은 구슬 1개가 동시에 나올 경우의 수는 주머니에 흰 구슬이 3개, 붉은 구슬이 2개이므로 6가지이다.

〈확률의 정의〉

고전적 확률(수학적 확률)

표본공간 $S=\{1,2,3,\cdots k,\cdots,n\}$이고, 사건 $A=\{1,2,\cdots,k\}$일 때, 사건 A가 일어날 확률

$$P(A)=\frac{n(A)}{n(S)}=\frac{k}{n}$$

단, $n(S)$: S의 원소의 개수, $n(A)$: A의 원소의 개수

〈참고〉 주사위 1개를 던졌을 때, 1의 눈이 나올 확률은?
주사위 1개를 던졌을 때, 표본공간 $S=\{1,2,3,4,5,6\}$이므로 $n(S)=6$ 이며,
1의 눈이 나올 사건을 A라 하면 $A=\{1\}$이므로 $n(A)=1$이다.
따라서 주사위 1개를 던졌을 때, 1의 눈이 나올 확률은 $P(A)=\frac{n(A)}{n(S)}=\frac{1}{6}$

예제 10 동전 1개를 던지는 경우, 다음 물음에 답하시오.

(1) 동전 1개를 던졌을 때, 표본공간 S를 구하시오.

(2) 앞면이 나올 사건을 A라 할 때, 집합 A를 구하시오.

(3) 동전 1개를 던지는 경우, 앞면이 나올 확률을 구하시오.

풀이 (1) 동전 1개를 던졌을 때, 표본공간 S는 $S=\{$앞면, 뒷면$\}$

(2) 앞면이 나올 사건을 A라 할 때, 집합 A는 $A=\{$앞면$\}$

(3) 동전 1개를 던지는 경우, 앞면이 나올 확률을 $P(A)$라 하면,

$$P(A)=\frac{n(A)}{n(S)}=\frac{1}{2}$$ 이다.

예제 11 동전 2개를 던지는 경우, 다음 확률을 각각 구하시오.

(1) 앞면이 나오지 않을 확률

(2) 앞면이 1개 나올 확률

(3) 앞면이 2개 나올 확률

풀이 동전의 앞면을 H, 뒷면을 T라 하면, 동전을 2개 던지는 경우 표본공간 S는 $S=\{HH, HT, TH, TT\}$이고, $n(S)=4$이다.

(1) 앞면이 나오지 않을 사건을 A라 하면, $A=\{TT\}$이고, $n(A)=1$이다.
따라서 앞면이 나오지 않을 확률을 $P(A)$라 하면, $P(A)=\dfrac{n(A)}{n(S)}=\dfrac{1}{4}$ 이다.

(2) 앞면이 1개 나올 사건을 B라 하면, $B=\{HT, TH\}$이고, $n(B)=2$이다.
따라서 앞면이 1개 나올 확률을 $P(B)$라 하면, $P(B)=\dfrac{n(B)}{n(S)}=\dfrac{2}{4}=\dfrac{1}{2}$ 이다.

(3) 앞면이 2개 나올 사건을 C라 하면, $C=\{HH\}$이고, $n(C)=1$이다.
따라서 앞면이 2개 나올 확률을 $P(C)$라 하면, $P(C)=\dfrac{n(C)}{n(S)}=\dfrac{1}{4}$이다.

예제 12 동전 3개를 던지는 경우,
앞면이 0개, 1개, 2개, 3개 나올 확률을 각각 구하시오.

풀이 동전의 앞면을 H, 뒷면을 T라 하면, 동전을 3개 던지는 경우 표본공간 S는 $S=\{HHH, HHT, HTH, HTT, THH, THT, TTH, TTT\}$ 이고, $n(S)=8$이다.

(1) 앞면이 나오지 않을 사건을 A라 하면, $A=\{TTT\}$이고, $n(A)=1$이다.
따라서 앞면이 나오지 않을 확률을 $P(A)$라 하면, $P(A)=\dfrac{n(A)}{n(S)}=\dfrac{1}{8}$ 이다.

(2) 앞면이 1개 나올 사건을 B라 하면, $B=\{HTT, THT, TTH\}$이고, $n(B)=3$이다.
따라서 앞면이 1개 나올 확률을 $P(B)$라 하면, $P(B)=\dfrac{n(B)}{n(S)}=\dfrac{3}{8}$이다.

(3) 앞면이 2개 나올 사건을 C라 하면, $C=\{HHT, HTH, THH\}$이고, $n(C)=3$이다.

따라서 앞면이 2개 나올 확률을 $P(C)$라 하면, $P(C) = \dfrac{n(C)}{n(S)} = \dfrac{3}{8}$ 이다.

(4) 앞면이 3개 나올 사건을 D라 하면, $D = \{HHH\}$이고, $n(D) = 1$이다.

따라서 앞면이 3개 나올 확률을 $P(D)$라 하면, $P(D) = \dfrac{n(D)}{n(S)} = \dfrac{1}{8}$이다.

예제 13 주사위 1개를 던지는 경우, 3의 눈이 나올 확률을 구하시오.

풀이 주사위 1개를 던지는 경우 표본공간 S는 $S = \{1, 2, 3, 4, 5, 6\}$이고, $n(S) = 6$이다. 3의 눈이 나올 사건을 A라 하면, $A = \{3\}$이고, $n(A) = 1$이다.
따라서 3의 눈이 나올 확률을 $P(A)$라 하면, $P(A) = \dfrac{n(A)}{n(S)} = \dfrac{1}{6}$이다.

예제 14 주사위 2개를 던지는 경우, 확률을 각각 구하시오.

(1) 눈의 합이 3이 나올 확률

(2) 눈의 합이 5가 나올 확률

(3) 눈의 합이 9보다 클 확률

(4) 눈의 합이 4보다 작을 확률

풀이 주사위 2개를 던지는 경우 표본공간 S는
$S = \{(1, 1), (1, 2), (1, 3), \cdots, (5, 6), (6, 6)\}$이고, $n(S) = 36$이다.

(1) 눈의 합이 3이 나올 사건을 B라 하면, $B = \{(1, 2), (2, 1)\}$이고, $n(B) = 2$이다.
따라서 눈의 합이 3이 나올 확률을 $P(B)$라 하면,
$P(B) = \dfrac{n(B)}{n(S)} = \dfrac{2}{36} = \dfrac{1}{18}$이다.

(2) 눈의 합이 5가 나올 사건을 C라 하면, $C = \{(1, 4), (2, 3), (3, 2), (4, 1)\}$이고, $n(C) = 4$이다.
따라서 눈의 합이 5가 나올 확률을 $P(C)$라 하면,
$P(C) = \dfrac{n(C)}{n(S)} = \dfrac{4}{36} = \dfrac{1}{9}$이다.

(3) 눈의 합이 9보다 클 경우는 눈의 합이 10, 11, 12인 경우이므로 각각의 경우의 수를 구하면 다음과 같다.

① 눈의 합이 10인 경우 : $\{(4, 6), (5, 5), (6, 4)\}$

② 눈의 합이 11인 경우 : $\{(5,6),(6,5)\}$

③ 눈의 합이 11인 경우 : $\{(6,6)\}$

따라서 눈의 합이 9보다 큰 사건을 D라 하면, $n(D)=6$이다.

그러므로 눈의 합이 9보다 큰 확률을 $P(D)$라 하면,

$P(D)=\dfrac{n(D)}{n(S)}=\dfrac{6}{36}=\dfrac{1}{6}$ 이다.

(4) 눈의 합이 4보다 작을 경우는 눈의 합이 2, 3인 경우이므로 각각의 경우의 수를 구하면 다음과 같다.

① 눈의 합이 2인 경우 : $\{(1,1)\}$

② 눈의 합이 3인 경우 : $\{(1,2),(2,1)\}$

따라서 눈의 합이 4보다 작을 사건을 E라 하면, $n(E)=3$이다.

그러므로 눈의 합이 4보다 작을 확률을 $P(E)$라 하면,

$P(E)=\dfrac{n(E)}{n(S)}=\dfrac{3}{36}=\dfrac{1}{12}$ 이다.

통계적 확률(경험적 확률)

같은 시행을 n번 반복해서 사건 A가 일어난 횟수를 $f(n)$이라 하자.

시행 횟수 n이 한없이 커짐에 따라 상대도수 $\dfrac{f(n)}{n}$이 일정한 값 p에 가까이 가면 이 값 p를 사건 A의 통계적 확률이라고 한다.

$$P(A)=\lim_{n\to\infty}\frac{f(n)}{n}=p$$

단, n : 총 시행 횟수, $f(n)$: 사건 A가 일어난 횟수

〈참고〉 야구에서 선수들의 타율, 농구에서 자유투 성공률 등

예제 15 어느 야구선수의 타율이 2할8푼7리일 때, 이 야구 선수에게 500개의 공을 던진다면 몇 개의 안타를 칠 수 있을지 구하시오.

풀이 야구선수의 타율이 2할8푼7리(0.287)이고, 500개의 공을 던질 때 안타를 칠 확률을 구하는 문제이므로 $500\times0.287=143.5$이고, 약 143개의 안타를 칠 수 있다.

대수의 법칙

아주 많은 횟수로 실험을 하면, 통계적 확률은 고전적 확률에 가까워진다.
즉 한 번의 실행에서 나타날 수 있는 확률에 가까워지게 된다는 것을 의미

확률의 공리

표본공간 S에서의 임의의 사건 A에 대하여

(1) $0 \leq P(A) \leq 1$

(2) $P(S) = 1$

(3) $P(\varnothing) = 0$

예제 16 주사위 1개를 던지는 경우, 다음 물음에 답하시오.

(1) 5의 눈이 나올 확률을 구하시오.

(2) 7보다 작은 자연수가 나올 확률을 구하시오.

(3) 7보다 큰 자연수가 나올 확률을 구하시오.

풀이 주사위 1개를 던지는 경우 표본공간 S는 $S = \{1, 2, 3, 4, 5, 6\}$이고, $n(S) = 6$이다.

(1) 5의 눈이 나올 사건을 A라 하면, $A = \{5\}$이고, $n(A) = 1$ 이다.

따라서 5의 눈이 나올 확률을 $P(A)$라 하면, $P(A) = \dfrac{n(A)}{n(S)} = \dfrac{1}{6}$이다.

(2) 7보다 작은 자연수가 나올 사건을 B라 하면, $B = \{1,2,3,4,5,6\}$이고, $n(B) = 6$이다.

따라서 7보다 작은 자연수가 나올 확률을 $P(B)$라 하면,

$P(B) = \dfrac{n(B)}{n(S)} = \dfrac{6}{6} = 1$이다.

(3) 7보다 큰 자연수가 나올 사건을 C라 하면, $C = \{\ \} = \varnothing$이고, $n(C) = 0$이다.

따라서 7보다 큰 자연수가 나올 확률을 $P(C)$라 하면,

$P(C) = \dfrac{n(C)}{n(S)} = \dfrac{0}{6} = 0$이다.

4-2. 확률의 기본 계산

4-2-1. 합의 법칙 : $P(A \cup B) = P(A) + P(B) - P(A \cap B)$

합의 법칙은 두 사건 중 적어도 하나의 사건이 일어날 확률을 의미하며, 적어도 한 사건이 일어난다는 것은 첫 번째 사건이 일어나거나, 두 번째 사건이 일어나거나, 아니면 두 사건이 모두 일어나는 경우를 포괄한다. 확률의 덧셈은 어떤 두 사건이 발생할 확률을 더할 경우, 사건이 배반인가 혹은 배반이지 않은가에 따라 달라진다.

만약 두 사건이 상호배반이면 두 사건이 동시에 일어나는 경우는 고려하지 않아도 되기 때문에 각각의 사건이 일어날 확률을 더하면 된다.

예제 17 서로 다른 주사위 2개를 던질 때, 나오는 눈의 합이 3 또는 7이 나올 확률을 구하시오.

풀이 주사위 2개를 던지는 경우 표본공간 S는

$S = \{(1,1),(1,2),(1,3),\cdots,(5,6),(6,6)\}$이고, $n(S) = 36$이다.

또한, 눈의 합이 3이 나올 사건을 A라 하면, $A = \{(1,2),(2,1)\}$이고, $n(A) = 2$이며, 눈의 합이 7이 나올 사건을 B라 하면,

$B = \{(1,6),(2,5),(3,4),(4,3),(5,2),(6,1)\}$이고, $n(B) = 6$이며, 사건A와 사건B는 상호 배반이다.

따라서 나오는 눈의 합이 3 또는 7이 나올 확률 $P(A \cup B)$은 다음과 같다.

$$P(A \cup B) = P(A) + P(B) = \frac{n(A)}{n(S)} + \frac{n(B)}{n(S)} = \frac{2}{36} + \frac{6}{36} = \frac{8}{36} = \frac{2}{9}$$ 이다.

예제 18 1~20까지 적힌 카드에서 한 장의 카드를 뽑을 때, 3의 배수 또는 5의 배수일 확률을 구하시오.

풀이 1~20까지 적힌 카드 전체의 집합을 S라 하면, $S = \{1,2,3,\cdots,20\}$이고, $N(S) = 20$이다. 또한, 1~20까지 적힌 카드 중 3의 배수인 집합을 A, 5의 배수인 집합을 B라 하면, $A = \{3,6,9,12,15,18\}$, $B = \{5,10,15,20\}$이고, $n(A) = 6$, $n(B) = 4$이다.

그런데 3의 배수이고 5의 배수가 뽑힐 경우의 수는 $A \cap B = \{15\}$이고, $n(A \cap B) = 1$이다.

따라서 3의 배수 또는 5의 배수일 확률 $P(A \cup B)$은 다음과 같다.

$$P(A \cup B) = P(A) + P(B) - P(A \cap B)$$
$$= \frac{n(A)}{n(S)} + \frac{n(B)}{n(S)} - \frac{n(A \cap B)}{n(S)} = \frac{6}{20} + \frac{4}{20} - \frac{1}{20} = \frac{9}{20} \text{ 이다.}$$

4-2-2. 곱의 법칙(결합확률) : $P(A \cap B) = P(A) \times P(B)$

사건 A와 사건 B가 있을 때 사건 A와 B가 동시에 발생할 확률을 결합확률이라고 하며, $P(A \cap B)$로 표시한다. 결합확률을 구할 때 주의해야 할 점은 한 사건의 발생이 다른 사건의 발생에 전혀 영향을 미치지 않을 때인 상호독립적인 경우일 때 사용한다는 것이다.

예제 19 주사위 1개와 동전 1개를 동시에 던질 때, 주사위의 3의 눈과 동전의 앞면이 동시에 나올 확률을 구하시오.

풀이 주사위 1개와 동전 1개를 동시에 던질 때, 표본공간 S는 다음과 같다.

$$S = \{(1, H), (1, T), (2, H), \cdots, (6, T)\}, \ n(S) = 12$$

또한, 주사위의 3의 눈이 나오는 사건을 A라 하면, $P(A) = \frac{1}{6}$이며 동전의 앞면이 나오는 사건을 B라 하면, $P(B) = \frac{1}{2}$이다.

따라서 주사위의 3의 눈과 동전의 앞면이 동시에 나올 확률 $P(A \cap B)$은 다음과 같다.

$$P(A \cap B) = P(A) \times P(B) = \frac{1}{6} \times \frac{1}{2} = \frac{1}{12} \text{ 이다.}$$

예제 20 검은 구슬 3개, 붉은 구슬 2개, 흰 구슬 3개가 들어있는 주머니에서 임의로 2개를 꺼낼 때, 다음 물음에 답하시오.

(1) 검은 구슬 1개와 붉은 구슬 1개가 동시에 나올 확률을 구하시오.

(2) 검은 구슬 1개와 흰 구슬 1개가 동시에 나올 확률을 구하시오.

(3) 흰 구슬 1개와 붉은 구슬 1개가 동시에 나올 확률을 구하시오.

풀이 검은 구슬 3개, 붉은 구슬 2개, 흰 구슬 3개가 들어있는 주머니에서 임의로 2개를 꺼내는 모든 경우의 수는 ${}_8C_2 = \frac{{}_8P_2}{2!} = \frac{8 \times 7}{2} = \frac{56}{2} = 28$이다.

(1) 검은 구슬 1개와 붉은 구슬 1개가 동시에 나올 경우의 수는 주머니에 검은 구슬이 3개, 붉은 구슬이 2개이므로 6가지이다.

따라서 검은 구슬 1개와 붉은 구슬 1개가 동시에 나올 확률은 $\frac{6}{28}=\frac{3}{14}$ 이다.

(2) 검은 구슬 1개와 흰 구슬 1개가 동시에 나올 경우의 수는 주머니에 검은 구슬이 3개, 흰 구슬이 3개이므로 9가지이다.

따라서 검은 구슬 1개와 흰 구슬 1개가 동시에 나올 확률은 $\frac{9}{28}$ 이다.

(3) 흰 구슬 1개와 붉은 구슬 1개가 동시에 나올 경우의 수는 주머니에 흰 구슬이 3개, 붉은 구슬이 2개이므로 6가지이다.

따라서 흰 구슬 1개와 붉은 구슬 1개가 동시에 나올 확률은 $\frac{6}{28}=\frac{3}{14}$ 이다.

4-2-3. 조건부확률(conditional probability)

조건부확률의 정의, 기호

〈정의〉 어떤 사건 A가 발생했다는 조건에서 사건 B가 일어날 확률을 조건부확률이라고 한다.

〈기호〉 $P(B|A)$

〈계산 방법〉 $P(B|A)=\dfrac{P(A\cap B)}{P(A)}$, 단, $P(A)\neq 0$

예제 21 전체집합 $U=\{1,2,3,4,5,6,7,8,9,10\}$의 부분집합 $A=\{1,3,5,7\}$, $B=\{1,2,3\}$, $C=\{8,10\}$에 대하여 다음을 구하시오.

(1) $P(U)$　(2) $P(A)$　(3) $P(B)$　(4) $P(C)$

(5) $P(A\cap B)$　(6) $P(A\cap C)$　(7) $P(B\cap C)$　(8) $P(A|B)$

(9) $P(B|A)$　(10) $P(A|B^c)$　(11) $P(B|A^c)$　(12) $P(A|C)$

풀이 전체집합 $U=\{1,2,3,4,5,6,7,8,9,10\}$, $A=\{1,3,5,7\}$, $B=\{1,2,3\}$, $C=\{8,10\}$이므로 $n(U)=10$, $n(A)=4$, $n(B)=3$, $n(C)=2$이다.

또한 $A^c=\{2,4,6,8,9,10\}$, $B^c=\{4,5,6,7,8,9,10\}$,

$C^c = \{1,2,3,4,5,6,7,9\}$이므로 $n(A^c) = 6$, $n(B^c) = 7$, $n(C^c) = 8$이며, $A \cap B = \{1,3\}$, $A \cap C = \varnothing$, $B \cap C = \varnothing$ 이므로 $n(A \cap B) = 2$, $n(A \cap C) = 0$, $n(B \cap C) = 0$이고, $A \cap B^c = \{5,7\}$, $B \cap A^c = \{2\}$이므로 $n(A \cap B^c) = 2$, $n(B \cap A^c) = 1$이다.

(1) $P(U) = \dfrac{n(U)}{n(U)} = \dfrac{10}{10} = 1$

(2) $P(A) = \dfrac{n(A)}{n(U)} = \dfrac{4}{10} = \dfrac{2}{5}$

(3) $P(B) = \dfrac{n(B)}{n(U)} = \dfrac{3}{10}$

(4) $P(C) = \dfrac{n(C)}{n(U)} = \dfrac{2}{10} = \dfrac{1}{5}$

(5) $P(A \cap B) = \dfrac{n(A \cap B)}{n(U)} = \dfrac{2}{10} = \dfrac{1}{5}$

(6) $P(A \cap C) = \dfrac{n(A \cap C)}{n(U)} = \dfrac{0}{10} = 0$

(7) $P(B \cap C) = \dfrac{n(B \cap C)}{n(U)} = \dfrac{0}{10} = 0$

(8) $P(A \mid B) = \dfrac{P(A \cap B)}{P(B)} = \dfrac{\frac{1}{5}}{\frac{3}{10}} = \dfrac{10}{15} = \dfrac{2}{3}$

(9) $P(B \mid A) = \dfrac{P(B \cap A)}{P(A)} = \dfrac{\frac{1}{5}}{\frac{2}{5}} = \dfrac{5}{10} = \dfrac{1}{2}$

(10) $P(A \mid B^c) = \dfrac{P(A \cap B^c)}{P(B^c)} = \dfrac{\frac{1}{5}}{\frac{7}{10}} = \dfrac{10}{35} = \dfrac{2}{7}$

(11) $P(B \mid A^c) = \dfrac{P(B \cap A^c)}{P(A^c)} = \dfrac{\frac{1}{10}}{\frac{3}{5}} = \dfrac{5}{30} = \dfrac{1}{6}$

(12) $P(A \mid C) = \dfrac{P(A \cap C)}{P(C)} = \dfrac{\frac{0}{10}}{\frac{1}{5}} = \dfrac{0}{10} = 0$

예제 22 주사위 1개를 던져서 짝수의 눈이 나왔을 때, 그것이 소수일 확률을 구하시오.

풀이 주사위 1개를 던질 때, 표본공간 S에 대하여 $n(S)=6$이고, 짝수의 눈이 나오는 사건을 A라 하면 $A=\{2,4,6\}$이므로 $n(A)=3$이고, 짝수 중 소수일 사건을 B라 하면 $A\cap B=\{2\}$이고 $n(A\cap B)=1$이다.

따라서 $P(B \mid A)=\dfrac{P(A\cap B)}{P(A)}=\dfrac{\frac{1}{6}}{\frac{3}{6}}=\dfrac{6}{18}=\dfrac{1}{3}$이다.

예제 23 1~20까지 적힌 카드에서 한 장의 카드를 뽑을 때, 2의 배수가 나오는 사건을 A, 5의 배수가 나오는 사건을 B 라 할 때, 다음 확률을 구하시오.

(1) $P(B|A)$ (2) $P(A|B)$

풀이 1~20까지 적힌 카드 전체의 집합을 S라 하면, $S=\{1,2,3,\cdots,20\}$ 이고, $n(S)=20$이다. 또한, 1~20까지 적힌 카드 중 2의 배수인 집합을 A, 5의 배수인 집합을 B라 하면, $A=\{2,4,6,8,10,12,14,16,18,20\}$, $B=\{5,10,15,20\}$이고, $n(A)=10$, $n(B)=4$이며, $A\cap B=\{10,20\}$이고, $n(A\cap B)=2$이다.

(1) $P(B \mid A)=\dfrac{P(B\cap A)}{P(A)}=\dfrac{\frac{2}{20}}{\frac{10}{20}}=\dfrac{2}{10}=\dfrac{1}{5}$

(2) $P(A \mid B)=\dfrac{P(A\cap B)}{P(B)}=\dfrac{\frac{2}{20}}{\frac{4}{20}}=\dfrac{2}{4}=\dfrac{1}{2}$

예제 24 컴퓨터공학과 2학년 학생들에 대한 조사 결과가 다음과 같다고 한다.

	안경 착용	안경미착용	합계
남학생	12	11	31
여학생	5	4	9
합계	17	15	40

컴퓨터공학과 2학년 학생 중에서 1명을 뽑을 때, 다음 확률을 구하시오.

(1) 남학생일 때, 안경을 착용한 학생일 확률

(2) 여학생일 때, 안경을 착용한 학생일 확률

(3) 안경을 착용한 학생일 때, 남학생일 확률

(4) 안경을 착용하지 않았을 때, 여학생일 확률

풀이 (1) $\frac{12}{31}$ (2) $\frac{5}{9}$ (3) $\frac{12}{17}$ (4) $\frac{4}{15}$

독립사건과 종속사건

〈정의〉 독립사건 : 사건 A가 일어났을 때, 사건 B가 일어날 확률과 관계가 없을 때, $P(B|A)=P(B)=P(B|A^c)$

〈정의〉 종속사건 : 사건 A가 일어났을 때, 사건 B가 일어날 확률과 관계가 있을 때 $P(B|A)\neq P(B|A^c)$

독립사건일 필요충분조건

두 사건 A, B가 독립사건일 필요충분조건은 $P(A\cap B)=P(A)\times P(B)$이다.

예제 25 [예제 21]에서 독립사건인지, 종속사건인지 판명하시오.

(1) 집합 A와 집합 C

(2) 집합 B와 집합 C

풀이 (1) $P(A\cap C)=0$ 이고, $P(A)\times P(C)=\frac{2}{5}\times\frac{1}{5}=\frac{2}{25}$ 이므로

$P(A\cap C)\neq P(A)\times P(C)$이다.

집합 A와 집합 C는 서로 종속이다.

(2) $P(B\cap C)=0$ 이고, $P(B)\times P(C)=\frac{3}{10}\times\frac{1}{5}=\frac{3}{50}$ 이므로

$P(B\cap C)\neq P(B)\times P(C)$이다.

집합 B와 집합 C는 서로 종속이다.

베이즈정리(Bayes Theorem)

$A_1, A_2, A_3, \cdots\cdots, A_m$이 전체집합 S의 분할을 형성하고 있으며, 사건 B가 일어났을 때, 사건 A_i가 일어날 확률은

$$P(A_i|B) = \frac{P(A_i \cap B)}{P(B)} = \frac{P(A_i \cap B)}{P(A_1 \cap B) + P(A_2 \cap B) + \cdots\cdots + P(A_m \cap B)}$$

$$= \frac{P(A_i)P(B|A_i)}{P(A_1)P(B|A_1) + P(A_2)P(B|A_2) + \cdots\cdots + P(A_m)P(B|A_m)}$$

〈참고〉 분할(partition) : $S = A \cup A^c$, $A \cap A^c = \varnothing$

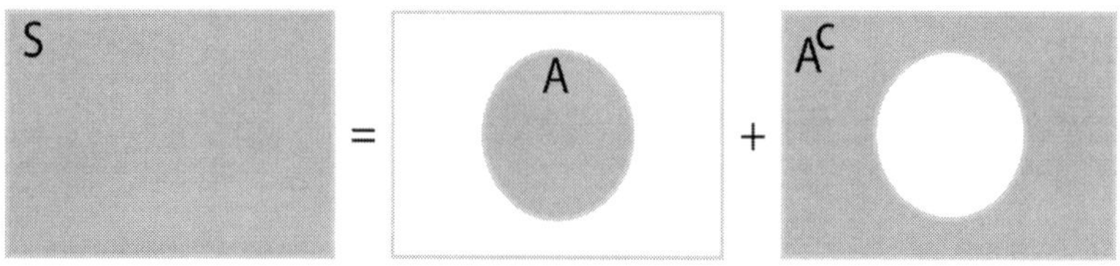

〈참고〉 두 사건 A, B가 다음과 같을 때,

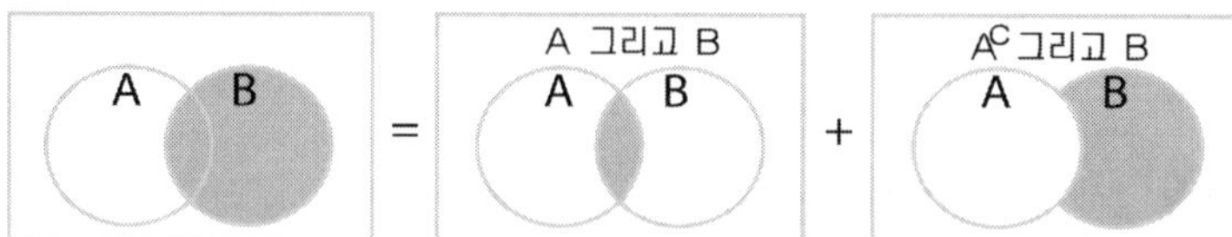

사건 B는 $A \cap B$와 $A^c \cap B$으로 분할된다. $B = (A \cap B) \cup (A^c \cap B)$
사건 B가 일어났을 때, 사건 A가 일어날 조건부확률 $P(A|B)$ 은

$$P(A|B) = \frac{P(A \cap B)}{P(B)} = \frac{P(A \cap B)}{P(A \cap B) + P(A^c \cap B)}$$

$$= \frac{P(A)P(B|A)}{P(A)P(B|A) + P(A^c)P(B|A^c)}$$ 임을 알 수 있다.

예제 26 어떤 회사는 TV를 생산하는 두 납품업체 1, 2로부터 중요 부품을 납품받는다. 납품업체 1은 전체의 70%를, 납품업체 2는 전체의 30%를 납품한다. 납품업체 1의 제품 중 불량품의 비율은 4%이며, 납품업체 2의 제품 중 불량률은 6%이었다. 납품받은 부품에서 불량품이 발견되었을 때, 다음 물음에 답하시오.

(1) 그 불량품이 납품업체 1로부터 공급받았을 확률을 구하시오.

(2) 그 불량품이 납품업체 2로부터 공급받았을 확률을 구하시오.

풀이 납품업체 1, 2를 사건 A, B라 하면, $P(A)=0.7$, $P(B)=0.3$이고 불량품일 사건을 E라 하면, $P(E \mid A)=0.04$, $P(E \mid B)=0.06$이다.

(1) 그 불량품이 납품업체 1로부터 공급받았을 확률은 $P(A \mid E)$를 구하는 문제이다.

$$P(A|E)=\frac{P(A\cap E)}{P(E)}=\frac{P(A)P(E \mid A)}{P(A\cap E)+P(B\cap E)}$$
$$=\frac{P(A)P(E \mid A)}{P(A)P(E \mid A)+P(B)P(E \mid B)}$$
$$=\frac{0.7\times 0.04}{0.7\times 0.04+0.3\times 0.06}=\frac{28}{28+18}=\frac{28}{46}=\frac{14}{23}\text{이다.}$$

(2) 그 불량품이 납품업체 2로부터 공급받았을 확률은 $P(B|E)$를 구하는 문제이다.

$$P(B|E)=\frac{P(B\cap E)}{P(E)}=\frac{P(B)P(E \mid A)}{P(A\cap E)+P(B\cap E)}$$
$$=\frac{P(B)P(E \mid A)}{P(A)P(E \mid A)+P(B)P(E \mid B)}$$
$$=\frac{0.3\times 0.06}{0.7\times 0.04+0.3\times 0.06}=\frac{18}{28+18}=\frac{18}{46}=\frac{9}{23}\text{이다.}$$

4-3. 확률변수(random variable)와 확률분포

4-3-1. 확률변수(random variable)

어떤 정해지지 않은 임의의 값을 표현하기 위해 사용된 '기호'를 변수(variable)라고 한다.

예를 들어 통계청에서 실시하는 전국 가구 조사 문항 중에서 '당신은 몇 살입니까?', '당신의 가족은 몇 명입니까?', '당신 가구의 소득은 얼마입니까?', '당신은 기혼자입니까?', '당신은 직업이 있습니까?' 등의 질문이 포함되어 있다. 위 각각의 질문에 대응하는 변수는 나이, 가족의 수, 가구소득, 혼인상태, 취업상태 등이다. 여기서 언급한 변수 중 나이, 가족의 수, 가구소득은 질문에 대한 답변이 숫자로 표현되므로 양적인(Quantitative)특성을 가지고 있다. 반면에 혼인상태는 현재의 결혼 상태에 따라 미혼, 기혼, 상별, 별거 등으로 답해지고, 취업상태는 취업, 실업, 경제활동 불참 등으로 답해지므로 이런 변수들은 질적인 (Qualitative) 성격을 갖고 있다.

양적인 변수든 질적인 변수든 이를 숫자로 표현할 수 있는데, 숫자로 표현된 변수를 확률변수(random variable)라고 부른다. 즉 숫자로 표현된 자료의 특성이 확률변수이다. 양적인 변수는 처음부터 숫자로 표현되므로 확률변수이다. 질적인 변수라도 숫자로 표현하면 확률변수가 된다. 위에 예에서 취업, 실업, 경제활동 불참 등으로 표현된 취업상태 변수는 확률변수가 아니지만 취업은 1로, 실업은 2로, 경제활동 불참은 3으로 바꾸어 코딩(coding)하면 이는 확률변수이다. 취업상태처럼 숫자가 아닌 특성을 왜 굳이 숫자로 바꾸어 표현하면 자료입력을 할 경우에도 '경제활동 불참'이라고 컴퓨터에 입력하는 것보다 '3'이라고만 하면 시간이 절약되고 편리하며 자료를 처리하기가 쉽기 때문이다.

확률변수의 정의

표본공간을 구성하는 사건(실험의 결과)에 수치를 부여한 후, 그 수치에 확률을 대응한 변수를 말한다. 또는 임의 시행에서 일정한 확률을 가지고 발생하는 결과에 실수 값을 부여하는 변수

〈기호〉 X : 확률변수

〈참고〉 확률변수는 표본공간을 정의역으로 하고, 실수 전체의 집합을 공역으로 하는 일종의 함수이며, $P(X=x)$는 확률변수 $X=x$일 확률을 의미한다.

예를 들어, 동전 1개를 던지는 경우, 표본공간 $S=\{앞면, 뒷면\}$이며, 앞면 H(Head), 뒷면 T(Tail)로 생각할 수 있기에 간단하게 표본공간 $S=\{H, T\}$로 표현한다. 또한 동전 1개를 던졌을 때, 앞면이 나오는 수를 확률변수 X라 하면 X가 택할 수 있는 값은 앞면이 나오지 않는 $X=0$, 앞면이 1번 나온 $X=1$이 될 것이다. 그러므로 확률변수는 어떤 사건이든 수량화하여 값으로 표현할 수 있다.

예제 27 동전 2개를 던지는 경우, 표본공간 S와 앞면이 나올 확률변수 X가 택할 수 있는 수를 구하시오.

풀이 동전의 앞면을 H, 뒷면을 T라 하면, 동전 2개를 던지는 경우, 표본공간 S는

$S=\{HH, HT, TH, TT\}$이고, $H=1$, $T=0$을 대응시키면 $S=\{0,1,2\}$이므로 앞면이 나올 확률변수를 X라고 하면, 확률변수 X가 택할 수 있는 수는 $0, 1, 2$이다.

예제 28 동전 3개를 던지는 경우, 표본공간 S와 앞면이 나올 확률변수 X가 택할 수 있는 수를 구하시오.

풀이 동전의 앞면을 H, 뒷면을 T라 하면, 동전을 3개 던지는 경우 표본공간 S는 $S=\{HHH, HHT, HTH, HTT, THH, THT, TTH, TTT\}$이고, $H=1$, $T=0$을 대응시키면 $S=\{0,1,2,3\}$이므로 앞면이 나올 확률변수를 X라고 하면, 확률변수 X가 택할 수 있는 수는 $0, 1, 2, 3$이다.

예제 29 주사위를 1번 던질 때, 나오는 숫자를 확률변수로 하여 확률변수 X가 택할 수 있는 수를 구하시오.

풀이 주사위 1개를 던지는 경우 표본공간 S는 $S=\{1, 2, 3, 4, 5, 6\}$이므로 나오는 숫자를 확률변수로 하여 확률변수 X가 택할 수 있는 수는 $1, 2, 3, 4, 5, 6$이다.

예제 30 주사위를 2번 던질 때, 나오는 숫자의 합을 확률변수로 하여 확률변수 X가 택할 수 있는 수를 구하시오.

풀이 주사위 2개를 던지는 경우 표본공간 S는
$S=\{(1,1),(1,2),(1,3),\cdots,(5,6),(6,6)\}$이므로 나오는 숫자의 합을 확률변수로 하여 확률변수 X가 택할 수 있는 수는 $2, 3, 4, \cdots, 12$ 이다.

4-3-2. 확률변수의 종류

▣ 이산확률변수(discrete random variable)

정의	확률변수의 예	특징
확률변수가 취할 수 있는 값이 유한하여 셀 수 있는 변수	가족의 수 주사위 던지기 책의 페이지 당 오타 수 농구 경기에서 득점 수	$P(X=x_i)=P(X_i)$ $0 \le P(X=x_i) \le 1$ $\sum_{i=1}^{n} P(X=x_i)=1$

■ 연속확률변수(continuous random variable)

정의	확률변수의 예	특징
일정 범위 내의 실수 사이에서 확률변수가 취할 수 있는 값이 무한한 변수	사람의 몸무게 사람의 체온 비행기의 도착시간 사람의 키	$\int_{-\infty}^{\infty} f(x)dx = 1$ 단, $f(x) > 0$ $P(a \le X \le a) = \int_a^a f(x)dx = 0$ $P(a \le X \le b) = \int_a^b f(x)dx$

〈참고〉 함수 $f(x)$를 확률밀도함수(probability density function)라 한다.

예를 들어, $f(x) = \begin{cases} 2x, & 0 \le x \le 1 \\ 0, & x < 0, x > 1 \end{cases}$ 인 함수의 특징을 살펴보면,

첫째, x가 어떤 값을 갖더라도 항상 $f(x) \ge 0$이며

둘째, $\int_{-\infty}^{\infty} f(x)dx = \int_0^1 f(x)dx = \int_0^1 2x\,dx = [x^2]_{x=0}^{x=1} = 1$이다.

4-3-3. 확률분포(probability distribution)

모든 확률변수에 대응하는 확률을 표로 나타낸 것을 확률분포(probability distribution)라 하고, 확률분포를 함수로 나타낸 것을 확률함수(probability function) 또는 확률밀도함수라고 한다.

■ 이산확률분포의 예

동전 1개를 던졌을 때, 앞면이 나올 확률분포를 구하시오.

첫째, 표본공간을 구한다.

둘째, 확률변수를 구한다.

셋째, 표본공간의 각 원소에 대응하는 확률을 구한다.

넷째, 확률분포(표)를 구한다.

첫째, 표본공간 $S=\{H, T\}$

둘째, 확률변수 $X=\{1,0\}$

셋째, $P(X_1)=P(X=0)=\frac{1}{2}$

$P(X_2)=P(X=1)=\frac{1}{2}$

넷째, 확률분포(표)

X	0	1	계
$P(X_i)$	$\frac{1}{2}$	$\frac{1}{2}$	1

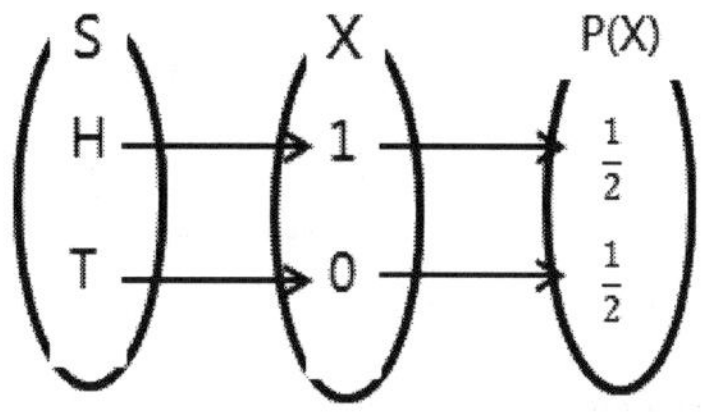

예제 31 동전 2개를 던지는 경우, 앞면이 나올 확률변수 X에 대한 확률분포를 구하시오.

풀이 첫째, 표본공간 $S=\{HH, HT, TH, TT\}$

둘째, 확률변수 $X=\{0,1,2\}$

셋째, $P(X_1)=P(X=0)=\frac{1}{4}$, $P(X_2)=P(X=1)=\frac{1}{2}$,

$P(X_3)=P(X=2)=\frac{1}{4}$

넷째, 확률분포(표)

X	0	1	2	계
$P(X_i)$	$\frac{1}{4}$	$\frac{1}{2}$	$\frac{1}{4}$	1

예제 32 주사위를 1번 던질 때, 나오는 숫자 X에 대한 확률분포를 구하시오.

풀이 첫째, 표본공간 $S=\{1,2,3,4,5,6\}$

둘째, 확률변수 $X=\{1,2,3,4,5,6\}$

셋째, $P(X_1)=P(X=1)=\frac{1}{6}$, $P(X_2)=P(X=2)=\frac{1}{6}$,

$P(X_3)=P(X=3)=\frac{1}{6}$, $P(X_4)=P(X=4)=\frac{1}{6}$,

$$P(X_5)=P(X=5)=\frac{1}{6},\ P(X_6)=P(X=6)=\frac{1}{6}$$

넷째, 확률분포(표)

X	1	2	3	4	5	6	계
$P(X_i)$	$\frac{1}{6}$	$\frac{1}{6}$	$\frac{1}{6}$	$\frac{1}{6}$	$\frac{1}{6}$	$\frac{1}{6}$	1

예제 33 동전 3개를 던지는 경우, 앞면이 나올 확률변수 X의 확률분포를 구하시오.

풀이 첫째, 표본공간

$$S=\{HHH, HHT, HTH, HTT, THH, THT, TTH, TTT\}$$

둘째, 확률변수 $X=\{0,1,2,3\}$

셋째, $P(X_1)=P(X=0)=\frac{1}{8},\ P(X_2)=P(X=1)=\frac{3}{8},$

$$P(X_3)=P(X=2)=\frac{3}{8},\ P(X_4)=P(X=3)=\frac{1}{8}$$

넷째, 확률분포(표)

X	0	1	2	3	계
$P(X_i)$	$\frac{1}{8}$	$\frac{3}{8}$	$\frac{3}{8}$	$\frac{1}{8}$	1

2) 연속확률분포의 예

연속균등분포(continuous uniform distribution)의 정의

연속확률분포로 분포가 특정 범위 내에서 균등하게 나타나 있을 경우를 말하며, 이 분포는 주어진 구간 $[a,b]$에 대하여 균등한 확률을 가질 때를 말한다.

예제 34 확률밀도함수 $f(x)=\frac{1}{4}$일 때, 다음 확률을 구하시오. 단, $1\le x\le 5$

(1) $P(1\le X\le 2)$

(2) $P(3\le X)$

풀이 (1) $P(1 \le X \le 2) = \int_1^2 f(x)dx = \int_1^2 \frac{1}{4}dx = [\frac{1}{4}x]_1^2 = \frac{1}{4}(2-1) = \frac{1}{4}$

(2) $P(3 \le X) = P(3 \le X \le 5) = \int_3^5 f(x)dx = \int_3^5 \frac{1}{4}dx$

$= [\frac{1}{4}x]_3^5 = \frac{1}{4}(5-3) = \frac{1}{2}$

예제 35 확률밀도함수 $f(x) = a$ (단, $0 \le x \le 5$) 일 때, a 값을 구하시오.

풀이 $f(x) = a$가 $0 \le x \le 5$에서 확률밀도함수이므로 $\int_0^5 a\,dx = 1$이다.

따라서 $5a = 1$이며, $a = \frac{1}{5}$이다.

일반적인 연속확률분포를 구하는 방법은 다음과 같다.
주어진 확률밀도함수 $f(x)$와 주어진 구간 $[a,b]$에 대하여

첫째, $f(x) > 0$인지 확인

둘째, $\int_{-\infty}^{\infty} f(x)dx = 1$인지 확인

셋째, $P(a \le X \le b) = \int_a^b f(x)dx$

예제 36 확률밀도함수 $f(x)$가 다음과 같을 때,
확률변수 X에 대하여 다음 각각의 물음에 답하시오.

$$f(x) = \begin{cases} ax^2, & 0 \le x \le 1 \\ 0, & x < 0, x > 1 \end{cases}$$

(1) a 값을 구하시오. (2) $P(-1 \le X \le \frac{1}{2})$ (3) $P(X \ge 2)$

풀이 (1) $f(x) = ax^2$가 $0 \le x \le 1$에서 확률밀도함수이므로 $\int_0^1 ax^2\,dx = 1$이다.

따라서 $\frac{1}{3}a = 1$이며, $a = \frac{1}{3}$이다.

(2) $P(-1 \le X \le \frac{1}{2}) = \int_{-1}^{\frac{1}{2}} 3x^2 dx = \int_{0}^{\frac{1}{2}} 3x^2 dx = [x^3]_0^{\frac{1}{2}} = \left(\frac{1}{2}\right)^3 = \frac{1}{8}$

(3) $P(X \ge 2) = \int_{2}^{\infty} 3x^2 dx = 0$

WITH Excel 정적분 구하는 방법

〈예시〉 정적분 $\int_0^1 3x^2 dx$을 구하시오.

$f(x) = 3x^2$, 구간 $0 \le x \le 1$이므로 구분구적법을 이용하여 구한다.

단, $S(n)$: $n=1$에서 맨 끝까지 사각형의 넓이의 합

$S(n-1)$: $n=0$에서 (맨 끝-1)까지 사각형의 넓이의 합

$S : S(n)$과 $S(n-1)$의 평균

먼저 구간 $0 \le x \le 1$을 25등분하면, 등분 간격 $\Delta x = 0.04$이다.

=3*C5^2

f(x)	3x^2		[0, 1]	

n	x	Δx	f(x)	Δx * f(x)
0	0	0.04	0	0
1	0.04	0.04	0.0048	0.000192
2	0.08	0.04	0.0192	0.000768
3	0.12	0.04	0.0432	0.001728
4	0.16	0.04	0.0768	0.003072
5	0.2	0.04	0.12	0.0048
6	0.24	0.04	0.1728	0.006912
7	0.28	0.04	0.2352	0.009408
8	0.32	0.04	0.3072	0.012288
9	0.36	0.04	0.3888	0.015552
10	0.4	0.04	0.48	0.0192
11	0.44	0.04	0.5808	0.023232
12	0.48	0.04	0.6912	0.027648
13	0.52	0.04	0.8112	0.032448
14	0.56	0.04	0.9408	0.037632
15	0.6	0.04	1.08	0.0432
16	0.64	0.04	1.2288	0.049152
17	0.68	0.04	1.3872	0.055488
18	0.72	0.04	1.5552	0.062208
19	0.76	0.04	1.7328	0.069312
20	0.8	0.04	1.92	0.0768
21	0.84	0.04	2.1168	0.084672
22	0.88	0.04	2.3232	0.092928
23	0.92	0.04	2.5392	0.101568
24	0.96	0.04	2.7648	0.110592
25	1	0.04	3	0.12

=SUM(F6:F30

D	E	F	G	H	I
	[0, 1]			S(n)	=SUM(F6:F30

Δx	f(x)	Δx * f(x)
0.04	0	0
0.04	0.0048	0.000192
0.04	0.0192	0.000768
0.04	0.0432	0.001728
0.04	0.0768	0.003072
0.04	0.12	0.0048
0.04	0.1728	0.006912
0.04	0.2352	0.009408
0.04	0.3072	0.012288
0.04	0.3888	0.015552
0.04	0.48	0.0192
0.04	0.5808	0.023232
0.04	0.6912	0.027648
0.04	0.8112	0.032448
0.04	0.9408	0.037632
0.04	1.08	0.0432
0.04	1.2288	0.049152
0.04	1.3872	0.055488
0.04	1.5552	0.062208
0.04	1.7328	0.069312
0.04	1.92	0.0768
0.04	2.1168	0.084672
0.04	2.3232	0.092928
0.04	2.5392	0.101568
0.04	2.7648	0.110592
0.04	3	0.12

=SUM(F5:F29

D	E	F	G	H	I
	[0, 1]			S(n)	1.0608
				S(n-1)	=SUM(F5:F29

Δx	f(x)	Δx * f(x)
0.04	0	0
0.04	0.0048	0.000192
0.04	0.0192	0.000768
0.04	0.0432	0.001728
0.04	0.0768	0.003072
0.04	0.12	0.0048
0.04	0.1728	0.006912
0.04	0.2352	0.009408
0.04	0.3072	0.012288
0.04	0.3888	0.015552
0.04	0.48	0.0192
0.04	0.5808	0.023232
0.04	0.6912	0.027648
0.04	0.8112	0.032448
0.04	0.9408	0.037632
0.04	1.08	0.0432
0.04	1.2288	0.049152
0.04	1.3872	0.055488
0.04	1.5552	0.062208
0.04	1.7328	0.069312
0.04	1.92	0.0768
0.04	2.1168	0.084672
0.04	2.3232	0.092928
0.04	2.5392	0.101568
0.04	2.7648	0.110592
0.04	3	0.12

=AVERAGE(I2:I3

B	C	D	E	F	G	H	I
f(x)	3x^2		[0, 1]			S(n)	1.0608
						S(n-1)	0.9408
						S	=AVERAGE(I2:I3

n	x	Δx	f(x)	Δx * f(x)
0	0	0.04	0	0
1	0.04	0.04	0.0048	0.000192
2	0.08	0.04	0.0192	0.000768
3	0.12	0.04	0.0432	0.001728
4	0.16	0.04	0.0768	0.003072
5	0.2	0.04	0.12	0.0048
6	0.24	0.04	0.1728	0.006912
7	0.28	0.04	0.2352	0.009408
8	0.32	0.04	0.3072	0.012288
9	0.36	0.04	0.3888	0.015552
10	0.4	0.04	0.48	0.0192
11	0.44	0.04	0.5808	0.023232
12	0.48	0.04	0.6912	0.027648
13	0.52	0.04	0.8112	0.032448
14	0.56	0.04	0.9408	0.037632
15	0.6	0.04	1.08	0.0432
16	0.64	0.04	1.2288	0.049152
17	0.68	0.04	1.3872	0.055488
18	0.72	0.04	1.5552	0.062208
19	0.76	0.04	1.7328	0.069312
20	0.8	0.04	1.92	0.0768
21	0.84	0.04	2.1168	0.084672
22	0.88	0.04	2.3232	0.092928
23	0.92	0.04	2.5392	0.101568
24	0.96	0.04	2.7648	0.110592
25	1	0.04	3	0.12

$$\int_0^1 3x^2\,dx = S$$

$$= 1$$

S(n)	1.0608
S(n-1)	0.9408
S	1.0008

4-3-4. 확률분포의 평균과 분산

1) 확률분포의 평균

확률분포의 기댓값이란 평균값과 같은 개념으로 미래에 발생할 확률이 가장 높은 사건을 의미하는 것이 아니며, 단지 확률변수가 취할 수 있는 모든 값의 평균이라는 의미이다. 또한 기댓값은 보통 $E(X)$ 또는 μ_x 등으로 표시한다.

구분	이산확률분포	연속확률분포
기댓값	$E(X)=\mu_x=\sum_{i=1}^{n} X_i P(X_i)$	$E(X)=\mu_x=\int_{-\infty}^{\infty} xf(x)dx$

▣ 이산확률분포의 예

동전 1개를 던졌을 때, 앞면이 나올 확률변수 X의 기댓값을 구하시오.

〈풀이〉 확률분포를 구하면 다음과 같다.

X	0	1	계
$P(X_i)$	$\frac{1}{2}$	$\frac{1}{2}$	1
$XP(X_i)$	$0\times\frac{1}{2}$	$1\times\frac{1}{2}$	$\frac{1}{2}$

$$E(X)=\mu_x=\frac{1}{2}$$

예제 37 동전 2개를 던지는 경우, 앞면이 나올 확률변수 X의 기댓값을 구하시오.

풀이 동전 2개를 던지는 경우, 앞면이 나올 확률변수 X의 확률분포를 구한 후, EXCEL을 이용하여 구한다.

$=B_1*B_2$ 후 드래그

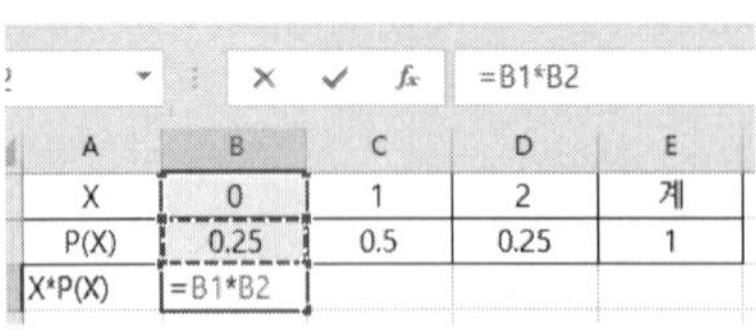

합을 구한다. 합=확률변수 X의 기댓값

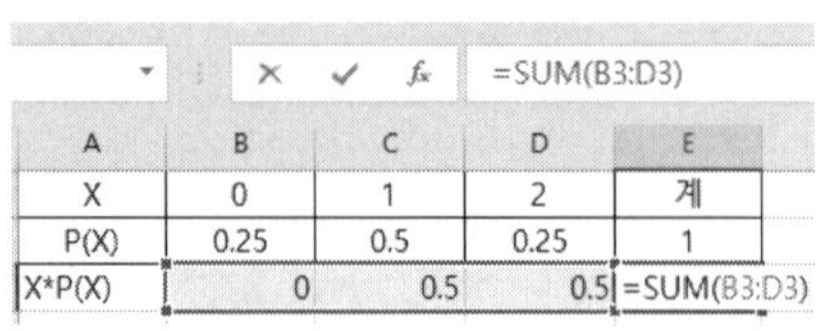

따라서 확률변수 X의 기댓값 $E(X)$는 $E(X)=1$이다.

예제 38 주사위를 1번 던질 때, 나오는 숫자 X에 대한 기댓값을 구하시오.

풀이 주사위 1개를 던지는 경우, 나오는 숫자 X의 확률분포를 구한 후, EXCEL을 이용하여 구한다.

$= B_1 * B_2$ 후 드래그

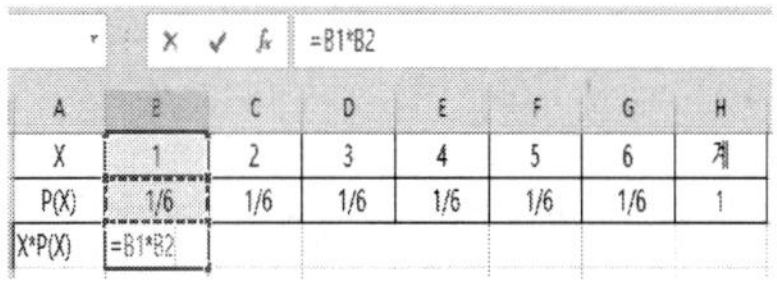

=B1*B2

A	B	C	D	E	F	G	H
X	1	2	3	4	5	6	계
P(X)	1/6	1/6	1/6	1/6	1/6	1/6	1
X*P(X)	=B1*B2						

합을 구한다. 합=확률변수 X의 기댓값

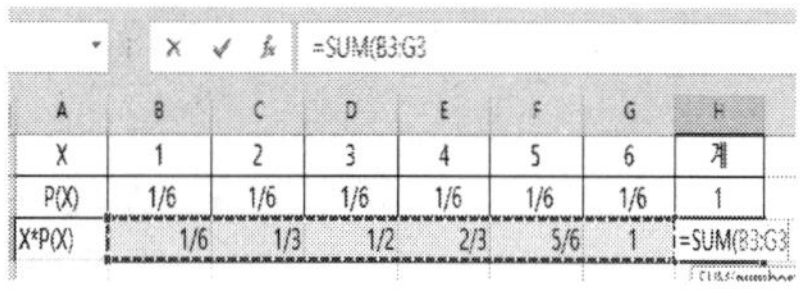

=SUM(B3:G3

A	B	C	D	E	F	G	H
X	1	2	3	4	5	6	계
P(X)	1/6	1/6	1/6	1/6	1/6	1/6	1
X*P(X)	1/6	1/3	1/2	2/3	5/6	1	=SUM(B3:G3

따라서 확률변수 X의 기댓값 $E(X)$는 $E(X) = \frac{7}{2}$이다.

■ 연속확률분포의 예

확률밀도함수 $f(x) = \frac{1}{5}$일 때, 기댓값을 구하시오. 단, $1 \le x \le 5$

〈풀이〉 $E(X) = \mu_x = \int_1^5 xf(x)dx = \int_1^5 \frac{1}{5}xdx$

$$= \frac{1}{5}\left[\frac{1}{2}x^2\right]_1^5 = \frac{1}{10}(25-1) = \frac{24}{10} = \frac{12}{5}$$

예제 39 확률밀도함수 $f(x)$가 다음과 같을 때, 확률변수 X의 기댓값을 구하시오.

$$f(x) = \begin{cases} 3x^2, & 0 \le x \le 1 \\ 0, & x < 0, x > 1 \end{cases}$$

풀이 $E(X) = \mu_x = \int_0^1 xf(x)dx = \int_0^1 3x^3dx = \frac{3}{4}[x^4]_0^1 = \frac{3}{4}(1-0) = \frac{3}{4}$.

기댓값의 특성

① $E(aX) = aE(X)$, 단 a는 상수

② $E(X+b) = E(X)+b$, $E(X-b) = E(X)-b$, 단 b는 상수

③ $E(aX \pm b) = aE(X) \pm b$, 단 a, b는 상수

예제 40 동전 1개를 던졌을 때, 앞면이 나올 확률변수 X에 대하여 다음 물음에 답하시오.

(1) $2X$의 기댓값

(2) $3X+1$의 기댓값

(3) X^2의 기댓값

풀이 동전 1개를 던졌을 때, 앞면이 나올 확률변수 X의 확률분포는 다음과 같다.

X	0	1	계
$P(X_i)$	$\frac{1}{2}$	$\frac{1}{2}$	1

(1) $2X$의 기댓값 $= E(2X)$를 구하는 문제이므로

$=2*B_1$ 후 드래그

A	B	C	D
X	0	1	계
P(X)	1/2	1/2	1
2*X	=2*B1		

$=B_3*B_2$ 후 드래그

A	B	C	D
X	0	1	계
P(X)	1/2	1/2	1
2X	0	2	
2X*P(X)	=B3*B2		

합을 구한다. 합=확률변수 $2X$의 기댓값

A	B	C	D
X	0	1	계
P(X)	1/2	1/2	1
2X	0	2	
2X*P(X)	0	1	=SUM(B4:C4)

$2X$의 기댓값

$E(2X)=1$

(2) $3X+1$의 기댓값

$=3*B_1+1$ 후 드래그

A	B	C	D
X	0	1	계
P(X)	1/2	1/2	1
3X+1	=3*B1+1		

$=B_3*B_2$ 후 드래그

A	B	C	D
X	0	1	계
P(X)	1/2	1/2	1
3X+1	1		
3X+1*P(X)	=B3*B2		

합을 구한다.

A	B	C	D
X	0	1	계
P(X)	1/2	1/2	1
3X+1	1	4	
3X+1*P(X)	1/2	2	=SUM(B4:C4)

$3X+1$의 기댓값

$E(3X+1)=\frac{5}{2}$

(3) X^2의 기댓값

$= B_1 * B_1$ 후 드래그

A	B	C	D
X	0	1	계
P(X)	1/2	1/2	1
X*X	=B1*B1		

$= B_3 * B_2$ 후 드래그

A	B	C	D
X	0	1	계
P(X)	1/2	1/2	1
X*X	0	1	
X^2*P(X)	=B3*B2		

합을 구한다.

A	B	C	D
X	0	1	계
P(X)	1/2	1/2	1
X*X	0	1	
X^2*P(X)	0		=SUM(B4:C4)

X^2의 기댓값

$$E(X^2) = \frac{1}{2}$$

예제 41 동전 2개를 던지는 경우, 나올 확률변수 X에 대하여 다음 물음에 답하시오.

(1) $2X$의 기댓값

(2) $3X+1$의 기댓값

(3) X^2의 기댓값

풀이 동전 2개를 던지는 경우, 앞면이 나올 확률변수 X의 확률분포를 구한 후, EXCEL을 이용하여 구한다.

X	0	1	2	계
P(X)	0.25	0.5	0.25	1

(1) $2X$의 기댓값

$= 2 * B_1$ 후 드래그

A	B	C	D	E
X	0	1	2	계
P(X)	0.25	0.5	0.25	1
2X	=2*B1			

$= B_3 * B_2$ 후 드래그

A	B	C	D	E
X	0	1	2	계
P(X)	0.25	0.5	0.25	1
2X	0	2	4	
2X*P(X)	=B3*B2			

합을 구한다.

A	B	C	D	E
X	0	1	2	계
P(X)	0.25	0.5	0.25	1
2X	0	2	4	
2X*P(X)	0	1		=SUM(B4:D4)

$2X$의 기댓값

$$E(2X) = 2$$

(2) $3X+1$의 기댓값

$=3*B_1+1$ 후 드래그

A	B	C	D	E
X	0	1	2	계
P(X)	0.25	0.5	0.25	1
3X+1	=3*B1+1			

$=B_3*B_2$ 후 드래그

A	B	C	D	E
X	0	1	2	계
P(X)	0.25	0.5	0.25	1
3X+1	1	4	7	
3X+1*P(X)	=B3*B2			

합을 구한다.

A	B	C	D	E
X	0	1	2	계
P(X)	0.25	0.5	0.25	1
3X+1	1	4	7	
3X+1*P(X)	0.25	2	1.75	=SUM(B4:D4)

$3X+1$의 기댓값

$E(3X+1)=4$

(3) X^2의 기댓값

$=B_1*B_1$ 후 드래그

A	B	C	D	E
X	0	1	2	계
P(X)	0.25	0.5	0.25	1
X^2	=B1*B1			

$=B_3*B_2$ 후 드래그

A	B	C	D	E
X	0	1	2	계
P(X)	0.25	0.5	0.25	1
X^2	0	1	4	
X^2*P(X)	=B3*B2			

합을 구한다.

A	B	C	D	E
X	0	1	2	계
P(X)	0.25	0.5	0.25	1
X^2	0	1	4	
X^2*P(X)	0	0.5		=SUM(B4:D4)

X^2의 기댓값

$E(X^2)=\frac{3}{2}$

2) 확률 분포의 분산(Variance)

분산은 주로 확률변수들이 기댓값을 중심으로 얼마나 흩어져 있는가를 나타내는 것으로 확률변수 X와 기댓값과의 차이를 제곱한 값의 기댓값으로 계산하며, σ^2 또는 $V(X)$로 표시하며, 표준편차는 σ 또는 $\sqrt{V(X)}$로 표시한다.

[방법 1]

구분	이산확률분포	연속확률분포
분산	$V(X)=\sigma_x^2=\sum_{i=1}^{n}(X_i-E(X))^2P(X_i)$	$V(X)=\sigma_x^2=\int_{-\infty}^{\infty}(x-E(X))^2f(x)dx$

■ 이산확률분포의 예

동전 1개를 던졌을 때, 앞면이 나올 분산을 구하시오.

〈풀이〉 확률 분포를 구하면 다음과 같다. (열 배열)

X	0	1	계
$P(X_i)$	$\frac{1}{2}$	$\frac{1}{2}$	1
$XP(X_i)$	$0\times\frac{1}{2}$	$1\times\frac{1}{2}$	$\frac{1}{2}$
$X-E(X)$	$0-\frac{1}{2}=-\frac{1}{2}$	$1-\frac{1}{2}=\frac{1}{2}$	
$[X-E(X)]^2$	$(-\frac{1}{2})^2$	$(\frac{1}{2})^2$	
$[X-E(X)]^2P(X_i)$	$\frac{1}{4}\times\frac{1}{2}$	$\frac{1}{4}\times\frac{1}{2}$	$\frac{1}{4}$

$$E(X)=\mu_x=\frac{1}{2}$$

$$V(X)=\sigma_x^2=\frac{1}{4}$$

또는 확률 분포를 구하면 다음과 같다. (행 배열)

X	$P(X_i)$	$XP(X_i)$	$X-E(X)$	$[X-E(X)]^2$	$[X-E(X)]^2P(X_i)$
0	$\frac{1}{2}$	$0\times\frac{1}{2}$	$0-\frac{1}{2}=-\frac{1}{2}$	$(-\frac{1}{2})^2$	$\frac{1}{4}\times\frac{1}{2}$
1	$\frac{1}{2}$	$1\times\frac{1}{2}$	$1-\frac{1}{2}=\frac{1}{2}$	$(\frac{1}{2})^2$	$\frac{1}{4}\times\frac{1}{2}$
계	1				$\frac{1}{4}$

예제 42 동전 2개를 던지는 경우, 앞면이 나올 확률변수 X에 대한 분산을 구하시오.

풀이 동전 2개를 던지는 경우, 앞면이 나올 확률변수 X에 대한 확률분포는 다음과 같고 분산을 구하기 위하여 평균($E(X)$)과 편차($X-E(X)$)를 구하여야 한다.

X	0	1	2	계
P(X)	0.25	0.5	0.25	1

① 평균(기댓값)은 $X^{*}P(X)$의 합과 같다.

$= B_1{}^{*}B_2$ 후 드래그

A	B	C	D	E
X	0	1	2	계
P(X)	0.25	0.5	0.25	1
X*P(X)	=B1*B2			

계를 구한다. $E(X) = 1$

A	B	C	D	E
X	0	1	2	계
P(X)	0.25	0.5	0.25	1
X*P(X)	0	0.5		=SUM(B3:D3

② 분산을 구하기 위한 편차$(X-E(X))$와 편차의 제곱$((X-E(X))^2)$을 구한다.

$= B_1 - \$E_3\$$ 후 드래그

A	B	C	D	E
X	0	1	2	계
P(X)	0.25	0.5	0.25	1
X*P(X)	0	0.5	0.5	1
X-E(X)	=B1-$E$3			
(X-E(X))^2				

$= B_4^2$ 후 드래그

A	B	C	D	E
X	0	1	2	계
P(X)	0.25	0.5	0.25	1
X*P(X)	0	0.5	0.5	1
X-E(X)	-1	0	1	
(X-E(X))^2	=B4^2			

③ $((X-E(X))^2)^{*}P(X)$후 드래그하여 계를 구하면 된다.

$= B_5{}^{*}B_2$ 후 드래그

A	B	C	D	E
X	0	1	2	계
P(X)	0.25	0.5	0.25	1
X*P(X)	0	0.5	0.5	1
X-E(X)	-1	0	1	
(X-E(X))^2	1	0	1	
(X-E(X))^2*P(X)	=B5*B2			

계를 구한다. $V(X) = 0.5$

A	B	C	D	E
X	0	1	2	계
P(X)	0.25	0.5	0.25	1
X*P(X)	0	0.5	0.5	1
X-E(X)	-1	0	1	
(X-E(X))^2	1	0	1	
(X-E(X))^2*P(X)	0.25	0		=SUM(B6:D6)

따라서 동전 2개를 던지는 경우, 앞면이 나올 확률변수 X에 대한 분산 $V(X)$는 $V(X) = 0.5$이다.

▣ 연속확률분포의 예

확률밀도함수 $f(x) = \frac{1}{5}$일 때, 분산을 구하시오. 단, $1 \le x \le 5$

〈풀이〉 $E(X) = \mu_x = \int_1^5 xf(x)dx = \int_1^5 \frac{1}{5}xdx$

$$= \frac{1}{5}\left[\frac{1}{2}x^2\right]_1^5 = \frac{1}{10}(25-1) = \frac{24}{10} = \frac{12}{5}$$

$$V(X) = \sigma_x^2 = \int_1^5 (x - E(X))^2 f(x) dx$$

$$= \int_1^5 \frac{1}{5}(x - \frac{12}{5})^2 dx = \frac{1}{5}\int_1^5 (x^2 - \frac{24}{5}x + \frac{144}{25}) dx$$

정적분의 계산을 해야 한다. (계산 과정이 어렵다 : pass)

예제 43 확률밀도함수 $f(x)$가 다음과 같을 때, 확률변수 X의 분산을 구하시오.

$$f(x) = \begin{cases} 3x^2, & 0 \le x \le 1 \\ 0, & x < 0, x > 1 \end{cases}$$

풀이 먼저 평균($\mu = E(X)$)는 다음과 같다.

$$\mu = E(X) = \int_0^1 x f(x) dx = \int_0^1 3x^3 dx = \frac{3}{4}$$

따라서 $\sigma^2 = V(X) = \int_0^1 (x-\mu)^2 f(x) dx = \int_0^1 (x - \frac{4}{3})^2 3x^2 dx$ 이며,

정적분의 계산을 해야 한다. (계산 과정이 어렵다 : pass)

[방법 2]

구분	이산확률분포	연속확률분포
분산	$V(X) = \sigma_x^2 = \sum_{i=1}^{n} X_i^2 P(X_i) - [E(X)]^2$ $= E(X^2) - [E(X)]^2$	$V(X) = \sigma_x^2 = \int_{-\infty}^{\infty} x^2 f(x) dx - [E(X)]^2$ $= E(X^2) - [E(X)]^2$

▣ 이산확률분포의 예

동전 1개를 던졌을 때, 앞면이 나올 확률변수 X에 대하여 X^2의 기댓값과 분산($V(X)$)을 구하시오.

〈풀이〉 확률 분포를 구하면 다음과 같다.

X	0	1	계
$P(X_i)$	$\frac{1}{2}$	$\frac{1}{2}$	1
X^2	0^2	1^2	
$X^2P(X_i)$	$0^2 \times \frac{1}{2}$	$1^2 \times \frac{1}{2}$	$\frac{1}{2}$

$$E(X) = \mu_x = \frac{1}{2}$$

$$E(X^2) = \mu_{x^2} = \frac{1}{2}$$

$$V(X) = E(X^2) - [E(X)]^2$$

$$= \frac{1}{2} - (\frac{1}{2})^2 = \frac{1}{4}$$

예제 44 동전 2개를 던지는 경우, 앞면이 나올 확률변수 X에 대한 분산을 구하시오.

풀이 동전 2개를 던지는 경우, 앞면이 나올 확률변수 X에 대한 확률분포는 다음과 같고 분산을 구하기 위하여 평균$(E(X))$과 편차$(X-E(X))$를 구하여야 한다.

X	0	1	2	계
$P(X)$	0.25	0.5	0.25	1

① 평균(기댓값)은 $X*P(X)$의 합과 같다.

$= B_1 * B_2$ 후 드래그

A	B	C	D	E
X	0	1	2	계
P(X)	0.25	0.5	0.25	1
X*P(X)	=B1*B2			

합계를 구한다. $E(X) = 1$

A	B	C	D	E
X	0	1	2	계
P(X)	0.25	0.5	0.25	1
X*P(X)	0	0.5		=SUM(B3:D3

② X^2의 기댓값을 구한다.

$= B_1 * B_1$ 후 드래그

A	B	C	D	E
X	0	1	2	계
P(X)	0.25	0.5	0.25	1
X*P(X)	0	0.5	0.5	1
X^2	=B1*B1			

$= B_4 * B_2$ 후 드래그

A	B	C	D	E
X	0	1	2	계
P(X)	0.25	0.5	0.25	1
X*P(X)	0	0.5	0.5	1
X^2	0	1	4	
X^2*P(X)	=B4*B2			

합계를 구한다. $E(X^2) = 1.5$

A	B	C	D	E
X	0	1	2	계
P(X)	0.25	0.5	0.25	1
X*P(X)	0	0.5	0.5	1
X^2	0	1	4	
X^2*P(X)	0	0.5		=SUM(B5:D5)

③ $((X-E(X))^2)*P(X)$후 드래그하여 계를 구하면 된다.

$=B_5*B_2$ 후 드래그

A	B	C	D	E
X	0	1	2	계
P(X)	0.25	0.5	0.25	1
X*P(X)	0	0.5	0.5	1
X-E(X)	-1	0	1	
(X-E(X))^2	1	0	1	
(X-E(X))^2*P(X)	=B5*B2			

합계를 구한다. $V(X)=0.5$

A	B	C	D	E
X	0	1	2	계
P(X)	0.25	0.5	0.25	1
X*P(X)	0	0.5	0.5	1
X-E(X)	-1	0	1	
(X-E(X))^2	1	0	1	
(X-E(X))^2*P(X)	0.25	0		=SUM(B6:D6)

■ 연속확률분포의 예

확률밀도함수 $f(x)=\frac{1}{4}$일 때, X^2의 기댓값을 구하시오. 단, $1 \le x \le 5$

〈풀이〉 $E(X^2)=\mu_{x^2}=\int_1^5 x^2 f(x)dx=\int_1^5 \frac{1}{5}x^2 dx$

$$=\frac{1}{5}\left[\frac{1}{3}x^3\right]_1^5=\frac{1}{15}(125-1)=\frac{124}{15}=\frac{41}{5}$$

$E(X)=\frac{12}{5}$이다.

따라서 $V(X)=E(X^2)-[E(X)]^2=\frac{41}{5}-\left(\frac{12}{5}\right)^2=\frac{61}{25}$이다.

예제 45 확률밀도함수 $f(x)$가 다음과 같을 때, 확률변수 X의 분산을 구하시오.

$$f(x)=\begin{cases} 3x^2, & 0 \le x \le 1 \\ 0, & x<0, x>1 \end{cases}$$

풀이 먼저 평균($\mu=E(X)$)는 다음과 같다.

$$\mu=E(X)=\int_0^1 xf(x)\,dx=\int_0^1 3x^3 dx=\frac{3}{4}$$

또한 $E(X^2)=\int_0^1 x^2 f(x)dx=\int_0^1 3x^4 dx=3[\frac{1}{5}x^5]_0^1=\frac{3}{5}$이다.

따라서 $V(X)=E(X^2)-[E(X)]^2=\frac{3}{5}-(\frac{3}{4})^2=\frac{3}{5}-\frac{9}{16}=\frac{3}{80}$이다.

분산의 특성

① $V(aX) = a^2 V(X)$, 단 a는 상수
② $V(X+b) = V(X)$, $V(X-b) = V(X)$, 단 b는 상수
③ $V(aX \pm b) = a^2 V(X)$, 단 a, b는 상수

예제 46 다음 확률변수 X의 분산 $V(X)$의 특성에 대한 다음 사실을 증명하시오.

(1) $V(aX) = a^2 V(X)$, 단 a는 상수
(2) $V(X+b) = V(X)$, 단 b는 상수

증명 (1) $V(aX) = a^2 V(X)$, 단 a는 상수

$$V(aX) = E((aX)^2) - (E(aX))^2 = E(a^2X^2) - (aE(X))^2$$
$$= a^2E(X^2) - a^2(E(X))^2 = a^2\left(E(X^2) - (E(X)^2\right) = a^2 V(X)$$

(2) $V(X+b) = V(X)$, 단 b는 상수

$$V(X+b) = E((X+b)^2) - (E(X+b))^2$$
$$= E(X^2 + 2bX + b^2) - (E(X)+b)^2$$
$$= E(X^2) + 2bE(X) + b^2 - \left[(E(X)^2 + 2bE(X) + b^2\right]$$
$$= E(X^2) + 2bE(X) + b^2 - (E(X))^2 - 2bE(X) - b^2$$
$$= E(X^2) - (E(X))^2 = V(X)$$

예제 47 다음 확률변수 X의 분산 $V(X) = 3$일 때, 다음 물음에 답하시오.

(1) $2X$의 분산 (2) $3X+1$의 분산

풀이 (1) $2X$의 분산 $= V(2X) = 4V(X) = 12$
(2) $3X+1$의 분산 $= V(3X+1) = 9V(X) = 27$

4-4. 결합분포(joint distribution, 2개의 이산확률변수)

확률론에서 결합분포란 확률변수가 여러 개일 때 이들을 함께 고려하는 확률분포를 말하며, 결합분포는 확률분포의 일종이므로 결합 확률분포라고도 한다. 확률변수에는 이산확률변수와 연속확률변수로 나누어지는데 이 절에서는 확률변수가 두 개인 이산확률변수의 결합분포에 대하여 설명하고자 한다.

4-4-1. 결합 확률 분포(joint probability distribution)

X/Y	$Y=1$	$Y=2$	$\cdots$	$Y=m$	계
$X=1$	$f(1,1)$	$f(1,2)$	$\cdots$	$f(1,m)$	$\sum_{k=1}^{m} f(1,k)$
$X=2$	$f(2,1)$	$f(2,2)$	$\cdots$	$f(2,m)$	$\sum_{k=1}^{m} f(2,k)$
$X=3$	$f(3,1)$	$f(3,2)$	$\cdots$	$f(3,m)$	$\sum_{k=1}^{m} f(3,k)$
$\vdots$	$\vdots$	$\vdots$	$\cdots$	$\vdots$	
$X=n$	$f(n,1)$	$f(n,2)$	$\cdots$	$f(n,m)$	$\sum_{k=1}^{m} f(n,k)$
계	$\sum_{k=1}^{n} f(k,1)$	$\sum_{k=1}^{n} f(k,2)$	$\cdots$	$\sum_{k=1}^{n} f(k,m)$	1

특성	$P(X=x,\ Y=y)=f(x,y) \geq 0$ $\sum_{x}\sum_{y} f(x,y)=1$ $P[(x,y)\in A]=\sum\sum_{A} f(x,y)$

▷ $P(X=x,\ Y=y)=f(x,y)$: 결합 확률질량함수(joint probability mass function)

▷ 부연 설명

$P(X=x,\ Y=y)=f(x,y)$는 $f(0,1)+f(0,2)+f(1,1)+f(1,2)=1$이 된다.

$$\sum_{x}\sum_{y} f(x,y)=\sum_{x}[f(x,1)+f(x,2)]=\sum_{y}[f(0,y)+f(1,y)]=1$$

또한, xy 평면상의 어떤 영역 A는 $A=\{(x,y)|x+y \leq 2\}$와 같이 정의할 수 있으며, 영역 A는 $A=\{(0,1),(0,2),(1,1)\}$로 $A \subset S$ 이므로

$P[(x,y)\in A]=\sum\sum_{A} f(x,y)=f(0,1)+f(0.2)+f(1,1)$이 된다.

예제 48 동전 1개를 던지는 경우, 앞면이 나올 확률변수 X의 확률분포를 구하시오.

풀이 확률변수 X는 $X=\{0,1\}$이고, $P(X=0)=\frac{1}{2}=P(X=1)$이다.

따라서 확률변수 X의 확률 분포는 다음과 같다.

X	0	1	계
$P(X)$	$\frac{1}{2}$	$\frac{1}{2}$	1

예제 49 주사위 1개를 던질 경우, 나오는 눈에 대한 확률변수 Y의 확률분포를 구하시오.

풀이 확률변수 Y는 $Y=\{1,2,3,4,5,6\}$이고, $P(Y=1)=\frac{1}{6}=\cdots=P(Y=6)$이다. 따라서 확률변수 Y의 확률 분포는 다음과 같다.

Y	1	2	3	4	5	6	계
$P(Y)$	$\frac{1}{6}$	$\frac{1}{6}$	$\frac{1}{6}$	$\frac{1}{6}$	$\frac{1}{6}$	$\frac{1}{6}$	1

예제 50 동전 1개와 주사위 1개를 동시에 던질 때, 결합 확률분포를 구하시오.

풀이 첫째, 확률변수 X, Y를 구한다.

$$X=\{0,1\},\quad Y=\{1,2,3,4,5,6\}$$

둘째, 표본공간 S를 구한다.

$$S=\{(0,1),(0,2),(0,3),(0,4),(0,5),(0,6),\\(1,1),(1,2),(1,3),(1,4),(1,5),(1,6)\}$$

셋째, 표본공간의 각 원소에 대응되는 확률을 구한다.

(예) 표본공간의 원소인 (0, 1)의 확률을 구하는 문제는 동전 1개와 주사위 1개를 동시에 던질 때, 뒷면이 나오고 '1'의 눈이 나올 확률

$$P(X=0,\ Y=1)=P(X=0)\times P(Y=1)\ \text{[서로 독립]}$$

따라서 $P(X=0,\ Y=1)=P(X=0)\times P(Y=1)=\frac{1}{12}$이다.

마찬가지로, 표본공간에 있는 모든 원소의 확률을 구할 수 있다.
그러므로 결합 확률 분포는 다음과 같다.

X/Y	1	2	3	4	5	6
0	$\frac{1}{12}$	$\frac{1}{12}$	$\frac{1}{12}$	$\frac{1}{12}$	$\frac{1}{12}$	$\frac{1}{12}$
1	$\frac{1}{12}$	$\frac{1}{12}$	$\frac{1}{12}$	$\frac{1}{12}$	$\frac{1}{12}$	$\frac{1}{12}$

예제 51 검은 구슬 3개, 붉은 구슬 2개, 흰 구슬 3개가 들어있는 주머니에서 임의로 2개를 꺼낼 때, X와 Y의 결합확률분포를 구하시오.
단, X는 검은 구슬의 개수, Y는 붉은 구슬의 개수를 의미함

풀이 첫째, X는 검은 구슬의 개수, Y는 붉은 구슬의 개수를 의미하며, 임의로 2개를 꺼내는 방법이므로 확률변수 X, Y가 택할 수 있는 값은 $X=\{0,1,2\}$, $Y=\{0,1,2\}$이다.

둘째, 주어진 X, Y에서 얻을 수 있는 순서쌍들의 모임인 표본공간 S의 집합은 $S=\{(0,0),(0,1),(0,2),(1,0),(1,1),(1,2),(2,0),(2,1),(2,2)\}\}$이다.

그러나 표본공간 S의 원소 중, (1, 2), (2, 1), (2, 2)는 검은 구슬과 붉은 구슬을 합하여 2개를 꺼내는 것에 맞지 않는다.

따라서 표본공간 S는 $S=\{(0,0),(0,1),(0,2),(1,0),(1,1),(2,0)\}$이며, 결합 확률질량함수 $f(x,y)$는

$$P(X=x, Y=y)=f(x,y)=\frac{{}_3C_x\,{}_2C_y\,{}_3C_{2-(x+y)}}{{}_8C_2}$$ 이다.

셋째, 표본공간에 각 원소에 대응되는 확률을 구한다.

$$P(X=0,\ Y=0)=f(0,0)=\frac{{}_3C_0\,{}_2C_0\,{}_3C_2}{{}_8C_2}=\frac{3}{28},$$

$$P(X=0,\ Y=1)=f(0,1)=\frac{{}_3C_0\,{}_2C_1\,{}_3C_1}{{}_8C_2}=\frac{6}{28},$$

$$P(X=0,\ Y=2)=f(0,2)=\frac{{}_3C_0\,{}_2C_2\,{}_3C_0}{{}_8C_2}=\frac{1}{28},$$

$$P(X=1,\ Y=0)=f(1,0)=\frac{{}_3C_1\,{}_2C_0\,{}_3C_1}{{}_8C_2}=\frac{9}{28},$$

$$P(X=1,\ Y=1)=f(1,1)=\frac{{}_3C_1\,{}_2C_1\,{}_3C_0}{{}_8C_2}=\frac{6}{28},$$

$$P(X=2,\ Y=0)=f(2,0)=\frac{{}_3C_2\,{}_2C_0\,{}_3C_0}{{}_8C_2}=\frac{3}{28}$$

그러므로 위의 결과를 종합하여 결합 확률분포를 구하면 다음과 같다.

X/Y	0	1	2	계
0	$\frac{3}{28}$	$\frac{6}{28}$	$\frac{1}{28}$	$\frac{10}{28}$
1	$\frac{9}{28}$	$\frac{6}{28}$	0	$\frac{15}{28}$
2	$\frac{3}{28}$	0	0	$\frac{3}{28}$
계	$\frac{15}{28}$	$\frac{12}{28}$	$\frac{1}{28}$	1

예제 52 검은 구슬 3개, 붉은 구슬 2개, 흰 구슬 3개가 들어있는 주머니에서 임의로 3개를 꺼낼 때, X와 Y의 결합 확률분포를 구하시오.

단, X는 검은 구슬의 개수, Y는 붉은 구슬의 개수를 의미함

풀이 첫째, X는 검은 구슬의 개수, Y는 붉은 구슬의 개수를 의미하며, 임의로 3개를 꺼내는 방법이므로 확률변수 X, Y가 택할 수 있는 값은 $X=\{0,1,2,3\}$, $Y=\{0,1,2\}$이다.

둘째, 주어진 X, Y에서 얻을 수 있는 순서쌍들의 모임인 표본공간 S의 집합은 $S=\{(0,0),(0,1),(0,2),(1,0),(1,1),(1,2),(2,0),(2,2),(2,3),(3,0),(3,1),(3,2)\}$이다.

그러나 표본공간 S의 원소 중, (2, 2), (2, 3), (3, 1), (3, 2)는 검은 구슬과 붉은 구슬을 합하여 3개를 꺼내는 것에 맞지 않는다.

따라서 표본공간 S는

$S=\{(0,0),(0,1),(0,2),(1,0),(1,1),(1,2),(2,0),(2,1),(3,0)\}$이며,

결합 확률질량함수 $f(x,y)$는

$$P(X=x, Y=y) = f(x,y) = \frac{{}_3C_x \, {}_2C_y \, {}_3C_{2-(x+y)}}{{}_8C_3} \text{ 이다.}$$

셋째, 표본공간에 대응되는 확률을 구하면 다음과 같다.

$$P(X=0,\ Y=0) = f(0,0) = \frac{{}_3C_0\,{}_2C_0\,{}_3C_3}{{}_8C_3} = \frac{1}{56},$$

$$P(X=0,\ Y=1) = f(0,1) = \frac{{}_3C_0\,{}_2C_1\,{}_3C_2}{{}_8C_3} = \frac{6}{56},$$

$$P(X=0,\ Y=2) = f(0,2) = \frac{{}_3C_0\,{}_2C_2\,{}_3C_1}{{}_8C_3} = \frac{3}{56},$$

$$P(X=1,\ Y=0) = f(1,0) = \frac{{}_3C_1\,{}_2C_0\,{}_3C_2}{{}_8C_3} = \frac{9}{56},$$

$$P(X=1,\ Y=1) = f(1,1) = \frac{{}_3C_1\,{}_2C_1\,{}_3C_1}{{}_8C_3} = \frac{18}{56},$$

$$P(X=1,\ Y=2) = f(1,2) = \frac{{}_3C_1\,{}_2C_2\,{}_3C_0}{{}_8C_3} = \frac{3}{56},$$

$$P(X=2,\ Y=0) = f(2,0) = \frac{{}_3C_2\,{}_2C_0\,{}_3C_1}{{}_8C_3} = \frac{9}{56},$$

$$P(X=2,\ Y=1) = f(2,1) = \frac{{}_3C_2\,{}_2C_1\,{}_3C_0}{{}_8C_3} = \frac{6}{56},$$

$$P(X=3,\ Y=0) = f(3,0) = \frac{{}_3C_3\,{}_2C_0\,{}_3C_0}{{}_8C_3} = \frac{1}{56}$$

그러므로 위의 결과를 종합하여 결합 확률 분포를 구하면 다음과 같다.

X/Y	0	1	2	계
0	$\frac{1}{56}$	$\frac{6}{56}$	$\frac{3}{56}$	$\frac{10}{56}$
1	$\frac{9}{56}$	$\frac{18}{56}$	$\frac{3}{56}$	$\frac{30}{56}$
2	$\frac{9}{56}$	$\frac{6}{56}$	0	$\frac{15}{56}$
3	$\frac{1}{56}$	0	0	$\frac{1}{56}$
계	$\frac{20}{56}$	$\frac{30}{56}$	$\frac{6}{56}$	1

4-4-2. 주변확률분포(marginal probability distribution)

주변 확률 분포는 결합 확률 분포의 주변(marginal)에 위치하는 분포로서 X와 Y의 결합확률분포에서 X 또는 Y의 어느 하나만의 분포를 말한다.

예제 53 동전 1개와 주사위 1개를 동시에 던지는 경우 결합 확률분포에서 주변 확률분포를 구하시오.

풀이 첫째, 주어진 문제에 맞는 결합 확률분포를 구한다.

X/Y	1	2	3	4	5	6
0	$\frac{1}{12}$	$\frac{1}{12}$	$\frac{1}{12}$	$\frac{1}{12}$	$\frac{1}{12}$	$\frac{1}{12}$
1	$\frac{1}{12}$	$\frac{1}{12}$	$\frac{1}{12}$	$\frac{1}{12}$	$\frac{1}{12}$	$\frac{1}{12}$

둘째, 결합 확률 분포로부터 각각의 변수에 대응하는 합을 구한다.

X/Y	1	2	3	4	5	6	계
0	$\frac{1}{12}$	$\frac{1}{12}$	$\frac{1}{12}$	$\frac{1}{12}$	$\frac{1}{12}$	$\frac{1}{12}$	$\frac{1}{2}$
1	$\frac{1}{12}$	$\frac{1}{12}$	$\frac{1}{12}$	$\frac{1}{12}$	$\frac{1}{12}$	$\frac{1}{12}$	$\frac{1}{2}$
계	$\frac{1}{6}$	$\frac{1}{6}$	$\frac{1}{6}$	$\frac{1}{6}$	$\frac{1}{6}$	$\frac{1}{6}$	1

셋째, 주변 확률분포를 구한다. ⇐ 변수가 2개이므로 2개를 얻는다.

X	0	1	계
$P(X)$	$\frac{1}{2}$	$\frac{1}{2}$	1

Y	1	2	3	4	5	6	계
$P(Y)$	$\frac{1}{6}$	$\frac{1}{6}$	$\frac{1}{6}$	$\frac{1}{6}$	$\frac{1}{6}$	$\frac{1}{6}$	1

예제 54 다음과 같은 결합 확률 분포가 주어진 경우, 주변 확률 분포를 구하시오.

X/Y	0	1	2	계
0	$\frac{3}{28}$	$\frac{6}{28}$	$\frac{1}{28}$	$\frac{10}{28}$
1	$\frac{9}{28}$	$\frac{6}{28}$	0	$\frac{15}{28}$
2	$\frac{3}{28}$	0	0	$\frac{3}{28}$
계	$\frac{15}{28}$	$\frac{12}{28}$	$\frac{1}{28}$	1

풀이 주변 확률 분포는 X 또는 Y의 확률 분포를 의미한다.
따라서 X의 주변확률분포는 다음과 같다.

X	0	1	2	계
$P(X)$	$\frac{10}{28}$	$\frac{15}{28}$	$\frac{3}{28}$	1

또한 Y의 주변확률분포는 다음과 같다.

Y	0	1	2	계
$P(Y)$	$\frac{12}{28}$	$\frac{15}{28}$	$\frac{1}{28}$	1

예제 55 다음과 같은 결합 확률 분포가 주어진 경우, 주변 확률 분포를 구하시오.

X/Y	0	1	2	계
0	$\frac{1}{56}$	$\frac{6}{56}$	$\frac{3}{56}$	$\frac{10}{56}$
1	$\frac{9}{56}$	$\frac{18}{56}$	$\frac{3}{56}$	$\frac{30}{56}$
2	$\frac{9}{56}$	$\frac{6}{56}$	0	$\frac{15}{56}$
3	$\frac{1}{56}$	0	0	$\frac{1}{56}$
계	$\frac{20}{56}$	$\frac{30}{56}$	$\frac{6}{56}$	1

풀이 주변 확률 분포는 X 또는 Y의 확률 분포를 의미한다.

따라서 X의 주변확률분포는 다음과 같다.

X	0	1	2	3	계
$P(X)$	$\frac{10}{56}$	$\frac{30}{56}$	$\frac{15}{56}$	$\frac{1}{56}$	1

또한 Y의 주변확률분포는 다음과 같다.

Y	0	1	2	계
$P(Y)$	$\frac{20}{56}$	$\frac{30}{56}$	$\frac{6}{56}$	1

결합확률분포(2 변수)가 주어지면, 주변확률분포(1 변수)를 구할 수 있으며, 이러한 주변확률분포로부터 평균과 분산, 표준편차를 구할 수 있다.

예제 56 결합 확률 분포가 다음과 같을 때, 아래 물음에 답하시오.

X/Y	0	1	2	계
0	$\frac{3}{28}$	$\frac{6}{28}$	$\frac{1}{28}$	$\frac{10}{28}$
1	$\frac{9}{28}$	$\frac{6}{28}$	0	$\frac{15}{28}$
2	$\frac{3}{28}$	0	0	$\frac{3}{28}$
계	$\frac{15}{28}$	$\frac{12}{28}$	$\frac{1}{28}$	1

(1) 확률변수 X의 주변확률분포를 구한 후, X의 평균과 분산을 구하시오.

(2) 확률변수 Y의 주변확률분포를 구한 후, Y의 평균과 분산을 구하시오.

풀이 (1) 확률변수 X의 주변확률분포는 다음과 같다.

X	0	1	2	계
$P(X)$	$\frac{10}{28}$	$\frac{15}{28}$	$\frac{3}{28}$	1

X의 평균[E(X)]과 분산[V(X)]은 다음과 같이 구하면 된다.

X	0	1	2	계
$P(X)$	$\frac{10}{28}$	$\frac{15}{28}$	$\frac{3}{28}$	1
$XP(X)$	0	$\frac{15}{28}$	$\frac{6}{28}$	$\frac{21}{28}=\frac{3}{4}$
$X-E(X)$	$-\frac{3}{4}$	$\frac{1}{4}$	$\frac{5}{4}$	
$(X-E(X))^2$	$\frac{9}{16}$	$\frac{1}{16}$	$\frac{25}{16}$	
$(X-E(X))^2P(X)$	0	$\frac{1}{16}\times\frac{15}{28}$	$\frac{25}{16}\times\frac{3}{28}$	$\frac{45}{224}$

따라서 평균 $E(X)=\frac{3}{4}$, 분산 $V(X)=\frac{45}{224}$이다.

(2) 확률변수 Y의 주변확률분포는 다음과 같다.

Y	0	1	2	계
$P(Y)$	$\frac{12}{28}$	$\frac{15}{28}$	$\frac{1}{28}$	1

Y의 평균과 분산은 EXCEL을 이용하여 다음과 같이 구하면 된다.

Y	0	1	2	계
P(Y)	0.4286	0.5357	0.0357	1
Y*P(Y)	0	0.5357	0.0714	0.6071
Y-E(Y)	-0.6071	0.3929	1.3929	
(Y-E(Y))^2	0.3686	0.1543	1.9401	
(Y-E(Y))^2*P(Y)	0.0000	0.1543	3.8801	4.0344

따라서 평균 $E(Y)=0.6071$, 분산 $V(Y)=4.0344$이다.

예제 57 결합 확률 분포가 다음과 같을 때, 아래 물음에 답하시오.

X/Y	0	1	2
0	$\frac{1}{4}$	$\frac{1}{4}$	0
1	0	$\frac{1}{4}$	$\frac{1}{4}$

(1) 두 확률변수의 곱[XY]에 대한 분포를 구하시오.

(2) 두 확률변수의 곱[XY]에 대한 평균을 구하시오.

풀이 (1) 결합확률분포에서 $X=\{0,1\}$, $Y=\{0,1,2\}$이므로 $XY=\{0,1,2\}$이다.

X/Y	0	1	2
0	0	0	0
1	0	1	2

⇨

XY	0	1	2
$P(XY)$			

결합확률분포와 비교하여 $P(XY)$를 구한다.

X/Y	0	1	2
0	$\frac{1}{4}$	$\frac{1}{4}$	0
1	0	$\frac{1}{4}$	$\frac{1}{4}$

⇨

$XY=0$인 경우

$P(XY=0)=\frac{1}{4}+\frac{1}{4}+0+0=\frac{1}{2}$

$XY=1$인 경우 $P(XY=1)=\frac{1}{4}$

$XY=2$인 경우 $P(XY=2)=\frac{1}{4}$

따라서 XY의 분포는 다음과 같다.

XY	0	1	2	계
$P(XY)$	$\frac{1}{2}$	$\frac{1}{4}$	$\frac{1}{4}$	1

(2) 두 확률변수의 곱[XY]에 대한 평균

XY	0	1	2	계
$P(XY)$	$\frac{1}{2}$	$\frac{1}{4}$	$\frac{1}{4}$	1
$XY\times P(XY)$	0	$1\times\frac{1}{4}$	$2\times\frac{1}{4}$	$\frac{3}{4}$

그러므로 $E(XY)=\frac{3}{4}$이다.

예제 58 결합 확률 분포가 다음과 같을 때, 아래 물음에 답하시오.

X/Y	0	1	2
0	$\frac{3}{28}$	$\frac{6}{28}$	$\frac{1}{28}$
1	$\frac{9}{28}$	$\frac{6}{28}$	0
2	$\frac{3}{28}$	0	0

(1) 두 확률변수의 곱[XY]에 대한 분포를 구하시오.

(2) 두 확률변수의 곱[XY]에 대한 평균을 구하시오.

풀이 (1) 결합확률분포에서 $X=\{0,1,2\}$, $Y=\{0,1,2\}$이므로 $XY=\{0,1,2,4\}$이다.

X/Y	0	1	2
0	0	0	0
1	0	1	2
2	0	2	4

⇨

XY	0	1	2	4
$P(XY)$				

결합확률분포에서 $P(XY)$를 구한다.

X/Y	0	1	2
0	$\frac{3}{28}$	$\frac{6}{28}$	$\frac{1}{28}$
1	$\frac{9}{28}$	$\frac{6}{28}$	0
2	$\frac{3}{28}$	0	0

⇨

$XY=0$인 경우

$$P(XY)=\frac{3}{28}+\frac{6}{28}+\frac{1}{28}+\frac{9}{28}+\frac{3}{28}$$

$$=\frac{22}{28}=\frac{11}{14}$$

$XY=1$인 경우

$$P(XY)=\frac{6}{28}=\frac{3}{14}$$

* $XY=2$인 경우, $P(XY)=0$이고, $XY=4$인 경우, $P(XY)=0$이다.

따라서 XY의 분포는 다음과 같다.

XY	0	1	계
$P(XY)$	$\frac{11}{14}$	$\frac{3}{14}$	1

(2) 두 확률변수의 곱[XY]에 대한 평균

XY	0	1	계
$P(XY)$	$\frac{11}{14}$	$\frac{3}{14}$	1
$XY\times P(XY)$	0	$1\times\frac{3}{14}$	$\frac{3}{14}$

그러므로 $E(XY)=\dfrac{3}{14}$이다.

두 확률변수 X와 Y가 서로 독립

임의의 구간A, B(단, $x\in X\subset A, y\in Y\subset B$)에 대하여,
$P(x\in A, y\in B)=P(x\in A)P(y\in B)$일 때를 말한다.
또한, 확률밀도함수인 경우, $f(x,y)=f(x)f(y)$이면 X와 Y가 서로 독립

예제 59 동전 1개와 주사위 1개를 동시에 던지는 경우, 동전을 던지는 변수를 X, 주사위를 던지는 변수를 Y라 하면, 두 확률변수 X와 Y가 서로 독립임을 증명하시오.

풀이 첫째, 주어진 문제에 맞는 결합 확률 분포를 구한다.

X/Y	1	2	3	4	5	6
0	$\frac{1}{12}$	$\frac{1}{12}$	$\frac{1}{12}$	$\frac{1}{12}$	$\frac{1}{12}$	$\frac{1}{12}$
1	$\frac{1}{12}$	$\frac{1}{12}$	$\frac{1}{12}$	$\frac{1}{12}$	$\frac{1}{12}$	$\frac{1}{12}$

둘째, 주변 확률 분포를 구한다. ⇐ 변수가 2개이므로 2개를 얻는다.

X	0	1	계
$P(X)$	$\frac{1}{2}$	$\frac{1}{2}$	1

Y	1	2	3	4	5	6	계
$P(Y)$	$\frac{1}{6}$	$\frac{1}{6}$	$\frac{1}{6}$	$\frac{1}{6}$	$\frac{1}{6}$	$\frac{1}{6}$	1

셋째, 결합 확률 분포에서 $P(X=0,\ Y=1)$은

$$P(X=0,\ Y=1)=f(0,1)=\frac{1}{12}\text{이다.}$$

또한 주변확률분포에서 $P(X=0)=\frac{1}{2}$이고, $P(Y=1)=\frac{1}{6}$이므로

$$P(X=0)\times P(Y=1)=\frac{1}{2}\times\frac{1}{6}=\frac{1}{12}\text{이다.}$$

따라서 $P(X=0,\ Y=1)=P(X=0)\times P(Y=1)$이다.

그러므로 두 확률변수 X와 Y가 서로 독립이다.

예제 60 결합 확률 분포가 다음과 같을 때, 두 확률변수 X와 Y가 서로 독립인지 아닌지 확인하시오.

X/Y	0	1	2
0	$\frac{3}{28}$	$\frac{6}{28}$	$\frac{1}{28}$
1	$\frac{9}{28}$	$\frac{6}{28}$	0
2	$\frac{3}{28}$	0	0

풀이 먼저 X와 Y의 주변확률분포를 구하면 다음과 같다.

X	0	1	2	계
$P(X)$	$\frac{10}{28}$	$\frac{15}{28}$	$\frac{3}{28}$	1

Y	0	1	2	계
$P(Y)$	$\frac{12}{28}$	$\frac{15}{28}$	$\frac{1}{28}$	1

또한 결합확률분포에서 $P(X=0,\ Y=1)$은

$$P(X=0,\ Y=1)=f(0,1)=\frac{6}{28}\text{이다.}$$

또한 주변확률분포에서 $P(X=0)=\frac{10}{28}$이고, $P(Y=1)=\frac{12}{28}$이므로

$$P(X=0)\times P(Y=1)=\frac{10}{28}\times\frac{12}{28}=\frac{5}{14}\times\frac{3}{7}=\frac{15}{98}\text{이다.}$$

따라서 $P(X=0,\ Y=1)\neq P(X=0)\times P(Y=1)$이다.

그러므로 두 확률변수 X와 Y가 서로 독립이 아니다.

4-4-3. 공분산(covariance)

공분산은 2개의 확률변수의 상관 정도를 나타내는 값으로 결합 확률 분포의 분산을 측정하며, 변수 편차의 곱에 대한 기댓값으로 정의하며 분산과는 별개의 개념이다.

구분	분포	기호	계산 방법
분산	이산 확률 분포	$V(X)=\sigma_x^2$	$V(X)=\sum_{i=1}^{n}(X_i-E(X))^2P(X_i)$ $=\sum_{i=1}^{n}X_i^2P(X_i)-[E(X)]^2$ $=E(X^2)-[E(X)]^2$
공분산	결합 확률 분포	$Cov(X,Y)$	$Cov(X,Y)=E[(X-E(X))(Y-E(Y)]$ $=E(XY)-E(X)E(Y)$

▷ 공분산의 특성

첫째, $Cov(X,Y)>0$이면, 양의 선형상관관계를 갖는다.

둘째, $Cov(X,Y)=0$이면, 선형상관관계를 갖지 않는다.

셋째, $Cov(X,Y)<0$이면, 음의 선형상관관계를 갖는다.

정리

확률변수 X와 Y에 대하여 다음이 성립한다.

(1) 서로 종속인 경우

$$V(X\pm Y)=V(X)+V(Y)\pm Cov(X,Y)$$

(2) 서로 독립인 경우

$$V(X\pm Y)=V(X)+V(Y)$$

$$E(XY)=E(X)\times E(Y)$$

〈참고〉 $V(X+Y)$의 전개식

$$V(X+Y)=E((X+Y)^2)-[E(X+Y)]^2$$
$$=E[X^2+2XY+Y^2]-[E(X)+E(Y)]^2$$

$$= E(X^2) + 2E(XY) + E(Y^2) - [(E(X))^2 + 2E(X)E(Y) + (E(Y))^2]$$
$$= E(X^2) - (E(X))^2 + E(Y^2) - (E(Y))^2 + 2\{E(XY) - E(X)E(Y)\}$$
$$= E(X^2) - (E(X))^2 + E(Y^2) - (E(Y))^2 + 2Cov(X, Y)$$
$$= V(X) + V(Y) + 2Cov(X, Y)$$

만약 두 확률변수 X와 Y가 서로 독립이면, $Cov(X, Y) = 0$이므로 $V(X+Y) = V(X) + V(Y)$이다.

■ 자료가 주어진 경우, 공분산 구하는 방법 : $Cov(X, Y) = E[(X - E(X))(Y - E(Y)]$

예제 61 5명의 학생에 대한 수학 성적과 영어성적이 다음과 같을 때, 수학 성적과 영어성적에 대한 공분산을 구하시오. (단, 성적은 10점 만점)

수학 성적	영어성적
10	8
10	7
8	6
7	6
8	5

풀이 주어진 자료가 모집단인 경우

■ EXCEL에 자료입력/함수/통계/COVARIANCE.P/대화상자 입력/확인 클릭

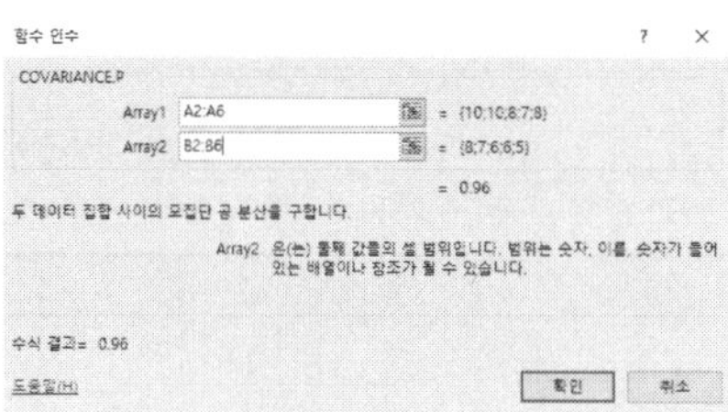

대화상자	의미와 입력 값
Array 1	수학 성적
Array 2	영어 성적

0.96

주어진 자료가 표본 집단인 경우

■ EXCEL에 자료입력/함수/통계/COVARIANCE.S/대화상자 입력/확인 클릭

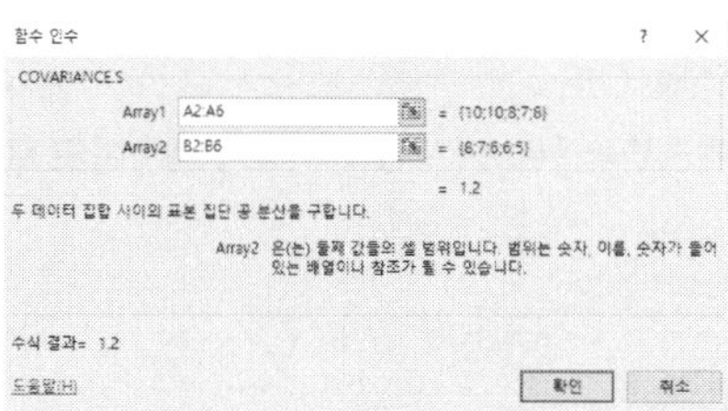

대화상자	의미와 입력 값
Array 1	수학 성적
Array 2	영어 성적

1.2

■ 결합 확률 분포가 주어진 경우, 공분산 구하는 방법 :

$Cov(X, Y) = E(XY) - E(X)E(Y)$

예제 62 결합 확률분포가 다음과 같을 때, 공분산 $Cov(X, Y)$을 구하시오.

X/Y	0	1	2
0	$\frac{1}{4}$	$\frac{1}{4}$	0
1	0	$\frac{1}{4}$	$\frac{1}{4}$

풀이 먼저 X와 Y의 주변확률분포를 구한다.

X의 주변확률분포

X	0	1	계
$P(X)$	$\frac{1}{2}$	$\frac{1}{2}$	1

Y의 주변확률분포

Y	0	1	2	계
$P(Y)$	$\frac{1}{4}$	$\frac{1}{2}$	$\frac{1}{4}$	1

둘째, X와 Y의 주변확률분포에서 EXCEL을 이용하여 확률변수 X와 Y의 평균을 구한다.

X의 평균 : $E(X) = \frac{1}{2}$

X	0	1	계
$P(X)$	$\frac{1}{2}$	$\frac{1}{2}$	1
$XP(X)$	0	$\frac{1}{2}$	$\frac{1}{2}$

Y의 평균 : $E(Y) = 1$

Y	0	1	2	계
$P(Y)$	$\frac{1}{4}$	$\frac{1}{2}$	$\frac{1}{4}$	1
$YP(Y)$	0	$\frac{1}{2}$	$\frac{1}{2}$	1

셋째, XY의 분포를 구한다.

① 결합확률분포에서 $X = \{0, 1\}$, $Y = \{0, 1, 2\}$이므로 $XY = \{0, 1, 2\}$이다.

X/Y	0	1	2
0	0	0	0
1	0	1	2

⇨

XY	0	1	2
$P(XY)$			

② 결합확률분포와 비교하여 $P(XY)$를 구한다.

X/Y	0	1	2
0	$\frac{1}{4}$	$\frac{1}{4}$	0
1	0	$\frac{1}{4}$	$\frac{1}{4}$

⇨

$XY=0$인 경우

$P(XY=0)=\frac{1}{4}+\frac{1}{4}+0+0=\frac{1}{2}$

$XY=1$인 경우 $P(XY=1)=\frac{1}{4}$

$XY=2$인 경우 $P(XY=2)=\frac{1}{4}$

③ XY의 분포는 다음과 같다.

XY	0	1	2	계
$P(XY)$	$\frac{1}{2}$	$\frac{1}{4}$	$\frac{1}{4}$	1

넷째, 두 확률변수의 곱[XY]에 대한 평균을 구한다.

XY	0	1	2	계
$P(XY)$	$\frac{1}{2}$	$\frac{1}{4}$	$\frac{1}{4}$	1
$XY\times P(XY)$	0	$1\times\frac{1}{4}$	$2\times\frac{1}{4}$	$\frac{3}{4}$

따라서 두 확률변수의 곱[XY]에 대한 평균 $E(XY)=\frac{3}{4}$이다.

다섯째, 공분산 $Cov(X, Y)$을 구한다.

따라서 공분산 $Cov(X, Y)$은

$Cov(X, Y)=E(XY)-E(X)E(Y)=\frac{3}{4}-1\times\frac{1}{2}=\frac{1}{4}$이다.

▣ 결합 확률 분포에서

X와 Y가 서로 독립	$\rightarrow$ $\not\leftarrow$	공분산 $Cov(X, Y)=0$

예제 63 결합 확률 분포가 다음과 같을 때, 공분산을 구하시오.

X / Y	−1	0	1
0	0	0.2	0
1	0.4	0	0.4

풀이 첫째, 주변 확률 분포를 구한 후, $E(X)$와 $E(Y)$를 구한다.

X의 주변확률분포

X	−1	0	1	계
$P(X)$	0.4	0.2	0.4	1

Y의 주변확률분포

Y	0	1	계
$P(Y)$	0.2	0.8	1

① $E(X)=\sum XP(X)=-0.4+0+0.4=0$

② $E(Y)=\sum YP(Y)=0+0.8=0.8$

둘째, 공분산 $Cov(X, Y)$을 구한다.

① XY의 분포를 구한다.

► 결합확률분포에서 $X=\{-1, 0, 1\}$, $Y=\{0, 1\}$이므로 $XY=\{-1, 0, 1\}$이다.

X / Y	−1	0	1
0	0	0	0
1	−1	0	1

⇨

XY	−1	1	1
$P(XY)$			

② 결합확률분포와 비교하여 $P(XY)$를 구한다.

X / Y	−1	0	1
0	0	0.2	0
1	0.4	0	0.4

⇨

$P(XY=-1)=0.4$

$P(XY=0)=0.2$

$P(XY=1)=0.4$

③ XY의 분포는 다음과 같다.

XY	−1	1	1	계
$P(XY)$	0.4	0.2	0.4	1

④ 두 확률변수의 곱[XY]에 대한 평균을 구한다.

XY	−1	0	1	계
$P(XY)$	0.4	0.2	0.4	1
$XY\times P(XY)$	−0.4	0	0.4	0

따라서 두 확률변수의 곱[XY]에 대한 평균 $E(XY)=0$이다.

⑤ 공분산 $Cov(X,Y)$을 구한다.

$$Cov(X,Y)=E(XY)-E(X)E(Y)=0-0\times 0.8=0$$

위의 예제 63) 에서 공분산 $Cov(X,Y)=0$이다.
그러나 결합확률분포에서 $P(X=-1,\ Y=0)=f(-1,0)=0$이며,
주변확률분포에서 $P(X=-1)=f(-1)=0.4$이고, $P(Y=0)=f(0)=0.2$이므로
$f(-1)f(0)=0.4\times 0.2=0.08$이므로 $f(-1,0)\neq f(-1)f(0)$이다.
따라서 X와 Y는 서로 독립이 아니다.

공분산 $Cov(X,Y)$의 성질

1. X와 Y가 서로 독립이면, $E(XY)=E(X)E(Y)$
2. $E(aX+b)=aE(X)+b$, $E(cY+d)=cE(Y)+d$이므로
   $Cov(aX+b, cY+d)=acCov(X,Y)$이다. 단, a,b,c,d는 실수
3. $Cov(X,X)=V(X)$

예제 64 다음 공분산 $Cov(X,Y)$의 성질을 증명하시오.

(1) $Cov(aX+b, cY+d)=acCov(X,Y)$ 이다. 단, a,b,c,d는 실수

(2) $Cov(X,X)=V(X)$

증명 (1) $Cov(aX+b, cY+d)=E((aX+b)(cY+d))-E(aX+b)E(cY+d)$

① $(aX+b)(cY+d)=acXY+adX+bcY+bd$

② $E((aX+b)(cY+d))=E(acXY+adX+bcY+bd)$
$=acE(XY)+adE(X)+bcE(Y)+bd$

③ $E(aX+b)=aE(X)+b$, $E(cY+d)=cE(Y)+d$

④ $E(aX+b)E(cY+d) = (aE(X)+b)(cE(Y)+d)$
$= acE(X)E(Y) + adE(X) + bcE(Y) + bd$

따라서 ② - ④를 구하면

$$Cov(aX+b, cY+d) = E((aX+b)(cY+d)) - E(aX+b)E(cY+d)$$
$$= acCov(X, Y)$$ 이다.

(2) $Cov(X, X) = E(XX) - E(X)E(X) = E(X^2) - (E(X))^2 = V(X)$

예제 65 $Cov(X, Y) = \frac{1}{4}$일 때, 다음 물음에 답하시오.

(1) $Cov(3X, Y)$ (2) $Cov(X, 2Y)$ (3) $Cov(3X+1, 2Y+3)$

풀이 (1) $Cov(3X, Y) = 3\,Cov(X, Y) = 3 \times \frac{1}{4} = \frac{3}{4}$

(2) $Cov(X, 2Y) = 2\,Cov(X, Y) = 2 \times \frac{1}{4} = \frac{1}{2}$

(3) $Cov(3X+1, 2Y+3) = 6\,Cov(X, Y) = 6 \times \frac{1}{4} = \frac{3}{2}$

4-4-4. 상관 계수(coefficient of correlation)

상관(correlation)이란 두 집단 상호 간의 관계를 말하는 것이며, 공분산에서 살펴본 바와 같이 상관관계란 두 집단 사이의 관계가 얼마나 선형적이냐를 알아보는 것으로 어느 정도 상관이 있는지를 나타내는 수치가 상관 계수(Correlation coefficient)이다.

피어슨 상관 계수(Pearson correlation coefficient) 또는 피어슨의 적률상관계수는 두 개의 확률변수 간의 선형적인 관계와 방향을 수학적인 수치로 정량화하여 표시하는 수치이다.

확률변수 X와 Y의 피어슨 상관 계수

〈기호〉 ρ

〈정의〉 $\rho = \frac{Cov(X, Y)}{\sigma_X \sigma_Y}$ 단, $Cov(X, Y)$: 공분산,
σ_X : X의 표준편차, σ_Y : Y의 표준편차

상관 계수의 성질

(1) 상관 계수는 $-1 < \rho < 1$ 사이의 값을 갖는다.

(2) 상관 계수 $\rho > 0$(양의 상관관계) : 확률변수 X와 Y의 변화 방향이 같다.
상관 계수 $\rho < 0$(음의 상관관계) : 확률변수 X와 Y의 변화 방향이 다르다.

(3) 상관 계수 $\rho = 0$: 확률변수 X와 Y가 전혀 관계가 없음

〈참고〉 ① 상관 계수 ρ는 절댓값 크기에 따라 상관관계의 정도를 알 수 있음

② 상관 계수를 확인하기 전에 산포도를 통해 시각적으로 그 변수 간의 상관관계를 확인하는 것이 중요하고 필요하다.

③ 상관 계수 ρ는 두 변수의 표준점수로 나타내어지기 때문에 측정 단위에 영향을 받지 않으며 X와 Y의 값이 서로 바뀌어도 그 값은 같다.

상관관계의 여러 모양

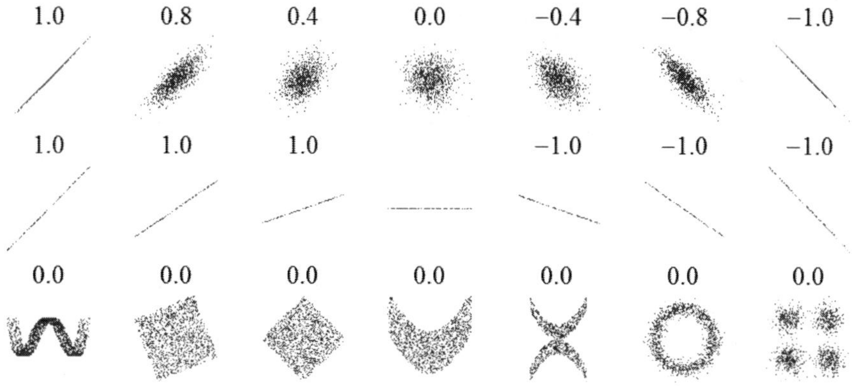

〈출처 : https://www.google.com〉

상관 계수 분석 방법

① $-1 < \rho < -0.7$: 강한 음의 선형관계
② $-0.7 < \rho < -0.3$: 뚜렷한 음의 선형관계
③ $-0.3 < \rho < -0.1$: 약한 음의 선형관계
④ $-0.3 < \rho < 0.1$: 거의 무시될 수 있는 선형관계
⑤ $0.1 < \rho < 0.3$: 약한 양의 선형관계
⑥ $0.3 < \rho < 0.7$: 뚜렷한 양의 선형관계
⑦ $0.7 < \rho < 1$: 강한 양의 선형관계

■ 자료가 주어진 경우, 상관 계수 구하는 방법 : $\rho = \dfrac{Cov(X, Y)}{\sigma_X \sigma_Y}$

예제 66 2022학년도 1학기에 배운 교과 중 3명의 학생에 대한 영어(X)와 수학(Y) 교과 에 대한 성적이 다음과 같을 때, 영어와 수학 교과 성적에 대한 상관 계수를 구하시오.

교과목	학생1	학생2	학생3
영어(X)	30	40	80
수학(Y)	40	70	50

풀이 EXCEL을 이용하는 방법은 함수마법사를 이용하는 방법과 데이터 분석을 이용하는 방법이 있다.

■ EXCEL에 자료입력/함수/통계/CORREL/인수 드래그/확인 클릭

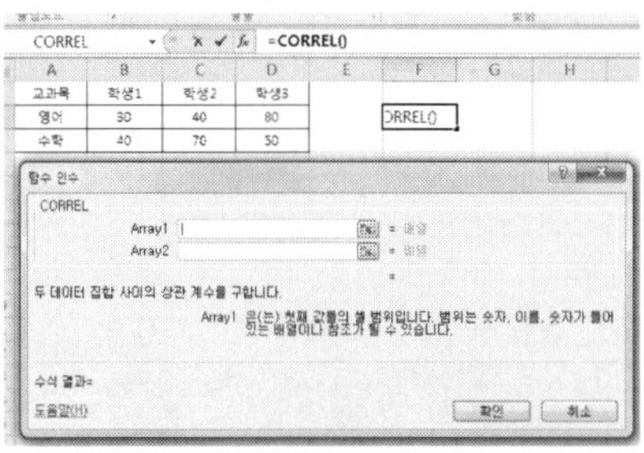

대화상자	의미와 입력 값
Array 1	영어 성적
Array 2	수학 성적

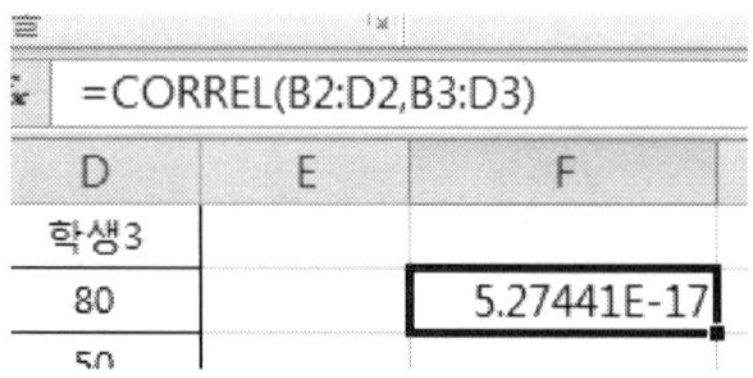

그러므로 상관 계수 ρ는 $\rho = 5.27E-17 \fallingdotseq 0$이므로, 확률변수 X와 Y가 전혀 상관관계가 없음을 의미한다.

■ EXCEL/데이터/데이터분석/상관분석/확인

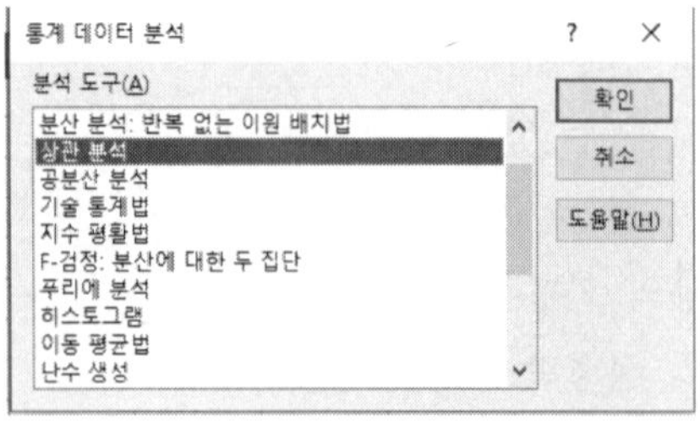

대화상자 입력 후 확인 클릭

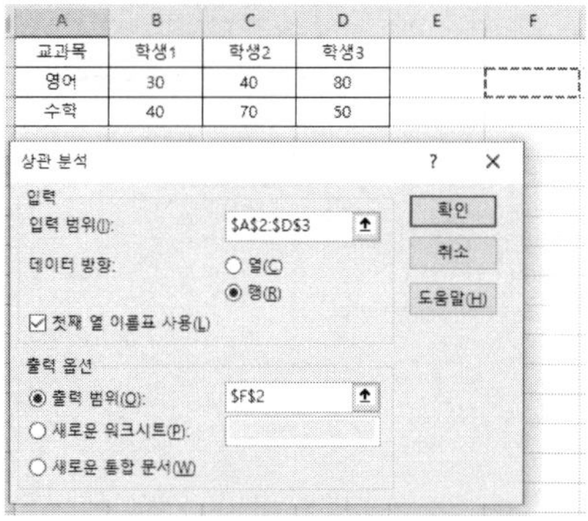

대화상자	의미와 입력 값
입력 범위	전체 자료 드래그 $A$2:$D$3
데이터 방향	열 또는 행 선택 : 행
이름표 사용	사용(√) ※ 전체자료 드래그 한글 포함
출력범위	현재 시트 셀의 위치 : $F$2

	영어	수학
영어	1	
수학	5.27E-17	1

그러므로 상관 계수 ρ는 $\rho = 5.27E-17 \fallingdotseq 0$이므로, 확률변수 X와 Y가 전혀 상관관계가 없음을 의미한다.

예제 67 우리 가족들에 대한 키의 크기(X)와 발의 크기(Y)를 조사하였더니 다음과 같은 표를 얻었다. 우리 가족의 키와 발의 크기와의 상관 계수를 구하시오.

가족	키의 크기(X	발의 크기Y
할머니	158 cm	230 cm
아빠	170 cm	260 cm
엄마	165 cm	245 cm
언니	150 cm	235 cm
나	160 cm	240 cm
동생	140 cm	210 cm

풀이 ▣ EXCEL에 자료입력/함수/통계/CORREL/인수 드래그/확인 클릭

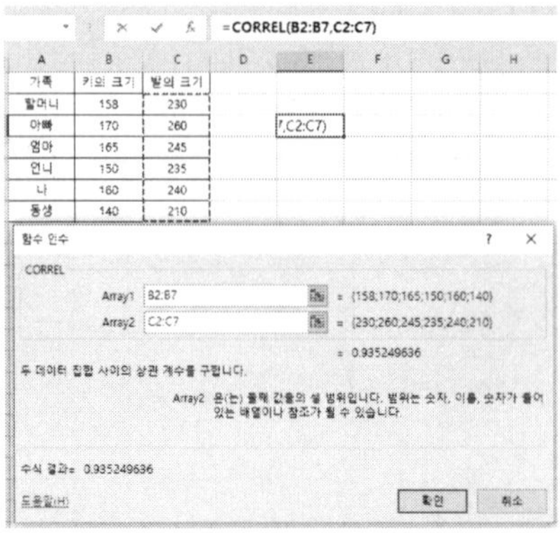

대화상자	의미와 입력 값
Array 1	키의 크기
Array 2	발의 크기

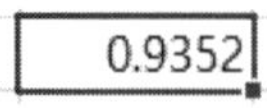

그러므로 상관 계수 ρ는 $\rho = 0.9352$이므로, 확률변수 X와 Y가 강한 양의 선형관계가 있음을 의미한다. (키와 발의 크기가 정비례)

▣ 확률 분포가 주어진 경우, 상관 계수 구하는 방법 : $\rho = \dfrac{Cov(X, Y)}{\sigma_X \sigma_Y}$

예제 68 결합 확률 분포가 다음과 같을 때, 확률변수 X와 Y의 상관 계수를 구하시오.

X/Y	0	1	2
0	$\frac{1}{4}$	$\frac{1}{4}$	0
1	0	$\frac{1}{4}$	$\frac{1}{4}$

풀이 [예제 62]에 의하여 공분산 $Cov(X, Y)$은 $Cov(X, Y) = \dfrac{1}{4}$이므로, 확률변수 X와 Y의 표준편차를 구하면 상관 계수를 구할 수 있다.
따라서 [예제 62]에서 구한 주변확률분포를 활용하면 된다.

먼저 X와 Y의 주변확률분포를 구한다.

X의 주변확률분포

X	0	1	계
$P(X)$	$\frac{1}{2}$	$\frac{1}{2}$	1

Y의 주변확률분포

Y	0	1	2	계
$P(Y)$	$\frac{1}{4}$	$\frac{1}{2}$	$\frac{1}{4}$	1

둘째, X와 Y의 주변확률분포에서 EXCEL을 이용하여 확률변수 X와 Y의 평균을 구한다.

X의 평균 : $E(X)=\frac{1}{2}$					Y의 평균 : $E(Y)=1$				
X	0	1	계		Y	0	1	2	계
$P(X)$	$\frac{1}{2}$	$\frac{1}{2}$	1		$P(Y)$	$\frac{1}{4}$	$\frac{1}{2}$	$\frac{1}{4}$	1
$XP(X)$	0	$\frac{1}{2}$	$\frac{1}{2}$		$YP(Y)$	0	$\frac{1}{2}$	$\frac{1}{2}$	1

셋째, X의 주변확률분포에서 확률변수 X의 분산 $V(X)$과 표준편차 σ_X를 구한다.

X	0	1	계
$P(X)$	$\frac{1}{2}$	$\frac{1}{2}$	1
$XP(X)$	0	$\frac{1}{2}$	$\frac{1}{2}$
$X-E(X)$	$-\frac{1}{2}$	$\frac{1}{2}$	
$(X-E(X))^2$	$\left(-\frac{1}{2}\right)^2$	$\left(\frac{1}{2}\right)^2$	
$(X-E(X))^2P(X)$	$\frac{1}{4}\times\frac{1}{2}$	$\frac{1}{4}\times\frac{1}{2}$	$\frac{1}{4}$

따라서 X의 분산 $V(X)$는 $V(X)=\frac{1}{4}$이며, 표준편차 σ_X는 $\sigma_X=\sqrt{\frac{1}{4}}=\frac{1}{2}$이다.

넷째, Y의 주변확률분포에서 확률변수 Y의 분산 $V(Y)$과 표준편차 σ_Y를 구한다.

X	0	1	2
$P(X)$	$\frac{1}{4}$	$\frac{1}{2}$	$\frac{1}{4}$
$XP(X)$	0	$\frac{1}{2}$	$\frac{1}{2}$
$X-E(X)$	-1	0	1
$(X-E(X))^2$	$(-1)^2$	0	1
$(X-E(X))^2P(X)$	$1\times\frac{1}{4}$	0	$1\times\frac{1}{4}$

따라서 Y의 분산 $V(Y)$는 $V(Y)=\frac{1}{2}$이며, 표준편차 σ_X는

$\sigma_X=\sqrt{\frac{1}{2}}=0.71$이다.

그러므로 확률변수 X와 Y의 상관 계수 ρ는

$\rho=\frac{Cov(X,Y)}{\sigma_X\sigma_Y}=\frac{0.25}{0.71\times0.5}\fallingdotseq 0.71$이므로 확률변수 X와 Y는 강한 양의 선형관계가 있음을 의미한다.

제4장 연습문제

4-1. 동전 3개를 던지는 경우, 앞면이 나올 확률변수 X에 대하여 다음 물음에 답하시오.

(1) 확률변수 X의 확률 분포

(2) $E(X)$, $V(X)$

(3) $E(2X)$, $V(2X)$

(4) $E(X^2)$, $V(X^2)$

4-2. 확률변수 Y의 평균 $E(Y)=2$, 분산 $V(Y)=9$일 때, 다음 물음에 답하시오.

(1) $-2Y$의 평균과 분산

(2) $-\frac{1}{3}Y+3$의 평균과 분산

4-3. 한국의 자동차 공장에서 어떤 모델의 승용차를 만드는데 3개의 라인이 가동되고 있다. 제1번 라인에서는 전체 생산량의 35%, 제2번 라인에서는 40%, 제3번 라인에서는 25%를 각각 생산하고 있다. 한편 불량률을 생산라인별로 보면 제1번 라인은 1%, 제2번 라인은 1.3%, 제3번 라인은 2%의 불량률을 보인다. 하루 동안 생산된 어떤 전체 모델 승용차로부터 임의로 한대를 선택하여 불량 여부를 시험하였더니 이 차는 불량품으로 확인되었을 때, 다음 확률을 구하시오.

(1) 불량품으로 확인된 차가 제1번 라인일 확률

(2) 불량품으로 확인된 차가 제2번 라인일 확률

(3) 불량품으로 확인된 차가 제3번 라인일 확률

4-4. 결합확률분포가 다음과 같을 때, 다음 물음에 답하시오.

$X \diagdown Y$	1	2	3	4
1	0.1	0	0.1	0
2	0.3	0	0.1	0.2
3	0	0.2	0	0

(1) $E(X)$, $E(Y)$

(2) $E(X^2)$, $E(Y^2)$

(3) $V(X)$, $V(Y)$

(4) $E(XY)$

(5) $Cov(X, Y)$

(6) X와 Y의 상관 계수 ρ

(7) X와 Y가 서로 독립인지 확인하시오.

제5장

이산확률분포

확률 분포의 모양은 확률변수의 종류에 따라 달라진다. 확률 분포는 크게 이산 확률 분포와 연속확률분포로 나눌 수 있다. 이산 확률 분포에서는 어떤 종류의 실험 또는 관찰이냐에 따라 여러 가지 분포 모양이 있으며, 가장 대표적인 분포가 이항분포이며 그 밖에도 포아송분포, 초기하분포 등이 있다.

5-1. 이항분포(binomial distribution)

5-1-1. 베르누이 분포(Bernoulli distribution)

세상에서 가장 간단한 논리는 흑백 논리이다. 흑백 논리란 성공과 실패, 남와 여자, 지지와 반대 등 어떤 사건이 일어나거나 일어나지 않는 경우이다.

〈예〉 동전을 던졌을 때, 앞이 나오면 1로 뒤가 나오면 0으로 정의하는 것

베르누이시행(Bernoulli trial)

베르누이시행(Bernoulli trial 또는 binomial trial)은 확률론과 통계학에서 임의의 결과가 '성공' 또는 '실패'의 두 가지 중 하나인 실험을 뜻한다.

〈참고〉 베르누이시행의 조건

첫째, 모든 시행의 결과는 상호배타적인 두 사건으로 구분된다.
즉, 한 사건은 "성공(S)", 다른 사건은 "실패(F)"로 나타난다.

둘째, 모든 시행에서 성공의 결과가 나타날 확률 $P(S)=p$로 나타나며,
실패가 나타날 확률 $P(F)=q=1-p$로 나타낸다.

셋째, 각 시행은 서로 독립적이어야 한다.
즉 한 시행의 결과는 다른 시행의 결과에 아무런 영향을 주지 않는다.

베르누이 확률 분포

베르누이시행에서 성공에 1을, 실패에 0을 대응시킨 확률변수를 베르누이 확률변수(Bernoulli random variable)라 한다.
베르누이시행의 조건에서와 같이 베르누이 확률분포(X)는 다음과 같다.

X	0	1	계
$P(X)$	$1-p$	p	1

그러므로 베르누이 확률 분포에서 평균과 분산은 다음과 같다.

$$\text{평균 } E(X)=0\times(1-p)+1\times p=p$$

$$\text{분산 } V(X)=E(X^2)-[E(X)]^2=p-p^2=p(1-p)$$

5-1-2. 이항확률변수와 이항확률분포

이항분포(binomial distribution)를 따르는 이항확률변수(Binomial random variable)

이항실험에서 성공의 횟수 또는 실패의 횟수를 이항확률변수 X라고 하며, 이러한 분포를 이항확률분포(binomial probability distribution) 또는 이항분포(binomial distribution)라고도 한다.
이때, X는 이항분포(Binomial distribution)를 따르는 이항확률변수라 한다.

〈기호〉 $X\sim B(n,p)$ 단, n : 횟수, p : 확률

〈참고〉 이항실험은 다음과 같은 조건에서 성립한다.

첫째, 실험은 n회의 반복 시행으로 이루어진다.
둘째, 각 시행은 성공과 실패, 두 가지 상호배반적인 사건으로 분류된다.
셋째, 성공할 확률은 p이며, 실패할 확률 $q=1-p$는 모든 시행에 대해 일정하다.
넷째, 반복되는 시행은 독립적이다.

〈예제〉 '주사위를 3번 던질 때, 1이 2번 나올 확률'을 구하라는 문제는

주사위를 3번 던질 때, 1이 2번 나올 사건을 X라 하면,

1이 나오는 경우를 A, 나머지 숫자가 나오는 경우를 B라고 하자.

이때, $P(A)=p=\frac{1}{6}, P(B)=q=1-p=\frac{5}{6}$이다.

또한, 1이 2번 나오는 경우의 수는 $X_1=AAB, X_2=ABA, X_3=BAA$이고

서로 독립이므로 $X=X_1+X_2+X_3$이다.

$X_1=AAB$인 경우, X_1확률

$$P(X_1)=P(AAB)=P(A)P(A)P(B)=\frac{1}{6}\frac{1}{6}\frac{5}{6}=\frac{5}{6^3}\text{이며,}$$

$X_2=ABA$인 경우의 X_2확률

$$P(X_2)=P(ABA)=P(A)P(B)P(A)=\frac{1}{6}\frac{5}{6}\frac{1}{6}=\frac{5}{6^3}\text{이며,}$$

$X_3=BAA$인 경우의 X_3확률

$$P(X_3)=P(BAA)=P(B)P(A)P(A)=\frac{5}{6}\frac{1}{6}\frac{1}{6}=\frac{5}{6^3}\text{이다.}$$

따라서 구하고자 하는 1이 2번 나올 확률은

$$\begin{aligned}P(X)&=P(X_1+X_2+X_3)=P(X_1)+P(X_2)+P(X_3)\\&=\frac{5}{6^3}+\frac{5}{6^3}+\frac{5}{6^3}=\frac{15}{6^3}\end{aligned}$$

이다.

이항분포(binomial distribution) $X \sim B(n, p)$의 확률 분포

X	$X=0$	$X=1$	$X=2$	$\cdots$	$X=n$	계
$P(X=k)$	${}_nC_0 p^o q^n$	${}_nC_1 p^1 q^{n-1}$	${}_nC_2 p^2 q^{n-2}$	$\cdots$	${}_nC_2 p^n q^0$	1

〈이항분포의 확률밀도함수〉

$$P(X=k) = f(x) = {}_nC_k p^k q^{n-k} = \frac{n!}{(n-k)!k!} p^k (1-p)^{n-k}$$

〈평균〉 $\mu = E(X) = \sum_{k=0}^{n} k\,{}_nC_k\, p^k q^{n-k} = np$

〈분산〉 $\sigma^2 = V(X) = E(X^2) - [E(X)]^2 = npq$, 단, $p+q=1$

〈표준편차〉 $\sigma = \sqrt{V(X)} = \sqrt{npq}$

이항분포의 문제에서 확률을 구하는 방법

첫째, 이항분포의 확률밀도함수를 이용하는 방법
둘째, EXCEL을 이용하는 방법
셋째, 이항확률분포 표를 이용하는 방법

예제 1 주사위를 3번 던질 때, 다음 물음에 답하시오. 단, 확률밀도함수를 이용

(1) 1이 1번 나올 확률을 구하시오.
(2) 1이 2번 나올 확률을 구하시오.
(3) 1이 한 번도 나오지 않을 확률을 구하시오.

풀이 횟수 $n=3$, 1이 1번 나올 때의 확률 $p=\frac{1}{6}$인 이항분포로서 $X \sim B(3, \frac{1}{6})$

(1) $P(X=1) = {}_3C_1 (\frac{1}{6})^1 (\frac{5}{6})^2 = 3 \times \frac{1}{6} \times \frac{25}{36} = \frac{75}{6^3}$

(2) $P(X=2) = {}_3C_2 (\frac{1}{6})^2 (\frac{5}{6})^1 = 3 \times \frac{1}{6^2} \times \frac{5}{6} = \frac{15}{6^3}$

(3) $P(X=0) = {}_3C_0 (\frac{1}{6})^0 (\frac{5}{6})^3 = 1 \times 1 \times \frac{5^3}{6^3} = \frac{125}{216}$

WITH Excel BINOM. DIST 함수 이용(확률 구하는 방법)

□ $P(X=1)$: 함수마법사/통계/BINOM. DIST 선택 대화상자 내용을 입력 후 확인 클릭

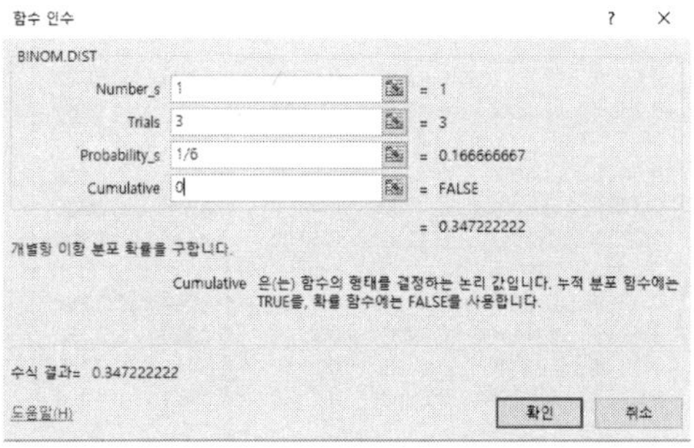

대화상자	의미와 입력 값
Number's	구하고자 하는 값 1
Trials	시행 횟수 3
Probability'S	확률 1/6
Cumulative	누적 1/ 특정한 값 0

0.3472

□ $P(X=2)$: 함수마법사/통계/BINOM. DIST 선택 대화상자 내용을 입력 후 확인 클릭

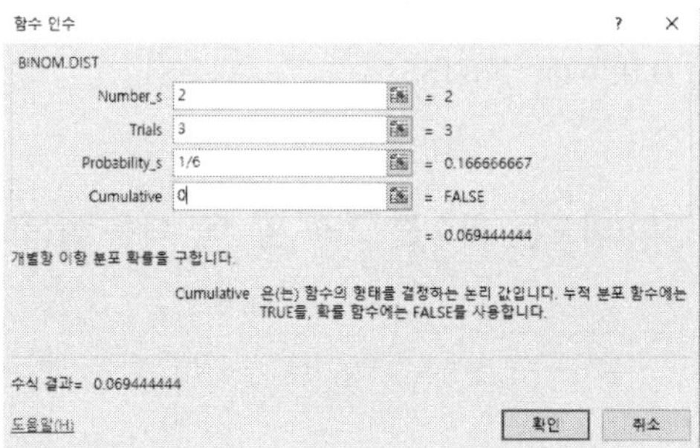

대화상자	의미와 입력 값
Number's	구하고자 하는 값 2
Trials	시행 횟수 3
Probability'S	확률 1/6
Cumulative	누적 1/ 특정한 값 0

0.0694

□ $P(X=0)$: 함수마법사/통계/BINOM. DIST 선택 대화상자 내용을 입력 후 확인 클릭

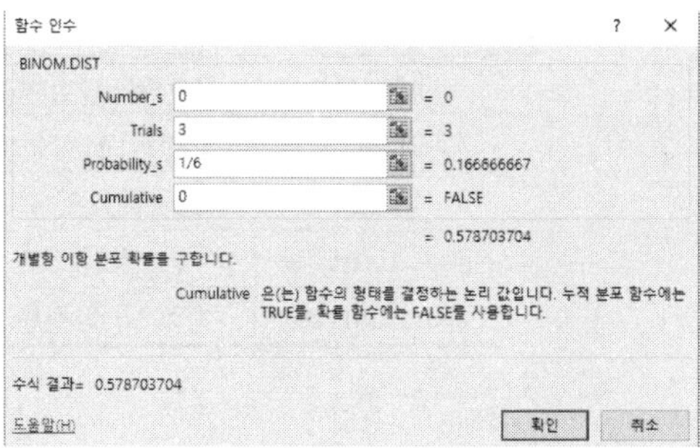

대화상자	의미와 입력 값
Number's	구하고자 하는 값 0
Trials	시행 횟수 3
Probability'S	확률 1/6
Cumulative	누적 1/ 특정한 값 0

0.0694	0.5787

표 이용　이항확률분포 표를 이용하는 방법

□ $P(X=1)$: $n=3$, $x=1$, $p=0.167$일 때의 확률을 의미

n	x	p 0.05	0.10	0.15	0.20	0.25	0.30	0.35	0.40	0.45	0.50
1	0	0.9500	0.9000	0.8500	0.8000	0.7500	0.7000	0.6500	0.6000	0.5500	0.5000
	1	0.0500	0.1000	0.1500	0.2000	0.2500	0.3000	0.3500	0.4000	0.4500	0.5000
2	0	0.9025	0.8100	0.7225	0.6400	0.5625	0.4900	0.4225	0.3600	0.3025	0.2500
	1	0.0950	0.1800	0.2550	0.3200	0.3750	0.4200	0.4550	0.4800	0.4950	0.5000
	2	0.0025	0.0100	0.0225	0.0400	0.0625	0.0900	0.1225	0.1600	0.2025	0.2500
3	0	0.8574	0.7290	0.6141	0.5120	0.4219	0.3430	0.2746	0.2160	0.1664	0.1250
	1	0.1354	0.2430	0.3251	0.3840	0.4219	0.4410	0.4436	0.4320	0.4084	0.3750
	2	0.0071	0.0270	0.0574	0.0960	0.1406	0.1890	0.2389	0.2880	0.3341	0.3750
	3	0.0001	0.0010	0.0034	0.0080	0.0156	0.0270	0.0429	0.0640	0.0911	0.1250

$n=3$, $x=1$일 때, $P=0.15$이면 $P(X=1)=0.3251$이고, $n=3$, $x=1$일 때, $P=0.20$이면 $P(X=1)=0.3840$이이다. 따라서 $0.3840-0{,}3251 \fallingdotseq 0.0590$ 이므로 0.0590을 5등분 하면 등분 간격은 0.012이고, 0.012를 10등분 후 7을 곱한 후, 0.3251과 더하여 계산한다.

그러므로 $P(X=1)=0.3251+0.012+0.0204=0.3455$이다.

예제 2 한 개의 동전을 5번 던져 앞면이 나오는 횟수를 X라 할 때, 다음 물음에 답하시오.

(1) $P(X\le 2)$　　　　(2) $P(X\ge 4)$

풀이 $X\sim B(5, \frac{1}{2})$

(1) $P(X\le 2)=P(X=0)+P(X=1)+P(X=2)$

□ 함수마법사/통계/BINOM.DIST 선택 대화상자 내용을 입력 후 확인 클릭

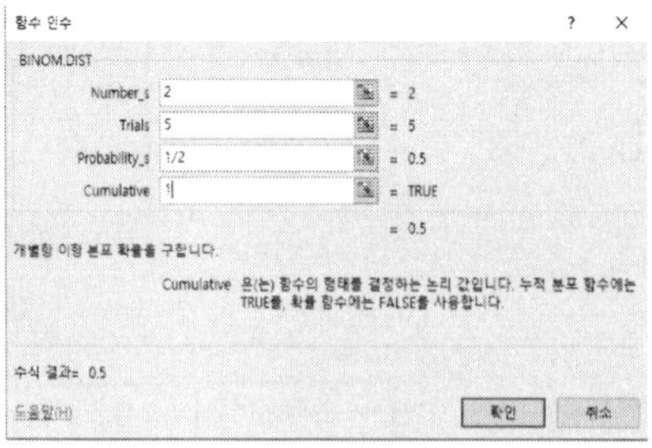

대화상자	의미와 입력 값
Number's	구하고자 하는 값 2
Trials	시행 횟수 5
Probability'S	확률 1/2
Cumulative	누적 1/ 특정한 값 0

0.5

(2) $P(X \geq 4) = P(X=4) + P(X=5) = 1 - P(X \leq 3)$

□ 함수마법사/통계/BINOM.DIST 선택 대화상자 내용을 입력 후 확인 클릭

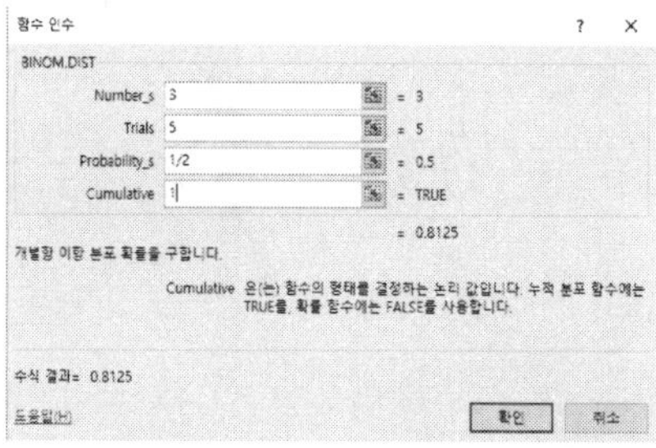

대화상자	의미와 입력 값
Number's	구하고자 하는 값 3
Trials	시행 횟수 5
Probability'S	확률 1/2
Cumulative	누적 1/ 특정한 값 0

0.8125

따라서 $P(X \geq 4) = 1 - P(X \leq 3) = 1 - 0.8125 = 0.1875$.

이항분포의 평균과 분산에 대한 증명을 소개하기에 앞서 곱셈공식에 대한 $\sum$ 표현 방법에 대하여 소개하기로 하겠다.

$$(a+b)^2 = a^2 + 2ab + b^2 = \sum_{k=0}^{2} {}_2C_k a^k b^{2-k}$$

$$(a+b)^3 = a^3 + 3ab^2 + 3a^2b + b^3 = \sum_{k=0}^{3} {}_3C_k a^k b^{3-k}$$

$$\cdots$$

$$(a+b)^n = \sum_{k=0}^{n} {}_nC_k a^k b^{n-k} = \sum_{k=0}^{n} \frac{n!}{(n-k)!k!} a^k b^{n-k}$$

예제 3 이항분포의 평균과 분산을 각각 유도하시오.

(1) $\mu = E(X) = \sum_{k=0}^{n} k \, {}_nC_k \, p^k q^{n-k} = np$ 단, $p+q=1$

(2) $\sigma^2 = V(X) = E(X^2) - [E(X)]^2 = npq$ 단, $p+q=1$

증명 (1) $E(X) = \sum_{k=0}^{n} k \, {}_nC_k \, p^k q^{n-k} = \sum_{k=0}^{n} k \frac{n!}{(n-k)!k!} p^k q^{n-k}$, 단, $p+q=1$

$$= \sum_{k=1}^{n} \frac{k\,n!}{(n-k)!k!} p^k q^{n-k} = \sum_{k=1}^{n} \frac{n!}{(n-k)!(k-1)!} p^k q^{n-k}$$

$$= \sum_{k=1}^{n} \frac{(n-1)!\, n}{(n-k)!(k-1)!} pp^{k-1} q^{n-k}$$

$$= np \sum_{k=1}^{n} \frac{(n-1)!}{(n-k)!(k-1)!} p^{k-1} q^{n-k}, \quad n-k = (n-1)-(k-1)$$

$$= np \sum_{k=1}^{n} \frac{(n-1)!}{(n-1)-(k-1)!(k-1)!} p^{k-1} q^{(n-1)-(k-1)}$$

$$= np \sum_{k=1}^{n} {}_{n-1}C_{k-1}\, p^{k-1} q^{(n-1)-(k-1)}$$

$$= np \sum_{k=0}^{n} {}_{n-1}C_{k}\, p^{k} q^{(n-1)-k}$$

$$= np(p+q)^{n-1} = np. \quad \text{단, } p+q=1$$

(2) $V(X) = E(X^2) - [E(X)]^2$이므로

$$E(X^2) = \sum_{k=0}^{n} k^2 {}_nC_k\, p^k q^{n-k} = \sum_{k=0}^{n} (k^2 - k + k)\, {}_nC_k p^k q^{n-k}$$

$$= \sum_{k=0}^{n} k(k-1)\, {}_nC_k p^k q^{n-k} + \sum_{k=0}^{n} k\, {}_nC_k p^k q^{n-k}$$

$$= \sum_{k=0}^{n} k(k-1) \frac{n!}{(n-k)!k!} p^k q^{n-k} + E(X)$$

$$= \sum_{k=2}^{n} \frac{n!}{(n-k)!(k-2)!} p^k q^{n-k} + E(X)$$

$$= n(n-1)p^2 \sum_{k=2}^{n} \frac{(n-2)!}{(n-k)!(k-2)!} p^{k-2} q^{n-k} + E(X)$$

$$= n(n-1)p^2 \sum_{k=2}^{n} {}_{n-2}C_{k-2}\, p^{k-2} q^{n-k} + E(X)$$

$$= n(n-1)p^2 \sum_{k=0}^{n} {}_{n-2}C_k\, p^k q^{(n-2)-k} + E(X)$$

$$= n(n-1)p^2 (p+q)^{n-2} + E(X) = n(n-1)p^2 + np$$

$$= n^2p^2 - np^2 + np$$

$$V(X) = E(X^2) - [E(X)]^2 = n^2p^2 - np^2 + np - (np)^2$$

$$= np - np^2 = np(1-p) = npq. \quad \text{단, } p+q=1$$

예제 4 한 개의 동전을 10번 던져 앞면이 나오는 횟수를 X 라 할 때, 다음 물음에 답하시오.

(1) $P(X=2)$

(2) 앞면 이 7회 이상 나올 확률을 구하시오.

(3) $P(3 < X \le 5)$

풀이 $X \sim B(10, \frac{1}{2})$

(1) $P(X=2)$

□ 함수마법사/통계/BINOM.DIST 선택 대화상자 내용을 입력 후 확인 클릭

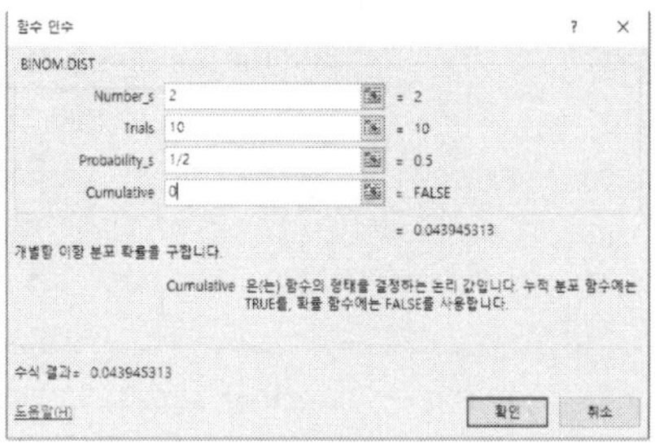

대화상자	의미와 입력 값
Number's	구하고자 하는 값 2
Trials	시행 횟수 10
Probability'S	확률 1/2
Cumulative	누적 1/ 특정한 값 0

0.0439

(2) $P(X \ge 7) = 1 - P(X \le 6) = 1 - 0.8281 = 0.1719$

□ 함수마법사/통계/BINOM. DIST 선택 대화상자 내용을 입력 후 확인 클릭

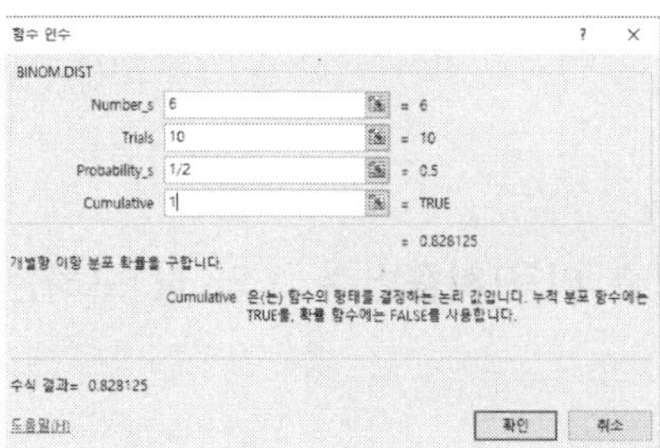

대화상자	의미와 입력 값
Number's	구하고자 하는 값 6
Trials	시행 횟수 10
Probability'S	확률 1/2
Cumulative	누적 1/ 특정한 값 0

0.8281

(3) $P(3 < X \le 5) = P(X=4) + P(X=5) = P(X \le 5) - P(X \le 3)$

□ 함수마법사/통계/BINOM. DIST 선택 대화상자 내용을 입력 후 확인 클릭

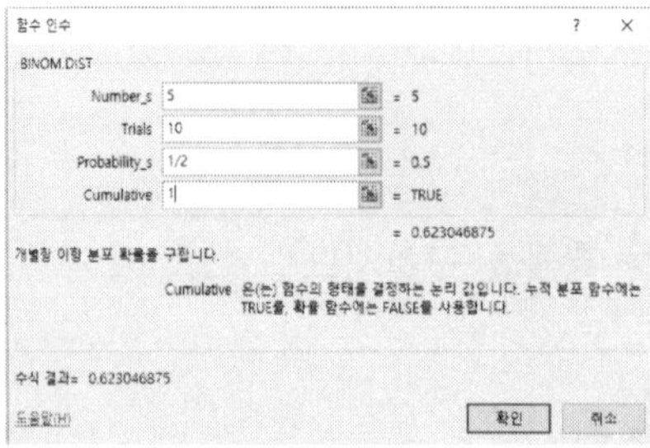

대화상자	의미와 입력 값
Number's	구하고자 하는 값 5
Trials	시행 횟수 10
Probability'S	확률 1/2
Cumulative	누적 1/ 특정한 값 0

0.6230

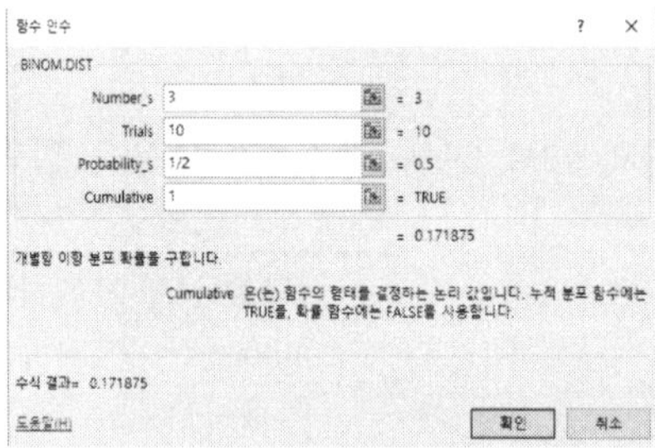

대화상자	의미와 입력 값
Number's	구하고자 하는 값 3
Trials	시행 횟수 10
Probability'S	확률 1/2
Cumulative	누적 1/ 특정한 값 0

0.1719

따라서

$$P(3 < X \le 5) = P(X \le 5) - P(X \le 3)$$
$$= 0.6230 - 0.1719 = 0.4512$$

예제 5 확률변수 X가 이항분포 $B(5, \frac{1}{3})$를 따를 때, $E(X)$와 $V(X)$을 구하시오.

풀이 평균 $E(X) = 5 \times \frac{1}{3} = \frac{5}{3}$, 분산 $V(X) = 5 \times \frac{1}{3} \times \frac{2}{3} = \frac{10}{9}$

WITH Excel BINOM. INV 함수 이용(확률변수 X의 값 구하는 방법)

예제 6 다음 물음에 답하시오.

(1) 동전을 10회 던졌을 때, 누적 확률이 0.62가 되기 위한 최소 앞면이 나온 횟수는?

(2) 동전을 20회 던졌을 때, 누적 확률이 0.62가 되기 위한 최소 앞면이 나온 횟수는?

(3) 동전을 30회 던졌을 때, 누적 확률이 0.62가 되기 위한 최소 앞면이 나온 횟수는?

풀이 (1) $n=10$이고 누적 확률이 0.62일 때, $X=?$

□ 함수마법사/통계/BINOM. INV 선택 대화상자 내용을 입력 후 확인 클릭

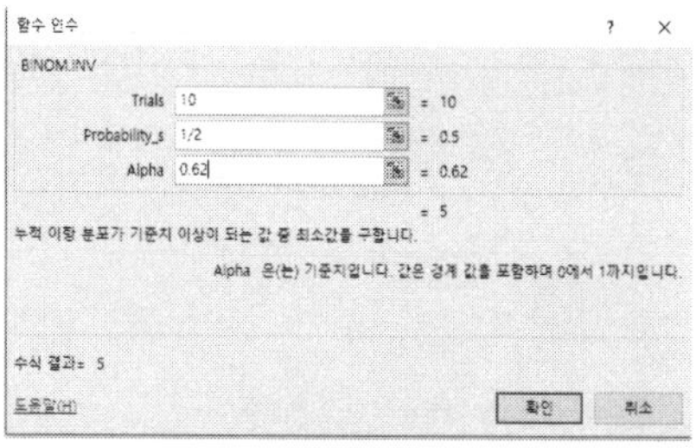

대화상자	의미와 입력 값
Trials	시행 횟수 10
Probability'S	성공 확률 1/2
Alpha	누적 확률 0.62

(2) $n=20$이고 누적 확률이 0.62일 때, $X=?$

□ 함수마법사/통계/BINOM. INV 선택 대화상자 내용을 입력 후 확인 클릭

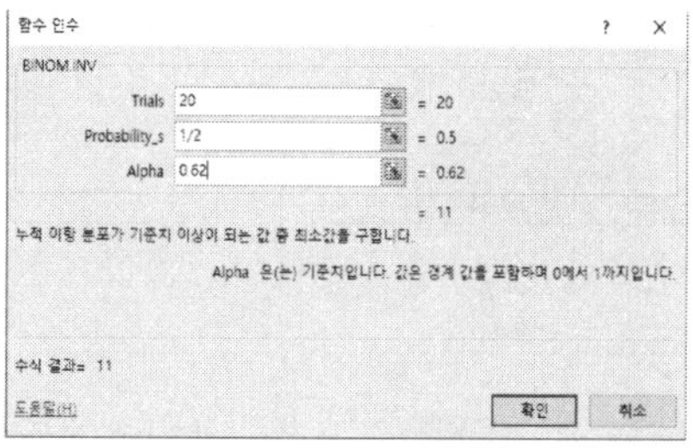

대화상자	의미와 입력 값
Trials	시행 횟수 20
Probability'S	성공 확률 1/2
Alpha	누적 확률 0.62

(3) $n=30$이고 누적 확률이 0.62일 때, $X=?$

□ 함수마법사/통계/BINOM. INV 선택 대화상자 내용을 입력 후 확인 클릭

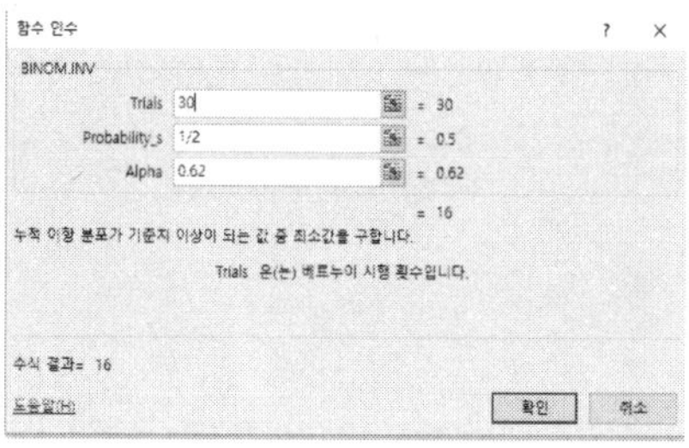

대화상자	의미와 입력 값
Trials	시행 횟수 30
Probability'S	성공 확률 1/2
Alpha	누적 확률 0.62

예제 7 주사위를 720번 던졌을 때, 누적 확률이 0.7248이 되기 위한 최소한의 1의 눈이 나온 횟수를 구하시오.

풀이 $n=720$이고 누적 확률이 0.7248일 때, $X=?$

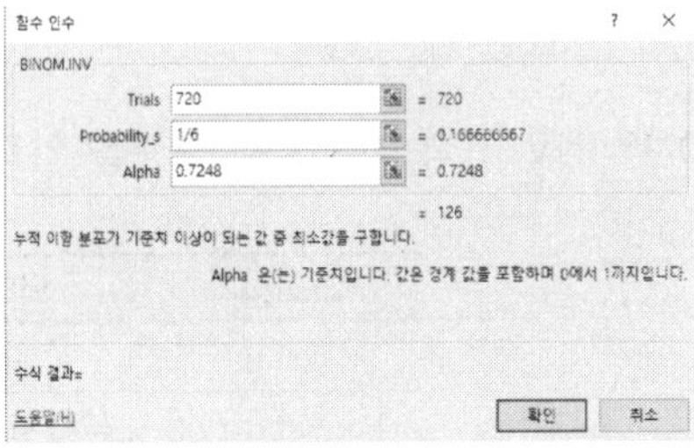

대화상자	의미와 입력 값
Trials	시행 횟수 720
Probability'S	성공 확률 1/6
Alpha	누적 확률 0.7248

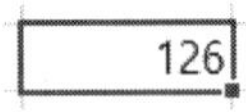

5-1-3. 이항분포의 특성

첫째, 표본의 크기는 고정된 확률 p 에 따라 이항분포의 모양이 변하게 된다.

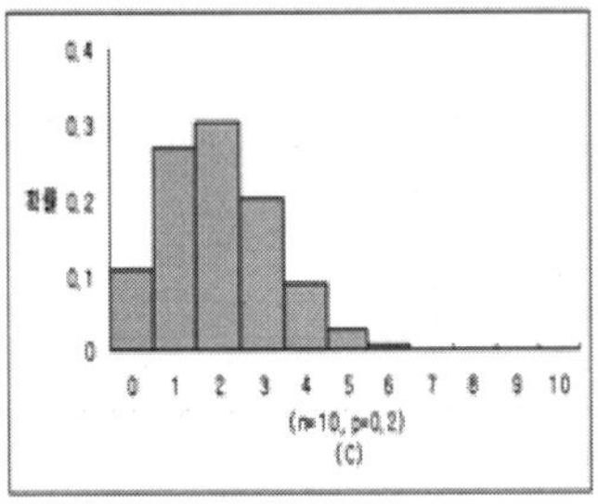

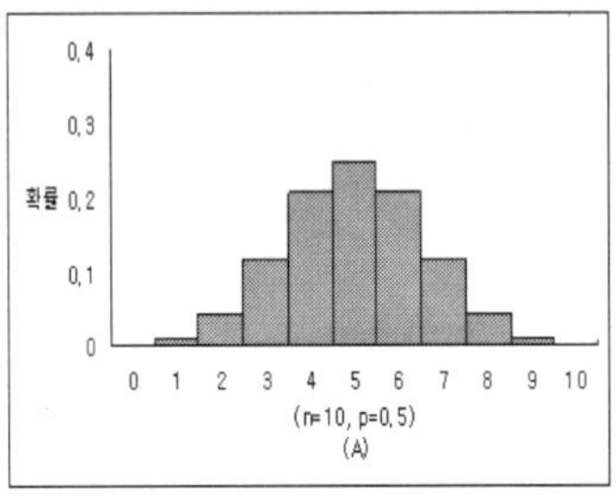

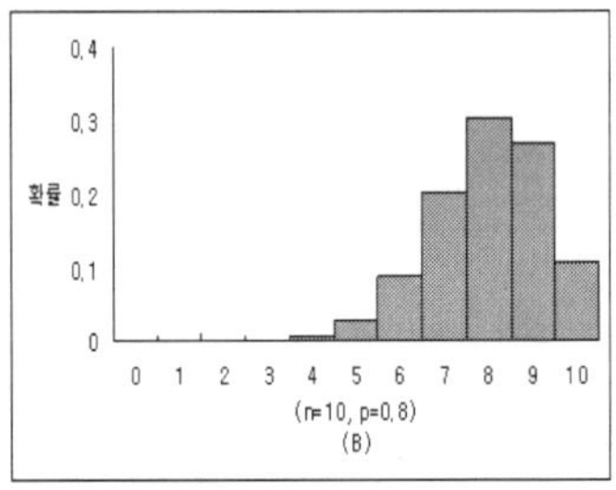

$p=0.2$ 왼쪽으로 치우침 $p=0.5$ 대칭 모양 $p=0.8$ 오른쪽으로 치우침

둘째, 확률을 고정하면 표본의 크기 n에 따라 이항분포의 모양이 변하게 된다.

〈예〉 확률 $p=0.1$로 고정, 표본의 크기를 $n=10$, $n=50$, $n=100$로 증가시켰을 경우 모양을 살펴보면 다음과 같다.

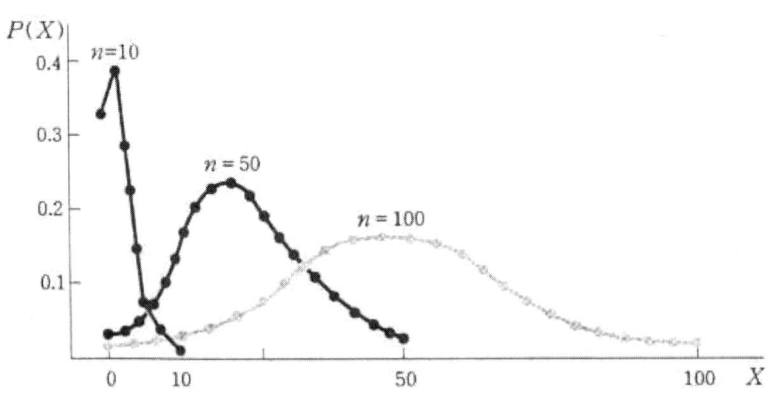

확률 $p=0.5$가 아니더라도 횟수를 증가시키면 대칭의 모양이 된다는 것이다.

통계학에서 대표적인 특징인 대칭의 모양은 정규분포의 형태(정규 근사)와 유사한 분포를 갖는다는 것을 의미한다.

이항분포의 정규 근사
$X \sim B(n,p)$ 에서 $n \to \infty$ $X \sim N$(평균, 분산) $\Rightarrow X \sim N(np, npq)$

〈예제〉 "어떤 병을 가진 사람이 1년에 사망할 확률이 0.0017인 경우, 10만 중 5명이 이 병으로 사망할 확률을 구하라"는 문제는

이항분포로 계산하면, $n=100{,}000$, $p=0.0017$, $q=0.9983$이므로

$P(X=5)={}_{100000}C_5(0.0017)^5(0.9983)^{999995}$ 으로 계산되므로 계산된 결과값이 매우 난해할 것으로 판단된다.

그러나, 정규분포로 근사되면, $n=100{,}000$, $p=0.0017$이므로

이항분포 $X \sim B(n,p)$는 $X \sim N(170, 170(1-0.0017))$인 정규분포로 근사된다.

이러한 계산은 결국 $n=100{,}000$ 이므로 정규분포를 이용하여 구해야 한다.

예제 8 동전을 100번 던졌을 때, 앞면이 52회 이상 나올 확률을 구하시오.

풀이 이항분포의 문제이므로 다음과 같이 계산하면 된다.

EXCEL을 이용하면 $P(X \geq 52)=1-P(X \leq 51)$이다.

□ 함수마법사/통계/BINOM. DIST 선택 대화상자 내용을 입력 후 확인 클릭

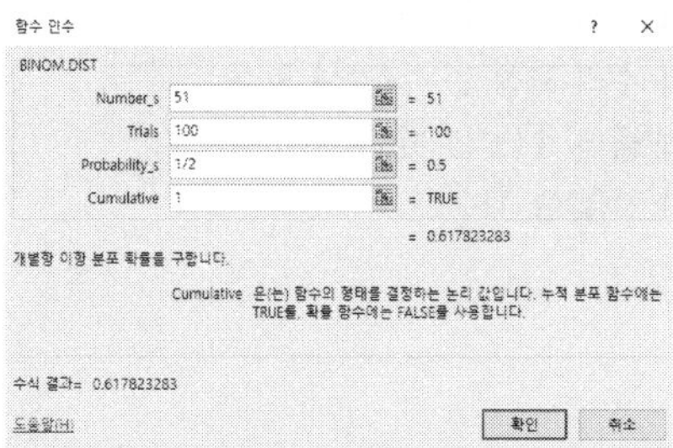

대화상자	의미와 입력 값
Number's	구하고자 하는 값 51
Trials	시행 횟수 100
Probability'S	확률 1/2
Cumulative	누적 1/ 특정한 값 0

0.6178

따라서 $P(X \geq 52)=1-P(X \leq 51)=1-0.6178=0.3822$.

〈**참고**〉 $n = 100$, $p = 0.5$이므로 이항분포 $X \sim B(n, p)$는 $X \sim N(50, 5^2)$인 정규분포로 근사되며, $P(X \geq 52) = 1 - P(X \leq 52)$이다.

□ 함수마법사/통계/NORM. DIST 선택 대화상자 내용을 입력 후 확인 클릭

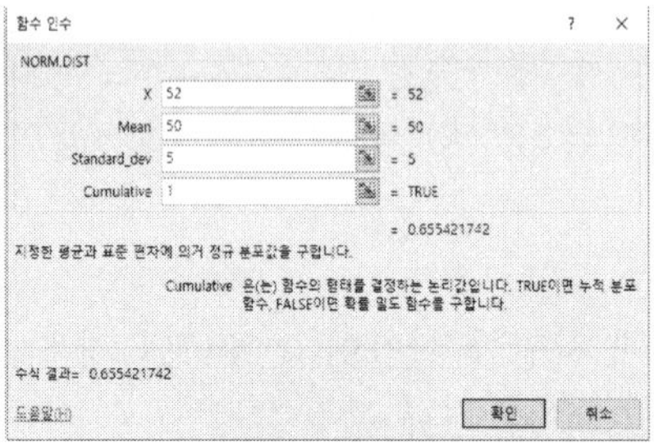

대화상자	의미와 입력 값
X	구하고자 하는 값 52
Mean	평균 50
Standard_dev	표준편차 5
Cumulative	누적 1/ 특정한 값 0

0.6554

따라서 $P(X \geq 52) = 1 - P(X \leq 52) = 1 - 0.6554 = 0.3446$.

5-2. 포아송 분포(Poisson distribution)

5-2-1. 포아송 분포의 개념

포아송 분포의 기본 개념

포아송 분포는 19세기 프랑스 수학자 포아송에 의해 제안된 것으로, 단위시간이나 단위공간에서 무작위로 독립적으로 일어나는 사건의 발생 횟수와 그에 대응되는 확률을 나타내는 분포를 말한다.

〈**참고**〉 매시간(단위시간) 접수되는 프로그램 요청 건 수(발생 횟수)
한 달 동안(단위시간) 발생한 컴퓨터 수리 요청 건 수(발생 횟수)
한 작업장(단위공간)에서 발생한 불량품의 수(발생 횟수)
교재 1페이지(단위공간) 당 오타의 숫자(발생 횟수)

5-2-2. 포아송 확률함수

포아송 분포(Poisson distribution) : $X \sim P(\mu)$의 확률 분포

X	$X=0$	$X=1$	$X=2$	$X=3$		계
$P(X=k)$	$\frac{e^{-\mu}\mu^0}{0!}$	$\frac{e^{-\mu}\mu^1}{1!}$	$\frac{e^{-\mu}\mu^2}{2!}$	$\frac{e^{-\mu}\mu^3}{3!}$		1

〈포아송 분포의 확률밀도함수〉 $P(X=k)=f(x)=\dfrac{e^{-\mu}\mu^x}{x!}$

단, $\mu=np$: 평균 발생 횟수

〈평균〉 $\mu=E(X)=np$

〈분산〉 $\sigma^2=V(X)=E(X^2)-[E(X)]^2=np=\mu$, 단, $p+q=1$

〈표준편차〉 $\sigma=\sqrt{V(X)}=\sqrt{np}=\sqrt{\mu}$

포아송 분포의 특징

첫째, 기댓값과 분산이 같다.

둘째, $\mu=np\geq 5$일 때, 정규분포로 근사되며, 대칭에 가까워진다.

■ 이항분포의 확률밀도함수에서 포아송 분포의 확률밀도함수 유도 과정

이항분포의 확률밀도함수

$$P(X=k)={}_nC_kp^kq^{n-k}=\frac{n!}{(n-k)!k!}p^k(1-p)^{n-k},\quad \text{단, } p+q=1$$

$P(X=k)=\dfrac{n!}{(n-k)!k!}p^k(1-p)^{n-k}$에서 $np=\mu$이라 하면,

$$P(X=k)=\frac{n!}{(n-k)!k!}\left(\frac{\mu}{n}\right)^k\left(1-\frac{\mu}{n}\right)^{n-k}=\frac{n!}{(n-k)!k!}\frac{\mu^k}{n^k}\frac{\left(1-\frac{\mu}{n}\right)^n}{\left(1-\frac{\mu}{n}\right)^k}$$

이고, 포아송 분포의 확률밀도함수는 이항분포의 확률밀도함수의 극한이므로,

$$f(x)=\lim_{n\to\infty}P(X=k)=\lim_{n\to\infty}\frac{n!}{k!(n-k)!}\frac{\mu^k}{n^k}\frac{(1-\frac{\mu}{n})^n}{(1-\frac{\mu}{n})^k}$$

$$=\frac{\mu^k}{k!}\lim_{n\to\infty}\frac{n!}{(n-k)!}\frac{1}{n^k}\frac{(1-\frac{\mu}{n})^n}{(1-\frac{\mu}{n})^k}$$

이다.

① $n!$은 n이 n개이므로 $n! \fallingdotseq n^n$

$(n-k)!$은 n이 $n-k$개 이므로 $(n-k)! \fallingdotseq n^{n-k}$, $\lim_{n\to\infty}\frac{n!}{(n-k)!}\frac{1}{n^k}=1$

② $\lim_{n\to\infty}(1-\frac{\mu}{n})^k=1^k=1$, 왜냐하면 $\lim_{n\to\infty}\frac{\mu}{n}=0$

③ $\lim_{n\to\infty}(1+\frac{1}{n})^n=e$ 임을 이용하여,

$$\lim_{n\to\infty}(1-\frac{\mu}{n})^n=\lim_{n\to\infty}(1-\frac{\mu}{n})^{[-\frac{n}{\mu}(-\frac{\mu}{n})]n}=e^{-\frac{\mu}{n}n}=e^{-\mu}$$

그러므로 $f(x)=\lim_{n\to\infty}P(X=k)=\frac{\mu^k}{k!}\lim_{n\to\infty}\frac{n!}{(n-k)!}\frac{1}{n^k}\frac{(1-\frac{\mu}{n})^n}{(1-\frac{\mu}{n})^k}$

$$=\frac{\mu^k}{k!}\lim_{n\to\infty}1\frac{e^{-\mu}}{1}=\frac{\mu^k e^{-\mu}}{k!}$$

▣ 포아송 분포의 평균 유도 과정

$$E(X)=\sum_{x=0}^{\infty}xf(x)=\sum_{x=1}^{\infty}x\frac{e^{-\mu}\mu^x}{x!}=\sum_{x=1}^{\infty}\mu\frac{e^{-\mu}\mu^{x-1}}{(x-1)!}=\mu\sum_{x=0}^{\infty}\frac{e^{-\mu}\mu^{x-1}}{(x-1)!}$$

에서 $x-1=t$라 하면,

$$E(X)=\mu\sum_{t=0}^{\infty}\frac{e^{-\mu}\mu^t}{t!}=\mu,\quad \text{여기에서}\ \sum_{t=0}^{\infty}\frac{e^{-\mu}\mu^t}{t!}=1$$

포아송 분포에서 확률을 구하는 방법

첫째, 확률밀도함수를 이용하는 방법
둘째, 포아송 분포표를 이용하는 방법
셋째, EXCEL을 이용하는 방법

예제 9 어느 회사에 오전 10시부터 12시 사이에 1분당 평균 0.4 회의 전화가 걸려 온다고하고 전화가 걸려 오는 횟수는 포아송 분포의 특성을 갖는다고 한다. 이 때, 1분에 2회의 전화가 걸려 올 확률을 구하시오. (단, 확률밀도함수를 이용)

풀이 1 확률밀도함수를 이용하는 방법
포아송 분포의 확률밀도함수에서 평균 $\mu = 0.4$이고, $X = 2$일 때의 확률을 구하는 문제이다. 따라서 $P(X = 2) = \dfrac{e^{-0.4}(0.4)^2}{2!} = 0.0536$이므로 5.36%의 확률을 갖는다.

풀이 2 포아송 분포표를 이용하는 방법
포아송 분포표를 이용하여, 평균 $\mu = 0.4$이고, $X = 2$일 때의 확률을 구하는 문제이다.
따라서 만나는 부분니 구하고자 하는 확률이다.
그러므로 $p(X = 2) = 0.0536$이다.

x \ λ	0.1	0.2	0.3	0.4	0.5	0.6	0.7	0.8	0.9	1.0
0	0.9048	0.8187	0.7408	0.6703	0.6065	0.5488	0.4966	0.4493	0.4066	0.3679
1	0.0905	0.1637	0.2222	0.2681	0.3033	0.3293	0.3476	0.3595	0.3659	0.3679
2	0.0045	0.0164	0.0333	0.0536	0.0758	0.0988	0.1217	0.1438	0.1647	0.1839
3	0.0002	0.0011	0.0033	0.0072	0.0126	0.0198	0.0284	0.0383	0.0494	0.0613
4	0.0000	0.0001	0.0003	0.0007	0.0016	0.0030	0.0050	0.0077	0.0111	0.0153
5	0.0000	0.0000	0.0000	0.0001	0.0002	0.0004	0.0007	0.0012	0.0020	0.0031
6	0.0000	0.0000	0.0000	0.0000	0.0000	0.0000	0.0001	0.0002	0.0003	0.0005
7	0.0000	0.0000	0.0000	0.0000	0.0000	0.0000	0.0000	0.0000	0.0000	0.0001

풀이 3 EXCEL을 이용하는 방법
포아송 분포에서 평균 $\mu = 0.4$이고, $X = 2$일 때의 확률을 구하는 문제이다.

□ 함수마법사/통계/POISSON. DIST 선택 대화상자 내용을 입력 후 확인 클릭

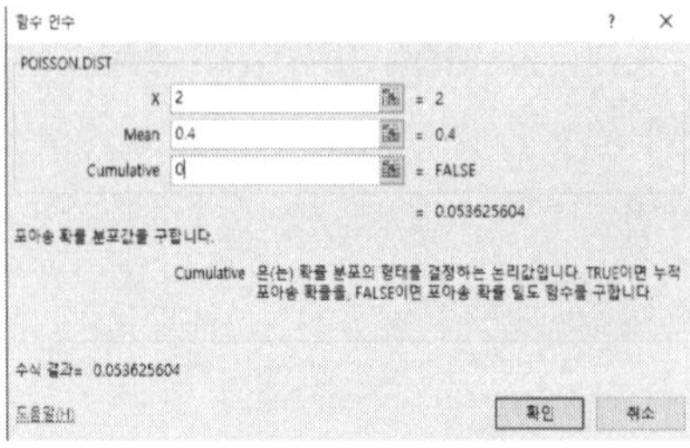

대화상자	의미와 입력 값
X	구하고자 하는 값 2
Mean	평균 0.4
Cumulative	누적 1/ 특정한 값 0

0.0536

따라서 $p(X=2)=0.0536$이다.

예제 10 어느 소방서에 한 달 동안 전화로 걸려 오는 화재 신고의 건수는 평균 5회인 포아송 분포에 따른다고 한다.

(1) 한 달에 한 번 이상 화재 신고 전화가 올 확률은?

(2) 한 달에 2번 이상 4번 이하 화재 신고 전화가 올 확률은 얼마인가?

풀이 포아송 분포의 문제이며, 평균 $\mu=5$이다.

(1) 한 달에 한 번 이상 신고 전화가 올 확률은 $P(X\geq 1)$이고,
$P(X\geq 1)=1-P(X=0)$이므로 EXCEL을 이용하여 $P(X=0)$를 구한다.

□ 함수마법사/통계/POISSON. DIST 선택 대화상자 내용을 입력 후 확인 클릭

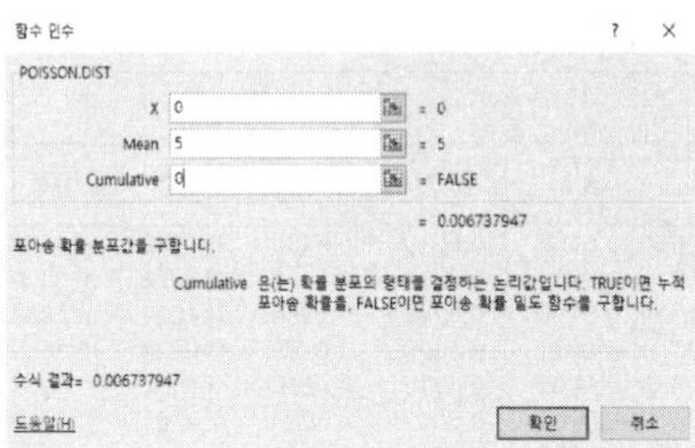

대화상자	의미와 입력 값
X	구하고자 하는 값 0
Mean	평균 5
Cumulative	누적 1/ 특정한 값 0

0.0067

따라서 $P(X\geq 1)=1-P(X=0)=1-0.0067=0.9933$.

(2) 한 달에 2번 이상 4번 이하 신고 전화가 올 확률은 $P(2\leq X\leq 4)$이고
$P(2\leq X\leq 4)=P(X\leq 4)-P(X\leq 1)$이므로 $P(X\leq 4)$와
$P(X\leq 1)$을 구한다.

□ 함수마법사/통계/POISSON. DIST 선택 대화상자 내용을 입력 후 확인 클릭

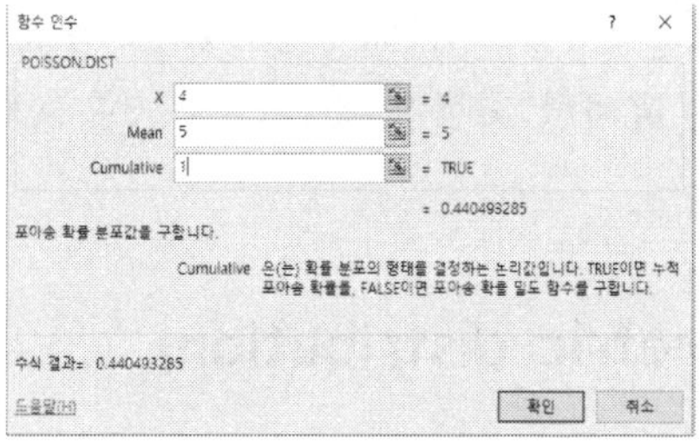

대화상자	의미와 입력 값
X	구하고자 하는 값 4
Mean	평균 5
Cumulative	누적 1/ 특정한 값 0

0.4405

□ 함수마법사/통계/POISSON. DIST 선택 대화상자 내용을 입력 후 확인 클릭

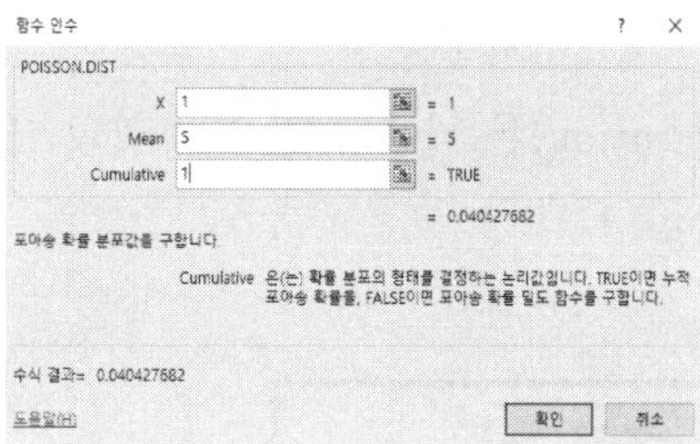

대화상자	의미와 입력 값
X	구하고자 하는 값 1
Mean	평균 5
Cumulative	누적 1/ 특정한 값 0

0.0404

따라서

$$P(2 \le X \le 4) = P(X \le 4) - P(X \le 1) = 0.4405 - 0.0404 = 0.4001.$$

5-2-3. 포아송 분포와 이항분포

이항분포 $X \sim B(n,p)$ 에서 n이 비교적 크고 성공 확률 p가 매우 작은 경우에는 포아송 분포를 사용해서 이항분포의 확률을 근사적으로 구할 수 있다.

〈예〉 이항분포에서 평균 $\mu = np = 2$ 고정, n과 확률 p가 각각 다른 경우 비교

n	p	$P(X=0)$		$P(X=4)$	
		이항분포	포아송 분포	이항분포	포아송 분포
10	0.2	0.1074	0.1353	0.0881	0.0902
20	0.1	0.1216		0.0898	
50	0.04	0.1299		0.0902	
100	0.02	0.1326		0.0902	

따라서 이항분포에서 평균 μ가 일정한 상황에서 n이 크고 확률 p가 매우 작은 경우에는 포아송 분포와 거의 유사한 확률을 갖는다는 것을 알 수 있다.

5-3. 초기하분포(hyper-geometric distribution)

(예제) 주머니에 검은 공 3개가 들어있을 때, 검은 공을 차례대로 1개씩 2개의 공을 꺼내는 경우의 수를 구할 때, 꺼낸 공을 다시 넣고(복원) 꺼내는 경우와 꺼낸 공을 다시 넣지 않고(비 복원) 꺼내는 경우 확률은 서로 다르다.

초기하분포(hyper-geometric distribution)는 다음과 같은 그림의 조건을 만족하는 실험을 할 때 나타나는 확률 분포이다.

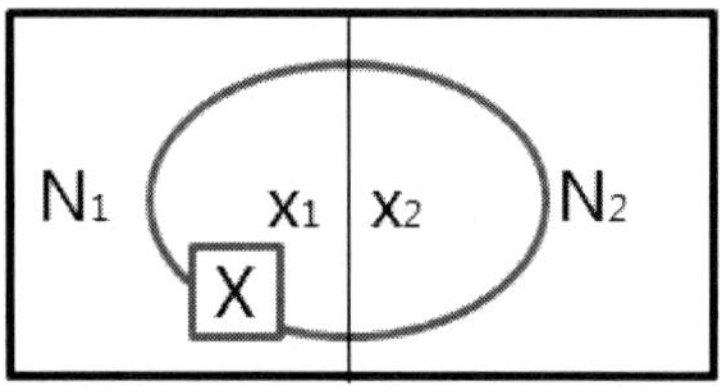

(1) 전체 크기 N 의 유한 모집단 중 크기가 X 인 확률표본을 취한다.
즉 $N = N_1 + N_2$, $X = x_1 + x_2$ 이다.

(2) N개 중 X개는 성공으로, 나머지 $N-X$개에서는 실패로 분류될 수 있다.

초기하분포의 확률 밀도 함수의 정의

$$P(N_1 \text{중}\, x_1, N_2 \text{중}\, x_2) = \frac{{}_{N_1}C_{x_1}\, {}_{N_2}C_{x_2}}{{}_{N_1+N_2}C_{x_1+x_2}}$$

초기하분포는 매 시행마다 발생한 결과가 성공과 실패의 두 가지가 있으나, 표본이 비복원으로 추출되기 때문에 베르누이시행의 조건(매 시행마다 성공 확률이 일정하다는 조건)이 만족되지 않는 경우에 적용될 수 있는 확률모형을 말한다.

이항분포는 같은 실험에서 복원추출인 경우나 모집단의 크기가 무한한 경우에 적용되는 반면, 모집단의 크기가 작은 경우에, 그리고 비 복원추출인 경우에는 초기하 분포로 확률을 구하는 것이 적합하다. 따라서 매 시행이 독립적일 때에는 이항분포, 그리고 매 시행이 종속적일 때에는 초기하분포를 이룬다고 볼 수 있다.

초기하분포에서 확률을 구하는 방법
첫째, 확률밀도함수를 이용하는 방법 둘째, EXCEL을 이용하는 방법

예제 11 어느 회사에서 생산하는 제품 20개 중 5개의 불량품이 있다고 가정할 때, 제품 20개 중 4개를 선택하였을 때, 다음 물음에 답하시오.

(1) 2개가 불량품일 확률

(2) 2개 이하가 불량품일 확률

풀이 1 (1) 구하는 사건을 X라고 하면, 문제로부터 $N=20$, $N_1=15$, $N_2=5$, $x_1+x_2=4$, $x_2=2$인 초기하분포이므로 확률밀도함수를 이용하면 다음과 같다.

$$P(X=2)\text{는 } P(X=2)=\frac{{}_{15}C_2\,{}_5C_2}{{}_{20}C_4}=\frac{(15\times7)(5\times2)}{4845}\fallingdotseq 0.2167.$$

(2) $P(X\le 2)$는 $P(X\le 2)=P(X=0)+P(X=1)+P(X=2)$이다.(?) 따라서

$$\begin{aligned}P(X\le 2)&=P(X=0)+P(X=1)+P(X=2)\\&=\frac{{}_{15}C_4\,{}_5C_0}{{}_{20}C_4}+\frac{{}_{15}C_3\,{}_5C_1}{{}_{20}C_4}+\frac{{}_{15}C_2\,{}_5C_2}{{}_{20}C_4}\\&=\frac{1365}{4845}+\frac{455\times5}{4845}+\frac{105\times10}{4845}=\frac{4690}{4845}=0.9680.\end{aligned}$$

풀이 2 EXCEL을 이용하는 방법

(1) 구하는 사건을 X 라고 하면, 문제로부터 $N=20$, $N_1=15$, $N_2=5$, $x_1+x_2=4$, $x_2=2$인 초기하분포이다.

□ 함수마법사/통계/HYPGEOM. DIST 선택 대화상자 내용을 입력 후 확인 클릭

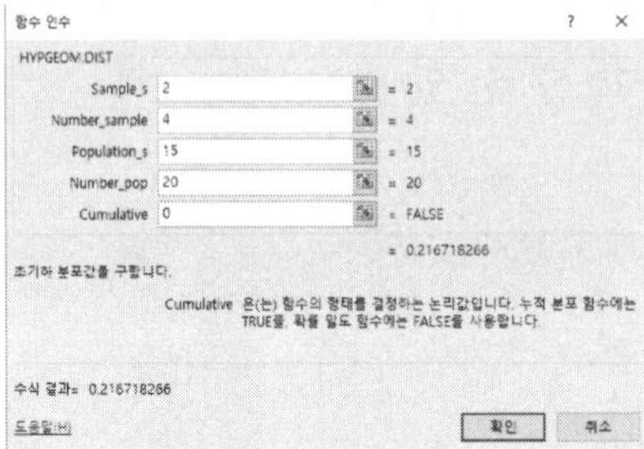

대화상자	의미와 입력 값
Sample_s	구하고자 하는 값 2
Number-sample	표본의 수 4
Population_s	성공 확률의 수 15
Number-pop	모집단의 크기 20
Cumulative	확률밀도함수 0

0.2167

(2) $P(X \leq 2)$는 $P(X \leq 2) = P(X=0) + P(X=1) + P(X=2)$이다.

□ 함수마법사/통계/HYPGEOM. DIST 선택 대화상자 내용을 입력 후 확인 클릭

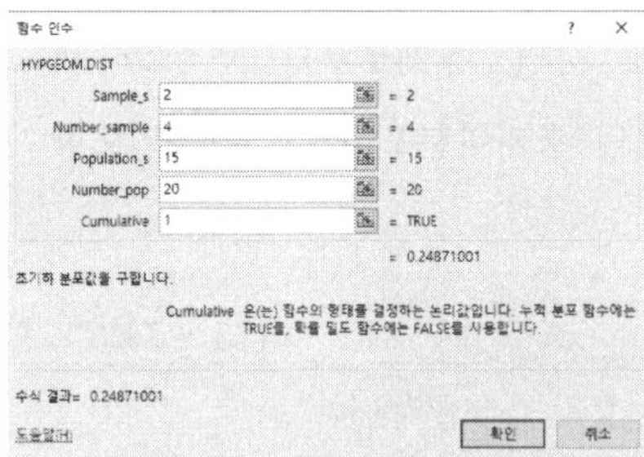

대화상자	의미와 입력 값
Sample_s	구하고자 하는 값 2
Number-sample	표본의 수 4
Population_s	성공 확률의 수 15
Number-pop	모집단의 크기 20
Cumulative	누적밀도함수 1

0.2487

예제 12 어느 센터의 직원 10명 중 여성은 6명이라고 한다. 이 중 비복원추출로 7명을 뽑았을 때, 여성이 4명 나올 확률을 구하시오.

풀이 1 구하는 사건을 A라면,

주어진 문제로부터 $N=10$, $N_1=4$, $N_2=6$, $x_1+x_2=7$, $x_2=4$

$$P(A=4) = \frac{{}_4C_3\,{}_6C_4}{{}_{10}C_7} = \frac{(4)(3\times 5)}{120} = \frac{1}{2}$$

풀이 2 함수마법사/통계/HYPGEOM. DIST 선택 대화상자 내용을 입력 후 확인 클릭

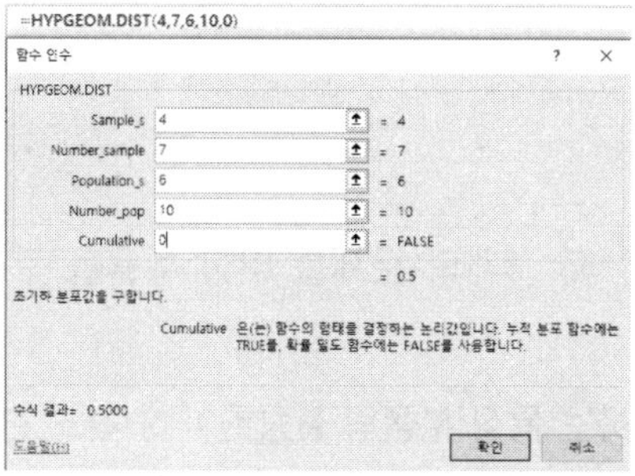

대화상자	의미와 입력 값
Sample_s	구하고자 하는 값 4
Number-sample	표본의 수 7
Population_s	성공 확률의 수 6
Number-pop	모집단의 크기 10
Cumulative	확률밀도함수 0

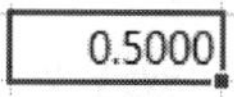

제5장 연습문제

5-1. 25개의 5지 선다형 문제가 있을 때, 3개의 문제를 맞힐 확률을 구하시오.

5-2. 어느 컴퓨터 부품 공장에서 생산하는 특정 부품의 불량률이 5%라고 한다. 검사원이 임의로 25개를 선택했을 때, 다음 물음에 답하시오.

(1) 2개 이하가 불량일 확률을 구하시오.

(2) 2개가 불량일 확률을 구하시오.

(3) 2개 이상이 불량일 확률을 구하시오.

(4) 불량일 기댓값과 분산을 구하시오.

5-3. 고속도로 제1지구 순찰대 담당 구역의 사고 발생 신고 건수는 포아송 분포를 따르며 신고 접수 건수는 24시간 평균 6회이다. 다음 물음에 답하시오.

(1) 오늘 하루 24시간 동안 사고 신고 접수 건수가 1회 미만일 확률을 구하시오.

(2) 오늘 하루 24시간 동안 사고 신고 접수 건수가 3회 이상일 확률을 구하시오.

5-4. 포아송 분포의 분산 $\sigma^2 = V(X) = \mu$을 유도하시오.

5-5. 어느 화장품회사의 제품 30개 중 불량품은 6개이다. 이 중 비복원추출로 6개를 뽑았을 때, 불량품이 2개 이하일 확률을 구하시오.

제6장

연속확률분포(continuous probability distribution)

제5장에서는 이산확률분포에 속하는 분포 중에서 가장 많이 시용하는 이항분포, 포아송분포, 초기하분포에 대하여 알아보았다. 제6장에서는 연속확률변수의 확률분포의 개념과 연속확률분포의 종류에 관하여 설명하도록 하겠다.

이산확률변수와 다르게 길이, 속도, 무게, 부피를 나타내는 단위들은 어떤 일정한 범위에 있는 실수 값을 변수로 취할 수 있으며, 이러한 확률변수를 연속확률변수라 하고, 이러한 확률변수가 이루는 분포를 연속확률분포(continuous probability distribution)라 한다.

연속확률분포에 속하는 분포로는 정규분포(normal distribution), 표준정규분포, T-분포, F-분포, 그리고 χ^2(카이제곱)-분포 등이 있는데, 이장에서는 간단한 예제들을 통하여 이러한 연속확률분포의 기본 개념과 특성, 그리고 EXCEL을 이용하여 확률을 구하는 방법에 대하여 소개하도록 하겠다.

6-1. 확률밀도함수(probability density function)

확률밀도함수(probability density function, $p.d.f$)

확률밀도함수(probability density function, $p.d.f$) $f(x)$는 연속확률변수의 분포를 나타내는 함수를 말한다.

확률밀도함수 $f(x)$는 구간 $[-\infty, \infty]$에 대하여 다음의 조건을 만족해야 한다.

① 모든 실수 x에 대하여, $f(x) \geq 0$

② $P(-\infty \leq X \leq \infty) = \int_{-\infty}^{\infty} f(x)dx = 1$ (곡선과 x축 사이의 넓이 1)

$P(a \leq X \leq b)$: 정적분의 계산 방법

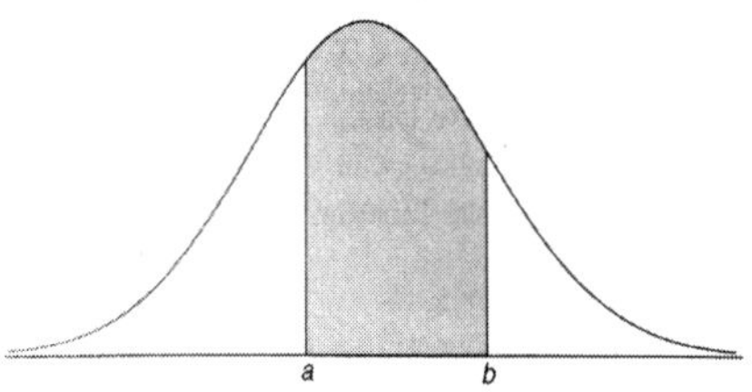

확률밀도함수 $f(x)$와 구간 $[a,b]$에 대하여, 확률변수 X가 구간에 포함될 확률 $P(a \leq X \leq b)$은 a 에서 b 까지 $y=f(x)$와 x 축 사이의 넓이를 나타낸다.

즉 $P(a \leq X \leq b) = \int_{a}^{b} f(x)dx$이다.

〈참고〉 $P(X=a) = P(a \leq X \leq a) = \int_{a}^{a} f(x)dx = 0$

따라서 $P(a \leq X \leq b) = P(a < X \leq b) = P(a \leq X < b) = P(a < X < b)$이다.

예제 1 다음 함수 중 구간 $[0,1]$에서 확률밀도함수가 될 수 있는 것을 모두 고르시오.

(1) $f(x) = x-1$ (2) $f(x) = x+1$

(3) $f(x) = 2-2x$ (4) $f(x) = 2x$

풀이 (1) 구간 $[0,1]$에서 함수 $f(x) = x-1$은 아래의 그래프와 같이 $f(x) < 0$이므로 확률밀도함수가 아니다.

(2) 구간 $[0,1]$에서 함수 $f(x) = x+1$은 아래의 그래프와 같이 $f(x) > 0$이다. 그러나 $\int_{0}^{1} f(x)dx = \int_{0}^{1}(x+1)dx = \left[\frac{1}{2}x^2 + x\right]_0^1 = \frac{1}{2} + 1 = \frac{3}{2} \neq 1$

이다. 따라서 $f(x)=x+1$ 는 구간 $[0,1]$에서 확률밀도함수가 아니다.

(3) 구간 $[0,1]$에서 함수 $f(x)=2-2x$는 아래의 그래프와 같이 $f(x)>0$이다. 또한 $\int_0^1 f(x)dx = \int_0^1 (2-2x)dx = \left[2x-x^2\right]_0^1 = 2-1=1$이다.

따라서 $f(x)=2-2x$ 는 구간 $[0,1]$에서 확률밀도함수이다.

(4) 구간 $[0,1]$에서 함수 $f(x)=2x$는 아래의 그래프와 같이 $f(x)>0$이다.

또한 $\int_0^1 f(x)dx = \int_0^1 2xdx = \left[x^2\right]_0^1 = 1-0=1$이다.

따라서 $f(x)=2x$ 는 구간 $[0,1]$에서 확률밀도함수이다.

(1) $f(x)=x-1$

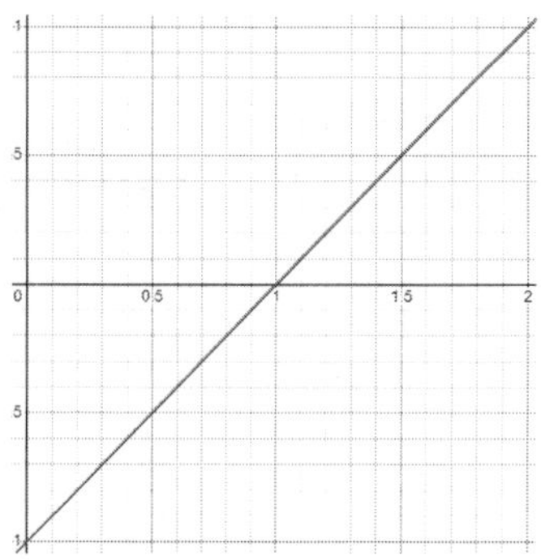

(2) $f(x)=x+1$

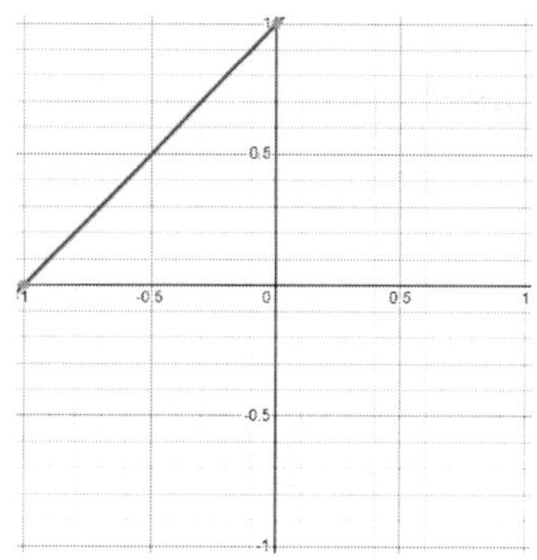

(3) $f(x)=2-2x$

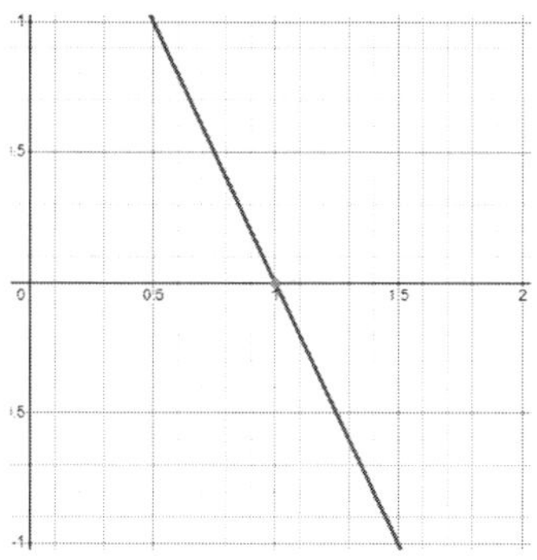

(4) $f(x)=2x$

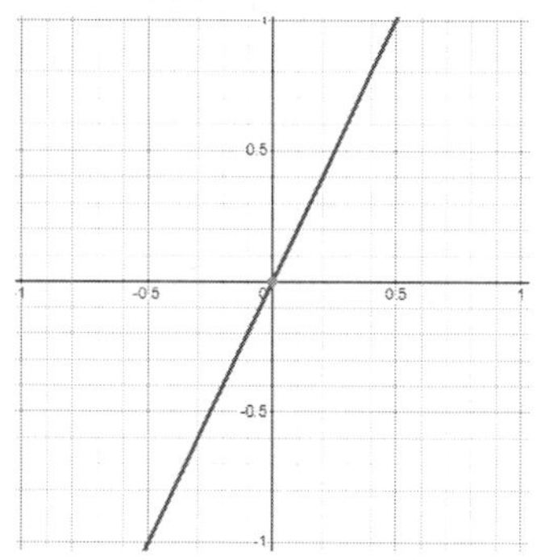

예제 2 확률밀도함수 $f(x)$가 다음과 같을 때,

확률변수 X에 대하여 다음 각각의 물음에 답하시오.

$$f(x)=\begin{cases} ax^2, & 0 \le x \le 1 \\ 0, & x<0, x>1 \end{cases}$$

(1) a 값을 구하시오.

(2) $P(-1 \le X \le \frac{1}{2})$

(3) $P(X \ge 2)$

풀이 (1) $f(x) = ax^2$가 $0 \le x \le 1$에서 확률밀도함수이므로 $\int_0^1 ax^2\,dx = 1$이다.

따라서 $\int_0^1 ax^2\,dx = \left[\frac{1}{3}ax^3\right]_0^1 = \frac{1}{3}a = 1$이며, $a = 3$이다.

(2) $P(-1 \le X \le \frac{1}{2}) = \int_{-1}^{\frac{1}{2}} 3x^2dx = \int_0^{\frac{1}{2}} 3x^2dx = [x^3]_0^{\frac{1}{2}} = \left(\frac{1}{2}\right)^3 = \frac{1}{8}$

(3) $P(X \ge 2) = \int_2^{\infty} 3x^2dx = 0$

예제 3 확률밀도함수 $f(x)$가 다음과 같을 때,
확률변수 X에 대하여 다음 각각의 물음에 답하시오.

$$f(x) = \begin{cases} ae^{-x}, & 0 < x \\ 0, & x \le 0 \end{cases}$$

(1) a 값을 구하시오.

(2) $P(-1 \le X \le 1)$

(3) $P(X \ge 2)$

풀이 (1) $f(x) = ae^{-x}$가 $0 < x$에서 확률밀도함수이므로 $\int_0^{\infty} ae^{-x}\,dx = 1$이다.

그런데 $\int_0^{\infty} ae^{-x}\,dx = \lim_{x \to \infty} \int_0^x ae^{-x}dx = \lim_{x \to \infty} a[-e^{-x}]_0^x$

$= \lim_{x \to \infty} a\left(-\frac{1}{e^x} + \frac{1}{e^0}\right) = a$이므로 $a = 1$이다.

(2) $P(-1 \le X \le 1) = \int_{-1}^1 f(x)dx = \int_0^1 e^{-x}dx$

$= [-e^{-x}]_0^1 = (-e^{-1} + 1) = 1 - \frac{1}{e}$

(3) $P(X \ge 2) = \int_2^{\infty} f(x)dx = \int_2^{\infty} e^{-x}dx$

$= [-e^{-x}]_2^{\infty} = (-e^{-\infty} + e^{-2}) = \frac{1}{e^2}$

6-2. 연속확률분포의 평균과 분산

확률 분포의 기댓값이란 평균값과 같은 개념으로 미래에 발생할 확률이 가장 높은 사건을 의미하는 것이 아니며, 단지 확률변수가 취할 수 있는 모든 값의 평균이라는 의미이다. 또한 기댓값은 보통 $E(X)$ 또는 μ_x 등으로 표시한다.

구분	이산확률분포	연속확률분포
기댓값	$E(X)=\mu_x=\sum_{i=1}^{n} X_i P(X_i)$	$E(X)=\mu_x=\int_{-\infty}^{\infty} xf(x)dx$

예제 4 확률밀도함수 $f(x)=3x^2$(단, $0 \le x \le 1$)일 때, 확률변수 X의 기댓값을 구하시오.

풀이 $E(X)=\mu_x=\int_0^1 xf(x)dx=\int_0^1 3x^3dx=\frac{3}{4}[x^4]_0^1=\frac{3}{4}(1-0)=\frac{3}{4}$

분산은 주로 확률변수들이 기댓값을 중심으로 얼마나 흩어져 있는가를 나타내는 것으로 확률변수 X와 기댓값과의 차이를 제곱한 값의 기댓값으로 계산하며, σ^2 또는 $V(X)$로 표시하며, 표준편차는 σ 또는 $\sqrt{V(X)}$로 표시한다.

구분	방법 1	방법 2
분산	$V(X)=\sigma_x^2=\int_{-\infty}^{\infty}(x-E(X))^2 f(x)dx$	$V(X)=\sigma_x^2=\int_{-\infty}^{\infty} x^2 f(x)dx-[E(X)]^2$

〈참고〉 $V(X)=E((X-E(X))^2)=E(X^2)-[E(X)]^2$

예제 5 확률밀도함수 $f(x)=3x^2$(단, $0 \le x \le 1$)일 때, 확률변수 X의 분산을 구하시오.

풀이 1 분산을 구하는 방법 1에 의하여 [예제 6]에서 평균 $\mu=E(X)=\frac{3}{4}$이다.

따라서 $\sigma^2=V(X)=\int_0^1(x-\mu)^2 f(x)dx=\int_0^1(x-\frac{4}{3})^2 3x^2dx$이며,

전개 및 정적분의 기본 계산 등 복잡한 계산 과정을 거쳐야 한다.

풀이 2 분산을 구하는 방법 2에 의하여 [예제 4]에서 평균 $\mu = E(X) = \dfrac{3}{4}$이다.

또한 $E(X^2) = \int_0^1 x^2 f(x)dx = \int_0^1 3x^4 dx = 3\left[\dfrac{1}{5}x^5\right]_0^1 = \dfrac{3}{5}$이다.

따라서 $V(X) = E(X^2) - [E(X)]^2 = \dfrac{3}{5} - \left(\dfrac{3}{4}\right)^2 = \dfrac{3}{5} - \dfrac{9}{16} = \dfrac{3}{80}$이다.

WITH Excel 정적분의 계산

〈예시〉 연속확률변수 $f(x)$가 다음과 같을 때, 다음 물음에 답하시오.

$$f(x) = \begin{cases} 3x^2, & 0 \le x \le 1 \\ 0, & x < 0, x > 1 \end{cases}$$

(1) $f(x)$는 확률밀도함수임을 확인하시오.
(2) $f(x)$의 평균을 구하시오.
(3) $f(x)$의 분산을 구하시오.

〈풀이〉

(1) 연속확률변수의 확률밀도함수 $f(x)$가 $\int_0^1 f(x)dx = \int_0^1 3x^2 dx = 1$임을 증명하는 문제이므로 함수 $f(x) = 3x^2$, 구간 $0 \le x \le 1$이므로 구분구적법을 이용하여 구한다.
먼저 구간 $0 \le x \le 1$을 25등분하면, 등분 간격 $\Delta x = 0.04$이다.
사각형의 넓이는 (밑변 $\times$ 높이) 이므로 Δx(밑변)$\times f(x)$(높이)를 계산한다.

$S(n)$과 $S(n-1)$을 구한다.
단, $S(n)$: $n=1$에서 맨 끝까지 사각형의 넓이의 합
$S(n-1)$: $n=0$에서 (맨 끝-1)까지 사각형의 넓이의 합

S를 구한다.
단, S는 $S(n)$과 $S(n-1)$의 평균으로 구한다.

=3*C5^2

B	C	D	E	F
f(x)	3x^2		[0, 1]	

n	x	Δx	f(x)	$\Delta x * f(x)$
0	0	0.04	0	0
1	0.04	0.04	0.0048	0.000192
2	0.08	0.04	0.0192	0.000768
3	0.12	0.04	0.0432	0.001728
4	0.16	0.04	0.0768	0.003072
5	0.2	0.04	0.12	0.0048
6	0.24	0.04	0.1728	0.006912
7	0.28	0.04	0.2352	0.009408
8	0.32	0.04	0.3072	0.012288
9	0.36	0.04	0.3888	0.015552
10	0.4	0.04	0.48	0.0192
11	0.44	0.04	0.5808	0.023232
12	0.48	0.04	0.6912	0.027648
13	0.52	0.04	0.8112	0.032448
14	0.56	0.04	0.9408	0.037632
15	0.6	0.04	1.08	0.0432
16	0.64	0.04	1.2288	0.049152
17	0.68	0.04	1.3872	0.055488
18	0.72	0.04	1.5552	0.062208
19	0.76	0.04	1.7328	0.069312
20	0.8	0.04	1.92	0.0768
21	0.84	0.04	2.1168	0.084672
22	0.88	0.04	2.3232	0.092928
23	0.92	0.04	2.5392	0.101568
24	0.96	0.04	2.7648	0.110592
25	1	0.04	3	0.12

여기에서 $S(n)=\sum_{k=1}^{25}(\triangle x \times f(x))$이고, $S(n-1)=\sum_{k=0}^{24}(\triangle x \times f(x))$를 의미함.

〈참고 1, EXCEL을 이용하여 $S(n)$과 $S(n-1)$을 구하는 방법〉

=SUM(F6:F30

D	E	F	G	H	I
	[0, 1]			S(n)	=SUM(F6:F30
					SUM(number
Δx	f(x)	$\Delta x * f(x)$			
0.04	0	0			
0.04	0.0048	0.000192			
0.04	0.0192	0.000768			
0.04	0.0432	0.001728			
0.04	0.0768	0.003072			
0.04	0.12	0.0048			
0.04	0.1728	0.006912			
0.04	0.2352	0.009408			
0.04	0.3072	0.012288			
0.04	0.3888	0.015552			
0.04	0.48	0.0192			
0.04	0.5808	0.023232			
0.04	0.6912	0.027648			
0.04	0.8112	0.032448			
0.04	0.9408	0.037632			
0.04	1.08	0.0432			
0.04	1.2288	0.049152			
0.04	1.3872	0.055488			
0.04	1.5552	0.062208			
0.04	1.7328	0.069312			
0.04	1.92	0.0768			
0.04	2.1168	0.084672			
0.04	2.3232	0.092928			
0.04	2.5392	0.101568			
0.04	2.7648	0.110592			
0.04	3	0.12			

=SUM(F5:F29

D	E	F	G	H	I
	[0, 1]			S(n)	1.0608
				S(n-1)	=SUM(F5:F29
Δx	f(x)	$\Delta x * f(x)$			SUM(number1
0.04	0	0			
0.04	0.0048	0.000192			
0.04	0.0192	0.000768			
0.04	0.0432	0.001728			
0.04	0.0768	0.003072			
0.04	0.12	0.0048			
0.04	0.1728	0.006912			
0.04	0.2352	0.009408			
0.04	0.3072	0.012288			
0.04	0.3888	0.015552			
0.04	0.48	0.0192			
0.04	0.5808	0.023232			
0.04	0.6912	0.027648			
0.04	0.8112	0.032448			
0.04	0.9408	0.037632			
0.04	1.08	0.0432			
0.04	1.2288	0.049152			
0.04	1.3872	0.055488			
0.04	1.5552	0.062208			
0.04	1.7328	0.069312			
0.04	1.92	0.0768			
0.04	2.1168	0.084672			
0.04	2.3232	0.092928			
0.04	2.5392	0.101568			
0.04	2.7648	0.110592			
0.04	3	0.12			

〈참고 2, EXCEL을 이용하여 S를 구하는 방법〉

=AVERAGE(I2:I3

B	C	D	E	F	G	H	I
f(x)	3x^2		[0, 1]			S(n)	1.0608
						S(n-1)	0.9408
n	x	Δx	f(x)	$\Delta x * f(x)$		S	=AVERAGE(I2:I3
0	0	0.04	0	0			AVERAGE(number
1	0.04	0.04	0.0048	0.000192			
2	0.08	0.04	0.0192	0.000768			
3	0.12	0.04	0.0432	0.001728			
4	0.16	0.04	0.0768	0.003072			
5	0.2	0.04	0.12	0.0048			
6	0.24	0.04	0.1728	0.006912			
7	0.28	0.04	0.2352	0.009408			
8	0.32	0.04	0.3072	0.012288			
9	0.36	0.04	0.3888	0.015552			
10	0.4	0.04	0.48	0.0192			
11	0.44	0.04	0.5808	0.023232			
12	0.48	0.04	0.6912	0.027648			
13	0.52	0.04	0.8112	0.032448			
14	0.56	0.04	0.9408	0.037632			
15	0.6	0.04	1.08	0.0432			
16	0.64	0.04	1.2288	0.049152			
17	0.68	0.04	1.3872	0.055488			
18	0.72	0.04	1.5552	0.062208			
19	0.76	0.04	1.7328	0.069312			
20	0.8	0.04	1.92	0.0768			
21	0.84	0.04	2.1168	0.084672			
22	0.88	0.04	2.3232	0.092928			
23	0.92	0.04	2.5392	0.101568			
24	0.96	0.04	2.7648	0.110592			
25	1	0.04	3	0.12			

$$\int_0^1 3x^2\,dx = S$$

$$= 1$$

S(n)	1.0608
S(n-1)	0.9408
S	1.0008

따라서 구간 $0 \le x \le 1$을 **25**등분하면 $S = \int_0^1 f(x)dx = \int_0^1 3x^2 dx = 1.0008$이다.

그러므로 구간 $0 \le x \le 1$의 등분을 크게 하면 정확한 값을 구할 수 있다.

(2) 평균을 구하는 식이 $\mu = \int_0^1 xf(x)dx = \int_0^1 3x^3 dx$이므로 $g(x) = 3x^3$라 하면,

$g(x) = xf(x)$이므로 구간 $0 \le x \le 1$에서 구분구적법을 이용하여 구한다.

먼저 구간 $0 \le x \le 1$을 25등분하면, 등분 간격 $\triangle x = 0.04$이다.

$xf(x)$(높이)와 $\triangle x \times xf(x)$(밑변×높이)를 계산한다.

단, $S(n)$: $n = 1$에서 맨 끝까지 사각형의 넓이의 합

$S(n-1)$: $n = 0$에서 (맨 끝-1)까지 사각형의 넓이의 합

$S : S(n)$과 $S(n-1)$의 평균

=C5*E5

B	C	D	E	F	G
f(x)	3x^2		[0, 1]		g(x)=xf(x)
n	x	Δx	f(x)	Δx * f(x)	x*f(x)
0	0	0.04	0	0	=C5*E5
1	0.04	0.04	0.0048	0.000192	
2	0.08	0.04	0.0192	0.000768	
3	0.12	0.04	0.0432	0.001728	
4	0.16	0.04	0.0768	0.003072	
5	0.2	0.04	0.12	0.0048	
6	0.24	0.04	0.1728	0.006912	
7	0.28	0.04	0.2352	0.009408	
8	0.32	0.04	0.3072	0.012288	
9	0.36	0.04	0.3888	0.015552	
10	0.4	0.04	0.48	0.0192	
11	0.44	0.04	0.5808	0.023232	
12	0.48	0.04	0.6912	0.027648	
13	0.52	0.04	0.8112	0.032448	
14	0.56	0.04	0.9408	0.037632	
15	0.6	0.04	1.08	0.0432	
16	0.64	0.04	1.2288	0.049152	
17	0.68	0.04	1.3872	0.055488	
18	0.72	0.04	1.5552	0.062208	
19	0.76	0.04	1.7328	0.069312	
20	0.8	0.04	1.92	0.0768	
21	0.84	0.04	2.1168	0.084672	
22	0.88	0.04	2.3232	0.092928	
23	0.92	0.04	2.5392	0.101568	
24	0.96	0.04	2.7648	0.110592	
25	1	0.04	3	0.12	

=D5*G5

B	C	D	E	F	G	H
f(x)	3x^2		[0, 1]		g(x)=xf(x)	
n	x	Δx	f(x)	Δx * f(x)	x*f(x)	Δx * xf(x)
0	0	0.04	0	0	0	=D5*G5
1	0.04	0.04	0.0048	0.000192		
2	0.08	0.04	0.0192	0.000768		
3	0.12	0.04	0.0432	0.001728		:
4	0.16	0.04	0.0768	0.003072		
5	0.2	0.04	0.12	0.0048		
6	0.24	0.04	0.1728	0.006912		
7	0.28	0.04	0.2352	0.009408		
8	0.32	0.04	0.3072	0.012288		
9	0.36	0.04	0.3888	0.015552		
10	0.4	0.04	0.48	0.0192		
11	0.44	0.04	0.5808	0.023232		
12	0.48	0.04	0.6912	0.027648		
13	0.52	0.04	0.8112	0.032448		
14	0.56	0.04	0.9408	0.037632		
15	0.6	0.04	1.08	0.0432		
16	0.64	0.04	1.2288	0.049152		
17	0.68	0.04	1.3872	0.055488		
18	0.72	0.04	1.5552	0.062208		
19	0.76	0.04	1.7328	0.069312		
20	0.8	0.04	1.92	0.0768		
21	0.84	0.04	2.1168	0.084672		
22	0.88	0.04	2.3232	0.092928		
23	0.92	0.04	2.5392	0.101568		
24	0.96	0.04	2.7648	0.110592		
25	1	0.04	3	0.12		

〈참고 1, EXCEL을 이용하여 $S(n)$과 $S(n-1)$을 구하는 방법〉

=SUM(H6:H30

D	E	F	G	H	I	J
					S(n)	=SUM(H6:H30
	[0, 1]		g(x)=xf(x)		S(n-1)	SUM(number1,
					S	
Δx	f(x)	$\Delta x * f(x)$	x*f(x)	$\Delta x * xf(x)$		
0.04	0	0	0	0		
0.04	0.0048	0.000192	0.000192	0.00000768		
0.04	0.0192	0.000768	0.001536	0.00006144		
0.04	0.0432	0.001728	0.005184	0.00020736		
0.04	0.0768	0.003072	0.012288	0.00049152		
0.04	0.12	0.0048	0.024	0.00096		
0.04	0.1728	0.006912	0.041472	0.00165888		
0.04	0.2352	0.009408	0.065856	0.00263424		
0.04	0.3072	0.012288	0.098304	0.00393216		
0.04	0.3888	0.015552	0.139968	0.00559872		
0.04	0.48	0.0192	0.192	0.00768		
0.04	0.5808	0.023232	0.255552	0.01022208		
0.04	0.6912	0.027648	0.331776	0.01327104		
0.04	0.8112	0.032448	0.421824	0.01687296		
0.04	0.9408	0.037632	0.526848	0.02107392		
0.04	1.08	0.0432	0.648	0.02592		
0.04	1.2288	0.049152	0.786432	0.03145728		
0.04	1.3872	0.055488	0.943296	0.03773184		
0.04	1.5552	0.062208	1.119744	0.04478976		
0.04	1.7328	0.069312	1.316928	0.05267712		
0.04	1.92	0.0768	1.536	0.06144		
0.04	2.1168	0.084672	1.778112	0.07112448		
0.04	2.3232	0.092928	2.044416	0.08177664		
0.04	2.5392	0.101568	2.336064	0.09344256		
0.04	2.7648	0.110592	2.654208	0.10616832		
0.04	3	0.12	3	0.12		

=SUM(H5:H29

D	E	F	G	H	I	J
					S(n)	0.8112
	[0, 1]		g(x)=xf(x)		S(n-1)	=SUM(H5:H29
					S	SUM(number1,
Δx	f(x)	$\Delta x * f(x)$	x*f(x)	$\Delta x * xf(x)$		
0.04	0	0	0	0		
0.04	0.0048	0.000192	0.000192	0.00000768		
0.04	0.0192	0.000768	0.001536	0.00006144		
0.04	0.0432	0.001728	0.005184	0.00020736		
0.04	0.0768	0.003072	0.012288	0.00049152		
0.04	0.12	0.0048	0.024	0.00096		
0.04	0.1728	0.006912	0.041472	0.00165888		
0.04	0.2352	0.009408	0.065856	0.00263424		
0.04	0.3072	0.012288	0.098304	0.00393216		
0.04	0.3888	0.015552	0.139968	0.00559872		
0.04	0.48	0.0192	0.192	0.00768		
0.04	0.5808	0.023232	0.255552	0.01022208		
0.04	0.6912	0.027648	0.331776	0.01327104		
0.04	0.8112	0.032448	0.421824	0.01687296		
0.04	0.9408	0.037632	0.526848	0.02107392		
0.04	1.08	0.0432	0.648	0.02592		
0.04	1.2288	0.049152	0.786432	0.03145728		
0.04	1.3872	0.055488	0.943296	0.03773184		
0.04	1.5552	0.062208	1.119744	0.04478976		
0.04	1.7328	0.069312	1.316928	0.05267712		
0.04	1.92	0.0768	1.536	0.06144		
0.04	2.1168	0.084672	1.778112	0.07112448		
0.04	2.3232	0.092928	2.044416	0.08177664		
0.04	2.5392	0.101568	2.336064	0.09344256		
0.04	2.7648	0.110592	2.654208	0.10616832		
0.04	3	0.12	3	0.12		

〈참고 2, EXCEL을 이용하여 S를 구하는 방법〉

=AVERAGE(J1:J2

D	E	F	G	H	I	J	K
					S(n)	0.8112	
	[0, 1]		g(x)=xf(x)		S(n-1)	0.6912	
					S	=AVERAGE(J1:J2	
Δx	f(x)	$\Delta x * f(x)$	x*f(x)	$\Delta x * xf(x)$		AVERAGE(numbe	
0.04	0	0	0	0			
0.04	0.0048	0.000192	0.000192	0.00000768			
0.04	0.0192	0.000768	0.001536	0.00006144			
0.04	0.0432	0.001728	0.005184	0.00020736			
0.04	0.0768	0.003072	0.012288	0.00049152			
0.04	0.12	0.0048	0.024	0.00096			
0.04	0.1728	0.006912	0.041472	0.00165888			
0.04	0.2352	0.009408	0.065856	0.00263424			
0.04	0.3072	0.012288	0.098304	0.00393216			
0.04	0.3888	0.015552	0.139968	0.00559872			
0.04	0.48	0.0192	0.192	0.00768			
0.04	0.5808	0.023232	0.255552	0.01022208			
0.04	0.6912	0.027648	0.331776	0.01327104			
0.04	0.8112	0.032448	0.421824	0.01687296			
0.04	0.9408	0.037632	0.526848	0.02107392			
0.04	1.08	0.0432	0.648	0.02592			
0.04	1.2288	0.049152	0.786432	0.03145728			
0.04	1.3872	0.055488	0.943296	0.03773184			
0.04	1.5552	0.062208	1.119744	0.04478976			
0.04	1.7328	0.069312	1.316928	0.05267712			
0.04	1.92	0.0768	1.536	0.06144			
0.04	2.1168	0.084672	1.778112	0.07112448			
0.04	2.3232	0.092928	2.044416	0.08177664			
0.04	2.5392	0.101568	2.336064	0.09344256			
0.04	2.7648	0.110592	2.654208	0.10616832			
0.04	3	0.12	3	0.12			

따라서 평균 μ는 다음과 같다.

$$\mu = \int_0^1 xf(x)dx = \int_0^1 3x^3 dx = 0.75$$

(3) 분산을 구하는 식이 $\sigma^2 = \int_0^1 (x-\mu)^2 f(x)dx = \int_0^1 x^2 f(x)dx - \mu^2$이므로

먼저 $\int_0^1 x^2 f(x)dx$를 구한 후 μ^2을 빼면 분산 σ^2을 계산하면 된다.

따라서 $\int_0^1 x^2 f(x)dx$는 위의 (1), (2)와 마찬가지 방법으로 EXCEL을 이용한다.

〈참고 1, EXCEL을 이용하여 $\int_0^1 x^2 f(x)dx$는 $S(n)$과 $S(n-1)$을 구하는 방법〉

=SUM(J6:J30

D	E	F	G	H	I	J	K	L
					S(n)	0.8112	S(n)	=SUM(J6:J30
	[0, 1]		g(x)=xf(x)		S(n-1)	0.6912	S(n-1)	SUM(number
					S(평균)	0.75	S	
Δx	f(x)	$\Delta x * f(x)$	x*f(x)	$\Delta x * xf(x)$	x^2*f(x)	$\Delta x * x^2f(x)$		
0.04	0	0	0	0	0	0		
0.04	0.0048	0.000192	0.000192	0.00000768	7.68E-06	3.072E-07		
0.04	0.0192	0.000768	0.001536	0.00006144	0.000123	4.9152E-06		
0.04	0.0432	0.001728	0.005184	0.00020736	0.000622	2.48832E-05		
0.04	0.0768	0.003072	0.012288	0.00049152	0.001966	7.86432E-05		
0.04	0.12	0.0048	0.024	0.00096	0.0048	0.000192		
0.04	0.1728	0.006912	0.041472	0.00165888	0.009953	0.000398131		
0.04	0.2352	0.009408	0.065856	0.00263424	0.01844	0.000737587		
0.04	0.3072	0.012288	0.098304	0.00393216	0.031457	0.001258291		
0.04	0.3888	0.015552	0.139968	0.00559872	0.050388	0.002015539		
0.04	0.48	0.0192	0.192	0.00768	0.0768	0.003072		
0.04	0.5808	0.023232	0.255552	0.01022208	0.112443	0.004497715		
0.04	0.6912	0.027648	0.331776	0.01327104	0.159252	0.006370099		
0.04	0.8112	0.032448	0.421824	0.01687296	0.219348	0.008773939		
0.04	0.9408	0.037632	0.526848	0.02107392	0.295035	0.011801395		
0.04	1.08	0.0432	0.648	0.02592	0.3888	0.015552		
0.04	1.2288	0.049152	0.786432	0.03145728	0.503316	0.020132659		
0.04	1.3872	0.055488	0.943296	0.03773184	0.641441	0.025657651		
0.04	1.5552	0.062208	1.119744	0.04478976	0.806216	0.032248627		
0.04	1.7328	0.069312	1.316928	0.05267712	1.000865	0.040034611		
0.04	1.92	0.0768	1.536	0.06144	1.2288	0.049152		
0.04	2.1168	0.084672	1.778112	0.07112448	1.493614	0.059744563		
0.04	2.3232	0.092928	2.044416	0.08177664	1.799086	0.071963443		
0.04	2.5392	0.101568	2.336064	0.09344256	2.149179	0.085967155		
0.04	2.7648	0.110592	2.654208	0.10616832	2.54804	0.101921587		
0.04	3	0.12	3	0.12	3	0.12		

=SUM(J5:J29

D	E	F	G	H	I	J	K	L
					S(n)	0.8112	S(n)	0.6616
	[0, 1]		g(x)=xf(x)		S(n-1)	0.6912	S(n-1)	=SUM(J5:J29
					S(평균)	0.75	S	SUM(number
Δx	f(x)	$\Delta x * f(x)$	x*f(x)	$\Delta x * xf(x)$	x^2*f(x)	$\Delta x * x^2f(x)$		
0.04	0	0	0	0	0	0		
0.04	0.0048	0.000192	0.000192	0.00000768	7.68E-06	3.072E-07		
0.04	0.0192	0.000768	0.001536	0.00006144	0.000123	4.9152E-06		
0.04	0.0432	0.001728	0.005184	0.00020736	0.000622	2.48832E-05		
0.04	0.0768	0.003072	0.012288	0.00049152	0.001966	7.86432E-05		
0.04	0.12	0.0048	0.024	0.00096	0.0048	0.000192		
0.04	0.1728	0.006912	0.041472	0.00165888	0.009953	0.000398131		
0.04	0.2352	0.009408	0.065856	0.00263424	0.01844	0.000737587		
0.04	0.3072	0.012288	0.098304	0.00393216	0.031457	0.001258291		
0.04	0.3888	0.015552	0.139968	0.00559872	0.050388	0.002015539		
0.04	0.48	0.0192	0.192	0.00768	0.0768	0.003072		
0.04	0.5808	0.023232	0.255552	0.01022208	0.112443	0.004497715		
0.04	0.6912	0.027648	0.331776	0.01327104	0.159252	0.006370099		
0.04	0.8112	0.032448	0.421824	0.01687296	0.219348	0.008773939		
0.04	0.9408	0.037632	0.526848	0.02107392	0.295035	0.011801395		
0.04	1.08	0.0432	0.648	0.02592	0.3888	0.015552		
0.04	1.2288	0.049152	0.786432	0.03145728	0.503316	0.020132659		
0.04	1.3872	0.055488	0.943296	0.03773184	0.641441	0.025657651		
0.04	1.5552	0.062208	1.119744	0.04478976	0.806216	0.032248627		
0.04	1.7328	0.069312	1.316928	0.05267712	1.000865	0.040034611		
0.04	1.92	0.0768	1.536	0.06144	1.2288	0.049152		
0.04	2.1168	0.084672	1.778112	0.07112448	1.493614	0.059744563		
0.04	2.3232	0.092928	2.044416	0.08177664	1.799086	0.071963443		
0.04	2.5392	0.101568	2.336064	0.09344256	2.149179	0.085967155		
0.04	2.7648	0.110592	2.654208	0.10616832	2.54804	0.101921587		
0.04	3	0.12	3	0.12	3	0.12		

〈참고 2, EXCEL을 이용하여 $\int_0^1 x^2 f(x)dx$의 S를 구하는 방법〉

=AVERAGE(L1:L2

D	E	F	G	H	I	J	K	L	M
					S(n)	0.8112	S(n)	0.6616	
	[0, 1]		g(x)=xf(x)		S(n-1)	0.6912	S(n-1)	0.5416	
					S(평균)	0.75	S	=AVERAGE(L1:L2	
Δx	f(x)	$\Delta x * f(x)$	x*f(x)	$\Delta x * xf(x)$	x^2*f(x)	$\Delta x * x^2f(x)$		AVERAGE(number	
0.04	0	0	0	0	0	0			
0.04	0.0048	0.000192	0.000192	0.00000768	7.68E-06	3.072E-07			
0.04	0.0192	0.000768	0.001536	0.00006144	0.000123	4.9152E-06			
0.04	0.0432	0.001728	0.005184	0.00020736	0.000622	2.48832E-05			
0.04	0.0768	0.003072	0.012288	0.00049152	0.001966	7.86432E-05			
0.04	0.12	0.0048	0.024	0.00096	0.0048	0.000192			
0.04	0.1728	0.006912	0.041472	0.00165888	0.009953	0.000398131			
0.04	0.2352	0.009408	0.065856	0.00263424	0.01844	0.000737587			
0.04	0.3072	0.012288	0.098304	0.00393216	0.031457	0.001258291			
0.04	0.3888	0.015552	0.139968	0.00559872	0.050388	0.002015539			
0.04	0.48	0.0192	0.192	0.00768	0.0768	0.003072			
0.04	0.5808	0.023232	0.255552	0.01022208	0.112443	0.004497715			
0.04	0.6912	0.027648	0.331776	0.01327104	0.159252	0.006370099			
0.04	0.8112	0.032448	0.421824	0.01687296	0.219348	0.008773939			
0.04	0.9408	0.037632	0.526848	0.02107392	0.295035	0.011801395			
0.04	1.08	0.0432	0.648	0.02592	0.3888	0.015552			
0.04	1.2288	0.049152	0.786432	0.03145728	0.503316	0.020132659			
0.04	1.3872	0.055488	0.943296	0.03773184	0.641441	0.025657651			
0.04	1.5552	0.062208	1.119744	0.04478976	0.806216	0.032248627			
0.04	1.7328	0.069312	1.316928	0.05267712	1.000865	0.040034611			
0.04	1.92	0.0768	1.536	0.06144	1.2288	0.049152			
0.04	2.1168	0.084672	1.778112	0.07112448	1.493614	0.059744563			
0.04	2.3232	0.092928	2.044416	0.08177664	1.799086	0.071963443			
0.04	2.5392	0.101568	2.336064	0.09344256	2.149179	0.085967155			
0.04	2.7648	0.110592	2.654208	0.10616832	2.54804	0.101921587			
0.04	3	0.12	3	0.12	3	0.12			

따라서 $\int_0^1 x^2 f(x)dx = 0.6$이다.

그러므로 $\sigma^2 = \int_0^1 x^2 f(x)dx - \mu^2$

$= 0.6 - (0.75)^2$

$= 0.0375$

이다.

예제 6 확률밀도함수 $f(x)$가 다음과 같을 때, 다음 물음에 답하시오.

$$f(x) = 3^{-x}, \text{ 단 } 0 < x < \infty$$

(1) 확률밀도함수임을 확인하시오.

(2) 평균을 구하시오.

(3) 분산을 구하시오.

풀이 (1) 확률밀도함수임을 확인하는 문제는 $\int_0^\infty f(x)dx = 1$임을 확인하는 문제이므로 EXCEL을 이용하여 구하면 다음과 같다.

=AVERAGE(I2:I3)

f(x)=3^(-x) (0,)

H	I
s(n)	0.5
s(n-1)	1.5
s	1

n	x	dx	f(x)	dx*f(x)
0	0	1	1	1
1	1	1	0.333333	0.333333
2	2	1	0.111111	0.111111
3	3	1	0.037037	0.037037
4	4	1	0.012346	0.012346
5	5	1	0.004115	0.004115
6	6	1	0.001372	0.001372
7	7	1	0.000457	0.000457
8	8	1	0.000152	0.000152
9	9	1	5.08E-05	5.08E-05
10	10	1	1.69E-05	1.69E-05
11	11	1	5.65E-06	5.65E-06
12	12	1	1.88E-06	1.88E-06
13	13	1	6.27E-07	6.27E-07
14	14	1	2.09E-07	2.09E-07
15	15	1	6.97E-08	6.97E-08
16	16	1	2.32E-08	2.32E-08
17	17	1	7.74E-09	7.74E-09
18	18	1	2.58E-09	2.58E-09
19	19	1	8.6E-10	8.6E-10
20	20	1	2.87E-10	2.87E-10

(2) 평균은 $\mu = \int_0^\infty xf(x)dx$을 구하는 문제이므로 EXCEL을 이용하여 구하면 다음과 같다.

=AVERAGE(I2:I3)

f(x)=3^(-x)　(0,)

s(n)	0.75
s(n-1)	0.75
s	0.75

n	x	dx	f(x)	dx*f(x)	x*f(x)	dx*xf(x)
0	0	1	1	1	0	0
1	1	1	0.333333	0.333333	0.333333	0.333333
2	2	1	0.111111	0.111111	0.222222	0.222222
3	3	1	0.037037	0.037037	0.111111	0.111111
4	4	1	0.012346	0.012346	0.049383	0.049383
5	5	1	0.004115	0.004115	0.020576	0.020576
6	6	1	0.001372	0.001372	0.00823	0.00823
7	7	1	0.000457	0.000457	0.003201	0.003201
8	8	1	0.000152	0.000152	0.001219	0.001219
9	9	1	5.08E-05	5.08E-05	0.000457	0.000457
10	10	1	1.69E-05	1.69E-05	0.000169	0.000169
11	11	1	5.65E-06	5.65E-06	6.21E-05	6.21E-05
12	12	1	1.88E-06	1.88E-06	2.26E-05	2.26E-05
13	13	1	6.27E-07	6.27E-07	8.15E-06	8.15E-06
14	14	1	2.09E-07	2.09E-07	2.93E-06	2.93E-06
15	15	1	6.97E-08	6.97E-08	1.05E-06	1.05E-06
16	16	1	2.32E-08	2.32E-08	3.72E-07	3.72E-07
17	17	1	7.74E-09	7.74E-09	1.32E-07	1.32E-07
18	18	1	2.58E-09	2.58E-09	4.65E-08	4.65E-08
19	19	1	8.6E-10	8.6E-10	1.63E-08	1.63E-08
20	20	1	2.87E-10	2.87E-10	5.74E-09	5.74E-09

따라서 $\mu = \int_0^\infty xf(x)dx = 0.75$ 이다.

(3) 분산은 $\sigma^2 = \int_0^\infty x^2 f(x)dx - \mu^2$ 을 구하는 문제이므로 EXCEL을 이용하여 구하면 다음과 같다.

=AVERAGE(I2:I3

f(x)=3^(-x)　(0,)

s(n)	1.5
s(n-1)	1.5

=AVERAGE(I2:I3

n	x	dx	f(x)	dx*f(x)	x*f(x)	dx*xf(x)	AVERAGE(number1, [number2], ...)		x)
0	0	1	1	1	0	0	0	0	0
1	1	1	0.333333	0.333333	0.333333	0.333333	1	0.333333	0.33333333
2	2	1	0.111111	0.111111	0.222222	0.222222	4	0.444444	0.44444444
3	3	1	0.037037	0.037037	0.111111	0.111111	9	0.333333	0.33333333
4	4	1	0.012346	0.012346	0.049383	0.049383	16	0.197531	0.19753086
5	5	1	0.004115	0.004115	0.020576	0.020576	25	0.102881	0.10288066
6	6	1	0.001372	0.001372	0.00823	0.00823	36	0.049383	0.04938272
7	7	1	0.000457	0.000457	0.003201	0.003201	49	0.022405	0.02240512
8	8	1	0.000152	0.000152	0.001219	0.001219	64	0.009755	0.00975461
9	9	1	5.08E-05	5.08E-05	0.000457	0.000457	81	0.004115	0.00411523
10	10	1	1.69E-05	1.69E-05	0.000169	0.000169	100	0.001694	0.00169351
11	11	1	5.65E-06	5.65E-06	6.21E-05	6.21E-05	121	0.000683	0.00068305
12	12	1	1.88E-06	1.88E-06	2.26E-05	2.26E-05	144	0.000271	0.00027096
13	13	1	6.27E-07	6.27E-07	8.15E-06	8.15E-06	169	0.000106	0.000106
14	14	1	2.09E-07	2.09E-07	2.93E-06	2.93E-06	196	4.1E-05	4.0979E-05
15	15	1	6.97E-08	6.97E-08	1.05E-06	1.05E-06	225	1.57E-05	1.5681E-05
16	16	1	2.32E-08	2.32E-08	3.72E-07	3.72E-07	256	5.95E-06	5.947E-06
17	17	1	7.74E-09	7.74E-09	1.32E-07	1.32E-07	289	2.24E-06	2.2379E-06
18	18	1	2.58E-09	2.58E-09	4.65E-08	4.65E-08	324	8.36E-07	8.363E-07
19	19	1	8.6E-10	8.6E-10	1.63E-08	1.63E-08	361	3.11E-07	3.106E-07
20	20	1	2.87E-10	2.87E-10	5.74E-09	5.74E-09	400	1.15E-07	1.1472E-07

따라서

$$\sigma^2 = \int_0^\infty x^2 f(x)dx - \mu^2 = 1.5 - (0.75)^2 = \frac{3}{2} - \frac{9}{16} = \frac{33}{16} = 2\frac{1}{16}$$ 이다.

6-3. 연속확률분포

6-3-1. 균등분포(Uniform distribution)

균등분포(Uniform distribution)

확률밀도함수 $f(x) = \begin{cases} \dfrac{1}{b-a} & \text{단}, a \le x \le b \\ 0 & \text{단}, x < a,\ x > b \end{cases}$ 인 연속확률분포를 말한다.

〈기호〉 $X \sim U(a,b)$

〈참고〉

균등분포 그래프

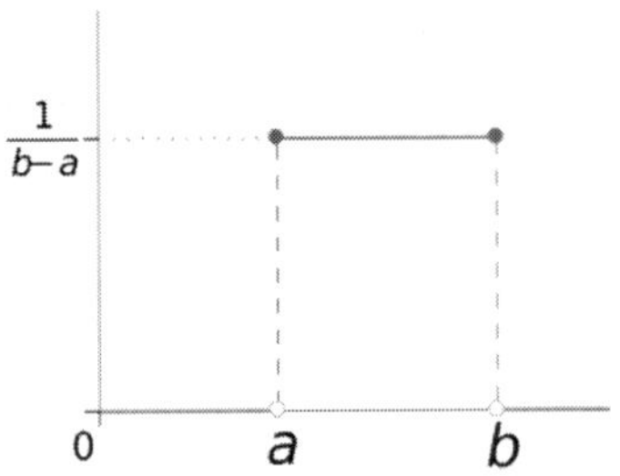

연속확률변수에서의 확률은 확률 밀도로 표현되고 확률 밀도는 넓이를 의미한다. 이때, 전체 확률 밀도는 1이므로 $(b-a)f(x) = 1$이다.

따라서 $f(x) = \dfrac{1}{b-a}$ 이다.

균등분포의 평균과 분산은 다음과 같다.
평균의 정의에 의하여 다음과 같이 계산하면 된다.

$$\mu = E(X) = \int_a^b xf(x)dx = \int_a^b \frac{1}{b-a} x dx = \frac{1}{b-a}\left[\frac{1}{2}x^2\right]_a^b$$

$$= \frac{1}{2(b-a)}(b^2 - a^2) = \frac{1}{2(b-a)}(b-a)(b+a) = \frac{b+a}{2}$$

즉 평균 $\mu = E(X)$는 $\mu = E(X) = \dfrac{b+a}{2}$ 이다.

분산은 분산의 계산 방법 2에 의하여 다음과 같이 계산하면 된다.

$$E(X^2) = \int_a^b x^2 f(x)dx = \int_a^b \frac{1}{b-a}x^2 dx = \frac{1}{b-a}\left[\frac{1}{3}x^3\right]_a^b = \frac{1}{3(b-a)}(b^3 - a^3)$$

$$= \frac{1}{3(b-a)}(b-a)(b^2 + ba + a^2) = \frac{b^2 + ba + a^2}{3}$$

$$\sigma^2 = V(X) = E(X^2) - [E(X)]^2 = \frac{b^2 + ba + a^2}{3} - \left(\frac{b+a}{2}\right)^2$$

$$= \frac{b^2 + ba + a^2}{3} - \frac{b^2 + 2ba + a^2}{4} = \frac{4b^2 + 4ba + 4a^2 - 3b^2 - 6ba - 3a^2}{12}$$

$$= \frac{b^2 - 2ba + a^2}{12} = \frac{(b-a)^2}{12}$$

따라서 분산 $\sigma^2 = V(X) = \dfrac{(b-a)^2}{12}$이다.

예제 7 확률밀도함수 $f(x) = \dfrac{1}{4}$(단, $1 \le x \le 5$)일 때, 다음을 구하시오.

(1) $P(1 \le X \le 2)$ (2) $P(3 \le X)$ (3) 평균 (4) 분산

풀이 1 (1) $P(1 \le X \le 2) = \displaystyle\int_1^2 f(x)dx = \int_1^2 \frac{1}{4}dx = [\frac{1}{4}x]_1^2 = \frac{1}{4}(2-1) = \frac{1}{4}$

(2) $P(3 \le X) = P(3 \le X \le 5) = \displaystyle\int_3^5 f(x)dx = \int_3^5 \frac{1}{4}dx$

$$= \left[\frac{1}{4}x\right]_3^5 = \frac{1}{4}(5-3) = \frac{1}{2}$$

(3) 평균을 구하면 다음과 같다.

$$E(X) = \mu_x = \int_1^5 xf(x)dx = \int_1^5 \frac{1}{4}xdx$$

$$= \frac{1}{4}\left[\frac{1}{2}x^2\right]_1^5 = \frac{1}{8}(25-1) = \frac{24}{8} = 3$$

(4) 분산을 구하는 방법 중 2번째 방법을 이용하면 다음과 같다.

$$E(X^2) = \int_1^5 x^2 f(x)dx = \int_1^5 \frac{1}{4}x^2 dx$$

$$= \frac{1}{4}\left[\frac{1}{3}x^3\right]_1^5 = \frac{1}{12}(125-1) = \frac{124}{12} = 10\frac{1}{3}$$

따라서 $V(X) = E(X^2) - [E(X)]^2 = 10\frac{1}{3} - (3)^2 = 1\frac{1}{3} = \frac{4}{3}$ 이다.

6-3-2. 정규분포(Normal Distribution)

정규분포는 정규곡선으로부터 유래한 분포로서 도수분포곡선이 평균값을 중앙으로 하여 좌우대칭인 종 모양을 이루는 것으로 19세기 초 가우스(Karl F. Gauss)가 물리 계측의 오차를 계산하는 과정에서 도입된 확률 분포로서 가우스분포 또는 오차분포라고도 하며, 그 곡선을 가우스곡선 또는 오차곡선이라 한다. 또한 A.J. 케틀레가 통계에 이용하였으므로 이것을 케틀레 곡선이라고도 한다. 이들 자료의 분포가 이 곡선과 가까운 형태를 지니고 있어야 정상이고, 그렇지 않은 경우에는 자료 수집 과정에 이상이 있다고 생각했기 때문에, 이 분포에 "정규(normal)" 라는 이름을 붙이게 되었다. 그 후 정규분포의 개념은 자연과학뿐만 아니라, 인문 사회과학 분야 등 모든 분야에서 많이 사용되고 있다.

정규분포의 확률밀도함수 $f(x)$: 정규분포곡선

$$f(x) = \frac{1}{\sqrt{2\pi}\,\sigma} e^{-\frac{(x-\mu)^2}{2\sigma^2}} \quad \text{단, } -\infty < x < \infty$$

$where, \mu$: 평균, σ : 표준편차, $\pi \fallingdotseq 3.14$, $e \fallingdotseq 2.72$

확률변수 X는 평균이 μ 이고, 분산이 σ^2인 정규분포 $N(\mu, \sigma^2)$를 따른다.

〈기호〉 $X \sim N(\mu, \sigma^2)$

정규분포의 확률밀도함수 특징

첫째, 직선 $x = \mu$ 에 대하여 대칭이고 종모양

둘째, 중앙값과 평균, 최빈값이 같다.

셋째, 왜도는 0이고, 첨도는 3이다.

넷째, 정규분포는 평균 $x = \mu$에서 최대이며, 양쪽 꼬리 부분은 무한히 뻗어나가지만 x축과 만나지 않는다.

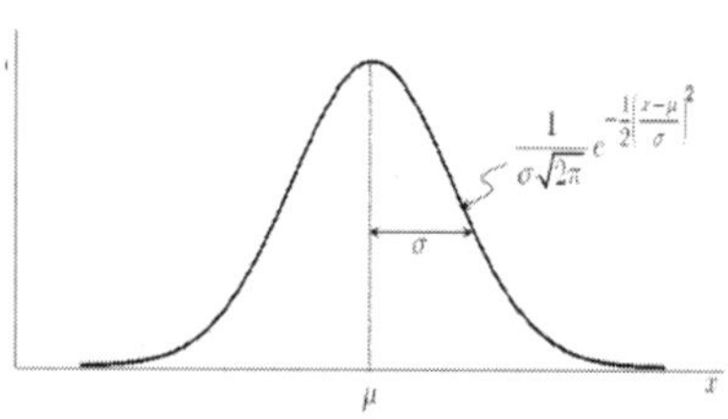

〈참고〉 직선 $x=\mu$에 대하여 대칭이므로 $P(X<\mu)=P(X>\mu)=0.5$이고,

$P(-\infty \le X \le \infty)=\int_{-\infty}^{\infty} f(x)dx=1$이다.

〈참고〉 정적분의 계산 : $\int_{0}^{\infty} e^{-x^2}dx=\frac{\sqrt{\pi}}{2}$, 단 $\sqrt{\pi} \fallingdotseq 1.77$ & $\frac{\sqrt{\pi}}{2} \fallingdotseq 0.88$

$\int_{0}^{\infty} e^{-x^2}dx=\frac{\sqrt{\pi}}{2}$이므로 $\int_{-\infty}^{\infty} e^{-x^2}dx=\sqrt{\pi}$이다. [입력 : e^{-x^2}=EXP(-(x^2))]

WITH Excel 정적분의 계산 $\int_{0}^{\infty} e^{-x^2}dx=\frac{\sqrt{\pi}}{2}$

=AVERAGE(H2:H3)

B	C	D	E	F	G	H
f(x)=e^(-(x^2))					S(n)	0.386318602
					S(n-1)	1.386318602
n	x	dx	f(x)	dx*f(x)	S	0.886318602
0	0	1	1	1		
1	1	1	0.367879	0.367879		
2	2	1	0.018316	0.018316		
3	3	1	0.000123	0.000123		
4	4	1	1.13E-07	1.13E-07		
5	5	1	1.39E-11	1.39E-11		
6	6	1	2.32E-16	2.32E-16		
7	7	1	5.24E-22	5.24E-22		
8	8	1	1.6E-28	1.6E-28		
9	9	1	6.64E-36	6.64E-36		
10	10	1	3.72E-44	3.72E-44		
11	11	1	2.82E-53	2.82E-53		
12	12	1	2.89E-63	2.89E-63		
13	13	1	4.02E-74	4.02E-74		
14	14	1	7.56E-86	7.56E-86		
15	15	1	1.92E-98	1.92E-98		
16	16	1	6.6E-112	6.6E-112		
17	17	1	3.1E-126	3.1E-126		
18	18	1	1.9E-141	1.9E-141		
19	19	1	1.7E-157	1.7E-157		
20	20	1	1.9E-174	1.9E-174		
21	21	1	3E-192	3E-192		
22	22	1	6.3E-211	6.3E-211		
23	23	1	1.8E-230	1.8E-230		
24	24	1	7E-251	7E-251		
25	25	1	3.7E-272	3.7E-272		

예제 8 어떤 학급에서 수학 시험을 치른 결과, 문제가 어렵게 출제되어 $N(50, 5^2)$인 정규분포를 이루었다고 할 때, 다음 물음에 맞는 확률을 구하시오.

(1) 수학 성적을 40점 이하 맞은 확률

(2) 수학 성적을 50점 이상 55점 이하 맞은 확률

(3) 수학 성적을 60점 이상 맞은 확률

풀이 1 ▣ EXCEL/함수마법사/통계/NORM. DIST(누적 확률)/확인

(1) 수학 성적을 확률변수 X라고 하면, 수학 성적을 40점 이하 맞은 확률은 식으로 표현하면 $P(X \le 40)$이다.

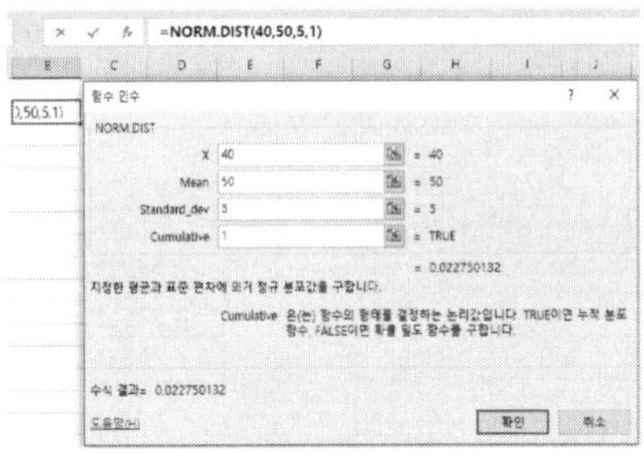

대화상자	의미와 입력 값
X	구하고자 하는 값 40
Mean	평균 50
Standard_dev	표준편차 5
Cumulative	누적 분포 1

$P(X \le 40) = 0.0228$

(2) 수학 성적을 확률변수 X라고 하면, 수학 성적을 40점 이하 맞은 확률은 식으로 표현하면

$$P(50 \le X \le 55) = P(X \le 55) - P(X \le 50) = P(X \le 55) - 0.5$$

이다.

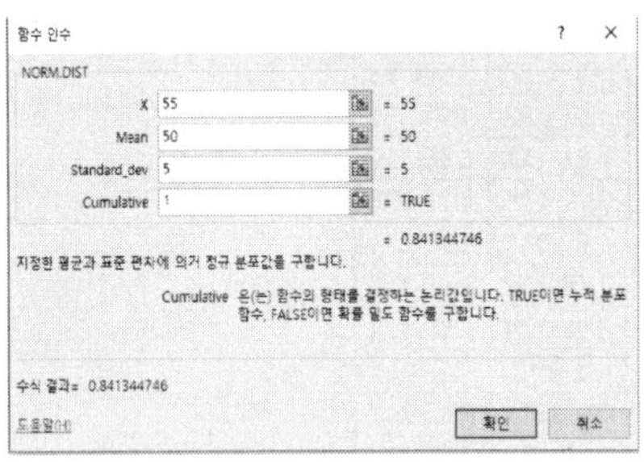

대화상자	의미와 입력 값
X	구하고자 하는 값 55
Mean	평균 50
Standard_dev	표준편차 5
Cumulative	누적 분포 1

$P(X \le 55) = 0.8413$

$P(50 \le X \le 55)$
$= P(X \le 55) - 0.5$
$= 0.8413 - 0.5 = 0.3413$

(3) 수학 성적을 확률변수 X라고 하면, 수학 성적을 60점 이상 맞은 확률은 식으로 표현하면 $P(X \geq 60) = 1 - P(X \leq 60)$ 이다.

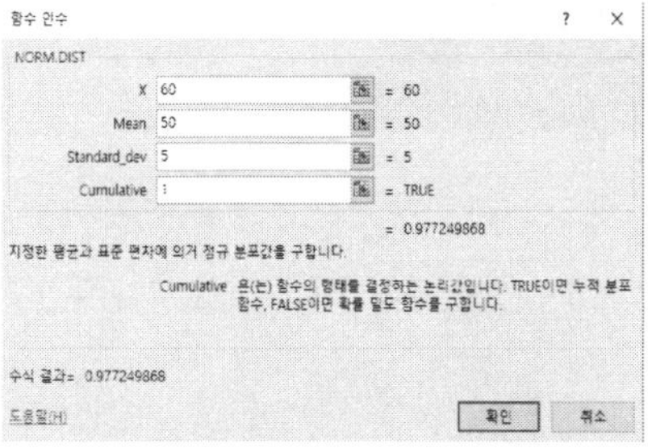

대화상자	의미와 입력 값
X	구하고자 하는 값 60
Mean	평균 50
Standard_dev	표준편차 5
Cumulative	누적 분포 1

$$P(X \leq 60) = 0.9772$$

$$P(X \geq 60) = 1 - P(X \leq 60)$$
$$= 1 - 0.9772 = 0.0228$$

■ 정규분포의 확률밀도함수 그래프로 알아보기

$X \sim N(50, 5^2)$: 평균 $\mu = 50$, 분산 $\sigma^2 = 25$, 표준편차 $\sigma = 5$

(1) $P(X \leq 40) = P(X \leq 50 - 2 \times 5) = P(X \leq \mu - 2\sigma) = 0.0228$

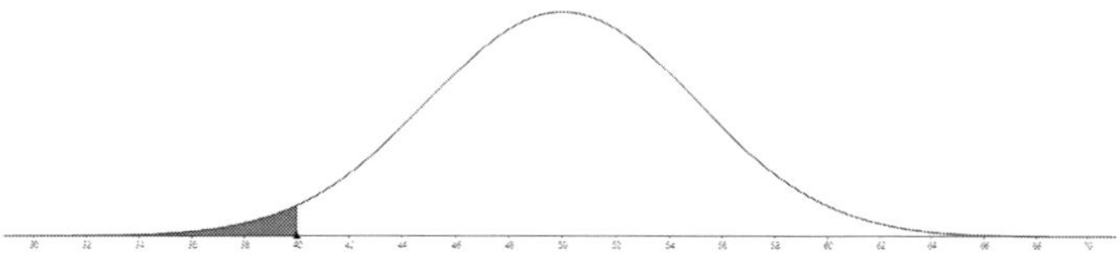

(2) $P(X \geq 60) = P(X \geq 50 + 2 \times 5) = P(X \geq \mu + 2\sigma) = 0.0228 = P(X \leq 40)$

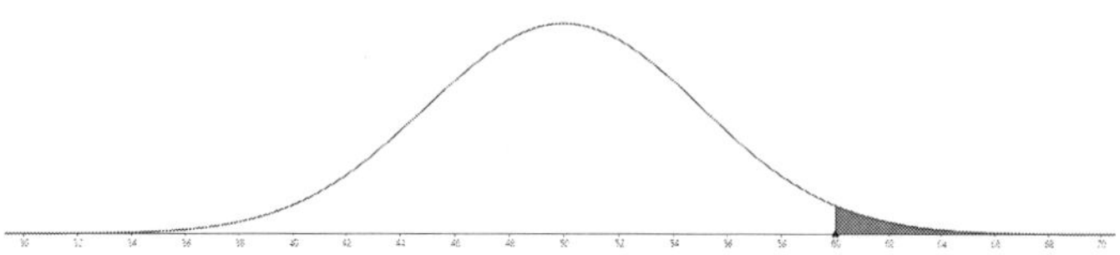

(3) $P(50 \leq X \leq 55) = P(50 \leq X \leq 50 + 5) = P(\mu \leq X \leq \mu + \sigma) = 0.3413$

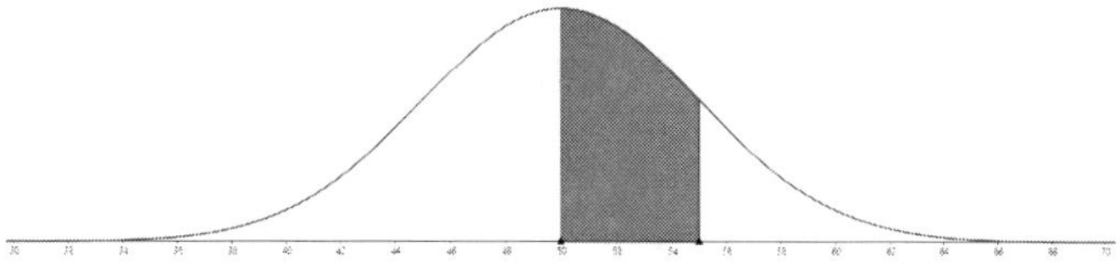

(4) $P(X \leq 60) = P(X \leq 50 + 2 \times 5) = P(X \leq \mu + 2\sigma) = 0.9772$

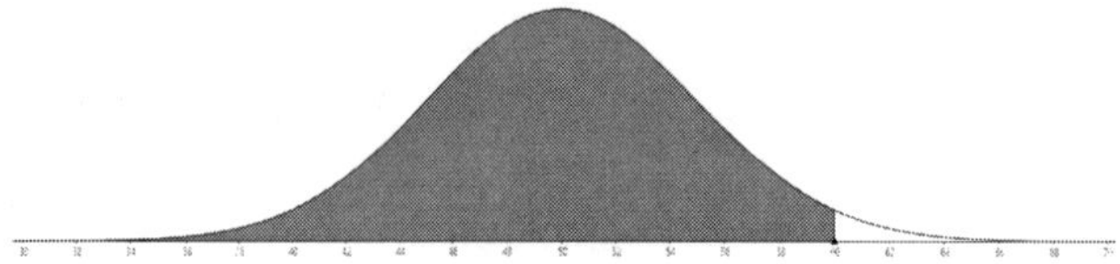

(5) $P(50 \leq X \leq 60) = P(50 \leq X \leq 50 + 2 \times 5) = P(\mu \leq X \leq \mu + 2\sigma) = 0.4772$

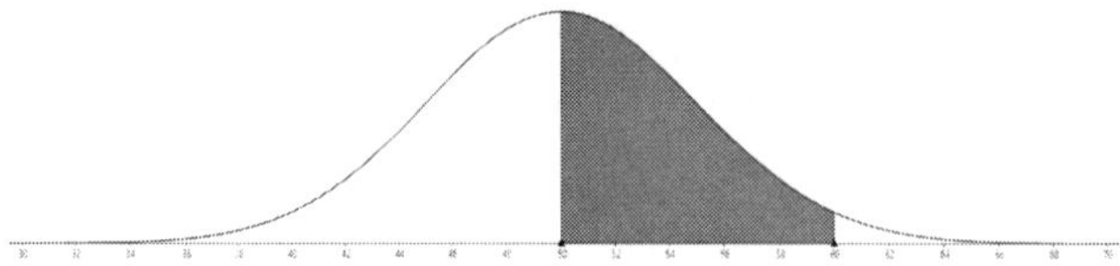

(6) $P(X \leq 65) = P(X \leq 50 + 3 \times 5) = P(X \leq \mu + 3\sigma) = 0.9987$

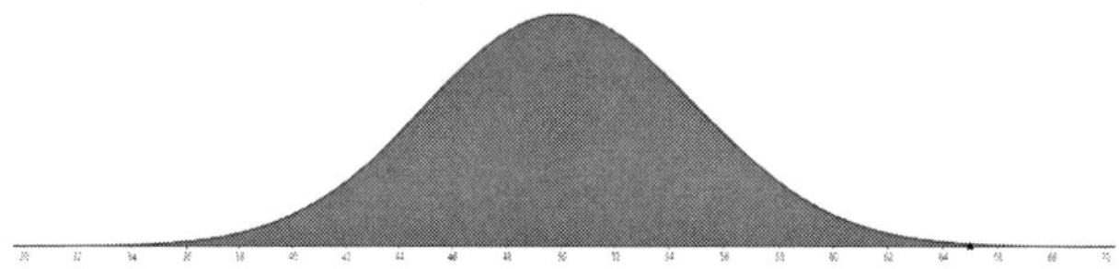

(7) $P(50 \leq X \leq 65) = P(50 \leq X \leq 50 + 5 \times 5) = P(\mu \leq X \leq \mu + 3\sigma) = 0.4987$

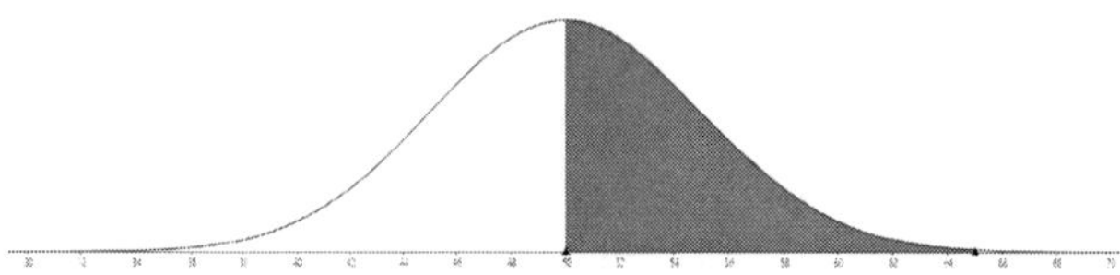

〈참고〉 확률변수 X가 정규분포를 따르면, 다음과 같은 사실을 알 수 있다.

$P(0 \leqq X \leqq \mu + \sigma) \fallingdotseq 0.3413$

$P(0 \leqq X \leqq \mu + 2\sigma) \fallingdotseq 0.4772$

$P(0 \leqq X \leqq \mu + 3\sigma) \fallingdotseq 0.4987$

NOTE	정규분포에서 $X \sim N$(평균, 분산)

6-3-2. 표준정규분포(Standard Normal Distribution)

정규분포는 평균과 표준편차에 따라 모양과 위치가 다르므로 두 분포의 성격을 비교하거나 특정 정규분포에서 확률을 계산하기 위해서는 모든 정규분포의 평균과 표준편차를 표준화하여 단 한 개의 함수식으로 대표할 수 있는 표준적인 정규분포를 만들어야 한다. 이렇게 다양한 정규분포를 표준화시켜 나타낸 것이 표준정규분포이다.

표준정규분포는 모든 정규분포를 평균 $\mu = 0$, 표준편차 $\sigma = 1$이 되도록 표준화한 것이며, 어떤 관찰치 X의 값이 그 분포의 평균으로부터 표준편차의 몇 배 정도나 떨어져 있는가를 아래와 같이 표준화된 확률변수 Z로 나타내기 때문에 표준정규분포를 Z-분포라고도 한다.

정규분포의 표준 정규 분포로 표준화 : X 분포 ⇒ Z 분포

$X \sim N(\mu, \sigma^2)$ 일 때, $Z = \dfrac{X-\mu}{\sigma}$라 하면,

$$Z\text{의 평균} : E(Z) = E\left(\frac{X-\mu}{\sigma}\right) = \frac{E(X)}{\sigma} - \frac{\mu}{\sigma} = \frac{\mu}{\sigma} - \frac{\mu}{\sigma} = 0$$

$$Z\text{의 표준편차} : \sigma(Z) = \sqrt{V\left(\frac{X-\mu}{\sigma}\right)} = \sqrt{\frac{V(X)}{\sigma^2}} = \frac{\sigma(X)}{\sigma} = \frac{\sigma}{\sigma} = 1$$

$$X \sim N(\mu, \sigma^2) \Rightarrow Z = \frac{X-\mu}{\sigma} \sim N(0, 1^2)$$

정규분포와 표준정규분포의 확률밀도함수 비교

정규분포 $X \sim N(\mu, \sigma^2)$	표준정규분포 $Z \sim N(0, 1^2)$
$f(x) = \dfrac{1}{\sqrt{2\pi}\,\sigma} e^{-\frac{(x-\mu)^2}{2\sigma^2}}$	$f(z) = \dfrac{1}{\sqrt{2\pi}} e^{-\frac{z^2}{2}}$
단, $-\infty < x < \infty$	단, $-\infty < z < \infty$

$$P(-\infty \leq Z \leq \infty) = \int_{-\infty}^{\infty} f(z)dz = 1$$ **표준정규분포의 확률밀도함수 특징**

첫째, 직선 $x=0$에 대하여 대칭

둘째, $P(-\infty \leq Z \leq \infty)$

$$= \int_{-\infty}^{\infty} f(z)dz = 1$$

셋째, $P(-1 \leqq Z \leqq 1) \fallingdotseq 0.6826$

$P(-2 \leqq Z \leqq 2) \fallingdotseq 0.9544$

$P(-3 \leqq Z \leqq 3) \fallingdotseq 0.9974$

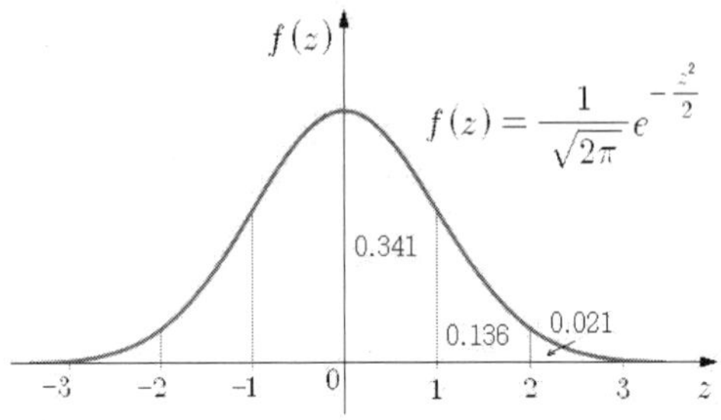

〈참고〉 정적분의 계산 : 표준정규분포 확률밀도함수 $\int_{-\infty}^{\infty} \frac{1}{\sqrt{2\pi}} e^{-\frac{1}{2}x^2} dx = 1$임을 증명

위의 사실에 대한 증명은 $\int_{0}^{\infty} \frac{1}{\sqrt{2\pi}} e^{-\frac{1}{2}x^2} dx = \frac{1}{2}$임을 증명하면 된다.

WITH Excel 정적분의 계산

=(1/$C$3)*EXP(-(C5^2)/2)

B	C	D	E	F	G	H
radian(180)	3.141593	π			S(n)	0.300528862
	2.506628	√2π			S(n-1)	0.699471143
n	x	dx	f(x)	dx*f(x)	S	0.500000003
0	0	1	0.39894228	0.398942		
1	1	1	0.241970725	0.241971		
2	2	1	0.053990967	0.053991		
3	3	1	0.004431848	0.004432		
4	4	1	0.00013383	0.000134		
5	5	1	1.48672E-06	1.49E-06		
6	6	1	6.07588E-09	6.08E-09		
7	7	1	9.13472E-12	9.13E-12		
8	8	1	5.05227E-15	5.05E-15		
9	9	1	1.02798E-18	1.03E-18		
10	10	1	7.6946E-23	7.69E-23		
11	11	1	2.11882E-27	2.12E-27		
12	12	1	2.14638E-32	2.15E-32		
13	13	1	7.99883E-38	8E-38		
14	14	1	1.09661E-43	1.1E-43		
15	15	1	5.53071E-50	5.53E-50		
16	16	1	1.02616E-56	1.03E-56		
17	17	1	7.00418E-64	7E-64		
18	18	1	1.75875E-71	1.76E-71		
19	19	1	1.62464E-79	1.62E-79		
20	20	1	5.52095E-88	5.52E-88		
21	21	1	6.90203E-97	6.9E-97		
22	22	1	3.1743E-106	3.2E-106		
23	23	1	5.3706E-116	5.4E-116		
24	24	1	3.3427E-126	3.3E-126		
25	25	1	7.6539E-137	7.7E-137		

■ 표준정규분포의 성질

(성질 1) $P(Z \geq 0) = P(Z \leq 0) = P(Z < 0) = P(Z > 0) = 0.5$

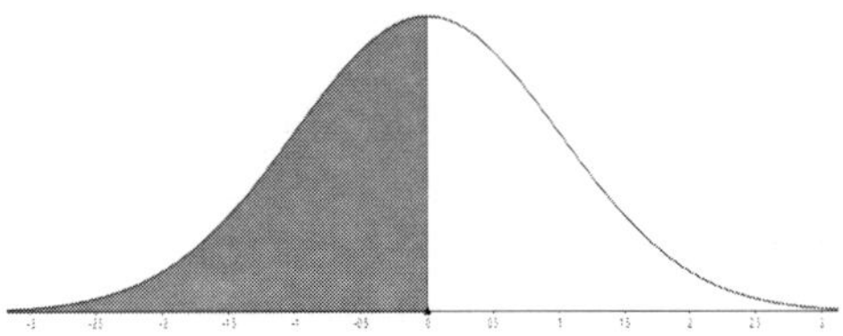
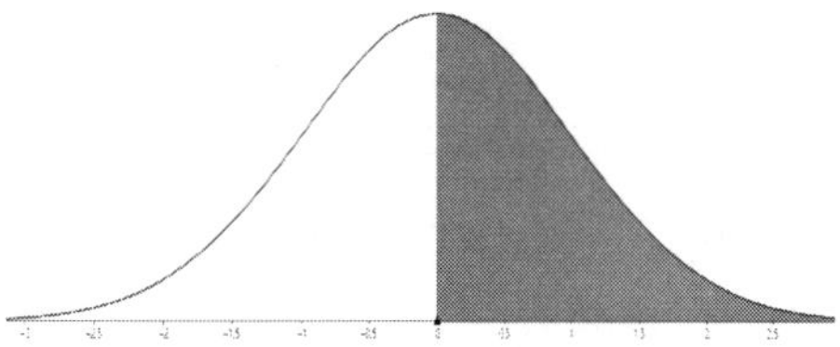

(성질 2) $P(Z \geq 1) = P(Z \leq -1) = 0.5 - 0.3413 = 0.1587$

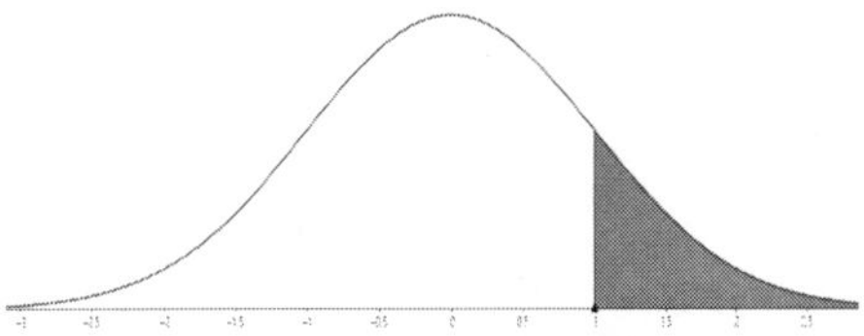
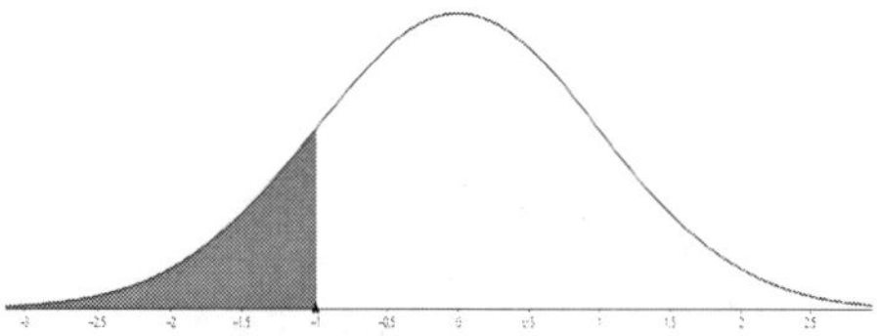

(성질 3) $P(Z \geq 1) = 1 - P(Z \leq 1)$ ⇨ $P(Z \leq 1) + P(Z \leq 1) = 1$

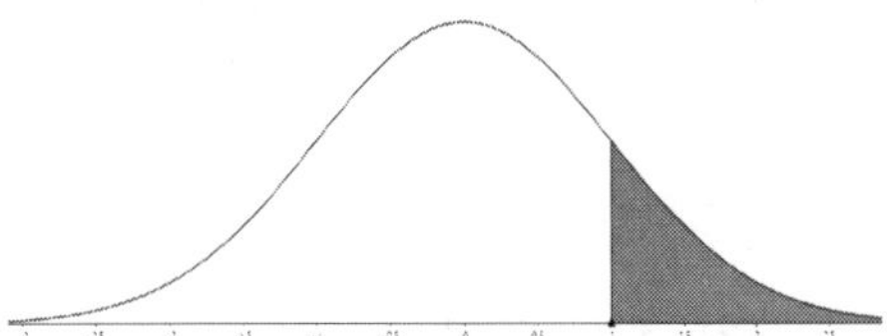
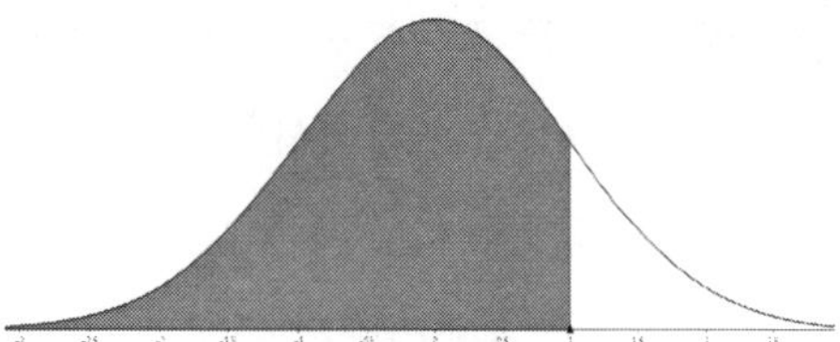

(성질 4) $P(-1 \leq Z \leq 1) = P(|Z| \leq 1) = 2P(0 \leq Z \leq 1) = 2 \times 0.3413 = 0.6826$

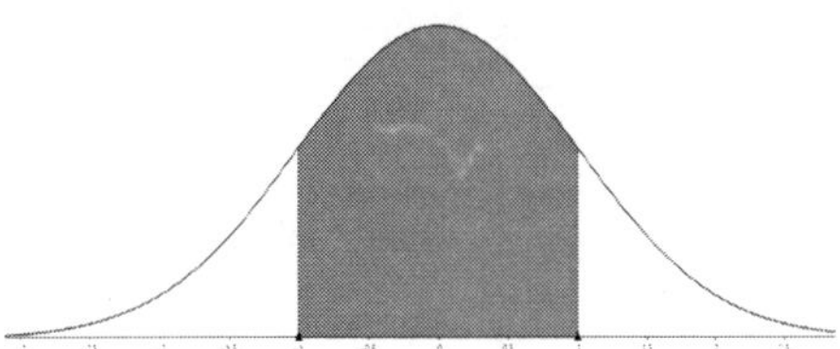
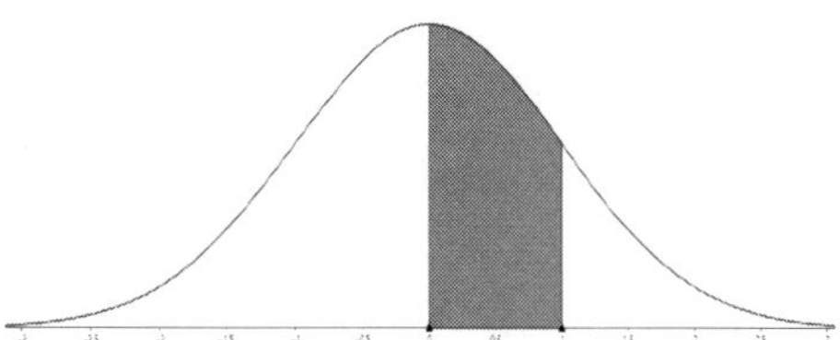

■ 표준정규분포의 성질 정리 요약

임의의 양수 a에 대하여 다음이 성립한다.

(1) $P(Z \geq 0) = P(Z \leq 0) = P(Z < 0) = P(Z > 0) = 0.5$

(2) $P(Z \geq a) = P(Z \leq -a)$

(3) $P(Z \geq a) = 1 - P(Z \leq a)$

(4) $P(-a \leq Z \leq a) = P(|Z| \leq a) = 2P(0 \leq Z \leq a)$

■ 정규분포의 표준정규분포로 표준화하는 방법

정규분포 $X \sim N(\mu, \sigma^2)$

표준정규분포 $Z \sim N(0, 1^2)$

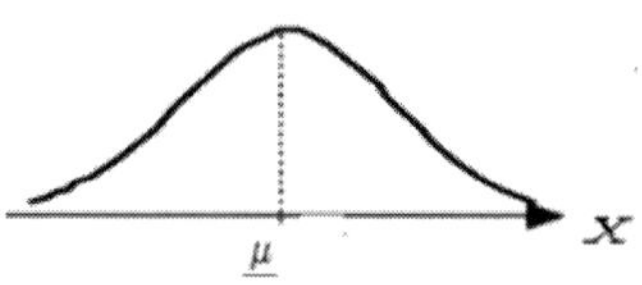

$$Z = \frac{X-\mu}{\sigma}$$

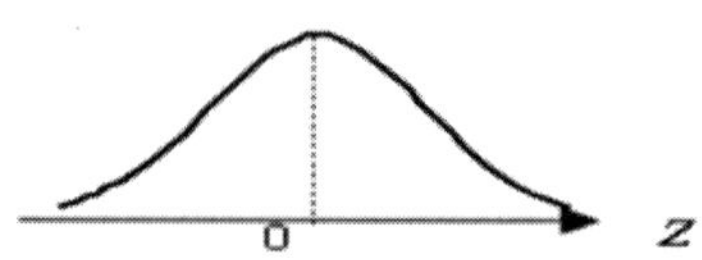

예제 9 모든 정규분포의 평균과 표준편차를 표준화하여 표준정규분포로 표준화하는 과정을 기술하시오.

(1) $X \sim N(50, 5^2)$　　(2) $X \sim N(10, 3^2)$

(3) $X \sim N(25, 2^2)$　　(4) $X \sim N(70, 3^2)$

풀이

정규분포(X 분포)	Z 분포	표준정규분포
(1) $X \sim N(50, 5^2)$	$Z = \frac{X-50}{5}$	
(2) $X \sim N(10, 3^2)$	$Z = \frac{X-10}{3}$	$Z \sim N(0, 1^2)$
(3) $X \sim N(25, 2^2)$	$Z = \frac{X-25}{2}$	
(4) $X \sim N(70, 3^2)$	$Z = \frac{X-70}{3}$	

예제 10 확률변수 $X \sim N(100, 5^2)$ 을 따를 때, 다음에 주어진 각 확률을 표준정규분포로 표현하시오.

(1) $P(100 \le X \le 105)$

(2) $P(95 \le X \le 105)$

(3) $P(85 \le X \le 110)$

풀이 위의 문제는 확률변수 X가 정규분포 $N(100,5^2)$을 따를 때 Z의 분포를 구하라는 문제이므로 $X \sim N(100, 5^2)$ 을 표준화하여 $Z = \dfrac{X-\mu}{\sigma}$ 로 표현하는 문제이다.

주어진 문제에서 $\mu = 100$, $\sigma = 5$이므로, $Z = \dfrac{X-100}{5}$ 이 된다는 것을 알 수 있다.

(1) $P(100 \le X \le 105) = P(100-100 \le X-100 \le 105-100)$

$= P(0 \le X-100 \le 5)$

$= P(\frac{0}{5} \le \frac{X-100}{5} \le \frac{5}{5}) = P(0 \le Z \le 1)$

(2) $P(95 \le X \le 105) = P(95-100 \le X-100 \le 105-100)$

$= P(-5 \le X-100 \le 5)$

$= P(\frac{-5}{5} \le \frac{X-100}{5} \le \frac{5}{5}) = P(-1 \le Z \le 1)$

3) $P(85 \le X \le 110) = P(85-100 \le X-100 \le 110-100)$

$= P(-15 \le X-100 \le 10)$

$= P(\frac{-15}{5} \le \frac{X-100}{5} \le \frac{10}{5}) = P(-3 \le Z \le 2)$

이렇게 표준화된 정규분포로 변형하면 각 확률변수 간의 비교뿐만 아니라 정규분포에서의 특정한 면적의 확률을 계산할 때도 편리하다. 그러므로 모든 정규분포에서의 넓이의 계산, 즉 확률의 계산은 표준정규분포의 Z값에 따른 넓이만 알면 된다. 이 넓이를 표로 만든 것이 표준정규분포의 확률 표이며, 부록에도 나와 있고 추리 통계학에서 가장 많이 사용하기 때문에 표준정규분포의 확률 표의 이용법을 꼭 익혀 두어야 한다.

또한, 이렇게 표준화된 정규분포로 변형된 Z분포에서 확률믈 구하는 방법은 표준정규분포의 확률 표의 이용하는 방법과 EXCEL을 이용하는 방법 등이 있다. 표준정규분포의 확률

표의 이용하는 방법은 교재의 부록에 대부분 수록되어 있으며, 누적 분포인지 여부를 확인한 후 확률을 구하여야 하며, EXCEL을 이용하는 방법은 통계/함수마법사/NORM. S. DIST를 활용하여 확률을 구하며, 확률변수의 값을 구하는 방법은 NORM. S. INV를 활용한다.

표준정규분포의 확률 표를 이용하는 방법은 다음과 같다.

(1) 좌측 열은 소수점 아래 첫째 자리까지

(2) 상단은 소수점 아래 둘째 자리

(3) 좌측 열과 상단이 만나는 위치의 확률

표 6-1 표준정규분포의 확률 표

Z값	0	0.01	0.02	0.03	0.04	0.05	0.06	0.07	0.08	0.09
0	0.0000	0.0040	0.0080	0.0120	0.0160	0.0199	0.0239	0.0279	0.0319	0.0359
0.1	0.0398	0.0438	0.0478	0.0517	0.0557	0.0596	0.0636	0.0675	0.0714	0.0753
0.2	0.0793	0.0832	0.0871	0.0910	0.0948	0.0987	0.1026	0.1064	0.1103	0.1141
0.3	0.1179	0.1217	0.1255	0.1293	0.1331	0.1368	0.1406	0.1443	0.1480	0.1517
0.4	0.1554	0.1591	0.1628	0.1664	0.1700	0.1736	0.1772	0.1808	0.1844	0.1879
0.5	0.1915	0.1950	0.1985	0.2019	0.2054	0.2088	0.2123	0.2157	0.2190	0.2224
0.6	0.2257	0.2291	0.2324	0.2357	0.2389	0.2422	0.2454	0.2486	0.2517	0.2549
0.7	0.2580	0.2611	0.2642	0.2673	0.2704	0.2734	0.2764	0.2794	0.2823	0.2852
0.8	0.2881	0.2910	0.2939	0.2967	0.2995	0.3023	0.3051	0.3078	0.3106	0.3133
0.9	0.3159	0.3186	0.3212	0.3238	0.3264	0.3289	0.3315	0.3340	0.3365	0.3389
1	0.3413	0.3438	0.3461	0.3485	0.3508	0.3531	0.3554	0.3577	0.3599	0.3621
1.1	0.3643	0.3665	0.3686	0.3708	0.3729	0.3749	0.3770	0.3790	0.3810	0.3830
1.2	0.3849	0.3869	0.3888	0.3907	0.3925	0.3944	0.3962	0.3980	0.3997	0.4015
1.3	0.4032	0.4049	0.4066	0.4082	0.4099	0.4115	0.4131	0.4147	0.4162	0.4177
1.4	0.4192	0.4207	0.4222	0.4236	0.4251	0.4265	0.4279	0.4292	0.4306	0.4319
1.5	0.4332	0.4345	0.4357	0.4370	0.4382	0.4394	0.4406	0.4418	0.4429	0.4441
1.6	0.4452	0.4463	0.4474	0.4484	0.4495	0.4505	0.4515	0.4525	0.4535	0.4545
1.7	0.4554	0.4564	0.4573	0.4582	0.4591	0.4599	0.4608	0.4616	0.4625	0.4633
1.8	0.4641	0.4649	0.4656	0.4664	0.4671	0.4678	0.4686	0.4693	0.4699	0.4706
1.9	0.4713	0.4719	0.4726	0.4732	0.4738	0.4744	0.4750	0.4756	0.4761	0.4767
2	0.4772	0.4778	0.4783	0.4788	0.4793	0.4798	0.4803	0.4808	0.4812	0.4817
2.1	0.4821	0.4826	0.4830	0.4834	0.4838	0.4842	0.4846	0.4850	0.4854	0.4857
2.2	0.4861	0.4864	0.4868	0.4871	0.4875	0.4878	0.4881	0.4884	0.4887	0.4890

〈예시〉 〈표 6-1. 표준정규분포의 확률 표〉을 이용하여 $P(0 \le Z \le 0.24)$의 확률을 구하시오.

(1) 좌측 열은 소수점 아래 첫째 자리까지 : 0.2

(2) 상단은 소수점 아래 둘째 자리 : 0.04

(3) 좌측 열과 상단이 만나는 위치의 확률 $P(0 \le Z \le 0.24) = 0.0948$

Z값	0	0.01	0.02	0.03	0.04	0.05	0.06	0.07	0.08	0.09
0	0.0000	0.0040	0.0080	0.0120	0.0160	0.0199	0.0239	0.0279	0.0319	0.0359
0.1	0.0398	0.0438	0.0478	0.0517	0.0557	0.0596	0.0636	0.0675	0.0714	0.0753
0.2	0.0793	0.0832	0.0871	0.0910	0.0948	0.0987	0.1026	0.1064	0.1103	0.1141

예제 11 〈표 6-1. 표준정규분포의 확률 표〉를 이용하여 다음 확률을 구하시오.

(1) $P(Z \le 0.24)$

(2) $P(0 \le Z \le 1)$

(3) $P(-1 \le Z \le 1)$

(4) $P(-1 \le Z \le 2)$

(5) $P(-2 \le Z \le 2)$

(6) $P(-1 \le Z)$

풀이 (1) $P(Z \le 0.24) = 0.5 + P(0 \le Z \le 0.24) = 0.5948$

(2) $P(0 \le Z \le 1) = 0.3413$

Z값	0	0.01	0.02	0.03	0.04	0.05	0.06	0.07	0.08	0.09
1	0.3413	0.3438	0.3461	0.3485	0.3508	0.3531	0.3554	0.3577	0.3599	0.3621

(3) $P(-1 \le Z \le 1) = 2P(0 \le Z \le 1) = 2 \times 0.3413 = 0.6826$

Z값	0	0.01	0.02	0.03	0.04	0.05	0.06	0.07	0.08	0.09
1	0.3413	0.3438	0.3461	0.3485	0.3508	0.3531	0.3554	0.3577	0.3599	0.3621

(4) $P(-1 \le Z \le 2) = P(-1 \le Z \le 0) + P(0 \le Z \le 2)$

$= P(0 \le Z \le 1) + P(0 \le Z \le 2)$

$= 0.3413 + 0.4772 = 0.8185$

Z값	0	0.01	0.02	0.03	0.04	0.05	0.06	0.07	0.08	0.09
1	0.3413	0.3438	0.3461	0.3485	0.3508	0.3531	0.3554	0.3577	0.3599	0.3621
2	0.4772	0.4778	0.4783	0.4788	0.4793	0.4798	0.4803	0.4808	0.4812	0.4817

(5) $P(-2 \leq Z \leq 2) = 2P(0 \leq Z \leq 2) = 2 \times 0.4772 = 0.9542$

Z값	0	0.01	0.02	0.03	0.04	0.05	0.06	0.07	0.08	0.09
2	0.4772	0.4778	0.4783	0.4788	0.4793	0.4798	0.4803	0.4808	0.4812	0.4817

(6) $P(-1 \leq Z) = P(Z \geq 1) = 0.5 - P(0 \leq Z \leq 1)$

$$= 0.5 - 0.3413 = 0.1587$$

Z값	0	0.01	0.02	0.03	0.04	0.05	0.06	0.07	0.08	0.09
1	0.3413	0.3438	0.3461	0.3485	0.3508	0.3531	0.3554	0.3577	0.3599	0.3621

표 6-2 누적 표준정규분포의 확률 표

Z값	0.01	0.02	0.03	0.04	0.05	0.06	0.07	0.08	0.09
0	0.5000	0.5040	0.5080	0.5120	0.5160	0.5199	0.5239	0.5279	0.5319
0.1	0.5398	0.5438	0.5478	0.5517	0.5557	0.5596	0.5636	0.5675	0.5714
0.2	0.5793	0.5832	0.5871	0.5910	0.5948	0.5987	0.6026	0.6064	0.6103
0.3	0.6179	0.6217	0.6255	0.6293	0.6331	0.6368	0.6406	0.6443	0.6480
0.4	0.6554	0.6591	0.6628	0.6664	0.6700	0.6736	0.6772	0.6808	0.6844
0.5	0.6915	0.6950	0.6985	0.7019	0.7054	0.7088	0.7123	0.7157	0.7190
0.6	0.7258	0.7291	0.7324	0.7357	0.7389	0.7422	0.7454	0.7486	0.7518
0.7	0.7580	0.7612	0.7642	0.7673	0.7704	0.7734	0.7764	0.7794	0.7823
0.8	0.7881	0.7910	0.7939	0.7967	0.7996	0.8023	0.8051	0.8079	0.8106
0.9	0.8159	0.8186	0.8212	0.8238	0.8264	0.8289	0.8315	0.8340	0.8365
1	0.8413	0.8438	0.8461	0.8485	0.8508	0.8531	0.8554	0.8577	0.8599
1.1	0.8643	0.8665	0.8686	0.8708	0.8729	0.8749	0.8770	0.8790	0.8810
1.2	0.8849	0.8869	0.8888	0.8907	0.8925	0.8944	0.8962	0.8980	0.8997
1.3	0.9032	0.9049	0.9066	0.9082	0.9099	0.9115	0.9131	0.9147	0.9162
1.4	0.9192	0.9207	0.9222	0.9236	0.9251	0.9265	0.9279	0.9292	0.9306
1.5	0.9332	0.9345	0.9357	0.9370	0.9382	0.9394	0.9406	0.9418	0.9430
1.6	0.9452	0.9463	0.9474	0.9485	0.9495	0.9505	0.9515	0.9525	0.9535
1.7	0.9554	0.9564	0.9573	0.9582	0.9591	0.9599	0.9608	0.9616	0.9625
1.8	0.9641	0.9649	0.9656	0.9664	0.9671	0.9678	0.9686	0.9693	0.9700
1.9	0.9713	0.9719	0.9726	0.9732	0.9738	0.9744	0.9750	0.9756	0.9762
2	0.9773	0.9778	0.9783	0.9788	0.9793	0.9798	0.9803	0.9808	0.9812
2.1	0.9821	0.9826	0.9830	0.9834	0.9838	0.9842	0.9846	0.9850	0.9854
2.2	0.9861	0.9865	0.9868	0.9871	0.9875	0.9878	0.9881	0.9884	0.9887

예제 12 〈표 6-2〉를 이용하여 다음 확률을 구하시오.

(1) $P(Z \le 0.24)$　　(2) $P(0 \le Z \le 1)$

(3) $P(-1 \le Z \le 1)$　　(4) $P(-1 \le Z \le 2)$

(5) $P(-2 \le Z \le 2)$　　(6) $P(-1 \le Z)$

풀이 (1) $P(Z \le 0.24) = 0.5910$

Z값	0.01	0.02	0.03	0.04	0.05	0.06	0.07	0.08	0.09
0.2	0.5793	0.5832	0.5871	**0.5910**	0.5948	0.5987	0.6026	0.6064	0.6103

(2) $P(0 \le Z \le 1) = P(Z \le 1) - 0.5 = 0.8413 - 0.5 = 0.3413$

Z값	0.01	0.02	0.03	0.04	0.05	0.06	0.07	0.08	0.09
1	**0.8413**	0.8438	0.8461	0.8485	0.8508	0.8531	0.8554	0.8577	0.8599

(3) $P(-1 \le Z \le 1) = 2P(0 \le Z \le 1) = 2 \times 0.3413 = 0.6826$

(4)
$$\begin{aligned} P(-1 \le Z \le 2) &= P(Z \le 2) - P(Z \le -1) \\ &= P(Z \le 2) - P(Z \ge 1) \\ &= P(Z \le 2) - \{1 - P(Z \le 1)\} \\ &= P(Z \le 2) + P(Z \le 1) - 1 \\ &= 0.9773 + 0.8413 - 1 = 1.8186 - 1 = 0.8186 \end{aligned}$$

Z값	0.01	0.02	0.03	0.04	0.05	0.06	0.07	0.08	0.09
2	**0.9773**	0.9778	0.9783	0.9788	0.9793	0.9798	0.9803	0.9808	0.9812

(5)
$$\begin{aligned} P(-2 \le Z \le 2) &= 2P(0 \le Z \le 2) = 2 \times \{P(Z \le 2) - 0.5\} \\ &= 2 \times (0.9773 - 0.5) = 2 \times 0.4773 = 0.9546 \end{aligned}$$

Z값	0.01	0.02	0.03	0.04	0.05	0.06	0.07	0.08	0.09
2	**0.9773**	0.9778	0.9783	0.9788	0.9793	0.9798	0.9803	0.9808	0.9812

(6) $P(-1 \le Z) = P(Z \ge 1) = 1 - P(Z \le 1) = 1 - 0.8413 = 0.1587$

Z값	0.01	0.02	0.03	0.04	0.05	0.06	0.07	0.08	0.09
1	**0.8413**	0.8438	0.8461	0.8485	0.8508	0.8531	0.8554	0.8577	0.8599

예제 13 EXCEL(NORM. S. DIST)를 이용하여 다음 확률을 구하시오.

(1) $P(Z \le 0.24)$　　(2) $P(0 \le Z \le 1)$

(3) $P(-1 \le Z \le 1)$　　(4) $P(-1 \le Z \le 2)$

(5) $P(-2 \le Z \le 2)$

풀이 ■ 표준정규분포 EXCEL 실습 : NORM. S. DIST

(1) $P(Z \le 0.24) = 0.5948$

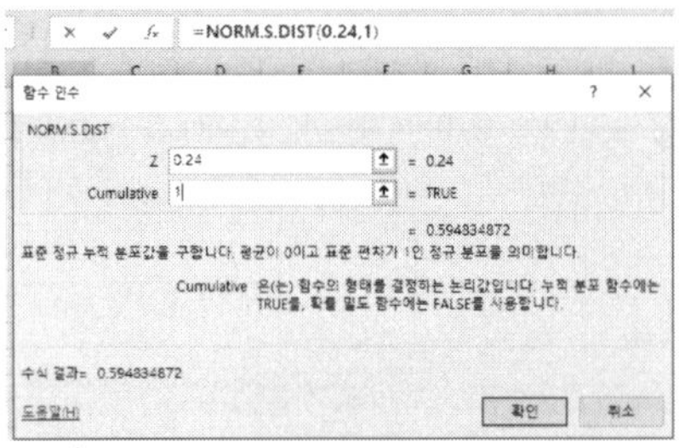

대화상자	의미와 입력 값
Z	구하고자 하는 값 0.24
Cumulative	누적 분포 1

0.5948

(2) $P(0 \le Z \le 1) = P(Z \le 1) - 0.5 = 0.8413 - 0.5 = 0.3413$

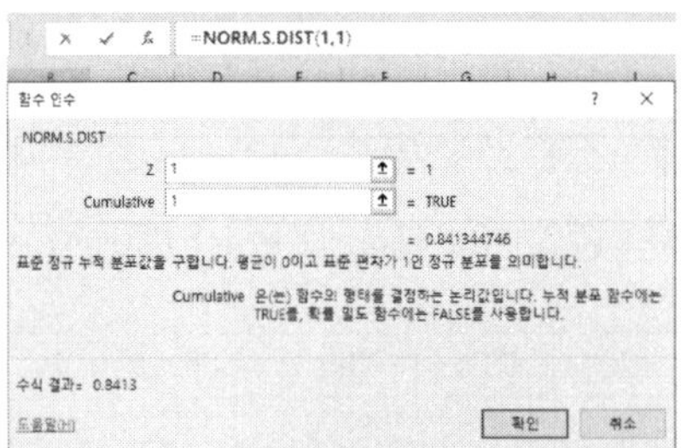

대화상자	의미와 입력 값
Z	구하고자 하는 값 1
Cumulative	누적 분포 1

0.8413

(3) $P(-1 \le Z \le 1) = P(Z \le 1) - P(Z \le -1)$

$= 0.8413 - 0.1587 = 0.6826$

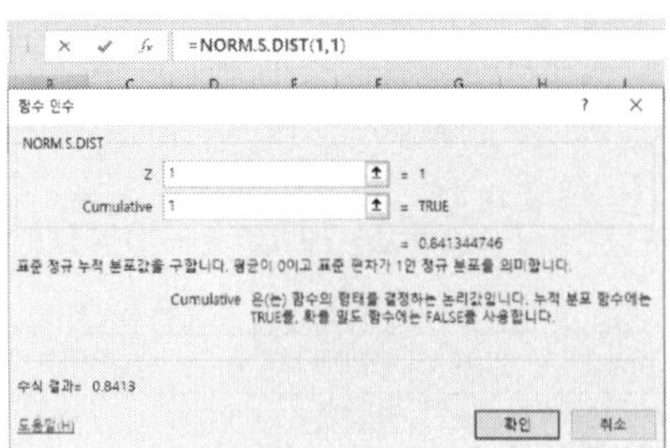

대화상자	의미와 입력 값
Z	구하고자 하는 값 1
Cumulative	누적 분포 1

0.8413

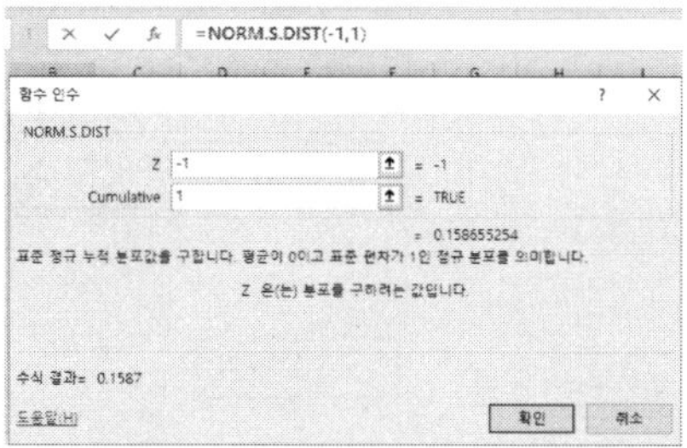

대화상자	의미와 입력 값
Z	구하고자 하는 값 -1
Cumulative	누적 분포 1

0.1587

(4) $P(-1 \le Z \le 2) = P(Z \le 2) - P(Z \le -1)$

$= 0.9772 - 0.1587 = 0.8186$

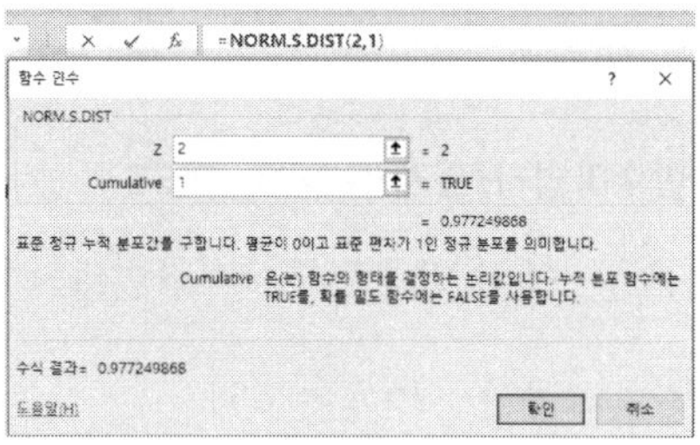

대화상자	의미와 입력 값
Z	구하고자 하는 값 2
Cumulative	누적 분포 1

0.9772

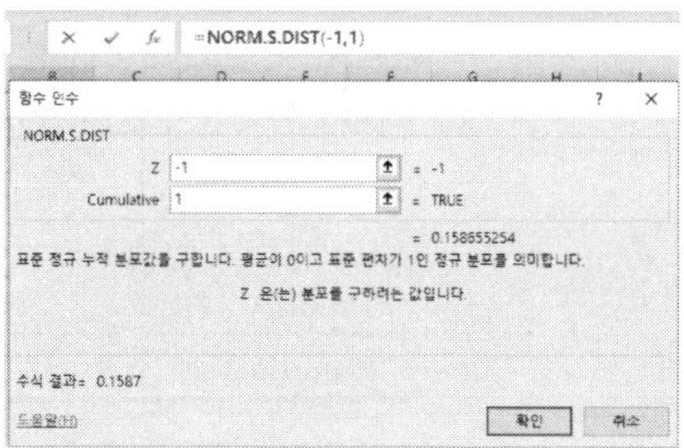

대화상자	의미와 입력 값
Z	구하고자 하는 값 -1
Cumulative	누적 분포 1

0.1587

(5) $P(-2 \le Z \le 2) = P(Z \le 2) - P(Z \le -2)$

$= 0.9772 - 0.0228 = 0.9545$

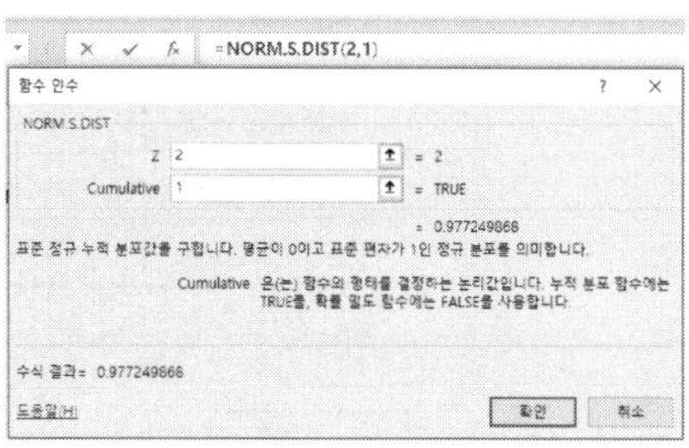

대화상자	의미와 입력 값
Z	구하고자 하는 값 2
Cumulative	누적 분포 1

0.9772

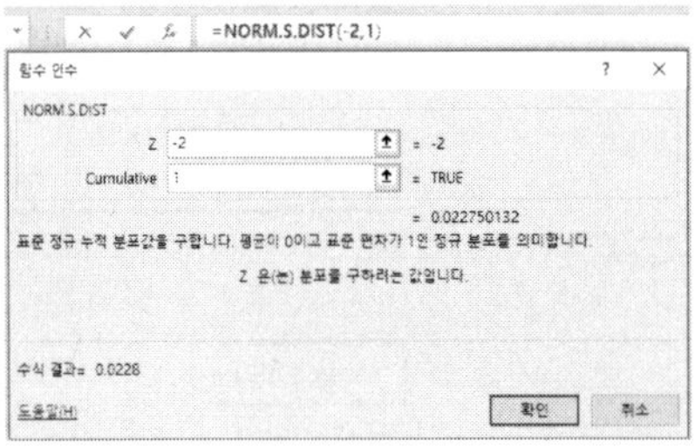

대화상자	의미와 입력 값
Z	구하고자 하는 값 -2
Cumulative	누적 분포 1

0.0228

예제 14 확률변수 $X \sim N(60, 16)$을 따를 때, 다음 확률을 구하시오.

(1) $P(55 \le X \le 63)$ (2) $P(X \ge 65)$

풀이 EXCEL을 이용한 2가지 방법 문제 풀이

첫째, 정규분포 EXCEL : 함수마법사/통계/NORM. DIST

$X \sim N(60, 16)$이므로 평균 $\mu = 60$, 표준편차 $\sigma = 4$이다.

(1) $P(55 \le X \le 63) = P(X \le 63) - P(X \le 55)$

$$= 0.7734 - 0.1056 = 0.6677$$

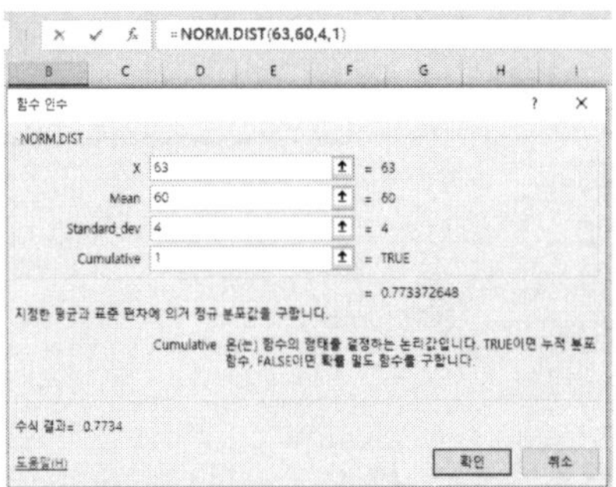

대화상자	의미와 입력 값
X	구하고자 하는 값 63
Mean	평균 60
Standard_dev	표준편차 4
Cumulative	누적 분포 1

0.7734

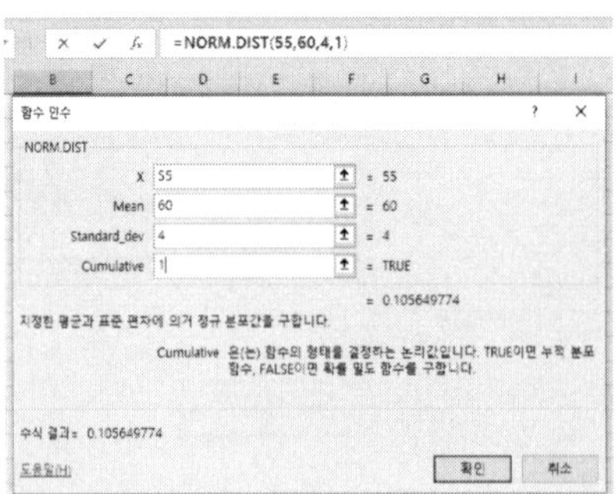

대화상자	의미와 입력 값
X	구하고자 하는 값 55
Mean	평균 60
Standard_dev	표준편차 4
Cumulative	누적 분포 1

0.1056

(2) $P(X \ge 65) = 1 - P(X \le 65) = 1 - 0.8944 = 0.1056$

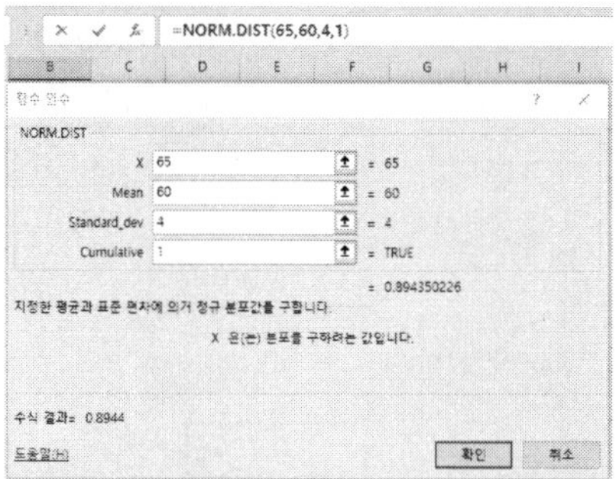

대화상자	의미와 입력 값
X	구하고자 하는 값 65
Mean	평균 60
Standard_dev	표준편차 4
Cumulative	누적 분포 1

0.8944

둘째, 표준정규분포 EXCEL : 함수마법사/통계/NORM. S. DIST

$X \sim N(60, 16)$ 이므로 표준화하면 $Z = \dfrac{X-60}{4} \sim N(0, 1^2)$ 이다.

$$
\begin{aligned}
(1)\ P(55 \le X \le 63) &= P\left(\frac{55-60}{4} \le \frac{X-60}{4} \le \frac{63-60}{4}\right) \\
&= P\left(-\frac{5}{4} \le Z \le \frac{3}{4}\right) \\
&= P(-1.25 \le Z \le 0.75) \\
&= P(Z \le 0.75) - P(Z \le -1.25) \\
&= 0.7734 - 0.1056 = 0.6677
\end{aligned}
$$

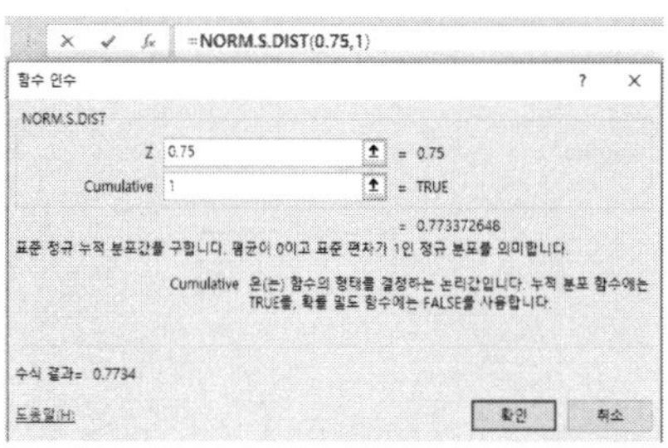

대화상자	의미와 입력 값
Z	구하고자 하는 값 0.75
Cumulative	누적 분포 1

0.7734

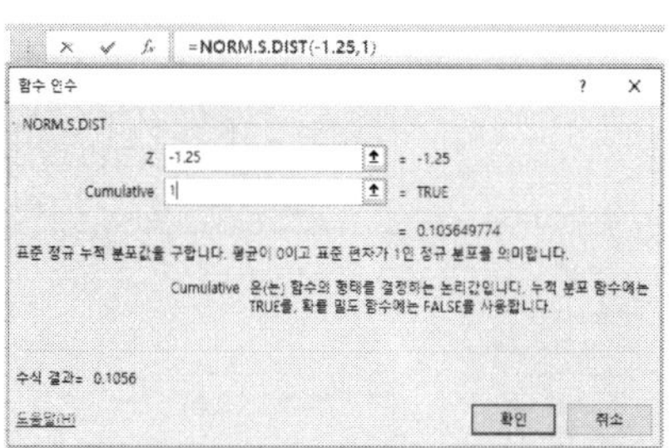

대화상자	의미와 입력 값
Z	구하고자 하는 값 -1.25
Cumulative	누적 분포 1

0.1056

(2) $P(X \geq 65) = P\left(\frac{X-60}{4} \geq \frac{65-60}{4}\right) = P\left(Z \geq \frac{5}{4}\right) = P(Z \geq 1.25)$

$$= 1 - P(Z \leq 1.25) = 1 - 0.1056 = 0.8944$$

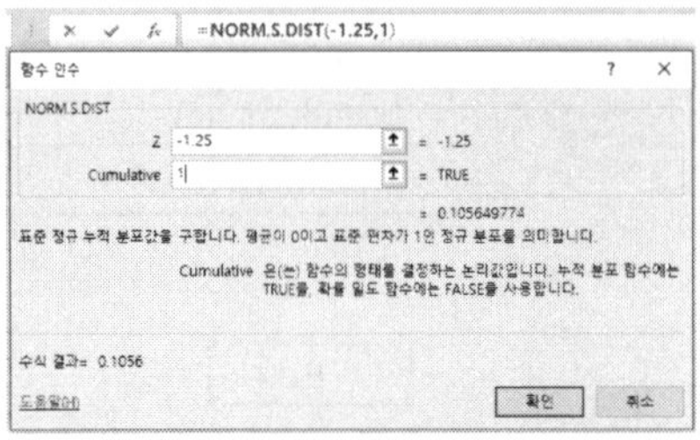

대화상자	의미와 입력 값
Z	구하고자 하는 값 -1.25
Cumulative	누적 분포 1

0.1056

■ 확률이 주어진 경우, Z값 구하기(백분위수 구하기)

예제 15 다음 조건을 만족하는 z값을 구하시오.

(1) $P(Z \leq z) = 0.9750$

(2) $P(Z \geq z) = 0.2743$

(3) $P(-z \leq Z \leq z) = 0.9750$

풀이 ■ **EXCEL : 함수마법사/통계/NORM. S. INV**

(1) $P(Z \leq z) = 0.9750$ 이므로 $z = 1.96$

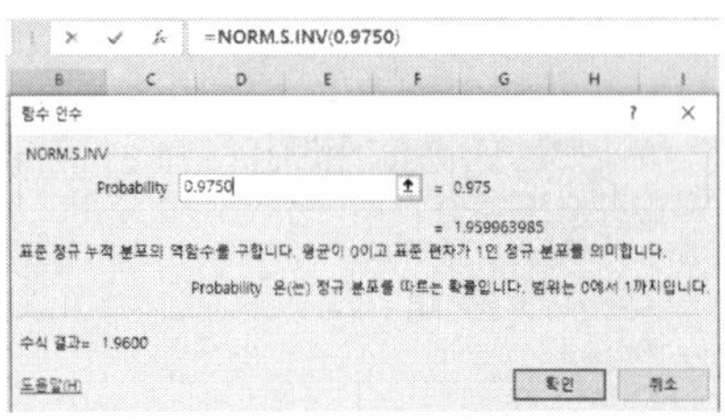

대화상자	의미와 입력 값
Probability	문제에 주어진 확률 0.9750

1.96

(2) $P(Z \geq z) = 0.2743$ 이므로 $P(Z \geq z) = 1 - P(Z \leq z) = 0.2743$이고 $P(Z \leq z) = 1 - 0.2743 = 0.7257$이므로 $z = 0.6$

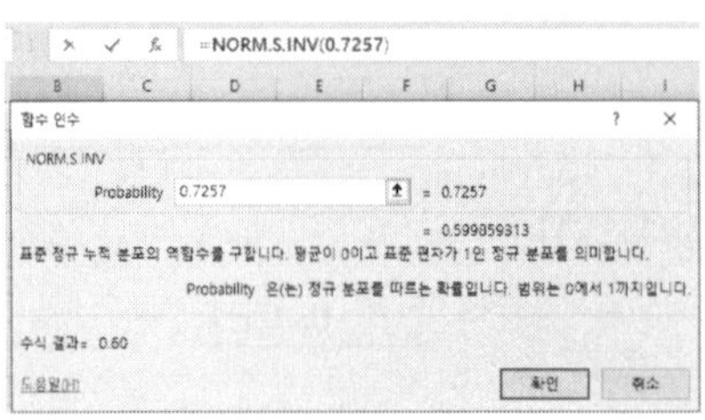

대화상자	의미와 입력 값
Probability	문제에 주어진 확률 0.7257

0.60

(3) $P(-z \le Z \le z) = 0.9750$ 이므로 다음과 같이 계산하면 된다.

$$P(-z \le Z \le z) = 2P(0 \le Z \le z) = 2\{P(Z \le z) - 0.5\}$$
$$= 2P(Z \le z) - 1 = 0.9750$$

따라서 $2P(Z \le z) = 1 + 0.9750 = 1.9750$이고 $P(Z \le z) = 0.9875$ 이므로 $z = 2.24$

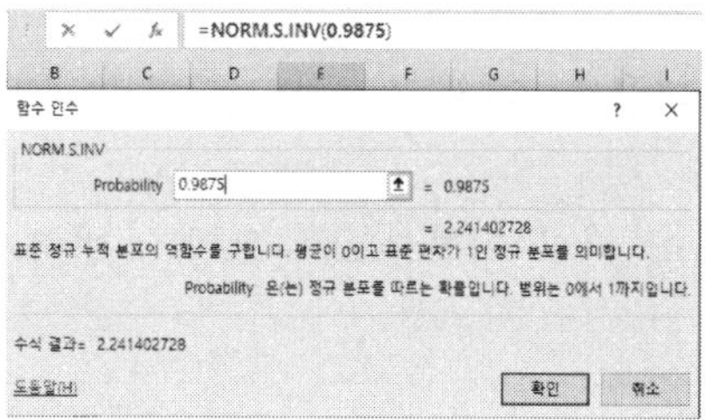

대화상자	의미와 입력 값
Probability	문제에 주어진 확률 0.9875

2.24

예제 16 어떤 시험에서 수험생 1,000명의 성적은 평균이 75점, 표준편차가 4인 정규분포를 이룬다고 하고 이 시험에서 A군의 성적이 85점이라고 하면 A군의 석차는 최소 몇 등이라고 할 수 있는지 구하시오.

풀이 $X \sim N(75, 4^2)$이므로 표준화하면 $Z = \dfrac{X-75}{4} \sim N(0, 1^2)$이다.

$$P(X > 85) = P\left(\frac{X-75}{4} > \frac{85-75}{4}\right) = P\left(Z > \frac{10}{4}\right)$$
$$= P(Z > 2.25) = 1 - P(Z \le 2.25)$$

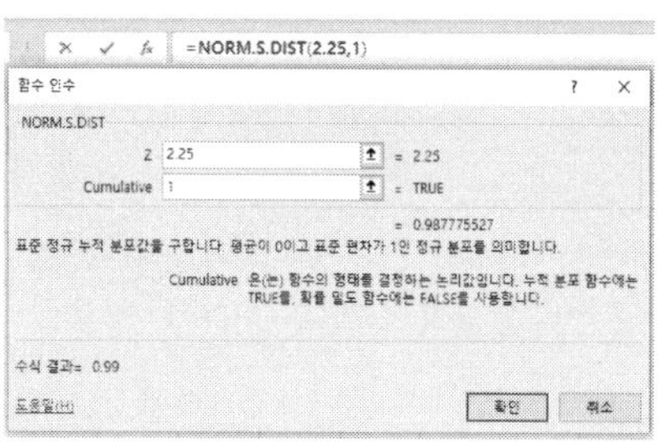

대화상자	의미와 입력 값
Z	구하고자 하는 값 2.25
Cumulative	누적 분포 1

0.9878

따라서 $P(X > 85) = 1 - 0.9878 = 0.0112$이고, 수험생이 1,000명이므로 A군의 석차는 최소 11등으로 예상할 수 있다.

6-4. 이항분포의 정규 근사

– 이항분포와 정규분포와의 관계

확률변수 X가 이항분포 $B\left(n,\ \frac{1}{6}\right)$을 따를 때, X의 확률밀도함수는 다음 식으로 나타낼 수 있다. $P(X=x)={}_nC_x\left(\frac{1}{6}\right)^x\left(\frac{5}{6}\right)^{n-x}$ (단, $x=0,\ 1,\ 2,\ 3,\ \cdots,\ n$)

또한, 이항분포의 특성을 정리하면 다음과 같다.

첫째, 표본의 크기는 고정된 확률 p에 따라 이항분포의 모양이 변하게 된다.

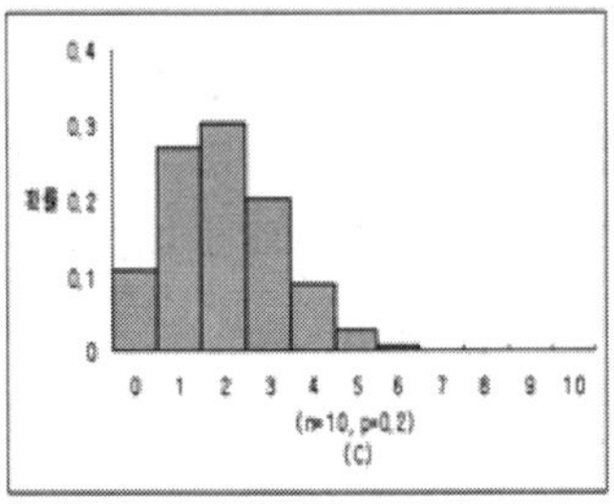

$p=0.2$ 왼쪽으로 치우침

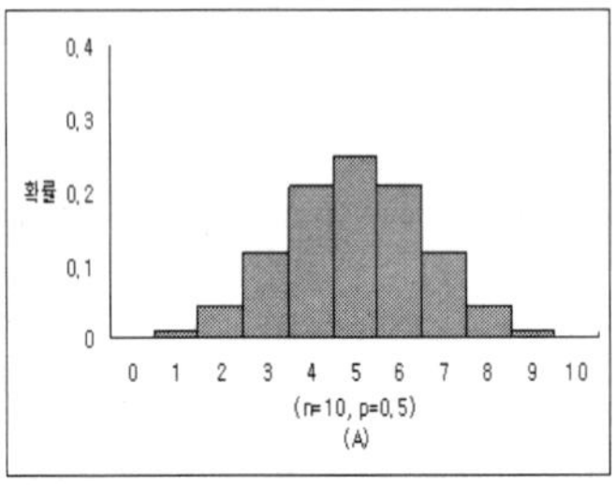

$p=0.5$ 대칭 모양

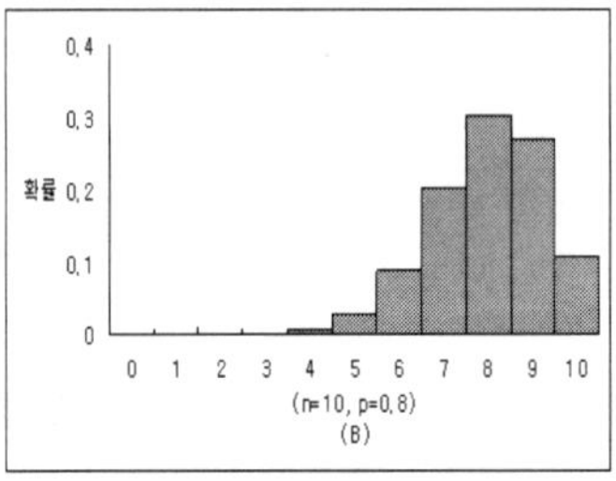

$p=0.8$ 오른쪽으로 치우침

둘째, 확률을 고정하면 표본의 크기 n에 따라 이항분포의 모양이 변하게 된다.

〈예〉 확률 $p=0.1$로 고정, 표본의 크기를 $n=10$, $n=50$, $n=100$로 증가시켰을 경우 모양을 살펴보면 다음과 같다.

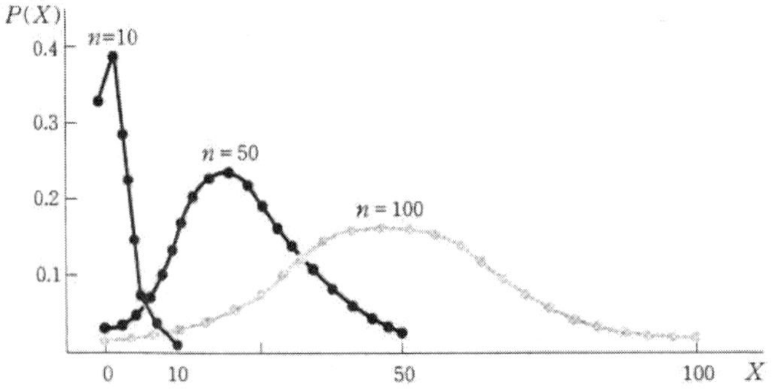

〈출처 : https://suhak.tistory.com〉

확률 $p=0.5$가 아니더라도 횟수를 증가시키면 대칭의 모양이 된다는 것이다.

통계학에서 대표적인 특징인 대칭의 모양은 정규분포의 형태(정규 근사)와 유사한 분포를 갖는다는 것을 의미한다.

Laplace 정리

이항분포 $B(n,p)$에서 n이 충분히 클 때($n \geq 30$), 근사적으로 정규분포를 따른다.
확률변수 $X \sim B(n,p)$이면, 평균 $\mu = np$, 분산 $\sigma^2 = npq$ (단, $p+q=1$)이므로 n이 충분히 크면, 확률변수 $X \sim B(n,p) \sim N(np, npq)$이 된다.

NOTE	정규분포에서 $X \sim N$(평균, 분산)

예제 17 다음 이항분포를 정규분포로 근사하여 표현하시오.

(1) $X \sim B(100, \frac{1}{2})$ (2) $X \sim B(450, \frac{1}{3})$ (3) $X \sim B(720, \frac{1}{6})$

풀이 (1) $X \sim B(100, \frac{1}{2})$일 때, $n=100$이고, $p=\frac{1}{2}$이므로 평균

$\mu = np = 100 \times \frac{1}{2} = 50$이고

분산 $\sigma^2 = npq = 100 \times \frac{1}{2} \times \frac{1}{2} = 25 = 5^2$이다.

따라서 $X \sim N(50, 5^2)$ 이다.

(2) $X \sim B(450, \frac{1}{3})$일 때, $n=450$이고, $p=\frac{1}{3}$이므로 평균

$\mu = np = 450 \times \frac{1}{3} = 150$이고

분산 $\sigma^2 = npq = 450 \times \frac{1}{3} \times \frac{2}{3} = 100 = 10^2$이다.

따라서 $X \sim N(150, 10^2)$ 이다.

(3) $X \sim B(720, \frac{1}{6})$일 때, $n=720$이고, $p=\frac{1}{6}$이므로 평균

$\mu = np = 720 \times \frac{1}{6} = 120$이고

분산 $\sigma^2 = npq = 720 \times \frac{1}{6} \times \frac{5}{6} = 100 = 10^2$이다.

따라서 $X \sim N(120, 10^2)$ 이다.

〈예제〉 "어떤 병을 가진 사람이 1년에 사망할 확률이 0.0017인 경우, 10만 중 5명이 이 병으로 사망할 확률을 구하라"는 문제는 이항분포로 계산하면, $n = 100,000$, $p = 0.0017, q = 0.9983$이므로 $P(X=5) = {}_{100000}C_5\,(0.0017)^5\,(0.9983)^{999995}$ 으로 계산되므로 계산된 결과값이 매우 난해할 것으로 판단된다.
그러나, 정규분포로 근사된다면, $n = 100,000$, $p = 0.0017$이므로 이항분포 $X \sim B(n,p)$는 $X \sim N(170, 170(1-0.0017))$인 정규분포로 근사된다.
이러한 계산은 결국 $n = 100,000$이므로 정규분포를 이용하여 구해야 한다.

예제 18 동전을 100번 던졌을 때, 앞면이 52회 이상 나올 확률을 구하시오.

풀이 1 이항분포의 문제이므로 다음과 같이 계산하면 된다.
EXCEL을 이용하면 $P(X \geq 52) = 1 - P(X \leq 51)$이다.
□ 함수마법사/통계/BINOM. DIST 선택 대화상자 내용 입력 후 확인 클릭

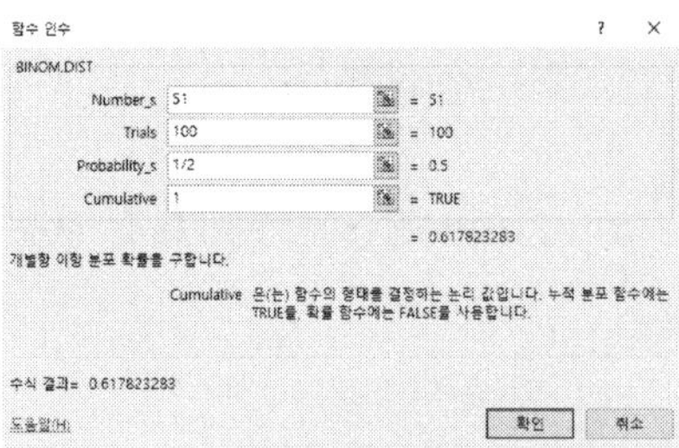

대화상자	의미와 입력 값
Number's	구하고자 하는 값 51
Trials	시행 횟수 100
Probability'S	확률 1/2
Cumulative	누적 1/ 특정한 값 0

0.6178

따라서 $P(X \geq 52) = 1 - P(X \leq 51) = 1 - 0.6178 = 0.3822$.

풀이 2 $n = 100$, $p = 0.5$이므로 이항분포 $X \sim B(n,p)$는 $X \sim N(50, 5^2)$인 정규분포로 근사되며, $P(X \geq 52) = 1 - P(X \leq 52)$이다.
□ 함수마법사/통계/NORM.DIST 선택 대화상자 내용 입력 후 확인 클릭

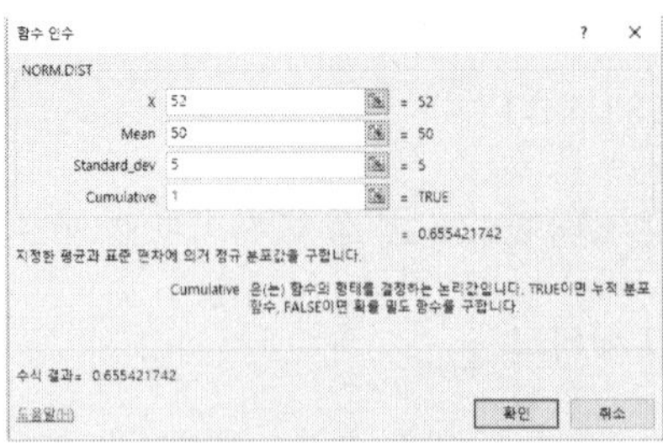

대화상자	의미와 입력 값
X	구하고자 하는 값 52
Mean	평균 50
Standard_dev	표준편차 5
Cumulative	누적 1/ 특정한 값 0

0.6554

따라서 $P(X \geq 52) = 1 - P(X \leq 52) = 1 - 0.6554 = 0.3446$.

6-5. 여러 가지 연속확률분포

여러 가지 연속확률분포는 감마함수에 기초하여 정규분포와 유사한 성질을 갖는 분포로서 두 표본 집단의 평균 및 분산의 검정에 활용되는 분포로 T-분포, F-분포, χ^2-분포 등이 있다.

먼저 감마함수의 정의와 특징에 대하여 간략하게 살펴보면 다음과 같다.

감마함수의 정의 (Euler)와 그래프의 형태

$t > 0$일 때,

감마함수

$$\Gamma(x) = \int_0^1 [-\log(u)]^{x-1} du$$
$$= \int_0^\infty t^{x-1} e^{-t} dt$$

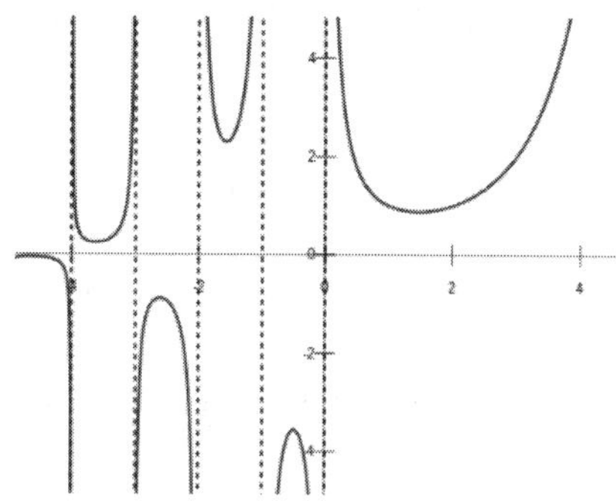

출처 : wikipedia.org

감마함수의 특징

1) $\int_0^1 [-\log(u)]^{x-1} du = \int_0^\infty t^{x-1} e^{-t} dt$

2) $\Gamma(1) = \int_0^\infty e^{-t} dt = 1$

3) $\Gamma(n+1) = n\Gamma(n) \quad \Rightarrow \quad \Gamma(n+1) = n!$

4) $\Gamma(\frac{1}{2}) = \int_0^\infty x^{-\frac{1}{2}} e^{-t} dt = \sqrt{\pi}$

예제 19 감마함수의 특징에 대하여 증명하시오.

증명 1) $\int_0^1 [-\log(u)]^{x-1} du$ 에서 $t = -\log(u)$ 로 치환하면,

① $u = e^{-t}$

② $dt = -\frac{1}{u}du$이므로 $du = -u\,dt = -e^{-t}dt$

③ $u = 0 \quad t = \infty$

$u = 1 \quad t = 0$이므로,

따라서 $\int_0^1 [-\log(u)]^{x-1}du = \int_\infty^0 t^{x-1}(-e^{-t})dt = \int_0^\infty t^{x-1}e^{-t}dt$

이다.

2) $\Gamma(1) = \int_0^\infty e^{-t}dt = \lim_{a\to\infty}\int_0^a e^{-t}dt = \lim_{a\to\infty}[-e^{-t}]_0^a$

$= \lim_{a\to\infty}(-e^{-a} + e^0) = \lim_{a\to\infty}(-\frac{1}{e^a} + 1) = 1$

3) $\Gamma(n+1) = n\Gamma(n)$

$\Gamma(n+1) = \int_0^\infty t^n e^{-t}dt = \int_0^\infty t^n d(-e^{-t})$ 부분적분

$= [t^n(-e^{-t})]_0^\infty + \int_0^\infty e^{-t}d(t^n) = n\Gamma(n)$

여기에서

① $[t^n(-e^{-t})]_0^\infty = -[\frac{t^n}{e^t}]_0^\infty = -[0-0] = 0$

② $\int_0^\infty e^{-t}d(t^n) = \int_0^\infty e^{-t}nt^{n-1}dt = n\int_0^\infty t^{n-1}e^{-t}dt = n\Gamma(n)$

4) $\Gamma(\frac{1}{2}) = \sqrt{\pi}$

$\Gamma(\frac{1}{2}) = \int_0^\infty t^{-\frac{1}{2}}e^{-t}dt = 2\int_0^\infty x^{-1}e^{-x^2}xdx = 2\int_0^\infty e^{-x^2dx}$

$t = x^2$이라 하면, ① $t^{-\frac{1}{2}} = x^{2(-\frac{1}{2})} = x^{-1}$

② $e^{-t} = e^{-x^2}$

③ $dt = 2xdx$

또한, $I = \int_0^\infty e^{-x^2}dx$이고 $x = y$라 하면,

$$I^2 = \int_0^{\infty} e^{-x^2} dx \int_0^{\infty} e^{-y^2} dy = \int_0^{\infty}\int_0^{\infty} e^{-(x^2+y^2)} dxdy$$

$x = r\cos\theta$, $y = r\sin\theta$라 하면,

(1) $x^2 + y^2 = r^2$

(2) $|J| = \begin{vmatrix} \frac{\partial x}{\partial r} & \frac{\partial x}{\partial \theta} \\ \frac{\partial y}{\partial r} & \frac{\partial y}{\partial \theta} \end{vmatrix} = \begin{vmatrix} \cos\theta & -r\sin\theta \\ \sin\theta & r\cos\theta \end{vmatrix} = rcos^2\theta + rsin^2\theta = r$

(3) $dxdy = |J| drd\theta = r drd\theta$

(4) $\Gamma(x)$는 제 1사분면이므로 $0 < \theta < \frac{\pi}{2}$, $0 < r < \infty$

$$I^2 = \int_0^{\infty}\int_0^{\infty} e^{-(x^2+y^2)} dxdy = \int_0^{\frac{\pi}{2}}\int_0^{\infty} e^{-r^2} rdrd\theta$$

$$= \int_0^{\frac{\pi}{2}} d\theta \int_0^{\infty} e^{-r^2} rdr = \frac{\pi}{2}\int_0^{\infty} e^{-r^2} rdr \text{이다.}$$

그런데 $\int_0^{\infty} e^{-r^2} rdr$은 $r^2 = t$라 하면,

① $2rdr = dt$, $rdr = \frac{1}{2}dt$

② $r = 0$이면, $t = 0$이고, $r = \infty$이면, $t = \infty$이므로

$\int_0^{\infty} e^{-r^2} rdr = \frac{1}{2}\int_0^{\infty} e^{-t} dt = \frac{1}{2}$ 이 된다.

그러므로 $I^2 = \frac{\pi}{2}\int_0^{\infty} e^{-r^2} rdr = \frac{\pi}{2} \cdot \frac{1}{2} = \frac{\pi}{4}$이며, $I = \frac{\sqrt{\pi}}{2}$ 임을 알 수 있다.

그러므로 $\Gamma(\frac{1}{2}) = \int_0^{\infty} t^{-\frac{1}{2}} e^{-t} dt = 2\int_0^{\infty} x^{-1} e^{-x^2} x dx = 2\int_0^{\infty} e^{-x^2 dx}$

$= 2I = \sqrt{\pi}$

예제 20 다음 값을 구하시오.

(1) $\Gamma\left(-\frac{1}{2}\right)$ (2) $\Gamma\left(-\frac{3}{2}\right)$ (3) $\Gamma\left(\frac{3}{2}\right)$

풀이 (1) $\Gamma(n+1)=n\Gamma(n)$ 을 이용하면, $\Gamma(n)=\frac{1}{n}\Gamma(n+1)$ 이므로

$$\Gamma\left(-\frac{1}{2}\right)=\frac{1}{-\frac{1}{2}}\Gamma\left(-\frac{1}{2}+1\right)$$ 이다.

따라서 $\Gamma(-\frac{1}{2})=-2\Gamma\left(\frac{1}{2}\right)$ 이고, $\Gamma\left(\frac{1}{2}\right)=\sqrt{\pi}$ 이므로

$\Gamma\left(-\frac{1}{2}\right)=-2\sqrt{\pi}$ 이다.

(2) $\Gamma(n)=\frac{1}{n}\Gamma(n+1)$ 이므로

$$\Gamma\left(-\frac{3}{2}\right)=-\frac{2}{3}\Gamma\left(-\frac{3}{2}+1\right)=-\frac{2}{3}\Gamma\left(-\frac{1}{2}\right)=\frac{4}{3}\sqrt{\pi}.$$

(3) $\Gamma\left(\frac{3}{2}\right)=\Gamma\left(\frac{1}{2}+1\right)=\frac{1}{2}\Gamma\left(\frac{1}{2}\right)=\frac{\sqrt{\pi}}{2}.$

6-5-1. 감마분포(Gamma Distribution)

정의

연속확률변수 X와 양수인 α, β에 대하여 다음과 같은 확률밀도함수를 갖는 분포를 말한다.

$$f(x;\alpha,\beta)=\begin{cases}\frac{1}{\beta^{\alpha}\Gamma(\alpha)}x^{\alpha-1}e^{-\frac{x}{\beta}}, & x>0\\ 0, & x\le 0\end{cases}$$

예제 21 양수인 α, β가 다음과 같을 때, 감마분포의 확률밀도함수의 그래프를 그리시오.

(1) $\alpha=1,\ \beta=1$ (2) $\alpha=2,\ \beta=1$

풀이 (1) $\alpha=1,\ \beta=1$일 때, $f(x;1,1)=\frac{1}{1^1\Gamma(1)}x^{1-1}e^{-\frac{x}{1}}=e^{-x}=\frac{1}{e^x}$ 이므로,

$f(x;1,1)=\frac{1}{e^x}$ 의 그래프는 아래와 같다.

(2) $\alpha=2,\ \beta=1$일 때, $f(x;2,1)=xe^{-x}$ 이며,

단, $e = \lim_{x \to \infty}(1+\frac{1}{x})^x = 2.718\cdots \fallingdotseq 2.72$,

$\frac{1}{e} \fallingdotseq 0.37$, $\frac{1}{e^2} \fallingdotseq 0.14$, $\frac{1}{e^3} \fallingdotseq 0.05$

$f(x;2,1) = xe^{-x}$의 그래프는 아래와 같다.

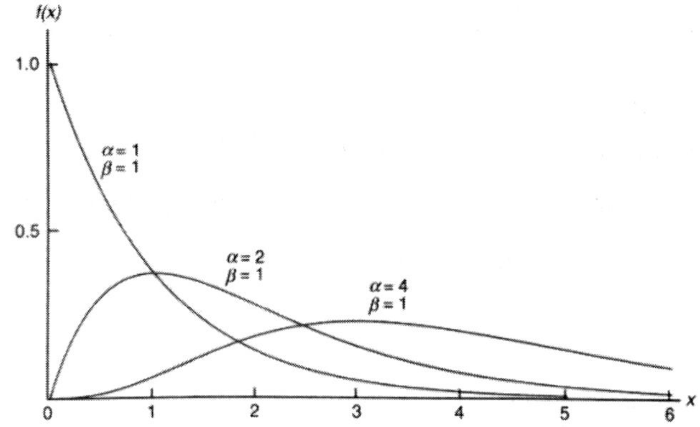

6-5-2. 카이제곱분포(Chi-Squared Distribution)

카이제곱분포(Chi-Squared Distribution)
정규분포를 따르는 모집단에서 크기가 n인 표본을 무작위로 반복하여 추출하였을 때, 각 표본에 대해 구한 표본 분산들은 카이제곱을 따른다.

카이제곱 확률변수 X는 자유도 $v = n-1$인 카이제곱분포를 따른다.

〈기호〉 $X \sim \chi^2(v) = \frac{vS^2}{\sigma^2}$

〈카이제곱분포(Chi-Squared Distribution)의 특성〉

항상 양의 값을 가지며, 비대칭(오른쪽으로 긴 꼬리) 모양을 가진다.
모수인 자유도에 따라 분포의 모양이 변하며, 자유도가 커질수록 정규분포에 가까워진다.

$X \sim \chi^2(v)$ 일 때,

$P(X \geq \chi^2_\alpha(v)) = \alpha$의 그래프

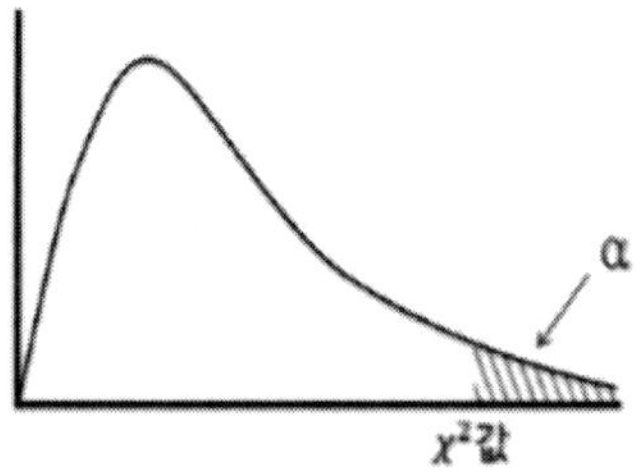

자유도에 따른 카이제곱 확률을 구하는 방법은 카이제곱 분포표(부록)를 이용하는 방법과 EXCEL을 이용하는 방법이 있다.

카이제곱 분포표는 T-분포와 기본 형태가 같으며, 열(y축)은 자유도를 나타내고, 행(x축)은 확률을 나타내며, 해당 확률은 신뢰구간 또는 검정에서 사용하고 있는 α이며, 카이제곱 분포 그래프의 오른쪽 면적에 해당된다.

확률

자유도(n-1)

df \ α	0.995	0.99	0.975	0.95	0.9
1	0.00004	0.0002	0.001	0.004	0.02
2	0.01	0.02	0.05	0.10	0.21
3	0.07	0.11	0.22	0.35	0.58
4	0.21	0.30	0.48	0.71	1.06
5	0.41	0.55	0.83	1.15	1.61
6	0.68	0.87	1.24	1.64	2.20
7	0.99	1.24	1.69	2.17	2.83
8	1.34	1.65	2.18	2.73	3.49
9	1.73	2.09	2.70	3.33	4.17
10	2.16	2.56	3.25	3.94	4.87

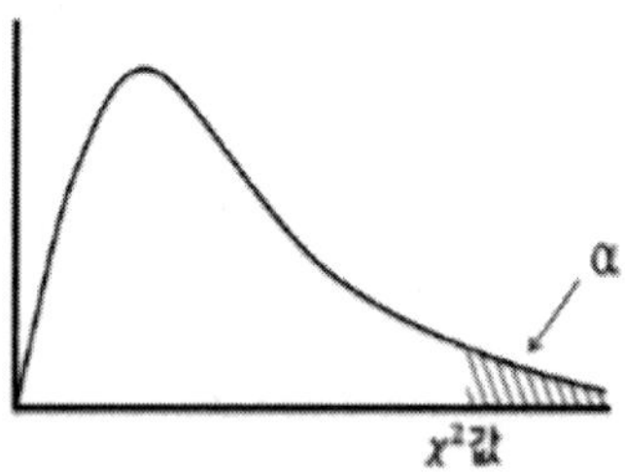

〈출처 : https://math100.tistory.com〉

표 6-3 카이제곱 분포표

df \ α	0.995	0.99	0.975	0.95	0.9	0.1	0.05	0.025	0.01	0.005
1	0.00004	0.0002	0.001	0.004	0.02	2.71	3.84	5.02	6.63	7.88
2	0.01	0.02	0.05	0.10	0.21	4.61	5.99	7.38	9.21	10.60
3	0.07	0.11	0.22	0.35	0.58	6.25	7.81	9.35	11.34	12.84
4	0.21	0.30	0.48	0.71	1.06	7.78	9.49	11.14	13.28	14.86
5	0.41	0.55	0.83	1.15	1.61	9.24	11.07	12.83	15.09	16.75
6	0.68	0.87	1.24	1.64	2.20	10.64	12.59	14.45	16.81	18.55
7	0.99	1.24	1.69	2.17	2.83	12.02	14.07	16.01	18.48	20.28
8	1.34	1.65	2.18	2.73	3.49	13.36	15.51	17.53	20.09	21.95
9	1.73	2.09	2.70	3.33	4.17	14.68	16.92	19.02	21.67	23.59
10	2.16	2.56	3.25	3.94	4.87	15.99	18.31	20.48	23.21	25.19
11	2.60	3.05	3.82	4.57	5.58	17.28	19.68	21.92	24.72	26.76
12	3.07	3.57	4.40	5.23	6.30	18.55	21.03	23.34	26.22	28.30
13	3.57	4.11	5.01	5.89	7.04	19.81	22.36	24.74	27.69	29.82
14	4.07	4.66	5.63	6.57	7.79	21.06	23.68	26.12	29.14	31.32
15	4.60	5.23	6.26	7.26	8.55	22.31	25.00	27.49	30.58	32.80
16	5.14	5.81	6.91	7.96	9.31	23.54	26.30	28.85	32.00	34.27
17	5.70	6.41	7.56	8.67	10.09	24.77	27.59	30.19	33.41	35.72
18	6.26	7.01	8.23	9.39	10.86	25.99	28.87	31.53	34.81	37.16
19	6.84	7.63	8.91	10.12	11.65	27.20	30.14	32.85	36.19	38.58
20	7.43	8.26	9.59	10.85	12.44	28.41	31.41	34.17	37.57	40.00
21	8.03	8.90	10.28	11.59	13.24	29.62	32.67	35.48	38.93	41.40
22	8.64	9.54	10.98	12.34	14.04	30.81	33.92	36.78	40.29	42.80
23	9.26	10.20	11.69	13.09	14.85	32.01	35.17	38.08	41.64	44.18
24	9.89	10.86	12.40	13.85	15.66	33.20	36.42	39.36	42.98	45.56
25	10.52	11.52	13.12	14.61	16.47	34.38	37.65	40.65	44.31	46.93
26	11.16	12.20	13.84	15.38	17.29	35.56	38.89	41.92	45.64	48.29
27	11.81	12.88	14.57	16.15	18.11	36.74	40.11	43.19	46.96	49.64
28	12.46	13.56	15.31	16.93	18.94	37.92	41.34	44.46	48.28	50.99
29	13.12	14.26	16.05	17.71	19.77	39.09	42.56	45.72	49.59	52.34
30	13.79	14.95	16.79	18.49	20.60	40.26	43.77	46.98	50.89	53.67
40	20.71	22.16	24.43	26.51	29.05	51.81	55.76	59.34	63.69	66.77
50	27.99	29.71	32.36	34.76	37.69	63.17	67.50	71.42	76.15	79.49
60	35.53	37.48	40.48	43.19	46.46	74.40	79.08	83.30	88.38	91.95
70	43.28	45.44	48.76	51.74	55.33	85.53	90.53	95.02	100.43	104.21
80	51.17	53.54	57.15	60.39	64.28	96.58	101.88	106.63	112.33	116.32
90	59.20	61.75	65.65	69.13	73.29	107.57	113.15	118.14	124.12	128.30
100	67.33	70.06	74.22	77.93	82.36	118.50	124.34	129.56	135.81	140.17

예제 22 $X \sim \chi^2(20)$ 일 때 다음 확률을 구하시오. 단, 카이제곱 분포표 이용

(1) $P(X > 9.59)$

(2) $P(X < 9.59)$

(3) $P(X < 34.170)$

(4) $P(9.591 < X < 34.170)$

풀이 (1) $P(X > 9.59) = 0.9750$

df \ α	0.995	0.99	0.975	0.95	0.9	0.1	0.05	0.025	0.01	0.005
20	7.43	8.26	9.59	10.85	12.44	28.41	31.41	34.17	37.57	40.00

(2) $P(X < 9.59) = 1 - P(X > 9.59) = 1 - 0.975 = 0.025$

(3) $P(X < 34.170) = 1 - P(X > 34.17) = 1 - 0.025 = 0.975$

(4) $P(9.59 < X < 34.17) = P(X < 34.17) - P(X < 9.59)$

$= 0.975 - 0.025 = 0.95$

■ 카이제곱분포 EXCEL : 확률밀도함수(0) /누적 분포(1)

= CHISQ. DIST (좌측 면적 확률)

= CHISQ. DIST. RT (우측 면적 확률)

예제 23 $X \sim \chi^2(20)$일 때 다음 확률을 구하시오.

(1) $P(X > 9.59)$

(2) $P(X < 9.59)$

(3) $P(X < 34.17)$

(4) $P(9.59 < X < 34.17)$

풀이 (1) 문제에서 자유도 20, $X = 9.59$이므로,

$P(X > 9.59)$이므로 = CHISQ. DIST. RT (우측 면적) 이용

$P(X > 9.59) = 0.9750$

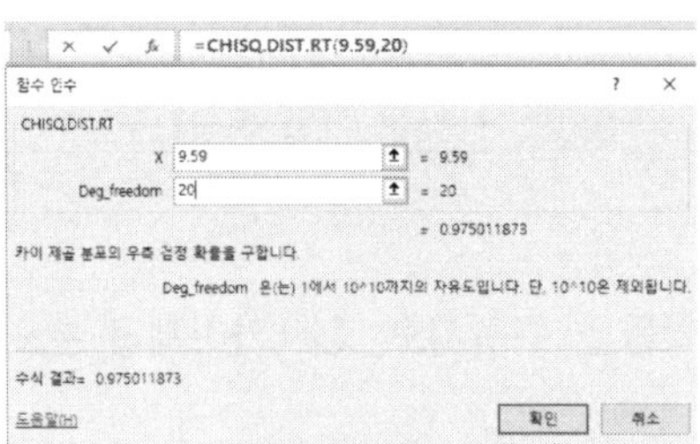

대화상자	의미와 입력 값
X	구하고자 하는 값 9.591
Deg_freedom	자유도 20

0.9750

(2) 문제에서 자유도 20, $X = 9.59$이므로,

$P(X < 9.59)$이므로 = CHISQ. DIST. (좌측면적) 이용

$P(X < 9.59) = 0.0250$

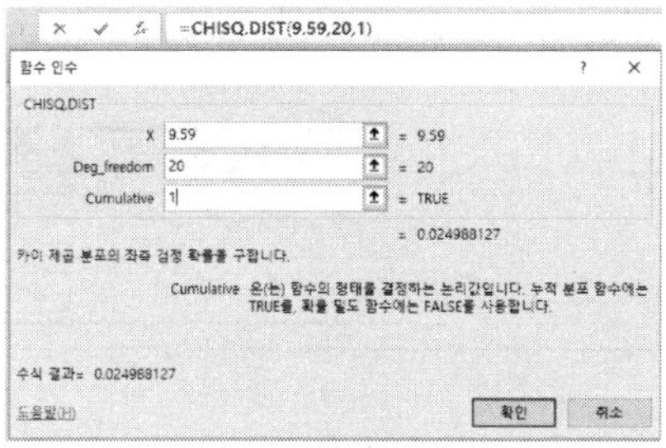

대화상자	의미와 입력 값
X	구하고자 하는 값 9.59
Deg_freedom	자유도 20
Cumulative	누적 분포 1

0.0250

〈참고〉 $P(X>9.59)+P(X<9.59)=1$

(3) 문제에서 자유도 20, $X=34.17$이므로, $P(X<34.17)=0.9750$

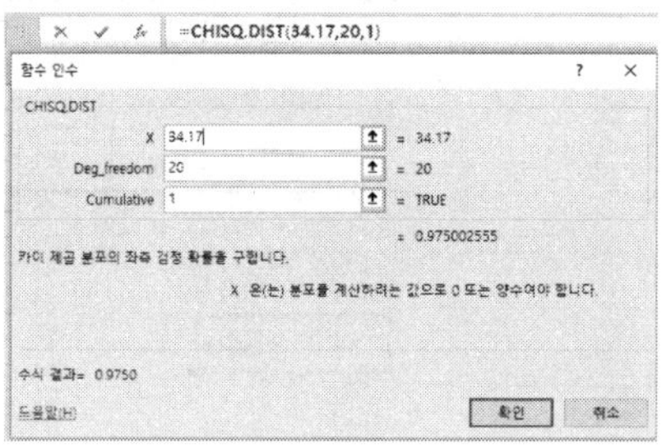

대화상자	의미와 입력 값
X	구하고자 하는 값 34.17
Deg_freedom	자유도 20
Cumulative	누적 분포 1

0.9750

(4) 문제에서 자유도 20, $X=34.17$이므로,

$$P(9.59<X<34.17)=P(X<34.17)-P(X<9.59)$$

이므로 (2), (3)에서

$$=0.9750-0.0250=0.95$$

▣ 확률이 주어진 경우, 카이제곱값 구하기(백분위수 구하기)

= CHISQ. INV (역 좌측 면적 확률)

= CHISQ. INV. RT (역 우측 면적 확률)

예제 24 EXCEL을 이용하여 다음을 구하시오.

(1) 자유도가 14일 때, 상위 5%에 해당하는 카이제곱값을 구하시오.

(2) 13개의 표본을 조사하였을 때, 하위 10%에 해당하는 카이제곱값을 구하시오.

(3) 자유도가 14일 대, 영역의 90%가 두 개의 카이제곱값 사이에 존재하는 카이제곱값을 구하시오.

풀이 (1) 자유도 14, $p=0.05$, $X=?$ 상위 5% (역 좌측) $X=6.57$

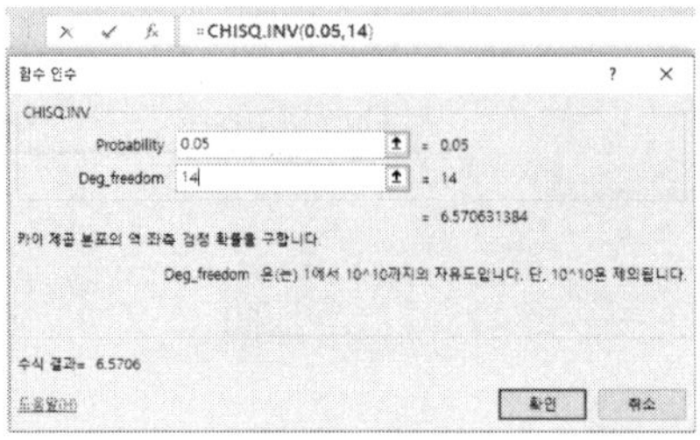

대화상자	의미와 입력 값
Probability	확률 0.05
Deg_freedom	자유도 14

6.57

(2) 자유도 12, $p=0.10$, $X=?$ 하위 10% (역 우측) $X=18.549$

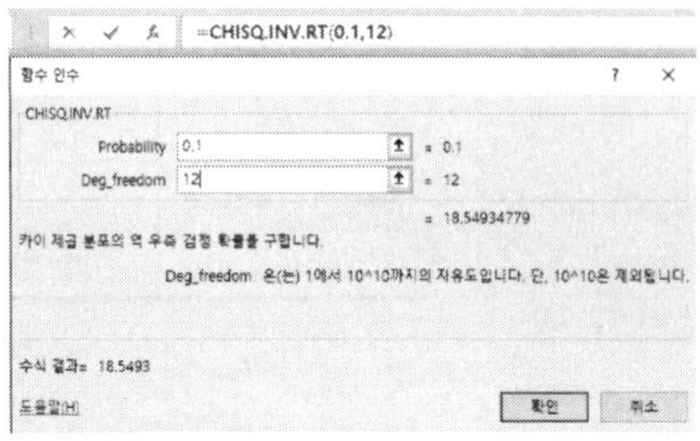

대화상자	의미와 입력 값
Probability	확률 0.10
Deg_freedom	자유도 12

18.549

(3) 자유도 14, 상위 10%, 하위 10% 두 개의 카이제곱 X값은?

① 자유도 14, 상위 10%($p=0.1$), $X=?$ (역 좌측) $X=7.79$

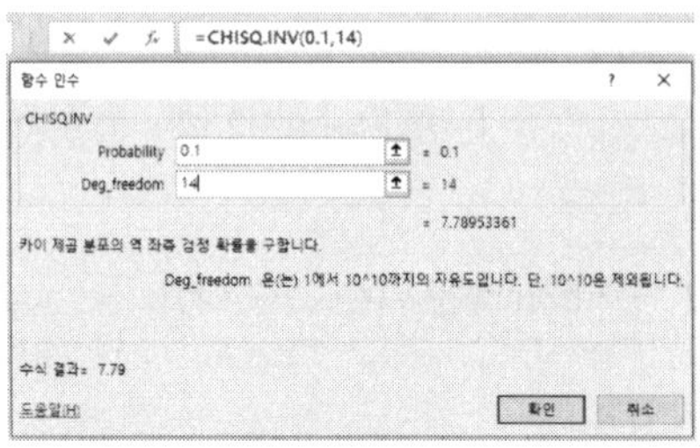

대화상자	의미와 입력 값
Probability	확률 0.10
Deg_freedom	자유도 14

7.79

② 자유도 14, $p=0.10$, $X=?$ 하위 10% (역 우측) $X=21.06$

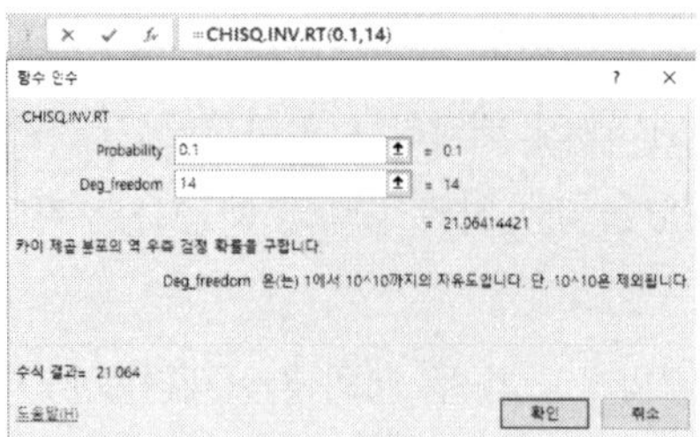

대화상자	의미와 입력 값
Probability	확률 0.10
Deg_freedom	자유도 14

21.064

정의

카이제곱 확률변수 X는 감마분포의 특수한 형태로 다음과 같은 확률밀도함수를 갖는다.

$$f(x\,;v)=\frac{1}{2^{\frac{v}{2}}\Gamma(\frac{v}{2})}x^{\frac{v}{2}-1}e^{-\frac{x}{2}},\quad \text{단}\quad x>0$$

〈참고〉 감마분포의 확률밀도함수 $f(x;\alpha,\beta)=\frac{1}{\beta^{\alpha}\Gamma(\alpha)}x^{\alpha-1}e^{-\frac{x}{\beta}}$에 대하여

$\alpha=\frac{v}{2},\beta=2$ 를 대입하면, $f(x;\frac{v}{2},2)=\frac{1}{2^{\frac{v}{2}}\Gamma(\frac{v}{2})}x^{\frac{v}{2}-1}e^{-\frac{x}{2}}$이 카이제곱분포이다.

▣ 카이제곱 분포와 정규분포와의 연관성

정리 1

연속확률변수 X가 정규분포 $N(\mu,\sigma^2)$을 따르면,

$Y=\frac{(X-\mu)^2}{\sigma^2}=(\frac{X-\mu}{\sigma})^2=Z^2$은 자유도가 1인 카이제곱 분포를 따른다.

즉 $(\frac{X-\mu}{\sigma})^2=Z^2\sim\chi^2(1)$ 이다.

〈증명〉 $Z=\frac{X-\mu}{\sigma}$라 하면, X가 정규분포를 따르므로 Z 는 표준정규분포를 따른다.

표준정규분포의 확률밀도함수 $f(z)=\frac{1}{\sqrt{2\pi}}e^{-\frac{z^2}{2}}$, 단 $-\infty<z<\infty$이다.

여기서 $Y=\frac{(X-\mu)^2}{\sigma^2}=Z^2$이므로, $Z=\pm\sqrt{Y}$ 이다.

$$P(a<Y<b)=P(a<Z^2<b)=P(-\sqrt{b}<Z<\sqrt{a})+P(\sqrt{a}<Z<\sqrt{b})$$

$$=\int_{-\sqrt{b}}^{-\sqrt{a}}f(z)\,dz+\int_{\sqrt{a}}^{\sqrt{b}}f(z)\,dz$$

그런데

① $z=\sqrt{y}$ 인 경우, $\frac{dz}{dy}=\frac{1}{2\sqrt{y}}$ 이므로 $dz=\frac{1}{2\sqrt{y}}dy$

② $z=-\sqrt{y}$ 인 경우, $\frac{dz}{dy}=\frac{-1}{2\sqrt{y}}$ 이므로 $dz=\frac{-1}{2\sqrt{y}}dy$ 이므로

$$P(a<Y<b)=\int_{-\sqrt{b}}^{-\sqrt{a}} f(z)\,dz+\int_{\sqrt{a}}^{\sqrt{b}} f(z)dz$$

$=\int_a^b \frac{f(\sqrt{y})+f(-\sqrt{y})}{2\sqrt{y}}dy$ 이 된다.

또한, $f(z)=\frac{1}{\sqrt{2\pi}}e^{-\frac{z^2}{2}}$ 이므로

$f(\sqrt{y})=\frac{1}{\sqrt{2\pi}}e^{-\frac{(\sqrt{y})^2}{2}}=\frac{1}{\sqrt{2\pi}}e^{-\frac{(-\sqrt{y})^2}{2}}=f(-\sqrt{y})$이 된다.

따라서 $\frac{f(\sqrt{y})+f(-\sqrt{y})}{2\sqrt{y}}=\frac{2f(\sqrt{y})}{2\sqrt{y}}=\frac{f(\sqrt{y})}{\sqrt{y}}$ 가 되며,

$g(y)=\frac{f(\sqrt{y})}{\sqrt{y}}=\frac{1}{\sqrt{2\pi}}\frac{1}{\sqrt{y}}e^{-\frac{y}{2}}=\frac{1}{\sqrt{2}\sqrt{\pi}}y^{-\frac{1}{2}}e^{-\frac{y}{2}}$이며,

$\Gamma(\frac{1}{2})=\sqrt{\pi}$ 이므로

$g(y)=\frac{1}{2^{\frac{1}{2}}\Gamma(\frac{1}{2})}y^{\frac{1}{2}-1}e^{-\frac{y}{2}}$ $\Leftarrow$ 자유도 1인 카이제곱 분포

정리 2

확률변수 $X_1, X_2, \cdots, X_n$이 서로 독립이면서 각각 정규분포 $N(\mu, \sigma^2)$을 따르면,

$Y=\sum_{i=1}^{n}\frac{(X_i-\mu)^2}{\sigma^2}$은 자유도가 n인 카이제곱 분포를 따른다.

즉, $\sum_{i=1}^{n}Z_i^2=\sum_{i=1}^{n}\frac{(X_i-\mu)^2}{\sigma^2}\sim\chi^2(n)$이다.

〈증명〉 $Z_i=\frac{X_i-\mu}{\sigma}$라 하면, X_i가 정규분포를 따르므로 Z_i 는 표준정규분포를 따른다.

그러므로 $Y=\sum_{i=1}^{n}\frac{(X_i-\mu)^2}{\sigma^2}=\sum_{i=1}^{n}Z_i^2=Z_1^2+Z_2^2+\cdots+Z_n^2$이며, 정리 1에 의하여 Z_i^2이 자유도 1인 카이제곱 분포를 따르므로, 각각의 Z_i^2들도 자유도 1인 카이제곱 분포를 따른다.

또한, 확률변수 $X_1, X_2, \cdots, X_n$이 서로 독립이므로 Z_i^2들도 서로 독립이다.

그러므로 $Y=\sum_{i=1}^{n}\frac{(X_i-\mu)^2}{\sigma^2}=\sum_{i=1}^{n}Z_i^2=Z_1^2+Z_2^2+\cdots+Z_n^2$는

자유도 $v=1+1+\cdots+1=n$인 카이제곱 분포를 따른다.

6-5-3. T-분포(Student T-distribution)

t 분포는 1908년 아일랜드의 통계학자 W. S. Gossert은 기네스 양조 공장에서 일했고, 맥주에 사용되는 보리의 질을 시험하기 위해 이 분포를 도입하였고, 기네스 양조 공장의 획기적인 통계 기법을 숨기기 위해 Student라는 필명을 사용하였으며, 저명한 통계학자인 로널드 피셔는 이 분포를 "스튜던트 분포"라고 불렀고, t라는 기호를 사용하였다. 피셔 이후 이 분포는 고셋의 필명을 따 "스튜던트 t 분포"로 알려지게 되었다.

스튜던트 t 분포(Student's t-distribution)는 모집단의 표준편차를 모르거나 표본의 크기가 30보다 적은 경우, 표본평균과 모집단 평균 사이 표준화된 거리를 측정할 때 주로 사용되므로 정규분포를 따르는 모집단에서 관측값을 추출한다.

■ 스튜던트 t 분포(Student's t-distribution)의 확률 분포

정의 **스튜던트 t 분포**

서로 독립인 표준 정규 확률변수 Z와 자유도가 n인 카이제곱 확률변수 $\chi^2(n)$에 대하여 다음 확률변수를 갖는 확률 분포를 자유도 n인 t 분포(t-distribution)라 하고 $T\sim t(df)$ 또는 $T\sim t(v)$ 또는 $T\sim t(n)$로 표현한다.

$$T=\frac{Z}{\sqrt{\frac{\chi^2(n)}{n}}}$$ 단, Z : 표준정규분포, V : 자유도가 n인 카이제곱 분포

위의 사실은 다음과 같이 증명된다.

t 분포의 확률변수 T는 모평균 μ의 추정 통계량으로 $T=\dfrac{\overline{X}-\mu}{\dfrac{S}{\sqrt{n}}}$이다.

만일 모집단이 정규분포라고 가정하면, $X \sim N(\mu, \sigma^2)$이므로 $\overline{X} \sim N(\mu, \dfrac{\sigma^2}{n})$이며, Z 분포로 표준화하면 $Z=\dfrac{\overline{X}-\mu}{\dfrac{\sigma}{\sqrt{n}}}$이며, $\chi^2(v)=\dfrac{vS^2}{\sigma^2}$은 자유도 $v=n-1$인 카이제곱분포를 따른다. 따라서 $T=\dfrac{\overline{X}-\mu}{\dfrac{S}{\sqrt{n}}}$를 카이제곱분포로 표현하면,

$$T=\frac{\overline{X}-\mu}{\dfrac{S}{\sqrt{n}}}=\frac{\dfrac{\overline{X}-\mu}{\dfrac{\sigma}{\sqrt{n}}}}{\dfrac{\dfrac{S}{\sqrt{n}}}{\dfrac{\sigma}{\sqrt{n}}}}=\frac{Z}{\dfrac{S}{\sigma}}=\frac{Z}{\sqrt{\dfrac{S^2}{\sigma^2}}}=\frac{Z}{\sqrt{\dfrac{vS^2}{v\sigma^2}}}=\frac{Z}{\sqrt{\dfrac{\chi^2(v)}{v}}}$$

임을 알 수 있다.

▣ 스튜던트 t 분포(Student's t-distribution)의 확률밀도함수

t 분포의 확률밀도함수는 감마함수를 이용하여 다음과 같이 나타낼 수 있다.

$$f(t)=\frac{\Gamma\left(\dfrac{v+1}{2}\right)}{\Gamma(\dfrac{v}{2})\sqrt{\pi v}}\left(1+\frac{t^2}{v}\right)^{-\frac{v+1}{2}}$$

단, v : 자유도, Γ : 감마함수, $-\infty < t < \infty$

▣ t 분포 형태 및 특징

자유도에 따른 t 분포 모양	정규분포와 t 분포 비교
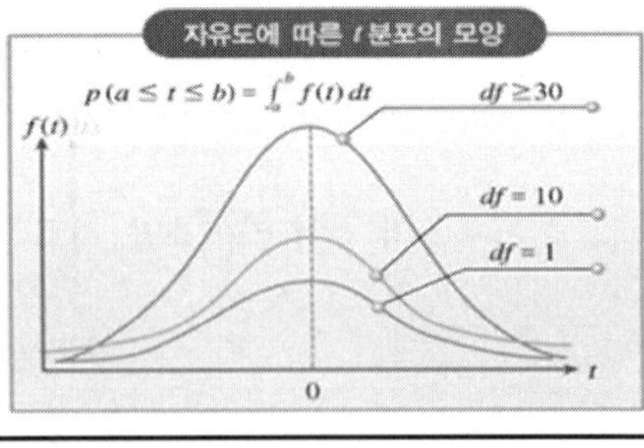	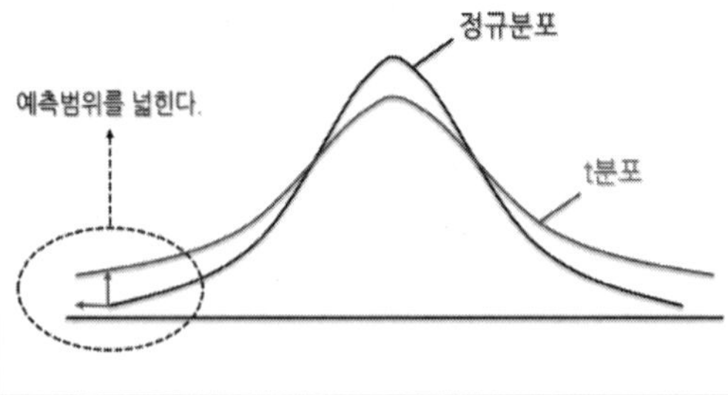

〈출처 : https://math100.tistory.com/42〉

(1) 표준정규분포와 유사하게 0을 중심으로 좌우대칭

(2) 표준정규분포보다 양쪽 꼬리가 두터운 형태이며, 정규분포보다 옆으로 퍼져 있음

(3) 자유도 df가 증가할수록 표준정규분포에 가까우며, 자유도 df가 30 이상이면 표준정규분포와 유사한 분포를 이룸

(4) 표준정규분포와 유사한 형태이지만 t-분포는 표본 표준편차를 이용하므로 분산이 더 크고, 자유도에 따라 분포의 모양이 변하는 특징이 있음

(5) 옆으로 퍼져 있는 t-통계량이 Z-통계량보다 큰 값을 갖도록 하므로, 모 표준편차 σ를 알지 못하는 데서 오는 추정 상의 오류를 보상해줌

▣ t 분포 계산

자유도에 따른 T-분포 확률을 구하는 방법은 T-분포표(부록)를 이용하는 방법과 EXCEL을 이용하는 방법이 있다.

T-분포는 카이제곱 분포와 기본 형태가 같으며, 열(y축)은 자유도를 나타내고, 행(x축)은 확률을 나타내며, 해당 확률은 신뢰구간 또는 검정에서 사용하고 있는 α이며, 카이제곱 분포 그래프의 오른쪽 면적에 해당된다.

t 값을 표시할 때는 다음과 같은 기호를 사용한다.

자유도가 이고 오른쪽 꼬리의 면적이 α인 t 값은 $t_{\alpha,v}$라 표시한다.

분포도 t 값의 계산이 쉽도록 사전에 t 값에 해당하는 확률을 구해 놓은 표가 있는데, 이것을 t-분포표라고 하며, t-분포표에서 행은 자유도 v를, 열은 확률 α를 나타낸다.

df \ α	0,4	0,25	0,1	0,05	0,025	0,01	0,005	0,0025	0,001	0,0005
1	0.325	1.000	3.078	6.314	12.706	31.821	63.657	127.32	318.31	636.62
2	0.289	0.816	1.886	2.920	4.303	6.965	9.925	14.089	22.327	31.599
3	0.277	0.765	1.638	2.353	3.182	4.541	5.841	7.453	10.215	12.924
4	0.271	0.741	1.533	2.132	2.776	3.747	4.604	5.598	7.173	8.610
5	0.267	0.727	1.476	2.015	2.571	3.365	4.032	4.773	5.893	6.869
6	0.265	0.718	1.440	1.943	2.447	3.143	3.707	4.317	5.208	5.959
7	0.263	0.711	1.415	1.895	2.365	2.998	3.499	4.029	4.785	5.408
8	0.262	0.706	1.397	1.860	2.306	2.896	3.355	3.833	4.501	5.041
9	0.261	0.703	1.383	1.833	2.262	2.821	3.250	3.690	4.297	4.781
10	0.260	0.700	1.372	1.812	2.228	2.764	3.169	3.581	4.144	4.587

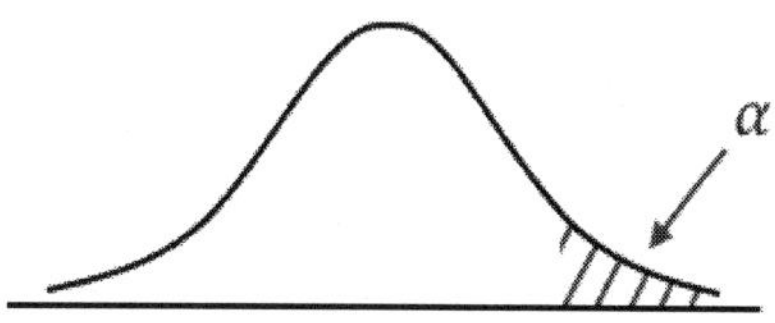

〈출처 : https://www.google.com〉

표 6-4 T-분포표

df \ α	0.4	0.25	0.1	0.05	0.025	0.01	0.005	0.0025	0.001	0.0005
1	0.325	1.000	3.078	6.314	12.706	31.821	63.657	127.32	318.31	636.62
2	0.289	0.816	1.886	2.920	4.303	6.965	9.925	14.089	22.327	31.599
3	0.277	0.765	1.638	2.353	3.182	4.541	5.841	7.453	10.215	12.924
4	0.271	0.741	1.533	2.132	2.776	3.747	4.604	5.598	7.173	8.610
5	0.267	0.727	1.476	2.015	2.571	3.365	4.032	4.773	5.893	6.869
6	0.265	0.718	1.440	1.943	2.447	3.143	3.707	4.317	5.208	5.959
7	0.263	0.711	1.415	1.895	2.365	2.998	3.499	4.029	4.785	5.408
8	0.262	0.706	1.397	1.860	2.306	2.896	3.355	3.833	4.501	5.041
9	0.261	0.703	1.383	1.833	2.262	2.821	3.250	3.690	4.297	4.781
10	0.260	0.700	1.372	1.812	2.228	2.764	3.169	3.581	4.144	4.587
11	0.260	0.697	1.363	1.796	2.201	2.718	3.106	3.497	4.025	4.437
12	0.259	0.695	1.356	1.782	2.179	2.681	3.055	3.428	3.930	4.318
13	0.259	0.694	1.350	1.771	2.160	2.650	3.012	3.372	3.852	4.221
14	0.258	0.692	1.345	1.761	2.145	2.624	2.977	3.326	3.787	4.140
15	0.258	0.691	1.341	1.753	2.131	2.602	2.947	3.286	3.733	4.073
16	0.258	0.690	1.337	1.746	2.120	2.583	2.921	3.252	3.686	4.015
17	0.257	0.689	1.333	1.740	2.110	2.567	2.898	3.222	3.646	3.965
18	0.257	0.688	1.330	1.734	2.101	2.552	2.878	3.197	3.610	3.922
19	0.257	0.688	1.328	1.729	2.093	2.539	2.861	3.174	3.579	3.883
20	0.257	0.687	1.325	1.725	2.086	2.528	2.845	3.153	3.552	3.850
21	0.257	0.686	1.323	1.721	2.080	2.518	2.831	3.135	3.527	3.819
22	0.256	0.686	1.321	1.717	2.074	2.508	2.819	3.119	3.505	3.792
23	0.256	0.685	1.319	1.714	2.069	2.500	2.807	3.104	3.485	3.768
24	0.256	0.685	1.318	1.711	2.064	2.492	2.797	3.091	3.467	3.745
25	0.256	0.684	1.316	1.708	2.060	2.485	2.787	3.078	3.450	3.725
26	0.256	0.684	1.315	1.706	2.056	2.479	2.779	3.067	3.435	3.707
27	0.256	0.684	1.314	1.703	2.052	2.473	2.771	3.057	3.421	3.690
28	0.256	0.683	1.313	1.701	2.048	2.467	2.763	3.047	3.408	3.674
29	0.256	0.683	1.311	1.699	2.045	2.462	2.756	3.038	3.396	3.659
30	0.256	0.683	1.310	1.697	2.042	2.457	2.750	3.030	3.385	3.646
40	0.255	0.681	1.303	1.684	2.021	2.423	2.704	2.971	3.307	3.551
60	0.254	0.679	1.296	1.671	2.000	2.390	2.660	2.915	3.232	3.460
120	0.254	0.677	1.289	1.658	1.980	2.358	2.617	2.860	3.160	3.373
∞	0.253	0.674	1.282	1.645	1.960	2.326	2.576	2.807	3.090	3.291

〈참고〉 https://math100.tistory.com/45

예제 25 $X \sim t(10)$을 따를 때, t-분포표를 이용하여 다음 확률을 구하시오.

(1) $P(X \geq 2.228)$

(2) $P(X \leq -2.228)$

(3) $P(|X| \leq 2.228)$

풀이 (1) $P(X \geq 2.228) = 0.025$

df \ α	0.4	0.25	0.1	0.05	0.025	0.01	0.005	0.0025	0.001	0.0005
10	0.260	0.700	1.372	1.812	2.228	2.764	3.169	3.581	4.144	4.587

(2) $P(X \le -2.228) = P(X \ge 2.228) = 0.025$(T-분포는 $t=0$에 대칭)

(3) $P(|X| \le 2.228) = P(-2.228 \le X \le 2.228) = 2P(0 \le X \le 2.228)$

$= 2\{0.5 - P(X \ge 2.228)\} = 2(0.5 - 0.025)$

$= 2 \times 0.475 = 0.95$

■ T-분포 EXCEL : 확률밀도함수(0) /누적 분포(1)

= T. DIST (좌측 면적 확률)

예제 26 $X \sim t(10)$을 따를 때, EXCEL을 이용하여 다음 확률을 구하시오.

(1) $P(X \ge 2.228)$

(2) $P(X \le -2.228)$

(3) $P(|X| \le 2.228)$

풀이 (1) $P(X \ge 2.228) = 1 - P(X \le 2.228) = 1 - 0.9771 = 0.0229$

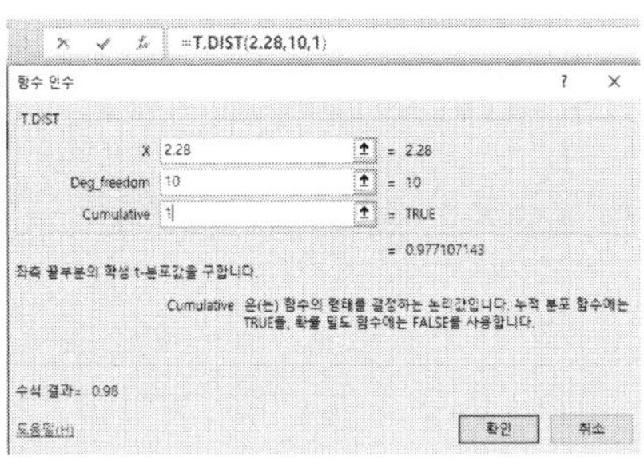

대화상자	의미와 입력 값
X	구하고자 하는 값 2.228
Deg_freedom	자유도 10
Cumulative	누적 분포 1

0.9771

(2) $P(X \le -2.228) = 0.0229$ 즉 $P(X \ge 2.228) = P(X \le -2.228)$

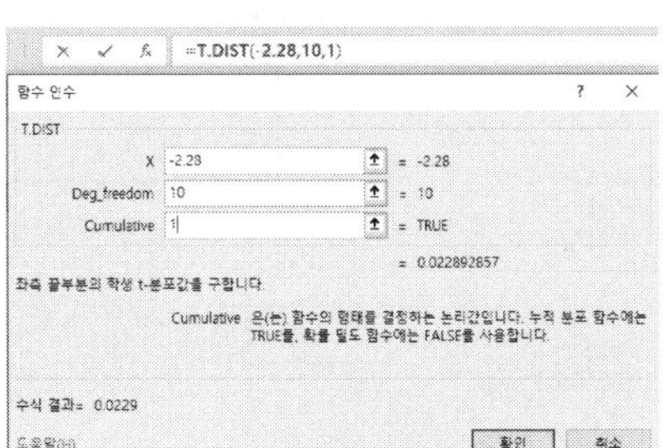

대화상자	의미와 입력 값
X	구하고자 하는 값 2.228
Deg_freedom	자유도 10
Cumulative	누적 분포 1

0.0229

(3) $P(|X| \le 2.228) = P(-2.228 \le X \le 2.228)$

$$= P(X \le 2.228) - P(X \le -2.228)$$

$$= 0.9771 - 0.0229 = 0.9542$$

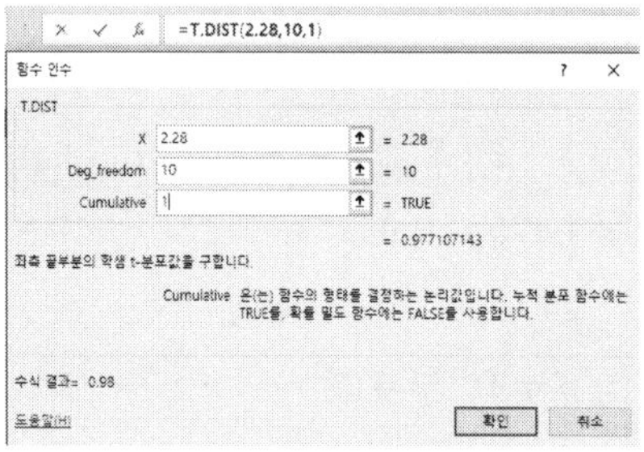

대화상자	의미와 입력 값
X	구하고자 하는 값 2.228
Deg_freedom	자유도 10
Cumulative	누적 분포 1

0.9771

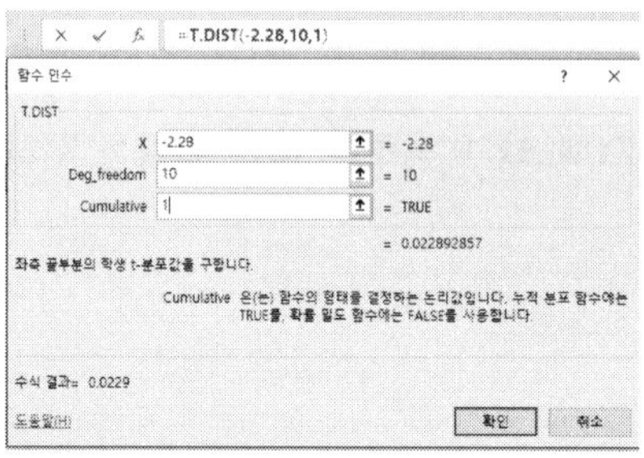

대화상자	의미와 입력 값
X	구하고자 하는 값 2.228
Deg_freedom	자유도 10
Cumulative	누적 분포 1

0.0229

▣ T-분포와 Z 분포 비교

예제 27 $Z \sim N(0,1)$을 따를 때, EXCEL을 이용하여 다음 확률을 구하시오.

(1) $P(Z \ge 2.228)$

(2) $P(Z \le -2.228)$

(3) $P(|Z| \le 2.228)$

풀이 (1) $P(X \ge 2.228) = 1 - P(X \le 2.228) = 1 - 0.9871 = 0.0129$

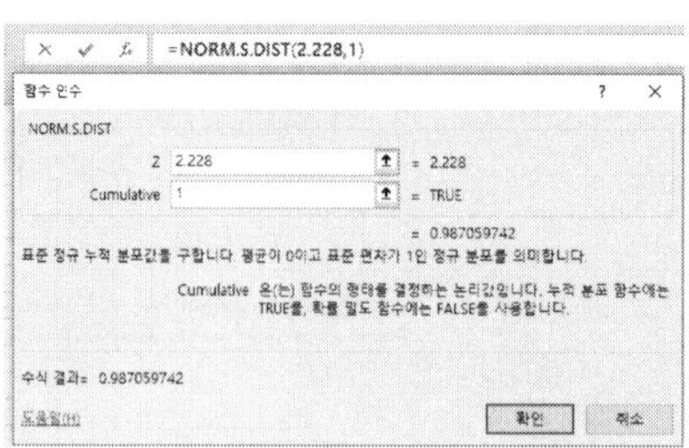

대화상자	의미와 입력 값
X	구하고자 하는 값 2.228
Cumulative	누적 분포 1

0.9871

(2) $P(X \leq -2.228) = 0.0229$ 즉 $P(X \geq 2.228) = P(X \leq -2.228)$

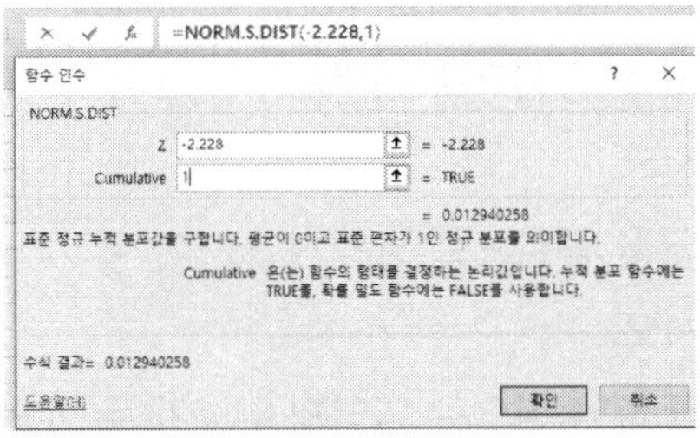

대화상자	의미와 입력 값
X	구하고자 하는 값 - 2.228
Cumulative	누적 분포 1

0.0129

(3) $P(|X| \leq 2.228) = P(-2.228 \leq X \leq 2.228)$

$= P(X \leq 2.228) - P(X \leq -2.228)$

$= 0.9871 - 0.0129 = 0.9742$

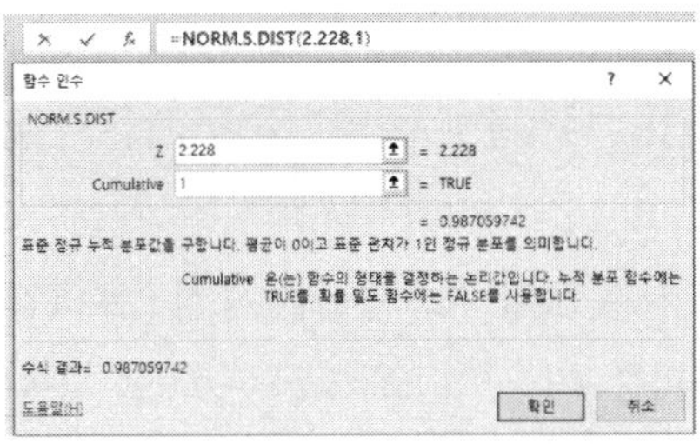

대화상자	의미와 입력 값
X	구하고자 하는 값 2.228
Cumulative	누적 분포 1

0.9871

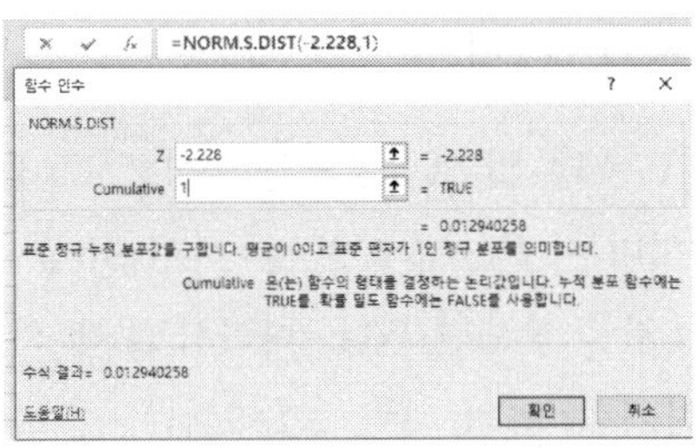

대화상자	의미와 입력 값
X	구하고자 하는 값 2.228
Cumulative	누적 분포 1

0.0129

T-분포와 Z 분포 비교 결과는 다음과 같다.

	T-분포	Z 분포
2.228 또는 −2.228	$P(X \geq 2.228) = 0.0229$ $P(X \leq -2.228) = 0.0229$	$P(X \geq 2.228) = 0.0129$ $P(X \leq -2.228) = 0.0129$

$X = 2.228$에서 t-분포가 Z 분포보다 확률이 크기 때문에 추정 구간을 넓게 하는 효과를 가져 모집단의 표준편차 σ를 모를 때 사용할 수 있는 근거가 된다.

예제 28 t-분포표를 이용하여 다음을 구하시오.

(1) 자유도가 14일 때, 상위 5% 해당하는 t값을 구하시오.

(2) 자유도가 14일 때, 평균을 중심으로 영역의 90%가 두 개의 t값 사이에 존재하도록 t값을 구하시오.

(3) 자유도가 14일 때, 평균을 중심으로 영역의 95%가 두 개의 t값 사이에 존재하도록 t값을 구하시오.

(4) 자유도가 12일 때, 평균을 중심으로 영역의 90%가 두 개의 t값 사이에 존재하도록 t값을 구하시오.

풀이 (1) t-분포표에서 자유도 $v=14$이고, 상위 5%이므로 $\alpha=0.05$가 되는 t값을 찾으면 되므로 t-분포표에서 $t=1.761$이다.

df \ α	0.4	0.25	0.1	0.05	0.025	0.01	0.005	0.0025	0.001	0.0005
14	0.258	0.692	1.345	1.761	2.145	2.624	2.977	3.326	3.787	4.140

(2) t-분포표에서 자유도 $v=14$일 때, 평균을 중심으로 t값 사이의 면적이 90%가 되게 하라는 의미는 $P(-t \le X \le t)=0.9$을 의미하며, 상위 5%와 하위 5%인 t값을 찾으면 된다. 따라서 (1)에 의하여 상위 5%의 $t=1.761$이므로 하위 5%의 $t=-1.761$이다.

(3) t-분포표에서 자유도 $v=14$ 일 때, 평균을 중심으로 t값 사이의 면적이 95%가 되게 하라는 의미는 $P(-t \le X \le t)=0.95$을 의미하며, 상위 2.5%와 하위 2.5%인 t값을 찾으면 된다. 따라서 (1)에 의하여 상위 2.5%의 $t=2.145$이므로 하위 2.5%의 $t=-2.145$이다.

(4) t-분포표에서 자유도 $v=12$ 일 때, 평균을 중심으로 t값 사이의 면적이 90%가 되게 하라는 의미는 $P(-t \le X \le t)=0.90$을 의미하며, 상위 5%와 하위 5%인 t값을 찾으면 된다. 따라서 t-분포표에서 자유도 $v=12$이고, 상위 5%이므로 $\alpha=0.05$가 되는 t값을 찾으면 되므로 t-분포표에서 $t=1.782$이므로, 하위 5%의 $t=-1.782$이다.

df \ α	0.4	0.25	0.1	0.05	0.025	0.01	0.005	0.0025	0.001	0.0005
12	0.259	0.695	1.356	1.782	2.179	2.681	3.055	3.428	3.930	4.318

■ 확률이 주어진 경우, T값 구하기(백분위수 구하기)

= T. INV (역 좌측 면적 확률)

예제 29 EXCEL을 이용하여 다음을 구하시오.

(1) 자유도가 14일 때, 상위 5% 해당하는 t값을 구하시오.

(2) 자유도가 14일 때, 평균을 중심으로 영역의 90%가 두 개의 t값 사이에 존재하도록 t값을 구하시오.

(3) 자유도가 14일 때, 평균을 중심으로 영역의 95%가 두 개의 t값 사이에 존재하도록 t값을 구하시오.

(4) 자유도가 12일 때, 평균을 중심으로 영역의 90%가 두 개의 t값 사이에 존재하도록 t값을 구하시오.

풀이 **[참고]** T-분포는 좌우대칭

(1) 자유도 14, 상위 5%($p=0.05$)는 $P(X \geq t)=0.05$인 t값을 구하는 문제이고, T-분포는 좌우 대칭이므로 $P(X \leq t)=0.05$인 t값을 구하면 된다.

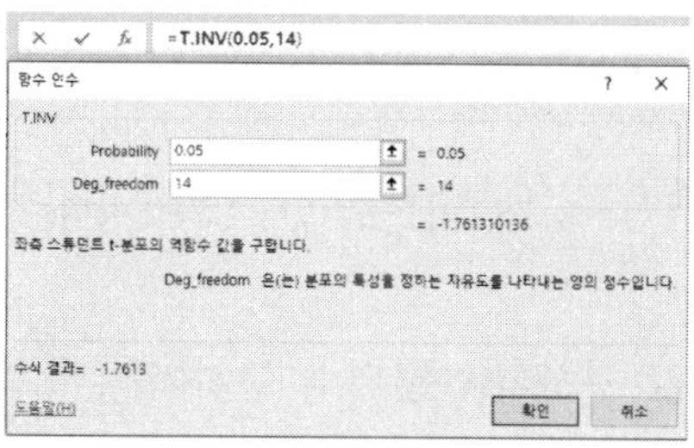

대화상자	의미와 입력 값
Probability	확률 0.05
Deg_freedom	자유도 14

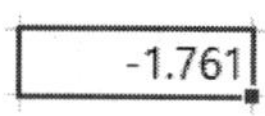

따라서 $P(X \geq t)=0.05$인 $t=1.761$이다.

(2) 자유도 $v=14$ 일 때, 평균을 중심으로 t값 사이의 면적이 90%가 되게 하라는 의미는 $P(-t \leq X \leq t)=0.9$을 의미하며, 상위 5%와 하위 5%인 t값을 찾으면 된다. 따라서 (1)에 의하여 상위 5%의 $t=1.761$이므로 하위 5%의 $t=-1.761$이다.

(3) 자유도 $v=14$ 일 때, 평균을 중심으로 t값 사이의 면적이 95%가 되게 하라는 의미는 $P(-t \leq X \leq t)=0.95$을 의미하며,상위 2.5%와 하위 2.5%인 t값을 찾으면 된다. 따라서 (1)에서와 같이 하위 2.5%의 t값을 찾으면 된다. 즉 $P(X \leq t)=0.025$인 t값을 구하면 된다.

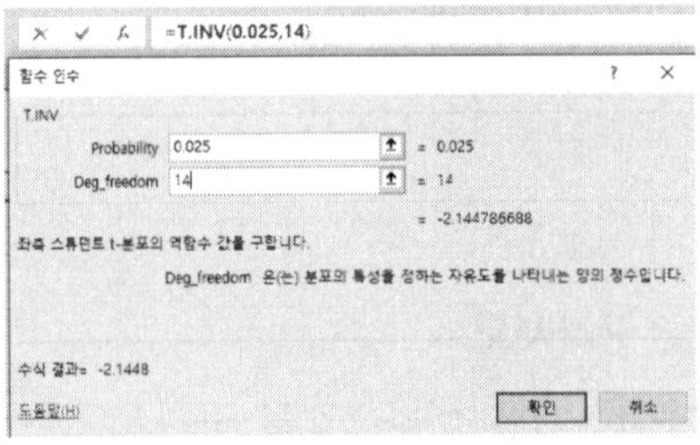

대화상자	의미와 입력 값
Probability	확률 0.05
Deg_freedom	자유도 14

-2.145

그러므로 하위 2.5%의 $t=-2.145$이므로 $t=2.145$이다.

(4) 자유도 $v=12$ 일 때, 평균을 중심으로 t값 사이의 면적이 90%가 되게 하라는 의미는 $P(-t \le X \le t)=0.90$을 의미하며, 상위 5%와 하위 5%인 t값을 찾으면 된다. 따라서 (3)에서와 같이 하위 5%의 t값을 찾으면 된다. 즉 $P(X \le t)=0.05$인 t값을 구하면 된다.

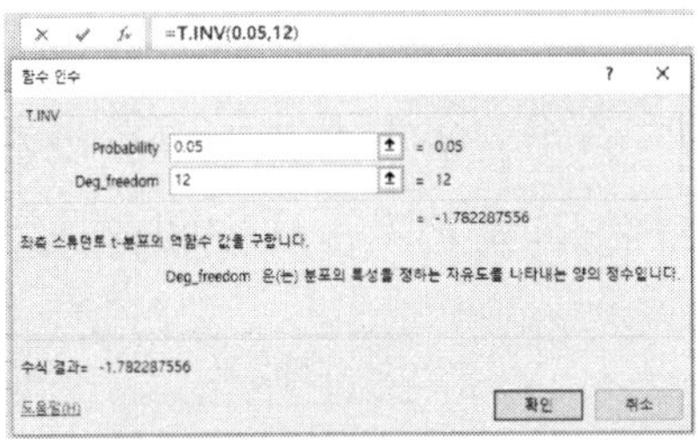

대화상자	의미와 입력 값
Probability	확률 0.05
Deg_freedom	자유도 12

-1.782

그러므로 하위 5%의 $t=-1.782$이므로 $t=1.782$이다.

〈참고〉 ▣ 확률이 주어진 경우, T값 구하기(백분위수 구하기)

= T. INV. 2T 사용할 때,

(2) 자유도가 14, 영역의 90%인 t값을 구하는 문제에서는

자유도 14, 영역의 10%인 $t=1.761$을 구한 후, $t=-1.761$을 구하면 된다.

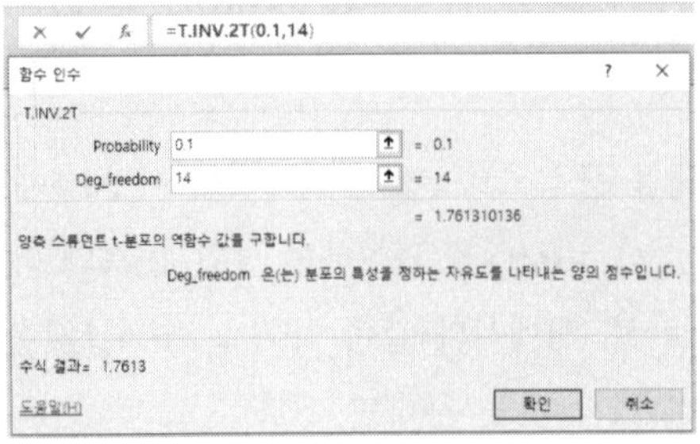

대화상자	의미와 입력 값
Probability	확률 0.10
Deg_freedom	자유도 14

1.761

(4) 자유도가 14, 영역의 95%인 t값을 구하는 문제에서는

자유도 14, 영역의 5%인 $t=2.145$을 구한 후, $t=-2.145$ 을 구하면 된다.

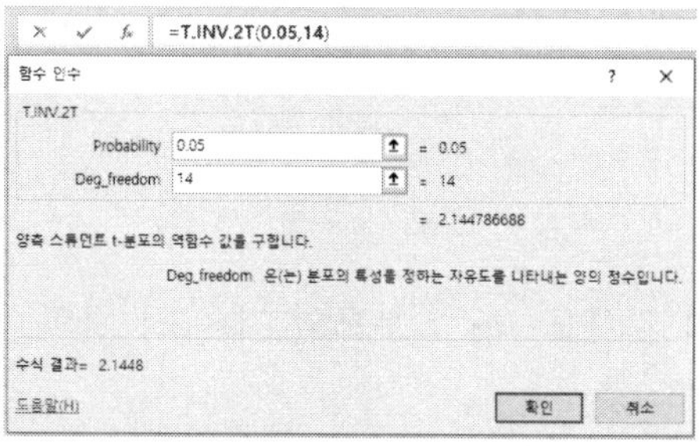

대화상자	의미와 입력 값
Probability	확률 0.05
Deg_freedom	자유도 14

2.145

예를 들어, 확률이 주어진 경우, T-분포와 Z 분포 비교 결과는 다음과 같다.

확률(α)	t값(자유도 14)	z값
$\alpha=0.05$	$t=1.761$	$z=1.64$
$\alpha=0.025$	$t=2.145$	$z=1.96$

같은 확률에서 t값이 z값보다 크다는 것은 표준정규분포보다 t-분포의 범위가 넓다는 것을 의미하며, 모집단의 표준편차 σ를 모를 때 사용할 수 있는 근거가 된다.

6-5-4. F-분포(F-distribution)

분산이 같은 두 정규 모 집단에 대하여 크기 n_1과 크기 n_2의 확률표본을 반복적이고 독립적으로 추출하여 구한 두 표본 분산의 비율은 F 분포를 따른다. F 분포는 두 집단의 분산을 비교하거나 추정 및 검정, 그리고 분산분석 및 회계 분석에 사용하며 카이제곱 분포의 확장된 개념이다.

■ F 분포의 형태

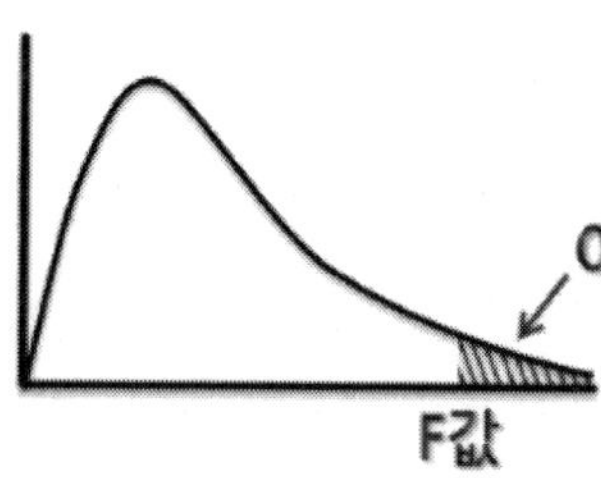

〈출처 : https://math100.tistory.com〉

항상 양의 값을 갖는다.

오른쪽으로 긴 꼬리 분포 모양이다.

단일 분포가 아닌 모수인 분자의 자유도와 분모의

자유도에 따라 분포의 모양이 변한다.

분자의 자유도와 분모의 자유도가 커질수록 정규분포에 가까워진다.

$$X \sim F(v_1, v_2)$$

▣ F 분포의 확률변수

$X \sim F(v_1, v_2)$ [단, v_1 : 분자의 자유도, v_2 : 분모의 자유도] 정의

$F = \dfrac{\frac{U}{v_1}}{\frac{V}{v_2}}$ 단, U는 자유도 v_1을 갖는 카이제곱분포, $U \sim \chi^2(v_1)$

V는 자유도 v_2을 갖는 카이제곱분포, $V \sim \chi^2(v_2)$

그러므로 $\frac{1}{F} \sim F(v_2, v_1)$이다. 단, v_1 : 분자의 자유도, v_2 : 분모의 자유도

또한, t 분포에서 T 분포의 확률변수 $T = \dfrac{Z}{\sqrt{\frac{U}{n}}}$ 이므로 $T^2 = \dfrac{Z^2}{\frac{U}{v}} = \dfrac{\frac{Z^2}{1}}{\frac{U}{v}}$ 이다.

따라서 T^2이 F 분포를 따르게 됩니다.

또한 F 분포의 확률밀도함수는 다음과 같이 계산된다.

$$f(x; v_1, v_2) = \frac{\Gamma\left(\frac{v_1 + v_2}{2}\right)}{\Gamma(\frac{v_1}{2})\Gamma\left(\frac{v_2}{2}\right)2^{\frac{v}{2}}} \left(\frac{v_1}{v_2}\right)^{\frac{v_1}{2}} x^{\frac{v_1}{2}-1} \left(1 + \left(\frac{v_1}{v_2}\right)x\right)^{-\frac{v_1+v_2}{2}}$$

단, v_1, v_2 : 자유도, Γ : 감마함수, $0 \le x < \infty$

▣ F 분포의 계산

자유도가 2개인 F 분포의 계산 방법은 F 분포표를 이용하는 방법과 EXCEL을 이용하는 방법이 있다.

F 분포표를 이용하는 방법은 주어진 확률이 0.1, 0.05, 0.025, 0.01, 0.005 등 5가지로

나누어지며, 이러한 주어진 확률 α에 따라 **분산이 큰 집단을 가로축인 분자의 자유도**, 분산이 작은 집단을 세로축인 분모의 자유도로 계산하여야 한다.

$X \sim F(v_1, v_2)$일 때, F분포의 확률은 다음과 같다.

$$P[X \geq f_\alpha(v_1, v_2)] = \alpha$$

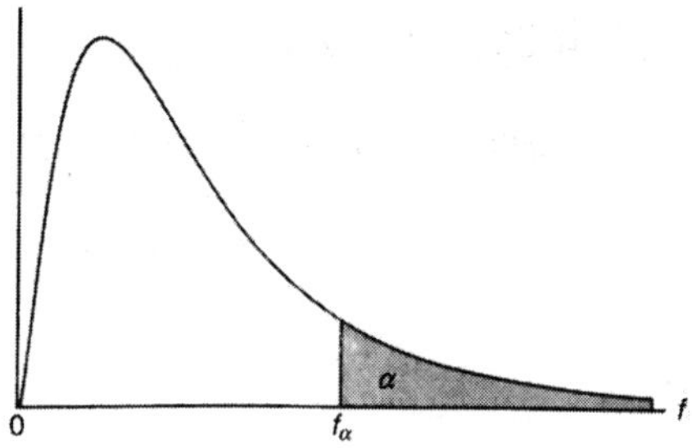

예제 30 $X \sim F(10,6)$일 때, $P(X > 4.06)$을 구하시오.

풀이 EXCEL/함수마법사/통계/F. DIST/대화상자 내용입력 후 확인

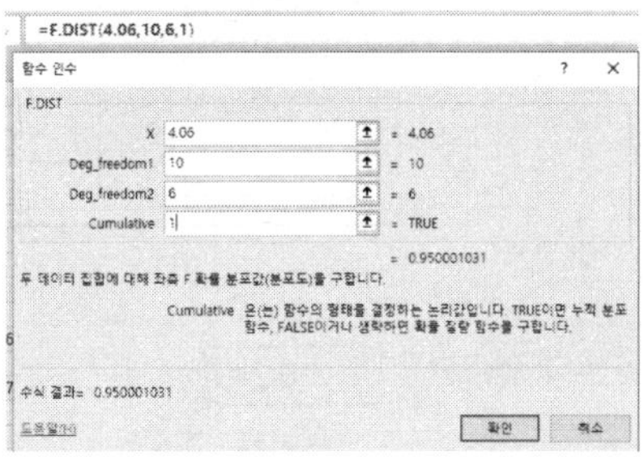

대화상자	입력 내용
X	구하고자 하는 값 4.06
degree_freedom1	자유도 1, 10
degree_freedom2	자유도 2, 6
Cumulative	누적 1, 확률밀도함수 0

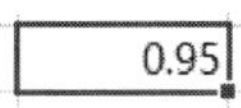

따라서 $X \sim F(10,6)$ 일 때,
$P(X > 4.06) = 1 - P(X < 4.06) = 1 - 0.95 = 0.05$이다.

예제 31 $X \sim F(6,10)$일 때, $P(X > 4.06)$을 구하시오.

풀이 EXCEL/함수마법사/통계/F. DIST/대화상자 내용입력 후 확인

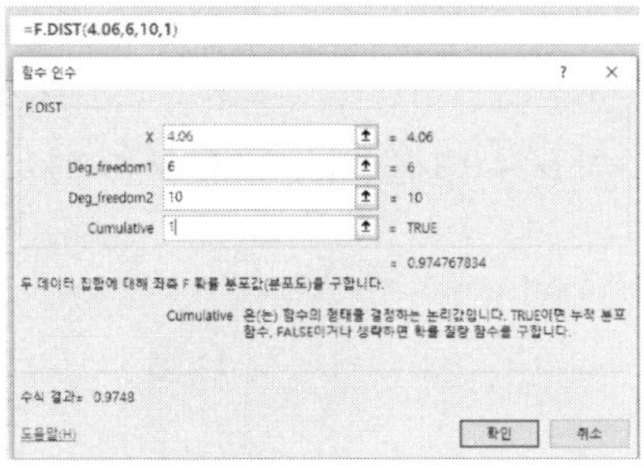

대화상자	입력 내용
X	구하고자 하는 값 4.06
degree_freedom1	자유도 1, 6
degree_freedom2	자유도 2, 10
Cumulative	누적 1, 확률밀도함수 0

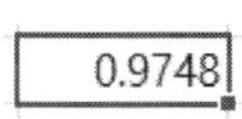

따라서 $X \sim F(6,10)$ 일 때,

$P(X > 4.06) = 1 - P(X < 4.06) = 1 - 0.9748 = 0.0252$ 이다.

예제 32 $X \sim F(6,10)$일 때, $P(X > f_{\alpha}) = 0.95$를 만족하는 α를 구하시오.

풀이 $P(X > f_{\alpha}) = 0.95$ 이므로 $P(X < f_{\alpha}) = 0.05$ 이다.

α는 $\alpha = f_{0.05}(6, 10) = \dfrac{1}{f_{1-0.05}(10, 6)} = \dfrac{1}{f_{0.95}(10,6)}$ 이다.

따라서 [예제 32]에 의하여 $f_{0.95}(10,6) = 4.06$ 이므로,

$$\alpha = f_{0.05}(6, 10) = \frac{1}{f_{1-0.05}(10, 6)} = \frac{1}{f_{0.95}(10,6)} = \frac{1}{4.06} = 0.246 \text{ 이다.}$$

또는 EXCEL/함수마법사/통계/F. INV/대화상자 내용입력 후 확인

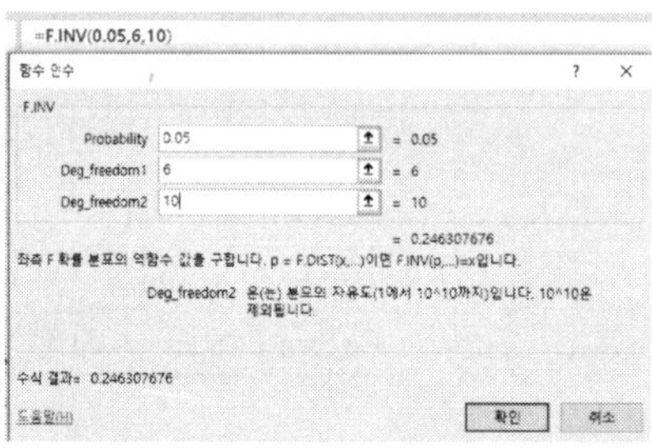

대화상자	의미와 입력 값
Probability	확률 0.05
Deg_freedom	분자 자유도 6
Deg_freedom	분모 자유도 10

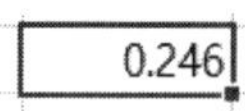

F 분포는 두 집단의 분산을 비교하기 위해 사용하는 분포로, 주로 검정에 이용되며, '1'에 가까울수록 두 집단의 분산이 비슷하다는 뜻이며, (등 분산)
'1'에서 멀수록 두 집단의 분산이 다르다는 뜻이다. (이 분산)

예제 33 두 집단 A, B가 있는데, 집단 A는 9개의 표본에 분산은 21이고, 집단 B는 6개의 표본에 분산이 30일 때, 확률이 0.1인 F값을 구하시오.

풀이 위의 문제로부터 분자의 자유도는 5(분산이 크므로), 분모의 자유도는 8이며, $\alpha = 0.1$ 이므로 F 분포표 중 $\alpha = 0.1$을 이용하여, $F(5,8) = 2.73$을 구하면 된다.

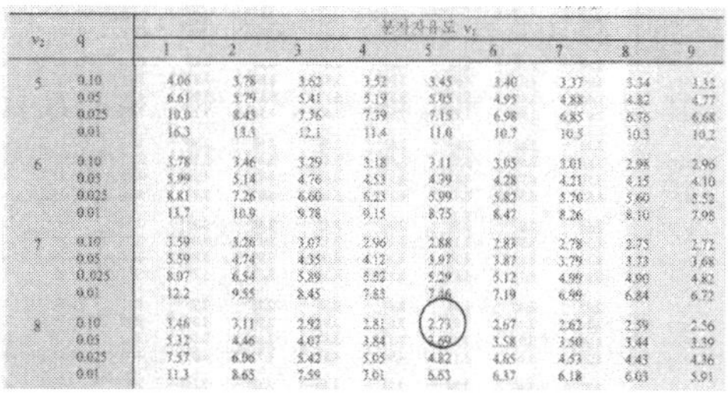

v_2	q	1	2	3	4	5	6	7	8	9
		분자자유도 v_1								
5	0.10	4.06	3.78	3.62	3.52	3.45	3.40	3.37	3.34	3.32
	0.05	6.61	5.79	5.41	5.19	5.05	4.95	4.88	4.82	4.77
	0.025	10.0	8.43	7.76	7.39	7.15	6.98	6.85	6.76	6.68
	0.01	16.3	13.3	12.1	11.4	11.0	10.7	10.5	10.3	10.2
6	0.10	3.78	3.46	3.29	3.18	3.11	3.05	3.01	2.98	2.96
	0.05	5.99	5.14	4.76	4.53	4.39	4.28	4.21	4.15	4.10
	0.025	8.81	7.26	6.60	6.23	5.99	5.82	5.70	5.60	5.52
	0.01	13.7	10.9	9.78	9.15	8.75	8.47	8.26	8.10	7.98
7	0.10	3.59	3.26	3.07	2.96	2.88	2.83	2.78	2.75	2.72
	0.05	5.59	4.74	4.35	4.12	3.97	3.87	3.79	3.73	3.68
	0.025	8.07	6.54	5.89	5.52	5.29	5.12	4.99	4.90	4.82
	0.01	12.2	9.55	8.45	7.85	7.46	7.19	6.99	6.84	6.72
8	0.10	3.46	3.11	2.92	2.81	2.73	2.67	2.62	2.59	2.56
	0.05	5.32	4.46	4.07	3.84	3.69	3.58	3.50	3.44	3.39
	0.025	7.57	6.06	5.42	5.05	4.82	4.65	4.53	4.43	4.36
	0.01	11.3	8.65	7.59	7.01	6.63	6.37	6.18	6.03	5.91

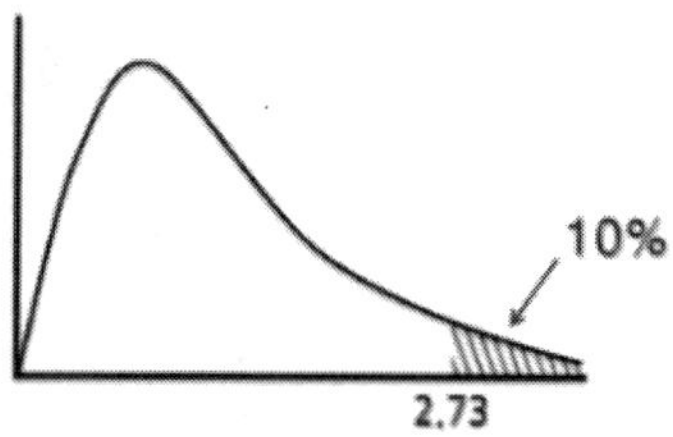

예제 34 두 집단 A, B가 있는데, 집단 A는 6개의 표본에 분산은 21이고, 집단 B는 5개의 표본에 분산이 15일 때, 확률이 0.05인 왼쪽 F값을 구하시오.

풀이 주어진 문제로부터 분자의 자유도는 5, 분모의 자유도는 4, $\alpha = 0.05$이므로 F 분포표 중 $\alpha = 0.05$을 이용하여, $F(4,5) = 5.19$이지만 왼쪽 값을 구하는 문제이므로, $\frac{1}{F(4,5)} = \frac{1}{5.19} = 0.19$가 된다.

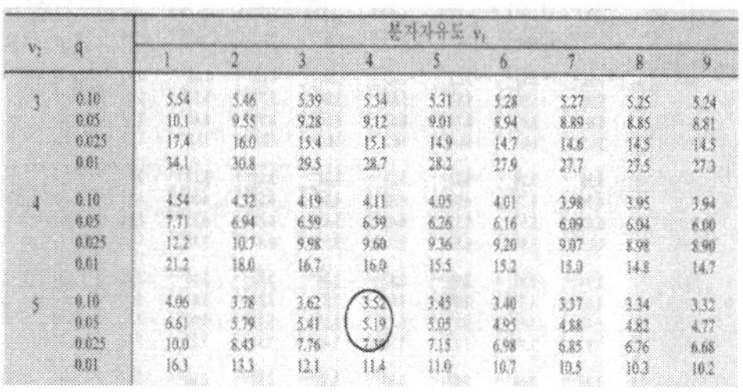

v_2	q	1	2	3	4	5	6	7	8	9
		분자자유도 v_1								
3	0.10	5.54	5.46	5.39	5.34	5.31	5.28	5.27	5.25	5.24
	0.05	10.1	9.55	9.28	9.12	9.01	8.94	8.89	8.85	8.81
	0.025	17.4	16.0	15.4	15.1	14.9	14.7	14.6	14.5	14.5
	0.01	34.1	30.8	29.5	28.7	28.2	27.9	27.7	27.5	27.3
4	0.10	4.54	4.32	4.19	4.11	4.05	4.01	3.98	3.95	3.94
	0.05	7.71	6.94	6.59	6.39	6.26	6.16	6.09	6.04	6.00
	0.025	12.2	10.7	9.98	9.60	9.36	9.20	9.07	8.98	8.90
	0.01	21.2	18.0	16.7	16.0	15.5	15.2	15.0	14.8	14.7
5	0.10	4.06	3.78	3.62	3.52	3.45	3.40	3.37	3.34	3.32
	0.05	6.61	5.79	5.41	5.19	5.05	4.95	4.88	4.82	4.77
	0.025	10.0	8.43	7.76	7.39	7.15	6.98	6.85	6.76	6.68
	0.01	16.3	13.3	12.1	11.4	11.0	10.7	10.5	10.3	10.2

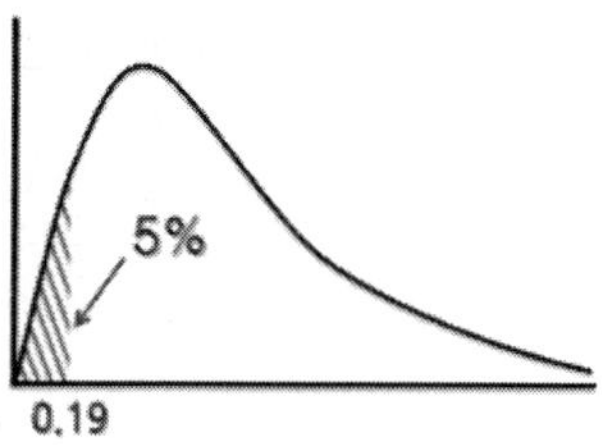

■ F-분포 EXCEL 실습 : 확률밀도함수(0) /누적 분포(1)

= F. INV (좌측 면적 확률)

= F. INV. RT (우측 면적 확률)

예제 35 두 집단 A, B가 있는데, 집단 A는 9개의 표본에 분산은 21이고, 집단 B는 6개의 표본에 분산이 30일 때, 0.1의 F 값은? $F = 2.73$

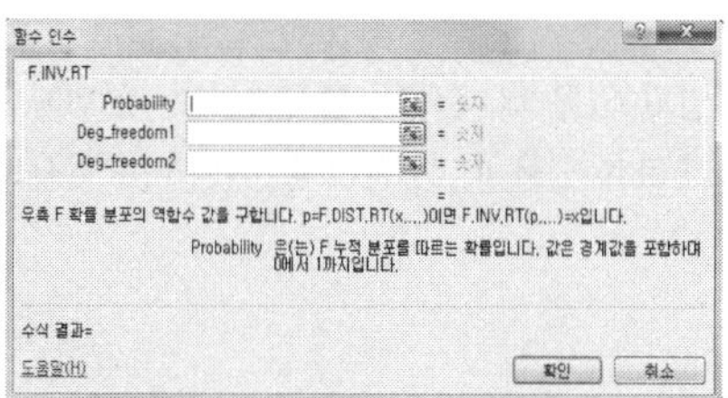

대화상자	의미와 입력 값
Probability	확률 0.1
Deg_freedom	분자 자유도 5
Deg_freedom	분모 자유도 8

= T. INV. RT(0.1, 5, 8) = 2.73

예제 36 두 집단 A, B가 있는데, 집단 A는 6개의 표본에 분산은 21이고, 집단 B는 5개의 표본에 분산이 15일 때, 0.05인 왼쪽 F 값은? $F = 0.19$

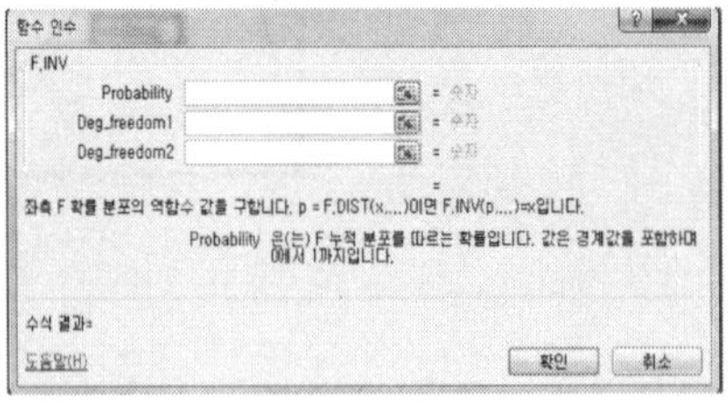

대화상자	의미와 입력 값
Probability	확률 0.05
Deg_freedom	분자 자유도 5
Deg_freedom	분모 자유도 4

= T. INV(0.05, 5, 4) = 0.19

예제 37 집단 A의 표본 분산 $S^2 = 60$이고 $n = 8$, 집단 B의 표 본분산 $S^2 = 40$이고 $n = 7$이라고 한다. 이때, $\alpha = 0.01$에 해당하는 양쪽 F 값을 구하시오.

풀이 먼저 $\alpha = 0.01$이 양쪽에 해당하므로 $\frac{\alpha}{2} = 0.005(5\%)$이고,

A의 분산이 크므로 분자의 자유도는 7, 분모의 자유도는 6이 된다.

오른쪽 F 값은 $F = 10.79$

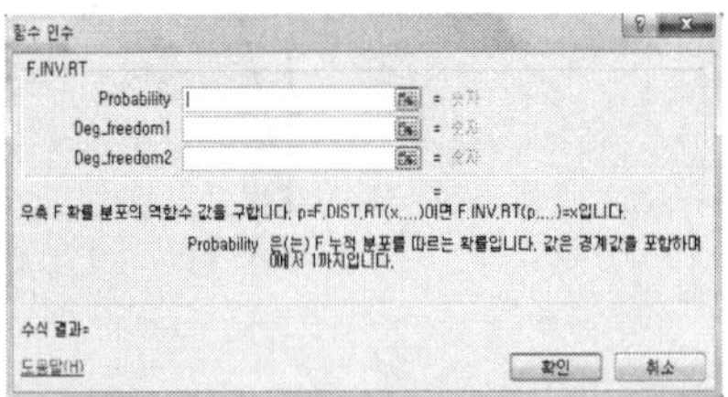

대화상자	의미와 입력 값
Probability	확률 0.005
Deg_freedom	분자 자유도 7
Deg_freedom	분모 자유도 6

= T. INV. RT(0.005, 7, 6) = 10.79

왼쪽 F 값은 $F = 0.11$

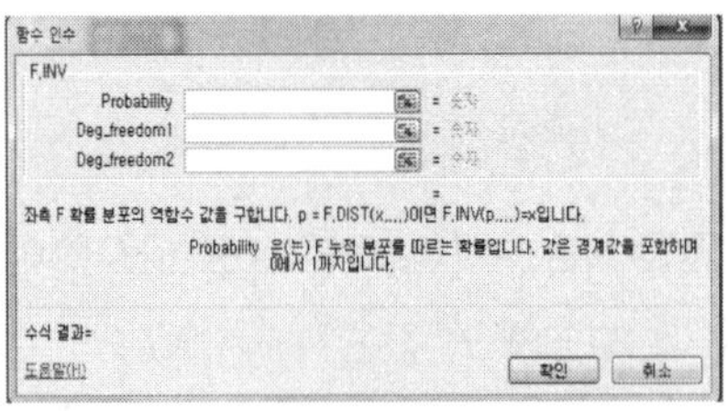

대화상자	의미와 입력 값
Probability	확률 0.005
Deg_freedom	분자 자유도 7
Deg_freedom	분모 자유도 6

= T. INV (0.005, 7, 6) = 0.11

〈참고〉 Z-검정은 분산 σ^2을 알고 있을 때, 평균 μ를 검정하는 문제에 활용되고, T-검정은 분산 σ^2을 모르고 있을 때, 평균 μ를 검정하는 문제에 활용된다.

제6장 연습문제

6-1. 전자제품대리점에서 하루에 판매되는 TV의 수는 평균 11이고, 표준편차가 0.8인 정규분포를 이룬다. 하루에 판매되는 TV의 수가 다음과 같은 확률을 NORM. DIST를 이용하여 구하시오.

(1) 9대 이상일 확률

(2) 10대 이하일 확률

(3) 9대에서 12대일 확률

6-2. 서울의 병원이 몰려있는 건물의 주차장에서 병원을 방문한 사람들의 주차시간을 조사해 보았더니 평균이 45분, 표준편차가 3분인 정규분포를 이루었다. 주차시간이 다음과 같을 확률을 NORM. S. DIST를 이용하여 구하시오.

(1) 38~50분 주차할 확률

(2) 48분 이상 주차할 확률

6-3. $X \sim N(127, 5^2)$일 때, NORM. S. INV를 이용하여 z값을 구하시오.

(1) $P(Z \geq z) = 0.2513$

(2) $P(Z \leq z) = 0.7253$

(3) $P(|Z| \leq z) = 0.8242$

6-4. 하나의 주사위를 50번 던질 때 1의 눈이 8번 이상 나타날 확률을 구하시오.

6-5. 자유도 12, 상위 5%, 하위 5% 두 개의 카이제곱 X값을 구하시오.

6-6. $X \sim t(9)$을 따를 때, T. DIST를 이용하여 다음 확률을 구하시오.

(1) $P(X \geq 1.27)$

(2) $P(X \leq -1.27)$

(3) $P(|X| \leq 1.27)$

6-7. T. INV를 이용하여 다음을 구하시오.

(1) 자유도가 9일 때, 평균을 중심으로 영역의 90%가 두 개의 t값 사이에 존재하도록 t값을 구하시오.

(2) 자유도가 9일 때, 평균을 중심으로 영역의 95%가 두 개의 t값 사이에 존재하도록 t값을 구하시오.

6-8. 집단 A의 표본 8개의 분산 $S^2 = 60$이고, 집단 B의 표본 7개의 분산 $S^2 = 40$이라고 한다. 이때, $\alpha = 0.01$에 해당하는 양쪽 F 값을 F 분포표를 이용하여 구하시오.

제7장

표본분포(Sampling Distribution)

모집단의 어떤 특성을 나타내는 확률변수의 확률 분포를 모집단 분포라 할 때, 그 확률변수의 평균, 분산, 표준편차를 각각 모평균, 모분산, 모표준편차라 한다.

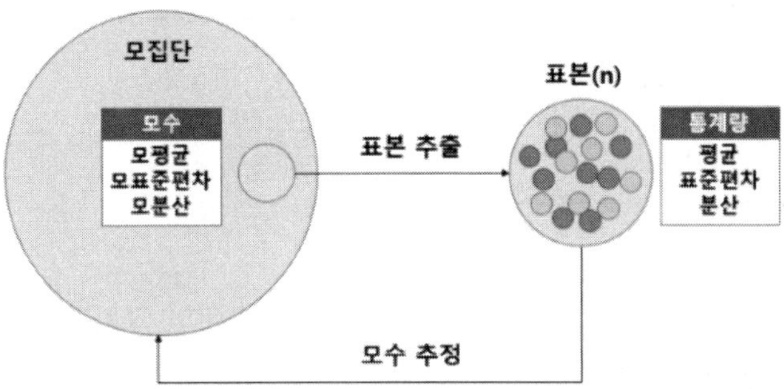

〈출처 : https://www.ssacstat.com〉

표본분포(sampling distribution 또는 finite-sample distribution)는 크기 n의 확률표본(random sample)의 확률변수(random variable)의 분포(distribution)이다. 하나의 표본으로부터 계산된 통계량(statistic)은 여러 가지가 있을 수 있으나 평균을 가장 많이 사용하므로 **평균을 사용한 표본분포**를 대표적으로 기술한다.

예제 1 모집단에 숫자 카드 2, 3, 4가 있을 때, 표본의 크기가 2인 표본평균의 분포를 구하시오.

풀이 모집단에 숫자 카드 2, 3, 4가 있으므로 모집단의 분포는 다음과 같다.

X	2	3	4	계
$P(X)$	$\frac{1}{3}$	$\frac{1}{3}$	$\frac{1}{3}$	1

이러한 모집단에서 표본의 크기가 2이므로, 나올 수 있는 모든 경우의 수를 생각하면, 9가지의 경우가 나오며, 이들의 평균(표본평균)을 구하고, 확률분포를 구하면 다음 표와 같다.

표본	표본평균($\overline{X_i}$)
2, 2	2
2, 3	2.5
2, 4	3
3, 2	2.5
3, 3	3
3, 4	3.5
4, 2	3
4, 3	3.5
4, 4	4

⇨

$\overline{X}$	2	2.5	3	3.5	4	계
$P(\overline{X})$	$\frac{1}{9}$	$\frac{2}{9}$	$\frac{3}{9}$	$\frac{2}{9}$	$\frac{1}{9}$	1

예제 2 모집단에 숫자 카드 2, 3, 4가 있을 때, 표본의 크기가 2인 표본평균의 평균과 분산을 구하시오.

풀이 표본평균의 분포는 [예제 1]을 참조하시오.

$\overline{X}$	2	2.5	3	3.5	4	계
$P(\overline{X})$	$\frac{1}{9}$	$\frac{2}{9}$	$\frac{3}{9}$	$\frac{2}{9}$	$\frac{1}{9}$	1

EXCEL을 이용하여 표본평균의 평균($E(\overline{X})$)과 분산($V(\overline{X})$)을 구하면 다음과 같다.

$\bar{X}$	2	2.5	3	3.5	4	계
$P(\bar{X})$	0.111111	0.222222	0.333333	0.222222	0.111111	1
$\bar{X}\ P(\bar{X})$	0.222222	0.555556	1	0.777778	0.444444	3
$\bar{X}$^2 $P(\bar{X})$	0.444444	1.388889	3	2.722222	1.777778	9.333333

따라서 표본평균의 평균 $E(\overline{X})=3$이고,

분산 $V(\overline{X})=E(\overline{X}^2)-[E(\overline{X})]^2=9.333-9=0.333=\dfrac{1}{3}$이다.

이러한 표본평균의 평균과 분산의 결과는 모집단의 평균과 분산과 비교하면 다음과 같다.

X	2	3	4	계
P(X)	0.333333	0.333333	0.333333	1
XP(X)	0.666667	1	1.333333	3
X^2P(X)	1.333333	3	5.333333	9.666667

모집단의 평균 $E(X)=3$이고, 분산 $V(X)=9.666-3^2=0.666=\dfrac{2}{3}$이다.

그러므로 모집단의 평균과 표본평균의 평균이 같다.

$$E(\overline{X})=3=E(X)$$

또한 모집단의 분산과 표본평균의 분산은 $V(X)=\dfrac{2}{3}$이고 표본의 크기가 2개이므로

$V(\overline{X})=\dfrac{1}{3}=\dfrac{\frac{2}{3}}{2}=\dfrac{V(X)}{2}$이다.

예제 3 모집단의 분포가 다음과 같을 때, 크기가 2인 표본평균의 확률분포에 대한 평균과 분산을 구하시오.

X	1	2	3	4	계
$P(X)$	$\frac{1}{4}$	$\frac{1}{4}$	$\frac{1}{4}$	$\frac{1}{4}$	1

풀이 크기가 2인 표본평균의 확률분포에 대한 평균과 분산은 모집단의 평균과 분산을 구하면 된다.

X	1	2	3	4	계
P(X)	0.25	0.25	0.25	0.25	1
XP(X)	0.25	0.5	0.75	1	2.5
X^2P(X)	0.25	1	2.25	4	7.5

따라서 모집단의 평균 $E(X) = 2.5$이고,

분산 $V(X) = 7.5 - 2.5^2 = 7.5 - 6.25 = 1.25 = \frac{5}{4}$이다.

그러므로 표본평균은 크기가 2이므로 평균 $E(\overline{X}) = 2.5$이고,

분산 $V(\overline{X}) = \frac{\frac{5}{4}}{2} = \frac{5}{8}$이다.

예제 4 모집단의 분포가 다음과 같을 때, 크기가 3인 표본평균의 확률분포에 대한 평균과 분산을 구하시오.

X	1	2	3	4	계
$P(X)$	$\frac{1}{4}$	$\frac{1}{4}$	$\frac{1}{4}$	$\frac{1}{4}$	1

풀이 [예제 3]의 풀이와 같이 모집단의 평균 $E(X) = 2.5$이고, 분산 $V(X) = \frac{5}{4}$이다. 따라서 표본평균은 크기가 3이므로 평균 $E(\overline{X}) = 2.5$이고,

분산 $V(\overline{X}) = \frac{\frac{5}{4}}{3} = \frac{5}{12}$이다.

7-1. 표본평균의 분포

모집단에서 임의로 추출된 표본의 평균을 표본평균이라고 하며 표본평균도 그 값이 변하는 확률변수인데 그 확률분포를 표본평균의 분포라고 한다. 또한, 이 표본평균의 분포로부터 표본평균($\overline{X}$)들 간의 평균과 분산도 구할 수 있다.

어떤 모집단에서 크기가 n인 표본 X_1, X_2, ……, X_n을 임의로 추출할 때, (확률 유지) 표본평균과 표본 분산은 다음과 같이 구한다.

표본평균 $\overline{X} = \dfrac{X_1 + X_2 + \cdots + X_n}{n} = \dfrac{1}{n}\sum_{k=1}^{n} X_k$

표본 분산 $S^2 = \dfrac{1}{n-1}\left\{(X_1 - \overline{X})^2 + (X_2 - \overline{X})^2 + \cdots + (X_n - \overline{X})^2\right\}$

$$= \frac{1}{n-1}\sum_{k=1}^{n}(X_k - \overline{X})^2$$

모집단의 확률변수 X가 정규분포 $N(\mu, \sigma^2)$인 경우, 크기가 n인 표본 X_1, X_2, ……, X_n을 임의로 추출할 때, 표본평균의 분포는 중심극한정리에 의하여 정규분포를 따른다.

따라서 모집단의 확률변수 X는 평균 μ, 분산 σ^2인 정규분포 $N(\mu, \sigma^2)$를 따를 때, 표본평균 $(\overline{X})$의 분포는 다음과 같다.

$$X \sim N(\mu, \sigma^2) \Rightarrow \overline{X} \sim N(\text{평균?}, \text{분산?})$$

첫째, $E(\overline{X}) = E\left(\dfrac{X_1 + X_2 + \cdots + X_n}{n}\right) = \dfrac{1}{n}E\left(\sum_{k=1}^{n} X_k\right) = \dfrac{1}{n}nE(X) = E(X) = \mu$

둘째, $V(\overline{X}) = V\left(\dfrac{X_1 + X_2 + \cdots + X_n}{n}\right) = \dfrac{1}{n^2}V\left(\sum_{k=1}^{n} X_k\right) = \dfrac{1}{n^2}nV(X) = \dfrac{\sigma^2}{n}$

그러므로 표본평균$(\overline{X})$의 분포는 $X \sim N(\mu, \sigma^2) \Rightarrow \overline{X} \sim N(\mu, \dfrac{\sigma^2}{n})$ 이다.

예제 5 표본 분산 S^2의 기댓값이 모집단의 분산 σ^2과 같음을 증명하시오.
즉, $E(S^2) = \sigma^2$임을 증명

증명

$$X \sim N(\mu, \sigma^2) \Rightarrow V(X) = E[(X_k - \mu)^2] = \sigma^2$$

$$\overline{X} \sim N(\mu, \frac{\sigma^2}{n}) \Rightarrow V(\overline{X}) = E[(\overline{X} - \mu)^2] = \frac{\sigma^2}{n}$$

먼저 표본 분산 S^2에서

$$\sum_{k=1}^{n}(X_k - \overline{X})^2 = \sum_{k=1}^{n}(X_k - \mu + \mu - \overline{X})^2$$

$$= \sum_{k=1}^{n}\left\{(X_k - \mu)^2 + 2(X_k - \mu)(\mu - \overline{X}) + (\mu - \overline{X})^2\right\}$$

$$= \sum_{k=1}^{n}(X_k-\mu)^2 + 2(\mu-\overline{X})\sum_{k=1}^{n}(X_k-\mu) + \sum_{k=1}^{n}(\mu-\overline{X})^2$$

$$= \sum_{k=1}^{n}(X_k-\mu)^2 + 2(\mu-\overline{X})(\sum_{k=1}^{n}X_k - n\mu) + n(\mu-\overline{X})^2$$

$$= \sum_{k=1}^{n}(X_k-\mu)^2 + 2(\mu-\overline{X})(n\overline{X}-n\mu) + n(\mu-\overline{X})^2,$$

단, $\overline{X}=\frac{1}{n}\sum_{k=1}^{n}X_k$

$$= \sum_{k=1}^{n}(X_k-\mu)^2 + 2n(\mu-\overline{X})(\overline{X}-\mu) + n(\mu-\overline{X})^2$$

$$= \sum_{k=1}^{n}(X_k-\mu)^2 - 2n(\mu-\overline{X})(\mu-\overline{X}) + n(\mu-\overline{X})^2$$

$$= \sum_{k=1}^{n}(X_k-\mu)^2 - 2n(\mu-\overline{X})^2 + n(\mu-\overline{X})^2$$

$$= \sum_{k=1}^{n}(X_k-\mu)^2 - n(\mu-\overline{X})^2$$

$$S^2 = \frac{1}{n-1}\left\{(X_1-\overline{X})^2 + (X_2-\overline{X})^2 + \cdots + (X_n-\overline{X})^2\right\}$$

$$= \frac{1}{n-1}\sum_{k=1}^{n}(X_k-\overline{X})^2 = \frac{1}{n-1}[\sum_{k=1}^{n}(X_k-\mu)^2 - n(\mu-\overline{X})^2]$$

$$E(S^2) = E(\frac{1}{n-1}[\sum_{k=1}^{n}(X_k-\mu)^2 - n(\mu-\overline{X})^2])$$

$$= \frac{1}{n-1}E([\sum_{k=1}^{n}(X_k-\mu)^2 - n(\mu-\overline{X})^2])$$

$$= \frac{1}{n-1}(E[\sum_{k=1}^{n}(X_k-\mu)^2] - E[n(\mu-\overline{X})^2]),$$

단, $V(X)=E[(X_k-\mu)^2]=\sigma^2$

$$= \frac{1}{n-1}(n\sigma^2 - nE[(\overline{X}-\mu)^2]),$$ 단, $V(\overline{X})=E[(\overline{X}-\mu)^2]=\frac{\sigma^2}{n}$

$$= \frac{1}{n-1}(n\sigma^2 - n\frac{\sigma^2}{n}) = \frac{1}{n-1}(n\sigma^2-\sigma^2)$$

$$= \frac{1}{n-1}(n-1)\sigma^2 = \sigma^2$$

예제 6 모집단의 평균이 40, 표준편차가 5인 정규분포를 따른다고 할 때, 이 모집단에서 표본 100개를 선택하여 조사한 표본평균 $\overline{X}$은 어떤 분포를 따르는가?

풀이 모집단은 $X \sim N(40, 5^2)$이며, 크기가 100인 표본을 선택하였으므로 표본평균 $\overline{X}$의 분포는 $\overline{X} \sim N(40, \frac{5^2}{100})$이므로 $\overline{X} \sim N(40, \left(\frac{1}{4}\right)^2)$이다.

예제 7 모집단의 평균이 40, 표준편차가 5인 정규분포를 따른다고 할 때, 이 모집단에서 표본 7개를 선택하여 조사한 표본평균 $\overline{X}$은 어떤 분포를 따르는가?

풀이 모집단은 $X \sim N(40, 5^2)$이며, 크기가 7인 표본을 선택하였으므로 표본평균 $\overline{X}$의 분포는 $\overline{X} \sim t(6)$이다.

예제 8 모집단의 평균은 40이고, 표준편차를 모른다고 할 때, 이 모집단에서 표본 100개를 선택하여 조사한 표본평균 $\overline{X}$은 어떤 분포를 따르는가?

풀이 모집단은 $X \sim N(40, \sigma^2)$으로 표준편차를 모르지만 크기가 100인 표본을 선택하였으므로 표본평균 $\overline{X}$의 분포는 중심극한정리에 의하여 $\overline{X} \sim N(40, \frac{\sigma^2}{100})$이므로 $\overline{X} \sim N(40, \left(\frac{\sigma}{10}\right)^2)$이다.

▣ 모집단의 표준편차를 알고 있는 경우 : 표본평균의 분포는 정규분포를 따른다.

예제 9 모집단의 평균이 50이고, 표준편차가 10인 정규분포를 따를 때, 이 모집단에서 100개를 선택하였을 때, 다음 물음에 답하시오.

(1) 표본평균은 어떤 분포를 따르는가?

(2) 표본평균이 49보다 크고 52보다 작을 확률을 구하시오.

(3) 표본평균이 51 이상일 확률을 구하시오.

풀이 (1) $X \sim N(50, 10^2)$이고, $n = 100$이므로, 표본평균($\overline{X}$)의 분포는 $\overline{X} \sim N(50, 1^2)$이다.

(2) 표본평균이 49보다 크고 52보다 작을 확률은 $P(49 \le \overline{X} \le 52)$이고, $\overline{X} \sim N(50, 1^2)$이므로

$$P(49 \le \overline{X} \le 52) = P(\frac{49-50}{1} \le Z \le \frac{52-50}{2}) = P(-1 \le Z \le 2)$$

이다. 따라서 표준정규분포를 이용하면,

$P(-1 \leq Z \leq 2) = P(Z \leq 2) - P(Z \leq -1)$이다.

그러므로 EXCEL/함수마법사/NORM. S. DIST를 사용하면 다음과 같이 구하면 된다.

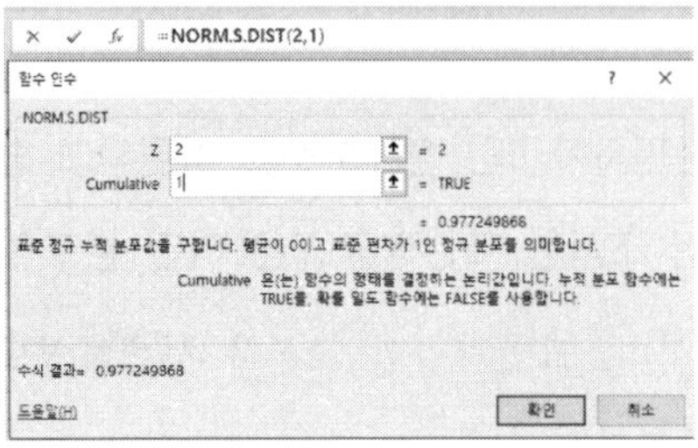

대화상자	의미와 입력 값
Z	구하고자 하는 값 2
Cumulative	누적 분포 1

0.9772

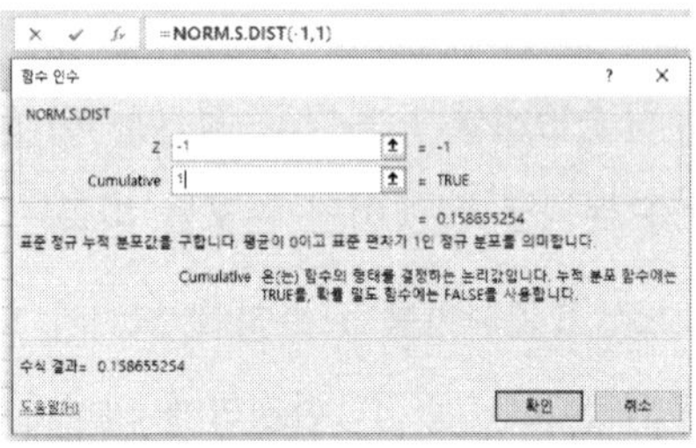

대화상자	의미와 입력 값
Z	구하고자 하는 값 -1
Cumulative	누적 분포 1

0.1587

즉, $P(-1 \leq Z \leq 2) = P(Z \leq 2) - P(Z \leq -1)$

$= 0.9772 - 0.1587 = 0.8186$이다.

(3) 표본평균이 51 이상일 확률은 $P(\overline{X} \geq 51)$이고, $\overline{X} \sim N(50, 1^2)$이므로 표준정규분포는

$P(\overline{X} \geq 51) = P\left(Z \geq \dfrac{51-50}{1}\right) = P(Z \geq 1) = 1 - P(Z \leq 1)$이다.

따라서 EXCEL/함수마법사/NORM. S. DIST를 사용하면 다음과 같이 구하면 된다.

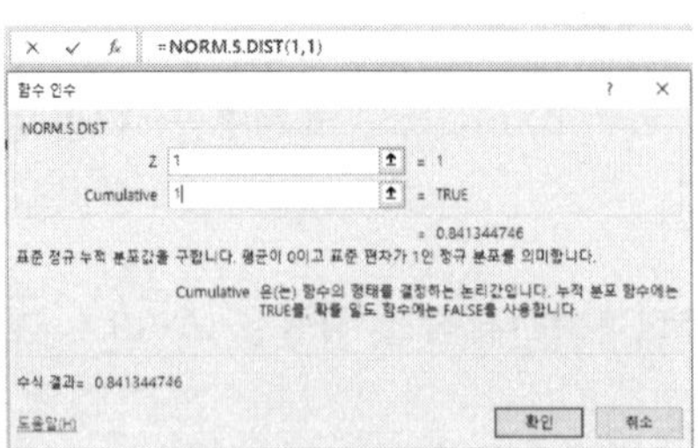

대화상자	의미와 입력 값
Z	구하고자 하는 값 1
Cumulative	누적 분포 1

0.8413

그러므로 $P(Z \geq 1) = 1 - P(Z \leq 1) = 1 - 0.8413 = 0.1587$이다.

예제 10 어느 회사에서 만드는 음료수는 용량의 평균이 500ml이고, 표준편차가 50ml라 한다. 이 회사의 제품 100개를 추출했을 때, 다음 물음에 답하시오.

(1) 표본평균의 분포를 구하시오.

(2) 용량의 평균이 495ml 이하일 확률을 구하시오.

풀이 (1) $X \sim N(500, 50^2)$이고, $n = 100$이므로, 표본평균($\overline{X}$)의 분포는 $\overline{X} \sim N(500, 5^2)$이다.

(2) 용량의 평균이 495 이하일 확률은 $P(\overline{X} \leq 495)$이고, $\overline{X} \sim N(500, 5^2)$이므로 표준정규분포는

$$P(\overline{X} \leq 495) = P\left(Z \leq \frac{495-500}{5}\right) = P(Z \leq -1)\text{이다.}$$

그러므로 EXCEL/함수마법사/NORM. S. DIST를 사용하면 다음과 같이 구하면 된다.

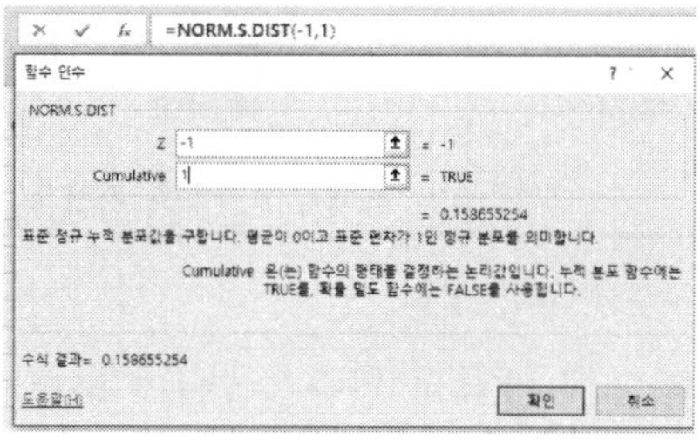

대화상자	의미와 입력 값
Z	구하고자 하는 값 -1
Cumulative	누적 분포 1

0.1587

표본평균의 분포를 정리하면 다음과 같다.

첫째, 모집단이 정규분포인 경우,

모 집단 $X \sim N(\mu, \sigma^2)$ 표준편차 σ

표본 집단 $\overline{X} \sim N(\mu, \frac{\sigma^2}{n})$ 표준편차 $\frac{\sigma}{\sqrt{n}}$

둘째, 모집단이 정규분포가 아닌 경우,

중심극한정리를 이용하여 표본평균의 분포를 구할 수 있다.

정리 중심극한정리(Central Limit Theorem)

동일한 확률분포를 가진 독립확률변수 n개의 표본평균 분포는 n이 적당히 크면 정규분포에 가까워진다. (n이 30보다 큰 경우)

그러나 n이 30보다 작은 경우, T-분포를 이용하여 구하여야 한다.

$$\text{표본 집단} \quad \overline{X} \sim N(\mu, \frac{S^2}{n}) \qquad \text{표준편차} \quad \frac{S}{\sqrt{n}}$$

그러므로 모집단이 정규분포를 이루는 경우와 정규분포가 아닌 경우 표준화하는 방법에 차이가 있다는 것을 잘 이해하여야 한다.

모집단	표준편차	표준화
$X \sim N(\mu, \sigma^2)$	σ	$Z = \frac{X-\mu}{\sigma} \sim N(0, 1^2)$
$\overline{X} \sim N(\mu, \frac{\sigma^2}{n})$	$\frac{\sigma}{\sqrt{n}}$	$Z = \frac{\overline{X}-\mu}{\frac{\sigma}{\sqrt{n}}} \sim N(0, 1^2)$
$\overline{X} \sim N(\mu, \frac{S^2}{n})$	$\frac{S}{\sqrt{n}}$	$t = \frac{\overline{X}-\mu}{\frac{S}{\sqrt{n}}} \sim t(n-1, \alpha)$ 단, $n-1$은 자유도

예를 들어, 5개의 자료가 주어진 경우, 5개 자료의 평균을 7이라 하면, 5개의 자료 중 4개의 자료는 마음대로 고를 수 있지만, 1개의 숫자는 정해진 숫자만 고를 수 있다. 이때, 마음대로 고를 수 있는 숫자의 개수를 자유도라 한다.

〈참고〉 자유도(degree of freedom)

〈기호〉 $df = v = n-1$

■ 모집단의 표준편차를 모르고 있는 경우

예제 11 어떤 기업에서 생산하는 건전지의 평균 수영을 조사하기 위하여 생산된 10개의 건전지에 대한 자료가 다음과 같을 때, 모집단은 정규분포를 따를 때, 다음 물음에 답하시오.

260 265 250 270 272 258 262 268 270 259

(1) 표본평균은 어떤 분포를 따르는가?

(2) **표본평균과 표본 표준편차를 구하시오.**

(3) **표본평균이** 249**보다 크고** 262**보다 작을 확률을 구하시오.**

(4) **표본평균이** 267**보다 클 확률을 구하시오.**

풀이 (1) 모집단은 $X \sim N(\mu, \sigma^2)$ 이고, $n = 10$이고 표준편차를 알 수 없으므로 표본평균($\overline{X}$)의 분포는 $\overline{X} \sim t(9)$ 이다.

(2) 주어진 자료로부터 표본평균과 표본의 분산과 표준편차를 EXCEL/함수마법사/AVERAGE, VAR. S를 사용하여 다음과 같이 구하면 된다.

$$\overline{X} = 263.4 \qquad S^2 = 47.38,\ S = 6.88$$

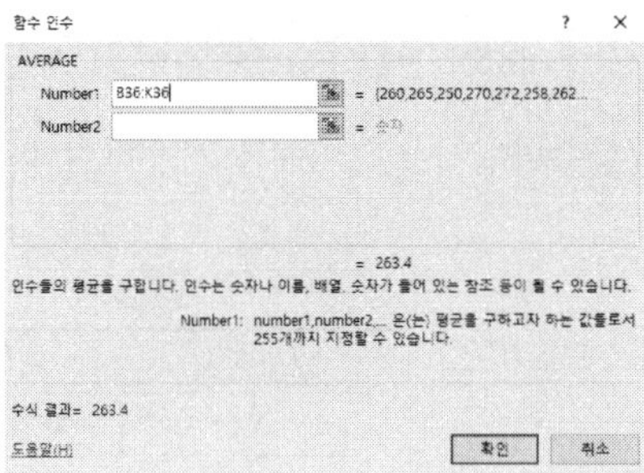

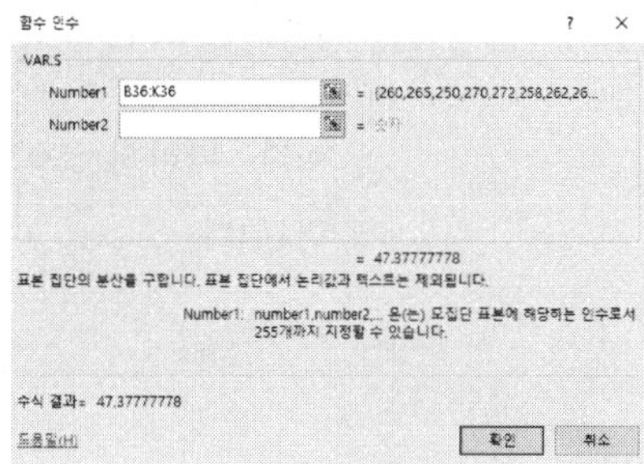

(3) 표본평균이 249보다 크고 262보다 작을 확률은 $P(249 \le \overline{X} \le 262)$이고, $\overline{X} \sim t(9)$이므로 자유도가 9인 T-분포로 정리하면 다음과 같다.

$$\begin{aligned} P(249 \le \overline{X} \le 262) &= P\left(\frac{249-263.4}{6.88} \le t \le \frac{262-263.4}{6.88}\right) \\ &= P(-2.9 \le t \le -0.20) \\ &= P(t \le -0.2) - P(t \le -2.9) \end{aligned}$$

따라서, 자유도가 9인 T-분포에서 EXCEL/함수마법사/t. DIST를 사용하여 다음과 같이 구하면 된다.

즉, $P(t \le -0.2) - P(t \le -2.9) = 0.4230 - 0.0088 = 0.4142$이다.

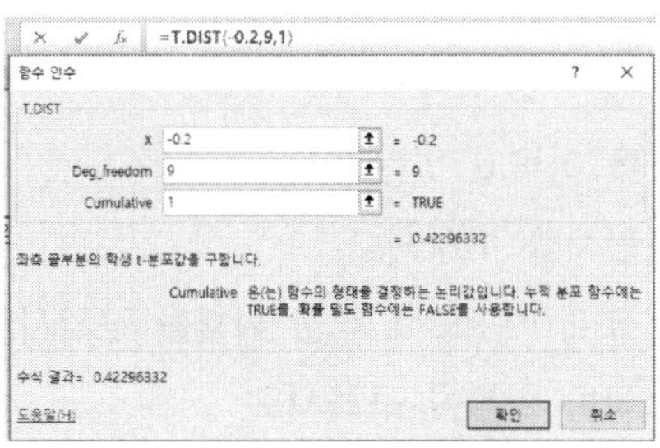

대화상자	의미와 입력 값
X	구하고자 하는 값 -0.2
degree_freedom	자유도 9
Cumulative	누적 분포 1

0.4230

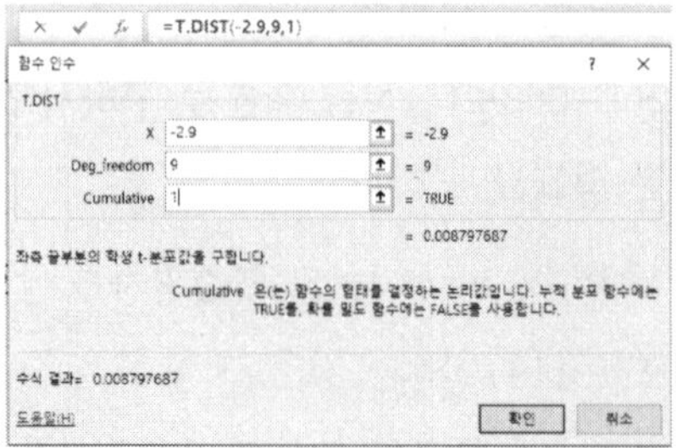

대화상자	의미와 입력 값
X	구하고자 하는 값 -2.9
degree_freedom	자유도 9
Cumulative	누적 분포 1

0.0088

(4) 표본평균이 267보다 클 확률은 $P(\overline{X} \geq 267)$이고, $\overline{X} \sim t(9)$이므로 자유도가 9인 T-분포로 정리하면 다음과 같다.

$$P(\overline{X} \geq 267) = P\left(t \geq \frac{267 - 263.4}{6.88}\right) = P(t \geq 0.52) = 1 - P(t \leq 0.52)$$

이다. 따라서 EXCEL/함수마법사/t. DIST를 사용하여 다음과 같이 구하면 된다.

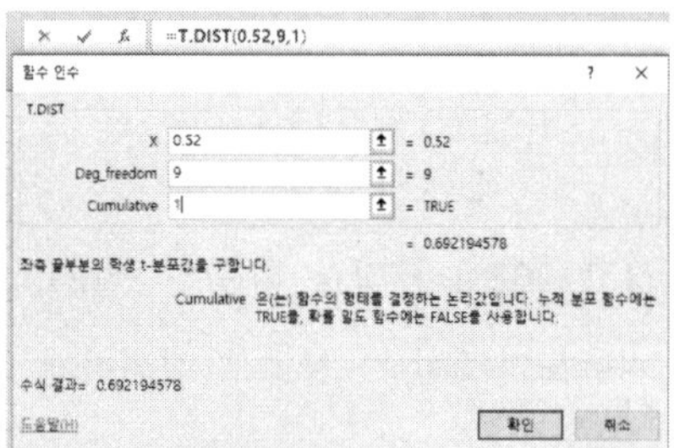

대화상자	의미와 입력 값
X	구하고자 하는 값 0.52
degree_freedom	자유도 9
Cumulative	누적 분포 1

0.6922

그러므로 $P(t \geq 0.52) = 1 - P(t \leq 0.52) = 1 - 0.6992 = 0.3078$이다.

예제 12 다음은 어떤 자동차 회사에서 새로 개발한 스포츠카의 평균 연비가 얼마나 되는지 알기 위해 이 스포츠 카 10대를 표본으로 추출하여 연비를 측정한 결과이다. 연비는 정규분포를 이룬다고 할 때, 다음을 구하라. 단, 단위는 km이고 연비는 정규분포에 따른다고 알려져 있다.

19.3 20.7 19.6 20.1 21.1 20.5 20.7 19.5 19.8 20.7

(1) 표본평균은 어떤 분포를 이루고 있는가?

(2) 표본평균과 표본 표준편차를 구하시오.

(3) 표본평균이 19.2보다 크고 19.9보다 작을 확률을 구하시오.

(4) 표본평균이 19.4보다 적을 확률을 구하시오.

풀이 (1) 모집단은 $X \sim N(\mu, \sigma^2)$이고, $n = 10$이고 표준편차를 알 수 없으므로 표본평균($\overline{X}$)의 분포는 $\overline{X} \sim t(9)$이다.

$$\overline{X} = 20.2 \qquad\qquad S^2 = 0.39,\ S = 0.62$$

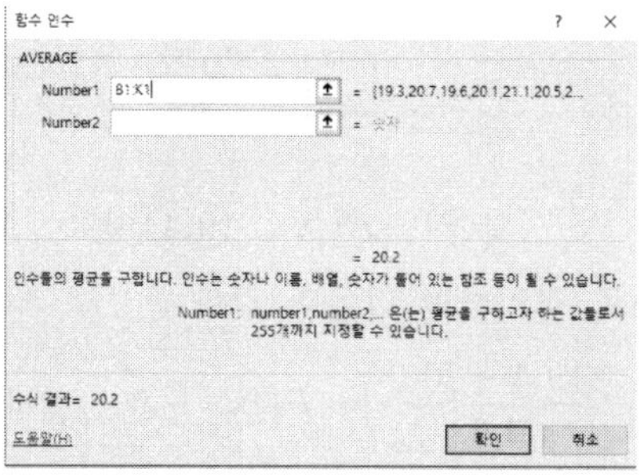

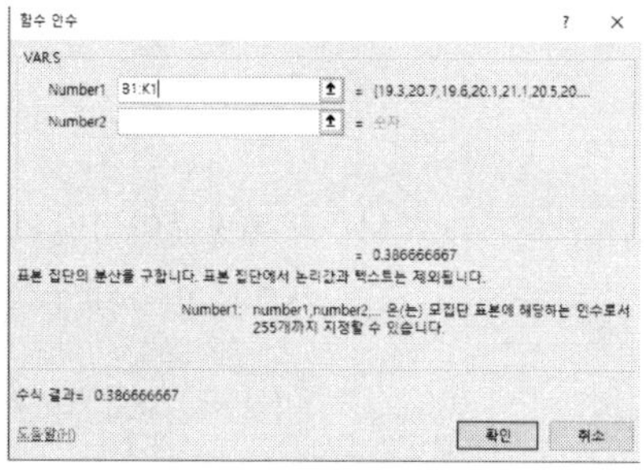

(2) 주어진 자료로부터 표본평균과 표본의 분산과 표준편차를 구하면 다음과 같다.

(3) 표본평균이 19.2보다 크고 21.2보다 작을 확률은 $P(19.2 \le \overline{X} \le 21.2)$이고, $\overline{X} \sim t(9)$이므로 자유도가 9인 T-분포로 정리하면 다음과 같다.

$$\begin{aligned} P(19.2 \le \overline{X} \le 21.2) &= P\left(\frac{19.2 - 20.2}{0.62} \le t \le \frac{21.2 - 20.2}{0.62}\right) \\ &= P(-1.61 \le t \le 1.61) \\ &= P(t \le 1.61) - P(t \le -1.61) \end{aligned}$$

따라서, 자유도가 9인 T-분포에서 EXCEL/함수마법사/t. DIST를 사용하여 다음과 같이 구하면 된다.

즉, $P(t \le 1.61) - P(t \le -1.61) = 0.9291 - 0.0709 = 0.8581$이다.

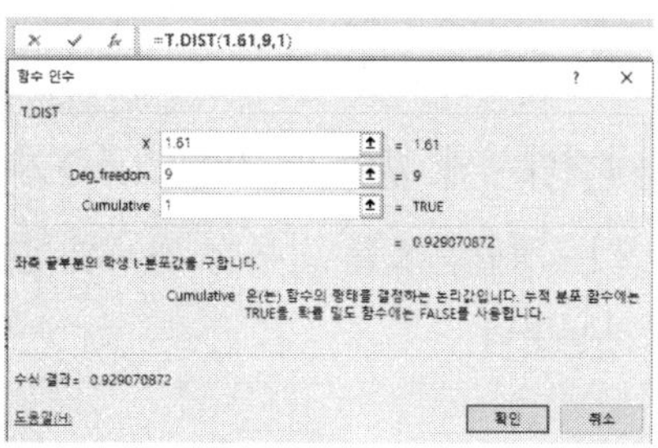

대화상자	의미와 입력 값
X	구하고자 하는 값 1.61
degree_freedom	자유도 9
Cumulative	누적 분포 1

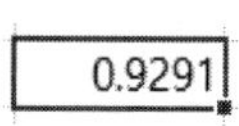

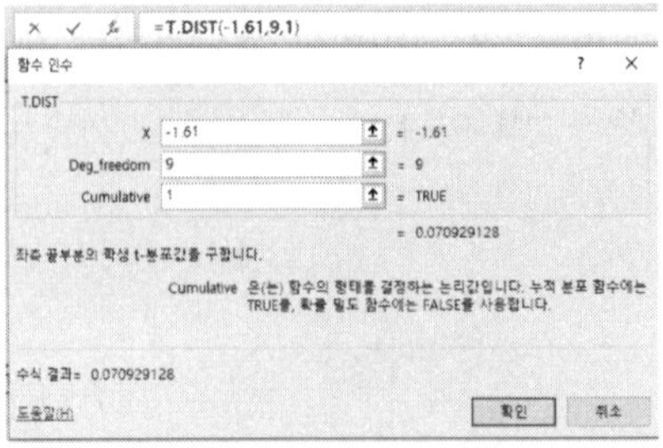

대화상자	의미와 입력 값
X	구하고자 하는 값 -1.61
degree_freedom	자유도 9
Cumulative	누적 분포 1

0.0709

(4) 표본평균이 19.4보다 적을 확률은 $P(\overline{X} < 19.4)$이고, $\overline{X} \sim t(9)$이므로 자유도가 9인 T-분포로 정리하면 다음과 같다.

$$P(\overline{X} < 19.4) = P\left(t < \frac{19.4 - 20.2}{0.62}\right) = P(t < -0.8)\text{이다.}$$

EXCEL/함수마법사/t. DIST를 사용하여 다음과 같이 구하면 된다.

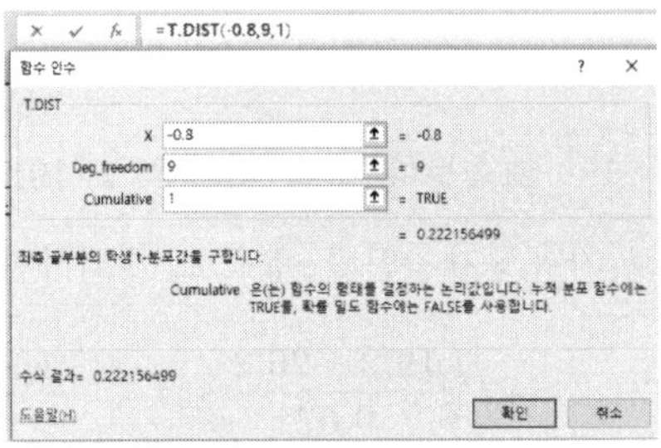

대화상자	의미와 입력 값
X	구하고자 하는 값 -0.8
degree_freedom	자유도 9
Cumulative	누적 분포 1

0.2222

따라서 $P(t < -0.8) = 0.2222$이다.

7-2. 표본평균의 차에 대한 표본분포

어느 대학 두 개 학과 학생들의 학점 차이 비교, 남녀학생별 학점 차이 비교 등과 같이 표본평균의 차에 대한 확률분포에 대하여 알아보고자 한다.

표본평균의 차에 대한 확률분포는 7-1절에서와 같이 모집단의 표준편차를 알고 있는 경우와 모르는 경우 표본평균($\overline{X}$)의 분포는 정규분포를 이루는 경우와 T-분포를 이루는 경우와 마찬가지로 서로 다른 분포를 사용한다.

▣ 모집단의 표준편차를 알고 있는 경우

4-4-3절에서 다음과 같은 정리를 증명하였다.

정리

두 확률변수 X와 Y에 대하여 다음이 성립한다.

(1) 서로 종속인 경우

$$V(X \pm Y) = V(X) + V(Y) \pm Cov(X, Y)$$

(2) 서로 독립인 경우

$$V(X \pm Y) = V(X) + V(Y)$$

$$E(XY) = E(X) \times E(Y)$$

이 정리는 서로 독립인 두 확률변수 X와 Y가 정규분포를 따르면 $X-Y$의 분포는 어떤 분포를 따르는 지를 보여주는 것으로 정리하면 다음과 같다.

서로 독립인 두 정규모집단의 모평균을 각각 μ_1, μ_2, 모분산을 각각 σ^{2_1}, σ_2^2라고 하자. 즉 확률변수 $X \sim N(\mu_1, \sigma_1^2)$, 확률변수 $Y \sim N(\mu_2, \sigma_2^2)$이다.

이 두 모집단에서 크기가 각각 n, m인 표본을 추출하여 두 표본평균을 $\overline{X}$, $\overline{Y}$라고 하면 $\overline{X}$와 $\overline{Y}$는 서로 독립이고, 다음과 같은 정규분포를 이룬다.

$$\overline{X} \sim N(\mu_1, \frac{\sigma_1^2}{n}), \quad \overline{Y} \sim N(\mu_2, \frac{\sigma_2^2}{m})$$

따라서 표본평균의 차$(\overline{X}-\overline{Y})$의 분포는 다음과 같은 정규분포를 이룬다.

$$\overline{X}-\overline{Y} \sim N\left(\mu_1-\mu_2, \frac{\sigma_1^2}{n}+\frac{\sigma_2^2}{m}\right)$$

표본평균의 차$(\overline{X}-\overline{Y})$의 표준편차는 $\sqrt{\frac{\sigma_1^2}{n}+\frac{\sigma_2^2}{m}}$ 이며, 표본평균의 차에 대한 표준오차가 된다.

그러므로 표본평균의 차$(\overline{X}-\overline{Y})$의 분포는 다음과 같이 표준화된다.

$$Z = \frac{(\overline{X}-\overline{Y})-(\mu_1-\mu_2)}{\sqrt{\frac{\sigma_1^2}{n}+\frac{\sigma_2^2}{m}}} \sim N(0, 1^2)$$

예제 13 서로 독립인 정규모집단의 모평균과 모 표준편차가 다음과 같고, 두 모집단에서 각각의 표본을 추출하였을 때, 다음 물음에 답하시오.

모집단 1		모집단 2		표본 1	표본 2
모평균	모 표준편차	모평균	모 표준편차		
154	3	147	2	36	64

(1) 표본평균의 차에 대한 분포

(2) 표본평균의 차가 8보다 클 확률

풀이 (1) 모집단 1을 X, 모집단 2를 Y라고 하면, $X \sim N(154, 3^2)$이고, $Y \sim N(147, 2^2)$이다.

표본의 수가 각각 36과 64이므로 $V(\overline{X}) = \dfrac{3^2}{36} = \dfrac{9}{36} = \dfrac{1}{4} = \left(\dfrac{1}{2}\right)^2$이며,

$V(\overline{Y}) = \dfrac{2^2}{64} = \dfrac{4}{64} = \dfrac{1}{16} = \left(\dfrac{1}{4}\right)^2$이다.

따라서 $\overline{X} \sim N(154, \left(\dfrac{1}{2}\right)^2)$이고, $Y \sim N(147, \left(\dfrac{1}{4}\right)^2)$이다.

그러므로 $\overline{X} - \overline{Y} \sim N(154-147, \left(\dfrac{1}{2}\right)^2 + \left(\dfrac{1}{4}\right)^2)$이므로

$\overline{X} - \overline{Y} \sim N(7, \dfrac{5}{16})$이다.

(2) 표본평균의 차가 8보다 클 확률은 $P(\overline{X} - \overline{Y} > 8)$이며, $\overline{X} - \overline{Y} = A$라 하면 $A \sim N(7, \dfrac{5}{16})$이며, $P(A > 8)$이므로 Z분포로 표준화하면

$$P(A > 8) = P\left(\frac{A-7}{\sqrt{\frac{7}{16}}} > \frac{8-7}{\sqrt{\frac{7}{16}}}\right) = P\left(Z > \frac{4}{\sqrt{7}}\right)$$
$$= P(Z > 1.51)$$

이다. 따라서 EXCEL/함수마법사/NORM. S. DIST를 이용하여 다음과 같이 구하면 된다.

$$P(A > 8) = P(Z > 1.51) = 1 - P(Z < 1.51)$$
$$= 1 - 0.9345 = 0.0655$$

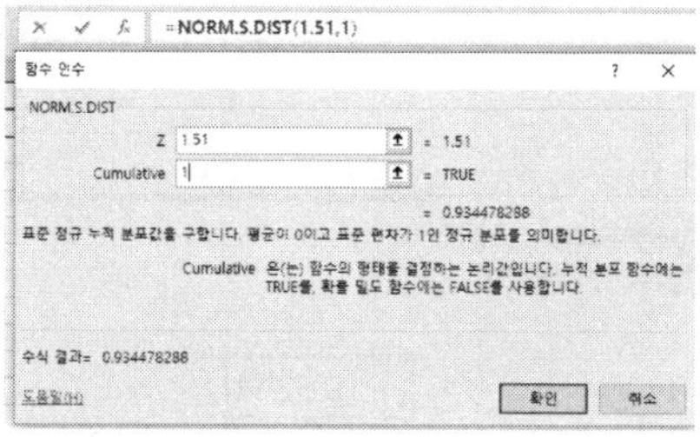

대화상자	의미와 입력 값
Z	구하고자 하는 값 1.51
Cumulative	누적 분포 1

0.9345

예제 14 모평균 $\mu_1 = 12$, 모분산 $\sigma_1^2 = 9$인 정규모집단에서 크기가 9인 표본평균을 $\overline{X}$라 하고, 모평균 $\mu_2 = 10$, 모분산 $\sigma_2^2 = 4$인 정규모집단에서 크기가 16인 표본평균을 $\overline{Y}$라 할 때, 다음을 구하시오.

(1) 표본평균의 차에 대한 분포

(2) $P(\overline{X} - \overline{Y} < 0)$

풀이 (1) 표본평균 $\overline{X}$의 분포는 $\overline{X} \sim N(\mu_1, \frac{\sigma_1^2}{n})$이므로 $\overline{X} \sim N(12, \frac{9}{9})$이고, $\overline{X} \sim N(12, 1^2)$이다.

또한 표본평균 $\overline{Y}$의 분포는 $\overline{Y} \sim N(\mu_2, \frac{\sigma_2^2}{m})$이므로 $\overline{Y} \sim N(10, \frac{4}{16})$이고, $\overline{Y} \sim N(10, \frac{1}{4})$이다.

따라서 표본평균의 차에 대한 분포 $\overline{X} - \overline{Y} \sim N(12 - 10, 1^2 + \frac{1}{4})$이므로 $\overline{X} - \overline{Y} \sim N(2, \frac{5}{4})$이고, $\overline{X} - \overline{Y} \sim N\left(2, \left(\frac{\sqrt{5}}{2}\right)^2\right)$이다.

(2) $P(\overline{X} - \overline{Y} < 0)$일 때, $\overline{X} - \overline{Y} = A$라 하면, $A \sim N\left(2, \left(\frac{\sqrt{5}}{2}\right)^2\right)$일 때, $P(A < 0)$을 구하는 문제이므로 Z분포로 표준화하면 다음과 같다.

$$P(A < 0) = P\left(\frac{A-2}{\frac{\sqrt{5}}{2}} < \frac{0-2}{\frac{\sqrt{5}}{2}}\right) = P\left(Z < -\frac{1}{\sqrt{5}}\right)$$

$$= P(Z < -0.45)\text{이다.}$$

따라서 EXCEL/함수마법사/NORM. S. DIST를 이용하여 다음과 같이 구하면 된다.

$$P(A < 0) = P(Z < -0.45) = 0.3264$$

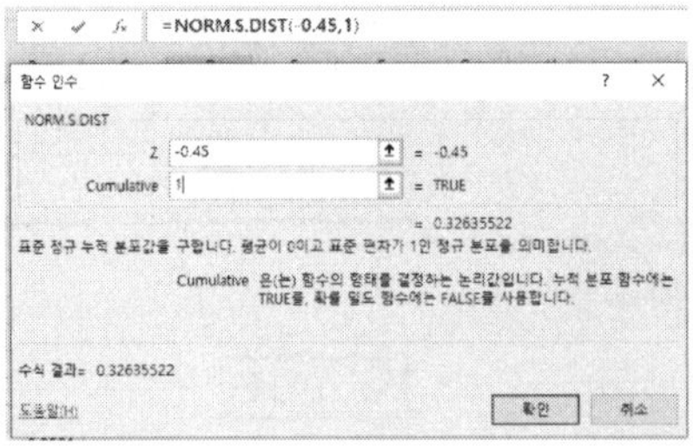

대화상자	의미와 입력 값
Z	구하고자 하는 값 -0.45
Cumulative	누적 분포 1

0.3264

예제 15 서로 독립인 정규모집단의 모평균과 모 표준편차가 다음과 같고, 두 모집단에서 각각의 표본을 추출하였을 때, 다음 물음에 답하시오.

모집단 1		모집단 2		표본 1	표본 2
모평균	모 표준편차	모평균	모 표준편차		
154	3	147	3	36	64

(1) 표본평균의 차에 대한 분포

(2) 표본평균의 차가 8보다 클 확률

풀이 (1) 모집단 1을 X, 모집단 2를 Y라고 하면, $X \sim N(154, 3^2)$이고, $Y \sim N(147, 3^2)$이다.

표본의 수가 각각 36과 64이므로 $V(\overline{X}) = \dfrac{3^2}{36} = \dfrac{9}{36} = \dfrac{1}{4} = \left(\dfrac{1}{2}\right)^2$이며,

$V(\overline{Y}) = \dfrac{3^2}{64} = \dfrac{9}{64} = \left(\dfrac{3}{8}\right)^2$이다.

따라서 $\overline{X} \sim N\left(154, \left(\dfrac{1}{2}\right)^2\right)$이고, $\overline{Y} \sim N\left(147, \left(\dfrac{3}{8}\right)^2\right)$이다.

그러므로 $\overline{X} - \overline{Y} \sim N\left(154-147, \left(\dfrac{1}{2}\right)^2 + \left(\dfrac{3}{8}\right)^2\right)$이므로

$\overline{X} - \overline{Y} \sim N\left(7, \left(\dfrac{5}{8}\right)^2\right)$이다.

(2) 표본평균의 차가 8보다 클 확률은 $P(\overline{X} - \overline{Y} > 8)$ 이며, $\overline{X} - \overline{Y} = A$ 라 하면 $A \sim N\left(7, \left(\dfrac{5}{8}\right)^2\right)$이며, $P(A > 8)$ 이므로 Z분포로 표준화하면

$$P(A > 8) = P\left(\frac{A-7}{\frac{5}{8}} > \frac{8-7}{\frac{5}{8}}\right) = P\left(Z > \frac{8}{5}\right) = P(Z > 1.6)\text{이다.}$$

따라서 EXCEL/함수마법사/NORM. S. DIST를 이용하여 다음과 같이 구하면 된다.

$$P(A>8)=P(Z>1.6)=1-P(Z<1.6)=1-0.9452=0.0558$$

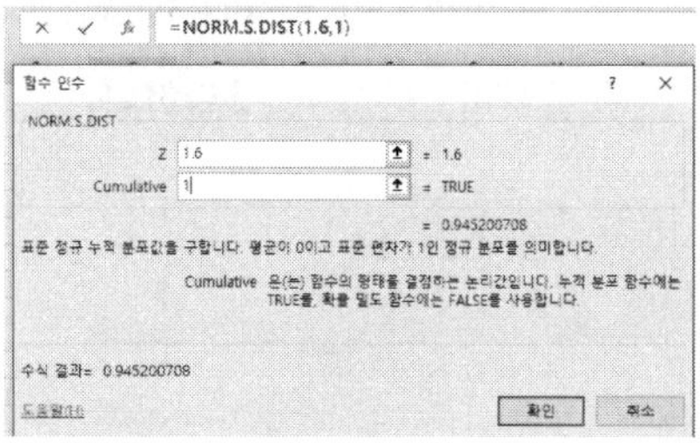

대화상자	의미와 입력 값
Z	구하고자 하는 값 1.6
Cumulative	누적 분포 1

0.9452

▣ 모집단의 표준편차를 모르고 표준편차가 같은 경우

제6장 연속확률분포에서 카이제곱 분포와 정규분포와의 연관성의 정리를 다시 정리하면 다음과 같다.

정리 1

연속확률변수 X가 정규분포 $N(\mu,\sigma^2)$을 따르면,

$Y=\dfrac{(X-\mu)^2}{\sigma^2}=(\dfrac{X-\mu}{\sigma})^2=Z^2$은 자유도가 1인 카이제곱 분포를 따른다.

따라서 $(\dfrac{X-\mu}{\sigma})^2=Z^2\sim\chi^2(1)$이다.

정리 2

확률변수 $X_1, X_2, \cdots, X_n$이 서로 독립이면서 각각 정규분포 $N(\mu,\sigma^2)$을 따르면,

$Y=\displaystyle\sum_{i=1}^{n}\frac{(X_i-\mu)^2}{\sigma^2}$은 자유도가 n인 카이제곱 분포를 따른다.

따라서 $\displaystyle\sum_{i=1}^{n}Z_i^2=\sum_{i=1}^{n}\frac{(X_i-\mu)^2}{\sigma^2}\sim\chi^2(n)$이다.

위의 정리 1과 정리 2에 의하여 다음과 같은 정리를 생각할 수 있다.

정리

정규모집단 $N(\mu, \sigma^2)$에서 서로 독립이며, 크기가 n인 확률표본 $X_1, X_2, \cdots, X_n$의 표본평균 $\overline{X}$와 표본 분산 S^2은 서로 독립이며, 다음이 성립한다.

$$\frac{(n-1)S^2}{\sigma^2} \sim \chi^2(n-1)$$

〈증명〉 표본평균 $\overline{X}$와 표본 분산 S^2의 정의는 다음과 같다.

$$\overline{X} = \frac{1}{n}\sum_{i=1}^{n} X_i, \quad S^2 = \frac{1}{n-1}\sum_{i=1}^{n}(X_i - \overline{X})^2$$

표본평균 $\overline{X}$의 분포는 $\overline{X} \sim N\left(\mu, \left(\frac{\sigma}{\sqrt{n}}\right)^2\right)$이며, 표준화하면, $Z = \dfrac{\overline{X} - \mu}{\dfrac{\sigma}{\sqrt{n}}}$이다.

정리 2에 의하여 $\sum_{i=1}^{n} Z_i^2 = \sum_{i=1}^{n} \frac{(X_i - \mu)^2}{\sigma^2} \sim \chi^2(n)$이다. 따라서

$$\sum_{i=1}^{n} Z_i^2 = \sum_{i=1}^{n} \frac{(X_i - \mu)^2}{\sigma^2} = \frac{1}{\sigma^2}\sum_{i=1}^{n}(X_i - \mu)^2 = \frac{1}{\sigma^2}\sum_{i=1}^{n}(X_i - \overline{X} + \overline{X} - \mu)^2$$

$$= \frac{1}{\sigma^2}\sum_{i=1}^{n}\left\{(X_i - \overline{X}) + (\overline{X} - \mu)\right\}^2$$

$$= \frac{1}{\sigma^2}\sum_{i=1}^{n}\left\{(X_i - \overline{X})^2 + 2(X_i - \overline{X})(\overline{X} - \mu) + (\overline{X} - \mu)^2\right\}$$

$$= \frac{1}{\sigma^2}\sum_{i=1}^{n}(X_i - \overline{X})^2 + \frac{2}{\sigma^2}\sum_{i=1}^{n}(X_i - \overline{X})(\overline{X} - \mu) + \frac{1}{\sigma^2}\sum_{i=1}^{n}(\overline{X} - \mu)^2$$

① $S^2 = \frac{1}{n-1}\sum_{k=1}^{n}(X_k - \overline{X})^2$이고, $(n-1)S^2 = \sum_{i=1}^{n}(X_i - \overline{X})^2$이다.

따라서 $\frac{1}{\sigma^2}\sum_{i=1}^{n}(X_i - \overline{X})^2 = \frac{1}{\sigma^2}(n-1)S^2 = \frac{(n-1)}{\sigma^2}S^2$이다.

② $\overline{X}=\dfrac{1}{n}\sum_{i=1}^{n}X_k$이고, $\sum_{i=1}^{n}X_i=n\overline{X}$ 이다.

따라서 $\sum_{i=1}^{n}(X_i-\overline{X})(\overline{X}-\mu)=\sum_{i=1}^{n}\left\{X_i\overline{X}-X_i\mu-(\overline{X})^2+\overline{X}\mu\right\}$

$$=\sum_{i=1}^{n}X_i\overline{X}-\sum_{i=1}^{n}X_i\mu-\sum_{i=1}^{n}(\overline{X})^2+\sum_{i=1}^{n}\overline{X}\mu$$

$$=\overline{X}\sum_{i=1}^{n}X_i-\mu\sum_{i=1}^{n}X_i-n(\overline{X})^2+n\overline{X}\mu$$

$$=n(\overline{X})^2-\mu n\overline{X}-n(\overline{X})^2+n\overline{X}\mu=0$$

③ $\dfrac{1}{\sigma^2}\sum_{i=1}^{n}(\overline{X}-\mu)^2=\dfrac{n}{\sigma^2}(\overline{X}-\mu)^2=\dfrac{(\overline{X}-\mu)^2}{\dfrac{\sigma^2}{n}}=\dfrac{(\overline{X}-\mu)^2}{\left(\dfrac{\sigma}{\sqrt{n}}\right)^2}=\left(\dfrac{\overline{X}-\mu}{\dfrac{\sigma}{\sqrt{n}}}\right)^2$

따라서 $\sum_{i=1}^{n}Z_i^2=\dfrac{(n-1)}{\sigma^2}S^2+\left(\dfrac{\overline{X}-\mu}{\dfrac{\sigma}{\sqrt{n}}}\right)^2=\dfrac{(n-1)}{\sigma^2}+Z^2$이다.

그런데 정리 2에 의하여 $\sum_{i=1}^{n}Z_i^2\sim\chi^2(n)$이고, 정리 1에 의하여 $Z^2\sim\chi^2(1)$이다.

그러므로 $\chi^2(n)=\chi^2(n-1)+\chi^2(1)$이므로 $\dfrac{(n-1)S^2}{\sigma^2}\sim\chi^2(n-1)$이다.

일반적인 표본평균의 차$(\overline{X}-\overline{Y})$의 분포는 다음과 같이 표준화된다.

$$Z=\frac{(\overline{X}-\overline{Y})-(\mu_1-\mu_2)}{\sqrt{\dfrac{\sigma_1^2}{n}+\dfrac{\sigma_2^2}{m}}}\sim N(0,1^2)$$

그러나 대부분의 모집단은 정규분포를 따르더라도 모분산은 알 수 없으며, 정규모집단으로부터 얻은 독립표본도 모분산은 알 수 없기에 위의 표준화된 식에 모분산 σ_1^2, σ_2^2을 대입할 수 없다. 따라서 σ_1^2, σ_2^2을 대체할 척도가 필요하며, 당리 표본에서와 같이 모분산을 대신하여 표본 분산을 이용한다.

이때, 두 모분산은 모르고 모분산이 동일하다고 알고 있는 경우, 즉 $\sigma_1^2=\sigma_2^2=\sigma^2$이고,

σ^2을 모르는 경우, 다음과 같은 합동 표분 분산(pooled sample variance)을 사용한다.

$$S_p^2 = \frac{1}{n+m-2}\{(n-1)S_1^2 + (m-1)S_2^2\}$$

정리 합동 표분 분산(pooled sample variance, 두 표본 분산의 합)

동일한 모분산을 갖는 서로 독립인 정규모집단 $N(\mu_1, \sigma^2)$과 $N(\mu_2, \sigma^2)$에서 크기가 n과 m인 확률표본을 추출하고, 새로운 통계량 합동 표본 분산 S_p^2을 정의하면 다음과 같고, 합동 표본 분산 S_p^2은 $\chi^2(n+m-2)$을 따른다.

$$S_p^2 = \frac{1}{n+m-2}\{(n-1)S_1^2 + (m-1)S_2^2\}$$

즉, $S_p^2 \sim \chi^2(n+m-2)$이다.

〈증명〉 두 표본 분산은 독립이며, **정리**에 의하여 다음의 분포를 따른다.

$$\frac{(n-1)S_1^2}{\sigma^2} \sim \chi^2(n-1), \quad \frac{(m-1)S_2^2}{\sigma^2} \sim \chi^2(m-1)$$

새로운 통계량 합동 표본 분산 S_p^2을 정의하면 다음과 같다.

$$S_p^2 = \frac{1}{n+m-2}\{(n-1)S_1^2 + (m-1)S_2^2\}$$

이때, 합동 표본 분산 S_p^2의 분포는 다음과 같다.

$$\begin{aligned}
\frac{n+m-2}{\sigma^2}S_p^2 &= \frac{1}{\sigma^2}\left\{\sum_{i=1}^{n}(X_i-\overline{X})^2 + \sum_{i=1}^{m}(Y_j-\overline{Y})^2\right\} \\
&= \frac{1}{\sigma^2}\sum_{i=1}^{n}(X_i-\overline{X})^2 + \frac{1}{\sigma^2}\sum_{i=1}^{m}(Y_j-\overline{Y})^2 \\
&= \frac{n-1}{\sigma^2}\frac{1}{n-1}\sum_{i=1}^{n}(X_i-\overline{X})^2 + \frac{m-1}{\sigma^2}\frac{1}{m-1}\sum_{i=1}^{m}(Y_j-\overline{Y})^2 \\
&= \frac{n-1}{\sigma^2}S_1^2 + \frac{m-1}{\sigma^2}S_2^2
\end{aligned}$$

그러므로 $\dfrac{(n-1)S_1^2}{\sigma^2} \sim \chi^2(n-1)$, $\dfrac{(m-1)S_2^2}{\sigma^2} \sim \chi^2(m-1)$이므로

$\dfrac{(n-1)S_1^2}{\sigma^2} + \dfrac{(m-1)S_2^2}{\sigma^2} \sim \chi^2(n+m-2)$이고,

$\dfrac{n+m-2}{\sigma^2}S_p^2 \sim \chi^2(n+m-2)$이다.

동일한 모분산을 갖는 서로 독립인 정규모집단 $N(\mu_1, \sigma^2)$과 $N(\mu_2, \sigma^2)$에서 크기가 n과 m인 확률표본을 추출하면, 합동 표본 분산 S_p^2에 대하여 일반적인 표본평균의 차$(\overline{X}-\overline{Y})$의 분포에서 모분산 σ_1^2, σ_2^2을 S_p^2로 대체하면 자유도가 $n+m-2$인 T-분포를 따르는 것으로 알려져 있다.

$$t = \frac{(\overline{X}-\overline{Y})-(\mu_1-\mu_2)}{S_p\sqrt{\dfrac{1}{n}+\dfrac{1}{m}}} \sim t(n+m-2)$$

예제 16 서로 독립인 정규모집단의 모평균은 다음과 같고 모분산은 같을 때, 두 모집단에서 각각의 표본을 추출하였을 때 표본 분산을 $S_1^2=4$, $S_2^2=9$일 때, 다음 물음에 답하시오.

모집단 1		모집단 2		표본 1	표본 2
모평균	모 표준편차	모평균	모 표준편차		
5		3		8	9

(1) 표본평균의 차에 대한 분포

(2) 표본평균의 차가 0.5보다 클 확률

(3) 표본평균의 차에 대한 95% 백분위 수

풀이 (1) 모집단 1의 표본평균을 $\overline{X}$, 모집단 2의 표본평균을 $\overline{Y}$라고 하면, $X \sim N(5, \sigma^2)$이고, $Y \sim N(3, \sigma^2)$이며, 표본의 수가 각각 8과 9이고, 표본 분산이 $S_1^2=4$, $S_2^2=9$이므로 표본평균의 차$(\overline{X}-\overline{Y})$의 분포는 자유도가 15인 T-분포를 따른다.

(2) 표본평균의 차가 0.5보다 클 확률은 $P(\overline{X}-\overline{Y}>0.5)$이므로 표준화된 T-분포를 구한 후, 확률을 구하여야 한다.

또한, 표본평균의 차$(\overline{X}-\overline{Y})$의 분포는 자유도가 15인 T-분포를 따르며 합동 표본 분산을 이용하여 구하여야 한다.

따라서 합동 표본 분산은 다음과 같다.

$$S_p^2=\frac{1}{n+m-2}\left\{(n-1)S_1^2+(m-1)S_1^2\right\}$$

$$=\frac{1}{15}(7\times4+8\times9)=\frac{100}{15}=6.66$$

또한 $\sqrt{\frac{1}{8}+\frac{1}{9}}=\sqrt{\frac{17}{72}}=\sqrt{0.24}=0.49$이므로

$S_p\sqrt{\frac{1}{n}+\frac{1}{m}}=\sqrt{6.66}+0.49=3.07$이고, $\mu_1-\mu_2=2$이므로

$$P(\overline{X}-\overline{Y}>0.5)=P\left(t>\frac{0.5-2}{3.07}\right)=P(t>-0.49)$$

$$=1-P(t<-0.49)$$

이다. 따라서 EXCEL/함수마법사/T. DIST를 이용하여 다음과 같이 구하면 된다.

$$P(\overline{X}-\overline{Y}>0.5)=1-P(t<-0.49)$$

$$=1-0.3156=0.6844$$

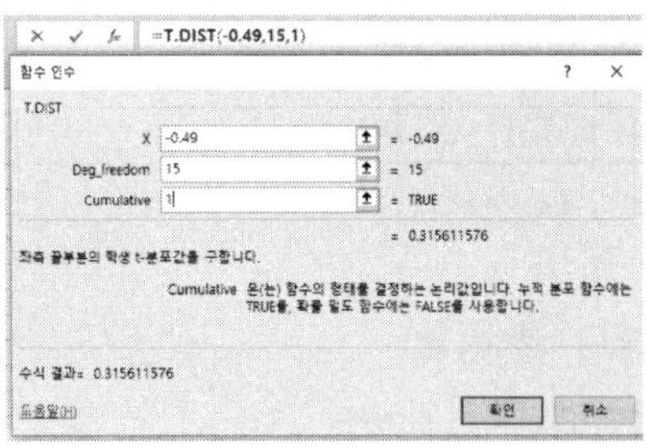

대화상자	의미와 입력 값
X	구하고자 하는 값 -0.49
degree_freedom	자유도 15
Cumulative	누적 분포 1

0.3156

(3) $P(T<t)=0.95$이고 자유도가 15인 t를 구하는 문제이므로 EXCEL/함수마법사/T. INV를 이용하여 다음과 같이 구하면 된다.

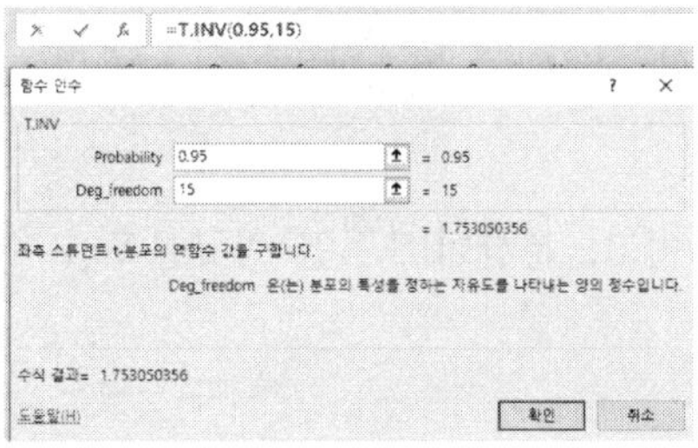

대화상자	의미와 입력 값
Probability	구하고자 하는 값 0.95
degree_freedom	자유도 15

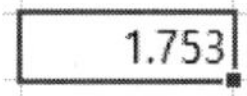

따라서 $\overline{X}-\overline{Y}$의 95% 백 분위 수는 다음과 같다.

$t=\dfrac{(\overline{X}-\overline{Y})-(\mu_1-\mu_2)}{S_p\sqrt{\dfrac{1}{n}+\dfrac{1}{m}}}$ 에서 $t=1.753$이고, $\mu_1-\mu_2=2$이며,

$S_p\sqrt{\dfrac{1}{n}+\dfrac{1}{m}}=3.07$이므로 $\overline{X}-\overline{Y}=2+1.753\times3.07\fallingdotseq7.38$이다.

7-3. 표본비율의 표본분포

이항분포의 정규 근사

$X\sim B(n,p)$에서 $n\to\infty$ 또는 $np\ge5$, $nq=n(1-p)\ge5$이면,

$$X\sim N(\text{평균},\text{분산})\ \Rightarrow\ X\sim N(np,npq)$$

모집단이 이항분포일 때, 확률변수 X는 $X\sim B(n,p)$이다.

이 모집단에서 크기가 n인 표본 $X_1, X_2, \cdots\cdots, X_n$을 임의로 추출할 때, (확률 유지) 각각의 X_i는 모수 n과 확률이 p인 이항분포를 따르고, $E(X_i)=np$, $V(X_i)=npq$이다. 단 $p+q=1$

크기가 n인 표본비율($\hat{p}$)은 다음과 같이 정의된다.

$$\hat{p}=\frac{X}{n}=\frac{1}{n}\sum_{i=1}^{n}X_i$$

따라서 $n\to\infty$ 또는 $np\ge5$, $nq=n(1-p)\ge5$이면, $\hat{p}$은 근사적으로 정규분포를 따른다. 그런데

$$E(\hat{p}) = E\left(\frac{X}{n}\right) = \frac{1}{n}E(X) = \frac{1}{n}np = p, \quad V(\hat{p}) = V\left(\frac{X}{n}\right) = \frac{1}{n^2}V(X) = \frac{1}{n^2}npq = \frac{pq}{n}$$

이다. 따라서 표본비율($\hat{p}$)은 평균이 p이고, 분산이 $\frac{pq}{n}$인 정규분포를 따른다.

즉 $\hat{p} \sim N(p, \frac{pq}{n})$이다.

그러므로 표본비율 $\hat{p}$를 표준화하면 $Z = \dfrac{\hat{p} - p}{\sqrt{\dfrac{pq}{n}}} \sim N(0, 1)$이다.

예제 17 인사혁신처는 2023년 사이버국가고시센터를 통해 국가공무원 7급 공무원 공개경쟁 채용 시험 합격한 여성의 비율이 37.7%이다. 채용 시험에 합격한 100명을 임의로 선정했을 때, 이중 여성의 비율이 40% 이상일 근사 확률을 구하시오.

풀이 채용 시험에 합격한 100명 중 여성의 비율을 $\hat{p}$라 하면, $\hat{p}$의 평균은

$E(\hat{p}) = 0.337$이며, 분산은 $V(\hat{p}) = \dfrac{0.337 \times 0.663}{100} = 0.0022$,

표준편차 $\sigma(\hat{p}) = 0.0473$이다. 따라서

$$P(\hat{p} > 0.4) = P\left(Z > \frac{0.337 - 0.4}{0.0473}\right) = P(Z > -1.33)$$
$$= 1 - P(Z < -1.33)$$

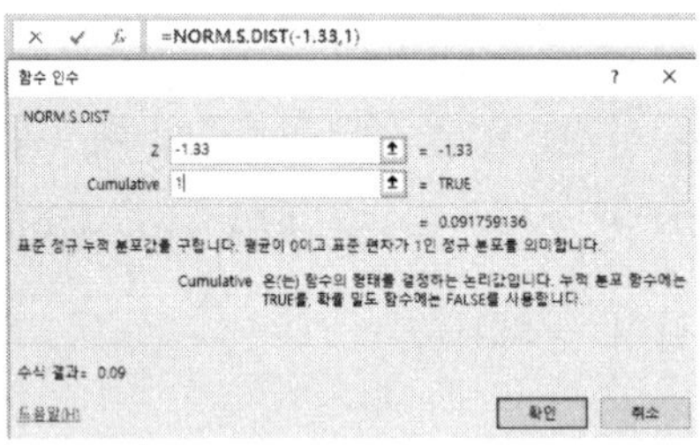

대화상자	의미와 입력 값
Probability	구하고자 하는 값 -1.33
Cumulative	누적 1

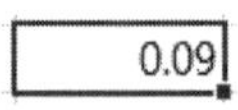

그러므로 $P(\hat{p} > 0.4) = 1 - P(Z < -1.33) = 1 - 0.09 = 0.91$이다.

예제 18 우리나라 성인 중 약 10%가 왼손잡이라고 한다. 이를 확인하기 위해 100명의 성인을 임의로 선정하여 왼손잡이 인지 관찰하였다. 100명의 왼손잡이 비율에 대한 다음 물음에 답하시오.

(1) 표본비율의 표본분포

(2) 표본비율이 7% 이상일 확률

(3) 표본비율이 5% 이하일 확률

풀이 (1) 500명의 성인 중 왼손잡이일 비율을 $\hat{p}$라 하면, $\hat{p}$의 평균은 $E(\hat{p}) = 0.1$ 이며, 분산은 $V(\hat{p}) = \dfrac{0.1 \times 0.9}{100} = 0.0009$, 표준편차 $\sigma(\hat{p}) = 0.03$이다.

따라서 표본비율($\hat{p}$)은 $\hat{p} \sim N(0.1,\ 0.03^2)$이다.

(2) $P(\hat{p} > 0.07) = P\left(Z > \dfrac{0.07 - 0.1}{0.03}\right) = P(Z > -1)$

$$= 1 - P(Z < -1) = 1 - 0.1587 = 0.8413$$

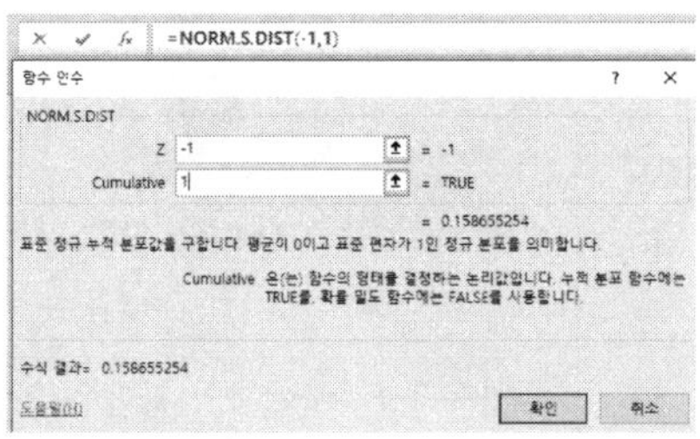

대화상자	의미와 입력 값
Probability	구하고자 하는 값 -1
Cumulative	누적 1

0.1587

그러므로 $P(\hat{p} > 0.07) = 1 - P(Z < -1) = 0.8413$이다.

(3) $P(\hat{p} < 0.05) = P\left(Z < \dfrac{0.07 - 0.05}{0.03}\right) = P(Z < 1.66) = 0.9515$

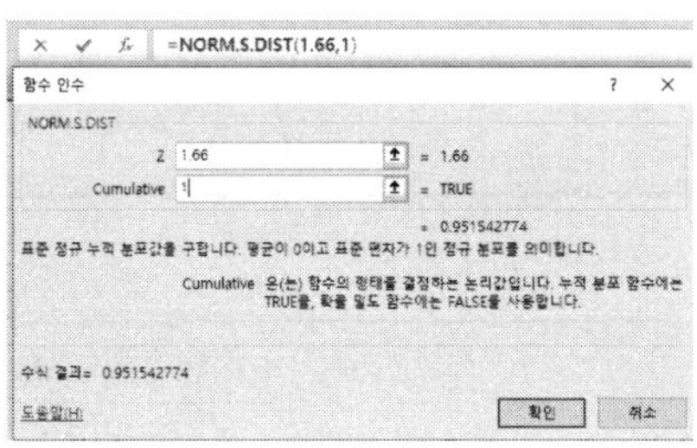

대화상자	의미와 입력 값
Probability	구하고자 하는 값 1.66
Cumulative	누적 1

0.9515

그러므로 $P(\hat{p} < 0.05) = P(Z < 1.66) = 0.9515$이다.

7-4. 적률과 적률생성함수

제5장 이산확률분포와 제6장 연속확률분포에서 배운 바와 같이 확률변수 X에 대한 평균(또는 기댓값 $E(X)$과 분산 $V(X)$을 구하는 문제들에 접하게 되며, 우리가 구한 평균과 분산이 맞는지에 대한 의구심이 들기도 한다. 이러한 의구심을 해결하기 위하여 다소 어려운 부분이지만 우리가 배운 평균과 분산을 증명하고자 한다.

먼저 이산확률분포와 연속확률분포의 특징을 정리하면 다음과 같다.

이산확률분포	연속확률분포
• 임의의 확률변수 X에 대한 확률은 항상 0과 1상이의 값을 갖는다. $0 \le P(X) \le 1$ • 한 번의 시행에서 X는 단 하나의 값만 가진다. • 모든 확률변수에 대한 확률의 합은 항상 1 이다. $\sum_{i=1}^{n} P(X_i) = 1$	• 임의의 확률변수 X에 대한 확률은 0 이다. $P(X=a) = P(a \le X \le a) = \int_a^a f(x)dx = 0$ • 확률밀도함수 $f(x)$는 항상 양의 값을 갖는다. $f(x) > 0$ • 연속확률분포에서의 확률은 확률밀도함수 $f(x)$의 높이가 아니라 구간 사이의 면적으로 계산한다. $P(a \le X \le b) = \int_a^b f(x)dx = F(b) - F(a)$ • 확률밀도함수 $f(x)$의 전체면적은 항상 1 이다. $\int_{-\infty}^{\infty} f(x)dx = 1$

구분	이산확률분포	연속확률분포
기댓값	$E(X) = \mu_x = \sum_{i=1}^{n} X_i P(X = X_i)$	$E(X) = \mu_x = \int_{-\infty}^{\infty} xf(x)dx$ 단, $f(x)$는 확률밀도함수
분산	$V(X) = \sigma_x^2 = \sum_{i=1}^{n} [X_i - \mu_x]^2 P(X = X_i)$ $= \sum_{i=1}^{n} X_i^2 P(X = X_i) - \mu_x^2$	$V(X) = \sigma_x^2 = \int_{-\infty}^{\infty} (x - \mu_x)^2 f(x)dx$ $= \int_{-\infty}^{\infty} x^2 f(x)dx - \mu_x^2$

7-4-1. 테일러정리(Taylor Theorem)

먼저 초항이 1이고, 공비가 x 인 등비수열의 합인 무한등비급수를 생각하자.

$$1+x+x^2+\cdots+x^n+\cdots=\sum_{n=0}^{\infty}x^n$$

만약 공비 x 가 $|x|<1$이면, 무한등비급수는 수렴하며, 무한등비급수의 합이 존재하며 $1+x+x^2+\cdots+x^n+\cdots=\sum_{n=0}^{\infty}x^n=\frac{1}{1-x}$가 된다는 것을 알 수 있다.

이러한 등식을 다르게 바꾸어 생각하면, 분수함수 $f(x)=\frac{1}{1-x}$를 다음과 같이 표현할 수 있다는 것을 의미한다.

$\frac{1}{1-x}=1+x+x^2+\cdots+x^n+\cdots=\sum_{n=0}^{\infty}x^n$이라고 표현할 수 있다는 것이기에 분수함수 $f(x)=\frac{1}{1-x}$를 x에 대한 다항식으로 표현할 수 있다는 의미이다.

위의 예에서와 같이 미분이 가능한 함수 $f(x)$는 x에 대한 다항식으로 표현이 가능하며, 이러한 표현을 테일러전개라고 하고, **x에 대한 합의 꼴로 표현**되므로 **테일러급수**라고도 한다.

Taylor Theorem : **함수 $f(x)$의 $x=a$에서의 테일러급수(Taylor Series)**
함수 $f(x)$가 $x=a$에서 무한하게 미분이 가능할 때, $$f(x)=f(a)+f'(a)(x-a)+\frac{f''(a)}{2!}(x-a)^2+\cdots+\frac{f^{(n)}(a)}{n!}(x-a)^n+\cdots$$ $$=\sum_{n=0}^{\infty}\frac{f^{(n)}(a)}{n!}(x-a)^n$$

테일러급수(Taylor Series)의 특별한 형태로 함수 $f(x)$의 $x=0$에서의 테일러급수를 *Maclaurin Series* 라 한다.

$Maclaurin\,Series$: 함수 $f(x)$의 $x=0$에서의 테일러급수(Taylor Series)

함수 $f(x)$가 $x=0$에서 무한하게 미분이 가능할 때,

$$f(x)=f(0)+f'(0)x+\frac{f''(0)}{2!}x^2+\cdots+\frac{f^{(n)}(0)}{n!}x^n+\cdots=\sum_{n=0}^{\infty}\frac{f^{(n)}(0)}{n!}x^n$$

예제 19 다음 물음에 답하시오.

(1) $f(x)=e^x$의 $x=0$에서의 테일러다항식을 구하시오.

(2) $f(x)=e^{2x}$의 $x=0$에서의 테일러다항식을 구하시오.

(3) $f(x)=e^{tx}$의 $x=0$에서의 테일러다항식을 구하시오.

풀이 $x=0$에서의 테일러다항식을 $Maclaurin\,Series$라 하며, 제n계 도함수를 구하여 $x=0$을 대입하고, $Maclaurin\,Series$에 맞게 정리하면 원하는 다항식을 얻을 수 있다.

(1) $f(x)=e^x$, $\quad f(0)=1$

$f'(x)=e^x$, $\quad f'(0)=1$

$f''(x)=e^x$, $\quad f''(0)=1$

$f^{(3)}(x)=e^x$, $\quad f^{(3)}(0)=1$

$\vdots$

$f^{(n)}(x)=e^x$, $\quad f^{(n)}(0)=1$이므로

$f(x)=f(0)+f'(0)x+\frac{f''(0)}{2!}x^2+\cdots+\frac{f^{(n)}(0)}{n!}x^n+\cdots$에 대입하면

$e^x=1+x+\frac{1}{2!}x^2+\cdots+\frac{1}{n!}x^n+\cdots$ 이다.

(2) $f(x)=e^{2x}$, $\quad f(0)=1$

$f'(x)=2e^{2x}$, $\quad f'(0)=2$

$f''(x)=4e^{2x}$, $\quad f''(0)=4=2^2$

$f^{(3)}(x)=8e^{2x}$, $\quad f^{(3)}(0)=8=2^3$

$\vdots$

$f^{(n)}(x)=2^n e^{2x}$, $\quad f^{(n)}(0)=2^n$이므로

$f(x)=f(0)+f'(0)x+\frac{f''(0)}{2!}x^2+\cdots+\frac{f^{(n)}(0)}{n!}x^n+\cdots$에 대입하면

$$e^{2x} = 1 + 2x + \frac{2^2}{2!}x^2 + \frac{2^3}{3!}x^3 \cdots + \frac{2^n}{n!}x^n + \cdots \text{ 이다.}$$

(3) $f(x) = e^{tx}$ 이므로, (2)식의 2에 t를 대입하면 된다.

$$e^{tx} = 1 + tx + \frac{t^2}{2!}x^2 + \frac{t^3}{3!}x^3 \cdots + \frac{t^n}{n!}x^n + \cdots$$

7-4-2. 적률과 적률생성함수

먼저 적률(모멘트, Moment)은 물리학에서 쓰는 용어로 어떤 물리량을 어떤 정점 또는 축에서 그 물리량이 있는 곳까지의 수직거리로 곱한 양을 의미하며, 어떤 종류의 물리적 효과가 하나의 물리량뿐만 아니라 그 물리량의 분포상태에 따라 정의되는 양이다. 그 예시로, 회전운동에서의 관성모멘트는 물체의 질량이 같더라도 회전축을 기준으로 한 질량의 분포도에 따라 다른 값을 갖게 되는 것을 들 수 있다.

예를 들어, 질량은 같지만 회전 축을 기준으로 분포도에 따른 관성모멘트의 변화를 볼 수 있는 예로, 역기의 바벨을 봉 맨 끝에 고정시킨 상태에서 회전축을 역기 한가운데로 하고 역기를 돌리려 시도할 때와 역기의 바벨을 봉의 한가운데에 고정시킨 후 역기의 한가운데를 회전축으로 역기를 돌리려 시도할 때를 들 수 있다. (이때, 두 역기에 사용된 봉과 바벨의 질량과 크기는 모두 동일하다) 바벨을 봉 끝에 고정시킨 역기를 회전시키거나 회전을 멈추게 하는 것이 더 힘든데, 그 이유는 해당 역기의 경우 질량의 분포가 회전축에서 더 멀리 떨어져 있기 때문이다. 따라서 모멘트는 물리량이 어떻게 분포되어 있는지를 나타내기도 합니다.

물리학에서 사용하고 있는 모멘트가 분포와 연관이 있는 관계로 통계학에서 모멘트를 사용하게 되었으며 통계학에서 사용하는 적률(모멘트)의 정의는 다음과 같다.

확률변수 X의 원점에 대한 n차 적률(모멘트, Moment)의 정의

양수 n에 대한 확률변수 X^n의 기댓값 $E(X^n)$

그러므로 확률변수 X의 원점에 대한 1차 적률이 확률변수의 기댓값 $E(X)$이다.

구분	이산확률분포	연속확률분포
기댓값	$E(X)=\mu_x=\sum_{i=1}^{n} x_i P(X=X_i)=\sum_{i=1}^{n} x_i p_i$	$E(X)=\mu_x=\int_{-\infty}^{\infty} xf(x)dx$ 단, $f(x)$는 확률밀도함수
n차 적률	$E(X^n)=\mu_n=\sum_{i=1}^{n} X_i^n P(X=X_i)$ $=\sum_{i=1}^{n} x_i^n p_i$	$E(X^n)=\mu_n=\int_{-\infty}^{\infty} x^n f(x)dx$

또한, $V(X)=E(X^2)-[E(X)]^2$에서 $E(X^2)$은 확률변수 X의 원점에 대한 2차 적률임을 알 수 있다.

무게 중심이란 물체의 어떤 곳을 매달거나 받쳤을 때 수평으로 균형을 이루는 점을 말하며, 무게 중심은 양쪽의 무게가 같아지는 지점이 아니라 양쪽이 균형을 이루는 점이라는 표현이 더 정확하다. 무게 중심을 질량중심(Center of mass)이라고도 한다.

질량중심이란 물체를 구성하는 질량을 가진 모든 입자들의 평균적인 위치를 말하는 것으로 어떤 1차원 공간 위에 질량이 각각 m_1, m_2인 점 $A(x_1)$, $B(x_2)$가 있다고 가정하면, 질량중심은 선분 AB의 $m_2 : m_1$ 내분점이 되기에 $\frac{m_1x_1+m_2x_2}{m_1+m_2}$가 된다는 것을 알 수 있다.

마찬가지로 어떤 1차원 공간 위에 질량이 각각 m_1, m_2, m_3인 점 $A(x_1)$, $B(x_2)$, $C(x_3)$가 있다고 가정하면, 선분 AB의 $m_2 : m_1$ 내분점을 D라고 할 때, 선분 DC의 내분점은

$$\frac{m_1x_1+m_2x_2+m_3x_3}{m_1+m_2+m_3}=\frac{\sum_{i=1}^{3} x_i m_i}{\sum_{i=1}^{3} m_i}$$

이라는 것을 알 수 있다.

그러므로 어떤 1차원 공간 위에 질량이 각각 m_1, m_2, $\cdots$, m_n인 점 $A(x_1)$, $B(x_2)$, $\cdots$, $N(x_n)$가 있다고 가정하고 해보면, 무게 중심을 X라 하면

$$X=\frac{m_1x_1+m_2x_2+m_3x_3+\cdots+m_nx_n}{m_1+m_2+m_3+\cdots+m_n}=\frac{\sum_{i=1}^{n} x_i m_i}{\sum_{i=1}^{n} m_i}$$

이다. 이와 같은 원리로 x_i를 확률변수, m_i를 확률변수에 대응되는 확률 p_i, 다시 정리하면 이산확률분포에서 $\sum_{i=1}^{n} p_i = 1$이므로

$$\frac{\sum_{i=1}^{n} x_i p_i}{\sum_{i=1}^{n} p_i} = \frac{\sum_{i=1}^{n} x_i p_i}{1} = \sum_{i=1}^{n} x_i p^i = E(X) = \mu$$

이 되어 이산확률분포의 기댓값 $E(X)$과 무게 중심을 구하는 것과 같다. 즉 물리학에서 무게 중심은 통계학에서 평균과 같다는 것이다.

또한 분산은 편차의 제곱에 대한 기댓값을 의미하며,

$$V(X) = \sigma_x^2 = \sum_{i=1}^{n} [X_i - \mu_x]^2 P(X = X_i) = \sum_{i=1}^{n} [x_i - E(X)]^2 p_i$$

이므로 모멘트와 관련이 있으며 물리학에서 관성모멘트(I)에 해당하는 것이 분산이다.

$$I = \sum_{i=1}^{n} [x_i - \mu]^2 m_i \quad \text{단, } m_i \text{ : 질량, } \mu = E(X) \text{ : 회전축의 위치}$$

결론적으로 모멘트는 물리량의 분포 또는 확률변수의 분포와 연관성이 있다는 것이며, 확률변수의 모멘트(적률)는 확률분포의 특징을 나타내는 중요한 역할을 한다는 것이다.

확률변수 X의 적률생성함수(Moment Generating Function, MGF)의 정의

확률변수 X와 어떤 양수 $h > 0$에 대하여,

$$M_X(t) = E(e^{tX}) \quad \text{단, } -h < t < h$$

적률생성함수는 단지 생성함수의 일종으로 생성함수는 다항함수를 일반적인 꼴로 나타낸 것에 지나지 않는다. '적률생성함수는 적률을 생성해주는 함수'라는 설명도 나쁘진 않지만, 적률생성함수가 생성함수의 하나로써 계수를 적률로 가진다고만 알아둬도 그 성질을 더욱 정확하게 이해할 수 있다.

또한, 연속확률변수는 앞 장에서 배운 정규분포와 표준정규분포는 적분을 사용하여 평균과 분산을 정의하였으며, 지수함수의 적분 방법이 쉬운 것이 아니기에 적률생성함수는 미분을 이용하여 구할 수 있도록 하였다.

확률변수 X의 원점에 대한 n차 적률(모멘트, Moment)의 정의는 양수 n에 대한 확률변수 X^n의 기댓값 $E(X^n)$으로 정의하였는데, 적률생성함수로부터 n차 적률을 구하는 방법에 대하여 알아보도록 하겠다.

$Taylor\ Theorem$에 의하여 $e^{tx} = 1 + tx + \frac{t^2}{2!}x^2 + \frac{t^3}{3!}x^3 \cdots + \frac{t^n}{n!}x^n + \cdots$ 이므로

$e^{tX} = 1 + tX + \frac{t^2}{2!}X^2 + \frac{t^3}{3!}X^3 + \cdots + \frac{t^n}{n!}X^n + \cdots$이며

$$
\begin{aligned}
E(e^{tX}) &= E(1 + tX + \frac{t^2}{2!}X^2 + \frac{t^3}{3!}X^3 + \cdots + \frac{t^n}{n!}X^n + \cdots) \\
&= E(1) + E(tX) + E(\frac{t^2}{2!}X^2) + E(\frac{t^3}{3!}X^3) + \cdots + E(\frac{t^n}{n!}X^n) + \cdots) \\
&= 1 + tE(X) + \frac{t^2}{2!}E(X^2) + \frac{t^3}{3!}E(X^3) + \cdots + \frac{t^n}{n!}E(X^n) + \cdots
\end{aligned}
$$

$$M_X(t) = E(e^{tX}) = 1 + tE(X) + \frac{t^2}{2!}E(X^2) + \frac{t^3}{3!}E(X^3) + \cdots + \frac{t^n}{n!}E(X^n) + \cdots$$

① 양변에 $t=0$ 대입하면

$M(0) = E(e^{0X}) = 1$

② 양변을 t에 대하여 미분하면,

$M_X{}'(t) = \frac{dM_X(t)}{dt} = E(X) + tE(X^2) + \frac{t^2}{2!}E(X^3) + \cdots + \frac{t^{n-1}}{(n-1)!}E(X^n) + \cdots$

양변에 $t=0$ 대입하면

$M_X{}'(0) = \frac{dM_X(t)}{dt}|_{t=0} = E(X)$

③ 양변을 t에 대하여 2번 미분하면,

$M_X{}''(t) = \frac{d^2M_X(t)}{dt^2} = E(X^2) + tE(X^3) + \cdots + \frac{t^{n-2}}{(n-2)!}E(X^n) + \cdots$

양변에 $t=0$ 대입하면

$$M_X''(0) = \frac{d^2 M_X(t)}{dt^2}|_{t=0} = E(X^2)$$

④ 양변을 t에 대하여 3번 미분하면,

$$M_X^{(3)}(t) = \frac{d^3 M_X(t)}{dt^3} = E(X^3) + \cdots + \frac{t^{n-3}}{(n-3)!}E(X^n) + \cdots$$

양변에 $t=0$ 대입하면

$$M_X^{(3)}(0) = \frac{d^3 M_X(t)}{dt^3}|_{t=0} = E(X^3)$$

따라서 양변을 t에 대하여 n번 미분하면,

$$M_X^{(n)}(t) = \frac{d^n M_X(t)}{dt^n} = E(X^n) + \cdots$$

양변에 $t=0$ 대입하면

$M_X^{(n)}(0) = \frac{d^n M_X(t)}{dt^n}|_{t=0} = E(X^n)$: 확률변수 X의 원점에 대한 n차 적률

따라서 함수 $M_X(t)$는 적률을 생성한다고 할 수 있으며 적률생성함수로 불린다.

예제 20 확률변수 X가 횟수가 n, 확률이 p인 이항분포를 따를 때, 다음 물음에 답하시오.

(1) 확률변수 X의 적률생성함수를 구하시오.

(2) 확률변수 X의 평균 $E(X)$과 분산 $V(X)$를 구하시오,

풀이 (1) 이항분포의 확률밀도함수 $f(x) = {}_nC_k p^k q^{n-k}$이며,

$(a+b)^n = \sum_{k=0}^{n} {}_nC_k a^k b^{n-k}$일 때,

$$M_X(t) = E(e^{tx}) = \sum_{x=0}^{n} e^{tx} {}_nC_x p^x q^{n-x} = \sum_{x=0}^{n} {}_nC_x e^{tx} p^x q^{n-x}$$

$$= \sum_{x=0}^{n} {}_nC_x (e^t p)^x q^{n-x} = (e^t p + q)^n \quad \text{단, } p+q=1$$

(2) 확률변수 X의 평균 $E(X)$과 분산 $V(X)$은 다음과 같다.

$$M_X'(t) = n(e^t p + q)^{n-1} e^t p$$

$$\therefore\ M_X'(0) = n(e^0 p + q)^{n-1} e^0 p = n(p+q)^{n-1} p = np = E(X)$$

$$\begin{aligned} M_X''(t) &= n[(e^t p + q)^{n-1} e^t p]' \\ &= n[[(e^t p + q)^{n-1}]' e^t p + (e^t p + q)^{n-1}(e^t p)'] \\ &= n[(n-1)(e^t p + q)^{n-2}(e^t p)^2 + (e^t p + q)^{n-1}(e^t p)] \end{aligned}$$

$$\begin{aligned} M_X''(0) &= n[(n-1)(e^0 p + q)^{n-2}(e^0 p)^2 + (e^0 p + q)^{n-1}(e^0 p)] \\ &= n[(n-1)(p+q)^{n-2} p^2 + (p+q)^{n-1} p] \\ &= n(n-1)p^2 + np = E(X^2) \end{aligned}$$

$$\begin{aligned} V(X) &= E(X^2) - [E(X)]^2 = n(n-1)p^2 + np - (np)^2 \\ &= n^2 p^2 - np^2 + np - n^2 p^2 = np - np^2 = np(1-p) = npq \end{aligned}$$

예제 21 확률변수 X가 평균 m인 포아송분포를 따를 때, 다음 물음에 답하시오.

(1) 확률변수 X의 적률생성함수를 구하시오.

(2) 확률변수 X의 평균 $E(X)$과 분산 $V(X)$를 구하시오,

풀이 (1) 확률변수 X가 평균 m인 포아송 분포를 따를 때, 확률밀도함수는

$P(X=k) = \dfrac{e^{-m} m^k}{k!}$ 이다. 따라서

$$\begin{aligned} M_X(t) &= E(e^{tx}) = \sum_{x=0}^{\infty} e^{tx} P(x=k) \\ &= \sum_{x=0}^{\infty} e^{tx} \frac{e^{-m} m^x}{x!} = e^{-m} \sum_{x=0}^{\infty} \frac{(me^t)^x}{x!} \\ &= e^{-m}[1 + (me^t) + \frac{(me^t)^2}{2!} + \frac{(me^t)^3}{3!} + \cdots \\ &= e^{-m} e^{me^t}, \end{aligned}$$

여기에서 $e^{tx} = 1 + tx + \dfrac{t^2}{2!}x^2 + \dfrac{t^3}{3!}x^3 \cdots + \dfrac{t^n}{n!}x^n + \cdots$

$$= e^{m(e^t - 1)}$$

$$M_X(t) = E(e^{tx}) = e^{m(e^t - 1)}$$

(2) $M_X(t) = e^{m(e^t - 1)}$

$$M_X{}'(t) = e^{m(e^t-1)}[m(e^t-1)]' = e^{m(e^t-1)} m e^t,$$

단, $[e^{f(x)}]' = e^{f(x)} f'(x)$

$$\therefore \ M_X{}'(0) = e^{m(e^0-1)} m e^0 = m = E(X)$$

$$M_X{}''(t) = [e^{m(e^t-1)}]' m e^t + e^{m(e^t-1)}[m e^t]',$$

단, $[f(x)g(x)]' = f'(x)g(x) + f(x)g'(x)$

$$= e^{m(e^t-1)}[m(e^t-1)]' m e^t + e^{m(e^t-1)} m e^t$$

$$= e^{m(e^t-1)} m^2 e^{2t} + e^{m(e^t-1)} m e^t$$

$$\therefore \ M_X{}''(0) = e^{m(e^0-1)} m^2 e^0 + e^{m(e^0-1)} m e^0 = m^2 + m = E(X^2)$$

$$\therefore \ V(X) = E(X^2) - [E(X)]^2 = m^2 + m - m^2 = m$$

예제 22 확률변수 X가 정규분포를 따를 때, 다음 물음에 답하시오.

(1) 확률변수 X의 적률생성함수를 구하시오.

(2) 확률변수 X의 평균 $E(X)$과 분산 $V(X)$를 구하시오,

풀이 (1) 정규분포의 확률밀도함수는 다음과 같으며, 전체 넓이는 1 이다.

$$f(x) = \frac{1}{\sqrt{2\pi}\,\sigma} e^{-\frac{(x-\mu)^2}{2\sigma^2}} \qquad \text{단, } -\infty < x < \infty$$

$$P(-\infty \le X \le \infty) = \int_{-\infty}^{\infty} f(x)dx = 1$$

$$M_X(t) = E(e^{tx}) = \int_{-\infty}^{\infty} e^{tx} f(x)dx = \int_{-\infty}^{\infty} e^{tx} \frac{1}{\sigma\sqrt{2\pi}} e^{-\frac{(x-\mu)^2}{2\sigma^2}} dx$$

먼저 e의 지수를 정리하면,

$$tx - \frac{(x-\mu)^2}{2\sigma^2} = -\frac{1}{2\sigma^2}[(x-\mu)^2 - 2\sigma^2 tx]$$

$$= -\frac{1}{2\sigma^2}(x^2 - 2\mu x + \mu^2 - 2\sigma^2 tx)$$

$$= -\frac{1}{2\sigma^2}[x^2 - 2(\mu + 2\sigma^2 t)x + \mu^2]$$

$$=-\frac{1}{2\sigma^2}[(x-(\mu+2\sigma^2 t)]^2-(\mu+2\sigma^2 t)^2+\mu^2$$

$$=-\frac{1}{2\sigma^2}[(x-(\mu+2\sigma^2 t)]^2+\mu t+\frac{\sigma^2}{2}t^2$$

$$M_X(t)=\int_{-\infty}^{\infty} e^{tx}f(x)dx=\int_{-\infty}^{\infty} e^{tx}\frac{1}{\sigma\sqrt{2\pi}}e^{-\frac{(x-\mu)^2}{2\sigma^2}}dx$$

$$=e^{\mu t+\frac{\sigma^2}{2}t^2}\int_{-\infty}^{\infty}\frac{1}{\sigma\sqrt{2\pi}}e^{-\frac{(x-\mu-2\sigma^2 t)^2}{2\sigma^2}}dx$$

$$=e^{\mu t+\frac{\sigma^2}{2}t^2},\quad \int_{-\infty}^{\infty}\frac{1}{\sigma\sqrt{2\pi}}e^{-\frac{(x-\mu-2\sigma^2 t)^2}{2\sigma^2}}dx=1$$

〈참고〉 정규분포의 확률밀도함수 $f(x)=\frac{1}{\sqrt{2\pi}\,\sigma}e^{-\frac{(x-\mu)^2}{2\sigma^2}}$, $\int_{-\infty}^{\infty}f(x)dx=1$이다.

$\int_{-\infty}^{\infty}\frac{1}{\sigma\sqrt{2\pi}}e^{-\frac{(x-\mu-2\sigma^2 t)^2}{2\sigma^2}}dx$에서 $k=\mu+2\sigma^2 t$라 하면,

$\int_{-\infty}^{\infty}\frac{1}{\sigma\sqrt{2\pi}}e^{-\frac{(x-k)^2}{2\sigma^2}}dx=1$

(2) $M_X(t)=e^{\mu t+\frac{\sigma^2}{2}t^2}$이므로

$$M_X'(t)=e^{\mu t+\frac{\sigma^2}{2}t^2}(\mu t+\frac{\sigma^2}{2}t^2)'=e^{\mu t+\frac{\sigma^2}{2}t^2}(\mu+\sigma^2 t)$$

$$\therefore\ M_X'(0)=e^{\mu 0+\frac{\sigma^2}{2}0^2}(\mu+\sigma^2 0)=e^0\mu=\mu=E(X)$$

$$M_X''(t)=[e^{\mu t+\frac{\sigma^2}{2}t^2}(\mu+\sigma^2 t)]'$$

$$=[e^{\mu t+\frac{\sigma^2}{2}t^2}]'(\mu+\sigma^2 t)+e^{\mu t+\frac{\sigma^2}{2}t^2}[\mu+\sigma^2 t]'$$

$$=e^{\mu t+\frac{\sigma^2}{2}t^2}(\mu+\sigma^2 t)^2+e^{\mu t+\frac{\sigma^2}{2}t^2}\sigma^2$$

$$M_X''(0)=e^{\mu 0+\frac{\sigma^2}{2}0^2}(\mu+\sigma^2 0)^2+e^{\mu 0+\frac{\sigma^2}{2}0^2}\sigma^2=\mu^2+\sigma^2=E(X^2)$$

$$\therefore\ V(X)=E(X^2)-[E(X)]^2=\mu^2+\sigma^2-\mu^2=\sigma^2$$

제7장 연습문제

7-1. 정규분포 $N(40, 5^2)$을 따르는 모집단에서 크기 100인 표본을 추출하는 경우, 표본평균 $\overline{X}$의 평균과 분산을 구하시오.

7-2. 2023년 12월 시행된 TOEIC 시험의 성적 결과 평균이 667.5점, 표준편차가 112점이라 한다. 2023년에 응시한 수험생 100명을 임의로 추출하였을 때, 다음 물음에 답하시오.

(1) 표본평균 $\overline{X}$의 분포는?

(2) 표본평균이 800점 이상일 확률을 구하시오.

(3) 표본평균이 500점 이상 600점 이하일 확률을 구하시오.

(4) 표본평균이 650점 이상일 확률을 구하시오.

7-3. 다음은 어떤 자동차 회사에서 새로 개발한 스포츠카의 평균 연비가 얼마나 되는지 알기 위해 이 스포츠 카 5대를 표본으로 추출하여 연비를 측정한 결과이다. 연비는 정규분포를 이룬다고 할 때, 다음을 구하라. 단, 단위는 km이고 연비는 정규분포에 따른다고 알려져 있다.

20.5 20.7 19.5 19.8 20.7

(1) 표본평균은 어떤 분포를 이루고 있는가?

(2) 표본평균과 표본 표준편차를 구하시오.

(3) 표본평균이 19.9보다 크고 20.5보다 작을 확률을 구하시오.

(4) 표본평균이 19.7보다 작을 확률을 구하시오.

7-4. 서로 독립인 정규모집단의 모평균과 모 표준편차가 다음과 같고, 두 모집단에서 각각의 표본을 추출하였을 때, 다음 물음에 답하시오.

모집단 1		모집단 2		표본 1	표본 2
모평균	모 표준편차	모평균	모 표준편차		
54	3	47	2	64	36

(1) 표본평균의 차에 대한 분포

(2) 표본평균의 차가 6보다 클 확률

7-5. 지질은 우리 몸의 기름 성분을 말하고, 콜레스테롤, 중성지방 등이 있으며 우리의 몸에 꼭 필요한 성분들이지만 운동량이 적고 식사량이 과하게 풍부해진 요즘 그 양이 과하면 대사질환 등의 문제가 될 수 있다고 하며, 우리나라 30세 이상 성인의 32%가 이상 지질혈증 증상이 있다고 의학단체에서는 보고 있습니다. 이에 한 사회단체에서는 우리나라 30세 이상 성인 100명을 대상으로 선정할 때, 다음 물음에 답하시오.

(1) 표본비율의 표본분포

(2) 표본비율이 40% 이상일 확률

(3) 표본비율이 30% 이하일 확률

7-6. 확률변수 X가 표준정규분포를 따를 때, 다음 물음에 답하시오.

(1) 확률변수 X의 적률생성함수를 구하시오.

(2) 확률변수 X의 평균 $E(X)$과 분산 $V(X)$를 구하시오,

제8장

추정(estimation)

8-1. 통계적 추정

이번 장부터는 추리통계 추정 방법에 대해서 살펴보도록 하자.

추리 통계학이란 통계량(statistic)을 토대로 모집단의 모수(parameter)를 추정하는 것이다.

이러한 추리 통계학이 다루는 영역은 크게 통계적 추정과 가설검정으로 나눌 수 있다.

통계적 추정(statistical estimation)은 표본의 성격을 나타내는 통계량을 기초로 하여 모수를 추정하는 통계적 분석 방법이다. 반면 가설검정(hypothesis test)은 모수에 대하여 특정한 가설을 세워놓고, 표본을 선택하여 통계량을 계산한 다음, 이를 기초로 하여 모수에 대한 가설의 진위를 판단하는 방법이다.

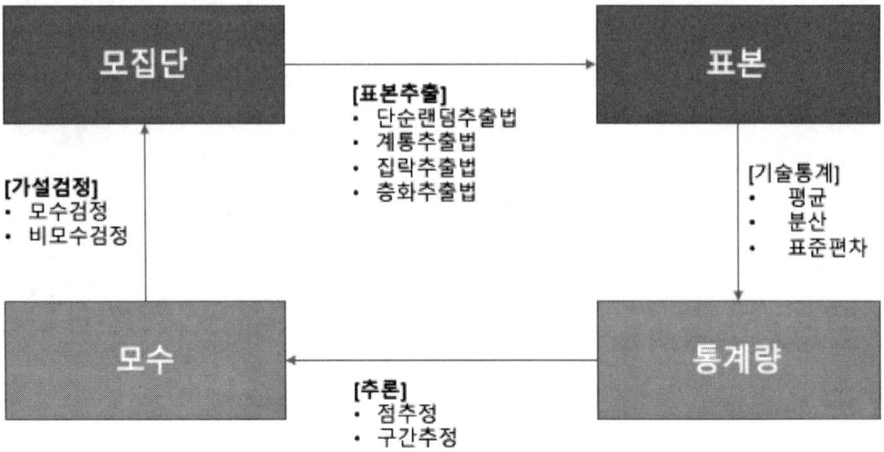

〈출처 : https://wikidocs.net〉

일반적으로 모집단의 특성을 파악하기 위해 사용할 수 있는 가장 좋은 방법은 모집단을 구성하는 모든 요소를 조사하여 분석하는 것입니다. 그런데 모집단이 작으면 전체 구성요소를 조사하고 분석하는데 어려움이 없지만, 만약 모집단이 매우 크다면 모든 구성요소를 조사한다는 것은 현실적으로 불가능합니다.

이런 경우, 통계학에서는 모집단에서 표본(sample)을 추출하고 추출된 표본정보를 이용하여 모집단의 모수(parameter; 모평균, 모비율, 모분산 등)를 예측하게 된다. 그리고 이러한 예측이 올바른지를 별도 검정 과정을 통해 판단합니다. 바로 이러한 과정이 통계학에서 다루고 있는 추정(estimation)과 가설검정(hypothesis testing)이다.

가설검정은 뒤에서 다루기로 하고 여기서는 통계적 추정의 두 가지 형태인 점 추정(potin estimation)과 구간추정(interval estimation), 그리고 결정 기준 등에 대해서 살펴보도록 한다.

하나의 예로, 어느 지역의 유치원생 중에서 가장 키가 큰 유치원생은 몇 cm가 될 것인가를 알고 싶은 경우, 표본으로 지역에 있는 유치원생 중 70명의 자료를 얻었다고 할 때, 70명의 표본 값들 중에서 가장 큰 값으로 유치원생 중 가장 키가 큰 유치원생의 키를 추정할 수 있을 것이다.

다른 예로서, 어느 마트에서 1일 평균 판매액이 얼마인지를 추정한다고 할 때 어느 특정한 하루의 판매액으로 추정하는 것보다 며칠에 걸쳐 얻어진 판매액의 평균값으로 추정하는 것이 바람직할 것이다.

이와 같이 우리는 표본으로부터 모집단의 성격을 알아내고자 하는 것이고, 이렇게 알아내고자 하는 값을 모수라고 할 때 그 모수가 무엇인가에 따라 추정하는 방법도 달라진다.

먼저 통계학에서의 추정은 점 추정과 구간추정으로 크게 두 가지로 구분됩니다.

점 추정(point estimation)은 모집단의 특성(모수)을 하나의 값으로 추정하는 방식을 말하며, 구간추정(interval estimation)은 모집단의 특성(모수)을 적절한 구간을 이용하여 추정하는 방식을 말한다. 점 추정은 모수와 동일할 가능성이 가장 높은 하나의 값을 선택하는 것이므로 그 값이 완전히 모수와 같을 가능성은 사실상 매우 희박하며, 그 불확실성의 정도도 표현할 수 없습니다. 이러한 점 추정의 단점을 보완하는 방법으로 구간추정이 있으며, 구간추정은 모수가 존재할 수 있는 일정 구간을 계산하면서 계산된 구간 값의 불확실성 정도도 함께 나타낼 수 있기 때문에 일반적으로 많이 사용합니다. 즉 구간추정은 적절한 구간을 가지고 모수를 추정하는 방법으로서 모수의 추정치와 신뢰도를 함께 구할 수 있다.

8-2. 바람직한 통계적 추정량의 결정 기준

우선 이번 절에서는 바람직한 통계적 추정량에 대해서 살펴보자. 바람직한 통계적 추정량이란 표본으로부터 구할 수 있는 통계량 가운데 모수를 추정하기에 가장 적절한 것을 결정하여 그 값을 모수로 보는 것이다. 여기서 추정량(estimator)이란 추정치를 구하기 위해 사용되는 추정 방법이나 도구를 의미하며, 추정치(estimate)란 모수를 추정한 값을 말한다.

예를 들어 전국에 있는 유치원생들의 신장을 파악하기 위해 총 1,000명을 표본으로 뽑아 조사한 경우 평균 신장이 127cm로 나왔다면(이를 표본평균이라고 함), 모평균 μ를 구하기 위하여 표본평균 $\overline{X}$를 이용하게 되는데, 여기서 $\overline{X}$는 μ의 추정량이 되며, 표본평균의 구체적인 수치인 $\overline{X}=127\text{cm}$는 모집단의 평균을 추정하는 추정치가 된다.

모집단의 모수 θ를 추정하기 위한 추정량을 $\hat{\theta}$라고 할 때, 가장 적절한 추정량 $\hat{\theta}$를 선택하는 기준은 불편성, 효율성, 일치성 등 3가지 조건으로 설명할 수 있으며 가장 적합한 추정량을 최우수 추정량이라고 한다.

첫째, 불편성(unbiasedness)

추정량의 기댓값이 추정할 모수의 실제 값과 같을 때를 말한다.

$$E(\theta) = \hat{\theta}$$

둘째, 효율성(efficiency)

분산이 더 작은 추정치가 상대적으로 더 효율적임. 최소분산의 원칙

$$V(\hat{\theta}) < V(\theta)$$

셋째, 일치성(consistency)

표본의 크기가 클수록 추정치가 모수에 가까워야 함.

$$\lim_{n \to \infty} \hat{\theta} = \theta$$

추정량이 위의 식을 만족시키지 못할 때, θ와 $E(\theta)$간에 차이가 생기는 데 이를 편의라고 한다.

$$\text{편의 B(bias)} = E(\theta) - \hat{\theta}$$

8-3. 점 추정(Point Estimation)

점 추정은 모집단의 특성을 단일한 값을 추정하는 방법으로 표본평균과 표본분산으로부터 모집단의 평균과 분산을 추정하는 것이다. 이는 모집단의 특성인 모수는 고정된 값으로 θ로 쓰며, 모수는 평균이 될 수도 있고, 분산이 될 수도 있다.

점 추정은 모수와 동일할 가능성이 가장 높은 하나의 값을 선택하는 것이므로 그 값이 완전히 모수와 같을 가능성은 사실상 매우 희박하며, 그 불확실성의 정도도 표현할 수 없습니다.

모집단의 평균과 분산을 알기 위한 가장 확실한 조사방법은 전수조사이지만, 전수조사의 어려움으로 표본조사를 이용하게 되며, 점 추정도 표본조사를 이용하여 모수를 추정한다.

모수 θ에 대한 추정량을 $\hat{\theta}$라 할 때, 만약 모수가 평균[$\theta = E(X)$]이라 하면, 추정량 $\hat{\theta} = \overline{X} = \frac{X_1 + X_2 + \cdots + X_n}{n}$이다.

따라서 모평균의 추정량은 표본평균이다.

마찬가지로 모분산의 점 추정량은 표본 분산이며, 모 비율의 점 추정은 표본비율이다. 모집단의 분산 σ^2의 불편추정량은 표본 분산 S^2이 된다.

8-4. 단일 모집단 구간추정 : 모집단의 평균이 있을 만한 구간을 추정

일상생활에서 확실히 알지 못하는 어떤 값에 대한 표현으로 "어떤 정도이다"라고 한다. 이를테면, 어느 극장의 시간당 입장객 수는 400명~500명 정도라고 하거나, 어느 회사 임원들 연봉이 5,000만원~6,000만원 정도 된다고 한다. 이렇게 (모집단에 대해서) 모르는 어떤 값(평균 또는 분산 등)을 추정하는 데 있어 하나의 값으로 추정하는 것이 아니고 구간으로 추정하는 것을 구간추정이라고 한다.

이와 같이 모집단의 어떤 값을 추정할 때, 표본으로부터 얻어진 하나의 값으로 추정을 하는 점 추정보다는 어느 구간 내에 들어 있을 것으로 추정하는 구간추정이 더 적절한 경우가 있을 것이다. 예를 들어, 어느 제품의 시장점유율이 37%라고 점 추정하는 것보다는 35%이상 39% 이내라고 구간 추정하는 방법이 더 신뢰성이 있을 것이다.

구간추정(interval estimation)이란 **신뢰수준**(신뢰확률, 신뢰도, **유의수준**)이 일정하게 주어지고 원하는 어떤 값이 들어 있는 구간을 찾는 작업을 말한다.

그러면 신뢰수준은 왜 필요한가?

예를 들어, 현재 타고 있는 전철 1량 내에 들어 있는 사람들의 평균 연령은 어떤 구간 내에 있을까를 추정한다고 할 때 10세 이상 80세 미만으로 추정한다면 추정의 의미가 상실된다. 왜냐하면, 평균 연령이 10세 이상이고 80세 미만일 것은 당연하기 때문이다. 다시 말하면, 평균 연령이 10세 이상 80세 미만의 범위 내에 있다는 것은 100% 믿을 수 있다는 말이다.

그러므로 구간추정을 하고자 할 경우 그 구간의 폭은 어느 정도까지로 한정되어야 하며, 그 결과를 신뢰할만한 수준 또한 결정되어야 한다는 것이다.

신뢰수준으로서 95%를 사용하는 것이 일반적이지만 꼭 95%이어야만 하는 것은 아니며, 신뢰수준을 97%로 한다면 신뢰구간의 폭이 95%일 때보다는 넓어지게 된다.

8-4-1. 유의수준과 신뢰구간

우선 유의수준과 신뢰구간에 대한 개념을 살펴보자.

유의수준(신뢰수준)이란 모집단의 평균 μ가 포함될 신뢰구간을 의미하며, 추정의 정확성과 관련이 있다. 유의수준이 95%라는 의미는 표본을 100번 뽑아 그 평균을 구했을 경우 95번 정도는 신뢰구간 내에 모집단의 평균이 포함된다는 것을 의미한다.

반면 오차율(α)은 신뢰구간 내에 모집단 평균이 포함되지 않을 확률이다.

유의수준과 오차율과의 관계

$$\text{유의수준} = 1 - \alpha$$

8-4-2. 모평균의 신뢰구간추정

신뢰구간추정이란 표본오차를 고려하여 모집단 평균 μ가 포함될 확률구간인 신뢰구간을 설정함으로써 모집단 평균을 추정하는 방법으로 계산하는 방법이 점 추정에 비해 다소 복잡하지만 원하는 정확도를 가지고 모수를 측정할 수 있다는 장점이 있다.

모집단의 평균에 대한 구간 추정을 한다고 할 때, 표본평균 $\overline{X}$을 점 추정할 때, 모평균 μ가 가장 적합하기 때문에 표본평균($\overline{X}$)을 이용하여 추정하여야 한다.

신뢰구간의 추정은 모집단의 표준편차를 알고 있는지 여부, 그리고 모집단의 표준편차를 모를 경우 표본의 수에 따라서 약간씩 차이가 있다.

1) 모집단의 표준편차(σ)를 알고 있을 경우의 구간추정

모집단의 표준편차를 알고 있을 경우의 구간추정에서 표본평균 $\overline{X}$에 표본분포는 다음과 같다.

구분	모집단이 정규분포를 따름	모집단이 정규분포를 따르지 않음
대 표본 $n \geq 30$	$\overline{X} \sim N(\mu, \frac{\sigma^2}{n})$ $Z = \frac{\overline{X} - \mu}{\frac{\sigma}{\sqrt{n}}} \sim N(0, 1^2)$	$\overline{X} \sim ?$ $Z = \frac{\overline{X} - \mu}{\frac{\sigma}{\sqrt{n}}} \sim N(0, 1^2)$
소 표본 $n < 30$	$\overline{X} \sim N(\mu, \frac{\sigma^2}{n})$ $Z = \frac{\overline{X} - \mu}{\frac{\sigma}{\sqrt{n}}} \sim N(0, 1^2)$	비모수적 방법

모집단이 정규분포를 따르며, 모집단의 표준편차(σ)를 알고 있을 경우의 구간추정은 표본의 크기에 관계없이 정규분포를 이용한다.

일반적으로 연구에서 많이 사용되는 유의수준은 90%($\alpha = 10\%$), 95%($\alpha = 5\%$), 99%($\alpha = 1\%$)이며, 유의수준과 오차율에 대한 표준점수는 다음과 같다.

유의수준 $= 1 - \alpha$	$Z=0$에서 $Z = Z_{\frac{\alpha}{2}}$까지 면적(확률)	$Z_{\frac{\alpha}{2}}$ 값
0.90(90%)	$P(0 \leq Z \leq Z_{\frac{\alpha}{2}}) = P(0 \leq Z \leq 1.64) = 0.450$	1.64
0.95(95%)	$P(0 \leq Z \leq Z_{\frac{\alpha}{2}}) = P(0 \leq Z \leq 1.96) = 0.475$	1.96
0.99(99%)	$P(0 \leq Z \leq Z_{\frac{\alpha}{2}}) = P(0 \leq Z \leq 2.57) = 0.495$	2.57

표본평균 $\overline{X}$가 정규분포를 따른다고 가정하여 $(1-\alpha)\%$ 유의수준에서의 신뢰구간을 구해 보도록 하자.

표본평균 $\overline{X}$가 정규분포를 따르므로 $\overline{X} \sim N(\mu, \frac{\sigma^2}{n})$이고, 표준정규분포로 표준화하면 $Z = \frac{\overline{X} - \mu}{\sqrt{\frac{\sigma^2}{n}}} \sim N(0, 1^2)$이며, Z 분포에 대하여 그림과 같이 $(1-\alpha)$를 나타낼 수 있다.

$(1-\alpha)$% 유의수준 Z 분포	식의 표현
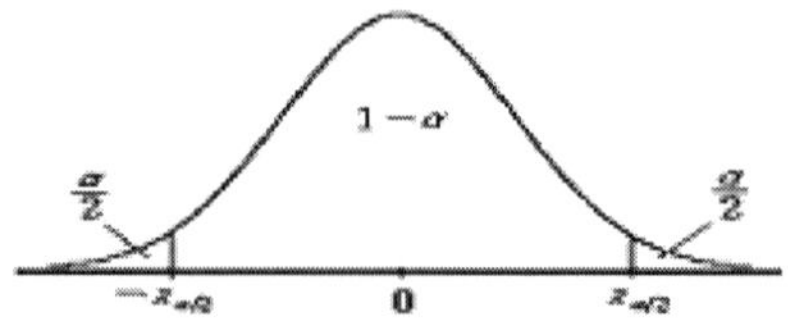	$P(-z_{\frac{\alpha}{2}} < Z < z_{\frac{\alpha}{2}}) = 1-\alpha$ 단, $Z = \dfrac{\overline{X}-\mu}{\sqrt{\dfrac{\sigma^2}{n}}} \sim N(0, 1^2)$

$P(-z_{\frac{\alpha}{2}} < Z < z_{\frac{\alpha}{2}}) = 1-\alpha$에 $Z = \dfrac{\overline{X}-\mu}{\frac{\sigma}{\sqrt{n}}}$을 대입하여 정리하면

$$P(-z_{\frac{\alpha}{2}} < \frac{\overline{X}-\mu}{\frac{\sigma}{\sqrt{n}}} < z_{\frac{\alpha}{2}}) = 1-\alpha, \quad P(-z_{\frac{\alpha}{2}}\frac{\sigma}{\sqrt{n}} < \overline{X}-\mu < z_{\frac{\alpha}{2}}\frac{\sigma}{\sqrt{n}}) = 1-\alpha$$

$$P(-\overline{X}-z_{\frac{\alpha}{2}}\frac{\sigma}{\sqrt{n}} < -\mu < -\overline{X}+z_{\frac{\alpha}{2}}\frac{\sigma}{\sqrt{n}}) = 1-\alpha$$

$$P(\overline{X}-z_{\frac{\alpha}{2}}\frac{\sigma}{\sqrt{n}} < \mu < \overline{X}+z_{\frac{\alpha}{2}}\frac{\sigma}{\sqrt{n}}) = 1-\alpha$$

그러므로 모평균의 신뢰구간을 추정할 때 한쪽으로 α의 확률을 갖는 Z_α 또는 $-Z_\alpha$보다는 양쪽으로 $\dfrac{\alpha}{2}$의 확률을 갖는 Z의 값, 즉 $\pm Z_{\frac{\alpha}{2}}$로 표시하는 경우가 더욱 많다.

그러므로 유의수준 $100\times(1-\alpha)$%의 신뢰구간을 구하는 공식은 다음과 같다.

$$\overline{X}-z_{\frac{\alpha}{2}}\frac{\sigma}{\sqrt{n}} < \mu < \overline{X}+z_{\frac{\alpha}{2}}\frac{\sigma}{\sqrt{n}}$$

신뢰구간에서 $\overline{X}-z_{\frac{\alpha}{2}}\dfrac{\sigma}{\sqrt{n}}$을 신뢰 하한(lower confidence limit), $\overline{X}+z_{\frac{\alpha}{2}}\dfrac{\sigma}{\sqrt{n}}$을 신뢰 상한(upper confidence limit) 라고 하며, $z_{\frac{\alpha}{2}}\dfrac{\sigma}{\sqrt{n}}$을 오차한계(margin of error)라 한다.

예제1 어느 연구소에서 A라는 식물에 대한 실험연구를 진행하고 있다. 기존에 이 식물의 생명주기의 표준편차는 100일이라고 알려져 있다. 이 식물 100구를 조사하였더니 평균 생명주기가 180일이었을 때, 이 식물의 실제 평균 생명주기에 대한 95% 신뢰구간, 99% 신뢰구간을 각각 구하시오.

풀이 먼저 95% 신뢰구간을 구하여 보자.

문제에 주어진 조건에서 모집단의 표준편차를 알고 있는 경우이므로,

$\sigma = 100$일, $n = 100$구, 표본평균 $\overline{X} = 180$일, 95% 신뢰구간을 구하는 문제이므로 NORM. S. INV를 이용하면 $Z_{\frac{\alpha}{2}} = 1.96$이다.

따라서 주어진 식 $\overline{X} - z_{\frac{\alpha}{2}}\frac{\sigma}{\sqrt{n}} < \mu < \overline{X} + z_{\frac{\alpha}{2}}\frac{\sigma}{\sqrt{n}}$에 대입하면

$$180 - 1.96\frac{100}{\sqrt{100}} < \mu < 180 + 1.96\frac{100}{\sqrt{100}}$$

$$180 - 19.6 < \mu < 180 + 19.6$$

$$161.4 < \mu < 199.6$$

즉 95% 신뢰구간은 평균 생명주기가 161.4 일부터 199.6일 사이가 된다는 것을 알 수 있다.

둘째로 99% 신뢰구간을 구하여 보자.

문제에 주어진 조건에서 모집단의 표준편차를 알고 있는 경우이므로,

$\sigma = 100$일, $n = 100$구, 표본평균 $\overline{X} = 180$일, 95% 신뢰구간을 구하는 문제이므로 **NORM. S. INV**를 이용하면 $Z_{\frac{\alpha}{2}} = 2.57$이다.

따라서 주어진 식 $\overline{X} - z_{\frac{\alpha}{2}}\frac{\sigma}{\sqrt{n}} < \mu < \overline{X} + z_{\frac{\alpha}{2}}\frac{\sigma}{\sqrt{n}}$에 대입하면

$$180 - 2.57\frac{100}{\sqrt{100}} < \mu < 180 + 2.57\frac{100}{\sqrt{100}}$$

$$180 - 25.7 < \mu < 180 + 25.7$$

$$164.3 < \mu < 205.7$$

즉 99% 신뢰구간은 평균 생명주기가 164.3 일부터 207.7일 사이가 된다는 것을 알 수 있다.

또한, 모집단이 정규분포를 따를 경우, EXCEL을 이용하여 오차한계를 구하는 방법은 함수마법사/**CONFIDENCE. NORM**을 이용하여 오차한계를 구한 후 표본평균과의 합과 차를 이용하여 쉽게 구할 수 있다.

☐ EXCEL/**CONFIDENCE. NORM**

예제 2 어느 연구소에서 A라는 식물에 대한 실험연구를 진행하고 있다. 기존에 이 식물의 생명주기의 표준편차는 100일이라고 알려져 있다. 이 식물 100구를 조사하였더니 평균 생명주기가 180일이었을 때, 이 식물의 실제 평균 생명주기에 대한 95% 신뢰구간을 구하시오.

풀이 문제에 주어진 조건에서 모집단의 표준편차를 알고 있는 경우이므로, 정규분포를 따르며, 모 표준편차 $\sigma = 100$일, 크기는 $n = 100$구, 표본평균 $\overline{X} = 180$일이 주어져 있고 95% 신뢰구간을 구하는 문제이므로 $1-\alpha = 0.95$, $\alpha = 0.05$이다.

CONFIDENCE. NORM을 이용하여 오차한계를 구하면 다음과 같다.

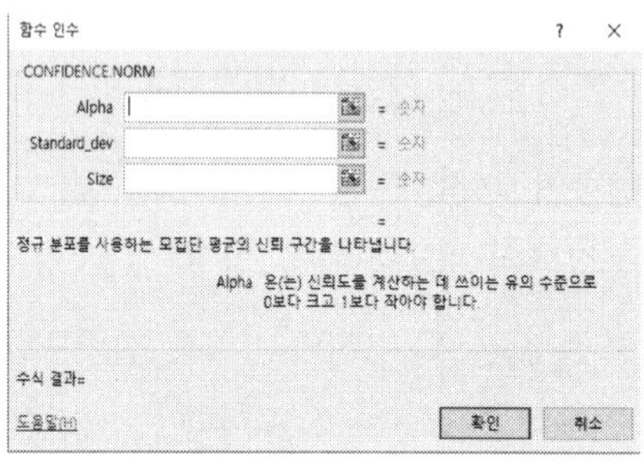

대화상자	의미와 입력 값
Alpha	유의수준 0.05
Standard. dev	표준편차 100
Size	크기 100

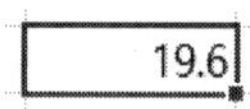

따라서 평균 생명주기에 대한 95% 신뢰구간은 $\overline{X} - 19.6 \le \mu \le \overline{X} + 19.6$이므로 $180 - 19.6 \le \mu \le 180 + 19.6$이고, $164.3 < \mu < 205.7$이다.

예제 3 200마리의 쥐를 대상으로 자극에 대한 평균 반응시간을 예측하고자 25마리의 쥐를 조사한 결과 평균 반응시간은 4초일 때, 다음 물음에 답하시오. 단, 모집단의 표준편차는 0.5초이다.

(1) 모집단의 평균 μ에 대한 95% 신뢰구간

(2) 모집단의 평균 μ에 대한 90% 신뢰구간

풀이 1 (1) 모집단의 평균 μ에 대한 95% 신뢰구간

문제에 주어진 조건에서 모집단의 표준편차를 알고 있는 경우이므로, 모집단은 정규분포를 따르며, 주어진 문제로부터 표준편차 $\sigma = 0.5$초, $n = 25$마리, 표본평균 $\overline{X} = 4$초인 모평균 μ의 95% 신뢰구간을 구하는

문제이므로 NORM. S. INV를 이용하면 $Z_{\frac{\alpha}{2}} = 1.96$이다.

따라서 주어진 식 $\overline{X} - z_{\frac{\alpha}{2}} \frac{\sigma}{\sqrt{n}} < \mu < \overline{X} + z_{\frac{\alpha}{2}} \frac{\sigma}{\sqrt{n}}$에 대입하면

$$4 - 1.96 \frac{0.5}{\sqrt{25}} < \mu < 4 + 1.96 \frac{0.5}{\sqrt{25}}$$

$$4 - 0.196 < \mu < 4 + 0.196$$

$3.804 < \mu < 4.196$이다.

그러므로 모평균 μ의 95% 신뢰구간은 3.804초부터 4.196초 사이가 된다는 것을 알 수 있다.

(2) 모집단의 평균 μ에 대한 95% 신뢰구간

위와 같은 조건에서 모평균 μ의 90% 신뢰구간을 구하는 문제이므로 NORM. S. INV를 이용하면 $Z_{\frac{\alpha}{2}} = 1.64$이다.

따라서 주어진 식 $\overline{X} - z_{\frac{\alpha}{2}} \frac{\sigma}{\sqrt{n}} < \mu < \overline{X} + z_{\frac{\alpha}{2}} \frac{\sigma}{\sqrt{n}}$ 에 대입하면

$$4 - 1.64 \frac{0.5}{\sqrt{25}} < \mu < 4 + 1.64 \frac{0.5}{\sqrt{25}}$$

$$4 - 0.164 < \mu < 4 + 0.164$$

$$3.84 < \mu < 4.16$$

그러므로 모평균 μ의 90% 신뢰구간은 3.84초부터 4.16초 사이가 된다는 것을 알 수 있다.

풀이 2 EXCEL/함수마법사/통계/**CONFIDENCE. NORM**을 이용하여 오차한계

(1) 모집단의 평균 μ에 대한 95% 신뢰구간

문제에 주어진 조건에서 모집단의 표준편차를 알고 있는 경우이므로, 정규분포를 따르며, 모 표준편차 $\sigma = 0.5$, 크기는 $n = 25$, 표본평균 $\overline{X} = 4$이고, 95% 신뢰구간을 구하는 문제이므로 $1 - \alpha = 0.95$, $\alpha = 0.05$이다. **CONFIDENCE. NORM**을 이용하여 오차한계를 구하면 다음과 같다.

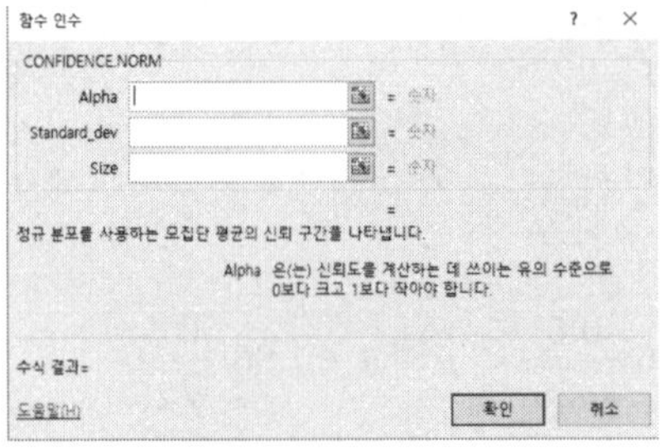

대화상자	의미와 입력 값
Alpha	유의수준 0.05
Standard. dev	표준편차 0.5
Size	크기 25

0.196

따라서 평균 반응시간에 대한 95% 신뢰구간은

$\overline{X}-0.196 \leq \mu \leq \overline{X}+0.196$이므로

$4-0.196 \leq \mu \leq 4+0.196$이고, $3.804 < \mu < 4.196$이다.

(2) 모집단의 평균 μ에 대한 90% 신뢰구간

문제에 주어진 조건에서 모집단의 표준편차를 알고 있는 경우이므로, 정규분포를 따르며, 모 표준편차 $\sigma=0.5$, 크기는 $n=25$, 표본평균 $\overline{X}=4$이고, 90% 신뢰구간을 구하는 문제이므로 $1-\alpha=0.90$, $\alpha=0.1$이다. **CONFIDENCE. NORM**을 이용하여 오차한계를 구하면 다음과 같다.

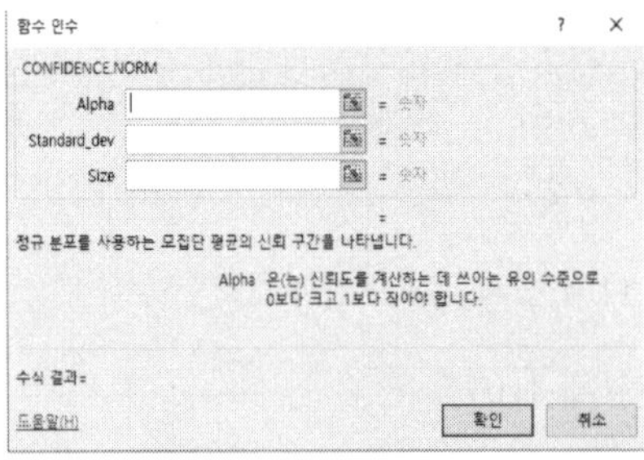

대화상자	의미와 입력 값
Alpha	유의수준 0.1
Standard. dev	표준편차 0.5
Size	크기 25

0.164

따라서 평균 반응시간에 대한 95% 신뢰구간은

$\overline{X}-0.164 \leq \mu \leq \overline{X}+0.164$이므로

$4-0.164 \leq \mu \leq 4+0.164$이고, $3.84 < \mu < 4.16$이다.

2) 모집단의 표준편차(σ)를 알지 못하는 경우의 구간추정

일반적으로 모집단의 표준편차를 알려면 당연히 평균 μ를 알아야 계산할 수 있기 때문에 모집단의 평균은 모르면서 모집단의 표준편차를 알고 있는 경우는 매우 드물다.

모집단의 표준편차 σ를 알지 못하는 경우에는 표본에서 구한 불편추정량, 즉 표본의

표준편차 S를 모 표준편차 σ대신으로 사용한다.

구분	모집단이 정규분포를 따름	모집단이 정규분포를 따르지 않음
대 표본 $n \geq 30$	$\overline{X} \sim N(\mu, \frac{S^2}{n})$ $Z = \frac{\overline{X}-\mu}{\frac{S}{\sqrt{n}}} \sim N(0, 1^2)$	$\overline{X} \sim ?$ $Z = \frac{\overline{X}-\mu}{\frac{S}{\sqrt{n}}} \sim N(0, 1^2)$
소 표본 $n < 30$	$\overline{X} \sim N(\mu, \frac{S^2}{n})$ $t = \frac{\overline{X}-\mu}{\frac{S}{\sqrt{n}}} \sim t(n-1, \alpha)$	비모수적 방법

① $n \geq 30$인 경우, 유의수준 $100 \times (1-\alpha)\%$의 신뢰구간을 구하는 공식은 다음과 같다.

$$\overline{X} - z_{\frac{\alpha}{2}} \frac{\sigma}{\sqrt{n}} < \mu < \overline{X} + z_{\frac{\alpha}{2}} \frac{\sigma}{\sqrt{n}}$$

② $n < 30$인 경우, 유의수준 $100 \times (1-\alpha)\%$의 신뢰구간을 구하는 공식은 다음과 같다.

$$\overline{X} - t_{\frac{\alpha}{2}} \frac{S}{\sqrt{n}} < \mu < \overline{X} + t_{\frac{\alpha}{2}} \frac{S}{\sqrt{n}}, \quad \text{단 } S = \sqrt{\frac{\sum (X-\overline{X})^2}{n-1}}$$

예제 4 모집단이 정규분포를 이루고 있으며, 36개의 표본을 조사한 결과 표본의 평균은 14.60이며, 표본의 표준편차 S가 2.23이라 할 때, 모평균에 대한 99% 신뢰구간을 구하시오.

풀이 모집단의 분포가 정규분포를 이루고 있으며, 모 표준편차를 모르고, 주어진 문제에서 표본의 수가 30 이상이므로 신뢰구간을 Z-분포를 이용하여 구할 수 있다.

문제의 조건에서 표본의 수 $n = 36$, 표본의 평균 $\overline{X} = 14.6$, 표본 표준편차 $S = 2.23$이며, 99% 신뢰구간에서의 NORM. S. INV를 이용하면 $Z_{\frac{\alpha}{2}} = 2.57$이다.

따라서 주어진 식 $\overline{X}-z_{\frac{\alpha}{2}}\frac{S}{\sqrt{n}} < \mu < \overline{X}+z_{\frac{\alpha}{2}}\frac{S}{\sqrt{n}}$ 에 대입하면

$$14.6-2.57\frac{2.23}{\sqrt{36}} < \mu < 14.6+2.57\frac{2.23}{\sqrt{36}}$$

$$14.6-0.95 < \mu < 14.6+0.95$$

$$13.65 < \mu < 15.55$$

그러므로 모평균 μ 에 대한 99% 신뢰구간은 $13.65 < \mu < 15.55$가 된다.

예제 5 **모집단이 정규분포를 따르고 $n=9$, 표본평균 $\overline{X}=164$, 표본 표준편차 $S=15$일 때, 모집단의 평균에 대한 95% 신뢰구간을 구하시오.**

풀이 모집단의 분포가 정규분포를 이루고 있으며, 모 표준편차를 모르고, 주어진 문제에서 표본의 수가 9이므로 신뢰구간은 T-분포를 이용하여 구하여야 한다. 문제의 조건에서 표본의 수 $n=9$, 자유도 $v=8$, 표본의 평균 $\overline{X}=164$, 표본 표준편차 $S=15$이며, 95% 신뢰구간에서의 $t=2.306$이다.

따라서, 주어진 식 $\overline{X}-t_{\frac{\alpha}{2}}\frac{S}{\sqrt{n}} < \mu < \overline{X}+t_{\frac{\alpha}{2}}\frac{S}{\sqrt{n}}$ 에 대입하면

$$164-2.306\frac{15}{\sqrt{9}} \le \mu \le 164+2.306\frac{15}{\sqrt{9}}$$

$$164-2.306\times 5 \le \mu \le 164+2.306\times 5$$

$$164-11.53 \le \mu \le 164+11.53$$

$$152.47 \le \mu \le 175.53$$

그러므로 모평균 μ에 대한 95% 신뢰구간은 $152.47 \le \mu \le 175.53$가 된다.

□ EXCEL/함수마법사/통계/CONFIDENCE. T

문제의 조건에서 표본의 수 $n=9$, 자유도 $v=8$, 표본의 평균 $\overline{X}=164$, 표본 표준편차 $S=15$이며, 95% 신뢰구간을 구하는 문제이므로 $1-\alpha=0.95$, $\alpha=0.05$ 이다.

CONFIDENCE. T를 이용하여 오차한계를 구하면 다음과 같다.

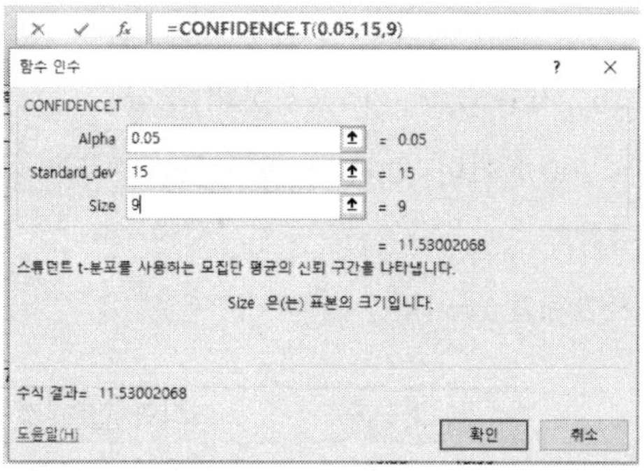

대화상자	의미와 입력 값
Alpha	유의수준 0.05
Standard. dev	표본 표준편차 15
Size	크기 9

11.53

그러므로 모평균 μ에 대한 95% 신뢰구간은

$$164 - 11.53 \le \mu \le 164 + 11.53$$

$$152.47 \le \mu \le 175.53$$ 이다.

예제 6 지방의 모 중학교 학생 350명의 평균 통학 거리를 알아보려고 한다. 모든 학생을 대상으로 조사하는 것은 불가능하므로 16명을 뽑아 조사해 본 결과 평균 통학 거리는 1,640m이며, 표본에서 계산된 표준편차는 200m이다. 통학 거리의 분포가 정규분포라고 가정한다면 이 학교 학생들의 평균 통학 거리가 얼마인지 90% 신뢰구간을 구하시오.

풀이 1 모집단의 분포가 정규분포를 이루고 있으며, 모 표준편차를 모르고, 주어진 문제에서 표본의 수가 16이므로 신뢰구간은 T-분포를 이용하여 구하여야 한다. 문제의 조건에서 표본의 수 $n = 16$, 자유도 $v = 15$, 표본의 평균 $\overline{X} = 1{,}640\,m$, 표본 표준편차 $S = 200\,m$, 90% 신뢰구간에서의 $t = 1.753$이다. 따라서, 주어진 식 $\overline{X} - t_{\frac{\alpha}{2}} \frac{S}{\sqrt{n}} < \mu < \overline{X} + t_{\frac{\alpha}{2}} \frac{S}{\sqrt{n}}$에 대입하면

$$1{,}640 - 1.753 \frac{200}{\sqrt{16}} \le \mu \le 1{,}640 + 1.753 \frac{200}{\sqrt{16}}$$

$$1{,}640 - 1.753 \times 50 \le \mu \le 1{,}640 + 1.753 \times 50$$

$$1{,}640 - 87.65 \le \mu \le 1{,}640 + 87.65$$

$$1552.35 \le \mu \le 1727.65$$

그러므로 모평균 μ에 대한 90% 신뢰구간은 $1552.35 \le \mu \le 1727.65$이다.

풀이 2 EXCEL/**CONFIDENCE. T**

문제의 조건에서 표본의 수 $n = 16$, 자유도 $v = 15$, 표본의 평균 $\overline{X} = 1{,}640\,m$, 표본 표준편차 $S = 200\,m$이며, 90% 신뢰구간을 구하는 문제이므로 $1 - \alpha = 0.90$, $\alpha = 0.10$이다.

CONFIDENCE. T를 이용하여 오차한계를 구하면 다음과 같다.

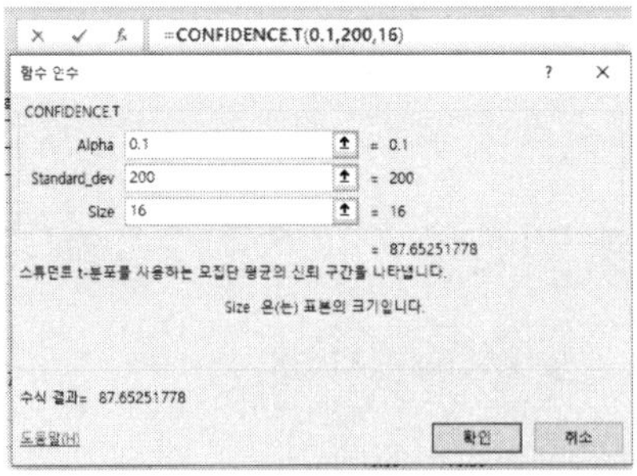

대화상자	의미와 입력 값
Alpha	유의수준 0.10
Standard. dev	표본 표준편차 200
Size	크기 16

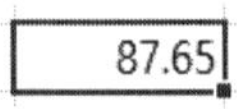

그러므로 모평균 μ에 대한 90% 신뢰구간은

$$1{,}640 - 87.65 \le \mu \le 1{,}640 + 87.65$$

$$1552.35 \le \mu \le 1727.65$$ 이다.

예제 7 어느 대학에서 특정 교과에 대한 교과 평균 점수를 조사하기 위하여 15명에 대한 교과의 성적을 조사한 결과가 다음과 같다. 모집단은 정규분포를 따르고 주어진 데이터로부터 95% 신뢰구간을 구하시오.

77	80	83
79	82	91
87	86	94
85	85	88
78	80	85

풀이 1 모집단의 분포가 정규분포를 이루고 있으며, 모 표준편차를 모르고, 주어진 문제에서 표본의 수가 15이므로 신뢰구간은 T-분포를 이용하여 구하여야 한다.

주어진 자료에서 표본의 수 $n = 15$, 자유도 $v = 14$, 표본의 평균 $\overline{X} = 84$, 표본 표준편차 $S = 4.84$이며, 95% 신뢰구간에서의 $t = 2.145$이다.

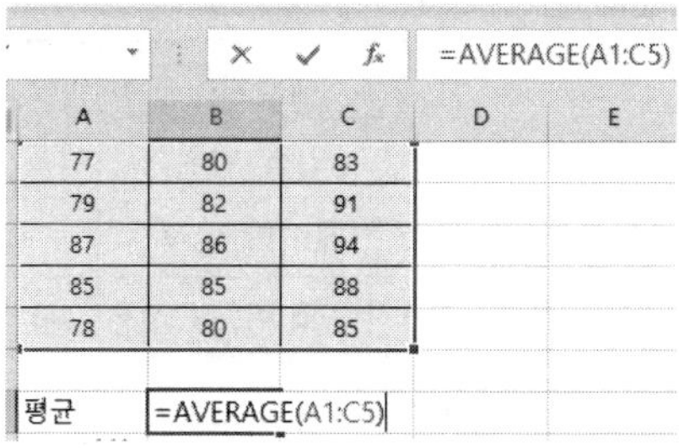

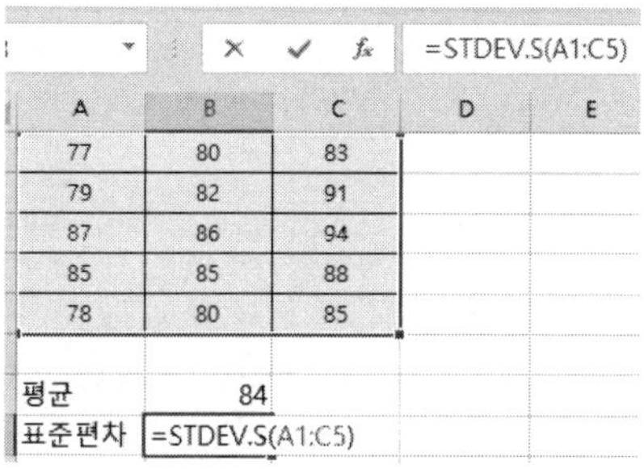

따라서, 주어진 식 $\overline{X}-t_{\frac{\alpha}{2}}\dfrac{S}{\sqrt{n}}<\mu<\overline{X}+t_{\frac{\alpha}{2}}\dfrac{S}{\sqrt{n}}$ 에 대입하면

$$84-2.145\frac{4.84}{\sqrt{15}}\leq \mu \leq 84+2.145\frac{4.84}{\sqrt{15}}$$

$$84-2.145\times 1.25\leq \mu \leq 84+2.145\times 1.25$$

$$84-2.68\leq \mu \leq 84+2.68$$

$$81.32\leq \mu \leq 86.68$$

그러므로 모평균 μ 에 대한 95% 신뢰구간은 $81.32\leq \mu \leq 86.68$ 이다.

풀이 2 T-분포의 경우는 EXCEL의 데이터/데이터분석/기술 통계법을 이용하여 신뢰구간을 계산하면 편리하다.

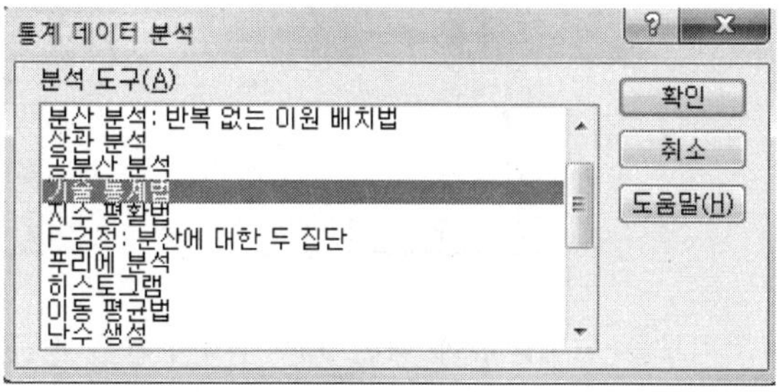

먼저 자료들을 세로로 배열한 후 제목(교과성적)을 쓴다.

데이터/데이터분석/기술 통계법/확인 클릭 후 대화상자 내용 입력/확인 클릭

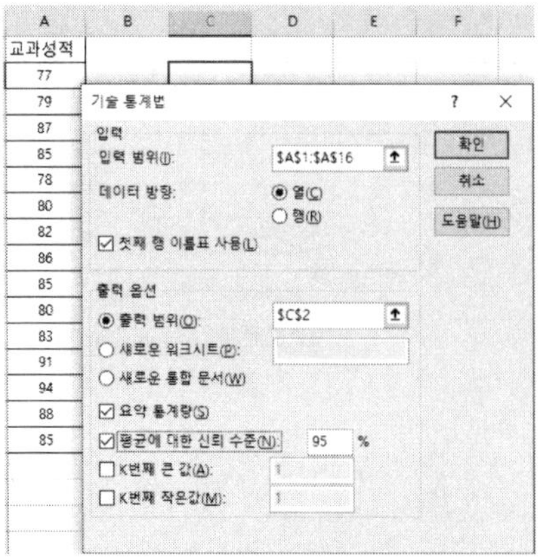

대화상자	의미와 입력 값
입력 범위	제목 포함 자료 드래그
데이터 방향	열(
첫째 행 이름표 사용	제목(한글) 포함 √
출력 범위	자료의 출력 위치 현재 시트의 셀의 위치
요약 통계량	요약 통계량 출력 √
평균에 대한 신뢰수준	신뢰수준 확인 √

기술 통계법 출력 결과 : 자릿수 줄임

교과성적	
평균	84
표준 오차	1.249762
중앙값	85
최빈값	85
표준 편차	4.840307
분산	23.42857
첨도	-0.24409
왜도	0.453509
범위	17
최소값	77
최대값	94
합	1260
관측수	15
신뢰 수준(	2.680473

교과성적	
평균	84
표준 오차	1.25
중앙값	85
최빈값	85
표준 편차	4.84
분산	23.43
첨도	-0.24
왜도	0.45
범위	17
최소값	77
최대값	94
합	1260
관측수	15
신뢰 수준(	2.68

그러므로 모평균 μ에 대한 95% 신뢰구간은 평균 84과 신뢰수준(95%) 2.68을 이용하여 $84-2.68 \le \mu \le 84+2.68$이므로 $81.32 \le \mu \le 86.68$이다.

8-5. 모비율의 구간추정

모비율의 표본분포는 제7장에서 설명한 바와 같이 크기가 n인 표본을 선정하고 관심 대상이 선정되면 '성공', 그렇지 않으면 '실패'로 정의하면, 성공의 횟수 X에 대한 표본비율($\hat{p}$)

은 $\hat{p}=\frac{X}{n}$이며, 표본비율($\hat{p}$)의 분포는 $\hat{p}\sim N\left(p, \frac{pq}{n}\right)$이다.

그러므로 표본비율($\hat{p}$)의 분포를 표준화하면 다음과 같다.

$$Z=\frac{\hat{p}-p}{\sqrt{\frac{pq}{n}}}\sim N(0, 1^2)$$

그러므로 모비율(p)에 대한 $100(1-\alpha)\%$ 근사 신뢰구간은 다음과 같다.

$$\hat{p}-Z_{\frac{\alpha}{2}}\sqrt{\frac{pq}{n}}\le p\le \hat{p}+Z_{\frac{\alpha}{2}}\sqrt{\frac{pq}{n}}$$

여기에서 신뢰구간의 제곱근 안에 있는 p와 $q=1-p$는 추정하고자 하는 미지의 수치이며, 표본비율($\hat{p}$)은 모비율(p)에 대한 일치추정량이다. 따라서 표본의 크기가 충분히 크면, $\hat{p}\approx p$이므로 모비율(p)에 대한 $100(1-\alpha)\%$ 근사 신뢰구간은 다음과 같다.

$$\hat{p}-Z_{\frac{\alpha}{2}}\sqrt{\frac{\hat{p}\hat{q}}{n}}\le p\le \hat{p}+Z_{\frac{\alpha}{2}}\sqrt{\frac{\hat{p}\hat{q}}{n}} \quad \text{단, } \hat{q}=1-\hat{p}$$

또한 모평균의 신뢰구간에서 95% 신뢰구간을 구하는 $z_{0.025}=1.96$이고 99% 신뢰구간을 구하는 $z_{0.005}=2.58$이다.

따라서 모비율(p)에 대한 근사 신뢰구간을 정리하면 다음과 같다.

$$95\%\text{ 근사 신뢰구간 : } \hat{p}-1.96\sqrt{\frac{\hat{p}\hat{q}}{n}}\le p\le \hat{p}+1.96\sqrt{\frac{\hat{p}\hat{q}}{n}}$$

$$99\%\text{ 근사 신뢰구간 : } \hat{p}-2.58\sqrt{\frac{\hat{p}\hat{q}}{n}}\le p\le \hat{p}+2.58\sqrt{\frac{\hat{p}\hat{q}}{n}}$$

예제 8 어느 대학은 금연 캠퍼스를 목표로 교내에서 지정한 장소 이외의 장소에서는 흡연을 금지하도록 하였다. 학생회에서는 120명의 학생을 대상으로 교내에서의 흡연 금지에 대한 찬반투표를 실시하여 찬성 80명의 결과를 얻었다. 이를 이용하여 전체 학생의 교내 금연 찬성률에 대한 95% 근사 신뢰구간을 구하시오.

풀이 주어진 자료로부터 $\hat{p}=\dfrac{80}{120}=\dfrac{2}{3}$이므로 $\hat{q}=\dfrac{1}{3}$이고,

$$\sqrt{\frac{\hat{p}\hat{q}}{n}}=\sqrt{\frac{\frac{2}{3}\frac{1}{3}}{120}}=\sqrt{\frac{1}{540}}=0.043\text{이다.}$$

또한, 표본비율($\hat{p}$)의 분포는 $n=120$이므로 정규분포로 근사하며, NORM. S. INV를 이용하면 $Z_{\frac{\alpha}{2}}=1.96$이다.

따라서 95% 근사 신뢰구간은 $\hat{p}-1.96\sqrt{\dfrac{\hat{p}\hat{q}}{n}}\le p\le \hat{p}+1.96\sqrt{\dfrac{\hat{p}\hat{q}}{n}}$이므로

$0.66-(1.96)(0.043)\le p\le 0.66+(1.96)(0.043)$이다.

그러므로 95% 근사 신뢰구간은 $0.58\le p\le 0.75$ 이다.

8-6. 표본크기의 결정

신뢰구간의 폭은 유의수준과 표본의 크기에 의해 결정된다고 해도 과언이 아니다. 만약, 유의수준이 정해지면 신뢰구간의 폭은 자연스럽게 표본의 크기에 의해 결정되기 때문이다.

모집단의 평균 μ를 추정할 때 신뢰구간의 양 끝점을 나타내는 다음 식을 살펴보면 표본크기의 역할을 뚜렷하게 알 수 있을 것이다.

표준편차를 알고 있는 경우 : 정규분포에서 신뢰구간의 양 끝점 : $\overline{X}\pm Z_{\frac{\alpha}{2}}\dfrac{\sigma}{\sqrt{n}}$

표준편차를 모르는 경우 : t-분포에서 신뢰구간의 양 끝점 : $\overline{X}\pm t_{(\frac{\alpha}{2},n-1)}\dfrac{S}{\sqrt{n}}$

위 식에서 표준편차 σ 또는 S는 연구자가 임의로 조정하기가 힘들거나 불가능할 때도 있으며, 유의수준 α는 어느 정도 수준 이상을 확보하여야 하므로 신뢰구간의 폭은 [예제 9]에서와 같이 표본의 크기 (n)에 달려있다고 할 수 있다고 할 수 있다.

예제 9 모집단이 정규분포를 이루고 있으며, 그 모집단의 표준편차가 400이라고 하고, 표본의 평균 $\overline{X}=600$이라고 할 때, 다음 각 경우에 대한 90% 신뢰구간을 구하시오.

(1) **표본의 크기** $n = 4$

(2) **표본의 크기** $n = 16$

(3) **표본의 크기** $n = 100$

풀이 모집단이 정규분포를 이루고 있으며, 모집단의 표준편차를 알고 있는 경우이므로 $\overline{X} \pm Z_{\frac{\alpha}{2}} \frac{\sigma}{\sqrt{n}}$을 이용하여 각 경우의 모평균 μ에 대한 신뢰구간을 구하면 다음과 같다.

(1) 표본의 크기 $n = 4$인 경우,

$600 \pm 1.64 \frac{400}{\sqrt{4}} = 600 \pm 328$이므로 $272 \le \mu \le 928$이며, 신뢰구간의 폭은 656이다.

따라서 신뢰구간의 폭은 $656 = 2 \times 328 = 2 \times \left(Z_{\frac{\alpha}{2}} \frac{\sigma}{\sqrt{n}} \right)$이다.

(2) 표본의 크기 $n = 16$인 경우,

$600 \pm 1.64 \frac{400}{\sqrt{16}} = 600 \pm 164$이므로 $436 \le \mu \le 764$이며, 신뢰구간의 폭은 328이다.

따라서 신뢰구간의 폭은 $328 = 2 \times 164 = 2 \times \left(Z_{\frac{\alpha}{2}} \frac{\sigma}{\sqrt{n}} \right)$이다.

(3) 표본의 크기 $n = 100$인 경우,

$600 \pm 1.64 \frac{400}{\sqrt{100}} = 600 \pm 65.6$이므로 $534.4 \le \mu \le 665.6$이며, 신뢰구간의 폭은 131.2이다.

따라서 신뢰구간의 폭은 $131.2 = 2 \times 65.6 = 2 \times \left(Z_{\frac{\alpha}{2}} \frac{\sigma}{\sqrt{n}} \right)$이다.

표본의 크기를 구하는 방법은 다음과 같다.

첫째, 모집단의 분산(σ^2)을 알고 있는 경우

신뢰구간의 한쪽 폭을 오차 e라고 하면, $e = Z_{\frac{\alpha}{2}} \frac{\sigma}{\sqrt{n}}$이다.

따라서 양변을 제곱하면 $e^2 = \left(Z_{\frac{\alpha}{2}} \frac{\sigma}{\sqrt{n}} \right)^2 = Z_{\frac{\alpha}{2}}^2 \times \frac{\sigma^2}{n}$이므로

표본의 크기는 $n = \dfrac{Z^2_{\frac{\alpha}{2}}\sigma^2}{e^2} = \left(\dfrac{Z_{\frac{\alpha}{2}}\sigma}{e}\right)^2$ 이다.

둘째, 모집단의 분산(σ^2)을 모르는 경우

정규분포가 아닌 t-분포를 이용하여야 하며, 모 분산(σ^2)을 표본 분산(S^2)으로 사용하여 표본의 크기를 구하여야 한다.

따라서 표본의 크기는 $n = \dfrac{t^2_{\frac{\alpha}{2}}S^2}{e^2} = \left(\dfrac{Z_{\frac{\alpha}{2}}S}{e}\right)^2$ 이다.

예제 10 어느 테니스 라켓 제작 회사는 300g 용량의 테니스 라켓을 생산하고 있으며 실제 무게가 어떠한지를 알아보기 위하여 어느 정도의 표본을 뽑아야만 모집단의 평균 무게에 대한 99% 신뢰수준에 추정치의 오차가 2g 이하가 되는지를 알아보고자 한다.

현재까지 생산된 테니스 라켓의 표준편차가 5.72g일 때, 이러한 요구를 충족시키기 위하여 표본의 크기를 얼마로 해야 하는지 구하시오.

풀이 주어진 문제로부터 모집단의 표준편차를 알고 있으므로 Z분포를 이용하고, Z분포에서는 99% 신뢰구간에서의 NORM. S. INV를 이용하면 $Z_{\frac{\alpha}{2}} = 2.57$ 이다. 또한 주어진 문제에서 오차 $e = 2$이므로 표본의 크기는 다음과 같이 계산된다.

$$n = \left(\frac{Z_{\frac{\alpha}{2}}\sigma}{e}\right)^2 = \left(\frac{2.57 \times 5.72}{2}\right)^2 = 7.35^2 = 54.03$$

그러므로 표본의 크기를 54개 이상을 선택해야 한다.

제8장 연습문제

8-1. 어느 대학교 남학생들의 키는 표준편차가 10cm인 정규분포를 따른다고 한다. 100명의 남학생을 표본 조사하였을 때 표본의 평균이 170cm라고 하면, 이 대학교 남학생들의 키에 대한 다음의 물음에 답하시오.

(1) 90% 신뢰구간

(2) 95% 신뢰구간

8-2. 정규분포를 따르는 여성 직장인의 한 달 평균 신용카드 사용액을 알아보기 위하여 크기 50의 표본을 임의로 추출하여 표본평균과 표본 분산을 구했더니 각각 6.7(만원), 7.3이었다. 이때, 여성 직장인의 한 달 평균 신용카드 사용액에 대한 다음의 물음에 답하시오.

(1) 95% 신뢰구간

(2) 99% 신뢰구간

8-3. 어느 초등학교 학생 25명의 몸무게를 조사하였더니 다음과 같은 표를 얻었다고 할 때, 초등학교 학생의 몸무게에 대한 다음의 물음에 답하시오.

27.6	41.5	31.4	40.6	54.7
33.8	34.5	35.6	42.9	59.3
35.2	44.6	41.5	37.1	52.5
42.1	50.3	39.5	53.9	47.4
39.6	48.1	44.0	56.8	62.7

(1) 95% 신뢰구간

(2) 97% 신뢰구간

8-4. 2023년 현재 우리나라 20대 여성 중 다이어트를 하는 비율은 45.2%로 나타났다. 우리나라 20대 여성 100명을 대상으로 다이어트 여부를 조사한 결과 37명이 다이어트를 하는 것으로 나타났다. 우리나라 여성이 다이어트를 할 95% 근사 신뢰구간을 구하시오.

8-5. 전기차의 배터리 평균 무게가 400~450kg이고, 주행거리를 늘리기 위해 배터리 용량을 늘리면 무게도 비례해서 늘어나게 되는데 차량이 무거우면 사고 발생 시 피해도 커질 뿐만 아니라 국내에선 자동차 무게가 일정 수준 이상이면 기계식 주차장을 이용할 수 없는 이유로 어떤 전기차 회사는 430kg의 전기차를 생산하고 있으며 실제 무게를 알아보기 위해 어느 정도의 표본을 뽑아야만 모집단의 평균 무게에 대한 95% 신뢰수준에 추정치의 오차가 2g 이하가 되는지를 알아보고자 한다. 현재까지 생산된 전기차 배터리의 표준편차가 4.42g일 때, 이러한 요구를 충족시키기 위하여 표본의 크기를 얼마로 해야 하는지 구하시오.

제9장

가설 검정(hypothesis testing)

9-1. 가설 검정의 의미

가설(hypothesis)은 **어떤 사실을 설명하거나 어떤 이론 체계를 연역하기 위하여 설정한 가정**을 의미하며, 아직 경험적으로 검증되지 않은 일종의 예비 이론으로서 둘 혹은 그 이상의 변인들 간의 추측적인 진술이다. 가설은 독립변수와 종속변수의 관계로 기술되는데, 일반적으로 "만약 ~하다면, ~하다"와 같은 형태로 구성된다.

일 예로 모집단이 하나 있습니다. 그리고 이 모집단의 평균이 μ라고 주장하는 사람이 있습니다. 또한 이 모집단의 평균이 μ가 아니라고 주장하는 사람이 있습니다.

이러한 주장에 대한 참과 거짓을 판단하기 위하여, 모집단에서 표본을 추출하여 모집단의 평균이 μ라는 주장에 대한 어느 주장이 타당한지를 판정하는 과정을 가설 검정(hypothesis testing)이라 한다.

이때, 일반적으로 모집단의 평균이 μ라고 주장하는 사람의 주장은 잠정적으로 참인 것으로 가정하며, 이 주장이 참인지 거짓인지 판정하기 위해 상반되는 또 다른 주장을 설정한다.

이 두 가지 주장에 대해 거짓임이 판정되기까지 참인 것으로 인정되는 주장, 즉 타당성을 입증해야 하는 가설을 **귀무가설**(null hypothesis)이라 하고 H_0로 나타낸다. 귀무가설의 반대가 되는 가설, 즉 귀무가설이 거짓일 때, 참이 되는 가설을 **대립가설**(alternative hypothesis)이라 하고 H_1로 나타낸다.

가설 검정의 최종 결과는 표본을 이용하여 귀무가설 H_0가 맞는지 틀리는지를 확인하기 위한 절차이며, 모수를 추정하기 위해 표본 통계량을 이용하듯 귀무가설 H_0의 참과 거짓을 판정하기 위한 통계량을 **검정 통계량**(test statistic)이라 한다.

9-1-1. 귀무가설과 대립가설

귀무가설(null hypothesis)은 모집단의 모수에 대해서 어떤 조건(부등호 혹은 임의의 숫자)을 가정하여 설정한 가설로 H_0로 나타내며, 영가설이라고도 하며 "차이가 없다" 또는 "전혀 효과가 없다"는 내용을 의미하는 주장이고, 대체로 연구에서는 귀무가설을 거부하기 위해 설정한다.

대립가설(alternative hypothesis)은 귀무가설과 반대되는 가설을 말하며, H_1로 나타내며, H_0와 H_1은 서로 배타적인 관계에 있고 동시에 성립할 수 없다. 대립가설은 연구가설이라고도 하며 "차이가 있다" 혹은 "효과가 있다"는 귀무가설의 반대개념으로 생각하면 된다. 일반적으로 귀무가설이 기각되고 대립가설이 채택된 자료는 **"통계적으로 유의하다"**(statistically significant)고 표현한다.

통계적 의사결정의 배경 이론은 드문 현상의 개념에 기초한다. 왜냐하면 귀무가설은 일반적으로 평범한 상태이기 때문이므로 '귀무가설은 사실'이라는 가정을 하고 출발한다. 이러한 가정하에 관찰된 결과가 귀무가설 하에서 특이한지 아닌지를 판단하게 된다. 즉 수집된 자료가 귀무가설이 사실이라는 가정하에서 얻어진 자료와 매우 다를 때 자료는 "통계적으로 유의하다고" 판단한다. 분석 결과, 만일 귀무가설을 기각하면 자료는 통계적으로 유의하다고 정의한다.

귀무가설(H_0)과 대립가설(H_1)의 몇 가지 예를 들어보면 다음과 같다.

〈예제 1〉 주거환경이 유아의 학습 능력에 미치는 영향에 대한 가설

H_0: 주거환경은 유아의 학습 능력에 영향을 미치지 않는다.

H_1: 주거환경은 유아의 학습 능력에 영향을 미친다.

〈예제 2〉 소득수준별로 선호하는 자동차 유형에 관한 가설

H_0: 소득수준에 따라서 선호하는 자동차 유형은 차이가 없다.

H_1: 소득수준에 따라서 선호하는 자동차 유형은 차이가 있다.

〈예제 3〉 기존 전구의 수명이 2년이라 할 때, 신소재를 사용한 제품의 수명에 관한 가설

H_0: 신소재로 만든 전구의 수명은 기존 수명인 2년과 차이가 없다.

H_1: 신소재로 만든 전구의 수명은 기존 수명은 2년보다 길다.

〈예제 4〉 호흡기질환과 스트레스와의 상관관계에 대한 가설

H_0: 호흡기질환과 스트레스와는 상관관계가 없다.

H_1: 호흡기질환과 스트레스와는 상관관계가 있다.

9-1-2. 유의수준과 임계값

유의수준(significance level)은 일어날 가능성이 희박하다고 생각하는 확률 수준으로 귀무가설을 기각하는 기준이 된다. 또는 제1종 오류를 범할 확률을 그 검증의 유의수준이라고 하여 α로 표시한다. 보통 유의수준(α)은 0.1, 0.05, 0.01, … 등으로 정하는 경우가 많으며, 유의수준을 얼마로 할 것인가에 대해서는 연구의 성격, 연구자의 주관성 등이 개입되므로 어느 연구에서나 적용될 수 있는 보편타당한 기준은 없다.

임계값(critical value, 또는 기각역)은 주어진 유의수준에서 귀무가설의 채택과 기각에 관한 의사결정을 하는 기준이 되는 점을 말한다.

표본으로 계산된 검정통계량의 값이 기각역에 속하면 귀무가설 H_0을 기각하고, 대립가설 H_1을 채택하게 된다.

지금까지 설명한 통계적 가설검증, 귀무가설과 대립가설, 유의수준과 임계값을 정규분포의 그림으로 설명하면 아래와 같다.

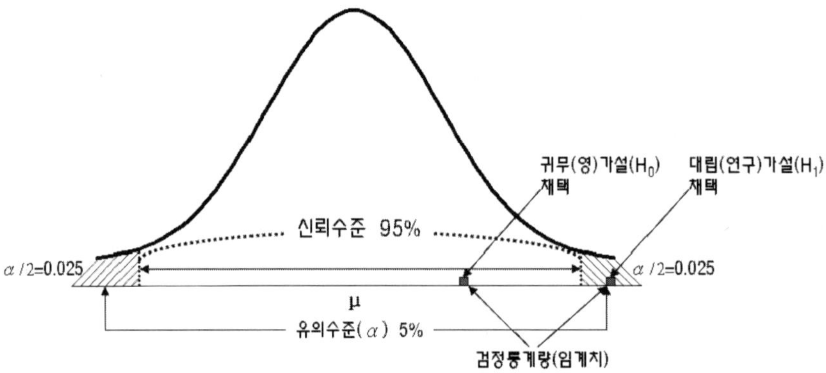

〈출처 : https://m.blog.naver.com〉

9-1-3. 가설검정의 오류

표본에서 나온 통계치를 이용하여 모 수치를 추정하면 거의 오차가 발생하기 마련이다. 이것은 가설 검정의 오류라고 한다. 가설 검정에 있어서 귀무가설을 채택하든, 기각하든 간에 어느 하나를 결정하면 두 가지 오류 중 어느 하나를 범할 가능성이 있다. 이러한 가설검증의 오류에는 두 종류가 있다.

표본 통계량에 의한 의사결정	모집단의 특성	
	귀무가설의 주장이 옳음 (H_0 : 참)	귀무가설의 주장이 틀림 (H_1 : 참)
귀무가설의 수용	올바른 결정($1-\alpha$)	제2종 오류(β오류)
귀무가설의 기각	제1종 오류(α오류)	올바른 결정($1-\beta$)

여기에서 제1종 오류는 귀무가설(null hypothesis)이 모집단의 특성을 제대로 반영하고 있는데도 불구하고, 이를 기각하는 오류를 말하며 'α오류'로 나타낸다. 제2종 오류는 귀무가설이 모집단의 특성을 제대로 반영하지 못함에도 불구하고 이를 받아들이는 오류를 말하며 'β오류'로 나타낸다.

위의 표에서 귀무가설의 주장이 틀릴 때(대립가설이 참일 때), 귀무가설 H_0을 기각(H_1 : 채택)할 확률은 $(1-\beta)$이 최대가 되는 방법을 원하게 되는데, 이를 최강검정법이라고 한다.

일반적으로 표본의 크기 n이 일정한 경우, 유감스럽게도 쌍방이 일어날 확률을 동시에 작게 할 수는 없다.

따라서 일반적으로 검정을 할 때는 우선 제1종 오류가 일어날 확률을 어느 수준 α이하로 고정하고, 다음 2종 오류가 일어날 확률을 될 수 있는 한 작게 하는 방법을 취하고 있다. 가설 검정에서는 유의수준을 α 또는 p(probability)로 표시한다.

가설 검정에서 유의수준(significance level)을 세 가지로 잡고 있다.

첫째 : 유의수준 0.1 또는 90%의 신뢰수준이다. [$\alpha = 0.1$ 혹은 $p < 0.1$]

둘째 : 유의수준 0.05 또는 95%의 신뢰수준이다. [$\alpha = 0.05$ 혹은 $p < 0.05$]

셋째 : 유의수준 0.01 또는 99%의 신뢰수준이다. [$\alpha = 0.01$ 혹은 $p < 0.01$]

예를 들어, 유의수준이 0.01이라는 의미는 표본의 특성에 의해 나타난 확률이 100번 중에서 1번 이하라는 의미이기에 유의수준 $\alpha = 0.01$이란 하나의 표본에서 나온 통계치가 모 수치를 대표하는 정확도에 있어 오차가 1%라는 의미이다. 실제 검정에서는 유의수준 α의 크기는 5%나 1%가 선택되는 경우가 대부분이다. 그러나 반드시 이 값으로 검정을 해야 한다는 것은 아니고, 검정목적에 맞는 유의수준을 선택하는 것이 중요하다.

9-1-4. 가설검정의 절차

가설 검정(hypothesis test)은 표본으로부터 얻은 사실에 근거하여, 모집단에 대한 가설이 맞는지 틀리는지를 통계적으로 검정하는 분석 방법으로 검정하는 방법은 크게 신뢰구간을 이용하여 검정하는 방법과 P값을 이용하여 검정하는 방법이 있다.

정규모집단의 모평균 μ에 관한 검정 방법은 가장 널리 행해지고 있는 검정 방법으로, 양측검정(two-tailed test)과 단측 검정(one-tailed test)으로 나누어지며 정규모집단의 모평균 μ에 관한 검정을 하는 방법은 **신뢰구간을 이용한 방법과 P값을 이용한 방법**이 있으며, **신뢰구간을 이용한 방법**은 유의수준(α)에 맞는 **Z값**과 표본으로부터 얻은 **Z값을 비교하는 방법**을 말하며, **P값을 이용한 방법**은 유의수준(α)에 맞는 확률과 표본으로부터 얻은 **확률값**을 **비교하는 방법**을 말한다.

먼저 **신뢰구간을 이용한 일반적인 가설 검정의 순서**는 다음과 같다.

① 귀무가설과 대립가설의 설정

② 검정통계량의 분포 선정

모집단평균이나 모집단 비율에 대한 검정통계량은 Z값 혹은 t값

모집단분산에 대한 검정통계량은 χ^2값

두 모집단분산에 대한 검정통계량은 F값

③ 유의수준 α의 선택

유의수준이란 일어날 가능성이 희박하다고 생각하는 확률 수준으로 귀무가설을 기각하는 기준이 된다.

④ 임계값 및 기각 영역의 결정

임계값 : 검정통계량의 값을 채택하는 영역과 채택하지 않을 영역(기각 영역)을 나누는 경계값

⑤ 표본으로부터의 자료를 바탕으로 표본 통계치(검정통계량)를 구한다.

⑥ 검정통계량과 임계값 및 기각 영역과 비교 후 가설을 검정한다.

계산된 검정통계량이 기각 영역에 속하면 귀무가설을 기각하고, 채택 영역에 속하면 귀무가설을 받아들인다. 귀무가설을 받아들인다는 것은 귀무가설이 사실이라는 의미보다는 귀무가설을 기각할 수 없다는 의미이다.

예를 들어, 피의자의 무죄판결은 실제로 그가 무죄인지 아닌지 상관없이, 유죄임을 입증할 수 없다는 의미인 것과 마찬가지이다.

둘째, **P값을 이용한 일반적인 가설 검정의 순서**는 다음과 같다.

① 귀무가설과 대립가설의 설정

② 검정통계량의 분포 선정

③ 유의수준 α의 선택

④ 검정통계량을 구한다.

⑤ 검정통계량에 맞는 P값을 구한다.

⑥ P값과 유의수준의 비교 후 가설을 검정한다.

이 책에서는 모평균에 대한 검정과 모비율에 대한 검정을 다룰 예정이며, 모분산의 검정은 다루지 않는다.

모평균에 대한 검정은 모집단의 분산을 알고 있는 경우와 모집단의 분산을 알고 있지 않은 경우로 나누어 다룰 예정이며, 각각의 경우에 양측 검정하는 방법과 단측 검정하는 방법에 대해 소개하고자 한다.

특히, 모집단의 분산을 모르는 경우, 표본의 수(n)에 따라 검정통계량을 도출하는 방식에 차이가 있다. 하지만 모집단의 분산을 아는 경우와 모집단의 분산을 모르는 경우 표본의 수(n)가 30보다 큰 경우는 모집단의 분산(σ^2)을 사용하는가 아니면 표본 집단의 분산(S^2)을 사용하는가의 차이만 있다.

제7장에서 다룬 신뢰구간의 추정에서 "**모집단의 표준편차(σ)를 알고 있을 경우와 모집단의 표준편차(σ)를 알지 못하는 경우**"에 신뢰구간을 구하는 공식을 보면 같은 표본오차 ($|\overline{X}-\mu|$)를 사용한다.

① $n \geq 30$인 경우, 유의수준 $100\times(1-\alpha)\%$ 신뢰구간을 구하는 공식

$$\overline{X}-z_{\frac{\alpha}{2}}\frac{\sigma}{\sqrt{n}} < \mu < \overline{X}+z_{\frac{\alpha}{2}}\frac{\sigma}{\sqrt{n}}$$

② $n < 30$인 경우, 유의수준 $100\times(1-\alpha)\%$ 신뢰구간을 구하는 공식

$$\overline{X}-t_{\frac{\alpha}{2}}\frac{S}{\sqrt{n}} < \mu < \overline{X}+t_{\frac{\alpha}{2}}\frac{S}{\sqrt{n}}, \quad \text{단 } S=\sqrt{\frac{\sum(X-\overline{X})^2}{n-1}}$$

9-2. 모평균의 가설검정(모분산을 알고 있는 경우)

모집단의 분산을 알고 있는 경우 가설 검정의 방법은 다음과 같다.

검정 방법	귀무가설	대립가설	기각역
단측(우측)	$\mu \leq \mu_0$	$\mu > \mu_0$	$Z \geq Z_\alpha$
단측(좌측)	$\mu \geq \mu_0$	$\mu < \mu_0$	$Z \leq Z_\alpha$
양측검정	$\mu = \mu_0$	$\mu \neq \mu_0$	$\lvert Z\rvert \geq Z_{\frac{\alpha}{2}}$

단측 검정인지 양측검정인지에 따라서 검정통계량(Z)과 비교할 Z점수가 달라지며, 우측 단측검정일 경우는 양의 Z점수를, 좌측 단측검정일 경우에는 음의 Z점수를 기준으로 작은지 큰지를 파악한다.

검정통계량의 식은 다음과 같다.

$$Z = \frac{\overline{X} - \mu}{\frac{\sigma}{\sqrt{n}}}$$

9-2-1. 양측검정

유의수준은 5%인 경우, 평균에서 멀리 떨어진 극단적인 영역을 기각하므로, 기각역은 정규분포 함수 양 끝에 존재합니다. 기각역 넓이의 총합이 5%이므로, 양쪽에 각각 2.5%씩 기각역을 갖습니다.

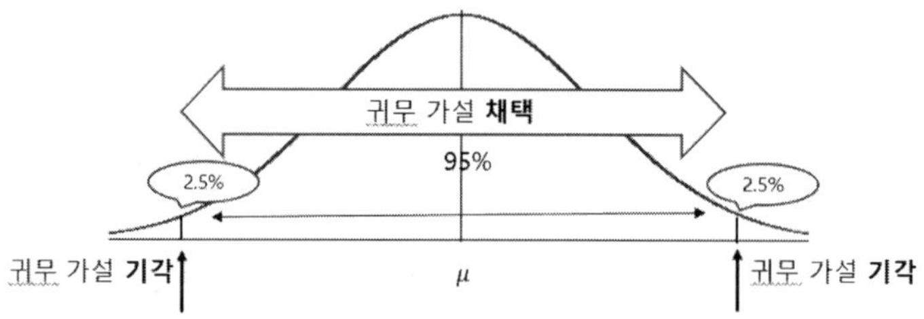

신뢰구간을 이용한 방법 (Z값 비교 방법)	모집단 유의수준 5%로 검정 ⇒ $\alpha = 0.05$를 의미하며, 기각역의 Z값 : $Z_{\frac{\alpha}{2}} = Z_{\frac{0.05}{2}} = Z_{0.025} = 1.96$ 신뢰구간 : $P(-1.96 < Z < 1.96) = 0.95$ 표본 집단 주어진 문제에서 Z값을 구하여 $Z_{\frac{\alpha}{2}} = 1.96$과 비교하여 귀무가설의 기각 및 채택 여부를 결정

모집단의 평균에 대한 추정과 가설 검정의 공통점은 모두 표본 통계량을 이용하는 것이며, 기준을 무엇으로 하느냐에 따라 차이가 있지만, 양측검정의 경우, 표본오차를 이용한 확률을 이용한다는 점이다.

예제 1 전국 고등학교 학생의 키는 평균 160cm이고 표준편차가 20cm인 정규분포를 따른다고 할 때, 어느 학교 학생 100명을 대상으로 조사해 보니 평균 키가 165cm라고 합니다. 어느 학교 학생들의 평균 키가 전국 고등학생의 평균 키와 차이가 있는지를 파악하려고 한다. 유의수준 $\alpha = 0.05(5\%)$로 검정하시오.

풀이 1 **Z값 비교 방법**

첫째, 귀무가설과 대립가설의 설정

귀무가설(H_0) : $\mu = 160$

대립가설(H_1) : $\mu \neq 160$

둘째, 검정통계량의 선정 : 어떤 분포를 따르는지 파악

가정에서 모집단이 정규분포를 따르므로 $X \sim N(\mu, \sigma^2)$이고,

표본평균의 분포는 $\overline{X} \sim N(\mu, \frac{\sigma^2}{n})$ 이므로 Z 분포를 따른다.

셋째, 유의수준 α의 선택 : $\alpha = 0.05$

넷째, 임계값 또는 기각 영역의 결정

$Z_{\frac{\alpha}{2}} = Z_{0.025} = 1.96$ [귀무가설 채택 영역 : $-1.96 < Z < 1.96$]

다섯째, 표본으로부터의 자료를 바탕으로 검정통계량을 구한다.

주어진 문제로부터 $\mu = 160$, $\overline{X} = 165$ 이므로 Z값은 다음과 같다.

$$Z = \frac{\overline{X} - \mu}{\frac{\sigma}{\sqrt{n}}} = \frac{165 - 160}{\frac{20}{\sqrt{100}}} = \frac{5}{2} = 2.5$$

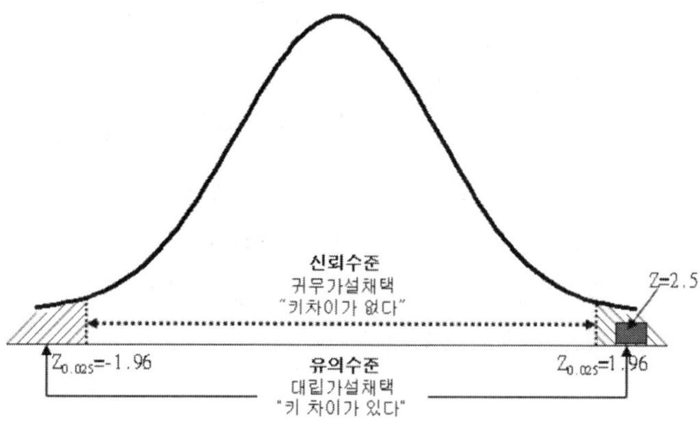

〈양측검정 결과〉

검정통계량을 이용한 $Z = 2.5$는 귀무가설 채택 영역에 포함되지 않으므로 귀무가설을 기각하고 대립가설을 채택한다.

그러므로 어느 학교 학생들의 평균 키가 전국 고등학생의 평균 키와 차이가 있는 것으로 나타났다.

풀이 2 **p값 비교 방법**

첫째, 귀무가설과 대립가설의 설정

귀무가설(H_0) : $\mu = 160$

대립가설(H_1) : $\mu \neq 160$

둘째, 검정통계량의 선정 : 어떤 분포를 따르는지 파악

가정에서 모집단이 정규분포를 따르므로 $X \sim N(\mu, \sigma^2)$이고,

표본평균의 분포는 $\overline{X} \sim N(\mu, \frac{\sigma^2}{n})$이므로 Z 분포를 따른다.

셋째, 유의수준 α의 선택 : $\alpha = 0.05$

넷째, 임계값 또는 기각 영역의 결정

$Z_{\frac{\alpha}{2}} = Z_{0.025} = 1.96$ [귀무가설 채택 영역 : $-1.96 < Z < 1.96$]

다섯째, 표본으로부터의 자료를 바탕으로 검정통계량을 구한다.

주어진 문제로부터 $\mu = 160$, $\overline{X} = 165$ 이므로 Z값은 다음과 같다.

$$Z = \frac{\overline{X} - \mu}{\frac{\sigma}{\sqrt{n}}} = \frac{165 - 160}{\frac{20}{\sqrt{100}}} = \frac{5}{2} = 2.5$$

〈양측검정 결과〉

유의수준 $\alpha = 0.05$와 비교하여 가설을 검정하고 최선의 대안을 선택한다.

검정통계량 $P(Z > 2.5) = 0.006$이 유의수준 $\alpha = 0.05$보다 적으므로 귀무가설을 기각하고 대립가설을 채택한다.

그러므로 어느 학교 학생들의 평균 키가 전국 고등학생의 평균 키와 차이가 있는 것으로 나타났다.

〈참고〉 EXCEL/함수마법사/통계/Z-검정은 자료가 주어진 경우에 사용할 수 있음.

예제 2 중고차 협회에 의하면 우리나라 평균 중고차 가격은 9,300,000원이라고 한다. 서울의 한 중고차 시장에서 100대를 추출한 결과 평균이 10,190,000원, 표본 표준편차가 3,500,000원이라고 할 때, 중고차 협회에서는 중고차 가격은 서울지역에서의 일시적인 현상일 뿐, 현재 거래되고 있는 중고차 가격과 차이가 없다고 발표하였는데, 이러한 사실이 맞는지 $\alpha = 0.05$(5%)로 검정하시오.

풀이 첫째, 귀무가설과 대립가설의 설정

귀무가설(H_0) : $\mu = 930$

대립가설(H_1) : $\mu \neq 930$

둘째, 검정통계량의 선정 : $X \sim N(\mu, \sigma^2)$이므로 $\overline{X} \sim N(\mu, \frac{\sigma^2}{n})$이므로 Z 분포

셋째, 유의수준 α의 선택 : $\alpha = 0.05$

넷째, 임계값 또는 기각 영역의 결정

$Z_{\frac{\alpha}{2}} = Z_{0.025} = 1.96$ [귀무가설 채택 영역 : $-1.96 < Z < 1.96$]

다섯째, 표본으로부터의 자료를 바탕으로 검정통계량을 구한다.

주어진 문제로부터 $\mu = 930$, $\overline{X} = 1{,}019$ 이므로

$$Z = \frac{\overline{X} - \mu}{\frac{S}{\sqrt{n}}} = \frac{1019 - 930}{\frac{350}{\sqrt{100}}} = \frac{89}{35} = 2.57$$

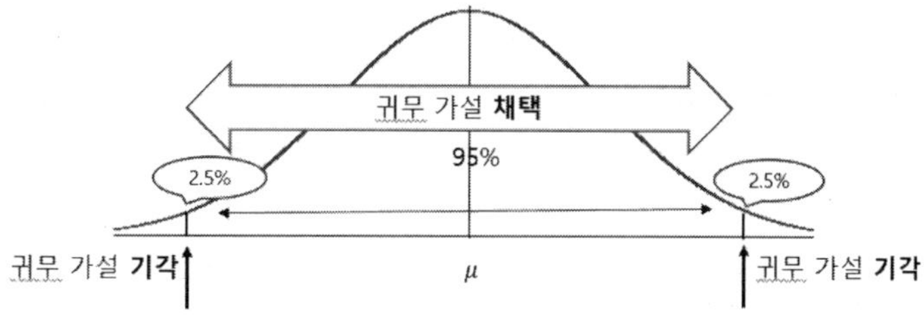

〈양측검정 결과〉

양측검정을 통하여 확인한 결과, 검정통계량 $Z = 2.57$은 귀무가설 채택 영역에 포함되지 않으므로 귀무가설을 기각하고 대립가설을 채택한다.

그러므로 중고차 협회의 전국 중고차 평균 가격은 서울지역의 중고차 가격과 차이가 없다는 주장은 틀린 것으로 나타났다.

9-2-2. 단측검정

단측검정에서는 귀무가설과 대립가설을 다음과 같이 설정한다.

<table>
<tr><th>가설설정</th><th>검정통계량 Z_α값</th><th>기각과 채택 결정</th></tr>
<tr><td>귀무가설(H_0) : $\mu = \overline{X}$
대립가설(H_1) : $\mu < \overline{X}$</td><td rowspan="2">$Z_\alpha = \dfrac{\overline{X} - \mu_0}{\dfrac{S}{\sqrt{n}}}$</td><td>기각 : $Z > Z_\alpha$
채택 : $Z \leq Z_\alpha$</td></tr>
<tr><td>귀무가설(H_0) : $\mu = \overline{X}$
대립가설(H_1) : $\mu > \overline{X}$</td><td>기각 : $Z < Z_\alpha$
채택 : $Z \geq Z_\alpha$</td></tr>
</table>

단, $\overline{X}$: 표본 집단의 평균 α : 유의수준, n : 자료의 총 개수

양측검정에 대한 이해도는 높으나 단측검정에 대한 이해도를 높이기 위하여 다양한 예제를 통하여 우측 또는 좌측 단측검정을 소개하고자 한다.

문제를 해결하는 방법은 양측검정과 같은 검정통계량을 이용하므로 귀무가설과 대립가설을 세운 후, 유의수준에 맞는 임계값을 설정하고 검정통계량을 구하여 검정하여야 한다.

모집단이 하나 있습니다. 그리고 이 모집단의 평균이 μ, 분산이 σ^2이라고 주장하는 사람이 있습니다.

CASE 1	*CASE* 2
모집단의 평균이 표본 집단의 평균보다 크다고 주장하는 사람이 있어 이 주장이 틀렸다는 것을 보이기 위해 표본을 뽑았습니다. 표본의 크기가 충분히 커서, 표본평균이 정규분포를 따른다고 가정합니다.	모집단의 평균이 표본 집단의 평균보다 적다고 주장하는 사람이 있어 이 주장이 틀렸다는 것을 보이기 위해 표본을 뽑았습니다. 표본의 크기가 충분히 커서, 표본평균이 정규분포를 따른다고 가정합니다.
귀무가설(H_0) : $\mu = E(\overline{X})$ 대립가설(H_1) : $\mu < E(\overline{X})$	귀무가설(H_0) : $\mu = E(\overline{X})$ 대립가설(H_1) : $\mu > E(\overline{X})$
이 경우에는 기각역이 오른쪽에만 존재하게 됩니다. 우리가 뽑은 표본평균이 μ보다 극단적으로 큰 영역에 있어야 기각할 수 있는 것입니다. 유의수준은 5%이므로 오른쪽의 넓이가 5%인 기각역을 갖습니다.	이 경우에는 기각역이 왼쪽에만 존재하게 됩니다. 우리가 뽑은 표본평균이 μ보다 극단적으로 작은 영역에 있어야 기각할 수 있는 것입니다. 유의수준은 5%이므로 왼쪽의 넓이가 5%인 기각역을 갖습니다.

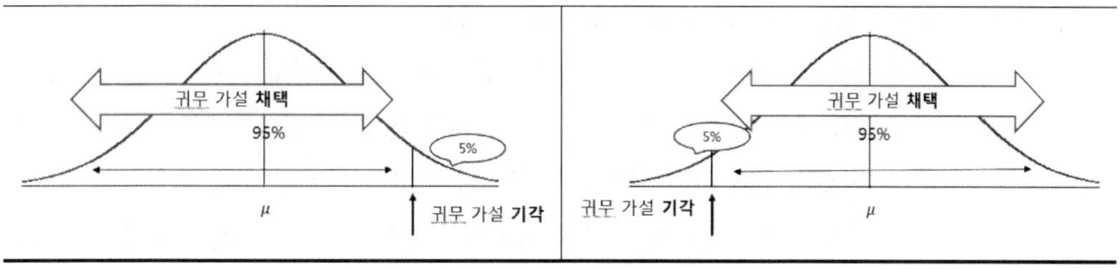

단측검정에서 경우 $CASE$ 1 유의수준 $\alpha = 0.05$ 또는 유의수준 5%인 경우

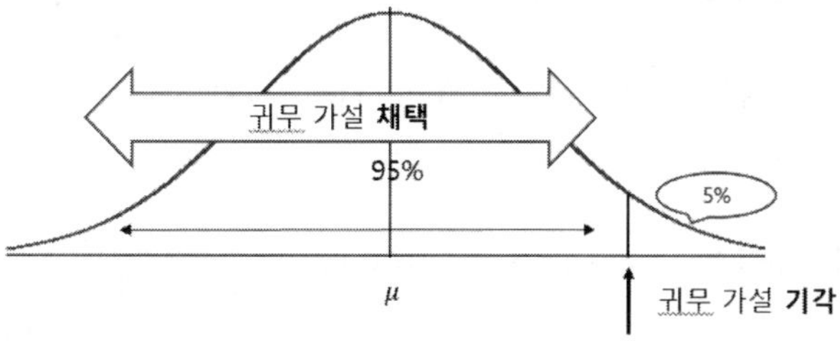

신뢰구간을 이용한 방법 (Z값 비교 방법)	모집단 유의수준 5%로 검정 ⇒ $\alpha = 0.05$를 의미하며, 기각역의 Z값 : $Z_\alpha = Z_{0.05} = 1.64$ 신뢰구간 : $P(Z < 1.64) = 0.95$ 표본 집단 주어진 문제에서 Z값을 구하여 $Z_\alpha = 1.64$와 비교하여 귀무가설의 기각 및 채택 여부를 결정
P값을 이용한 방법 (유의수준 비교 방법)	모집단 유의수준 5%로 검정 ⇒ $\alpha = 0.05$를 의미하며, 표본 집단 주어진 문제에 맞는 확률 P값을 구하여 $\alpha = 0.05$와 비교하여 귀무가설의 기각 및 채택 여부를 결정

그러므로 정규모집단의 모평균 μ에 관한 검정을 하는 방법은 **신뢰구간을 이용한 방법과 P값을 이용한 방법**이 있으며, **신뢰구간을 이용한 방법**은 유의수준(α)에 맞는 **Z값**과 표본으로부터 얻은 **Z값을 비교하는 방법**을 말하며, **P값을 이용한 방법**은 유의수준(α)에 맞는 확률과 표본으로부터 얻은 **확률값**을 **비교하는 방법**을 말한다.

예제 3 **신뢰구간을 이용한 방법 (Z값 비교 방법)**

전국 가구의 가구당 한 달 식비가 300,000원, 표준편차 200,000원 일 때, 강원도지역 400가구를 표본으로 조사한 결과 월 가구 식비가 평균 270,000원으로 나타났다. 연구자는 강원도의 가구당 식비가 전국에 비해 작은지를 파악하는 데에 관심을 두고 있다(단지 차이가 있는지 뿐만 아니라 방향성도 포함되어 있다). 유의수준 5%로 검정하시오.

풀이 1 첫째, 귀무가설과 대립가설의 설정

귀무가설(H_0) : $\mu = 300,000$

대립가설(H_1) : $\mu < 300,000$

둘째, 검정통계량의 선정 : $X \sim N(\mu, \sigma^2)$이므로 $\overline{X} \sim N(\mu, \frac{\sigma^2}{n})$이므로

Z 분포

셋째, 유의수준 α의 선택 : $\alpha = 0.05$

넷째, 임계값 또는 기각 영역의 결정

$Z_\alpha = Z_{0.05} = -1.64$(좌측 단측검정)

[귀무가설 채택 영역 : $-1.64 < Z$]

다섯째, 표본으로부터의 자료를 바탕으로 검정통계량을 구한다.

주어진 문제로부터 $\mu = 300,000$, $\overline{X} = 270,000$ 이므로

$$Z = \frac{\overline{X} - \mu}{\frac{\sigma}{\sqrt{n}}} = \frac{270,000 - 300,000}{\frac{200,000}{\sqrt{400}}} = \frac{-30,000}{\frac{200,000}{200}} = \frac{-30,000}{10,000} = -3$$

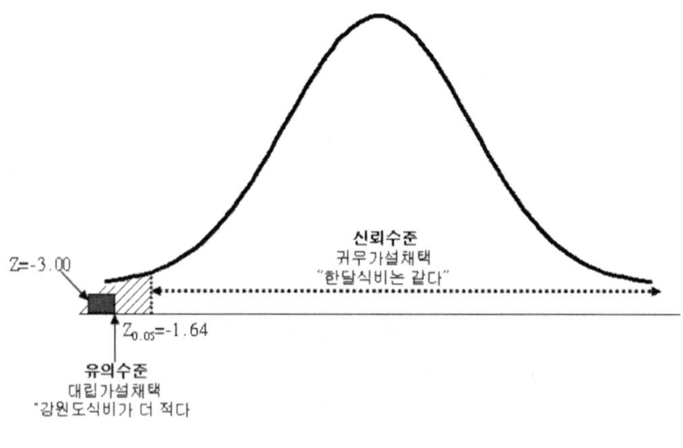

〈단측검정 결과〉

검정통계량을 이용한 $Z = -3$은 귀무가설 채택 영역($-1.64 < Z$)에 포함되지 않으므로 귀무가설이 기각되고 대립가설이 채택된다.

그러므로 전국 가구 한 달 식비에 비해 강원도 가구 한 달 식비가 적다는 결론을 도출한다.

풀이 2 **P값을 이용한 방법 (유의수준 비교 방법)**

첫째, 귀무가설과 대립가설의 설정

귀무가설(H_0) : $\mu = 300,000$

대립가설(H_1) : $\mu < 300,000$

둘째, 검정통계량의 선정 : $X \sim N(\mu, \sigma^2)$이므로 $\overline{X} \sim N(\mu, \frac{\sigma^2}{n})$이므로

Z 분포

셋째, 유의수준 α의 선택 : $\alpha = 0.05$

넷째, 임계값 또는 기각 영역의 결정

$Z_\alpha = Z_{0.05} = -1.64$(좌측 단측검정)

[귀무가설 채택 영역 : $-1.64 < Z$]

다섯째, 표본으로부터의 자료를 바탕으로 검정통계량을 구한다.

주어진 문제로부터 $\mu = 300,000$, $\overline{X} = 270,000$ 이므로

$$Z = \frac{\overline{X} - \mu}{\frac{\sigma}{\sqrt{n}}} = \frac{270,000 - 300,000}{\frac{200,000}{\sqrt{400}}} = \frac{-30,000}{\frac{200,000}{200}} = \frac{-30,000}{10,000} = -3$$

여섯째, $Z = -3$까지 확률을 계산한다.

$P(Z < -3) = 0.004$

일곱째, 유의수준과 비교 후 가설을 검정한다.

유의수준 α가 $\alpha = 0.05$이고, $P(Z < -3) = 0.004$이므로

$\alpha > P(Z < -3)$이다.

〈단측검정 결과〉

검정통계량을 이용한 확률 $p = 0.004$는 유의수준 $\alpha = 0.05$보다 적으므로 귀

무가설은 기각되고 대립가설이 채택된다.

그러므로 전국 가구 한 달 식비에 비해 강원도 가구 한 달 식비가 적다는 결론을 도출한다.

예제 4 한 사무실 경영자는 사무실 근로자들이 스팸 이메일을 읽고 삭제하는 데 보내는 평균 시간이 1일에 25분을 초과한다고 믿는다. 이와 같은 그의 믿음을 검정하기 위해, 그는 18명의 근로자를 임의로 표본추출하고 각 근로자가 스팸 이메일을 읽고 삭제하는 데 보내는 시간을 기록하였으며, 다음과 같다. 만일 이와 같은 시간의 모집단이 표준편차가 12분인 정규분포를 따른다면, 이 경영자는 1%의 유의수준에서 그의 믿음이 옳다고 추론할 수 있는지 검정하시오.

35	48	29	44	17	21	32	28	34
23	13	9	11	30	42	37	43	48

풀이 1 **신뢰구간을 이용하여 검정하는 방법**

모집단의 표준편차가 알려진 모평균 검정 문제입니다. 18명의 표본평균을 구한 뒤, 표본평균이 유의수준 1%에서 차이가 있는지를 알아보기 위해 다음과 같은 가설을 설정합니다.

첫째, 귀무가설과 대립가설의 설정

귀무가설(H_0) : $\mu \leq 25$

대립가설(H_1) : $\mu > 25$

둘째, 검정통계량의 선정 : $X \sim N(\mu, \sigma^2)$ 이므로 $\overline{X} \sim N(\mu, \frac{\sigma^2}{n})$이므로 Z 분포

셋째, 유의수준 α의 선택 : $\alpha = 0.01$

넷째, 임계값 및 기각 영역의 결정

$Z_\alpha = Z_{0.01} = 2.23$(우측 단측검정) [귀무가설 채택 영역 : $2.23 < Z$]

다섯째, 표본으로부터의 자료를 바탕으로 검정통계량을 구한다.

$$Z = \frac{\overline{X} - \mu}{\frac{S}{\sqrt{n}}} = \frac{30.2 - 25}{\frac{12}{\sqrt{18}}} \fallingdotseq \frac{5.2}{\frac{12}{4.24}} = \frac{5.2}{2.83} = 1.84$$

여섯째, 표본 통계치를 이용하여 가설을 검정한다.

$$Z_{\alpha} = 2.23 > Z \fallingdotseq 1.84$$

〈단측검정 결과〉

검정통계량 $Z = 1.84$는 귀무가설 채택 영역($2.23 < Z$)에 포함되므로 귀무가설을 채택한다.

그러므로 사무실 근로자들이 스팸 이메일을 읽고 삭제하는데 25분을 초과한다는 경영자의 주장은 사실과 다르다고 할 수 있다.

풀이 2 **P 값을 이용한 방법 (유의수준 비교 방법)**

첫째, 귀무가설과 대립가설의 설정

귀무가설(H_0) : $\mu \le 25$

대립가설(H_1) : $\mu > 25$

둘째, 검정통계량의 선정 : $X \sim N(\mu, \sigma^2)$이므로 $\overline{X} \sim N(\mu, \frac{\sigma^2}{n})$이므로 Z 분포

셋째, 유의수준 α의 선택 : $\alpha = 0.01$

넷째, 임계값 또는 기각 영역의 결정

$Z_{\alpha} = Z_{0.01} = 2.23$(우측 단측검정) [귀무가설 채택 영역 : $2.23 < Z$]

다섯째, 표본으로부터의 자료를 바탕으로 검정통계량을 구한다.

$$Z = \frac{\overline{X} - \mu}{\frac{S}{\sqrt{n}}} = \frac{30.2 - 25}{\frac{12}{\sqrt{18}}} \fallingdotseq \frac{5.2}{\frac{12}{4.24}} = \frac{5.2}{2.83} = 1.84$$

여섯째, $Z = 1.84$ 보다 큰 확률을 계산한다.

$$P(Z > 1.84) = 1 - P(Z < 1.84) = 1 - 0.0734 = 0.0276$$

일곱째, 유의수준과 비교 후 가설을 검정한다.

유의수준 α가 $\alpha = 0.01$이고, $P(Z > 1.84) = 0.0276$이므로 $\alpha < P(Z > 1.84)$이다.

〈단측검정 결과〉

검정통계량을 이용한 확률 $p = 0.0276$는 유의수준 $\alpha = 0.01$보다 크므로 귀무가설을 채택된다.

그러므로 사무실 근로자들이 스팸 이메일을 읽고 삭제하는데 25분을 초과한다는 경영자의 주장은 사실과 다르다고 할 수 있다.

풀이 3　EXCEL/함수마법사/통계/Z-검정 이용(유의수준 비교 방법)

첫째, 귀무가설과 대립가설의 설정

　귀무가설(H_0) : $\mu \le 25$

　대립가설(H_1) : $\mu > 25$

둘째, 검정통계량의 선정 : $X \sim N(\mu, \sigma^2)$이므로 $\overline{X} \sim N(\mu, \frac{\sigma^2}{n})$이므로

　Z 분포

셋째, 유의수준 α의 선택 : $\alpha = 0.01$

넷째, 검정통계량을 구한다.

EXCEL/함수마법사/통계/Z-검정 이용/대화상자 내용 입력/확인

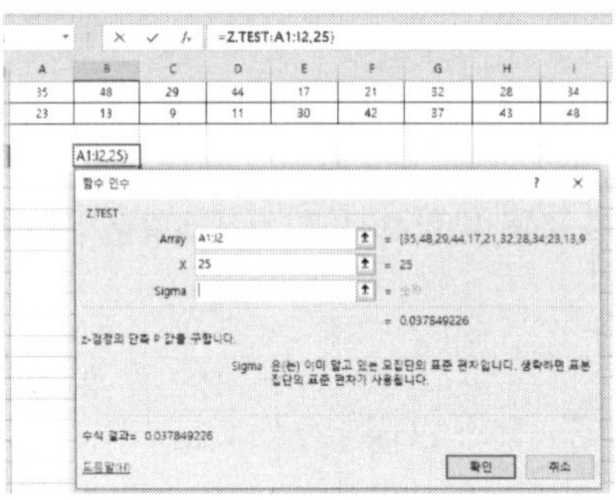

대화상자	의미와 입력 값
Array	전체 자료 드래그
X	검정값 25
Sigma	모 표준편차 모 표준편차 없으면 통과

0.038

〈단측검정 결과〉

검정통계량 이용한 확률 $p = 0.038$는 유의수준 $\alpha = 0.01$보다 크므로 귀무가설을 채택된다.

그러므로 사무실 근로자들이 스팸 이메일을 읽고 삭제하는데 25분을 초과한다는 경영자의 주장은 사실과 다르다고 할 수 있다.

9-3. 모평균의 가설검정(모분산을 모르는 경우)

모집단의 분산(σ^2)을 알지 못할 경우는 표본 분산 S^2을 모분산 σ^2의 근삿값으로 대신 사용하며, 검정통계량의 식은 다음과 같다.

$$t = \frac{\overline{X} - \mu}{\frac{S}{\sqrt{n}}}$$

가설 설정 및 검정 방법에 따른 기각역은 다음과 같다.

검정 방법	귀무가설	대립가설	기각역
단측(우측)	$\mu \le \mu_0$	$\mu > \mu_0$	$t \ge t_{(\alpha, n-1)}$
단측(좌측)	$\mu \ge \mu_0$	$\mu < \mu_0$	$t \le t_{(\alpha, n-1)}$
양측검정	$\mu = \mu_0$	$\mu \ne \mu_0$	$\lvert t \rvert \ge t_{\left(\frac{\alpha}{2}, n-1\right)}$

9-3-1. 양측검정

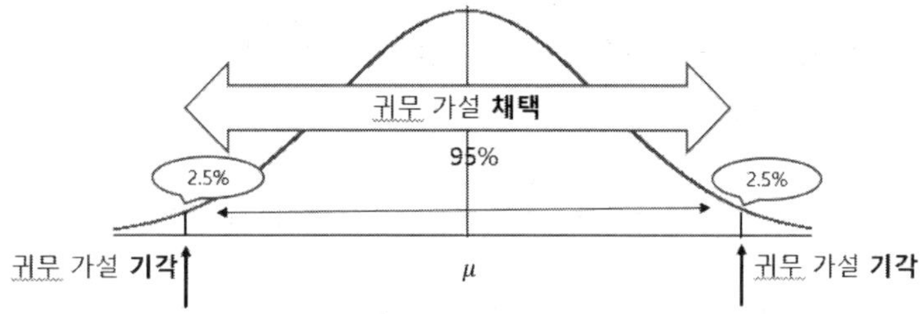

예제 5 어떤 이발사가 우리나라 20대 젊은이들의 머리카락의 수는 평균 14개라고 한다. 그러한 주장이 맞는지 20대 젊은이 36명의 표본을 추출하여 파악한 결과, 평균 12개, 표준편차는 3개였다. 우리나라 20대 젊은이들의 머리카락의 수는 정규분포를 이룬다고 할 때, 이 이발사의 주장에 대하여 유의수준 5%로 양측 검정하시오. (단위 : 10,000개)

풀이 먼저 가설을 세운다.

귀무가설(H_0) : $\mu = 14$

대립가설(H_1) : $\mu \neq 14$

유의수준 $\alpha = 0.05(5\%)$ 양측검정이므로 $\frac{\alpha}{2} = 0.025$이고 자유도가 35인 t값은 EXCEL T. INV를 이용하면 $t = 2.03$이므로 채택 영역을 설정하면 다음과 같다.

귀무가설 채택 영역 : $-2.03 \leq t \leq 2.03$

검정통계량은 다음과 같다.

주어진 자료에서 $\mu = 14$, $\overline{X} = 12$, $n = 36$, $S = 3$이므로

$$t = \frac{\overline{X} - \mu}{\frac{S}{\sqrt{n}}} = \frac{12 - 14}{\frac{3}{\sqrt{36}}} = -\frac{2}{\frac{3}{6}} = -\frac{2}{\frac{1}{2}} = -4\text{이다.}$$

〈양측검정 결론〉

검정통계량 $t = -4$는 귀무가설의 채택 영역에 포함되지 않으므로 귀무가설이 기각되고 대립가설이 채택된다.

따라서 우리나라 20대 젊은이들의 머리카락의 수는 평균 14개가 아니다.

예제 6 어떤 기업에서는 새로 개발한 건전지의 평균수명은 1000시간 이라고 주장한다. 이러한 기업의 신제품에 대한 실제 평균 수명 시간을 측정하기 위하여 생산된 건전지 중 9개를 임의로 추출하여 검사하였더니 각 전구의 수명 시간은 다음과 같았다.

1112	1053	990	984	1103	1005	1010	1152	1066

위의 표본자료를 이용하여 어떤 기업의 주장이 맞는지 유의수준 0.012에서 양측 검정하시오. 단, 건전지의 평균 수명은 정규분포를 따른다.

풀이 먼저 가설을 세운다.

귀무가설(H_0) : $\mu = 1{,}000$

대립가설(H_1) : $\mu \neq 1{,}000$

유의수준 $\alpha = 0.012(1.2\%)$ 양측검정이므로 $\frac{\alpha}{2} = 0.006$이고 자유도가 8인 t값은 EXCEL T. INV를 이용하면 $t = 3.23$이므로 채택 영역과 기각 영역을 설정하면 다음과 같다.

귀무가설 채택 영역 : $-3.23 \le t \le 3.23$

검정통계량은 다음과 같다.

주어진 자료에서 $\mu = 1{,}000$, $\overline{X} = 1{,}052.8$, $n = 9$, $S = 60$이므로

$$t = \frac{\overline{X} - \mu}{\frac{S}{\sqrt{n}}} = \frac{1{,}052.8 - 1{,}000}{\frac{60}{\sqrt{9}}} = \frac{52.8}{20} = 2.64\text{이다.}$$

〈양측검정 결과〉

검정통계량 $t = 2.64$는 귀무가설 채택 영역에 포함되므로 귀무가설이 채택된다.

따라서 어떤 기업 새로 개발한 건전지의 평균 수명이 1000시간 이라는 주장은 맞는 것으로 나타났다.

9-3-2. 단측검정

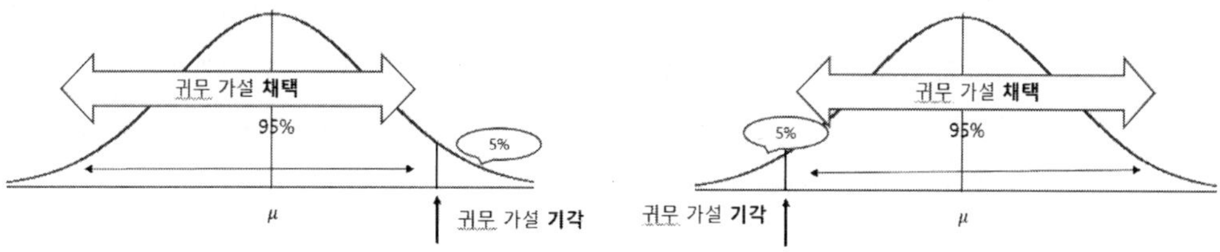

예제 7 어떤 이발사가 우리나라 20대 젊은이들의 머리카락의 수는 평균 14개 이상이라고 한다. 그러한 주장이 맞는지 어떤 단체에서는 20대 젊은이 36명의 표본을 추출하여 파악한 결과, 평균 12개, 표준편차는 3개였다. 우리나라 20대 젊은이들의 머리카락의 수는 정규분포를 이룬다고 할 때, 이 이발사의 주장에 대하여 평균 14개 이하라고 주장하는 어떤 단체의 주장이 맞는지 유의수준 5%로 검정하시오. (단위 : 10,000개)

풀이 먼저 가설을 세운다.

귀무가설(H_0) : $\mu \ge 14$

대립가설(H_1) : $\mu < 14$

그리고 유의수준 $\alpha = 0.05(5\%)$ 검정이고, 자유도가 35인 t값은 EXCEL T.INV를 이용하면 $t = -1.69$이므로 채택 영역을 설정하면 다음과 같다.

귀무가설 채택 영역 : $-1.69 \le t$

검정통계량은 다음과 같다.

주어진 자료에서 $\mu = 14$, $\overline{X} = 12$, $n = 36$, $S = 3$이므로

$$t = \frac{\overline{X} - \mu}{\frac{S}{\sqrt{n}}} = \frac{12 - 14}{\frac{3}{\sqrt{36}}} = -\frac{2}{\frac{3}{6}} = -\frac{2}{\frac{1}{2}} = -4\text{이다.}$$

〈단측검정 결과〉

검정통계량 $t = -4$는 귀무가설의 채택 영역에 포함되지 않으므로 귀무가설이 기각되고 대립가설이 채택된다.

따라서 우리나라 20대 젊은이들의 머리카락의 수는 평균 14개보다 적다는 사실이다.

예제 8 모기업의 사장은 영업사원의 성과에 불만을 표시하면서 판매계약체결 실적이 평균적으로 많아야 주당 15건 이하라고 주장한다. 이러한 사장의 주장을 검정하기 위하여 16명의 판매원을 임의로 추출하여 어느 한 달의 판매계약 건수를 살펴보았더니 평균이 16건이고 분산이 9로 나타났다. 이 판매계약 건수는 정규분포를 따를 때, 표본자료는 사장의 주장과 상반된다고 볼 수 있는가? 유의수준 0.05에서 검정하시오.

풀이 먼저 가설을 세운다.

귀무가설(H_0) : $\mu \le 15$

대립가설(H_1) : $\mu > 15$

그리고 유의수준 $\alpha = 0.05(5\%)$ 검정이고, 자유도가 15인 t값은 다음과 같다.
EXCEL T. INV를 이용하면 $t = 1.753$이므로 채택 영역을 설정하면 다음과 같다.

귀무가설 채택 영역 : $t \le 1.753$

검정통계량은 다음과 같다.

주어진 자료에서 $\mu = 15$, $\overline{X} = 16$, $n = 16$, $S = 3$이므로

$$t = \frac{\overline{X} - \mu}{\frac{S}{\sqrt{n}}} = \frac{16 - 15}{\frac{3}{\sqrt{16}}} = \frac{1}{\frac{3}{4}} = \frac{4}{3} = 1.333\text{이다.}$$

〈단측검정 결과〉

검정통계량 $t = 1.333$는 귀무가설 채택 영역에 포함되므로 귀무가설이 채택된다.

따라서 이 기업의 판매계약체결 실적은 평균적으로 주당 15건이하 라는 주장이 맞다.

9-4. 모 비율의 검정

모 비율 p에 관한 추론은 제8장에서 모비율의 구간추정에서 소개했듯이 이항확률변수 X나 표본비율 $\hat{p}$을 이용한다. 즉 X가 이항분포 $B(n,p)$를 따르는 모 비율 p에 관한 검정을 할 때, 가설 검정 방법은 앞서 소개한 것처럼 신뢰구간을 이용하는 방법과 p 값을 이용하는 방법이 있으며, 양측과 단측검정 방법은 다음과 같다.

검정방법	귀무가설	대립가설	기각역
단측(우측)	$p \le p_0$	$p > p_0$	$Z \ge Z_\alpha$
단측(좌측)	$p \ge p_0$	$p < p_0$	$Z \le -Z_\alpha$
양측검정	$p = p_0$	$p \ne p_0$	$\lvert Z \rvert \ge Z_{\frac{\alpha}{2}}$

검정통계량의 식은 아래와 같다. 단, $p_0 + q_0 = 1$

$$Z = \frac{\hat{p} - p_0}{\sqrt{\frac{p_0 q_0}{n}}}$$

구간추정에서와 마찬가지로 $\hat{p}$의 분포를 정규분포로 근사시킬 수 있는 표본크기의 기준은 $n > 30$이거나 $np_0 > 5$일 때이다.

예제 9 우리나라에서 인구 대비 헌혈 비율은 매우 낮은 수준이다. 어떤 병원에서 봉사하는 간호사는 헌혈자 가운데 90%가 남자라고 주장한다. 남성 헌혈 비율이 그렇게 높다는 주장에 의견을 가진 다른 간호사가 헌혈자 중 100명을 표본으로 추출하여 조사한 결과, 남자가 85명이었다. 앞선 간호사의 주장이 맞는지 유의수준 5%에서 가설을 검정하여라.

풀이 먼저 가설을 세운다.

귀무가설(H_0) : $p = 0.9$

대립가설(H_1) : $p \neq 0.9$

둘째, 검정통계량의 선정 : $X \sim B(n, p)$이므로 $\hat{p} \sim N(p, \frac{pq}{n})$이고,

$n = 100$이므로 Z 분포로 근사한다.

셋째, 유의수준 α의 선택 : $\alpha = 0.05$

넷째, 임계값 또는 기각 영역의 결정

$Z_{\frac{\alpha}{2}} = Z_{0.025} = 1.96$ [귀무가설 채택 영역 : $-1.96 < Z < 1.96$]

다섯째, 표본으로부터의 자료를 바탕으로 검정통계량을 구한다.

주어진 문제로부터 $p = 0.9$, $\hat{p} = 0.85$ 이므로

$$Z = \frac{\hat{p} - p}{\sqrt{\frac{pq}{n}}} = \frac{0.85 - 0.9}{\sqrt{\frac{0.9 \times 0.1}{100}}} = \frac{-0.05}{\frac{0.3}{10}} = -\frac{5}{3} = -1.67$$

〈검정 결과〉

검정통계량 $Z = -1.67$이므로 귀무가설 채택 영역에 포함되므로 귀무가설이 채택되어, 간호사의 주장대로 헌혈자 가운데 90%가 남자라는 결론에 이른다.

9-5. 2개의 모집단 표본에 대한 검정

이 장에서는 두 개의 모집단에 대해서 가설 검정하는 방법을 소개하고자 합니다.

귀무가설(H_0)과 대립가설(H_1)의 예를 들어보면 다음과 같다.

모집단 구분	예 제
1개	전국 고등학교 학생의 키는 평균 163cm이고 표준편차가 20cm인 정규분포를 따른다고 한다. 이때, A 학교 학생 100명을 대상으로 조사 결과 평균 키가 165cm라고 할 때, 이 학교 학생들의 평균 키가 전국 고등학생의 평균 키와 차이가 있는지를 파악하려고 한다. 유의수준 $\alpha = 0.05$로 검정하시오. [$\mu = 163$, $\mu_1 = 165$] H_0: $\mu = \mu_1$ H_1: $\mu \neq \mu_1$
2개	A 학교 학생 100명을 대상으로 조사 결과 평균 키가 165cm, 표준편차가 19cm이고 B 학교 학생 70명을 대상으로 조사 결과 평균 키가 167cm, 표준편차가 21cm라고 할 때, 두 학교 학생들의 평균 키가 같은지 파악하려고 한다. 유의수준 $\alpha = 0.05$로 검정하시오. [$\mu_1 = 165$, $\mu_2 = 167$] H_0: $\mu_1 = \mu_2$, 또는 $\mu_1 - \mu_2 = 0$ H_1: $\mu_1 \neq \mu_2$, 또는 $\mu_1 - \mu_2 \neq 0$

예를 들면, 2개 학과 학과별 수업의 만족도 평균 차이 분석, 코로나19로 인한 2개 학과 학과별 동영상 수업의 만족도 차이 분석, 2개 학과 중간고사 성적의 평균 차이 분석, 2개의 핸드폰 회사에서 생산한 평균 배터리 수명 분석 등 다양한 예제들을 접할 수 있다.

따라서 코로나19로 인한 2개 학과 학과별 동영상 수업의 만족도 평균 차이 분석 방법은 동영상 수업을 모두 수강하고 있는 학과별 학생 전체를 대상으로 학과별 동영상 수업강의 만족도 평균을 각각 μ_1, μ_2라고 하고 두 모집단평균의 차이인 $\mu_1 - \mu_2$를 이용하여 두 모집단에 차이가 있는지에 대하여 검정하는 것입니다.

두 모집단이 정규분포를 따른다면 두 표본에 대한 표본평균의 차이 [$\overline{X_1} - \overline{X_2}$]는 정규분포를 따르며, 정규분포를 따르지 않더라도 표본의 크기가 크면 중심극한정리에 의해 근사적으로 정규분포를 따르므로 두 모집단의 평균 차이에 대한 가설(양측검정)은 다음과 같다.

두 모집단의 평균 차이에 대한 가설(양측검정의 경우)

귀무가설 H_0: $\mu_1 = \mu_2$ 또는 H_0: $\mu_1 - \mu_2 = 0$

대립가설 H_1: $\mu_1 \neq \mu_2$ 또는 H_1: $\mu_1 - \mu_2 \neq 0$

따라서 한 개의 모집단에 대한 검정과 마찬가지 방법으로 평균 차이인 $[\overline{X_1}-\overline{X_2}]$를 확률변수로 가설을 검정할 수 있으며, 두 모집단에 대한 표본평균 차이 $\overline{X_1}-\overline{X_2}$의 분포는 다음과 같다.

두 모집단에 대한 표본 평균 차이 $\overline{X_1}-\overline{X_2}$의 분포

두 모집단이 정규분포이고 표준편차를 알고 있는 경우, $\overline{X_1}$, $\overline{X_2}$의 분포는 다음과 같다.

$$\overline{X_1} \sim N(\mu_1, \frac{\sigma_1^2}{n_1}),\ \overline{X_2} \sim N(\mu_2, \frac{\sigma_2^2}{n_2})$$

따라서 표본평균 차이 $\overline{X_1}-\overline{X_2}$의 분포는 $\overline{X_1}-\overline{X_2} \sim N(\mu_1-\mu_2, \frac{\sigma_1^2}{n_1}+\frac{\sigma_2^2}{n_2})$이다.

그러므로 $\overline{X_1}-\overline{X_2}$이 정규분포이므로 표준화한 분포는 다음과 같다.

$$Z=\frac{(\overline{X_1}-\overline{X_2})-(\mu_1-\mu_2)}{\sqrt{\frac{\sigma_1^2}{n_1}+\frac{\sigma_2^2}{n_2}}}$$

두 모집단이 정규분포이고 표준편차를 모르는 경우, $\overline{X_1}$, $\overline{X_2}$의 분포는 다음과 같다.

$$\overline{X_1} \sim N(\mu_1, \frac{S_1^2}{n_1}),\ \overline{X_2} \sim N(\mu_2, \frac{S_2^2}{n_2})$$

따라서 표본평균 차이 $\overline{X_1}-\overline{X_2}$의 분포는 $\overline{X_1}-\overline{X_2} \sim N(\mu_1-\mu_2, \frac{S_1^2}{n_1}+\frac{S_2^2}{n_2})$이다.

그러므로 $\overline{X_1}-\overline{X_2}$이 정규분포이므로 표준화한 분포는 다음과 같다.

$$Z=\frac{(\overline{X_1}-\overline{X_2})-(\mu_1-\mu_2)}{\sqrt{\frac{S_1^2}{n_1}+\frac{S_2^2}{n_2}}}$$

두 개의 모집단에 대한 평균 차이에 대한 가설검정은 데이터의 수집 방법에 따라 독립표본과 대응 표본으로 나누어진다. 독립표본은 위의 예제에서와 같이 두 개의 집단이 서로 독립적인 경우이며, 두 개의 표본의 크기가 다를 수도 있다. 대응 표본은 두 개의 집단이 서로 독립적이지 않거나 실험 전후 평균 차이 비교, 강의를 듣기 전후 성적 차이 비교 등 동일한 대상으로부터 데이터가 생성하므로 표본의 크기가 같다.

9-5-1. 독립표본 가설검정

독립표본의 가설 검정은 모분산을 알고 있는 경우와 모분산을 모르는 경우로 나누어지며, 모분산을 모르는 경우는 표본의 크기가 큰 경우($n > 30$)와 표본의 크기가 작은 경우($n < 30$)를 생각할 수 있고, 표본의 크기가 큰 경우에는 중심극한정리에 의하여 표준화된 정규분포로 문제를 해결하면 되지만, 표본의 크기가 작은 경우에는 F-검정을 통하여 두 집단의 분산이 같으면 등(等) 분산 검정, 분산이 다르면 이(異) 분산 검정을 하여야 한다.

모집단의 평균 차이에 대한 가설 검정	검정통계량
모분산을 알고 있는 경우	$Z=\dfrac{(\overline{X_1}-\overline{X_2})-(\mu_1-\mu_2)}{\sqrt{\dfrac{\sigma_1^2}{n_1}+\dfrac{\sigma_2^2}{n_2}}}$

예제 10 구체적인 자료가 있고, 모분산을 알고 있는 경우(Z 검정)

드론을 생산하는 어떤 기업은 베트남과 인도의 두 곳에서 부품 공장을 운영하고 있으며, 인도 공장에서 코로나 사태로 인하여 공정관리 및 생산량의 감소, 생산된 품질의 불량 등 두 공장에서 생산된 드론 부품의 평균 수명에 대한 차이를 비교하기로 하여 다음과 같은 자료를 얻었을 때, 부품수명에 차이가 있는지 유의수준 5%에서 검정하시오. (단, 인도 공장의 분산은 22, 베트남 공장의 분산은 19)

인도 공장	베트남 공장
179	183
180	188
172	183
176	181
186	185
172	180
182	186
183	184
176	188
174	182
179	182
186	193
188	188
179	185

풀이 1 모분산을 알고 있는 경우이므로 표준 정규분포를 따른다.

1단계 : 가설 설정

귀무가설 $H_0: \mu_1 = \mu_2$

대립가설 $H_1: \mu_1 \neq \mu_2$

2단계 : 검정통계량의 선정

표본의 크기가 큰 경우, 중심극한정리에 의하여 Z 분포

3단계 : 유의수준 α의 선택 : $\alpha = 0.05$

4단계 : 임계값 또는 기각 영역의 결정

$Z_{\frac{\alpha}{2}} = Z_{0.025} = 1.96$ [귀무가설 채택 영역 : $-1.96 < Z < 1.96$]

5단계 : 표본으로부터의 자료를 바탕으로 검정통계량을 구한다.

단, 귀무가설을 기준으로 검정하는 것이므로 $\mu_1 = \mu_2$이다.

$(\mu_1 - \mu_2 = 0)$

$$Z = \frac{(\overline{X_1} - \overline{X_2}) - (\mu_1 - \mu_2)}{\sqrt{\frac{\sigma_1^2}{n_1} + \frac{\sigma_2^2}{n_2}}} = \frac{179.225 - 184.689}{\sqrt{\frac{22}{14} + \frac{19}{14}}}$$

$$= \frac{-5.464}{1.71} = -3.19$$

〈검정 결과〉

검정통계량 $Z = -3.19$는 귀무가설 채택 영역에 포함되지 않으므로 귀무가설을 기각하고 대립가설을 채택한다.

따라서 두 공장에서 생산된 드론 부품의 평균수명에 차이가 있는 것으로 나타났다.

풀이 2 EXCEL/데이터/데이터분석/Z-검정 : 평균에 대한 두 집단을 이용하여 검정한다.

1단계 : 가설 설정

귀무가설 $H_0: \mu_1 = \mu_2$

대립가설 $H_1: \mu_1 \neq \mu_2$

2단계 : EXCEL/데이터/데이터분석/Z-검정 : 평균에 대한 두 집단/확인 클릭

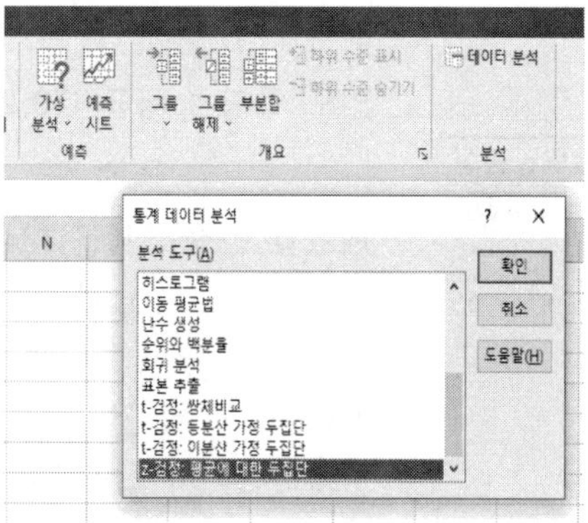

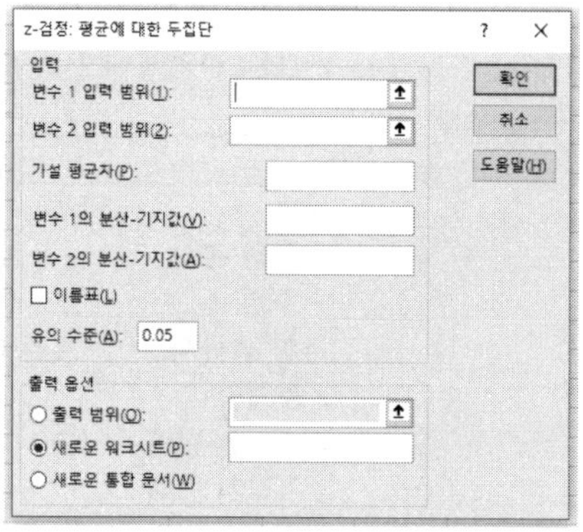

3단계 : Z-검정 평균에 대한 두 집단 자료입력

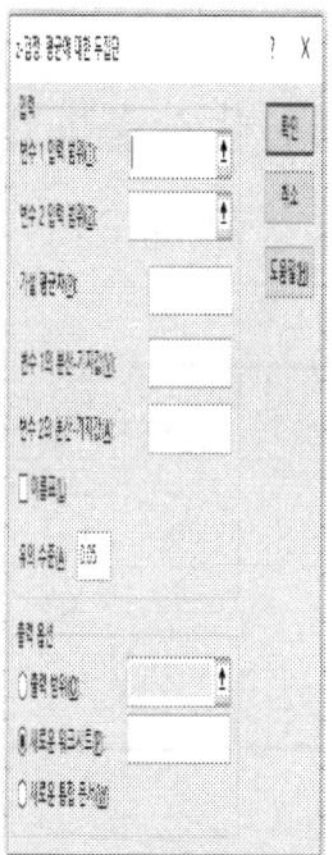

대화상자	의미와 입력값
변수 1 입력 범위	인도 공장에 대한 전체 자료 드래그
변수 2 입력 범위	베트남 공장에 대한 전체 자료 드래그
가설 평균차	0
변수 1의 분산 기지값	문제에서 주어진 인도 공장의 분산 값
변수 2의 분산 기지값	문제에서 주어진 베트남 공장의 분산 값
이름표	변수의 입력 범위에 제목이 포함되면 체크(∨) 변수의 입력 범위에 제목이 포함되지 않으면 체크 X
유의수준	0.05(기본) 만약 문제에서 유의수준 3%인 경우, 0.03으로 변경
출력 범위	결과를 출력할 셀(또는 시트)의 위치

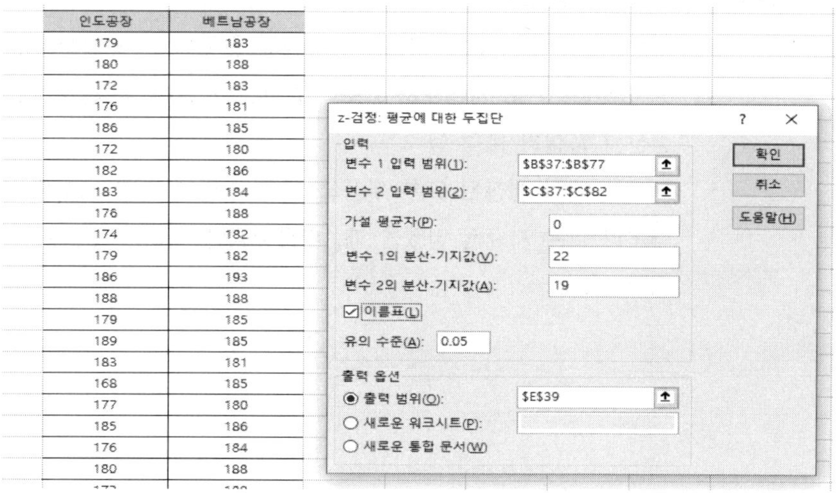

4단계 : Z-검정 평균에 대한 두 집단 자료입력 결과

z-검정: 평균에 대한 두 집단		
	인도공장	베트남공장
평균	179.225	184.689
기지의 분산	22	19
관측수	40	45
가설 평균차	0	
z 통계량	-5.541	
P(Z<=z) 단측	1.5E-08	
z 기각치 단측	1.645	
P(Z<=z) 양측	3E-08	
z 기각치 양측	1.960	

결과 분석

인도 공장 : 평균 179.225, 표본 40
분산 22

베트남 공장 : 평균 184.689, 표본 45
분산 19

검정 결과

양측검정의 P값이 $3E-08$로 유의수준 0.05보다 작으므로 귀무가설을 기각하고 대립가설을 채택

결론적으로 인도 공장과 베트남 공장에서 생산된 드론 부품의 평균수명에는 차이가 있는 것으로 나타나 인도 공장의 부품 생산량을 줄이고 베트남 공장의 부품 생산량을 늘리는 방향으로 사업 계획을 수정할 필요가 있음.

모집단의 평균 차이에 대한 가설검정	검정통계량
모분산은 모르고 두 표본의 크기가 충분히 큰 경우 $n_1 \geq 30, \quad n_2 \geq 30$	$Z = \dfrac{(\overline{X_1} - \overline{X_2}) - (\mu_1 - \mu_2)}{\sqrt{\dfrac{S_1^2}{n_1} + \dfrac{S_2^2}{n_2}}}$

예제 11 구체적인 자료가 있고, 모분산을 모르는 경우($n > 30$)

드론을 생산하는 어떤 기업은 베트남과 인도의 두 곳에서 부품 공장을 운영하고 있으며, 인도 공장에서 코로나 사태로 인하여 공정관리 및 생산량의 감소, 생산된 품질의 불량 등

두 공장에서 생산된 드론 부품의 평균 수명에 대한 차이를 비교하기로 하여 다음과 같은 자료를 얻었을 때, 부품수명에 차이가 있는지 유의수준 5%에서 검정하시오.

인도 공장			베트남 공장		
179	173	177	183	187	181
180	187	180	188	183	179
172	171	177	183	179	182
176	178	176	181	187	186
186	175	177	185	190	188
172	176	173	180	185	186
182	177	181	186	183	188
183	180	179	184	187	187
176	175	176	188	190	190
174	178	180	182	185	183
179	181	177	182	183	186
186	182	177	193	189	188

풀이 표본의 크기가 큰 경우, 중심극한정리에 의하여 표준 정규분포이며, 분산이 주어지지 않은 경우, 주어진 자료로부터 평균과 분산을 구한 후 검정하여야 한다. 주어진 문제로부터 인도 공장의 평균 $\overline{X_1} = 178$, 분산 $S_1^2 = 15.26$이며, 베트남 공장의 평균 $\overline{X_2} = 185.19$, 분산 $S_2^2 = 11.42$이고, $n_1 = n_2 = 36$이다.

1단계 : 가설 설정

귀무가설 $H_0 : \mu_1 = \mu_2$

대립가설 $H_1 : \mu_1 \neq \mu_2$

2단계 : 검정통계량의 선정

표본의 크기가 큰 경우, 중심극한정리에 의하여 Z 분포

3단계 : 유의수준 α의 선택 : $\alpha = 0.05$

4단계 : 임계값 및 기각 영역의 결정

$Z_{\frac{\alpha}{2}} = Z_{0.025} = 1.96$ [귀무가설 채택 영역 : $-1.96 < Z < 1.96$]

5단계 : 표본으로부터의 자료를 바탕으로 검정통계량을 구한다.

단, 귀무가설을 기준으로 검정하는 것이므로 $\mu_1 = \mu_2$이다.

$(\mu_1 - \mu_2 = 0)$

$$Z = \frac{(\overline{X_1} - \overline{X_2}) - (\mu_1 - \mu_2)}{\sqrt{\frac{S_1^2}{n_1} + \frac{S_2^2}{n_2}}} = \frac{178 - 185.19}{\sqrt{\frac{15.26}{36} + \frac{11.42}{36}}}$$

$$= \frac{-7.194}{1.53} = -4.72$$

〈검정 결과〉

양측검정 결과 검정통계량 $Z = -4.72$는 귀무가설 채택 영역에 포함되지 않으므로 귀무가설을 기각하고 대립가설을 채택한다.

따라서 인도 공장과 베트남 공장에서 생산된 드론 부품의 평균수명에는 차이가 있는 것으로 나타나 인도 공장의 부품 생산량을 줄이고 베트남 공장의 부품 생산량을 늘리는 방향으로 사업 계획을 수정할 필요가 있음.

모집단의 평균 차이에 대한 가설 검정	검정통계량
모분산은 모르고 두 표본의 크기가 작은 경우 $n_1 < 30$, $n_2 < 30$	1단계 : F 검정 2단계 : T 검정

예제 12 구체적인 자료가 있고, 모분산이 주어지지 않은 경우($n < 30$)

2개 학과의 평균 토익점수에 차이가 있는지 알아보기 위하여 2022년 5월에 실시된 토익 시험에 응시한 2개 학과 학생 중 10명을 임의로 추출하여 다음과 같은 결과를 얻었다고 할 때, 두 학과 간 평균 토익점수에 차이가 있는지 유의수준 5%로 검정하시오.

A 학과	B 학과
550	584
560	520
510	490
430	610
460	650
420	540
490	520
510	475
550	480
540	560

풀이 검정하는 단계는 가설을 설정한 후, 표본의 크기가 작은 경우에는 먼저 F-검정을 통하여 두 집단의 분산이 같은지(등 분산) 또는 다른지(이 분산)를 확인한 후, 등 분산 T-검정 또는 이 분산 T-검정을 통하여 확인하여야 한다.

1단계 : 가설 설정

귀무가설 H_0: $\mu_1 = \mu_2$

대립가설 H_1: $\mu_1 \neq \mu_2$

2단계 : 가설 설정(F-검정: 두 집단의 분산이 같은지(등 분산) 또는 다른지(이 분산)를 확인)

귀무가설 H_0: $\sigma_1^2 = \sigma_2^2$

대립가설 H_1: $\sigma_1^2 \neq \sigma_2^2$

3단계 : EXCEL/데이터/데이터분석/F-검정/확인 클릭

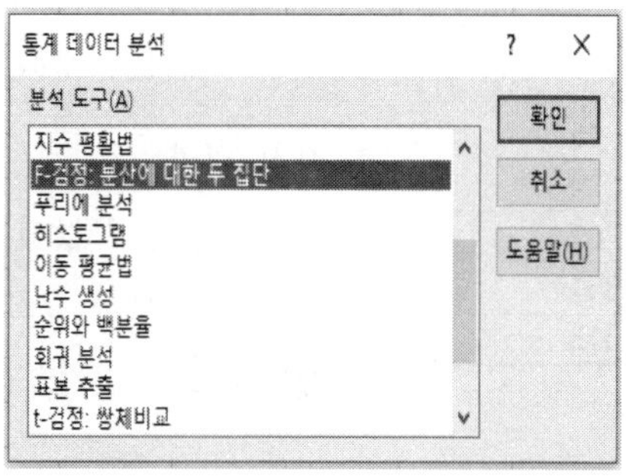

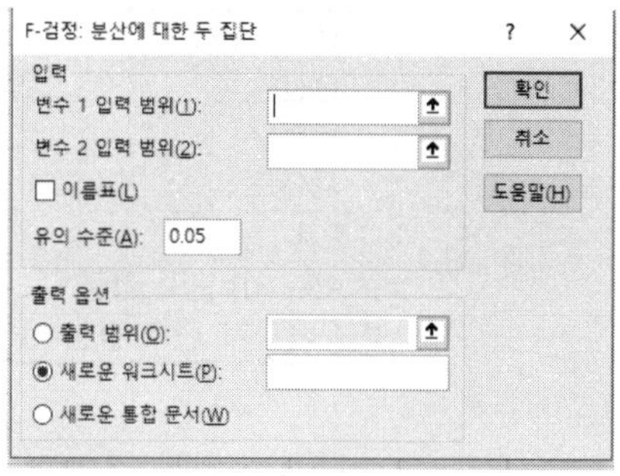

4단계 : F-검정 : 분산에 대한 두 집단 자료입력

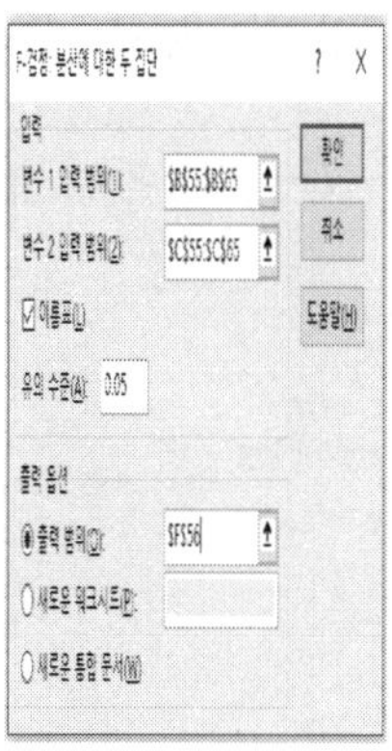

대화상자	의미와 입력값
변수 1 입력 범위	A 학과에 대한 전체 자료 드래그
변수 2 입력 범위	B 학과에 대한 전체 자료 드래그
이름표	변수의 입력 범위에 제목이 포함되면 체크(∨) 변수의 입력 범위에 제목이 포함되지 않으면 체크 X
유의수준	0.05(기본) 만약 문제에서 유의수준 3%인 경우, 0.03으로 변경
출력 범위	결과를 출력할 셀(또는 시트)의 위치

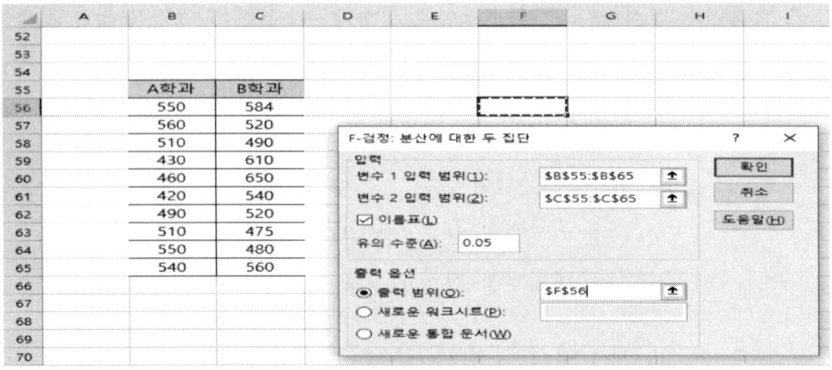

5단계 : F-검정(: 분산에 대한 두 집단) 확인/결과

F-검정: 분산에 대한 두 집단

	A학과	B학과
평균	502	542.9
분산	2595.556	3375.211
관측수	10	10
자유도	9	9
F 비	0.769	
P(F<=f) 단측 검정	0.351	
F 기각치: 단측 검정	0.315	

결과 분석

A 학과 : 평균 502, 자유도 9
분산 2595.556

B 학과 : 평균 542.9, 자유도 9
분산 3375.211

검정 결과

단측검정의 P값이 0.351로 유의수준 0.05보다 크므로 귀무가설을 채택하고 대립가설을 기각

6단계 : 검정 결과

결론적으로 A 학과와 B 학과의 분산이 유의수준 5%에서 같은 것으로 나타났다.

그러므로 주어진 가설은 등 분산 T-검정을 통하여 확인하여야 한다.

7단계 : EXCEL/데이터/데이터분석/등 분산 T-검정/확인 클릭

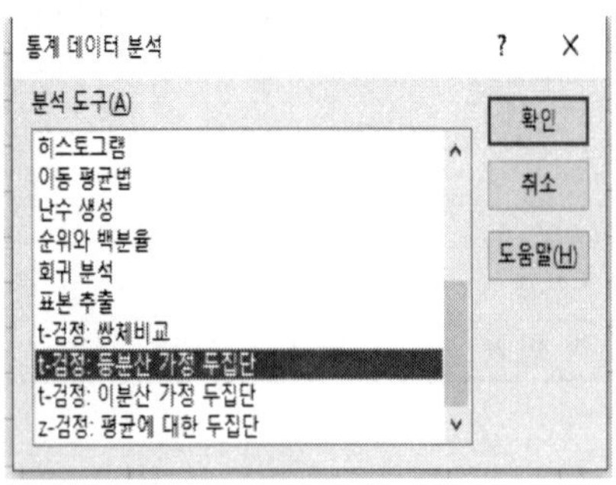

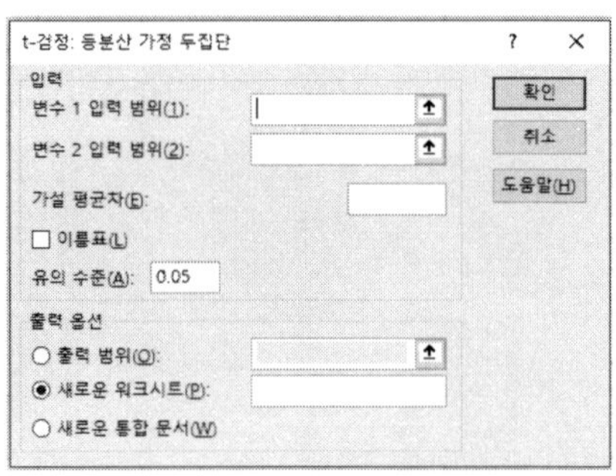

8단계 : 등 분산 T-검정을 위한 두 집단 자료입력

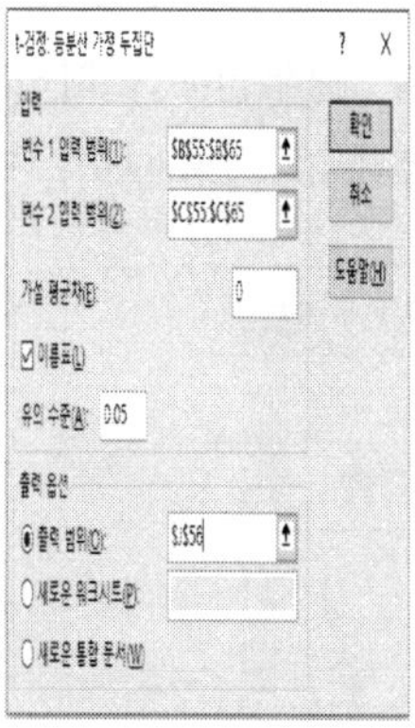

대화상자	의미와 입력값
변수 1 입력 범위	A 학과에 대한 전체 자료 드래그
변수 2 입력 범위	B 학과에 대한 전체 자료 드래그
가설 평균차	귀무가설의 평균차 0
이름표	변수의 입력범 위에 제목이 포함되면 체크(∨) 변수의 입력 범위에 제목이 포함되지 않으면 체크 X
유의수준	0.05(기본) 만약 문제에서 유의수준 3%인 경우, 0.03으로 변경

A학과	B학과
550	584
560	520
510	490
430	610
460	650
420	540
490	520
510	475
550	480
540	560

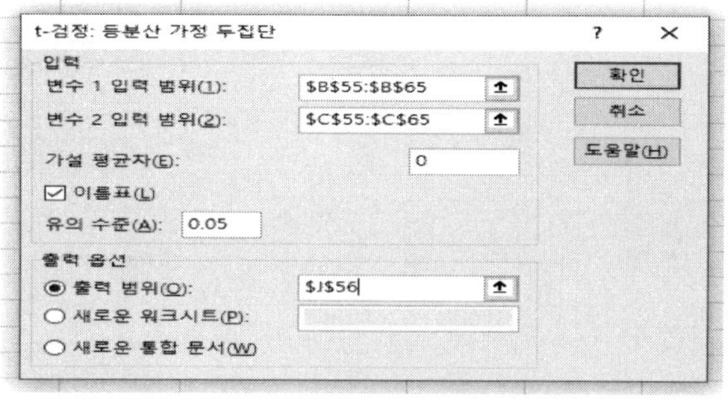

9단계 : 등 분산 T-검정 확인/결과

t-검정: 등분산 가정 두 집단

	A학과	B학과
평균	502	542.9
분산	2595.556	3375.211
관측수	10	10
공동(Pooled) 분산	2985.383	
가설 평균차	0	
자유도	18	
t 통계량	-1.67382	
P(T<=t) 단측 검정	0.055727	
t 기각치 단측 검정	1.734064	
P(T<=t) 양측 검정	0.111454	
t 기각치 양측 검정	2.100922	

결과분석

A 학과 : 평균 502, 자유도 9
분산 2595.556

B 학과 : 평균 542.9, 자유도 9
분산 3375.211

검정 결과

양측검정의 P값이 0.111로 유의수준 0.05보다 크므로 귀무가설을 채택하고 대립가설을 기각

〈검정 결과〉

결론적으로 귀무가설을 채택하고 대립가설을 기각하므로 A 학과와 B 학과의 평균 토익점수에 차이가 없는 것으로 나타났다.

예제 13 화장품을 생산하는 A 기업의 영업담당자는 근무연수에 따라 화장품의 판매량에 차이가 있을 것으로 생각하고 근무연수를 5년을 기준으로 총 18명의 영업사원에 대한 화장품의 판매량을 조사하였다. 근무연수에 따라 판매량에 차이가 있는지에 대한 가설을 설정하고, 유의수준 5% 하에서 검정하시오.

5년 미만	5년 이상
25	13
28	12
27	15
19	18
23	19
22	16
15	
18	
12	
10	
12	
11	

풀이 검정하는 단계는 가설을 설정한 후, 표본의 크기가 작은 경우에는 먼저 F-검정을 통하여 두 집단의 분산이 같은지(등 분산) 또는 다른지(이 분산)를 확인한 후, 등 분산 T-검정 또는 이 분산 T-검정을 통하여 확인하여야 한다.

1단계 : 가설 설정

귀무가설 $H_0: \mu_1 = \mu_2$

대립가설 $H_1: \mu_1 \neq \mu_2$

2단계 : 가설 설정(F-검정: 두 집단의 분산이 같은지(등 분산) 또는 다른지(이 분산)를 확인)

귀무가설 $H_0: \sigma_1^2 = \sigma_2^2$

대립가설 $H_1: \sigma_1^2 \neq \sigma_2^2$

3단계 : EXCEL/데이터/데이터분석/F-검정/확인 클릭

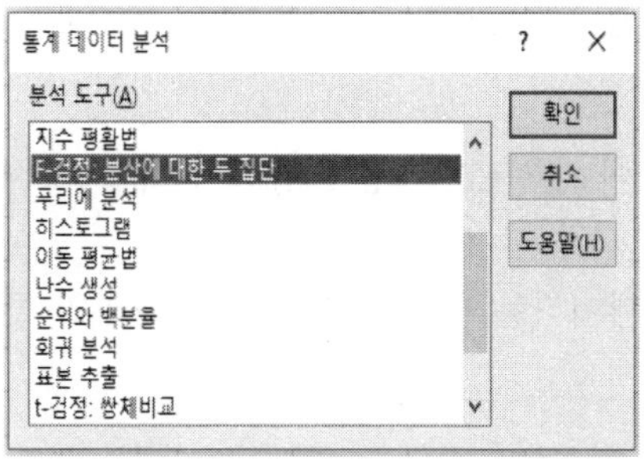

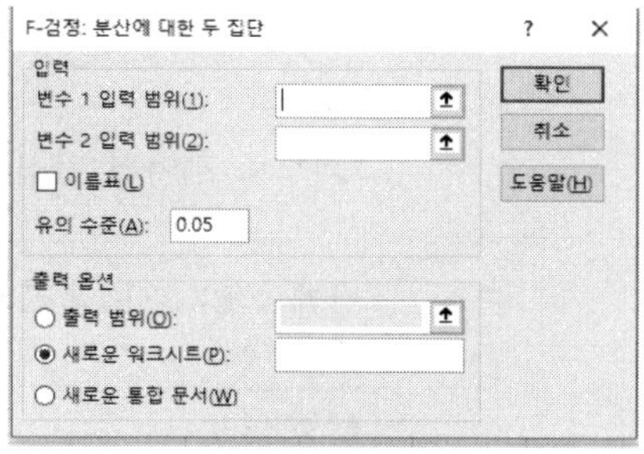

3단계 : F-검정 : 분산에 대한 두 집단 자료입력

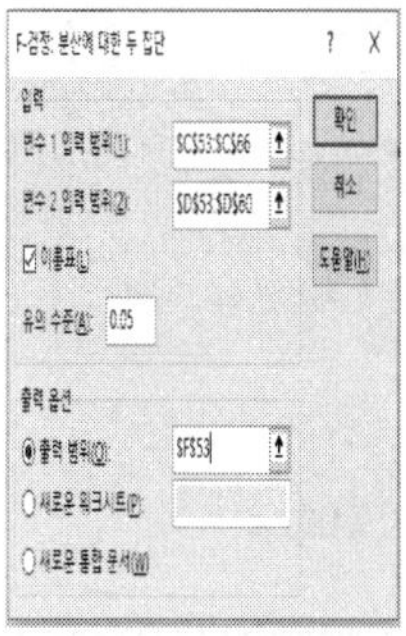

대화상자	의미와 입력값
변수 1 입력 범위	5년 미만 전체 자료 드래그
변수 2 입력 범위	5년 이상 전체 자료 드래그
이름표	변수의 입력 범위에 제목이 포함되면 체크(∨) 변수의 입력 범위에 제목이 포함되지 않으면 체크 X
유의수준	0.05(기본) 만약 문제에서 유의수준 3%인 경우, 0.03으로 변경
출력 범위	결과를 출력할 셀(또는 시트)의 위치

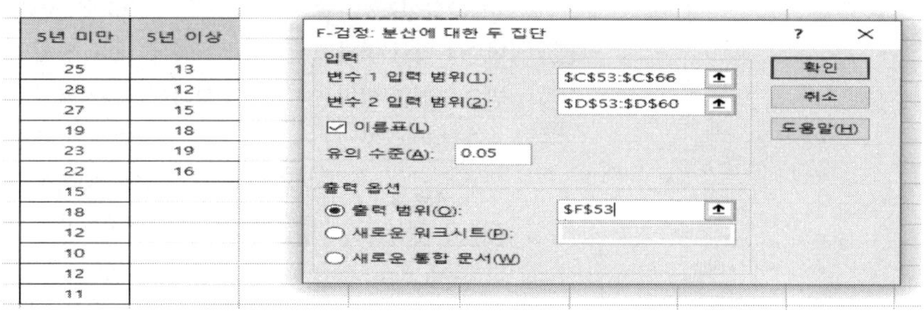

4단계 : F-검정(: 분산에 대한 두 집단) 확인/결과

F-검정: 분산에 대한 두 집단

	5년 미만	5년 이상
평균	18.5	15.5
분산	42.091	7.5
관측수	12	6
자유도	11	5
F 비	5.6121	
P(F<=f) 단측 검정	0.0348	
F 기각치: 단측 검정	4.7040	

결과 분석

5년 미만 : 평균 18.5, 자유도 11
분산 42.091

5년 이상 : 평균 15.5, 자유도 5
분산 7.5

검정 결과

단측검정의 P값이 0.0348로 유의수준 0.05보다 작으므로 귀무가설을 기각하고 대립가설을 채택

결론적으로 5년 미만과 5년 이상의 분산이 유의수준 5%에서 다른 것으로 나타났다.

그러므로 주어진 가설은 이 분산 T-검정을 통하여 확인하여야 한다.

6단계 : EXCEL/데이터/데이터분석/이 분산 T-검정/확인 클릭

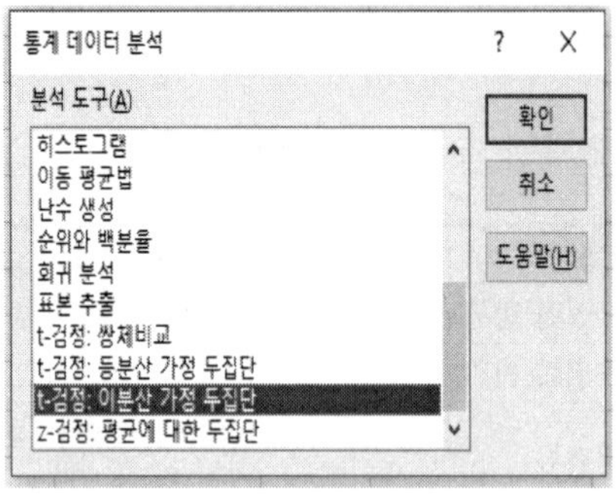

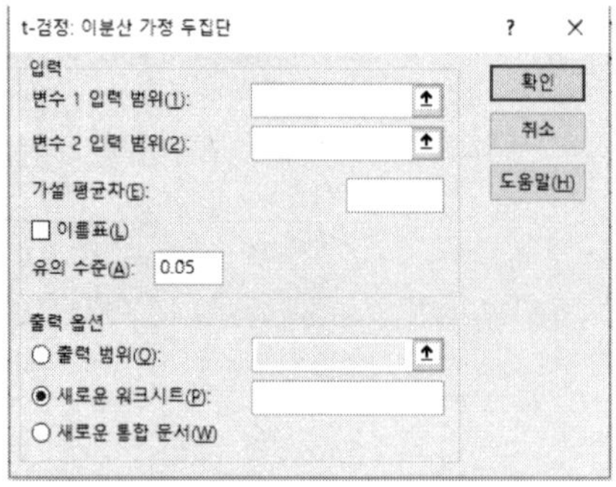

7단계 : 이 분산 T-검정을 위한 두 집단 자료입력

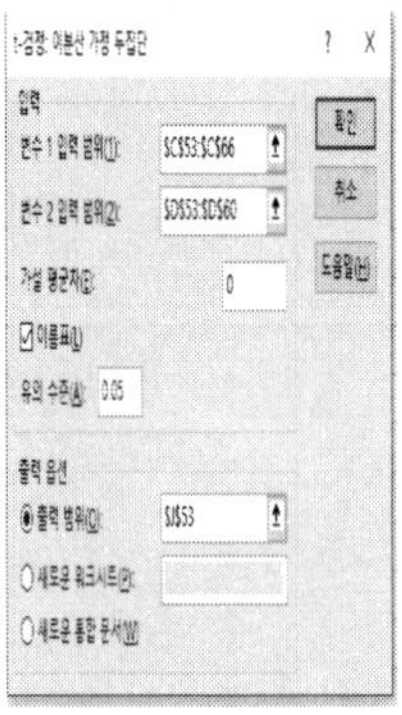

대화상자	의미와 입력값
변수 1 입력 범위	A 학과에 대한 전체 자료 드래그
변수 2 입력 범위	B 학과에 대한 전체 자료 드래그
가설 평균차	귀무가설의 평균차 0
이름표	변수의 입력 범위에 제목이 포함되면 체크(∨) 변수의 입력 범위에 제목이 포함되지 않으면 체크 X
유의수준	0.05(기본) 만약 문제에서 유의수준 3%인 경우, 0.03으로 변경
출력 범위	결과를 출력할 셀(또는 시트)의 위치

5년 미만	5년 이상
25	13
28	12
27	15
19	18
23	19
22	16
15	
18	
12	
10	
12	
11	

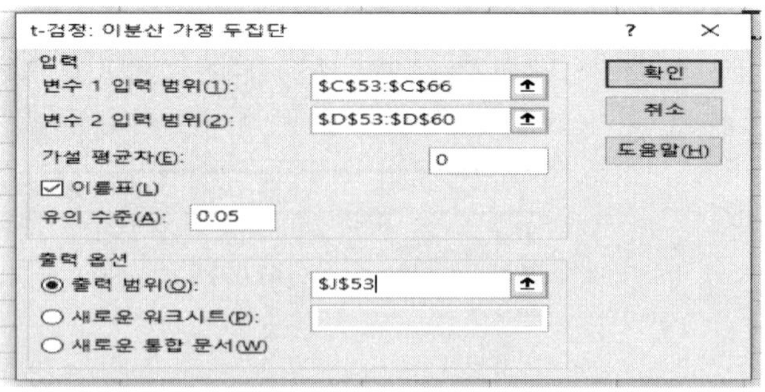

8단계 : 이 분산 T-검정 확인/결과

t-검정: 이분산 가정 두 집단		
	5년 미만	5년 이상
평균	18.5	15.5
분산	42.091	7.5
관측수	12	6
가설 평균차	0	
자유도	16	
t 통계량	1.375	
P(T<=t) 단측 검정	0.094	
t 기각치 단측 검정	1.746	
P(T<=t) 양측 검정	0.188	
t 기각치 양측 검정	2.120	

결과 분석

5년 미만 : 평균 18.5, 자유도 11, 분산 42.091

5년 이상 : 평균 15.5, 자유도 5, 분산 7.5

검정 결과

단측검정의 P값이 0.094, 양측검정의 P값이 0.188로 유의수준 0.05보다 크므로 귀무가설을 채택하고 대립가설을 기각

9단계 : 검정 결과

결론적으로 5년 미만과 5년 이상 영업사원의 근무연수에 따라 화장품의 판매량에 차이가 없는 것으로 나타났다.

9-5-2. 대응 표본(쌍체비교) 가설검정

대응 표본은 서로 짝을 이루는 데이터로 구성된 표본을 의미하므로 쌍체비교라고도 한다. 따라서 대응 표본은 두 집단의 자료가 서로 독립적이지 않다. 축구선수 30명을 대상으로 한 시즌을 마감한 후 전체 게임에서 왼발과 오른발로 골의 수의 차이가 있는지를 비교하는 경우 왼발과 오른발이 짝을 이루게 되어 두 집단의 표본의 수는 같습니다.

또한, 대응 표본은 새로운 신약이 개발되었을 때, 새로운 신약을 투약하기 전과 후의 차이 비교 또는 훈련소에서 사격 훈련의 효과성을 비교하기 위하여 사격 훈련을 시키기 전과 후를 비교하는 경우 등 투약 전후 또는 훈련 전후에 대해 쌍을 이룬 표본에 대해 평균 차이를 가설 검정합니다.

따라서 대응 표본의 검정 방법은 예를 들어 특수 운동 요법을 시행하기 전과 시행한 후의 평균 체중이 변화되었는지를 비교하는 경우 다음과 같이 가설을 설정하여야 한다.

먼저 특수 운동 요법을 시행하기 전 평균 체중을 μ_1, 특수 운동 요법을 시행한 후 평균 체중 μ_2, 또한 $\mu_1 - \mu_2 = d$ 라고 하면, $d = 0$의 의미는 평균 체중에 변화가 없다는 의미이며,

$d>0$인 경우에 체중 변화가 있다는 의미이다. 그러므로 귀무가설과 대립가설을 다음과 같이 설정하여야 한다.

귀무가설 $H_0: \mu_1 = \mu_2 \ \Rightarrow \ d=0$

대립가설 $H_1: \mu_1 \neq \mu_2 \ \Rightarrow \ d \neq 0$

예제 14 지원자 9명에 대한 특수 운동 요법을 시행하기 전과 시행한 후의 체중 변화에 대한 표가 다음과 같을 때, 특수 운동 요법을 시행하기 전과 시행한 후의 차이가 있는지 유의수준 5%로 검정하시오.

지원자	시행 전 체중	시행 후 체중
1	75	65
2	72	60
3	68	55
4	69	56
5	72	61
6	58	50
7	65	53
8	73	61
9	80	60
10	75	55

풀이 검정하는 단계는 가설을 설정한 후, 쌍체비교 T-검정을 통하여 확인하여야 한다.

쌍체비교는 특수 운동 요법을 시행하기 전 평균 체중 μ_1, 특수 운동 요법을 시행한 후 평균 체중 μ_2, 또한 $\mu_1 - \mu_2 = d$라 한다.

1단계 : 가설 설정

귀무가설 $H_0: \mu_1 = \mu_2 \ \Rightarrow \ d=0$

대립가설 $H_1: \mu_1 \neq \mu_2 \ \Rightarrow \ d \neq 0$

2단계 : EXCEL/데이터/데이터분석/t-검정 쌍체비교/확인 클릭

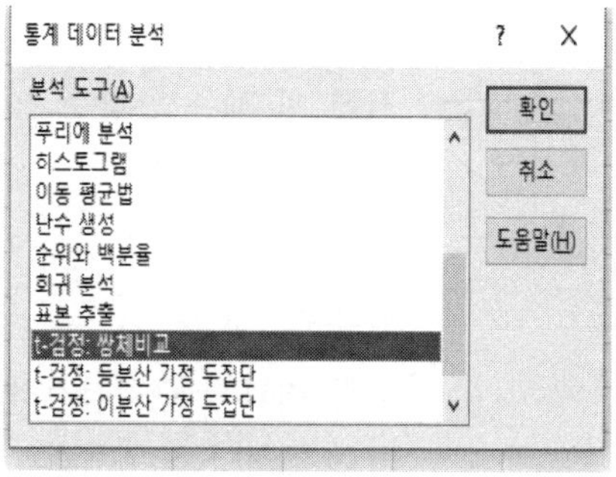

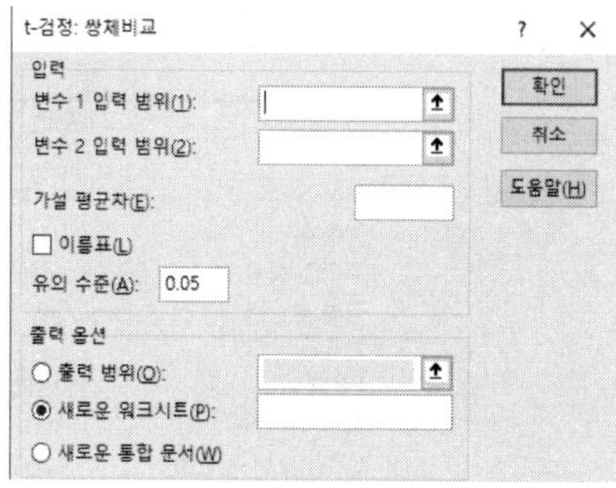

3단계 : EXCEL/데이터/데이터분석/t-검정 쌍체비교/확인 클릭

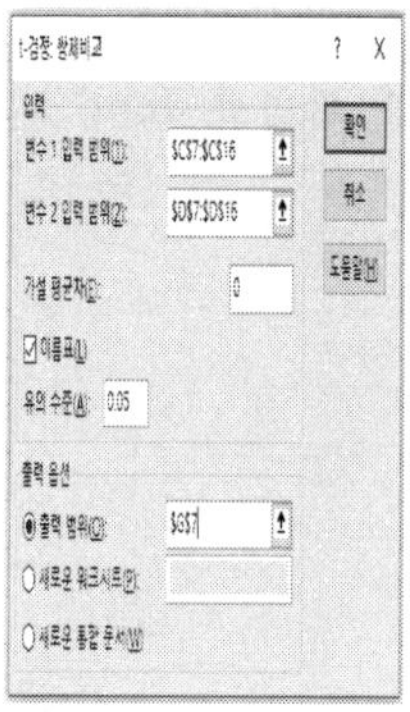

대화상자	의미와 입력값
변수 1 입력 범위	시행 전 체중 전체 자료 드래그
변수 2 입력 범위	시행 후 체중 전체 자료 드래그
가설 평균차	귀무가설의 평균차 0
이름표	변수의 입력 범위에 제목이 포함되면 체크(∨) 변수의 입력 범위에 제목이 포함되지 않으면 체크 X
유의수준	0.05(기본) 만약 문제에서 유의수준 3%인 경우, 0.03으로 변경
출력 범위	결과를 출력할 셀(또는 시트)의 위치

지원자	시행 전 체중	시행 후 체중
1	75	65
2	72	60
3	68	55
4	69	56
5	72	61
6	58	50
7	65	53
8	73	61
9	80	60

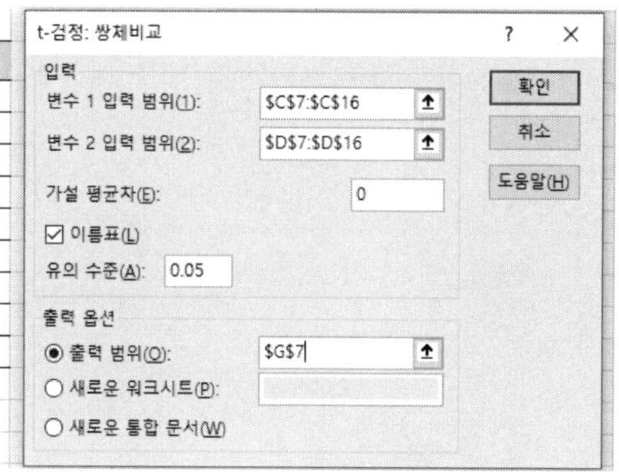

4단계 : t - 검정 쌍체비교/결과

t-검정: 쌍체 비교		
	시행 전 체중	시행 후 체중
평균	70.222	57.889
분산	39.444	22.111
관측수	9	9
피어슨 상관 계수	0.860	
가설 평균차	0	
자유도	8	
t 통계량	11.285	
P(T<=t) 단측 검정	0.000	
t 기각치 단측 검정	1.860	
P(T<=t) 양측 검정	0.000	
t 기각치 양측 검정	2.306	

결과 분석

시행 전 체중 : 평균 70.2, 분산 39.4

시행 후 체중 : 평균 57.889, 분산 22.1

피어슨 상관 계수 : 0.860

자유도 : 8

검정 결과 : 단측검정의 P값이 0.000으로 유의수준 0.05보다 작으므로 귀무가설을 기각하고 대립가설을 채택

5단계 : 검정 결과

결론적으로 특수 운동 요법을 시행하기 전과 시행한 후의 체중 변화가 있는 것으로 나타났다.

제9장 연습문제

9-1. 한 담배회사에서 새로 개발한 담배의 니코틴 함량이 평균 0.5mg, 분산은 0.04mg라고 주장했다. 그 주장이 사실인가 알아보기 위해 생산된 담배 중 36개를 무작위로 추출하여 분석한 결과, 평균이 0.58mg이었다. 담배 제조회사의 주장이 타당한가를 유의수준 5%로 검정하시오.

9-2. 어느 대학에서 취업을 위해 외국어 강좌를 늘린 결과, 졸업생의 토익 평균 점수가 800점 이상이라고 한다. 이것을 검정하기 위해 졸업생 36명을 임의로 선정하여 토익 점수의 평균을 조사한 결과 805점이었다. 토익 점수는 표준편차가 12.5점인 정규분포를 따른다고 할 때, 유의수준 5%로 검정하시오.

9-3. 어느 패스트푸드 회사에서 자사의 햄버거 하나당 나트륨의 양이 평균 995mg 이하이며, 표준편차가 10.5mg인 정규분포를 이룬다고 한다. 이 주장을 검정하기 위해 사회단체에서 이 회사의 햄버거 36개를 임의로 수거하여 조사한 결과 평균 나트륨의 양이 999mg이라고 할 때, 유의수준 3%로 검정하시오.

9-4. 어떤 기업에서는 새로 개발한 리튬 이온 배터리의 평균 수명은 약 600사이클 (2년 이상)이라고 주장하고 있다. 이러한 기업의 신제품에 대한 실제 평균 수명 시간을 측정하기 위하여 생산된 배터리 중 10개를 임의로 추출하여 2년 동안 사용한 각 배터리의 수명이 다음과 같을 때, 어떤 기업의 주장이 맞는지 유의수준 5%로 검정하시오. 단, 배터리의 평균 수명은 정규분포를 따른다.

578	611	590	598	608	600	598	607	606	601

9-5. 대학을 졸업하는 전국의 여학생 중 대학원에 진학하는 비율은 10%로 알려져 있다. 금년도 한 학과의 여성 졸업자 중 100명을 무작위로 추출한 결과, 12명이 대학원에 진학하였다. 이 학과의 대학원 진학률이 전국 수준보다 높다고 할 수 있는지를 유의수준 10%에서 검정하시오.

9-6. 대기업에서 어떤 새로운 사업을 추진하기 위하여 내부적으로 검토한 결과를 신뢰할 수 없다는 경영진이 외부에 용역을 의뢰하여 다음과 같은 결과를 얻었다고 할 때, 유의수준 5%에서 다음 결과에 대한 평균의 차이가 있는지 검정하시오.
단, 내부 검토 결과의 분산은 35.35, 외부 검토 결과의 분산은 40.12

내부	외부
80	80
88	75
76	62
90	80
72	70
90	82
77	70
79	71
87	67
91	77

9-7. 경찰청에서는 자동차 사고가 빈번히 일어나는 교차로의 신호 체계를 바꾸어 월평균 자동차 사고를 줄였다고 주장한다. 이를 확인하기 위해 사회단체에서는 임의로 교차로 9곳을 선정하여 월별로 사고 건수를 조사한 결과가 간음과 같을 때, 교차로의 신호 체계를 교체하기 전과 교체한 후의 평균 자동차 사고에 차이가 있는지 유의수준 5%로 검정하시오.

지역	1	2	3	4	5	6	7	8	9
교체 전	6	8	7	8	11	14	8	5	9
교체 후	3	8	5	5	7	9	7	6	8

제10장

ANOVA 검정

제10장에서는 3개 이상의 모 집단 평균이 같은지를 알아보는 통계적 추론의 방법–분산분석(analysis of variance : ANOVA) 기법(또는 실험계획법(experimental design))–을 소개하고자 한다. 분산분석은 제9장에서 다룬 두 표본에 의한 모평균의 차이를 알아보는 실험이나 관찰에서와 마찬가지로 3개 이상의 실험 조건 또는 방법이 주어진 경우, 이들의 모평균에 차이가 있는지를 통계적으로 추론하는 것이다.

분산분석은 3개 이상의 자료들에 대한 분산을 이용하여 통계적으로 추론하는 방법으로 아래의 표에서와 같이 다음과 같은 가설을 생각할 수 있다.

표 10-1 모집단이 3개인 경우, 평균 차이에 대한 가설 설정

<table>
<tr><th>2개의 모집단
μ_1, μ_2</th><th colspan="3">3개의 모집단
μ_1, μ_2, μ_3</th></tr>
<tr><td rowspan="2">$H_0 : \mu_1 = \mu_2$
$H_1 : \mu_1 \neq \mu_2$</td><td colspan="3">$H_0 : \mu_1 = \mu_2 = \mu_3$
$H_1 : \mu_1, \mu_2, \mu_3$ 중 적어도 어느 하나는 다르다</td></tr>
<tr><td>$H_0 : \mu_1 = \mu_2$
$H_1 : \mu_1 \neq \mu_2$</td><td>$H_0 : \mu_1 = \mu_3$
$H_1 : \mu_1 \neq \mu_3$</td><td>$H_0 : \mu_2 = \mu_3$
$H_1 : \mu_2 \neq \mu_3$</td></tr>
</table>

3개 이상의 모 집단 평균이 같은지를 알아보는 가설검정은 제11장에서와 같이 2개의 모집단인 경우로 가정한다면 〈표 10-1〉과 같이 3번의 가설검정을 해야 할 것이다. 물론 모집단의 개수가 늘어난다면 더 많은 경우의 가설검정을 거쳐야 하기에 종합적인 판단을 내리기 어려울 뿐만 아니라 여러 개의 평균을 동시에 가설검정을 하는 것이 아니기에 신뢰도가 낮아질 수 있다. 그러므로 분산분석은 유의수준으로 유지하면서 여러 개의 모집단의 평균을 동시에 가설검정을 하는 방법이므로 3개 이상의 모집단에 대한 평균을 동시에 비교할 때 매우 유용한 방법이다.

그러므로 일원 분산분석을 하는 이유는 n개의 모집단이 있는데 이 모집단의 모평균이 모두 같은지 아니면 두 개라도 서로 다른 모평균이 있는지를 검정하는 기법이다.
분산분석의 예는 3가지 교수법에 따른 학생들의 학업 만족도 차이, 4가지 광고 방법에 따른 판매량의 차이, 5가지 볍씨 종류에 따른 산출량의 차이 등 일상에서 접할 수 있는 다양하고 많은 예들을 접할 수 있으며, 농작물과 관련된 실험에서 시작되어 실험계획법이라고도 하며, 분산분석에서의 주요 용어는 요인(인자 : factor), 처리(수준 : treatment)이다.

분산분석의 종류는 요인이 1개인 일원 분산분석과 요인이 2개인 반복이 없는 이원 분산분석, 반복이 있는 이원 분산 분석 등을 많이 사용한다.

10-1. 분산분석의 기본개념

예를 들어 어떤 교수법이 학생들의 학업 만족도에 효과가 있는지를 알아보는 실험을 한다고 할 때, 컴퓨터공학과에서 개설한 3개의 강좌를 동시에 수강하고 있는 학생 7명에 대하여 학업 만족도 실험에 참여하여 3가지 교수법(강의 위주, 실습 위주, 강의와 실습 혼합)에 대한 학업 만족도를 측정한 결과가 〈표 10-2〉에서와 같다고 한다. 이때, 학업 만족도에 영향을 줄 교수법을 요인이라 하고, 요인을 몇 개의 단위로 구분한 것을 처리 또는 수준(level)이라고 한다. 주어진 예에서 요인은 1개(교수법), 수준은 3(강의 위주, 실습 위주, 강의와 실습 혼합)이며, 요인이 1개인 분산분석을 일원 분산분석(oneway ANOVA)이라 한다.

표 10-2 교수법에 따른 만족도

표본 \ 교수법	요인		
	강의(X_1)	실습(X_2)	강의 + 실습(X_3)
학생 1	$x_{11}=3.7$	$x_{21}=3.7$	$x_{31}=3.9$
학생 2	$x_{12}=3.6$	$x_{22}=3.8$	$x_{32}=3.9$
학생 3	$x_{12}=3.8$	$x_{23}=3.8$	$x_{33}=4.2$
학생 4	$x_{14}=3.5$	$x_{24}=4.1$	$x_{34}=4.0$
학생 5	$x_{15}=4.0$	$x_{25}=3.6$	$x_{35}=3.9$
학생 6	$x_{16}=3.2$	$x_{26}=3.7$	$x_{36}=3.8$
학생 7	$x_{17}=3.9$	$x_{27}=3.8$	$x_{37}=3.8$

※ 만족도는 5.0 만점

분산분석은 주어진 자료에서 평균을 구한 후 편차를 제곱하여 구한 분산을 분석하는 것으로 분산을 구하는 방법은 전체 자료들에 평균 $E(X)$를 구한 후, 편차($X_{ij}-E(X)$)를 제곱하여 분산을 구한다.

$$E(X)=\overline{X}=\frac{X_{11}+\cdots+X_{17}+X_{21}+\cdots+X_{27}+X_{31}+\cdots+X_{37}}{21}=\frac{1}{21}\sum_{i=1}^{3}\sum_{j=1}^{7}X_{ij}$$

$$V(X)=\frac{(X_{11}-\overline{X})^2+\cdots+(X_{37}-\overline{X})^2}{21}=\frac{1}{21}\sum_{i=1}^{3}\sum_{j=1}^{7}(X_{ij}-\overline{X})^2$$

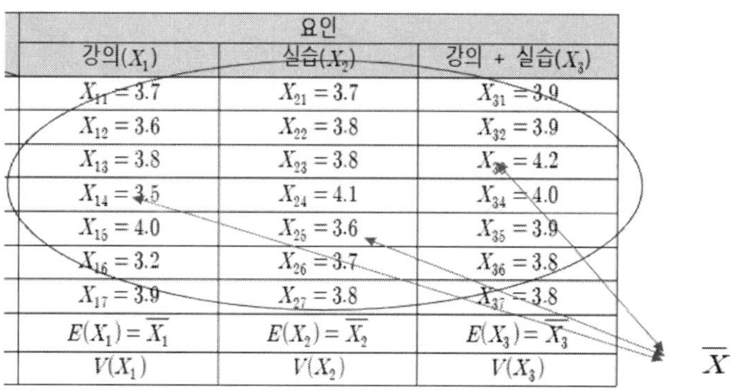

단, 첨자 i는 처리(수준 : 1 ~ 3), 첨자 j는 수준별 관찰(표본 : 1 ~ 7)값

또한, 마찬가지 방법으로 요인별 평균($E(X_1), E(X_2), E(X_3)$)을 각각 구한 후, 요인별 분산($V(X_1)$, $V(X_2)$, $V(X_3)$)을 각각 구하면 다음과 같다.

$$E(X_1) = \overline{X_1} = \frac{X_{11} + X_{12} + \cdots + X_{17}}{7} = \frac{1}{7}\sum_{j=1}^{7} X_{1j}$$

$$V(X_1) = \frac{(X_{11} - \overline{X_1})^2 + (X_{12} - \overline{X_1})^2 + \cdots + (X_{17} - \overline{X_1})^2}{7} = \frac{1}{7}\sum_{j=1}^{7}(X_{1j} - \overline{X_1})^2$$

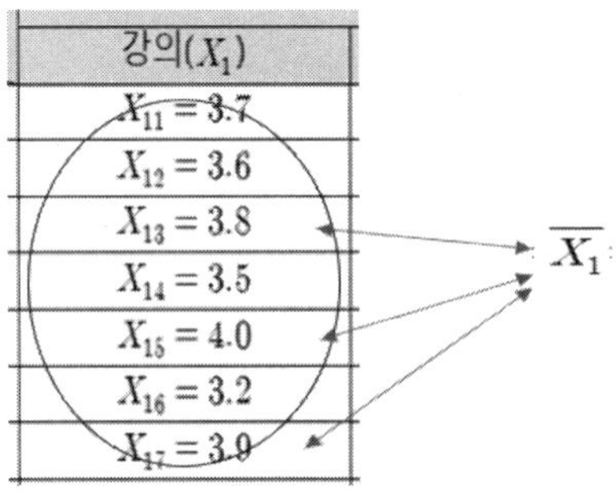

$$E(X_2) = \overline{X_2} = \frac{X_{21} + X_{22} + \cdots + X_{27}}{7} = \frac{1}{7}\sum_{j=1}^{7} X_{2j}$$

$$V(X_2) = \frac{(X_{21} - \overline{X_2})^2 + (X_{22} - \overline{X_2})^2 + \cdots + (X_{27} - \overline{X_2})^2}{7} = \frac{1}{7}\sum_{j=1}^{7}(X_{2j} - \overline{X_2})^2$$

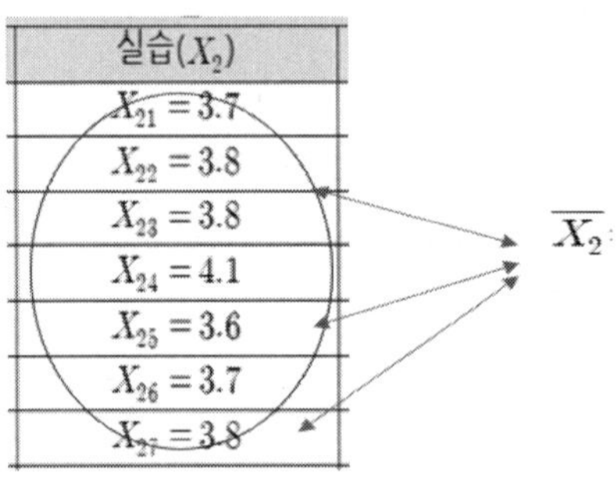

$$E(X_3) = \overline{X_3} = \frac{X_{31} + X_{32} + \cdots + X_{37}}{7} = \frac{1}{7}\sum_{j=1}^{7} X_{3j}$$

$$V(X_3) = \frac{(X_{31} - \overline{X_3})^2 + (X_{32} - \overline{X_3})^2 + \cdots + (X_{37} - \overline{X_3})^2}{7} = \frac{1}{7}\sum_{j=1}^{7}(X_{3j} - \overline{X_3})^2$$

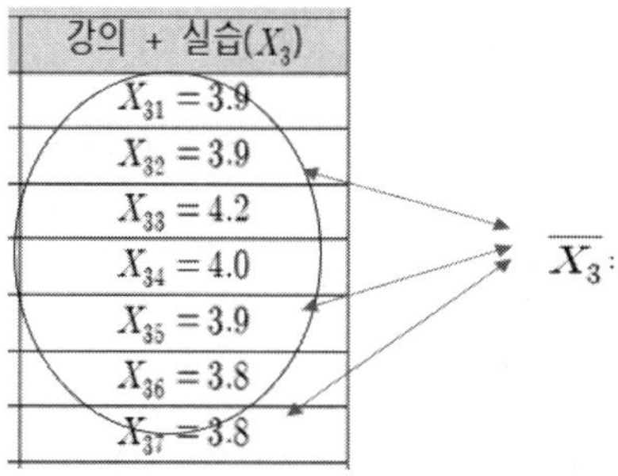

표 10-3 교수법에 따른 만족도의 평균과 분산

교수법 / 표본	요인		
	강의(X_1)	실습(X_2)	강의 + 실습(X_3)
학생 1	$X_{11} = 3.7$	$X_{21} = 3.7$	$X_{31} = 3.9$
학생 2	$X_{12} = 3.6$	$X_{22} = 3.8$	$X_{32} = 3.9$
학생 3	$X_{13} = 3.8$	$X_{23} = 3.8$	$X_{33} = 4.2$
학생 4	$X_{14} = 3.5$	$X_{24} = 4.1$	$X_{34} = 4.0$
학생 5	$X_{15} = 4.0$	$X_{25} = 3.6$	$X_{35} = 3.9$
학생 6	$X_{16} = 3.2$	$X_{26} = 3.7$	$X_{36} = 3.8$
학생 7	$X_{17} = 3.9$	$X_{27} = 3.8$	$X_{37} = 3.8$
평균	$E(X_1) = \overline{X_1}$	$E(X_2) = \overline{X_2}$	$E(X_3) = \overline{X_3}$
분산	$V(X_1)$	$V(X_2)$	$V(X_3)$

그런데, 편차는 만족도 관찰 자료 전체에 대한 X_{ij}와 모든 관찰 자료의 평균 $\overline{X}$의 차이를 나타내며, 〈표 10-4〉와 같이 집단 간 편차와 집단 내 편차의 합으로 표현된다.

$$X_{ij} - \overline{X} = \left(\overline{X_i} - \overline{X}\right) + \left(X_{ij} - \overline{X_i}\right)$$

편차 = 집단 간 편차 + 집단 내 편차

단, 첨자 i는 처리(수준 : 1 ~ 3), 첨자 j는 수준별 관찰(표본 : 1 ~ 7)값

양변을 제곱하면 정리하면 다음과 같다.

$$(X_{ij} - \overline{X})^2 = \left[\left(\overline{X_i} - \overline{X}\right) + \left(X_{ij} - \overline{X_i}\right) \right]^2$$
$$= \left(\overline{X_i} - \overline{X}\right)^2 + 2(\overline{X_i} - \overline{X})(X_{ij} - \overline{X_i}) + (X_{ij} - \overline{X_i})^2$$

양변에 $\sum_{i=1}^{3}\sum_{j=1}^{7}$로 정리하면 다음과 같다.

$$\sum_{i=1}^{3}\sum_{j=1}^{7}(X_{ij} - \overline{X})^2 = \sum_{i=1}^{3}\sum_{j=1}^{7}\left[\left(\overline{X_i} - \overline{X}\right) + \left(X_{ij} - \overline{X_i}\right) \right]^2$$
$$= \sum_{i=1}^{3}\sum_{j=1}^{7}\left[\left(\overline{X_i} - \overline{X}\right)^2 + 2(\overline{X_i} - \overline{X})(X_{ij} - \overline{X_i}) + (X_{ij} - \overline{X_i})^2 \right]$$
$$= \sum_{i=1}^{3}\sum_{j=1}^{7}\left(\overline{X_i} - \overline{X}\right)^2 + 2\sum_{i=1}^{3}\sum_{j=1}^{7}\left(\overline{X_i} - \overline{X}\right)\left(X_{ij} - \overline{X_i}\right) + \sum_{i=1}^{3}\sum_{j=1}^{7}\left(X_{ij} - \overline{X_i}\right)^2$$

그런데 $\sum_{i=1}^{3}\sum_{j=1}^{7}\left(\overline{X_i} - \overline{X}\right)\left(X_{ij} - \overline{X_i}\right) = 0$이므로

$$\sum_{i=1}^{3}\sum_{j=1}^{7}(X_{ij} - \overline{X})^2 = 7\sum_{i=1}^{3}\left(\overline{X_i} - \overline{X}\right)^2 + \sum_{i=1}^{3}\sum_{j=1}^{7}\left(X_{ij} - \overline{X_i}\right)^2 \text{이다.}$$

전체 제곱 합(TSS) = 처리 제곱 합(SST) + 오차 제곱 합(SSE)

〈참고〉 전체 제곱 합(TSS : total sum of squares)이라고 하며 TSS로 나타낸다. 처리 제곱 합(SST : Sum of Squares for Treatments)은 각 표본 평균들이 표본평균의 평균으로부터 얼마나 떨어져 있는지를 각 표본의 크기에 가중치로 하여 더한 값으로 각 표본 평균들이 분포해 있는 중심 위치(=표본 평균들의 평균)를 표시할 수 있으며, 각 표본 평균들이 이 중심 위치에 가깝게 위치할수록 n개의 모평균은 같다고 판단할 수 있는 통계적 판단 근거가 되며, SST로 나타낸다.

표본 \ 교수법	요인		
	강의(X_1)	실습(X_2)	강의 + 실습(X_3)
학생 1	$X_{11} = 3.7$	$X_{21} = 3.7$	$X_{31} = 3.9$
학생 2	$X_{12} = 3.6$	$X_{22} = 3.8$	$X_{32} = 3.9$
학생 3	$X_{13} = 3.8$	$X_{23} = 3.8$	$X_{33} = 4.2$
학생 4	$X_{14} = 3.5$	$X_{24} = 4.1$	$X_{34} = 4.0$
학생 5	$X_{15} = 4.0$	$X_{25} = 3.6$	$X_{35} = 3.9$
학생 6	$X_{16} = 3.2$	$X_{26} = 3.7$	$X_{36} = 3.8$
학생 7	$X_{17} = 3.9$	$X_{27} = 3.8$	$X_{37} = 3.8$
평균	$E(X_1) = \overline{X_1}$	$E(X_2) = \overline{X_2}$	$E(X_3) = \overline{X_3}$
분산	$V(X_1)$	$V(X_2)$	$V(X_3)$

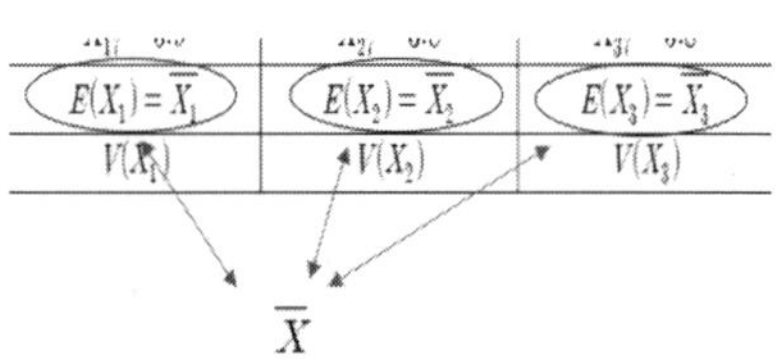

$$SST = 7\sum_{i=1}^{3}\left(\overline{X_i} - \overline{X}\right)^2$$

오차 제곱 합(SSE : Sum of Squares for Error)은 각각의 표본들이 편차로부터 얼마나 떨어져 있는지를 나타내는 분산을 의미한다. 또한 이는 설명되지 않는 현상이라 해서 오차(Error)라 부른다. 즉, SSE는 표본을 무작위로 추출해서 나타난 오차이기 때문에 이것이 어떤 의미를 갖는지 알 수가 없다. 단지 설명할 수 없는 어떤 오차이며, SSE로 나타낸다.

이러한 사항을 정리하여 다음과 같은 분산분석표(ANOVA table)를 나타낼 수 있다.

표 10-4 분산분석표

분산	제곱의 합	자유도	제곱 평균	F 비
집단 간 변동 (처리 또는 수준)	$SST=\sum_j \sum_i (X_{ij}-\overline{X})^2$	$r-1$ (r : 수준)	$MST=\dfrac{SST}{r-1}$	$\dfrac{MST}{MSE}$
집단 내 변동 (오차 변동, 잔차)	$SSE=\sum_j \sum_i (X_{ij}-\overline{X}_j)^2$	$n-r$	$MSE=\dfrac{SSE}{n-r}$	
전체 변동	$TSS=\sum_j \sum_i (X_{ij}-\overline{X})^2$	$n-1$ (n : 표본 수)		

〈표 10-4〉에서 집단 간 변동 (처리 또는 수준)은 SST(Sum of Squares of Between Treatment)라 하며 수준(r)별 관찰 수를 나타내며, 평균이 전체평균으로부터 떨어져 있는 정도를 나타내는 것으로 설명이 가능한 변동의 크기이며, SST의 자유도는 $r-1$이다.

분산분석은 F-분포와 연관이 되며, 위에서 구한 집단 내 편차 $\sum_{j=1}^{7}\sum_{i=1}^{3}(X_{ij}-\overline{X_j})^2$과 집단 간 편차 $\sum_{j=1}^{7}\sum_{i=1}^{3}(X_j-\overline{X})^2$의 비율 $F=\dfrac{\text{표본평균 간 분산}}{\text{표본평균 내 분산}}=\dfrac{\text{집단간 변동}}{\text{집단 내 변동}}$의 크기로 가설을 검정하게 되며, EXCEL을 이용하여 구할 수 있다.

분산분석을 실시하기 위해서는 평균과 분산에 대한 몇 가지 가정이 일치해야 한다. 따라서 분산분석법은 다음과 같은 가정을 바탕으로 한다.

첫째, 집단 간 서로 독립적이어야 한다. (Independence)

둘째, 표본평균의 분포가 정규분포를 따라야 한다. (Normally Distributed)

분산분석의 대상이 되는 모집단은 정규분포를 가정하고 있다. 따라서 F-통계량을 이용한 검증이 가능하게 된다.

셋째, 집단들은 모두 같은 분산을 가져야 한다. (Homogeneity of Variance)

집단들의 분산이 같지 않으면 분산을 사용하는 분산분석법을 사용하여 집단들의 검정을 할 수 없다.

10-2. 일원 분산분석

일원 분산분석은 교수법에 따른 만족도 차이를 비교하는 앞 절의 예와 같이 한 개의 요인에 대해 3개 이상의 평균을 비교할 때 사용한다.

예제 1 어떤 교수법이 학생들의 학업 만족도에 효과가 있는지를 알아보는 실험을 한다고 할 때, 컴퓨터공학과에서 개설한 3개의 강좌를 동시에 수강하고 있는 학생 7명에 대하여 학업 만족도 실험에 참여하여 3가지 교수법(강의 위주, 실습 위주, 강의와 실습 혼합)에 대한 학업 만족도를 측정한 결과가 아래의 표와 같다고 한다. 3가지 교수법에 대한 평균 만족도 차이가 있는지 유의수준 5% 하에서 검정하시오.

교수법 / 표본	요인		
	강의(X_1)	실습(X_2)	강의 + 실습(X_3)
학생 1	$x_{11}=3.7$	$x_{21}=3.7$	$x_{31}=3.9$
학생 2	$x_{12}=3.6$	$x_{22}=3.8$	$x_{32}=3.9$
학생 3	$x_{12}=3.8$	$x_{23}=3.8$	$x_{33}=4.2$
학생 4	$x_{14}=3.5$	$x_{24}=4.1$	$x_{34}=4.0$
학생 5	$x_{15}=4.0$	$x_{25}=3.6$	$x_{35}=3.9$
학생 6	$x_{16}=3.2$	$x_{26}=3.7$	$x_{36}=3.8$
학생 7	$x_{17}=3.9$	$x_{27}=3.8$	$x_{37}=3.8$

풀이 위의 예제는 요인이 1개(교수법), 수준은 3개이므로 일원 분산분석을 실시하며, 자료를 EXCEL에 입력합니다.

1단계 : 가설을 설정하여야 한다.

귀무가설 $H_0 : \mu_1 = \mu_2 = \mu_3$

(교수법에 상관없이 만족도 평균은 모두 같다)

대립가설 H_1 : μ_1, μ_2, μ_3 중 적어도 어느 하나의 평균은 다르다.

단, μ_1 : 강의 평균, μ_2 : 실습 평균, μ_3 : 강의+실습 평균

2단계 : EXCEL/데이터/데이터분석/분산분석 : 일원 배치법/확인 클릭

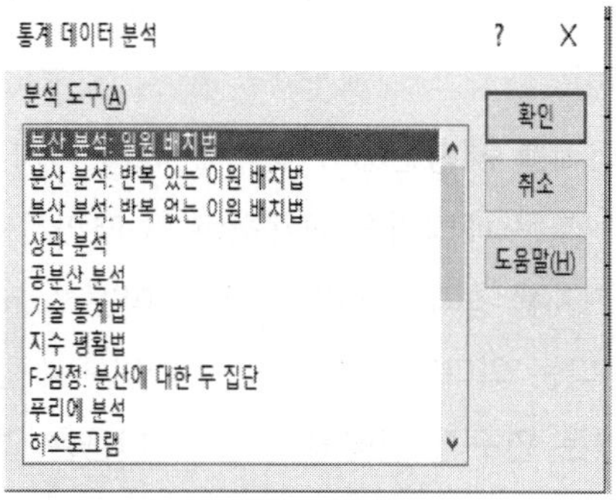

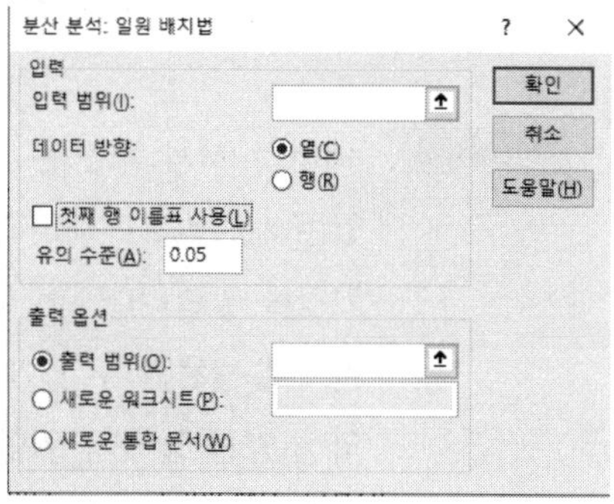

3단계 : EXCEL/데이터/데이터분석/분산분석 : 일원 배치법/대화상자 입력

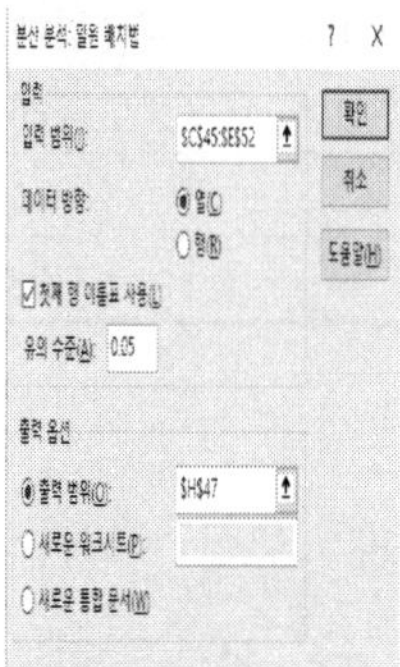

대화상자	의미와 입력값
입력범위	요인 전체 드래그
데이터 방향	세로(열)
이름표	변수의 입력 범위에 제목이 포함되면 체크(∨) 변수의 입력 범위에 제목이 포함되지 않으면 체크 X
유의수준	0.05(기본) 만약 문제에서 유의수준 3%인 경우, 0.03으로 변경
출력 범위	결과를 출력할 셀(또는 시트)의 위치

분산 분석: 일원 배치법

요약표

인자의 수준	관측수	합	평균	분산
강의	7	25.7	3.671	0.072
실습	7	26.5	3.786	0.025
강의 + 실습	7	27.5	3.929	0.019

분산 분석

변동의 요인	제곱합	자유도	제곱 평균	F 비	P-값	F 기각치
처리	0.232	2	0.116	3	0.075	3.555
잔차	0.697	18	0.039			
계	0.930	20				

4단계 : 분산분석 : 일원배치법 /결과

5단계 : 검정 결과

결론적으로 $p = 0.075$로 유의수준 0.05보다 크므로 귀무가설을 채택한다. 따라서 교수법에 따른 만족도의 평균은 모두 같은 것으로 나타났다. 또는 F 비가 3이고 기각 영역이 3.5이므로 귀무가설을 채택한다. 따라서 교수법에 따른 만족도의 평균은 모두 같은 것으로 나타났다.

예제 2 '배터리 사용 시간'은 배터리를 재충전해야 하기 전까지 기기를 실행시킬 수 있는 시간이고, '배터리 수명'은 배터리를 교체해야 할 때까지 사용할 수 있는 기간을 말합니다. 이 두 가지를 최대화한다는 것은, 어떤 Apple 기기든 최대한으로 활용할 수 있게 된다는 의미입니다. 이러한 의미에서 업체별로 배터리의 수명을 늘리기 위한 많은 연구가 진행되고 있다. 다음은 업체별로 스마트폰 배터리의 수명을 조사한 결과가 다음과 같을 때, 4개 업체별 배터리의 수명이 같은지 유의수준 5%에서 검정하시오. 단, 단위는 시간이다.

업체 1	업체 2	업체 3	업체 4
38	32	31	36
37	29	32	35
34	31	29	38

풀이 1단계 : 가설을 설정하여야 한다.

귀무가설 $H_0 : \mu_1 = \mu_2 = \mu_3 = \mu_4$

(업체별 배터리 수명의 평균은 모두 같다)

대립가설 $H_1 : \mu_1, \mu_2, \mu_3, \mu_4$ 중 적어도 어느 한 업체의 평균은 다르다.

2단계 : EXCEL/데이터/데이터분석/분산분석 : 일원배치법/확인 클릭

분산 분석: 일원 배치법

요약표

인자의 수준	관측수	합	평균	분산
업체 1	4	155	38.75	26.25
업체 2	4	115	28.75	16.25
업체 3	4	125	31.25	2.916667
업체 4	4	151	37.75	9.583333

분산 분석

변동의 요인	제곱합	자유도	제곱 평균	F 비	P-값	F 기각치
처리	286.75	3	95.583	6.952	0.006	3.490
잔차	165	12	13.75			
계	451.75	15				

검정 결과 $p=0.06$은 유의수준 0.05보다 크므로 귀무가설을 기각하고 대립가설을 채택하므로, 4개 업체별 배터리의 평균 수명이 같지 않다.

10-3. 이원 분산분석

일원 분산분석은 한 개의 요인에 대해 3개 이상의 평균을 비교할 때 사용한다. [예제 1]에서는 컴퓨터공학과의 교수법에 따른 만족도 차이를 비교하였지만 이러한 교수법을 진행하는 타 학과와의 만족도 비교 차이를 조사해볼 필요가 있다. 교수법은 학과별 또는 학부 계열별로 다양한 요인이 발생하는 관계로 2개의 요인에 의해 차이가 날 것이라 보고 분석하는 경우를 이원분산분석이라고 한다.

10-3-1. 반복이 없는 이원 분산분석

교수법은 [예제 1]과 같이 요인이 1개인 일원 분산분석을 시행하였지만, 교수법은 학과의 특성에 영향을 받을 수 있기에 요인이 2개 (교수법, 학과)인 분산분석으로 실험하는 것이 다양한 연구에서 도움을 줄 것으로 기대된다.

이러한 경우의 분산분석을 반복이 없는 이원 분산분석(임의 블록설계법) 이라고 한다.

반복이 없는 이원 분산분석은 처리 이전에 실험 단위들을 유사한 것으로 블록화하여 블록과 관련된 변동을 오차 변동에서 분리하여 오차 변동을 작게 하고 분산분석의 결과에 대한 정도를 높게 할 수 있는 방법으로 변동은 다음과 같이 구분된다.

표 10-5 전체 변동 차이

구분	전체 변동(TSS)
일원 분산분석	집단 간 변동(SST) + 오차 변동(SSE)
반복이 없는 이원 분산분석	집단 간 변동(SST) + 블록 간 변동(SSB) +오차 변동(SSE)

따라서 반복이 없는 이원 분산분석에서 가설은 요인이 2개이므로 각각의 경우에 가설을 설정하여야 하며, 분산분석표에도 요인별 분산분석의 결과가 나타나므로 F값 또는 p값을 가지고 검정하여야 한다.

표 10-6 반복이 없는 이원 분산분석 결과

변동의 요인	제곱합	자유도	평균 제곱	F값
집단 간 (요인 1)	SST	$r-1(r$: 수준)	$MST=\dfrac{SST}{r-1}$	$\dfrac{MST}{MSE}$
블록 간 (요인 2)	SSB	$b-1(b$: 블록)	$MSB=\dfrac{SSB}{b-1}$	$\dfrac{MSB}{MSE}$
오차	SSE	$(r-1)(b-1)$	$MSE=\dfrac{SSE}{(r-1)(b-1)}$	
전체	TSS	$rb-1$		

예제 3 어떤 교수법이 학생들의 학업 만족도에 효과가 있는지를 알아보는 실험을 한다고 할 때, 대학에서 진행한 3개의 강좌를 동시에 수강하고 있는 학과들을 조사하여 학업 만족도 실험에 참여하여 3가지 교수법(강의 위주, 실습 위주, 강의와 실습 혼합)에 대한 학업 만족도를 측정한 결과가 표에서와 같다고 한다. 3가지 교수법에 대하여 학과별 평균 만족도 차이가 있는지 가설을 세우고 유의수준 5% 하에서 검정하시오.

교수법 / 학과	요인		
	강의(X_1)	실습(X_2)	강의 + 실습(X_3)
컴퓨터공학과	$x_{11}=3.7$	$x_{21}=3.7$	$x_{31}=3.9$
소프트 학과	$x_{12}=3.6$	$x_{22}=3.8$	$x_{32}=3.9$
정보통신학과	$x_{12}=3.8$	$x_{23}=3.8$	$x_{33}=4.2$

풀이 위의 예제는 요인이 2개(교수법, 학과), 수준은 3개이므로 반복이 없는 이원 분산분석을 실시하며, 자료를 EXCEL에 입력합니다.

1단계 : 가설을 설정하여야 한다.

〈가설 1〉

귀무가설 : H_0 : $\mu_1=\mu_2=\mu_3$(교수법의 평균은 모두 같다)

대립가설 : H_1 : μ_1, μ_2, μ_3 중 적어도 어느 하나의 평균은 다르다.

단, μ_1 : 강의 평균, μ_2 : 실습 평균, μ_3 : 강의+실습 평균

〈가설 2〉

귀무가설 : H_0 : $\mu_{컴}=\mu_{소}=\mu_{정}$(학과 만족도 평균은 모두 같다)

대립가설 : H_1 : $\mu_{컴}, \mu_{소}, \mu_{정}$ 중 적어도 어느 하나의 평균은 다르다.

단, $\mu_{컴}$: 컴퓨터공학, $\mu_{소}$: 소프트 학과, $\mu_{정}$: 정보통신학과

2단계 : EXCEL/데이터/데이터분석/분산분석 : 반복 없는 이원 배치법/확인 클릭

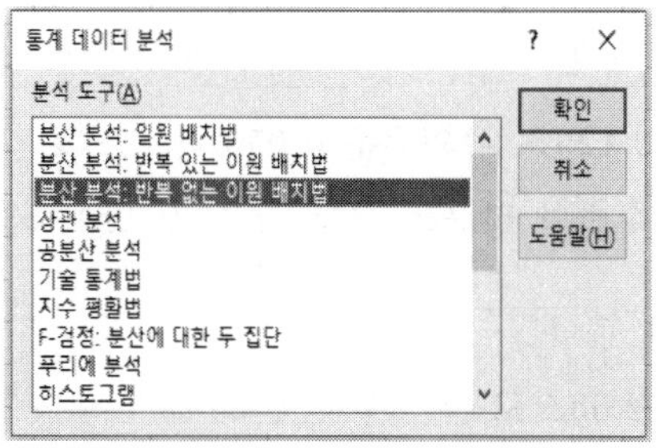

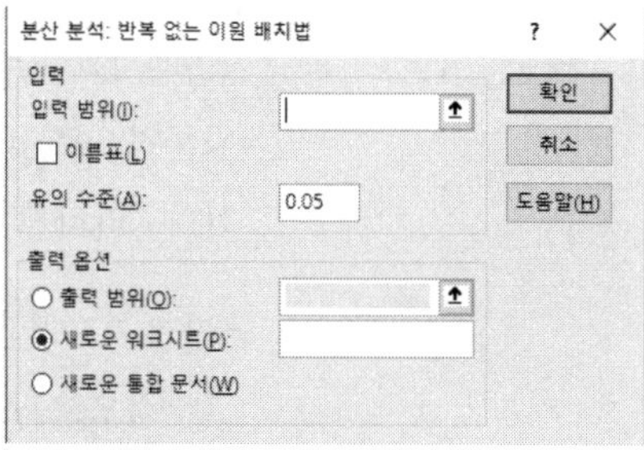

3단계 : EXCEL/데이터/데이터분석/분산분석 : 반복 없는 이원배치법/대화상자 입력

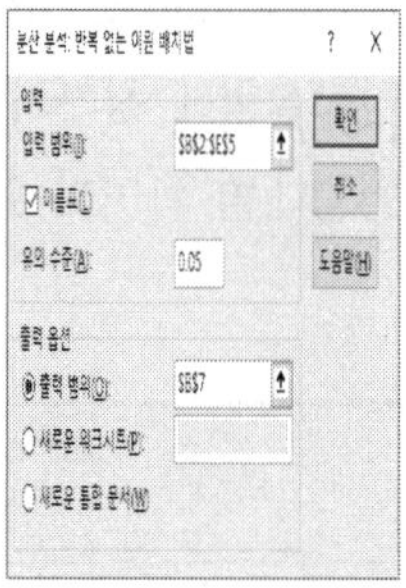

대화상자	의미와 입력값
입력범위	
이름표	변수의 입력 범위에 제목이 포함되면 체크(∨) 변수의 입력 범위에 제목이 포함되지 않으면 체크 X
유의수준	0.05(기본) 만약 문제에서 유의수준 3%인 경우, 0.03으로 변경
출력 범위	결과를 출력할 셀(또는 시트)의 위치

분산 분석: 반복 없는 이원 배치법

요약표	관측수	합	평균	분산
컴퓨터	3	11.3	3.767	0.013
소프트	3	11.3	3.767	0.023
정보통신	3	11.8	3.933	0.053
강의	3	11.1	3.7	0.01
실습	3	11.3	3.767	0.003
강의 + 실습	3	12	4	0.03

분산 분석

변동의 요인	제곱합	자유도	제곱 평균	F 비	P-값	F 기각치
인자 A(행)	0.056	2	0.0278	3.5714	0.1289	6.9443
인자 B(열)	0.149	2	0.0744	9.5714	0.0299	6.9443
잔차	0.031	4	0.0078			
계	0.236	8				

4단계 : 분산분석 : 반복없는 이원배치법 /결과

〈참고〉 인자 A(행) : 행으로 기록된 결과 분석 ⇐ 교수법 분석
인자 B(열) : 열로 기록된 결과 분석 ⇐ 학과별 분석

5단계 : 검정 결과 기록

〈가설 1〉 교수법 분석

결론적으로 $p = 0.129$로 유의수준 0.05보다 크므로 귀무가설을 채택한다. 따라서 교수법의 평균은 모두 같은 것으로 나타났다.

〈가설 2〉 학과별 분석

결론적으로 $p = 0.03$으로 유의수준 0.05보다 작으므로 귀무가설을 기각하고 대립가설을 채택한다. 따라서 교수법에 따라 학과별 만족도의 평균은 다른 것으로 나타났다.

예제 4 4가지 종류의 혈압약을 비교하기 위해 혈압이 160mmHg 이상인 사람을 30대, 40대, 50대, 60대인 연령대별로 4명씩 임상실험에 참가하여 감소한 혈압이 다음 표와 같았다. 4가지 혈압약 사이에 연령대별 차이가 있는지 유의수준 5%로 검정하시오.

혈압약 / 연령대별	1	2	3	4
30대	21	20	14	23
40대	26	16	12	23
50대	24	19	12	24
60대	25	20	14	15

풀이 요인이 2가지이므로 가설을 2개 세워야 한다.

1단계 : 가설을 설정하여야 한다.

〈가설 1〉

귀무가설 : $H_0 : \mu_1 = \mu_2 = \mu_3 = \mu_4$(혈압약의 평균은 모두 같다)

대립가설 : $H_1 : \mu_1, \mu_2, \mu_3, \mu_4$ 중 적어도 어느 하나의 평균은 다르다.

〈가설 2〉

귀무가설 : H_0 : $\mu_{30대} = \mu_{40대} = \mu_{50대} = \mu_{60대}$

(연령대별 평균은 모두 같다)

대립가설 : H_1 : $\mu_{30대}, \mu_{40대}, \mu_{50대}, \mu_{60대}$

중 적어도 어느 하나의 평균은 다르다.

2단계 : EXCEL/데이터/데이터분석/분산분석 : 반복 없는 이원 배치법/확인 클릭

분산 분석: 반복 없는 이원 배치법

요약표	관측수	합	평균	분산
30대	4	78	19.5	15
40대	4	77	19.25	40.91667
50대	4	79	19.75	32.25
60대	4	74	18.5	25.66667
1	4	96	24	4.666667
2	4	75	18.75	3.583333
3	4	52	13	1.333333
4	4	85	21.25	17.58333

분산 분석

변동의 요인	제곱합	자유도	제곱 평균	F 비	P-값	F 기각치
인자 A(행)	3.5	3	1.167	0.135	0.937	3.863
인자 B(열)	263.5	3	87.833	10.135	0.003	3.863
잔차	78	9	8.667			
계	345	15				

검정 결과는 P-값은 인자 A(행)은 0.05보다 크고, 인자 B(열)은 0.05보다 적다. 그러므로 혈압약의 종류별 검정 결과는 귀무가설을 채택하여 혈압약에는 차이가 없고(인자 A(행)), 연령대별 혈압약의 종류에 따라 차이가 있음(인자 B(열))을 알 수 있다.

〈참고〉 크롬바흐 알파(Cronbach's α) 계수

Cronbach α는 설문 신뢰도를 측정하는 도구이며 제3장에서는 아래와 같은 복잡하고 어려운 계산방법을 도입하였으나, 반복없는 이원배치법을 이용하면 쉽게 계산할 수 있다.

〈계산 공식〉 $Cronbach'\alpha = [\text{문항수} \div (\text{문항수} - 1)] \times [1 - \frac{\text{분산합}}{\text{합계의 분산}}]$

$Cronbach\ \alpha$는 EXCEL/데이터/데이터분석/분산분석 : 반복 없는 이원 배치법의 분산분석표를 이용하여 [예제 3]에서 반복이 없는 이원 분산 분석의 결과에서 다음과 같이 계산할 수 있다.

분산 분석						
변동의 요인	제곱합	자유도	제곱 평균	F 비	P-값	F 기각치
인자 A(행)	0.056	2	0.0278	3.5714	0.1289	6.9443
인자 B(열)	0.149	2	0.0744	9.5714	0.0299	6.9443
잔차	0.031	4	0.0078			
계	0.236	8				
크론바흐 알파		=1-E23/E21				

따라서 $Cronbach\ \alpha = 1 - \dfrac{0.00078}{0.0278} = 0.72$이다.

예제 5 기본 집합 능력의 5개 요인(자연수, 정수, 소수, 제곱근, 유리수, 무리수)에 대한 119명의 설문조사 결과가 다음과 같을 때, 설문조사 결과에 대한 신뢰도를 검증하시오.

기본 집합 능력						기본 집합 능력					
자연수	정수	소수	제곱근	유리수	무리수	자연수	정수	소수	제곱근	유리수	무리수
4	4	3	3	3	2	3	3	3	3	3	3
2	3	3	4	3	3	3	3	2	2	2	2
5	5	5	5	5	1	4	4	3	4	3	3
3	3	3	3	3	3	5	2	2	5	4	4
1	1	1	1	1	1	5	5	3	4	4	4
3	3	4	4	3	3	5	5	5	5	5	4
5	5	4	5	5	4	3	3	3	3	2	2
1	1	1	1	1	1	5	5	4	5	3	3
4	4	4	4	2	2	5	5	5	5	5	5
1	1	1	1	1	1	4	4	4	4	3	2
5	5	5	5	5	5	3	3	3	3	2	2
4	3	5	4	3	3	4	4	5	5	4	3
5	5	5	5	3	3	5	4	4	5	4	4
3	3	3	3	3	3	4	4	3	4	2	2
3	3	4	3	3	3	5	5	5	5	5	5
3	3	2	2	2	2	5	5	5	5	5	5
3	3	3	3	3	3	4	4	3	4	2	2
1	1	1	2	2	2	3	3	3	3	2	2
3	3	3	3	3	3	5	5	5	5	5	5
5	5	5	5	5	5	4	4	3	2	2	2
2	3	2	3	1	1	4	4	4	4	4	4

풀이 *Cronbach* α는 EXCEL/데이터/데이터분석/분산분석 : 반복 없는 이원 배치법의 분산분석표를 이용하여 다음과 같이 구할 수 있다.

검정 결과는 다음과 같다.

변동의 요인	제곱 합	자유도	제곱 평균	F 비	P-값	F 기각치
인자 A(행)	621.82	118	5.27	11.28	0.00	1.26
인자 B(열)	63.57	4	15.89	34.03	0.00	2.39
잔차	220.43	472	0.47			
계	905.82	594				

따라서 *Cronbach* $\alpha = 1 - \frac{0.47}{5.27} = 0.91$이므로, 신뢰도가 매우 높다는 것을 의미한다.

10-3-2. 반복이 있는 이원 분산 분석

반복이 있는 이원 분산 분석은 반복이 없는 이원 분산 분석에 가설을 하나 더 추가하는 것으로 교호작용(또는 상호작용, interaction)을 확인할 수 있다는 장점이 있습니다.

교호작용이란 2개의 요인이 서로 동시에 작용하면서 나타나는 처리 효과의 변화를 의미하며, 상승효과 또는 하강 효과를 나타냅니다.

교호작용을 1차 함수의 그래프로 비교하면 다음과 같습니다.

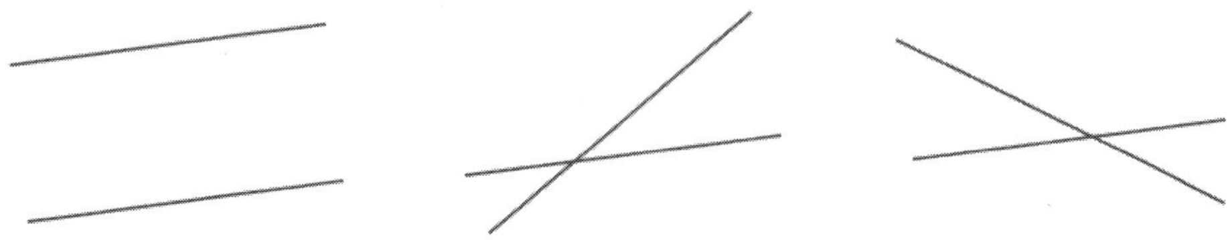

교호작용 없음　　상승효과　　하강 효과

교호작용은 가설을 설정할 때, α는 첫 번째 인자의 효과, β는 두 번째 인자의 효과를 나타내며, $(\alpha\beta)_{ij}$가 같다는 것은 모든 수준별 교호작용이 없다는 것을 의미한다.

예제 6 어떤 교수법이 학생들의 학업 만족도에 효과가 있는지를 알아보는 실험을 한다고 할 때, 대학에서 진행한 3개의 강좌를 동시에 수강하고 있는 학과의 학생들을 조사하여 학업 만족도 실험에 참여하여 3가지 교수법(강의 위주, 실습 위주, 강의와 실습 혼합)에 대한 학업 만족도를 측정한 결과가 다음과 같다고 한다. 3가지 교수법에 대하여 학과별 평균 만족도 차이가 있는지 가설을 세우고 유의수준 5% 하에서 검정하시오.

학과 \ 교수법		요인		
		강의(X_1)	실습(X_2)	강의 + 실습(X_3)
컴퓨터공학과	1	$x_{11}=3.7$	$x_{21}=3.7$	$x_{31}=3.9$
	2	$x_{12}=3.6$	$x_{22}=3.8$	$x_{32}=3.9$
	3	$x_{12}=3.8$	$x_{23}=3.8$	$x_{33}=4.2$
소프트학과	1	$x_{14}=3.5$	$x_{24}=3.8$	$x_{34}=3.9$
	2	$x_{15}=3.6$	$x_{25}=3.9$	$x_{35}=4.1$
	3	$x_{16}=3.9$	$x_{26}=3.8$	$x_{36}=4.1$
정보통신학과	1	$x_{17}=3.7$	$x_{27}=3.8$	$x_{37}=4.1$
	2	$x_{18}=3.6$	$x_{28}=4.1$	$x_{38}=3.9$
	3	$x_{19}=3.8$	$x_{29}=3.9$	$x_{39}=4.1$

풀이 위의 예제는 요인이 2개(교수법, 학과)인 반복이 있는 이원 분산분석을 실시하며, 자료를 EXCEL에 입력합니다.

1단계 : 가설을 설정하여야 한다.

〈가설 1〉

귀무가설 : $H_0 : \mu_1 = \mu_2 = \mu_3$

(교수법에 상관없이 만족도 평균은 모두 같다)

대립가설 : $H_1 : \mu_1, \mu_2, \mu_3$ 중 적어도 어느 하나의 평균은 다르다.

단, μ_1 : 강의 평균, μ_2 : 실습 평균, μ_3 : 강의+실습 평균

〈가설 2〉

귀무가설 : $H_0 : \mu_{컴} = \mu_{소} = \mu_{정}$

(학과에 상관없이 만족도 평균은 모두 같다)

대립가설 : H_1 : $\mu_{컴}, \mu_{소}, \mu_{정}$ 중 적어도 어느 하나의 평균은 다르다.

단, $\mu_{컴}$: 컴퓨터공학, $\mu_{소}$: 소프트학과, $\mu_{정}$: 정보통신학과

〈가설 3〉

귀무가설 : H_0 : 모든 $(\alpha\beta)_{ij}$는 같다.

대립가설 : H_1 : $(\alpha\beta)_{ij}$ 중 적어도 하나는 나머지와 다르다.

2단계 : EXCEL/데이터/데이터분석/분산분석 : 반복 있는 이원 배치법/확인 클릭

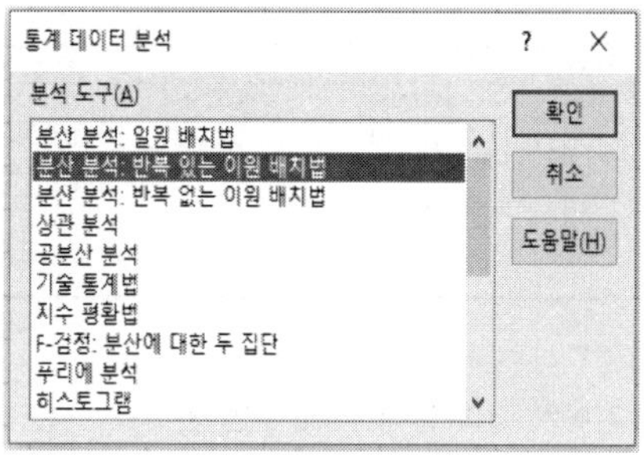

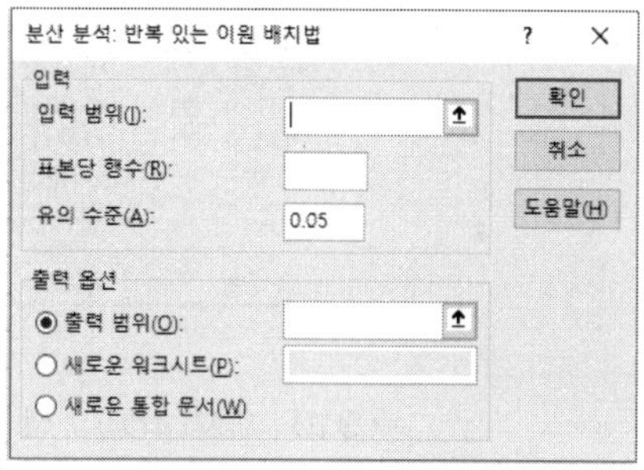

3단계 : EXCEL/데이터/데이터분석/분산분석 : 반복 있는 이원 배치법/대화상자 입력

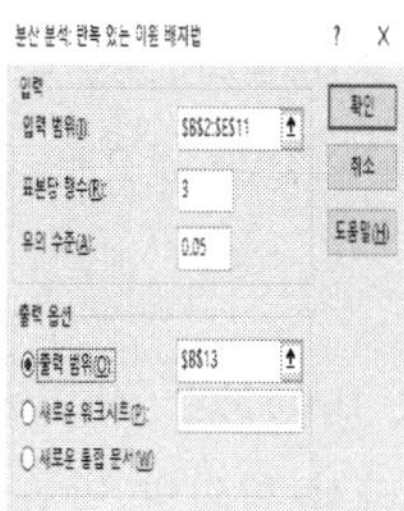

대화상자	의미와 입력값
입력범위	요인이 포함된 전체 범위 드래그
표본당 행수	학과별 표본의 수 3
유의수준	0.05(기본) 만약 문제에서 유의수준 3%인 경우, 0.03으로 변경
출력범위	결과를 출력할 셀(또는 시트)의 위치

4단계 : 분산분석 : 반복 있는 이원 배치법/결과

소프트						
관측수	3	3	3	9		
합	11	11.5	12.1	34.6		
평균	3.667	3.833	4.033	3.844		
분산	0.043	0.003	0.013	0.040		
정보통신						
관측수	3	3	3	9		
합	11.1	11.8	12.1	35		
평균	3.7	3.933	4.033	3.889		
분산	0.01	0.023	0.013	0.034		
계						
관측수	9	9	9			
합	33.2	34.6	36.2			
평균	3.689	3.844	4.022			
분산	0.016	0.013	0.014			
분산 분석						
변동의 요인	제곱합	자유도	제곱 평균	F 비	P-값	F 기각치
인자 A(행)	0.021	2	0.010	0.622	0.548	3.555
인자 B(열)	0.501	2	0.250	15.022	0.000	3.555
교호작용	0.026	4	0.006	0.389	0.814	2.928
잔차	0.3	18	0.017			
계	0.847	26				

〈참고〉 인자 A(행) : 행으로 기록된 결과 분석 ⇐ 교수법 분석
인자 B(열) : 열로 기록된 결과 분석 ⇐ 학과별 분석

5단계 : 검정 결과 기록

〈가설 1〉 교수법 분석

결론적으로 $p = 0.548$로 유의수준 0.05보다 크므로 귀무가설을 채택한다. 따라서 교수법의 평균은 모두 같은 것으로 나타났다.

〈가설 2〉 학과별 분석

결론적으로 $p = 0.00$으로 유의수준 0.05보다 작으므로 귀무가설을 기각하고 대립가설을 채택한다. 따라서 학과별 만족도의 평균은 다른 것으로 나타났다.

분산 분석: 반복 있는 이원 배치법				
요약표	강의	실습	강의 + 실습	계
컴퓨터				
관측수	3	3	3	9
합	11.1	11.3	12	34.4
평균	3.7	3.767	4	3.822
분산	0.01	0.003	0.03	0.029

〈가설 3〉 교호작용 분석

결론적으로 $p=0.814$으로 유의수준 0.05보다 크므로 귀무가설을 채택한다. 따라서 교수법과 학과별 만족도는 교호작용이 없는 것으로 나타났다.

제10장 연습문제

10-1. 다음은 어느 로봇학원에서 실시한 로봇학원의 만족도 중 유형성에 대한 4개의 질문 문항에 5점 척도로 27명이 응답한 다음의 결과를 얻었다고 한다. 다음 물음에 답하시오.

번호	유 형 성			
	1. 우리 학원은 로봇 교육을 위한 최신 실습 장비를 갖추고 있다.	2. 우리 학원은 급수, 냉난방, 화장실 등의 시설이 잘 갖추어져 있다.	3. 우리 학원의 내부 인테리어는 디자인도 우수하고 시각적으로도 좋다.	4. 우리 학원의 각종 시설과 장비는 사용하기 편리하게 잘 작동된다.
1	4	5	5	4
2	4	5	5	4
3	4	5	4	4
4	5	5	5	5
5	4	5	5	5
6	5	5	5	4
7	4	5	4	5
8	4	5	5	5
9	4	5	4	5
10	5	5	5	5
11	5	5	5	5
12	4	4	3	4
13	3	5	3	4
14	5	5	4	3
15	4	4	3	4
16	4	5	4	5
17	5	5	5	5
18	5	5	4	4
19	5	5	3	4
20	5	5	3	4
21	5	5	4	5
22	4	4	3	5
23	5	5	3	5
24	3	3	2	3
25	4	4	4	4
26	4	5	3	4
27	4	5	4	5

(1) 크롬바흐 α 계수를 구하시오.

(2) 유형성 문항별 평균이 같은지 유의수준 5%에서 검정하시오.

10-2. 코로나 확산으로 농가소득 중 채소류의 가격이 급등하고 있어 한 대학의 연구기관에서는 채소류의 가격을 알아보기 위하여 같은 품종의 채소류 3종류에 대한 가격을 농산물 시장에서 다음과 같이 조사하였다. 농가에서 생산되고 있는 채소류의 평균 가격이 같은지 유의수준 5%에서 검정하시오.

	채소(X_1)	채소(X_2)	채소(X_3)
1	15.5	13.7	13.9
2	13.6	16.8	14.9
3	13.8	13.8	16.2

10-3. 코로나 확산으로 농가소득 중 채소류의 가격이 급등하고 있어 한 대학의 연구기관에서는 채소류의 가격을 알아보기 위하여 3개 지역 농가에서 생산하고 있는 같은 품종의 채소류 3종류에 대한 가격을 농산물 시장에서 다음과 같이 조사하였다. 농가에서 생산되고 있는 채소류가 지역별로 채소별로 평균 가격이 같은지 유의수준 5%에서 검정하시오.

	채소(X_1)	채소(X_2)	채소(X_3)
강원	13.5	13.7	13.6
충청	13.7	15.8	13.9
경상	14.1	15.3	16.2

10-4. 코로나 확산으로 농가소득 중 채소류의 가격이 급등하고 있어 한 대학의 연구기관에서는 채소류의 가격을 알아보기 위하여 3개 지역 농가에서 생산하고 있는 같은 품종의 채소류 3종류에 대한 가격을 농산물 시장에서 다음과 같이 조사하였다. 농가에서 생산되고 있는 채소류가 지역별로 채소별로 평균 가격이 같은지 유의수준 5%에서 검정하시오.

	채소(X_1)	채소(X_2)	채소(X_3)
강원	12.9	13.7	14.1
	13.3	13.6	13.5
	13.5	13.7	13.6
충청	13.7	15.8	13.9
	14.1	15.3	16.2
	15.5	13.7	13.9
경상	13.6	16.8	14.9
	13.8	13.8	16.2
	14.1	15.3	14.3

부록

부록 1

WITH Excel 연립방정식을 EXCEL로 해결하는 방법

방법 1. 역행렬(inverse matrix)을 이용하는 방법

〈2원 1차 연립방정식의 해를 구하는 방법〉

$$\begin{cases} ax+by=p \\ cx+dy=q \end{cases} \Leftrightarrow \begin{pmatrix} a & b \\ c & d \end{pmatrix}\begin{pmatrix} x \\ y \end{pmatrix}=\begin{pmatrix} p \\ q \end{pmatrix}$$

$A=\begin{pmatrix} a & b \\ c & d \end{pmatrix}$ $X=\begin{pmatrix} x \\ y \end{pmatrix}$ $B=\begin{pmatrix} p \\ q \end{pmatrix}$라 하면, $AX=B$이고, 행렬식 D는 $D=\begin{vmatrix} a & b \\ c & d \end{vmatrix}=ad-bc$이다.

만약 $D\neq 0$이면, A^{-1}이 존재하며, $A^{-1}=\frac{1}{ad-bc}\begin{pmatrix} d & -b \\ -c & a \end{pmatrix}=\frac{1}{D}\begin{pmatrix} d & -b \\ -c & a \end{pmatrix}$이다.

따라서 $AX=B$이면, $X=A^{-1}B$이다.

key 1) 행렬(MATRIX), 역행렬(INVERSE MATRIX), 행렬식(DETERMINANT)

key 1) 행렬 A와 A^{-1}, X와 $A^{-1}B$의 크기가 같다.

key 2) $X=A^{-1}B$: 행렬 X는 역행렬 A^{-1}과 행렬 B의 곱(MULTIPLICATION)이다.

예제 1 2원 1차 연립방정식 $\begin{cases} x+y=1 \\ x-y=1 \end{cases}$일 때, x, y값을 구하시오.

풀이 주어진 식을 행렬로 표현하면, $A=\begin{pmatrix} 1 & 1 \\ 1 & -1 \end{pmatrix}$ $X=\begin{pmatrix} x \\ y \end{pmatrix}$ $B=\begin{pmatrix} 1 \\ 1 \end{pmatrix}$ 이며,

$D=\begin{vmatrix} 1 & 1 \\ 1 & -1 \end{vmatrix}=1\times(-1)-1\times 1=-2\neq 0$이고, $A^{-1}=-\frac{1}{2}\begin{pmatrix} -1 & -1 \\ -1 & 1 \end{pmatrix}$이다.

따라서 $X = A^{-1}B$이므로 $X = -\frac{1}{2}\begin{pmatrix} -1 & -1 \\ -1 & 1 \end{pmatrix}\begin{pmatrix} 1 \\ 1 \end{pmatrix} = -\frac{1}{2}\begin{pmatrix} -2 \\ 0 \end{pmatrix} = \begin{pmatrix} 1 \\ 0 \end{pmatrix}$이다.

그러므로 $x = 1$, $y = 0$이다.

WITH Excel MATRIX 함수 이용 연립방정식 구하는 방법

예제 2 2원 1차 연립방정식 $\begin{cases} x + y = 1 \\ x - y = 1 \end{cases}$일 때, x, y값을 구하시오.

풀이 $A = \begin{pmatrix} 1 & 1 \\ 1 & -1 \end{pmatrix}$ $X = \begin{pmatrix} x \\ y \end{pmatrix}$ $B = \begin{pmatrix} 1 \\ 1 \end{pmatrix}$이며,

EXCEL에 다음과 같이 쓴다.

B	C	D	E	F	G
A	1	1		B	1
	1	-1			1

A의 역행렬 A^(−1)을 구한다.

크기가 같게 설정

A	1	1
	1	-1
A^(-1)		

함수마법사/수학/MINVERSE 함수/확인

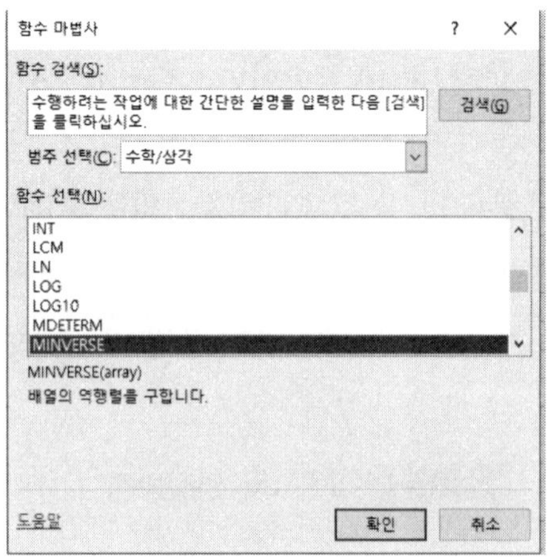

대화상자 : 행렬 A의 범위 드래그(Array : C2 : D3)/확인

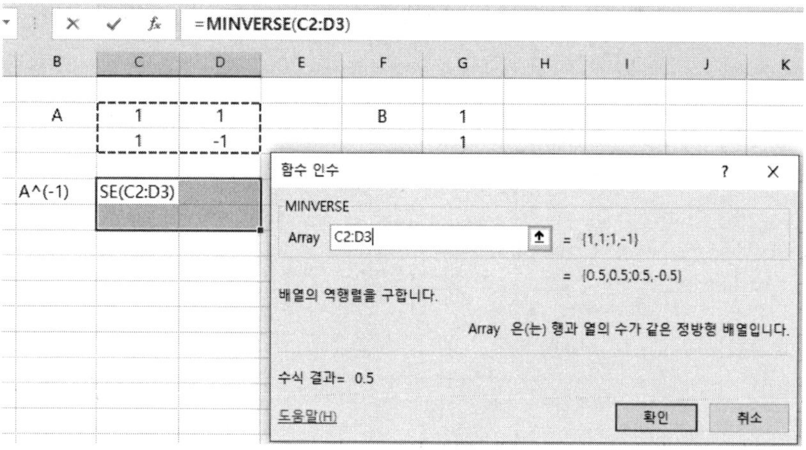

* 만약 확인으로 결과가 도출되지 않으면 CTRL+SHIFT+ENTER

A의 역행렬 A^(−1)의 결과 도출

B	C	D
A	1	1
	1	-1
A^(-1)	0.5	0.5
	0.5	-0.5

A^(−1)*B를 쓰고, 함수마법사/수학/MMULT 함수/확인

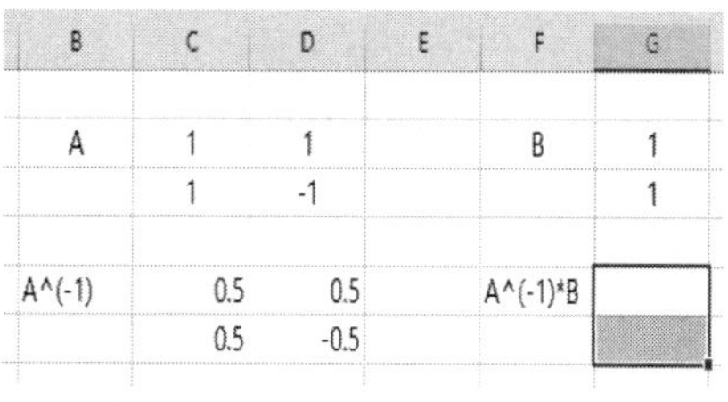

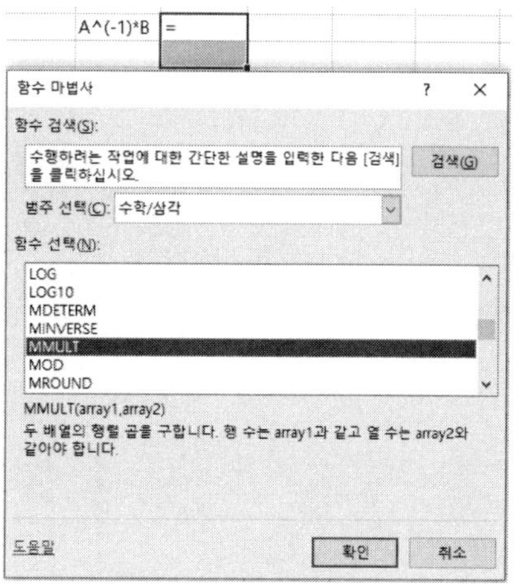

대화상자 Array 1 : 역행렬 A^(−1) /Array 2 : 행렬 B/확인

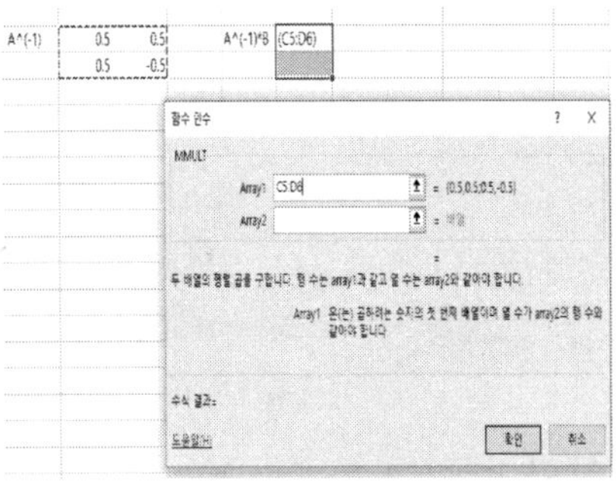

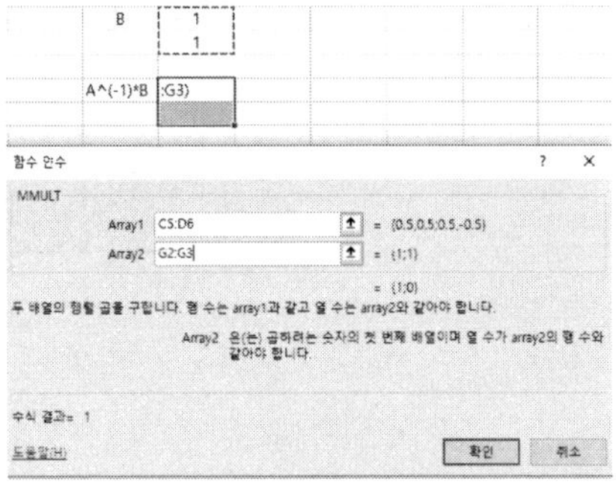

A^(-1)*B	1
	0

그러므로 $x=1$, $y=0$이다.

예제 3 다음 3원 1차 연립방정식의 해를 구하시오.

2x+3y-z=5
x-y+z=2
3x+2y-3z=-2

풀이 EXCEL을 이용하여 행렬 A와 행렬 B, A^(−1)를 쓰고, A^(−1)을 구한다.

A의 역행렬 A^(−1)을 구한다.

크기가 같게 설정

함수마법사/수학/MINVERSE 함수/확인

A	2	3	-1
	1	-1	1
	3	2	-3
A^(-1)			

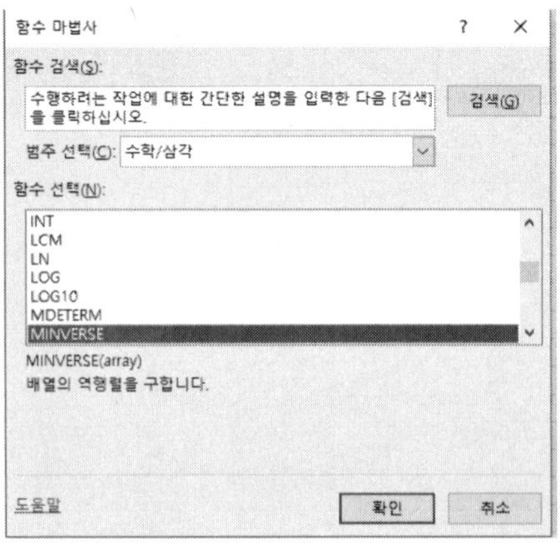

대화상자 : 행렬 A의 범위 드래그/확인

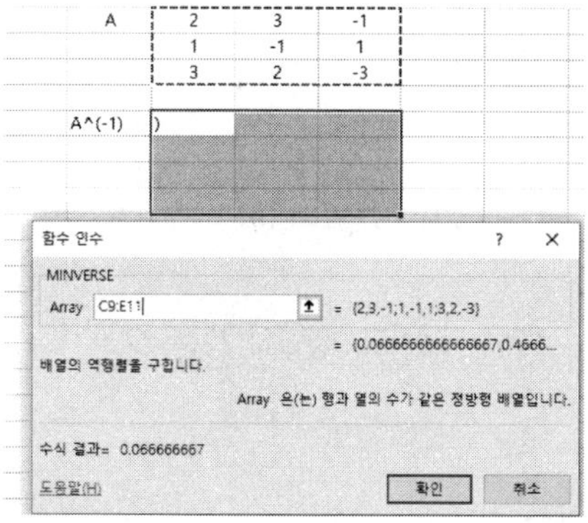

A^(-1)	0.066667	0.466667	0.133333
	0.4	-0.2	-0.2
	0.333333	0.333333	-0.33333

A^(−1)*B를 쓰고, 크기가 같게 설정 후 함수마법사/수학/MMULT 함수/확인

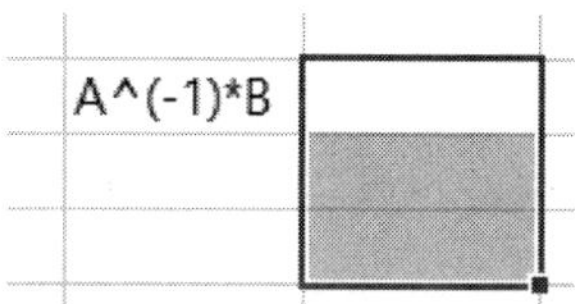

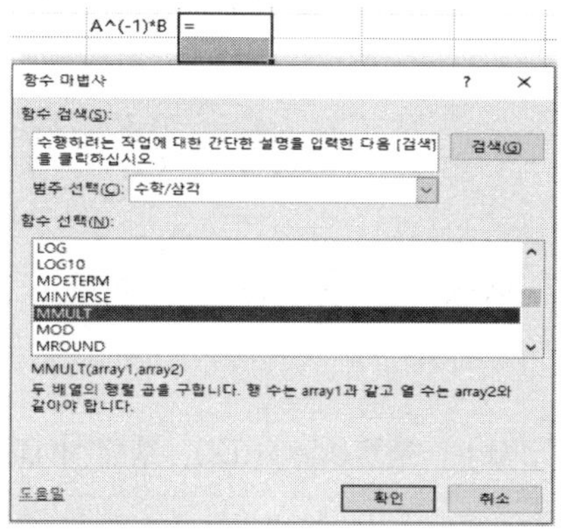

대화상자 Array 1 : 역행렬 A^(−1) /Array 2 : 행렬 B/확인

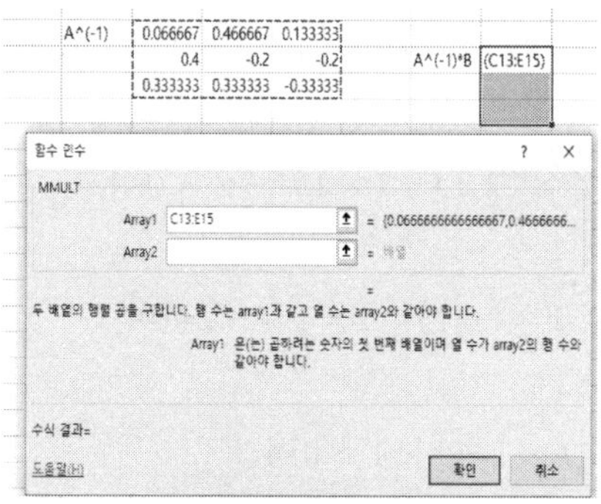

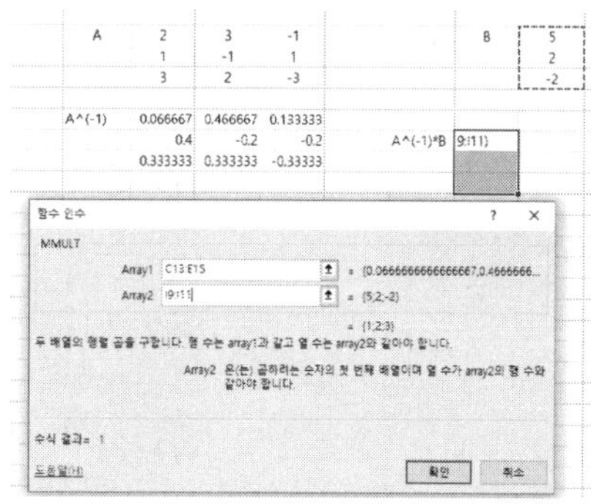

A^(-1)*B	1
	2
	3

그러므로 $x=1$, $y=2$, $z=3$이다.

방법 2. CRAMER RULE을 이용하는 방법

〈2원 1차 연립방정식의 해를 구하는 방법〉

$$\begin{cases} ax+by=p \\ cx+dy=q \end{cases} \Leftrightarrow \begin{pmatrix} a & b \\ c & d \end{pmatrix}\begin{pmatrix} x \\ y \end{pmatrix}=\begin{pmatrix} p \\ q \end{pmatrix}$$

$A=\begin{pmatrix} a & b \\ c & d \end{pmatrix}$ $X=\begin{pmatrix} x \\ y \end{pmatrix}$ $B=\begin{pmatrix} p \\ q \end{pmatrix}$라 하면, $AX=B$이고, 행렬식 D는 $D=\begin{vmatrix} a & b \\ c & d \end{vmatrix}=ad-bc$이다.

만약 $D\neq 0$이면, 해가 존재한다.

2원이므로 $D=\begin{vmatrix} a & b \\ c & d \end{vmatrix}=ad-bc\neq 0$이고

$D_1=\begin{vmatrix} p & b \\ q & d \end{vmatrix}=pd-bq$: 1열에 행렬 B의 원소 대입

$D_2=\begin{vmatrix} a & p \\ c & q \end{vmatrix}=aq-pc$: 2열에 행렬 B의 원소 대입

이때, $x=\frac{D_1}{D}$, $y=\frac{D_2}{D}$이다.

key) 행렬(MATRIX), 행렬식(DETERMINANT)

예제 4 2원 1차 연립방정식 $\begin{cases} x+y=1 \\ x-y=1 \end{cases}$일 때, x, y값을 구하시오.

풀이 주어진 식을 행렬로 표현하면, $A=\begin{pmatrix} 1 & 1 \\ 1 & -1 \end{pmatrix}$ $X=\begin{pmatrix} x \\ y \end{pmatrix}$ $B=\begin{pmatrix} 1 \\ 1 \end{pmatrix}$이며,

$D=\begin{vmatrix} 1 & 1 \\ 1 & -1 \end{vmatrix}=1\times(-1)-1\times 1=-2\neq 0$이고,

$D_1=\begin{vmatrix} 1 & 1 \\ 1 & -1 \end{vmatrix}=1\times(-1)-1\times 1=-2$이며,

$D_2=\begin{vmatrix} 1 & 1 \\ 1 & 1 \end{vmatrix}=1\times 1-1\times 1=0$이다.

따라서 $x=\frac{D_1}{D}=\frac{-2}{-2}=1$, $y=\frac{D_2}{D}=\frac{0}{-2}=0$이다.

WITH Excel **MDETERM 함수 이용 연립방정식 구하는 방법**

예제 5 2원 1차 연립방정식 $\begin{cases} x+y=1 \\ x-y=1 \end{cases}$일 때, x, y값을 구하시오.

풀이 주어진 식을 행렬로 표현하면, $A=\begin{pmatrix} 1 & 1 \\ 1 & -1 \end{pmatrix}$ $X=\begin{pmatrix} x \\ y \end{pmatrix}$ $B=\begin{pmatrix} 1 \\ 1 \end{pmatrix}$이며,

$D=\begin{pmatrix} 1 & 1 \\ 1 & -1 \end{pmatrix}$, $D_1=\begin{pmatrix} 1 & 1 \\ 1 & -1 \end{pmatrix}$, $D_2=\begin{pmatrix} 1 & 1 \\ 1 & 1 \end{pmatrix}$를 쓴다.(미지수 2개 : D_1, D_2)

EXCEL에 다음과 같이 쓴다.

B	C	D	E	F	G
A	1	1		B	1
	1	-1			1
D	1	1			
	1	-1			
D1	1	1			
	1	-1			
D2	1	1			
	1	1			

D값을 구한다.

함수마법사/수학/MDETERM 확인

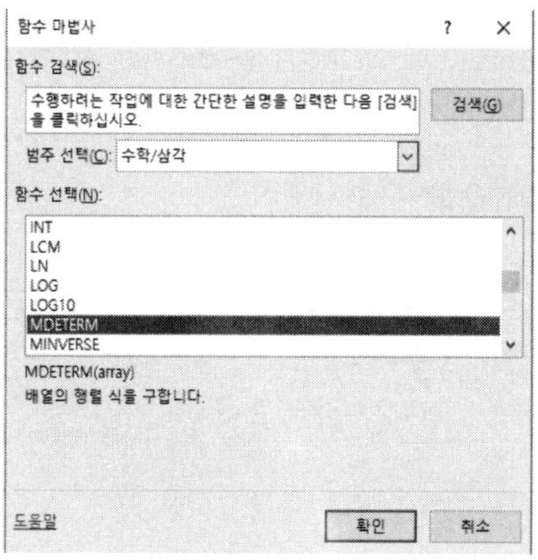

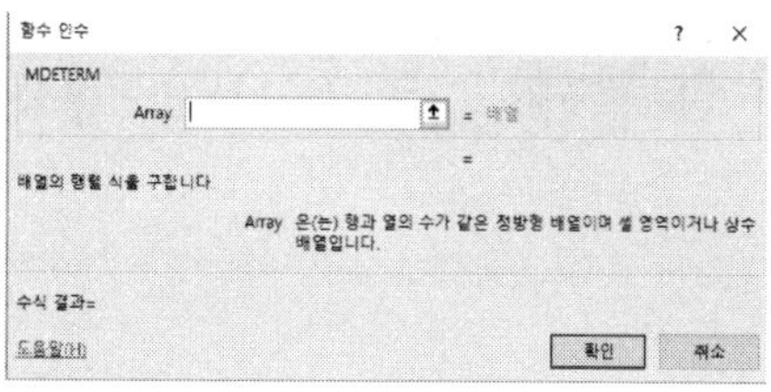

대화상자 : Array D 행렬 전체 드래그

확인 클릭 결과

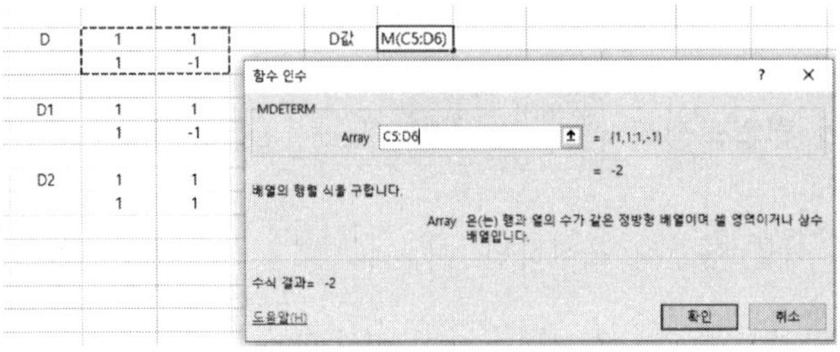

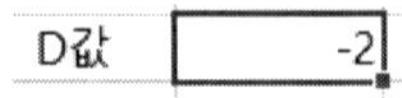

위와 마찬가지 방법으로 D_1 값과 D_2값 구함

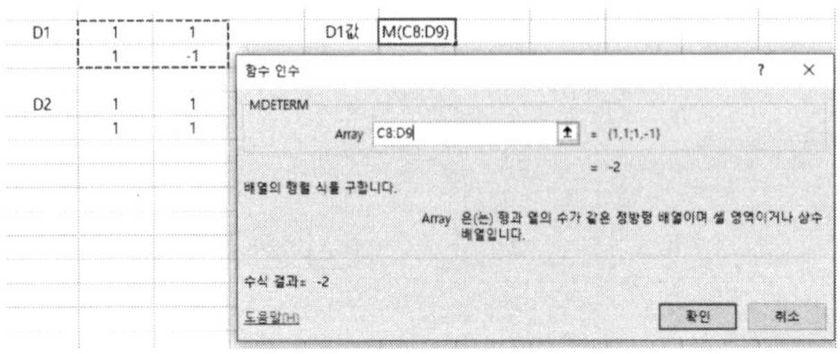

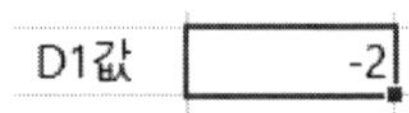

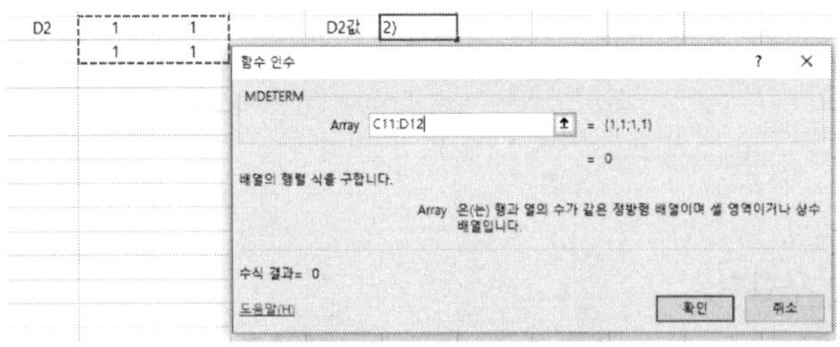

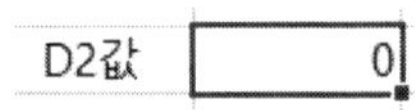

그러므로 $x = \dfrac{D_1}{D} = \dfrac{-2}{-2} = 1$, $y = \dfrac{D_2}{D} = \dfrac{0}{-2} = 0$ 이다.

예제 6 다음 3원 1차 연립방정식의 해를 구하시오.

2x+3y-z=5
x-y+z=2
3x+2y-3z=-2

풀이 주어진 식을 행렬로 나타내고 행렬 A, 행렬 B를 쓰고, D, D_1, D_2, D_3를 쓴다.

EXCEL에 다음과 같이 쓴다.

A	2	3	-1			B	5
	1	-1	1				2
	3	2	-3				-2
D	2	3	-1		D값		
	1	-1	1				
	3	2	-3				
D1	5	3	-1		D1값		
	2	-1	1				
	-2	2	-3				
D2	2	5	-1		D2값		
	1	2	1				
	3	-2	-3				
D3	2	3	5		D3값		
	1	-1	2				
	3	2	-2				

함수마법사/수학/MDETERM을 이용하여 D값과 D_1값, D_2값, D_3값을 구한다.

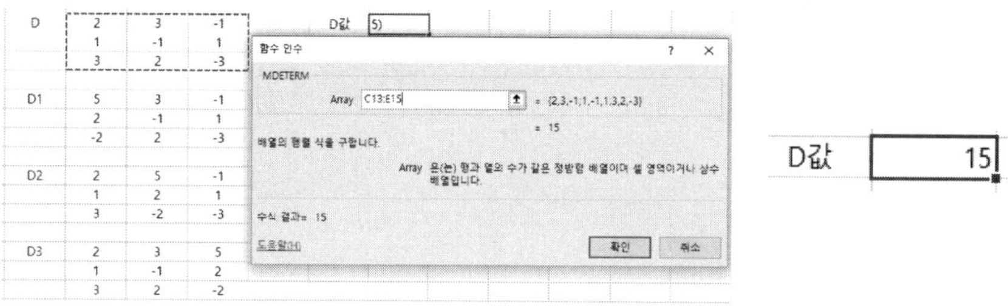

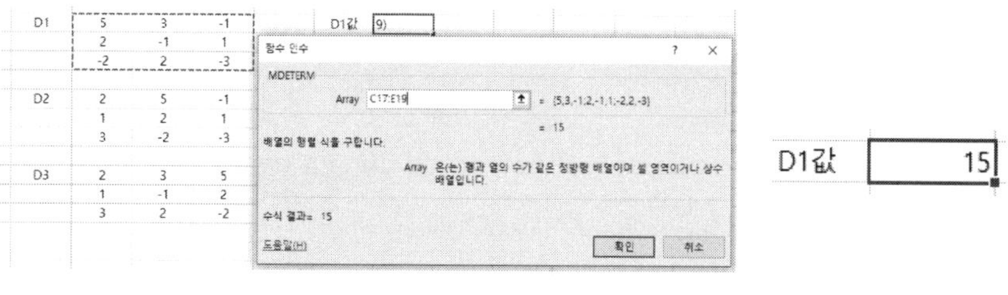

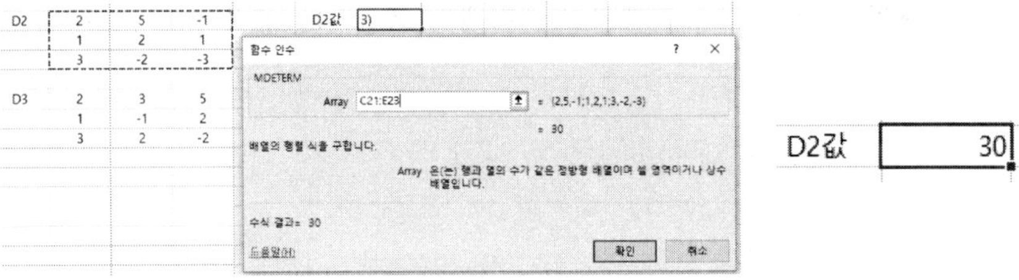

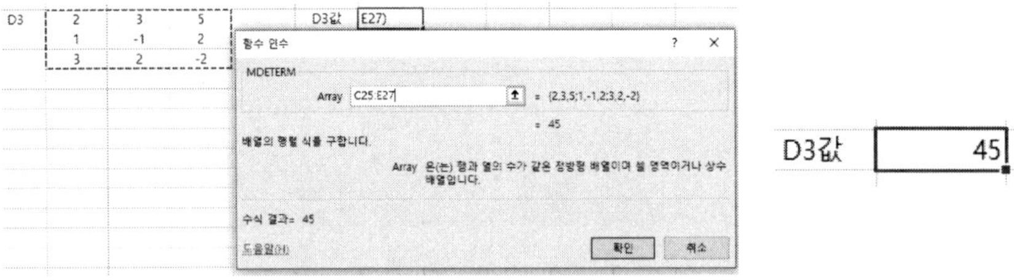

그러므로 $x = \dfrac{D_1}{D} = \dfrac{15}{15} = 1$, $y = \dfrac{D_2}{D} = \dfrac{20}{15} = 2$, $z = \dfrac{D_3}{D} = \dfrac{45}{15} = 3$ 이다.

부록 2

WITH Excel 간트차트로 표현하는 방법

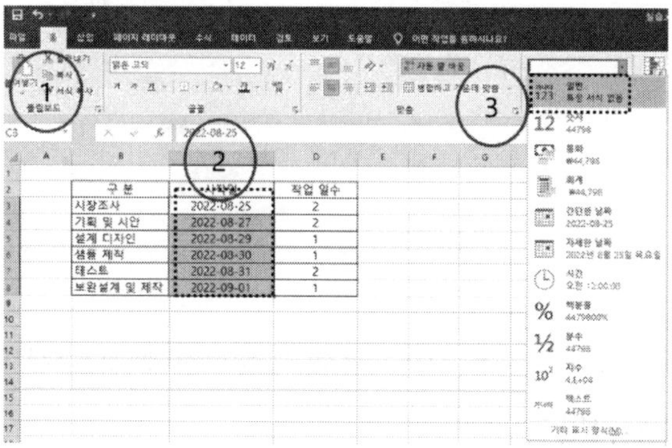

01 단계 : 표시형식변경

시작일 범위를 선택한 후 표시형식을 '일반'으로 변경합니다.

구 분	시작일	작업 일수
시장조사	44798	2
기획 및 시안	44800	2
설계 디자인	44802	1
샘플 제작	44803	1
테스트	44804	2
보완설계 및 제작	44805	1

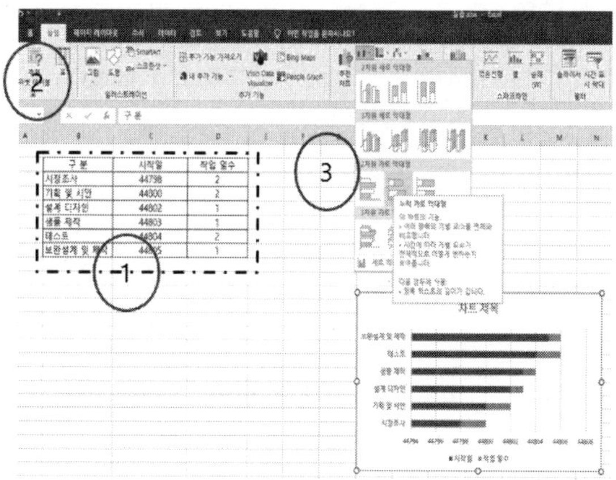

02 단계 : 차트 출력

데이터 전체 범위를 선택 후 '삽입' – '차트' – '누적 가로 막대형' 차트를 삽입합니다.

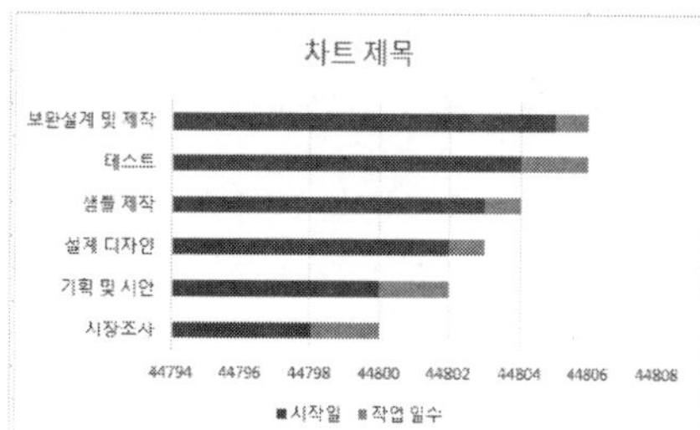

03 단계 : 차트를 크게

차트 요소에서 차트 제목, 범례, 눈금선을 제거

(V표시 지우기)

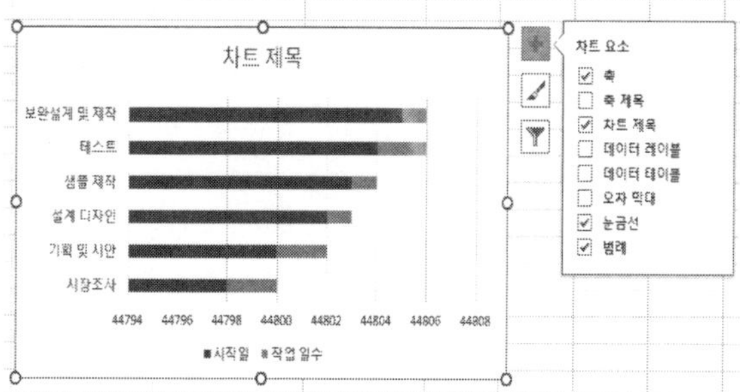

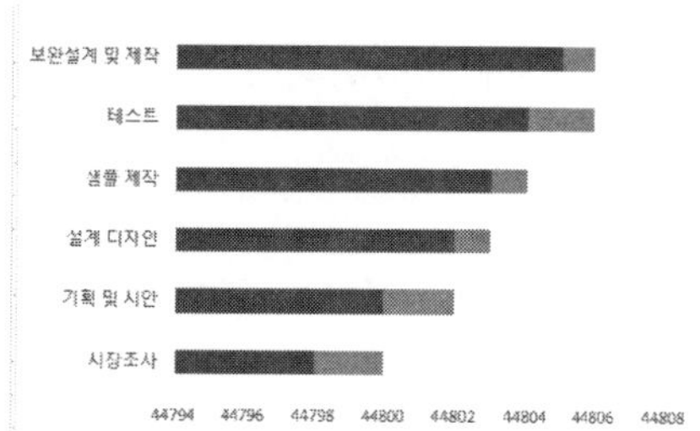

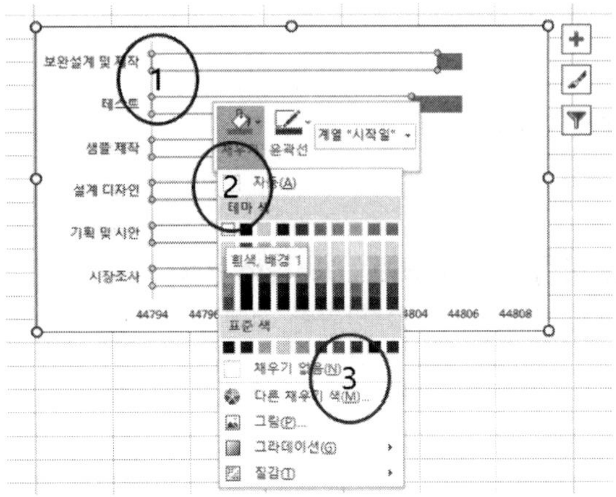

04 단계 : 시작일을 흰색으로

차트의 시작일범위를 선택한 뒤, 오른쪽 마우스 클릭/채우기 클릭 후 '채우기 없음'으로 변경

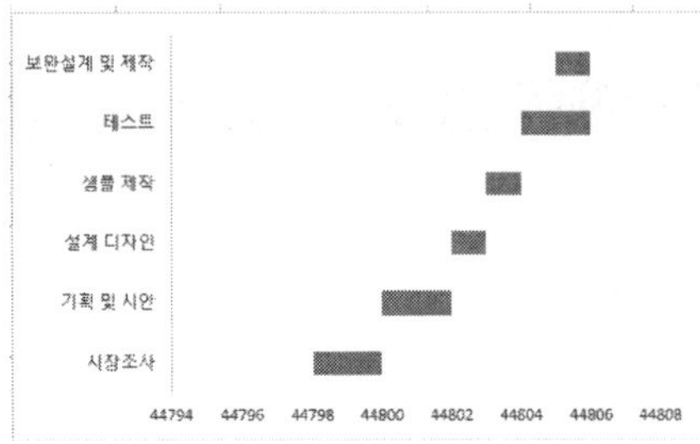

■ 데이터와 차트의 프로젝트명 표시 순서가 역순으로 출력되므로 차트의 항목표시순서를 거꾸로 변경합니다. 현재 출력 상태 확인

구분	시작일	작업 일수
시장조사	44798	2
기획 및 시안	44800	2
설계 디자인	44802	1
샘플 제작	44803	1
테스트	44804	2
보완설계 및 제작	44805	1

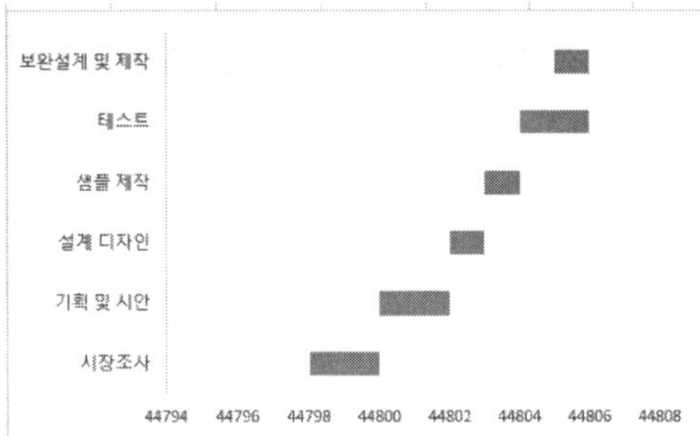

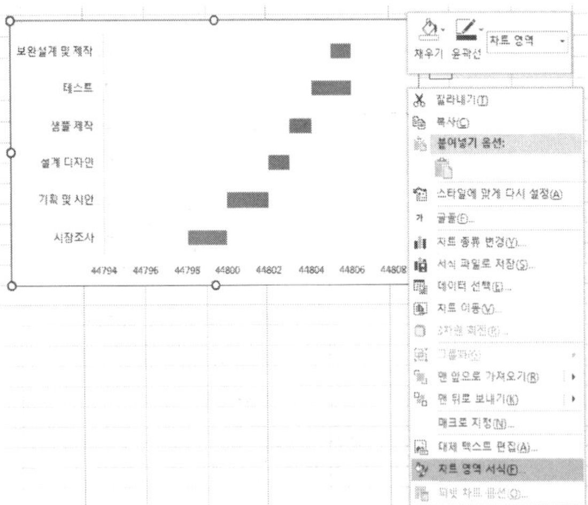

05 단계 : 세로 항목 거꾸로 출력

05-01

차트 전체 클릭 /마우스 우 클릭 후 챠트 영역 서식 클릭

오른쪽 화면

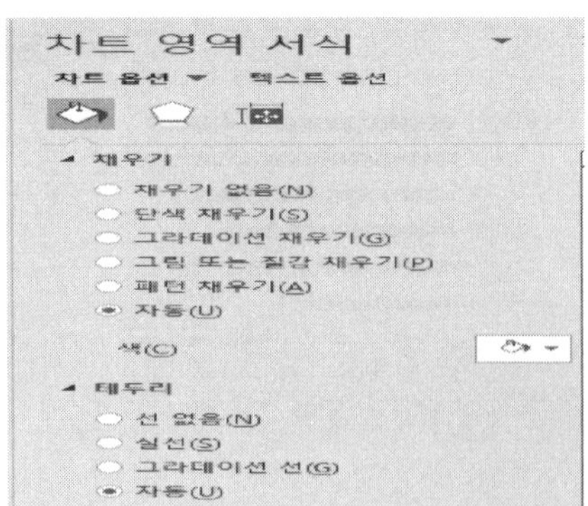

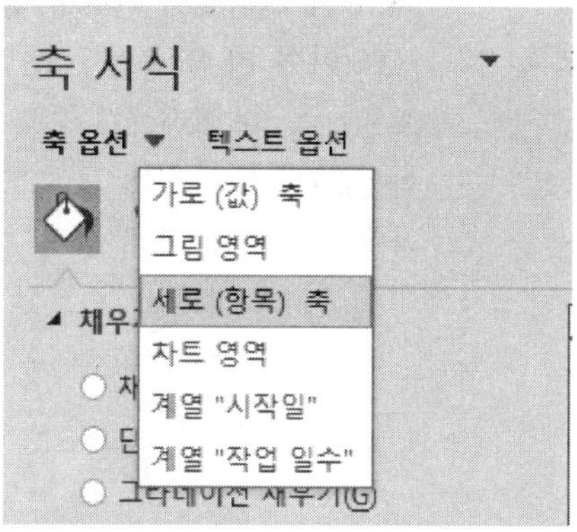

05 단계 : 세로 항목 거꾸로 출력

05-02

챠트 영역 서식 클릭

차트 옵션 ▽ 클릭

세로 (항목) 축 클릭

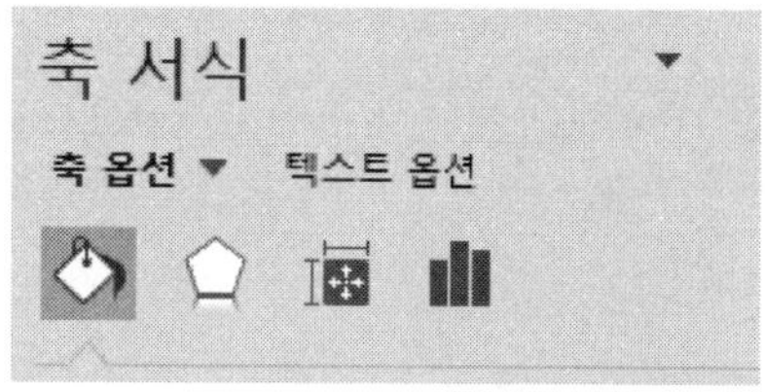

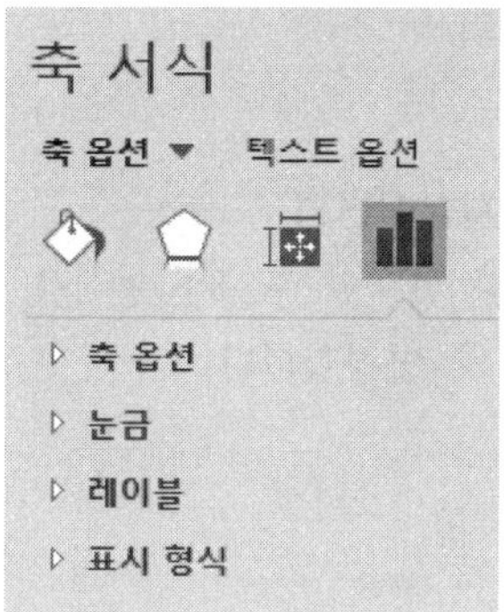

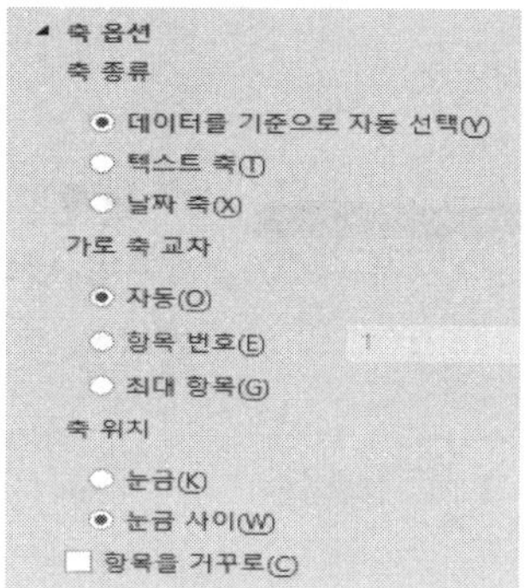

05 단계 : 세로 항목 거꾸로 출력

05-03

막대 그래프 모양 클릭

▷ 축 옵션 클릭

'항목을 거꾸로' ∨표시

구 분	시작일	작업 일수
시장조사	44798	2
기획 및 시안	44800	2
설계 디자인	44802	1
샘플 제작	44803	1
테스트	44804	2
보완설계 및 제작	44805	1

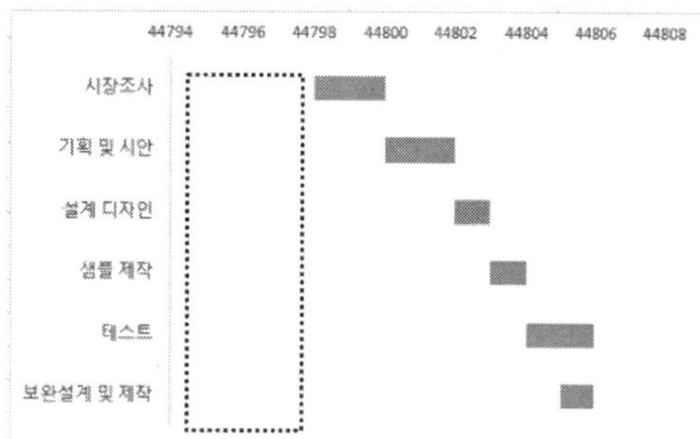

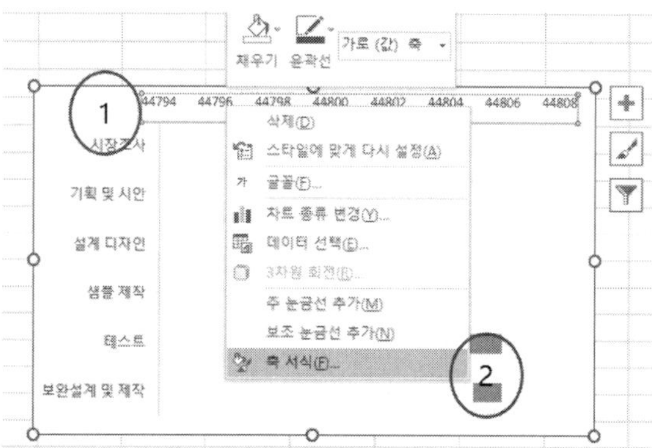

06 단계 : 차트의 가로축 넓이 줄임

차트 안의 간격 줄임

06-01 : 가로축 클릭 후 마우스 클릭

후 축 서식 클릭

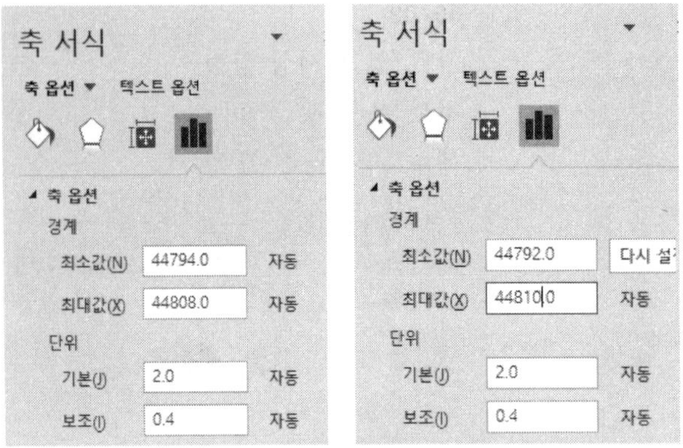

06 단계 : 차트의 가로축 넓이 줄임

차트 안의 간격 줄임

06-02 : 축 서식에서

최솟값은 조금 적게

최댓값은 조금 크게 설정

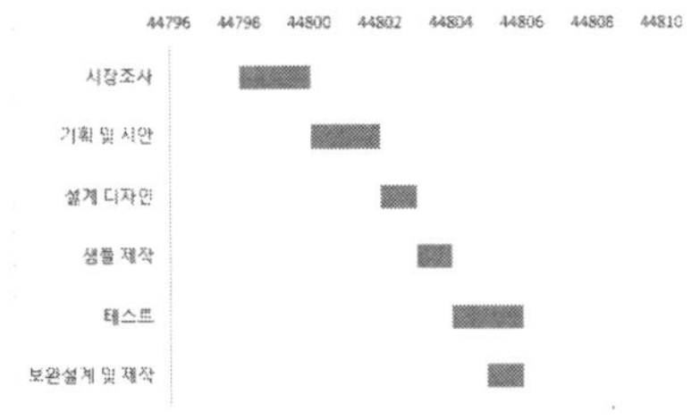

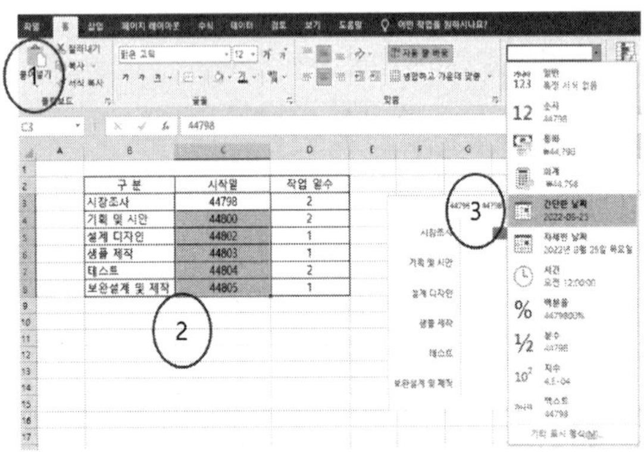

07 단계 : 표시형식변경

시작일 범위를 선택한 후 표시형식을 '간단한 날짜'로 변경합니다.

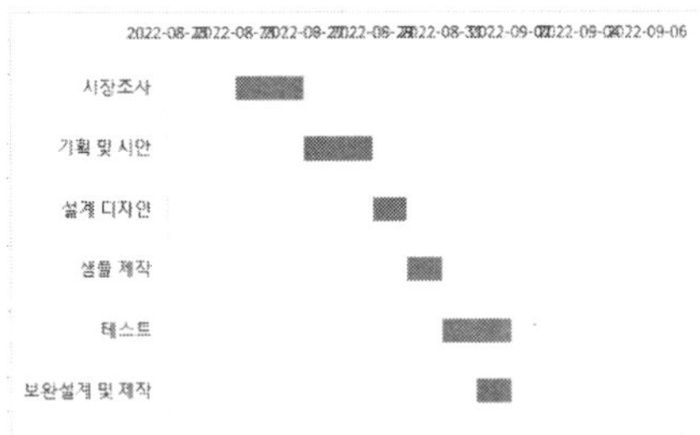

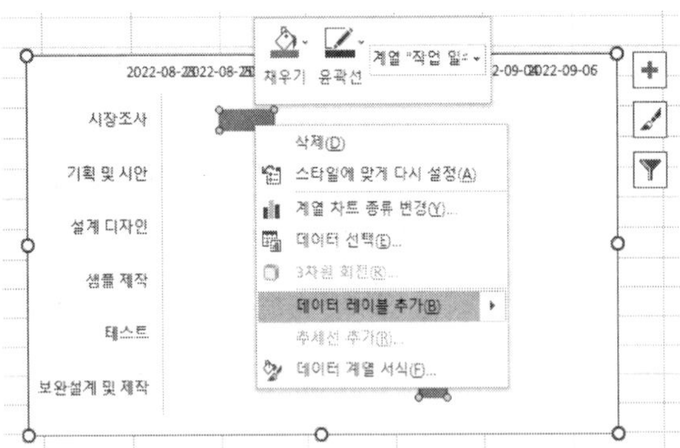

08 단계 : 막대안에 숫자 넣기

차트 클릭 후 오른쪽 마우스 후

데이터레이블 추가

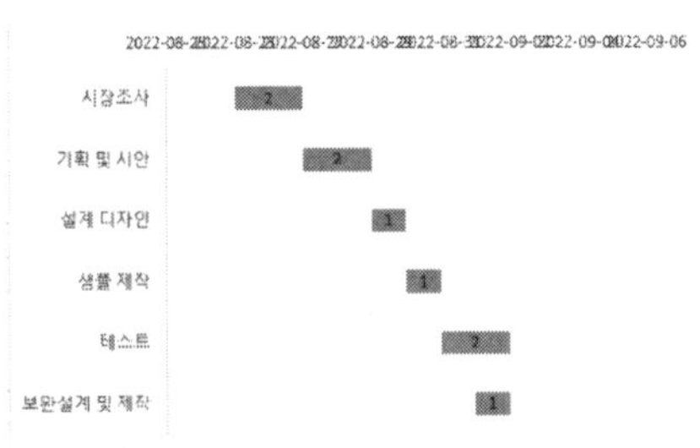

부록 3

WITH Excel 정적분 계산하는 방법

〈예시〉 연속확률변수$f(x)$가 다음과 같을 때, $f(x)$는 확률밀도함수임을 확인하시오.

$$f(x)=\begin{cases}3x^2, & 0 \le x \le 1\\ 0, & x<0, x>1\end{cases}$$

〈풀이〉 연속확률변수의 확률밀도함수 $f(x)$가 $\int_0^1 f(x)dx = \int_0^1 3x^2 dx = 1$임을 증명하는 문제이므로 함수 $f(x)=3x^2$, 구간 $0 \le x \le 1$이므로 구분구적법을 이용하여 구한다. 먼저 구간 $0 \le x \le 1$을 25등분하면, 등분 간격 $\Delta x = 0.04$이다. 사각형의 넓이는 (밑변×높이) 이므로 Δx(밑변)×$f(x)$(높이)를 계산한다.

$S(n)$과 $S(n-1)$을 구한다.

단, $S(n)$: $n=1$에서 맨 끝까지 사각형의 넓이의 합

$S(n-1)$: $n=0$에서 (맨 끝-1)까지 사각형의 넓이의 합

S를 구한다.

단, S는 $S(n)$과 $S(n-1)$의 평균으로 구한다.

=3*C5^2

B	C	D	E	F
f(x)	3x^2		[0, 1]	
n	x	Δx	f(x)	Δx * f(x)
0	0	0.04	0	0
1	0.04	0.04	0.0048	0.000192
2	0.08	0.04	0.0192	0.000768
3	0.12	0.04	0.0432	0.001728
4	0.16	0.04	0.0768	0.003072
5	0.2	0.04	0.12	0.0048
6	0.24	0.04	0.1728	0.006912
7	0.28	0.04	0.2352	0.009408
8	0.32	0.04	0.3072	0.012288
9	0.36	0.04	0.3888	0.015552
10	0.4	0.04	0.48	0.0192
11	0.44	0.04	0.5808	0.023232
12	0.48	0.04	0.6912	0.027648
13	0.52	0.04	0.8112	0.032448
14	0.56	0.04	0.9408	0.037632
15	0.6	0.04	1.08	0.0432
16	0.64	0.04	1.2288	0.049152
17	0.68	0.04	1.3872	0.055488
18	0.72	0.04	1.5552	0.062208
19	0.76	0.04	1.7328	0.069312
20	0.8	0.04	1.92	0.0768
21	0.84	0.04	2.1168	0.084672
22	0.88	0.04	2.3232	0.092928
23	0.92	0.04	2.5392	0.101568
24	0.96	0.04	2.7648	0.110592
25	1	0.04	3	0.12

여기에서 $S(n) = \sum_{k=1}^{25}(\Delta x \times f(x))$이고, $S(n-1) = \sum_{k=0}^{24}(\Delta x \times f(x))$를 의미함.

〈참고 1, EXCEL을 이용하여 $S(n)$과 $S(n-1)$을 구하는 방법〉

=SUM(F6:F30

D	E	F	G	H	I
	[0, 1]			S(n)	=SUM(F6:F30
Δx	f(x)	Δx * f(x)			
0.04	0	0			
0.04	0.0048	0.000192			
0.04	0.0192	0.000768			
0.04	0.0432	0.001728			
0.04	0.0768	0.003072			
0.04	0.12	0.0048			
0.04	0.1728	0.006912			
0.04	0.2352	0.009408			
0.04	0.3072	0.012288			
0.04	0.3888	0.015552			
0.04	0.48	0.0192			
0.04	0.5808	0.023232			
0.04	0.6912	0.027648			
0.04	0.8112	0.032448			
0.04	0.9408	0.037632			
0.04	1.08	0.0432			
0.04	1.2288	0.049152			
0.04	1.3872	0.055488			
0.04	1.5552	0.062208			
0.04	1.7328	0.069312			
0.04	1.92	0.0768			
0.04	2.1168	0.084672			
0.04	2.3232	0.092928			
0.04	2.5392	0.101568			
0.04	2.7648	0.110592			
0.04	3	0.12			

=SUM(F5:F29

D	E	F	G	H	I
	[0, 1]			S(n)	1.0608
				S(n-1)	=SUM(F5:F29
Δx	f(x)	Δx * f(x)			
0.04	0	0			
0.04	0.0048	0.000192			
0.04	0.0192	0.000768			
0.04	0.0432	0.001728			
0.04	0.0768	0.003072			
0.04	0.12	0.0048			
0.04	0.1728	0.006912			
0.04	0.2352	0.009408			
0.04	0.3072	0.012288			
0.04	0.3888	0.015552			
0.04	0.48	0.0192			
0.04	0.5808	0.023232			
0.04	0.6912	0.027648			
0.04	0.8112	0.032448			
0.04	0.9408	0.037632			
0.04	1.08	0.0432			
0.04	1.2288	0.049152			
0.04	1.3872	0.055488			
0.04	1.5552	0.062208			
0.04	1.7328	0.069312			
0.04	1.92	0.0768			
0.04	2.1168	0.084672			
0.04	2.3232	0.092928			
0.04	2.5392	0.101568			
0.04	2.7648	0.110592			
0.04	3	0.12			

〈참고 2, EXCEL을 이용하여 S를 구하는 방법〉

=AVERAGE(I2:I3

B	C	D	E	F	G	H	I
f(x)	3x^2		[0, 1]			S(n)	1.0608
						S(n-1)	0.9408
n	x	Δx	f(x)	Δx * f(x)		S	=AVERAGE(I2:I3
0	0	0.04	0	0			
1	0.04	0.04	0.0048	0.000192			
2	0.08	0.04	0.0192	0.000768			
3	0.12	0.04	0.0432	0.001728			
4	0.16	0.04	0.0768	0.003072			
5	0.2	0.04	0.12	0.0048			
6	0.24	0.04	0.1728	0.006912			
7	0.28	0.04	0.2352	0.009408			
8	0.32	0.04	0.3072	0.012288			
9	0.36	0.04	0.3888	0.015552			
10	0.4	0.04	0.48	0.0192			
11	0.44	0.04	0.5808	0.023232			
12	0.48	0.04	0.6912	0.027648			
13	0.52	0.04	0.8112	0.032448			
14	0.56	0.04	0.9408	0.037632			
15	0.6	0.04	1.08	0.0432			
16	0.64	0.04	1.2288	0.049152			
17	0.68	0.04	1.3872	0.055488			
18	0.72	0.04	1.5552	0.062208			
19	0.76	0.04	1.7328	0.069312			
20	0.8	0.04	1.92	0.0768			
21	0.84	0.04	2.1168	0.084672			
22	0.88	0.04	2.3232	0.092928			
23	0.92	0.04	2.5392	0.101568			
24	0.96	0.04	2.7648	0.110592			
25	1	0.04	3	0.12			

$$\int_0^1 3x^2\,dx = S$$
$$= 1$$

S(n)	1.0608
S(n-1)	0.9408
S	1.0008

따라서 구간 $0 \le x \le 1$을 25등분하면 $S = \int_0^1 f(x)dx = \int_0^1 3x^2 dx = 1.0008$이다.

그러므로 구간 $0 \le x \le 1$의 등분을 크게 하면 정확한 값을 구할 수 있다.

부록 4 이항누적분포표

$$B(x\,;\,n,\,p)=\sum_{k=0}^{x}\binom{n}{k}p^k(1-p)^{n-k}$$

n	x	p=0.05	0.10	0.15	0.20	0.25	0.30	0.35	0.40	0.45	0.50	0.55	0.60	0.65	0.70	0.75	0.80	0.85	0.90	0.95
1	0	0.9500	0.9000	0.8500	0.8000	0.7500	0.7000	0.6500	0.6000	0.5500	0.5000	0.4500	0.4000	0.3500	0.3000	0.2500	0.2000	0.1500	0.1000	0.0500
2	0	0.9025	0.8100	0.7225	0.6400	0.5625	0.4900	0.4225	0.3600	0.3025	0.2500	0.2025	0.1600	0.1225	0.0900	0.0625	0.0400	0.0225	0.0100	0.0025
	1	0.9975	0.9900	0.9775	0.9600	0.9375	0.9100	0.8775	0.8400	0.7975	0.7500	0.6975	0.6400	0.5775	0.5100	0.4375	0.3600	0.2775	0.1900	0.0975
3	0	0.8574	0.7290	0.6141	0.5120	0.4219	0.3430	0.2746	0.2160	0.1664	0.1250	0.0911	0.0640	0.0429	0.0270	0.0156	0.0080	0.0034	0.0010	0.0001
	1	0.9928	0.9720	0.9393	0.8960	0.8438	0.7840	0.7182	0.6480	0.5748	0.5000	0.4252	0.3520	0.2818	0.2160	0.1406	0.1040	0.0608	0.0280	0.0072
	2	0.9999	0.9990	0.9967	0.9920	0.9844	0.9730	0.9571	0.9360	0.9089	0.8750	0.8336	0.7840	0.7254	0.6570	0.5625	0.4880	0.3859	0.2710	0.1426

n	x	p = 0.05	0.10	0.15	0.20	0.25	0.30	0.35	0.40	0.45	0.50	0.55	0.60	0.65	0.70	0.75	0.80	0.85	0.90	0.95
4	0	0.8145	0.6561	0.5220	0.4096	0.3164	0.2401	0.1785	0.1296	0.0915	0.0625	0.0410	0.0256	0.0150	0.0081	0.0039	0.0016	0.0005	0.0001	0.0000
	1	0.9860	0.9477	0.8905	0.8192	0.7383	0.6517	0.5630	0.4752	0.3910	0.3125	0.2415	0.1792	0.1265	0.0837	0.0508	0.0272	0.0120	0.0037	0.0005
	2	0.9995	0.9963	0.9880	0.9728	0.9492	0.9163	0.8735	0.8208	0.7585	0.6875	0.6090	0.5248	0.4370	0.3483	0.2617	0.1808	0.1095	0.0523	0.0140
	3	1.0000	0.9999	0.9995	0.9984	0.9961	0.9919	0.9850	0.9744	0.9590	0.9375	0.9085	0.8704	0.8215	0.7599	0.6836	0.5904	0.4780	0.3439	0.1855
5	0	0.7738	0.5905	0.4437	0.3277	0.2373	0.1681	0.1160	0.0778	0.0503	0.0312	0.0185	0.0102	0.0053	0.0024	0.0010	0.0003	0.0001	0.0000	0.0000
	1	0.9774	0.9185	0.8352	0.7373	0.6328	0.5282	0.4284	0.3370	0.2562	0.1875	0.1312	0.0870	0.0540	0.0308	0.0156	0.0067	0.0022	0.0005	0.0000
	2	0.9988	0.9914	0.9734	0.9421	0.8965	0.8369	0.7648	0.6826	0.5931	0.5000	0.4069	0.3174	0.2352	0.1631	0.1035	0.0579	0.0266	0.0086	0.0012
	3	1.0000	0.9995	0.9978	0.9933	0.9844	0.9692	0.9460	0.9130	0.8688	0.8125	0.7438	0.6630	0.5716	0.4718	0.3672	0.2627	0.1648	0.0815	0.0226
	4	1.0000	1.0000	0.9999	0.9997	0.9990	0.9976	0.9947	0.9898	0.9815	0.9688	0.9497	0.9222	0.8840	0.8319	0.7627	0.6723	0.5563	0.4095	0.2262
6	0	0.7351	0.5314	0.3771	0.2621	0.1780	0.1176	0.0754	0.0467	0.0277	0.0156	0.0083	0.0041	0.0018	0.0007	0.0002	0.0001	0.0000	0.0000	0.0000
	1	0.9672	0.8857	0.7765	0.6554	0.5339	0.4202	0.3191	0.2333	0.1636	0.1094	0.0692	0.0410	0.0223	0.0109	0.0046	0.0016	0.0004	0.0001	0.0000
	2	0.9978	0.9842	0.9527	0.9011	0.8306	0.7443	0.6471	0.5443	0.4415	0.3438	0.2553	0.1792	0.1174	0.0705	0.0376	0.0170	0.0059	0.0013	0.0001
	3	0.9999	0.9987	0.9941	0.9830	0.9624	0.9295	0.8826	0.8208	0.7447	0.6562	0.5585	0.4557	0.3529	0.2557	0.1694	0.0989	0.0473	0.0158	0.0022
	4	1.0000	0.9999	0.9996	0.9984	0.9954	0.9891	0.9777	0.9590	0.9308	0.8906	0.8364	0.7667	0.6809	0.5798	0.4661	0.3446	0.2235	0.1143	0.0328
	5	1.0000	1.0000	1.0000	0.9999	0.9998	0.9993	0.9982	0.9959	0.9917	0.9844	0.9723	0.9533	0.9246	0.8824	0.8220	0.7379	0.6229	0.4686	0.2649
7	0	0.6983	0.4783	0.3206	0.2097	0.1335	0.0824	0.0490	0.0280	0.0152	0.0078	0.0037	0.0016	0.0006	0.0002	0.0001	0.0000	0.0000	0.0000	0.0000
	1	0.9556	0.8503	0.7166	0.5767	0.4449	0.3294	0.2338	0.1586	0.1024	0.0625	0.0357	0.0188	0.0090	0.0038	0.0013	0.0004	0.0001	0.0000	0.0000
	2	0.9962	0.9743	0.9262	0.8520	0.7564	0.6471	0.5323	0.4199	0.3164	0.2266	0.1529	0.0963	0.0556	0.0288	0.0129	0.0047	0.0012	0.0002	0.0000
	3	0.9998	0.9973	0.9879	0.9667	0.9294	0.8740	0.8002	0.7102	0.6083	0.5000	0.3917	0.2898	0.1998	0.1260	0.0706	0.0333	0.0121	0.0027	0.0002
	4	1.0000	0.9998	0.9988	0.9953	0.9871	0.9712	0.9444	0.9037	0.8471	0.7734	0.6836	0.5801	0.4677	0.3529	0.2436	0.1480	0.0738	0.0257	0.0038
	5	1.0000	1.0000	0.9999	0.9996	0.9987	0.9962	0.9910	0.9812	0.9643	0.9375	0.8976	0.8414	0.7662	0.6706	0.5551	0.4233	0.2834	0.1497	0.0444
	6	1.0000	1.0000	1.0000	1.0000	0.9999	0.9998	0.9994	0.9984	0.9963	0.9922	0.9848	0.9720	0.9510	0.9176	0.8665	0.7903	0.6794	0.5217	0.3017

n	x	0.05	0.10	0.15	0.20	0.25	0.30	0.35	0.40	0.45	0.50	0.55	0.60	0.65	0.70	0.75	0.80	0.85	0.90	0.95
		p																		
8	0	0.6634	0.4305	0.2725	0.1678	0.1001	0.0576	0.0319	0.0168	0.0084	0.0039	0.0017	0.0007	0.0002	0.0001	0.0000	0.0000	0.0000	0.0000	0.0000
	1	0.9428	0.8131	0.6572	0.5033	0.3671	0.2553	0.1691	0.1064	0.0632	0.0352	0.0181	0.0085	0.0036	0.0013	0.0004	0.0001	0.0000	0.0000	0.0000
	2	0.9942	0.9619	0.8948	0.7969	0.6785	0.5518	0.4278	0.3154	0.2201	0.1445	0.0885	0.0498	0.0253	0.0113	0.0042	0.0012	0.0002	0.0000	0.0000
	3	0.9996	0.9950	0.9786	0.9437	0.8862	0.8059	0.7064	0.5941	0.4770	0.3633	0.2604	0.1737	0.1061	0.0580	0.0273	0.0104	0.0029	0.0004	0.0000
	4	1.0000	0.9996	0.9971	0.9896	0.9727	0.9420	0.8939	0.8263	0.7396	0.6367	0.5230	0.4059	0.2936	0.1941	0.1138	0.0563	0.0214	0.0050	0.0004
	5	1.0000	1.0000	0.9998	0.9988	0.9958	0.9887	0.9747	0.9502	0.9115	0.8555	0.7799	0.6846	0.5722	0.4482	0.3215	0.2031	0.1052	0.0381	0.0058
	6	1.0000	1.0000	1.0000	0.9999	0.9996	0.9987	0.9964	0.9915	0.9819	0.9648	0.9368	0.8936	0.8309	0.7447	0.6329	0.4967	0.3428	0.1869	0.0572
	7	1.0000	1.0000	1.0000	1.0000	1.0000	0.9999	0.9998	0.9993	0.9983	0.9961	0.9916	0.9832	0.9681	0.9424	0.8999	0.8322	0.7275	0.5695	0.3366
9	0	0.6302	0.3874	0.2316	0.1342	0.0751	0.0404	0.0207	0.0101	0.0046	0.0020	0.0008	0.0003	0.0001	0.0000	0.0000	0.0000	0.0000	0.0000	0.0000
	1	0.9288	0.7748	0.5995	0.4362	0.3003	0.1960	0.1211	0.0705	0.0385	0.0195	0.0091	0.0038	0.0014	0.0004	0.0001	0.0000	0.0000	0.0000	0.0000
	2	0.9916	0.9470	0.8591	0.7382	0.6007	0.4628	0.3373	0.2318	0.1495	0.0898	0.0498	0.0250	0.0112	0.0043	0.0013	0.0003	0.0000	0.0000	0.0000
	3	0.9994	0.9917	0.9661	0.9144	0.8343	0.7297	0.6089	0.4826	0.3614	0.2539	0.1658	0.0994	0.0536	0.0253	0.0100	0.0031	0.0006	0.0001	0.0000
	4	1.0000	0.9991	0.9944	0.9804	0.9511	0.9012	0.8283	0.7334	0.6214	0.5000	0.3786	0.2666	0.1717	0.0988	0.0489	0.0196	0.0056	0.0009	0.0000
	5	1.0000	0.9999	0.9994	0.9969	0.9900	0.9747	0.9464	0.9006	0.8342	0.7461	0.6386	0.5174	0.3911	0.2703	0.1657	0.0856	0.0339	0.0083	0.0006
	6	1.0000	1.0000	1.0000	0.9997	0.9987	0.9957	0.9888	0.9750	0.9502	0.9102	0.8505	0.7682	0.6627	0.5372	0.3993	0.2618	0.1409	0.0530	0.0084
	7	1.0000	1.0000	1.0000	1.0000	0.9999	0.9996	0.9986	0.9962	0.9909	0.9805	0.9615	0.9295	0.8789	0.8040	0.6997	0.5638	0.4005	0.2252	0.0712
	8	1.0000	1.0000	1.0000	1.0000	1.0000	1.0000	0.9999	0.9997	0.9992	0.9980	0.9954	0.9899	0.9793	0.9596	0.9249	0.8658	0.7684	0.6126	0.3698
	0	0.5987	0.3487	0.1969	0.1074	0.0563	0.0282	0.0135	0.0060	0.0025	0.0010	0.0003	0.0001	0.0000	0.0000	0.0000	0.0000	0.0000	0.0000	0.0000
	1	0.9139	0.7361	0.5443	0.3758	0.2440	0.1493	0.0860	0.0464	0.0233	0.0107	0.0045	0.0017	0.0005	0.0001	0.0000	0.0000	0.0000	0.0000	0.0000
10	2	0.9885	0.9298	0.8202	0.6778	0.5256	0.3828	0.2616	0.1673	0.0996	0.0547	0.0274	0.0123	0.0048	0.0016	0.0004	0.0000	0.0000	0.0000	0.0000
	3	0.9990	0.9872	0.9500	0.8791	0.7759	0.6496	0.5138	0.3823	0.2660	0.1719	0.1020	0.0548	0.0260	0.0106	0.0035	0.0001	0.0000	0.0000	0.0000
	4	0.9999	0.9984	0.9901	0.9672	0.9219	0.8497	0.7515	0.6331	0.5044	0.3770	0.2616	0.1662	0.0949	0.0473	0.0197	0.0009	0.0001	0.0000	0.0000
	5	1.0000	0.9999	0.9986	0.9936	0.9803	0.9527	0.9051	0.8338	0.7384	0.6230	0.4956	0.3669	0.2485	0.1503	0.0781	0.0064	0.0014	0.0001	0.0000
	6	1.0000	1.0000	0.9999	0.9991	0.9965	0.9894	0.9740	0.9452	0.8980	0.8281	0.7340	0.6177	0.4862	0.3504	0.2241	0.0328	0.0099	0.0016	0.0001
	7	1.0000	1.0000	1.0000	0.9999	0.9996	0.9984	0.9952	0.9877	0.9726	0.9453	0.9004	0.8327	0.7384	0.6172	0.4474	0.1209	0.0500	0.0128	0.0010
	8	1.0000	1.0000	1.0000	1.0000	1.0000	0.9999	0.9995	0.9983	0.9955	0.9893	0.9767	0.9536	0.9140	0.8507	0.7560	0.3222	0.1798	0.0702	0.0115
	9	1.0000	1.0000	1.0000	1.0000	1.0000	1.0000	1.0000	0.9999	0.9997	0.9990	0.9975	0.9940	0.9865	0.9718	0.9437	0.6242	0.4557	0.2639	0.0861

n	x	0.05	0.10	0.15	0.20	0.25	0.30	0.35	0.40	0.45	0.50	0.55	0.60	0.65	0.70	0.75	0.80	0.85	0.90	0.95
15	0	0.4633	0.2059	0.0874	0.0352	0.0134	0.0047	0.0016	0.0005	0.0001	0.0000	0.0000	0.0000	0.0000	0.0000	0.0000	0.0000	0.0000	0.0000	0.0000
	1	0.8290	0.5490	0.3186	0.1671	0.0802	0.0353	0.0142	0.0052	0.0017	0.0005	0.0001	0.0000	0.0000	0.0000	0.0000	0.0000	0.0000	0.0000	0.0000
	2	0.9638	0.8159	0.6042	0.3980	0.2361	0.1268	0.0617	0.0271	0.0107	0.0037	0.0011	0.0003	0.0001	0.0000	0.0000	0.0000	0.0000	0.0000	0.0000
	3	0.9945	0.9444	0.8227	0.6482	0.4613	0.2969	0.1727	0.0905	0.0424	0.0176	0.0063	0.0019	0.0005	0.0001	0.0000	0.0000	0.0000	0.0000	0.0000
	4	0.9994	0.9873	0.9383	0.8358	0.6865	0.5155	0.3519	0.2173	0.1204	0.0592	0.0255	0.0093	0.0028	0.0007	0.0001	0.0000	0.0000	0.0000	0.0000
	5	0.9999	0.9978	0.9832	0.9389	0.8516	0.7216	0.5643	0.4032	0.2608	0.1509	0.0769	0.0338	0.0124	0.0037	0.0008	0.0001	0.0000	0.0000	0.0000
	6	1.0000	0.9997	0.9964	0.9819	0.9434	0.8689	0.7548	0.6098	0.4522	0.3036	0.1818	0.0950	0.0422	0.0152	0.0042	0.0008	0.0001	0.0000	0.0000
	7	1.0000	1.0000	0.9994	0.9958	0.9827	0.9500	0.8868	0.7869	0.6535	0.5000	0.3465	0.2131	0.1132	0.0500	0.0173	0.0042	0.0006	0.0000	0.0000
	8	1.0000	1.0000	0.9999	0.9992	0.9958	0.9848	0.9578	0.9050	0.8182	0.6964	0.5478	0.3902	0.2452	0.1311	0.0566	0.0181	0.0036	0.0003	0.0000
	9	1.0000	1.0000	1.0000	0.9999	0.9992	0.9963	0.9876	0.9662	0.9231	0.8491	0.7392	0.5968	0.4357	0.2784	0.1484	0.0611	0.0168	0.0022	0.0001
	10	1.0000	1.0000	1.0000	1.0000	0.9999	0.9993	0.9972	0.9907	0.9745	0.9408	0.8796	0.7827	0.6481	0.4845	0.3135	0.1642	0.0617	0.0127	0.0006
	11	1.0000	1.0000	1.0000	1.0000	1.0000	0.9999	0.9995	0.9981	0.9937	0.9824	0.9576	0.9095	0.8273	0.7031	0.5387	0.3518	0.1773	0.0556	0.0055
	12	1.0000	1.0000	1.0000	1.0000	1.0000	1.0000	0.9999	0.9997	0.9989	0.9963	0.9893	0.9729	0.9383	0.8732	0.7639	0.6020	0.3958	0.1841	0.0362
	13	1.0000	1.0000	1.0000	1.0000	1.0000	1.0000	1.0000	1.0000	0.9999	0.9995	0.9983	0.9948	0.9858	0.9647	0.9198	0.8329	0.6814	0.4510	0.1710
	14	1.0000	1.0000	1.0000	1.0000	1.0000	1.0000	1.0000	1.0000	1.0000	1.0000	0.9999	0.9995	0.9984	0.9953	0.9866	0.9648	0.9126	0.7941	0.5367
20	0	0.3585	0.1216	0.0388	0.0115	0.0032	0.0008	0.0002	0.0000	0.0000	0.0000	0.0000	0.0000	0.0000	0.0000	0.0000	0.0000	0.0000	0.0000	0.0000
	1	0.7358	0.3917	0.1756	0.0692	0.0243	0.0076	0.0021	0.0005	0.0001	0.0000	0.0000	0.0000	0.0000	0.0000	0.0000	0.0000	0.0000	0.0000	0.0000
	2	0.9245	0.6769	0.4049	0.2061	0.0913	0.0355	0.0121	0.0036	0.0009	0.0002	0.0000	0.0000	0.0000	0.0000	0.0000	0.0000	0.0000	0.0000	0.0000
	3	0.9841	0.8670	0.6477	0.4114	0.2252	0.1071	0.0444	0.0160	0.0049	0.0013	0.0003	0.0000	0.0000	0.0000	0.0000	0.0000	0.0000	0.0000	0.0000
	4	0.9974	0.9568	0.8298	0.6296	0.4148	0.2375	0.1182	0.0510	0.0189	0.0059	0.0015	0.0003	0.0000	0.0000	0.0000	0.0000	0.0000	0.0000	0.0000
	5	0.9997	0.9887	0.9327	0.8042	0.6172	0.4164	0.2454	0.1256	0.0553	0.0207	0.0064	0.0016	0.0003	0.0000	0.0000	0.0000	0.0000	0.0000	0.0000
	6	1.0000	0.9976	0.9781	0.9133	0.7858	0.6080	0.4166	0.2500	0.1299	0.0577	0.0214	0.0065	0.0015	0.0003	0.0000	0.0000	0.0000	0.0000	0.0000
	7	1.0000	0.9996	0.9941	0.9679	0.8982	0.7723	0.6010	0.4159	0.2520	0.1316	0.0580	0.0210	0.0060	0.0013	0.0002	0.0000	0.0000	0.0000	0.0000
	8	1.0000	0.9999	0.9987	0.9900	0.9591	0.8867	0.7624	0.5956	0.4143	0.2517	0.1308	0.0565	0.0196	0.0051	0.0009	0.0001	0.0000	0.0000	0.0000
	9	1.0000	1.0000	0.9998	0.9974	0.9861	0.9520	0.8782	0.7553	0.5914	0.4119	0.2493	0.1275	0.0532	0.0171	0.0039	0.0006	0.0000	0.0000	0.0000
	10	1.0000	1.0000	1.0000	0.9994	0.9961	0.9829	0.9468	0.8725	0.7507	0.5881	0.4086	0.2447	0.1218	0.0480	0.0139	0.0026	0.0002	0.0000	0.0000
	11	1.0000	1.0000	1.0000	0.9999	0.9991	0.9949	0.9804	0.9435	0.8692	0.7483	0.5857	0.4044	0.2376	0.1133	0.0409	0.0100	0.0013	0.0001	0.0000
	12	1.0000	1.0000	1.0000	1.0000	0.9998	0.9987	0.9940	0.9790	0.9420	0.8684	0.7480	0.5841	0.3990	0.2277	0.1018	0.0321	0.0059	0.0004	0.0000
	13	1.0000	1.0000	1.0000	1.0000	1.0000	0.9997	0.9985	0.9935	0.9786	0.9423	0.8701	0.7500	0.5834	0.3920	0.2142	0.0867	0.0219	0.0024	0.0000
	14	1.0000	1.0000	1.0000	1.0000	1.0000	1.0000	0.9997	0.9984	0.9936	0.9793	0.9447	0.8744	0.7546	0.5836	0.3828	0.1958	0.0673	0.0113	0.0003
	15	1.0000	1.0000	1.0000	1.0000	1.0000	1.0000	1.0000	0.9997	0.9985	0.9941	0.9811	0.9490	0.8818	0.7625	0.5852	0.3704	0.1702	0.0432	0.0026
	16	1.0000	1.0000	1.0000	1.0000	1.0000	1.0000	1.0000	1.0000	0.9997	0.9987	0.9951	0.9840	0.9556	0.8929	0.7748	0.5886	0.3523	0.1330	0.0159
	17	1.0000	1.0000	1.0000	1.0000	1.0000	1.0000	1.0000	1.0000	1.0000	0.9998	0.9991	0.9964	0.9879	0.9645	0.9087	0.7939	0.5951	0.3231	0.0755
	18	1.0000	1.0000	1.0000	1.0000	1.0000	1.0000	1.0000	1.0000	1.0000	1.0000	0.9999	0.9995	0.9979	0.9924	0.9757	0.9308	0.8244	0.6083	0.2642
	19	1.0000	1.0000	1.0000	1.0000	1.0000	1.0000	1.0000	1.0000	1.0000	1.0000	1.0000	1.0000	0.9998	0.9992	0.9968	0.9885	0.9612	0.8784	0.6415
	20	1.0000	1.0000	1.0000	1.0000	1.0000	1.0000	1.0000	1.0000	1.0000	1.0000	1.0000	1.0000	1.0000	1.0000	1.0000	1.0000	1.0000	1.0000	1.0000

부록 5 누적푸아송분포표

$$P\{X \leq x\} = \sum_{k=0}^{x} \frac{\mu^k}{k!} e^{-\mu}$$

x	μ .10	.20	.30	.40	.50	.60	.70	.80	.90	1.00
0	.905	.819	.741	.670	.607	.549	.497	.449	.407	.368
1	.995	.982	.963	.938	.910	.878	.844	.809	.772	.736
2	1.000	.999	.996	.992	.986	.977	.966	.953	.937	.920
3	1.000	1.000	1.000	.999	.998	.997	.994	.991	.987	.981
4	1.000	1.000	1.000	1.000	1.000	1.000	.999	.999	.998	.996
5	1.000	1.000	1.000	1.000	1.000	1.000	1.000	1.000	1.000	.999
6	1.000	1.000	1.000	1.000	1.000	1.000	1.000	1.000	1.000	1.000
7	1.000	1.000	1.000	1.000	1.000	1.000	1.000	1.000	1.000	1.000

x	μ 1.10	1.20	1.30	1.40	1.50	1.60	1.70	1.80	1.90	2.00
0	.333	.301	.273	.247	.223	.202	.183	.165	.150	.135
1	.699	.663	.627	.592	.558	.525	.493	.463	.434	.406
2	.900	.879	.857	.833	.809	.783	.757	.731	.704	.677
3	.974	.966	.957	.946	.934	.921	.907	.891	.875	.857
4	.995	.992	.989	.986	.981	.976	.970	.964	.954	.947
5	.999	.998	.998	.997	.996	.994	.992	.990	.987	.983
6	1.000	1.000	1.000	.999	.999	.999	.998	.997	.997	.995
7	1.000	1.000	1.000	1.000	1.000	1.000	1.000	.999	.999	.999
8	1.000	1.000	1.000	1.000	1.000	1.000	1.000	1.000	1.000	1.000
9	1.000	1.000	1.000	1.000	1.000	1.000	1.000	1.000	1.000	1.000

x	μ 2.10	2.20	2.30	2.40	2.50	2.60	2.70	2.80	2.90	3.00
0	.122	.111	.100	.091	.082	.074	.067	.061	.055	.050
1	.380	.355	.331	.308	.287	.267	.249	.231	.215	.199
2	.650	.623	.596	.570	.544	.518	.494	.469	.446	.423
3	.839	.819	.799	.779	.758	.736	.714	.692	.670	.647
4	.938	.928	.916	.904	.891	.877	.863	.848	.832	.815
5	.980	.975	.970	.964	.958	.951	.943	.935	.923	.916
6	.994	.993	.991	.988	.986	.983	.979	.976	.971	.966
7	.999	.998	.997	.997	.996	.995	.993	.992	.990	.988
8	1.000	1.000	.999	.999	.999	.999	.998	.998	.997	.996
9	1.000	1.000	1.000	1.000	1.000	1.000	.999	.999	.999	.999
10	1.000	1.000	1.000	1.000	1.000	1.000	1.000	1.000	1.000	1.000
11	1.000	1.000	1.000	1.000	1.000	1.000	1.000	1.000	1.000	1.000
12	1.000	1.000	1.000	1.000	1.000	1.000	1.000	1.000	1.000	1.000

누적푸아송분포표(계속)

x	μ									
	3.10	3.20	3.30	3.40	3.50	3.60	3.70	3.80	3.90	4.00
0	.045	.041	.037	.033	.030	.027	.025	.022	.020	.018
1	.185	.171	.159	.147	.136	.126	.116	.107	.099	.092
2	.401	.380	.359	.340	.321	.303	.285	.269	.253	.238
3	.625	.603	.580	.558	.537	.515	.494	.473	.453	.433
4	.798	.781	.763	.744	.725	.706	.687	.668	.648	.629
5	.906	.895	.883	.871	.858	.844	.830	.816	.801	.785
6	.961	.955	.949	.942	.935	.927	.918	.909	.899	.889
7	.986	.983	.980	.977	.973	.969	.965	.960	.955	.949
8	.995	.994	.993	.992	.990	.988	.986	.984	.981	.979
9	.999	.998	.998	.997	.997	.996	.995	.994	.993	.992
10	1.000	1.000	.999	.999	.999	.999	.998	.998	.998	.997
11	1.000	1.000	1.000	1.000	1.000	1.000	1.000	.999	.999	.999
12	1.000	1.000	1.000	1.000	1.000	1.000	1.000	1.000	1.000	1.000
13	1.000	1.000	1.000	1.000	1.000	1.000	1.000	1.000	1.000	1.000
14	1.000	1.000	1.000	1.000	1.000	1.000	1.000	1.000	1.000	1.000

x	μ									
	4.50	5.00	5.50	6.00	6.50	7.00	7.50	8.00	8.50	9.00
0	.011	.007	.004	.002	.002	.001	.001	.000	.000	.000
1	.061	.040	.027	.017	.011	.007	.005	.003	.002	.001
2	.174	.125	.009	.062	.043	.030	.020	.014	.009	.006
3	.342	.265	.202	.151	.112	.082	.059	.042	.030	.021
4	.532	.440	.358	.285	.224	.173	.132	.100	.074	.055
5	.703	.616	.529	.446	.369	.301	.241	.191	.150	.116
6	.831	.762	.686	.606	.527	.450	.378	.313	.256	.207
7	.913	.867	.809	.744	.673	.599	.525	.453	.386	.324
8	.960	.932	.894	.847	.792	.729	.662	.593	.523	.456
9	.983	.968	.946	.916	.877	.830	.776	.717	.653	.587
10	.993	.986	.975	.957	.933	.901	.862	.816	.763	.706
11	.998	.995	.989	.980	.966	.947	.921	.888	.849	.803
12	.999	.998	.996	.991	.984	.973	.957	.936	.909	.876
13	1.000	.999	.998	.996	.993	.987	.978	.966	.949	.926
14	1.000	1.000	.999	.999	.997	.994	.990	.983	.973	.959
15	1.000	1.000	1.000	.999	.999	.998	.995	.992	.986	.978
16	1.000	1.000	1.000	1.000	1.000	.999	.998	.996	.993	.989
17	1.000	1.000	1.000	1.000	1.000	1.000	.999	.998	.997	.995
18	1.000	1.000	1.000	1.000	1.000	1.000	1.000	.999	.999	.998
19	1.000	1.000	1.000	1.000	1.000	1.000	1.000	1.000	.999	.999
20	1.000	1.000	1.000	1.000	1.000	1.000	1.000	1.000	1.000	1.000
21	1.000	1.000	1.000	1.000	1.000	1.000	1.000	1.000	1.000	1.000
22	1.000	1.000	1.000	1.000	1.000	1.000	1.000	1.000	1.000	1.000

부록 6 표준정규분포표

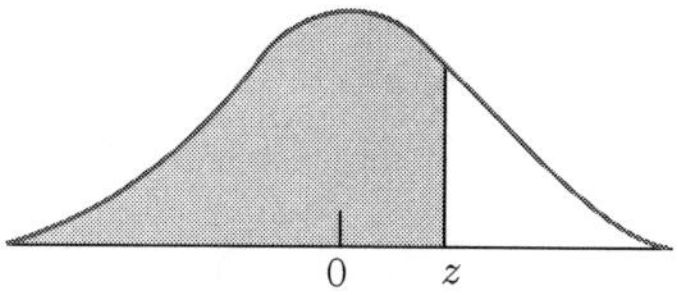

$$P\{Z \le z\} = \int_{-\infty}^{Z} \frac{1}{\sqrt{2\pi}} e^{-\frac{x^2}{2}} dx$$

표의 숫자는 z보다 같거나 작을 확률을 나타낸다.

z	.00	.01	.02	.03	.04	.05	.06	.07	.08	.09
.0	.5000	.5040	.5080	.5120	.5160	.5119	.5239	.5279	.5319	.5359
.1	.5398	.5438	.5478	.5517	.5557	.5596	.5636	.5675	.5714	.5753
.2	.5793	.5832	.5871	.5910	.5948	.5987	.6026	.6064	.6103	.6141
.3	.6179	.6217	.6255	.6293	.6331	.6368	.6406	.6443	.6480	.6517
.4	.6554	.6591	.6628	.6664	.6700	.6736	.6772	.6808	.6844	.6879
.5	.6915	.6950	.6985	.7019	.7054	.7088	.7123	.7157	.7190	.7224
.6	.7257	.7291	.7324	.7357	.7389	.7422	.7454	.7486	.7517	.7549
.7	.7580	.7611	.7642	.7673	.7704	.7734	.7764	.7794	.7823	.7852
.8	.7881	.7910	.7939	.7967	.7995	.8023	.8051	.8078	.8106	.8133
.9	.8159	.8186	.8212	.8238	.8264	.8289	.8315	.8340	.8365	.8389
1.0	.8413	.8438	.8461	.8485	.8508	.8531	.8554	.8577	.8599	.8621
1.1	.8643	.8665	.8686	.8708	.8729	.8749	.8770	.8790	.8810	.8830
1.2	.8949	.8869	.8888	.8907	.8925	.8944	.8962	.8980	.8997	.9015
1.3	.9032	.9049	.9066	.9082	.9099	.9115	.9131	.9147	.9162	.9177
1.4	.9192	.9207	.9222	.9236	.9251	.9265	.9279	.9292	.9306	.9319
1.5	.9332	.9345	.9357	.9370	.9382	.9394	.9406	.9418	.9429	.9441
1.6	.9452	.9463	.9474	.9484	.9495	.9505	.9515	.9525	.9535	.9545
1.7	.9554	.9564	.9573	.9582	.9591	.9599	.9608	.9616	.9625	.9633
1.8	.9641	.9649	.9656	.9664	.9671	.9678	.9686	.9693	.9699	.9706
1.9	.9713	.9719	.9726	.9732	.9738	.9744	.9750	.9756	.9761	.9767
2.0	.9772	.9778	.9783	.9788	.9793	.9798	.9803	.9808	.9812	.9817
2.1	.9821	.9826	.9830	.9834	.9838	.9842	.9846	.9850	.9854	.9857
2.2	.9861	.9864	.9868	.9871	.9875	.9878	.9881	.9884	.9887	.9890
2.3	.9893	.9896	.9898	.9901	.9904	.9906	.9909	.9911	.9913	.9916
2.4	.9918	.9920	.9922	.9925	.9927	.9929	.9931	.9932	.9934	.9936
2.5	.9938	.9940	.9941	.9943	.9945	.9946	.9948	.9949	.9951	.9952
2.6	.9953	.9955	.9956	.9957	.9959	.9960	.9961	.9962	.9963	.9964
2.7	.9965	.9966	.9967	.9968	.9969	.9970	.9971	.9972	.9973	.9974
2.8	.9974	.9975	.9976	.9977	.9977	.9978	.9979	.9979	.9980	.9981
2.9	.9981	.9982	.9982	.9983	.9984	.9984	.9985	.9985	.9986	.9986
3.0	.9987	.9987	.9987	.9988	.9988	.9989	.9989	.9989	.9990	.9990
3.1	.9990	.9991	.9991	.9991	.9992	.9992	.9992	.9992	.9993	.9993
3.2	.9993	.9993	.9994	.9994	.9994	.9994	.9994	.9995	.9995	.9995
3.3	.9995	.9995	.9995	.9996	.9996	.9996	.9996	.9996	.9996	.9997
3.4	.9997	.9997	.9997	.9997	.9997	.9997	.9997	.9997	.9997	.9998
3.5	.9998	.9998	.9998	.9998	.9998	.9998	.9998	.9998	.9998	.9998

부록 7 카이제곱분포표-오른쪽 꼬리 확률

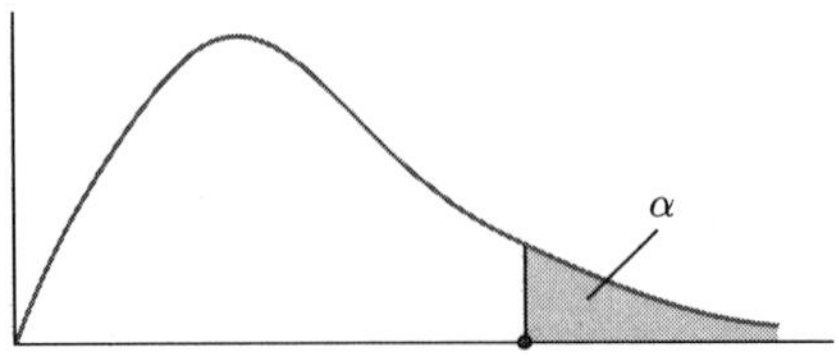

df \ α	0.9995	0.999	0.9975	0.995	0.990	0.975	0.950	0.900	0.750	0.500
1	0.00	0.00	0.00	0.00	0.00	0.00	0.00	0.02	0.10	0.45
2	0.00	0.00	0.01	0.01	0.02	0.05	0.10	0.21	0.58	1.39
3	0.02	0.02	0.04	0.07	0.11	0.22	0.35	0.58	1.21	2.37
4	0.06	0.09	0.14	0.21	0.30	0.48	0.71	1.06	1.92	3.36
5	0.16	0.21	0.31	0.41	0.55	0.83	1.15	1.61	2.67	4.35
6	0.30	0.38	0.53	0.68	0.87	1.24	1.64	2.20	3.45	5.35
7	0.48	0.60	0.79	0.99	1.24	1.69	2.17	2.83	4.25	6.35
8	0.71	0.86	1.10	1.34	1.65	2.18	2.73	3.49	5.07	7.34
9	0.97	1.15	1.45	1.73	2.09	2.70	3.33	4.17	5.90	8.34
10	1.26	1.48	1.83	2.16	2.56	3.25	3.94	4.87	6.74	9.34
11	1.59	1.83	2.23	2.60	3.05	3.82	4.57	5.58	7.58	10.34
12	1.93	2.21	2.66	3.07	3.57	4.40	5.23	6.30	8.44	11.34
13	2.31	2.62	3.11	3.57	4.11	5.01	5.89	7.04	9.30	12.34
14	2.70	3.04	3.58	4.07	4.66	5.63	6.57	7.79	10.17	13.34
15	3.11	3.48	4.07	4.60	5.23	6.26	7.26	8.55	11.04	14.34
16	3.54	3.94	4.57	5.14	5.81	6.91	7.96	9.31	11.91	15.34
17	3.98	4.42	5.09	5.70	6.41	7.56	8.67	10.09	12.79	16.34
18	4.44	4.90	5.62	6.26	7.01	8.23	9.39	10.86	13.68	17.34
19	4.91	5.41	6.17	6.84	7.63	8.91	10.12	11.65	14.56	18.34
20	5.40	5.92	6.72	7.43	8.26	9.59	10.85	12.44	15.45	19.34
21	5.90	6.45	7.29	8.03	8.90	10.28	11.59	13.24	16.34	20.34
22	6.40	6.98	7.86	8.64	9.54	10.98	12.34	14.04	17.24	21.34
23	6.92	7.53	8.45	9.26	10.20	11.69	13.09	14.85	18.14	22.34
24	7.45	8.08	9.04	9.89	10.86	12.40	13.85	15.66	19.04	23.34
25	7.99	8.65	9.65	10.52	11.52	13.12	14.61	16.47	19.94	24.34
26	8.54	9.22	10.26	11.16	12.20	13.84	15.38	17.29	20.84	25.34
27	9.09	9.80	10.87	11.81	12.88	14.57	16.15	18.11	21.75	26.34
28	9.66	10.39	11.50	12.46	13.56	15.31	16.93	18.94	22.66	27.34
29	10.23	10.99	12.13	13.12	14.26	16.05	17.71	19.77	23.57	28.34
30	10.80	11.59	12.76	13.79	14.95	16.79	18.49	20.60	24.48	29.34
40	16.91	17.92	19.42	20.71	22.16	24.43	26.51	29.05	33.66	39.34
50	23.46	24.67	26.46	27.99	29.71	32.36	34.76	37.69	42.94	49.33
60	30.34	31.74	33.79	35.53	37.48	40.48	43.19	46.46	52.29	59.33
80	44.79	46.52	49.04	51.17	53.54	57.15	60.39	64.28	71.14	79.33
100	59.90	61.92	64.86	67.33	70.06	74.22	77.93	82.36	90.13	99.33

카이제곱분포표-오른쪽 꼬리 확률(계속)

df \ α	0.250	0.200	0.150	0.100	0.050	0.025	0.020	0.010	0.005	0.0025	0.001	0.0005
1	1.32	1.64	2.07	2.71	3.84	5.02	5.41	6.63	7.88	9.14	10.83	12.12
2	2.77	3.22	3.79	4.61	5.99	7.38	7.82	9.21	10.60	11.98	13.82	15.20
3	4.11	4.64	5.32	6.25	7.81	9.35	9.84	11.34	12.84	14.32	16.27	17.73
4	5.39	5.99	6.74	7.78	9.49	11.14	11.67	13.28	14.86	16.42	18.47	20.00
5	6.63	7.29	8.12	9.24	11.07	12.83	13.39	15.09	16.75	18.39	20.51	22.11
6	7.84	8.56	9.45	10.64	12.59	14.45	15.03	16.81	18.55	20.25	22.46	24.10
7	9.04	9.80	10.75	12.02	14.07	16.01	16.62	18.48	20.28	22.04	24.32	26.02
8	10.22	11.03	12.03	13.36	15.51	17.53	18.17	20.09	21.95	23.77	26.12	27.87
9	11.39	12.24	13.29	14.68	16.92	19.02	19.68	21.67	23.59	25.46	27.88	29.67
10	12.55	13.44	14.53	15.99	18.31	20.48	21.16	23.21	25.19	27.11	29.59	31.42
11	13.70	14.63	15.77	17.28	19.68	21.92	22.62	24.72	26.76	28.73	31.26	33.14
12	14.85	15.81	16.99	18.55	21.03	23.34	24.05	26.22	28.30	30.32	32.91	34.82
13	15.98	16.98	18.20	19.81	22.36	24.74	25.47	27.69	29.82	31.88	34.53	36.48
14	17.12	18.15	19.41	21.06	23.68	26.12	26.87	29.14	31.32	33.43	36.12	38.11
15	18.25	19.31	20.60	22.31	25.00	27.49	28.26	30.58	32.80	34.95	37.70	39.72
16	19.37	20.47	21.79	23.54	26.30	28.85	29.63	32.00	34.27	36.46	39.25	41.31
17	20.49	21.61	22.98	24.77	27.59	30.19	31.00	33.41	35.72	37.95	40.79	42.88
18	21.60	22.76	24.16	25.99	28.87	31.53	32.35	34.81	37.16	39.42	42.31	44.43
19	22.72	23.90	25.33	27.20	30.14	32.85	33.69	36.19	38.58	40.88	43.82	45.97
20	23.83	25.04	26.50	28.41	31.41	34.17	35.02	37.57	40.00	42.34	45.31	47.50
21	24.93	26.17	27.66	29.62	32.67	35.48	36.34	38.93	41.40	43.78	46.80	49.01
22	26.04	27.30	28.82	30.81	33.92	36.78	37.66	40.29	42.80	45.20	48.27	50.51
23	27.14	28.43	29.98	32.01	35.17	38.08	38.97	41.64	44.18	46.62	49.73	52.00
24	28.24	29.55	31.13	33.20	36.42	39.36	40.27	42.98	45.56	48.03	51.18	53.48
25	29.34	30.68	32.28	34.38	37.65	40.65	41.57	44.31	46.93	49.44	52.62	54.95
26	30.43	31.79	33.43	35.56	38.89	41.92	42.86	45.64	48.29	50.83	54.05	56.41
27	31.53	32.91	34.57	36.74	40.11	43.19	44.14	46.96	49.64	52.22	55.48	57.86
28	32.62	34.03	35.71	37.92	41.34	44.46	45.42	48.28	50.99	53.59	56.89	59.30
29	33.71	35.14	36.85	39.09	42.56	45.72	46.69	49.59	52.34	54.97	58.30	60.73
30	34.80	36.25	37.99	40.26	43.77	46.98	47.96	50.89	53.67	56.33	59.70	62.16
40	45.62	47.27	49.24	51.81	55.76	59.34	60.44	63.69	66.77	69.70	73.40	76.09
50	56.33	58.16	60.35	63.17	67.50	71.42	72.61	76.15	79.49	82.66	86.66	89.56
60	66.98	68.97	71.34	74.40	79.08	83.30	84.58	88.38	91.95	95.34	99.61	102.7
80	88.13	90.41	93.11	96.58	101.9	106.6	108.1	112.3	116.3	120.1	124.8	128.3
100	109.1	111.7	114.7	118.5	124.3	129.6	131.1	135.8	140.2	144.3	149.4	153.2

t분포-오른쪽 꼬리 확률

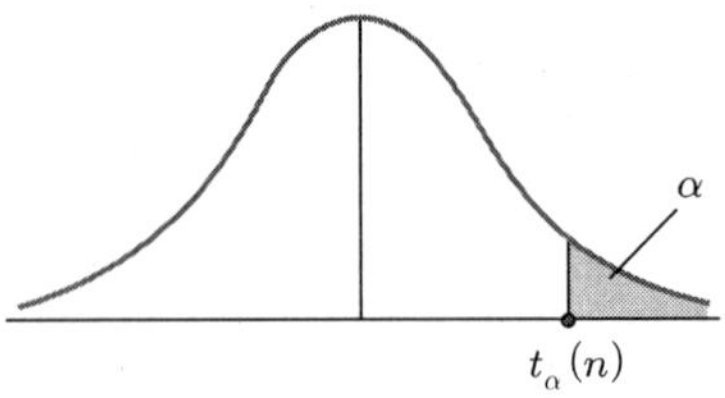

df \ α	0.25	0.20	0.15	0.10	0.05	0.025	0.02	0.01	0.005	0.0025	0.001	0.0005
1	1.000	1.376	1.963	3.078	6.314	12.71	15.89	31.82	63.66	127.3	318.3	636.6
2	0.816	1.061	1.386	1.886	2.920	4.303	4.849	6.965	9.925	14.09	22.33	31.60
3	0.765	0.978	1.250	1.638	2.353	3.182	3.482	4.541	5.841	7.453	10.21	12.92
4	0.741	0.941	1.190	1.533	2.132	2.776	2.999	3.747	4.604	5.598	7.173	8.610
5	0.727	0.920	1.156	1.476	2.015	2.571	2.757	3.365	4.032	4.773	5.893	6.869
6	0.718	0.906	1.134	1.440	1.943	2.447	2.612	3.143	3.707	4.317	5.208	5.959
7	0.711	0.896	1.119	1.415	1.895	2.365	2.517	2.998	3.499	4.029	4.785	5.408
8	0.706	0.889	1.108	1.397	1.860	2.306	2.449	2.896	3.355	3.833	4.501	5.041
9	0.703	0.883	1.100	1.383	1.833	2.262	2.398	2.821	3.250	3.690	4.297	4.781
10	0.700	0.879	1.093	1.372	1.812	2.228	2.359	2.764	3.169	3.581	4.144	4.587
11	0.697	0.876	1.088	1.363	1.796	2.201	2.328	2.718	3.106	3.497	4.025	4.437
12	0.695	0.873	1.083	1.356	1.782	2.179	2.303	2.681	3.055	3.428	3.930	4.318
13	0.694	0.870	1.079	1.350	1.771	2.160	2.282	2.650	3.012	3.372	3.852	4.221
14	0.692	0.868	1.076	1.345	1.761	2.145	2.264	2.624	2.977	3.326	3.787	4.140
15	0.691	0.866	1.074	1.341	1.753	2.131	2.249	2.602	2.947	3.286	3.733	4.073
16	0.690	0.865	1.071	1.337	1.746	2.120	2.235	2.583	2.921	3.252	3.686	4.015
17	0.689	0.863	1.069	1.333	1.740	2.110	2.224	2.567	2.898	3.222	3.646	3.965
18	0.688	0.862	1.067	1.330	1.734	2.101	2.214	2.552	2.878	3.197	3.611	3.922
19	0.688	0.861	1.066	1.328	1.729	2.093	2.205	2.539	2.861	3.174	3.579	3.883
20	0.687	0.860	1.064	1.325	1.725	2.086	2.197	2.528	2.845	3.153	3.552	3.850
21	0.686	0.859	1.063	1.323	1.721	2.080	2.189	2.518	2.831	3.135	3.527	3.819
22	0.686	0.858	1.061	1.321	1.717	2.074	2.183	2.508	2.819	3.119	3.505	3.792
23	0.685	0.858	1.060	1.319	1.714	2.069	2.177	2.500	2.807	3.104	3.485	3.768
24	0.685	0.857	1.059	1.318	1.711	2.064	2.172	2.492	2.797	3.091	3.467	3.745
25	0.684	0.856	1.058	1.316	1.708	2.060	2.167	2.485	2.787	3.078	3.450	3.725
26	0.684	0.856	1.058	1.315	1.706	2.056	2.162	2.479	2.779	3.067	3.435	3.707
27	0.684	0.855	1.057	1.314	1.703	2.052	2.158	2.473	2.771	3.057	3.421	3.690
28	0.683	0.855	1.056	1.313	1.701	2.048	2.154	2.467	2.763	3.047	3.408	3.674
29	0.683	0.854	1.055	1.311	1.699	2.045	2.150	2.462	2.756	3.038	3.396	3.659
30	0.683	0.854	1.055	1.310	1.697	2.042	2.147	2.457	2.750	3.030	3.385	3.646
40	0.681	0.851	1.050	1.303	1.684	2.021	2.123	2.423	2.704	2.971	3.307	3.551
50	0.679	0.849	1.047	1.299	1.676	2.009	2.109	2.403	2.678	2.937	3.261	3.496
60	0.679	0.848	1.045	1.296	1.671	2.000	2.099	2.390	2.660	2.915	3.232	3.460
80	0.678	0.846	1.043	1.292	1.664	1.990	2.088	2.374	2.639	2.887	3.195	3.416
100	0.677	0.845	1.042	1.290	1.660	1.984	2.081	2.364	2.626	2.871	3.174	3.390
1,000	0.675	0.842	1.037	1.282	1.646	1.962	2.056	2.330	2.581	2.813	3.098	3.300
∞	0.674	0.841	1.036	1.282	1.645	1.960	2.054	2.326	2.576	2.807	3.091	3.291

부록 9 F분포-오른쪽 꼬리 확률

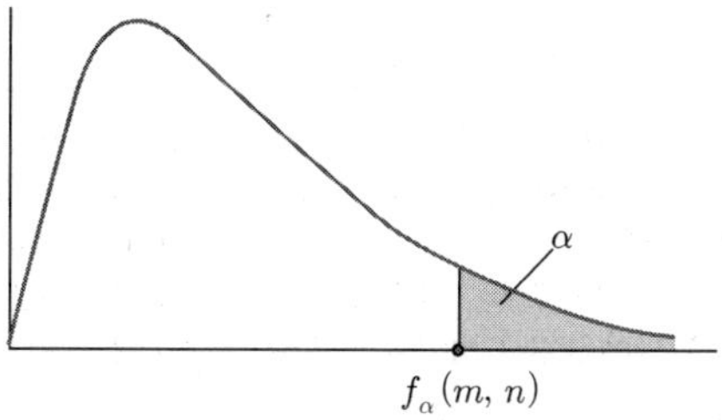

분모의 자유도	α	분자의 자유도 1	2	3	4	5	6	7	8	9	10
	0.100	39.86	49.50	53.59	55.83	57.24	58.20	58.91	59.44	59.86	60.19
	0.050	161.45	199.50	215.71	224.58	230.10	233.99	236.77	238.88	240.54	241.88
1	0.025	647.79	799.50	864.16	899.58	921.85	937.11	948.22	956.66	963.28	968.63
	0.010	4052.2	4999.5	5403.4	5624.6	5763.6	5859.0	5928.4	5981.1	6022.5	6055.8
	0.001	405284	500000	540379	562500	576405	585937	592873	598144	602284	605621
	0.100	8.53	9.00	9.16	9.24	9.29	9.33	9.35	9.37	9.38	9.39
	0.050	18.51	19.00	19.16	19.25	19.30	19.33	19.35	19.37	19.38	19.40
2	0.025	38.51	39.00	39.17	39.25	39.30	39.33	39.36	39.37	39.39	39.40
	0.010	98.50	99.00	99.17	99.25	99.30	99.33	99.36	99.37	99.39	99.40
	0.001	998.50	999.00	999.17	999.25	999.30	999.33	999.36	999.37	999.39	999.40
	0.100	5.54	5.46	5.39	5.34	5.31	5.28	5.27	5.25	5.24	5.23
	0.050	10.13	9.55	9.28	9.12	9.01	8.94	8.89	8.85	8.81	8.79
3	0.025	17.44	16.04	15.44	15.10	14.88	14.73	14.62	14.54	14.47	14.42
	0.010	34.12	30.82	29.46	28.71	28.24	27.91	27.67	27.49	27.35	27.23
	0.001	167.03	148.50	141.11	137.10	134.58	132.85	131.58	130.62	129.86	129.25
	0.100	4.54	4.32	4.19	4.11	4.05	4.01	3.98	3.95	3.94	3.92
	0.050	7.71	6.94	6.59	6.39	6.26	6.16	6.09	6.04	6.00	5.96
4	0.025	12.22	10.65	9.98	9.60	9.36	9.20	9.07	8.98	8.90	8.84
	0.010	21.20	18.00	16.69	15.98	15.52	15.21	14.98	14.80	14.66	14.55
	0.001	74.14	61.25	56.18	53.44	51.71	50.53	49.66	49.00	48.47	48.05
	0.100	4.06	3.78	3.62	3.52	3.45	3.40	3.37	3.34	3.32	3.30
	0.050	6.61	5.79	5.41	5.19	5.05	4.95	4.88	4.82	4.77	4.74
5	0.025	10.01	8.43	7.76	7.39	7.15	6.98	6.85	6.76	6.68	6.62
	0.010	16.26	13.27	12.06	11.39	10.97	10.67	10.46	10.29	10.16	10.05
	0.001	47.18	37.12	33.20	31.09	29.75	28.83	28.16	27.65	27.24	26.92
	0.100	3.78	3.46	3.29	3.18	3.11	3.05	3.01	2.98	2.96	2.94
	0.050	5.99	5.14	4.76	4.53	4.39	4.28	4.21	4.15	4.10	4.06
6	0.025	8.81	7.26	6.60	6.23	5.99	5.82	5.70	5.60	5.52	5.46
	0.010	13.75	10.92	9.78	9.15	8.75	8.47	8.26	8.10	7.98	7.87
	0.001	35.51	27.00	23.70	21.92	20.80	20.03	19.46	19.03	18.69	18.41

F 분포-오른쪽 꼬리 확률(계속)

분모의 자유도	α	분자의 자유도 12	15	20	25	30	40	50	60	120	1,000
	0.100	60.71	61.22	61.74	62.05	62.26	62.53	62.69	62.79	63.06	63.30
	0.050	243.91	245.95	248.01	249.26	250.10	251.14	251.77	252.20	253.25	254.11
1	0.025	976.71	984.87	993.10	998.08	1001.4	1005.6	1008.1	1009.8	1014.0	1017.7
	0.010	6106.3	6157.3	6208.7	6239.8	6260.6	6286.8	6302.5	6313.0	6339.4	6362.7
	0.001	610668	615764	620908	624017	626099	628712	630285	631337	633972	636301
	0.100	9.41	9.42	9.44	9.45	9.46	9.47	9.47	9.47	9.48	9.49
	0.050	19.41	19.43	19.45	19.46	19.46	19.47	19.48	19.48	19.49	19.49
2	0.025	39.41	39.43	39.45	39.46	39.46	39.47	39.48	39.48	39.49	39.50
	0.010	99.42	99.43	99.45	99.46	99.47	99.47	99.48	99.48	99.49	99.50
	0.001	999.42	999.43	999.45	999.46	999.47	999.47	999.48	999.48	999.49	999.50
	0.100	5.22	5.20	5.18	5.17	5.17	5.16	5.15	5.15	5.14	5.13
	0.050	8.74	8.70	8.66	8.63	8.62	8.59	8.58	8.57	8.55	8.53
3	0.025	14.34	14.25	14.17	14.12	14.08	14.04	14.01	13.99	13.95	13.91
	0.010	27.05	26.87	26.69	26.58	26.50	26.41	26.35	26.32	26.22	26.14
	0.001	128.32	127.37	126.42	125.84	125.45	124.96	124.66	124.47	123.97	123.53
	0.100	3.90	3.87	3.84	3.83	3.82	3.80	3.80	3.79	3.78	3.76
	0.050	5.91	5.86	5.80	5.77	5.75	5.72	5.70	5.69	5.66	5.63
4	0.025	8.75	8.66	8.56	8.50	8.46	8.41	8.38	8.36	8.31	8.26
	0.010	14.37	14.20	14.02	13.91	13.84	13.75	13.69	13.65	13.56	13.47
	0.001	47.41	46.76	46.10	45.70	45.43	45.09	44.88	44.75	44.40	44.09
	0.100	3.27	3.24	3.21	3.19	3.17	3.16	3.15	3.14	3.12	3.11
	0.050	4.68	4.62	4.56	4.52	4.50	4.46	4.44	4.43	4.40	4.37
5	0.025	6.52	6.43	6.33	6.27	6.23	6.18	6.14	6.12	6.07	6.02
	0.010	9.89	9.72	9.55	9.45	9.38	9.29	9.24	9.20	9.11	9.03
	0.001	26.42	25.91	25.39	25.08	24.87	24.60	24.44	24.33	24.06	23.82
	0.100	2.90	2.87	2.84	2.81	2.80	2.78	2.77	2.76	2.74	2.72
	0.050	4.00	3.94	3.87	3.83	3.81	3.77	3.75	3.74	3.70	3.67
6	0.025	5.37	5.27	5.17	5.11	5.07	5.01	4.98	4.96	4.90	4.86
	0.010	7.72	7.56	7.40	7.30	7.23	7.14	7.09	7.06	6.97	6.89
	0.001	17.99	17.56	17.12	16.85	16.67	16.44	16.31	16.21	15.98	15.77

F 분포-오른쪽 꼬리 확률(계속)

분모의 자유도	α	분자의 자유도 1	2	3	4	5	6	7	8	9	10
	0.100	3.59	3.26	3.07	2.96	2.88	2.83	2.78	2.75	2.72	2.70
	0.050	5.59	4.74	4.35	4.12	3.97	3.87	3.79	3.73	3.68	3.64
7	0.025	8.07	6.54	5.89	5.52	5.29	5.12	4.99	4.90	4.82	4.76
	0.010	12.25	9.55	8.45	7.85	7.46	7.19	6.99	6.84	6.72	6.62
	0.001	29.25	21.69	18.77	17.20	16.21	15.52	15.02	14.63	14.33	14.08
	0.100	3.46	3.11	2.92	2.81	2.73	2.67	2.62	2.59	2.56	2.54
	0.050	5.32	4.46	4.07	3.84	3.69	3.58	3.50	3.44	3.39	3.35
8	0.025	7.57	6.06	5.42	5.05	4.82	4.65	4.53	4.43	4.36	4.30
	0.010	11.26	8.65	7.59	7.01	6.63	6.37	6.18	6.03	5.91	5.81
	0.001	25.41	18.49	15.83	14.39	13.48	12.86	12.40	12.05	11.77	11.54
	0.100	3.36	3.01	2.81	2.69	2.61	2.55	2.51	2.47	2.44	2.42
	0.050	5.12	4.26	3.86	3.63	3.48	3.37	3.29	3.23	3.18	3.14
9	0.025	7.21	5.71	5.08	4.72	4.48	4.32	4.20	4.10	4.03	3.96
	0.010	10.56	8.02	6.99	6.42	6.06	5.80	5.61	5.47	5.35	5.26
	0.001	22.86	16.39	13.90	12.56	11.71	11.13	10.70	10.37	10.11	9.89
	0.100	3.29	2.92	2.73	2.61	2.52	2.46	2.41	2.38	2.35	2.32
	0.050	4.96	4.10	3.71	3.48	3.33	3.22	3.14	3.07	3.02	2.98
10	0.025	6.94	5.46	4.83	4.47	4.24	4.07	3.95	3.85	3.78	3.72
	0.010	10.04	7.56	6.55	5.99	5.64	5.39	5.20	5.06	4.94	4.85
	0.001	21.04	14.91	12.55	11.28	10.48	9.93	9.52	9.20	8.96	8.75
	0.100	3.23	2.86	2.66	2.54	2.45	2.39	2.34	2.30	2.27	2.25
	0.050	4.84	3.98	3.59	3.36	3.20	3.09	3.01	2.95	2.90	2.85
11	0.025	6.72	5.26	4.63	4.28	4.04	3.88	3.76	3.66	3.59	3.53
	0.010	9.65	7.21	6.22	5.67	5.32	5.07	4.89	4.74	4.63	4.54
	0.001	19.69	13.81	11.56	10.35	9.58	9.05	8.66	8.35	8.12	7.92
	0.100	3.18	2.81	2.61	2.48	2.39	2.33	2.28	2.24	2.21	2.19
	0.050	4.75	3.89	3.49	3.26	3.11	3.00	2.91	2.85	2.80	2.75
12	0.025	6.55	5.10	4.47	4.12	3.89	3.73	3.61	3.51	3.44	3.37
	0.010	9.33	6.93	5.95	5.41	5.06	4.82	4.64	4.50	4.39	4.30
	0.001	18.64	12.97	10.80	9.63	8.89	8.38	8.00	7.71	7.48	7.29
	0.100	3.14	2.76	2.56	2.43	2.35	2.28	2.23	2.20	2.16	2.14
	0.050	4.67	3.81	3.41	3.18	3.03	2.92	2.83	2.77	2.71	2.67
13	0.025	6.41	4.97	4.35	4.00	3.77	3.60	3.48	3.39	3.31	3.25
	0.010	9.07	6.70	5.74	5.21	4.86	4.62	4.44	4.30	4.19	4.10
	0.001	17.82	12.31	10.21	9.07	8.35	7.86	7.49	7.21	6.98	6.80

F 분포–오른쪽 꼬리 확률(계속)

분모의 자유도	α	12	15	20	25	30	40	50	60	120	1,000
		분자의 자유도									
	0.100	2.67	2.63	2.59	2.57	2.56	2.54	2.52	2.51	2.49	2.47
	0.050	3.57	3.51	3.44	3.40	3.38	3.34	3.32	3.30	3.27	3.23
7	0.025	4.67	4.57	4.47	4.40	4.36	4.31	4.28	4.25	4.20	4.15
	0.010	6.47	6.31	6.16	6.06	5.99	5.91	5.86	5.82	5.74	5.66
	0.001	13.71	13.32	12.93	12.69	12.53	12.33	12.20	12.12	11.91	11.72
	0.100	2.50	2.46	2.42	2.40	2.38	2.36	2.35	2.34	2.32	2.30
	0.050	3.28	3.22	3.15	3.11	3.08	3.04	3.02	3.01	2.97	2.93
8	0.025	4.20	4.10	4.00	3.94	3.89	3.84	3.81	3.78	3.73	3.68
	0.010	5.67	5.52	5.36	5.26	5.20	5.12	5.07	5.03	4.95	4.87
	0.001	11.19	10.84	10.48	10.26	10.11	9.92	9.80	9.73	9.53	9.36
	0.100	2.38	2.34	2.30	2.27	2.25	2.23	2.22	2.21	2.18	2.16
	0.050	3.07	3.01	2.94	2.89	2.86	2.83	2.80	2.79	2.75	2.71
9	0.025	3.87	3.77	3.67	3.60	3.56	3.51	3.47	3.45	3.39	3.34
	0.010	5.11	4.96	4.81	4.71	4.65	4.57	4.52	4.48	4.40	4.32
	0.001	9.57	9.24	8.90	8.69	8.55	8.37	8.26	8.19	8.00	7.84
	0.100	2.28	2.24	2.20	2.17	2.16	2.13	2.12	2.11	2.08	2.06
	0.050	2.91	2.85	2.77	2.73	2.70	2.66	2.64	2.62	2.58	2.54
10	0.025	3.62	3.52	3.42	3.35	3.31	3.26	3.22	3.20	3.14	3.09
	0.010	4.71	4.56	4.41	4.31	4.25	4.17	4.12	4.08	4.00	3.92
	0.001	8.45	8.13	7.80	7.60	7.47	7.30	7.19	7.12	6.94	6.78
	0.100	2.21	2.17	2.12	2.10	2.08	2.05	2.04	2.03	2.00	1.98
	0.050	2.79	2.72	2.65	2.60	2.57	2.53	2.51	2.49	2.45	2.41
11	0.025	3.43	3.33	3.23	3.16	3.12	3.06	3.03	3.00	2.94	2.89
	0.010	4.40	4.25	4.10	4.01	3.94	3.86	3.81	3.78	3.69	3.61
	0.001	7.63	7.32	7.01	6.81	6.68	6.52	6.42	6.35	6.18	6.02
	0.100	2.15	2.10	2.06	2.03	2.01	1.99	1.97	1.96	1.93	1.91
	0.050	2.69	2.62	2.54	2.50	2.47	2.43	2.40	2.38	2.34	2.30
12	0.025	3.28	3.18	3.07	3.01	2.96	2.91	2.87	2.85	2.79	2.73
	0.010	4.16	4.01	3.86	3.76	3.70	3.62	3.57	3.54	3.45	3.37
	0.001	7.00	6.71	6.40	6.22	6.09	5.93	5.83	5.76	5.59	5.44
	0.100	2.10	2.05	2.01	1.98	1.96	1.93	1.92	1.90	1.88	1.85
	0.050	2.60	2.53	2.46	2.41	2.38	2.34	2.31	2.30	2.25	2.21
13	0.025	3.15	3.05	2.95	2.88	2.84	2.78	2.74	2.72	2.66	2.60
	0.010	3.96	3.82	3.66	3.57	3.51	3.43	3.38	3.34	3.25	3.18
	0.001	6.52	6.23	5.93	5.75	5.63	5.47	5.37	5.30	5.14	4.99

F 분포-오른쪽 꼬리 확률(계속)

분모의 자유도	α	1	2	3	4	5	6	7	8	9	10
		분자의 자유도									
14	0.100	3.10	2.73	2.52	2.39	2.31	2.24	2.19	2.15	2.12	2.10
	0.050	4.60	3.74	3.34	3.11	2.96	2.85	2.76	2.70	2.65	2.60
	0.025	6.30	4.86	4.24	3.89	3.66	3.50	3.38	3.29	3.21	3.15
	0.010	8.86	6.51	5.56	5.04	4.69	4.46	4.28	4.14	4.03	3.94
	0.001	17.14	11.78	9.73	8.62	7.92	7.44	7.08	6.80	6.58	6.40
15	0.100	3.07	2.70	2.49	2.36	2.27	2.21	2.16	2.12	2.09	2.06
	0.050	4.54	3.68	3.29	3.06	2.90	2.79	2.71	2.64	2.59	2.54
	0.025	6.20	4.77	4.15	3.80	3.58	3.41	3.29	3.20	3.12	3.06
	0.010	8.68	6.36	5.42	4.89	4.56	4.32	4.14	4.00	3.89	3.80
	0.001	16.59	11.34	9.34	8.25	7.57	7.09	6.74	6.47	6.26	6.08
16	0.100	3.05	2.67	2.46	2.33	2.24	2.18	2.13	2.09	2.06	2.03
	0.050	4.49	3.63	3.24	3.01	2.85	2.74	2.66	2.59	2.54	2.49
	0.025	6.12	4.69	4.08	3.73	3.50	3.34	3.22	3.12	3.05	2.99
	0.010	8.53	6.23	5.29	4.77	4.44	4.20	4.03	3.89	3.78	3.69
	0.001	16.12	10.97	9.01	7.94	7.27	6.80	6.46	6.19	5.98	5.81
17	0.100	3.03	2.64	2.44	2.31	2.22	2.15	2.10	2.06	2.03	2.00
	0.050	4.45	3.59	3.20	2.96	2.81	2.70	2.61	2.55	2.49	2.45
	0.025	6.04	4.62	4.01	3.66	3.44	3.28	3.16	3.06	2.98	2.92
	0.010	8.40	6.11	5.19	4.67	4.34	4.10	3.93	3.79	3.68	3.59
	0.001	15.72	10.66	8.73	7.68	7.02	6.56	6.22	5.96	5.75	5.58
18	0.100	3.01	2.62	2.42	2.29	2.20	2.13	2.08	2.04	2.00	1.98
	0.050	4.41	3.55	3.16	2.93	2.77	2.66	2.58	2.51	2.46	2.41
	0.025	5.98	4.56	3.95	3.61	3.38	3.22	3.10	3.01	2.93	2.87
	0.010	8.29	6.01	5.09	4.58	4.25	4.01	3.84	3.71	3.60	3.51
	0.001	15.38	10.39	8.49	7.46	6.81	6.35	6.02	5.76	5.56	5.39
19	0.100	2.99	2.61	2.40	2.27	2.18	2.11	2.06	2.02	1.98	1.96
	0.050	4.38	3.52	3.13	2.90	2.74	2.63	2.54	2.48	2.42	2.38
	0.025	5.92	4.51	3.90	3.56	3.33	3.17	3.05	2.96	2.88	2.82
	0.010	8.18	5.93	5.01	4.50	4.17	3.94	3.77	3.63	3.52	3.43
	0.001	15.08	10.16	8.28	7.27	6.62	6.18	5.85	5.59	5.39	5.22
20	0.100	2.97	2.59	2.38	2.25	2.16	2.09	2.04	2.00	1.96	1.94
	0.050	4.35	3.49	3.10	2.87	2.71	2.60	2.51	2.45	2.39	2.35
	0.025	5.87	4.46	3.86	3.51	3.29	3.13	3.01	2.91	2.84	2.77
	0.010	8.10	5.85	4.94	4.43	4.10	3.87	3.70	3.56	3.46	3.37
	0.001	14.82	9.95	8.10	7.10	6.46	6.02	5.69	5.44	5.24	5.08

F 분포-오른쪽 꼬리 확률(계속)

분모의 자유도	α	분자의 자유도 12	15	20	25	30	40	50	60	120	1,000
	0.100	2.05	2.01	1.96	1.93	1.91	1.89	1.87	1.86	1.83	1.80
	0.050	2.53	2.46	2.39	2.34	2.31	2.27	2.24	2.22	2.18	2.14
14	0.025	3.05	2.95	2.84	2.78	2.73	2.67	2.64	2.61	2.55	2.50
	0.010	3.80	3.66	3.51	3.41	3.35	3.27	3.22	3.18	3.09	3.02
	0.001	6.13	5.85	5.56	5.38	5.25	5.10	5.00	4.94	4.77	4.62
	0.100	2.02	1.97	1.92	1.89	1.87	1.85	1.83	1.82	1.79	1.76
	0.050	2.48	2.40	2.33	2.28	2.25	2.20	2.18	2.16	2.11	2.07
15	0.025	2.96	2.86	2.76	2.69	2.64	2.59	2.55	2.52	2.46	2.40
	0.010	3.67	3.52	3.37	3.28	3.21	3.13	3.08	3.05	2.96	2.88
	0.001	5.81	5.54	5.25	5.07	4.95	4.80	4.70	4.64	4,47	4.33
	0.100	1.99	1.94	1.89	1.86	1.84	1.81	1.79	1.78	1.75	1.72
	0.050	2.42	2.35	2.28	2.23	2.19	2.15	2.12	2.11	2.06	2.02
16	0.025	2.89	2.79	2.68	2.61	2.57	2.51	2.47	2.45	2.38	2.32
	0.010	3.55	3.41	3.26	3.16	3.10	3.02	2.97	2.93	2.84	2.76
	0.001	5.55	5.27	4.99	4.82	4.70	4.54	4.45	4.39	4.23	4.08
	0.100	1.96	1.91	1.86	1.83	1.81	1.78	1.76	1.75	1.72	1.69
	0.050	2.38	2.31	2.23	2.18	2.15	2.10	2.08	2.06	2.01	1.97
17	0.025	2.82	2.72	2.62	2.55	2.50	2.44	2.41	2.38	2.32	2.26
	0.010	3.46	3.31	3.16	3.07	3.00	2.92	2.87	2.83	2.75	2.66
	0.001	5.32	5.05	4.78	4.60	4.48	4.33	4.24	4.18	4.02	3.87
	0.100	1.93	1.89	1.84	1.80	1.78	1.75	1.74	1.72	1.69	1.66
	0.050	2.34	2.27	2.19	2.14	2.11	2.06	2.04	2.02	1.97	1.92
18	0.025	2.77	2.67	2.56	2.49	2.44	2.38	2.35	2.32	2.26	2.20
	0.010	3.37	3.23	3.08	2.98	2.92	2.84	2.78	2.75	2.66	2.58
	0.001	5.13	4.87	4.59	4.42	4.30	4.15	4.06	4.00	3.84	3.69
	0.100	1.91	1.86	1.81	1.78	1.76	1.73	1.71	1.70	1.67	1.64
	0.050	2.31	2.23	2.16	2.11	2.07	2.03	2.00	1.98	1.93	1.88
19	0.025	2.72	2.62	2.51	2.44	2.39	2.33	2.30	2.27	2.20	2.14
	0.010	3.30	3.15	3.00	2.91	2.84	2.76	2.71	2.67	2.58	2.50
	0.001	4.97	4.70	4.43	4.26	4.14	3.99	3.90	3.84	3.68	3.53
	0.100	1.89	1.84	1.79	1.76	1.74	1.71	1.69	1.68	1.64	1.61
	0.050	2.28	2.20	2.12	2.07	2.04	1.99	1.97	1.95	1.90	1.85
20	0.025	2.68	2.57	2.46	2.40	2.35	2.29	2.25	2.22	2.16	2.09
	0.010	3.23	3.09	2.94	2.84	2.78	2.69	2.64	2.61	2.52	2.43
	0.001	4.82	4.56	4.29	4.12	4.00	3.86	3.77	3.70	3.54	3.40

F 분포-오른쪽 꼬리 확률(계속)

분모의 자유도	α	1	2	3	4	5	6	7	8	9	10
		분자의 자유도									
21	0.100	2.96	2.57	2.36	2.23	2.14	2.08	2.02	1.98	1.95	1.92
	0.050	4.32	3.47	3.07	2.84	2.68	2.57	2.49	2.42	2.37	2.32
	0.025	5.83	4.42	3.82	3.48	3.25	3.09	2.97	2.87	2.80	2.73
	0.010	8.02	5.78	4.87	4.37	4.04	3.81	3.64	3.51	3.40	3.31
	0.001	14.59	9.77	7.94	6.95	6.32	5.88	5.56	5.31	5.11	4.95
22	0.100	2.95	2.56	2.35	2.22	2.13	2.06	2.01	1.97	1.93	1.90
	0.050	4.30	3.44	3.05	2.82	2.66	2.55	2.46	2.40	2.34	2.30
	0.025	5.79	4.38	3.78	3.44	3.22	3.05	2.93	2.84	2.76	2.70
	0.010	7.95	5.72	4.82	4.31	3.99	3.76	3.59	3.45	3.35	3.26
	0.001	14.38	9.61	7.80	6.81	6.19	5.76	5.44	5.19	4.99	4.83
23	0.100	2.94	2.55	2.34	2.21	2.11	2.05	1.99	1.95	1.92	1.89
	0.050	4.28	3.42	3.03	2.80	2.64	2.53	2.44	2.37	2.32	2.27
	0.025	5.75	4.35	3.75	3.41	3.18	3.02	2.90	2.81	2.73	2.67
	0.010	7.88	5.66	4.76	4.26	3.94	3.71	3.54	3.41	3.30	3.21
	0.001	14.20	9.47	7.67	6.70	6.08	5.65	5.33	5.09	4.89	4.73
24	0.100	2.93	2.54	2.33	2.19	2.10	2.04	1.98	1.94	1.91	1.88
	0.050	4.26	3.40	3.01	2.78	2.62	2.51	2.42	2.36	2.30	2.25
	0.025	5.72	4.32	3.72	3.38	3.15	2.99	2.87	2.78	2.70	2.64
	0.010	7.82	5.61	4.72	4.22	3.90	3.67	3.50	3.36	3.26	3.17
	0.001	14.03	9.34	7.55	6.59	5.98	5.55	5.23	4.99	4.80	4.64
25	0.100	2.92	2.53	2.32	2.18	2.09	2.02	1.97	1.93	1.89	1.87
	0.050	4.24	3.39	2.99	2.76	2.60	2.49	2.40	2.34	2.28	2.24
	0.025	5.69	4.29	3.69	3.35	3.13	2.97	2.85	2.75	2.68	2.61
	0.010	7.77	5.57	4.68	4.18	3.85	3.63	3.46	3.32	3.22	3.13
	0.001	13.88	9.22	7.45	6.49	5.89	5.46	5.15	4.91	4.71	4.56
26	0.100	2.91	2.52	2.31	2.17	2.08	2.01	1.96	1.92	1.88	1.86
	0.050	4.23	3.37	2.98	2.74	2.59	2.47	2.39	2.32	2.27	2.22
	0.025	5.66	4.27	3.67	3.33	3.10	2.94	2.82	2.73	2.65	2.59
	0.010	7.72	5.53	4.64	4.14	3.82	3.59	3.42	3.29	3.18	3.09
	0.001	13.74	9.12	7.36	6.41	5.80	5.38	5.07	4.83	4.64	4.48
27	0.100	2.90	2.51	2.30	2.17	2.07	2.00	1.95	1.91	1.87	1.85
	0.050	4.21	3.35	2.96	2.73	2.57	2.46	2.37	2.31	2.25	2.20
	0.025	5.63	4.24	3.65	3.31	3.08	2.92	2.80	2.71	2.63	2.57
	0.010	7.68	5.49	4.60	4.11	3.78	3.56	3.39	3.26	3.15	3.06
	0.001	13.61	9.02	7.27	6.33	5.73	5.31	5.00	4.76	4.57	4.41

F 분포-오른쪽 꼬리 확률(계속)

분모의 자유도	α	분자의 자유도									
		12	15	20	25	30	40	50	60	120	1,000
	0.100	1.87	1.83	1.78	1.74	1.72	1.69	1.67	1.66	1.62	1.59
	0.050	2.25	2.18	2.10	2.05	2.01	1.96	1.94	1.92	1.87	1.82
21	0.025	2.64	2.53	2.42	2.36	2.31	2.25	2.21	2.18	2.11	2.05
	0.010	3.17	3.03	2.88	2.79	2.72	2.64	2.58	2.55	2.46	2.37
	0.001	4.70	4.44	4.17	4.00	3.88	3.74	3.64	3.58	3.42	3.28
	0.100	1.86	1.81	1.76	1.73	1.70	1.67	1.65	1.64	1.60	1.57
	0.050	2.23	2.15	2.07	2.02	1.98	1.94	1.91	1.89	1.84	1.79
22	0.025	2.60	2.50	2.39	2.32	2.27	2.21	2.17	2.14	2.08	2.01
	0.010	3.12	2.98	2.83	2.73	2.67	2.58	2.53	2.50	2.40	2.32
	0.001	4.58	4.33	4.06	3.89	3.78	3.63	3.54	3.48	3.32	3.17
	0.100	1.84	1.80	1.74	1.71	1.69	1.66	1.64	1.62	1.59	1.55
	0.050	2.20	2.13	2.05	2.00	1.96	1.91	1.88	1.86	1.81	1.76
23	0.025	2.57	2.47	2.36	2.29	2.24	2.18	2.14	2.11	2.04	1.98
	0.010	3.07	2.93	2.78	2.69	2.62	2.54	2.48	2.45	2.35	2.27
	0.001	4.48	4.23	3.96	3.79	3.68	3.53	3.44	3.38	3.22	3.08
	0.100	1.83	1.78	1.73	1.70	1.67	1.64	1.62	1.61	1.57	1.54
	0.050	2.18	2.11	2.03	1.97	1.94	1.89	1.86	1.84	1.79	1.74
24	0.025	2.54	2.44	2.33	2.26	2.21	2.15	2.11	2.08	2.01	1.94
	0.010	3.03	2.89	2.74	2.64	2.58	2.49	2.44	2.40	2.31	2.22
	0.001	4.39	4.14	3.87	3.71	3.59	3.45	3.36	3.29	3.14	2.99
	0.100	1.82	1.77	1.72	1.68	1.66	1.63	1.61	1.59	1.56	1.52
	0.050	2.16	2.09	2.01	1.96	1.92	1.87	1.84	1.82	1.77	1.72
25	0.025	2.51	2.41	2.30	2.23	2.18	2.12	2.08	2.05	1.98	1.91
	0.010	2.99	2.85	2.70	2.60	2.54	2.45	2.40	2.36	2.27	2.18
	0.001	4.31	4.06	3.79	3.63	3.52	3.37	3.28	3.22	3.06	2.91
	0.100	1.81	1.76	1.71	1.67	1.65	1.61	1.59	1.58	1.54	1.51
	0.050	2.15	2.07	1.99	1.94	1.90	1.85	1.82	1.80	1.75	1.70
26	0.025	2.49	2.39	2.28	2.21	2.16	2.09	2.05	2.03	1.95	1.89
	0.010	2.96	2.81	2.66	2.57	2.50	2.42	2.36	2.33	2.23	2.14
	0.001	4.24	3.99	3.72	3.56	3.44	3.30	3.21	3.15	2.99	2.84
	0.100	1.80	1.75	1.70	1.66	1.64	1.60	1.58	1.57	1.53	1.50
	0.050	2.13	2.06	1.97	1.92	1.88	1.84	1.81	1.79	1.73	1.68
27	0.025	2.47	2.36	2.25	2.18	2.13	2.07	2.03	2.00	1.93	1.86
	0.010	2.93	2.78	2.63	2.54	2.47	2.38	2.33	2.29	2.20	2.11
	0.001	4.17	3.92	3.66	3.49	3.38	3.23	3.14	3.08	2.92	2.78

F 분포-오른쪽 꼬리 확률(계속)

분모의 자유도	α	1	2	3	4	5	6	7	8	9	10
	0.100	2.89	2.50	2.29	2.16	2.06	2.00	1.94	1.90	1.87	1.84
	0.050	4.20	3.34	2.95	2.71	2.56	2.45	2.36	2.29	2.24	2.19
28	0.025	5.61	4.22	3.63	3.29	3.06	2.90	2.78	2.69	2.61	2.55
	0.010	7.64	5.45	4.57	4.07	3.75	3.53	3.36	3.23	3.12	3.03
	0.001	13.50	8.93	7.19	6.25	5.66	5.24	4.93	4.69	4.50	4.35
	0.100	2.89	2.50	2.28	2.15	2.06	1.99	1.93	1.89	1.86	1.83
	0.050	4.18	3.33	2.93	2.70	2.55	2.43	2.35	2.28	2.22	2.18
29	0.025	5.59	4.20	3.61	3.27	3.04	2.88	2.76	2.67	2.59	2.53
	0.010	7.60	5.42	4.54	4.04	3.73	3.50	3.33	3.20	3.09	3.00
	0.001	13.39	8.85	7.12	6.19	5.59	5.18	4.87	4.64	4.45	4.29
	0.100	2.88	2.49	2.28	2.14	2.05	1.98	1.93	1.88	1.85	1.82
	0.050	4.17	3.32	2.92	2.69	2.53	2.42	2.33	2.27	2.21	2.16
30	0.025	5.57	4.18	3.59	3.25	3.03	2.87	2.75	2.65	2.57	2.51
	0.010	7.56	5.39	4.51	4.02	3.70	3.47	3.30	3.17	3.07	2.98
	0.001	13.29	8.77	7.05	6.12	5.53	5.12	4.82	4.58	4.39	4.24
	0.100	2.84	2.44	2.23	2.09	2.00	1.93	1.87	1.83	1.79	1.76
	0.050	4.08	3.23	2.84	2.61	2.45	2.34	2.25	2.18	2.12	2.08
40	0.025	5.42	4.05	3.46	3.13	2.90	2.74	2.62	2.53	2.45	2.39
	0.010	7.31	5.18	4.31	3.83	3.51	3.29	3.12	2.99	2.89	2.80
	0.001	12.61	8.25	6.59	5.70	5.13	4.73	4.44	4.21	4.02	3.87
	0.100	2.81	2.41	2.20	2.06	1.97	1.90	1.84	1.80	1.76	1.73
	0.050	4.03	3.18	2.79	2.56	2.40	2.29	2.20	2.13	2.07	2.03
50	0.025	5.34	3.97	3.39	3.05	2.83	2.67	2.55	2.46	2.38	2.32
	0.010	7.17	5.06	4.20	3.72	3.41	3.19	3.02	2.89	2.78	2.70
	0.001	12.22	7.96	6.34	5.46	4.90	4.51	4.22	4.00	3.82	3.67
	0.100	2.79	2.39	2.18	2.04	1.95	1.87	1.82	1.77	1.74	1.71
	0.050	4.00	3.15	2.76	2.53	2.37	2.25	2.17	2.10	2.04	1.99
60	0.025	5.29	3.93	3.34	3.01	2.79	2.63	2.51	2.41	2.33	2.27
	0.010	7.08	4.98	4.13	3.65	3.34	3.12	2.95	2.82	2.72	2.63
	0.001	11.97	7.77	6.17	5.31	4.76	4.37	4.09	3.86	3.69	3.54
	0.100	2.76	2.36	2.14	2.00	1.91	1.83	1.78	1.73	1.69	1.66
	0.050	3.94	3.09	2.70	2.46	2.31	2.19	2.10	2.03	1.97	1.93
100	0.025	5.18	3.83	3.25	2.92	2.70	2.54	2.42	2.32	2.24	2.18
	0.010	6.90	4.82	3.98	3.51	3.21	2.99	2.82	2.69	2.59	2.50
	0.001	11.50	7.41	5.86	5.02	4.48	4.11	3.83	3.61	3.44	3.30

(열 1–10: 분자의 자유도)

F 분포-오른쪽 꼬리 확률(계속)

분모의 자유도	α	12	15	20	25	30	40	50	60	120	1,000
		분자의 자유도									
28	0.100	1.79	1.74	1.69	1.65	1.63	1.59	1.57	1.56	1.52	1.48
	0.050	2.12	2.04	1.96	1.91	1.87	1.82	1.79	1.77	1.71	1.66
	0.025	2.45	2.34	2.23	2.16	2.11	2.05	2.01	1.98	1.91	1.84
	0.010	2.90	2.75	2.60	2.51	2.44	2.35	2.30	2.26	2.17	2.08
	0.001	4.11	3.86	3.60	3.43	3.32	3.18	3.09	3.02	2.86	2.72
29	0.100	1.78	1.73	1.68	1.64	1.62	1.58	1.56	1.55	1.51	1.47
	0.050	2.10	2.03	1.94	1.89	1.85	1.81	1.77	1.75	1.70	1.65
	0.025	2.43	2.32	2.21	2.14	2.09	2.03	1.99	1.96	1.89	1.82
	0.010	2.87	2.73	2.57	2.48	2.41	2.33	2.27	2.23	2.14	2.05
	0.001	4.05	3.80	3.54	3.38	3.27	3.12	3.03	2.97	2.81	2.66
30	0.100	1.77	1.72	1.67	1.63	1.61	1.57	1.55	1.54	1.50	1.46
	0.050	2.09	2.01	1.93	1.88	1.84	1.79	1.76	1.74	1.68	1.63
	0.025	2.41	2.31	2.20	2.12	2.07	2.01	1.97	1.94	1.87	1.80
	0.010	2.84	2.70	2.55	2.45	2.39	2.30	2.25	2.21	2.11	2.02
	0.001	4.00	3.75	3.49	3.33	3.22	3.07	2.98	2.92	2.76	2.61
40	0.100	1.71	1.66	1.61	1.57	1.54	1.51	1.48	1.47	1.42	1.38
	0.050	2.00	1.92	1.84	1.78	1.74	1.69	1.66	1.64	1.58	1.52
	0.025	2.29	2.18	2.07	1.99	1.94	1.88	1.83	1.80	1.72	1.65
	0.010	2.66	2.52	2.37	2.27	2.20	2.11	2.06	2.02	1.92	1.82
	0.001	3.64	3.40	3.14	2.98	2.87	2.73	2.64	2.57	2.41	2.25
50	0.100	1.68	1.63	1.57	1.53	1.50	1.46	1.44	1.42	1.38	1.33
	0.050	1.95	1.87	1.78	1.73	1.69	1.63	1.60	1.58	1.51	1.45
	0.025	2.22	2.11	1.99	1.92	1.87	1.80	1.75	1.72	1.64	1.56
	0.010	2.56	2.42	2.27	2.17	2.10	2.01	1.95	1.91	1.80	1.70
	0.001	3.44	3.20	2.95	2.79	2.68	2.53	2.44	2.38	2.21	2.05
60	0.100	1.66	1.60	1.54	1.50	1.48	1.44	1.41	1.40	1.35	1.30
	0.050	1.92	1.84	1.75	1.69	1.65	1.59	1.56	1.53	1.47	1.40
	0.025	2.17	2.06	1.94	1.87	1.82	1.74	1.70	1.67	1.58	1.49
	0.010	2.50	2.35	2.20	2.10	2.03	1.94	1.88	1.84	1.73	1.62
	0.001	3.32	3.08	2.83	2.67	2.55	2.41	2.32	2.25	2.08	1.92
100	0.100	1.61	1.56	1.49	1.45	1.42	1.38	1.35	1.34	1.28	1.22
	0.050	1.85	1.77	1.68	1.62	1.57	1.52	1.48	1.45	1.38	1.30
	0.025	2.08	1.97	1.85	1.77	1.71	1.64	1.59	1.56	1.46	1.36
	0.010	2.37	2.22	2.07	1.97	1.89	1.80	1.74	1.69	1.57	1.45
	0.001	3.07	2.84	2.59	2.43	2.32	2.17	2.08	2.01	1.83	1.64

연습문제 풀이

제2장 연습문제 풀이

2-1. 1) FREQUENCY 함수를 이용하여 계급의 수가 6개인 도수분포표를 구하는 방법

제1단계 & 제2단계 : 계급의 구간 구하기 & 제1계급의 하한 구하기

	A	B	C	D	E	F	G	H	I	J	K	L	M
1	11	110	30	151	156								
2	97	38	46	22	175		계급의 수	6					
3	26	620	13	127	158	1단계	계급의 길이		최댓값	max		범위/계급의 수	
4	102	576	18	10	180				최솟값	min			
5	72	196	23	1	111				범위	max-min			
6	54	152	18	25	12	2단계	제1계급의 하한			min-1*0.5			
7	37	163	11	57	100								
8	203	132	25	34	78								
9	89	22	40	110	28								
10	184	142	40	172	44								

	A	B	C	D	E	F	G	H	I	J	K	L	M
1	11	110	30	151	156								
2	97	38	46	22	175		계급의 수	6					
3	26	620	13	127	158	1단계	계급의 길이	105	최댓값	max	620	범위/계급의	103.1667
4	102	576	18	10	180				최솟값	min	1		
5	72	196	23	1	111				범위	max-min	619		
6	54	152	18	25	12	2단계	제1계급의 하한	0.5		min-1*0.5	0.5		
7	37	163	11	57	100								
8	203	132	25	34	78								
9	89	22	40	110	28								
10	184	142	40	172	44								

제3단계 : FREQUENCY 함수를 이용하여 도수 구하기

도수분포표를 만들기 위한 계급 구간 및 계급별 하한과 상한 설정 및 확인

계급구간		도수
0.5	105.5	
105.5	210.5	
210.5	315.5	
315.5	420.5	
420.5	525.5	
525.5	630.5	
합계		

계급구간		도수
0.5	105.5	31
105.5	210.5	17
210.5	315.5	0
315.5	420.5	0
420.5	525.5	0
525.5	630.5	2
합계		50

(2) 계급의 수가 7개 도수분포표

계급구간		도수
0.5	90.5	28
90.5	180.5	17
180.5	270.5	3
270.5	360.5	0
360.5	450.5	0
450.5	540.5	0
540.5	630.5	2
합계		50

(3) 계급의 수가 8개 도수분포표

계급구간		도수
0.5	80.5	27
80.5	160.5	14
160.5	240.5	7
240.5	320.5	0
320.5	400.5	0
400.5	480.5	0
480.5	560.5	0
560.5	640.5	2
합계		50

2) 히스토그램을 이용한 도수분포표

1단계 : 자료를 세로로 배열

2단계 : 전체 자료 선택 후 삽입/모든 차트/히스토그램 선택 확인

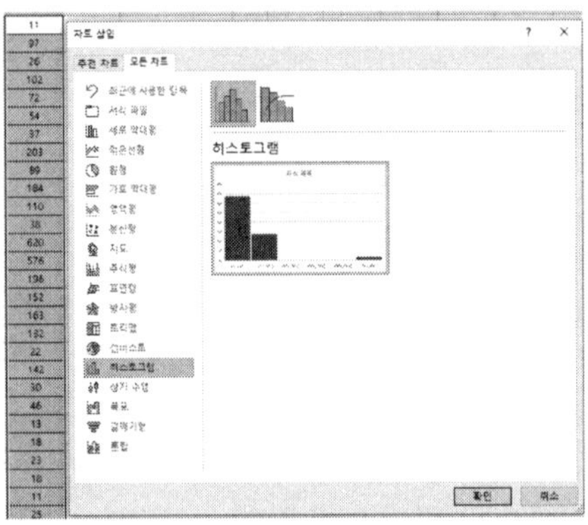

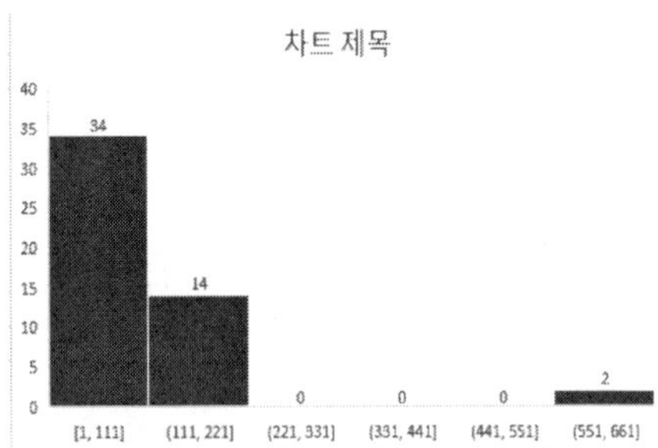

3단계 : 히스토그램 차트 이용 도수분포표 작성

6개 계급으로 구분되어 있으며, 계급 간격은 110으로 구성

계급 구간		도수
1	111	34
111	221	14
221	331	0
331	441	0
441	551	0
551	661	2
합계		50

3) 피벗 테이블을 이용한 도수분포표

1단계 : 세로로 배열 후 상단 “제목 입력 : 인의 함양”

2단계 : 삽입/피벗 테이블 : 표 범위 및 위치 선택/확인

인의 함양을 행과 $\sum$값으로 드래그

피벗 테이블 필드/$\sum$값 : 합계를 개수로 변경(값 필드 설정)

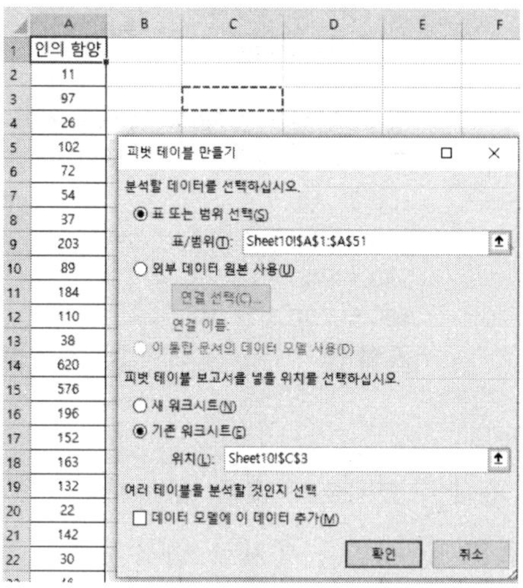

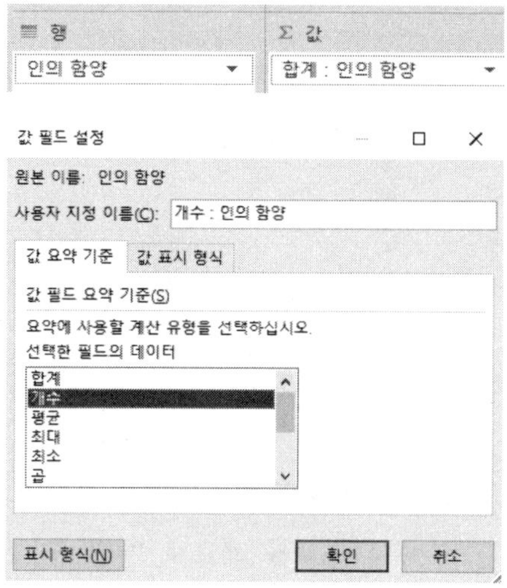

행 레이블	합계 : 인의 함양
1	1
10	10
11	22
12	12
13	13
18	36
22	44
23	23
25	50
26	26
28	28
30	30
34	34
37	37
38	38

⇨

행 레이블	개수 : 인의 함양
1	1
10	1
11	2
12	1
13	1
18	2
22	2
23	1
25	2
26	1
28	1
30	1
34	1
37	1
38	1

3단계 : 테이블 범위 내 선택/그룹 클릭/시작 0.5, 끝 620.5/ 확인

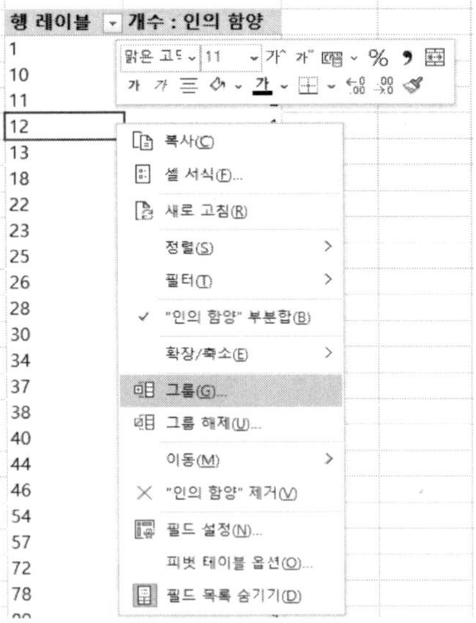

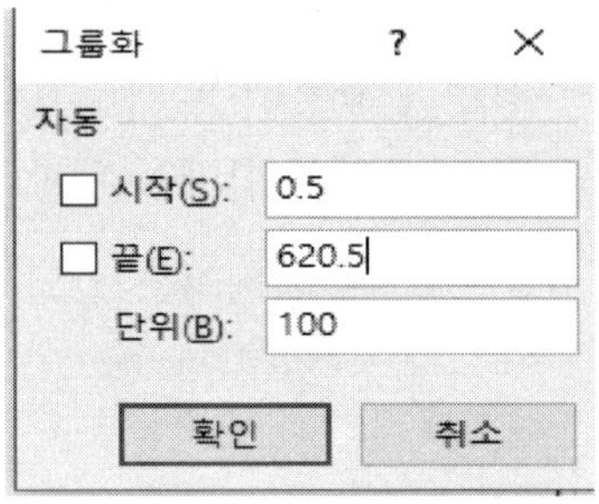

행 레이블	개수 : 인의 함양
0.5-100.5	30
100.5-200.5	17
200.5-300.5	1
500.5-600.5	1
600.5-700.5	1
총합계	**50**

2-2. 세로에 만족도, 가로에 성별이 나타나는 교차분석 표를 구하시오.

주어진 표를 세로로 배열 후, 만족도 및 성별을 숫자로 변경

삽입/피벗 테이블/표 범위 및 위치 선택/확인

개수 : 만족도	열 레이블		
행 레이블	1	2	총합계
1	2	8	10
2	1	3	4
3	6	11	17
4	6	4	10
5	3	6	9
총합계	**18**	**32**	**50**

2-3. (1) 수의 집합 각각에 대한 도수분포 표를 구하시오.

표의 하단에 다음과 같은 표를 만든 후, EXCEL/함수마법사/COUNTIF 이용

* COUNTIF(자료 전체 드래그, 1)

자연수	정수	소수	제곱근	유리수	무리수

구분	자연수	정수	소수	제곱근	유리수	무리수
1	4	4	4	3	4	6
2	3	1	3	2	4	5
3	10	11	9	11	15	14
4	6	6	9	9	4	4
5	9	10	7	7	5	3
합계	32	32	32	32	32	32

(2) 수의 집합 각각에 대한 도수분포 표의 차트를 구하시오.

자연수	정수	소수

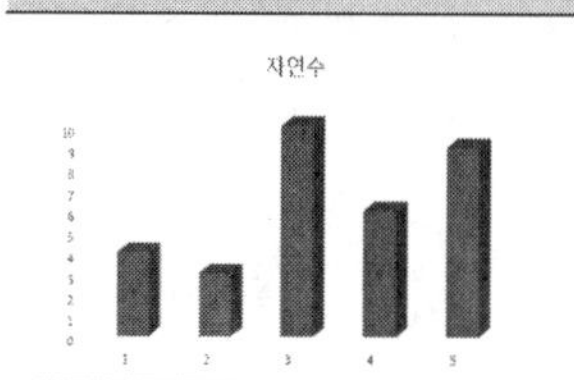

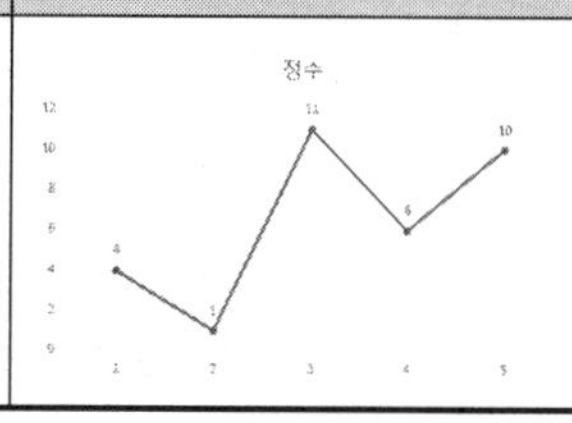

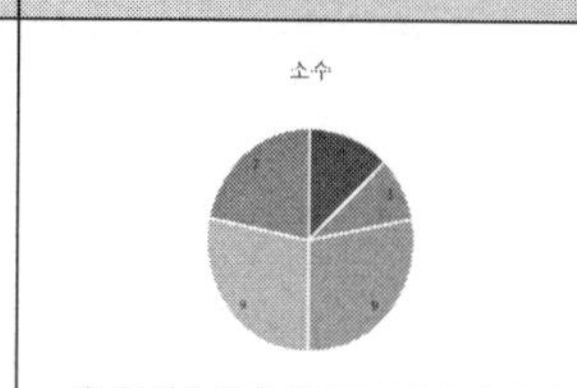

제곱근	유리수	무리수

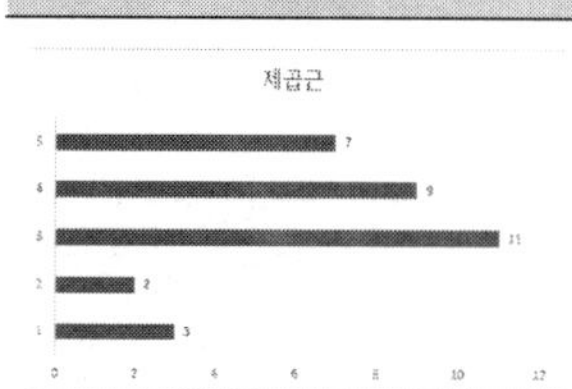

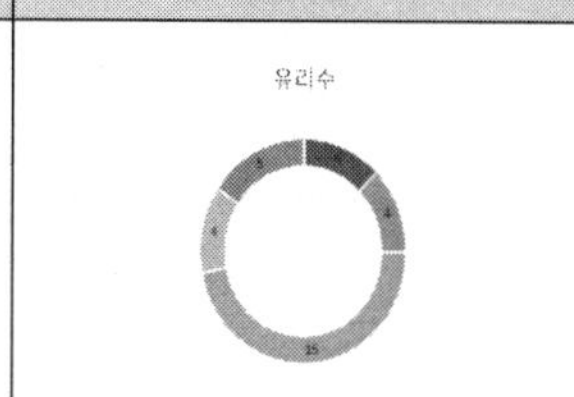

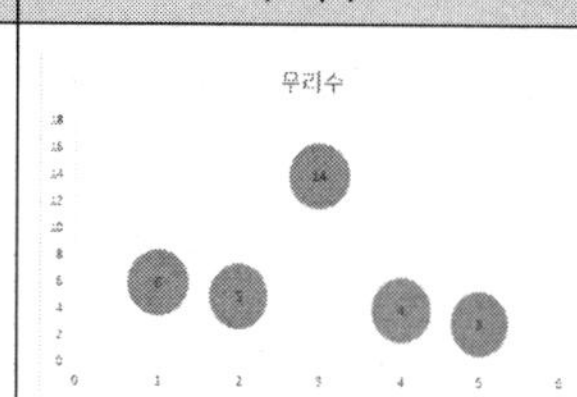

2-4. 서울에서 속초까지 양양 고속도로와 영동 고속도로에 있는 모든 터널의 재원이 다음과 같을 때, 다음 물음에 답하시오.

1) 상자-수염 그림을 통해 이상치를 제외한 도수분포 표를 구하시오.

이상치를 제외한 도수분포 표는 FREQUENCY 함수를 이용하여 구하면 다음과 같다.

계급 구간		도수	상대도수	백분율
29.5	369.5	22	0.34	33.8%
369.5	709.5	15	0.23	23.1%
709.5	1049.5	8	0.12	12.3%
1049.5	1389.5	8	0.12	12.3%
1389.5	1729.5	5	0.08	7.7%
1729.5	2069.5	2	0.03	3.1%
2069.5	2409.5	3	0.05	4.6%
2409.5	2749.5	1	0.02	1.5%
2749.5	3089.5	1	0.02	1.5%
합계		65	1.00	100.0%

2) 1)에서 구한 도수분포 표를 이용하여

제곱근	유리수	무리수
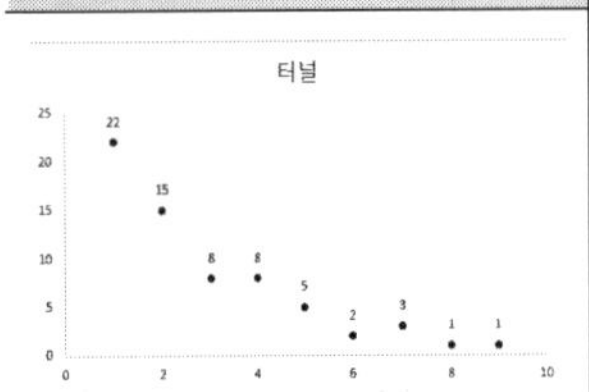	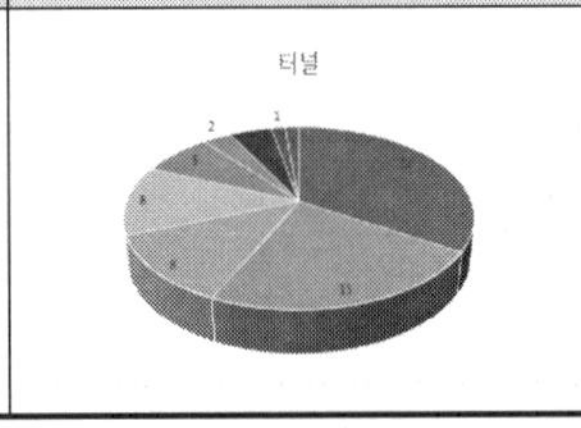	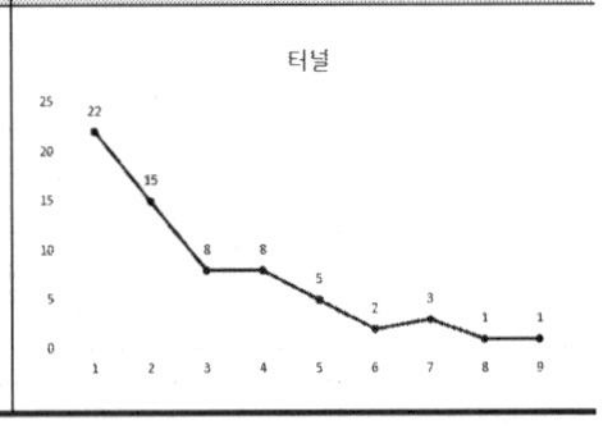

2-5. (1) 수학 1 교과 학점에 따른 수학 2 교과 학점의 산점도 및 추세선을 그리시오.

산점도	추세선	추세선의 방정식
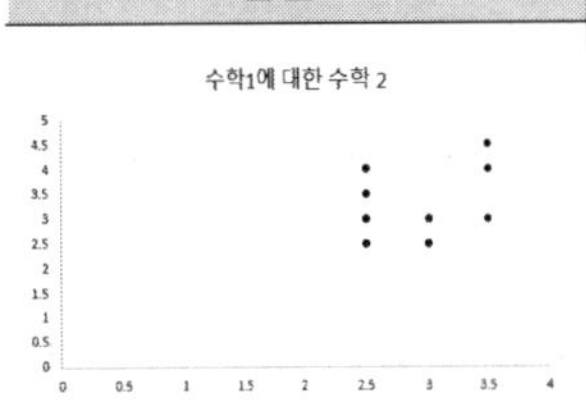	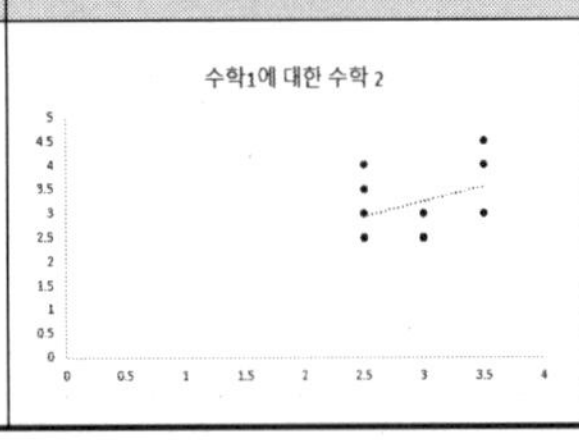	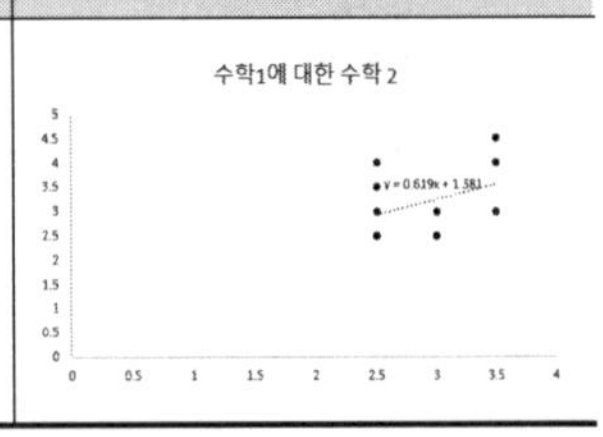

(2) 추세선의 선형 방정식 : $y = 0.619x + 1.381$

(3) 수학 1 교과 학점이 3.7이면, 수학 2 교과 예상 학점은 3.67이다.

(4) 수학 2 교과 학점이 4.0이면, 수학 1 교과 예상 학점은 4.23이다.

제3장 연습문제 풀이

3-1. (1) 함수마법사를 이용

구분	함수	기초통계
평균	= AVERAGE (자료 전체 드래그)	113.9
최빈값	= MODE. MULT (자료 전체 드래그)	112
중앙값	= MEDIAN (자료 전체 드래그)	112
분산	= VAR. S (자료 전체 드래그)	139.5
표준편차	= STDEV. S(자료 전체 드래그)	11.81
왜도	= SKEW(자료 전체 드래그)	7.309
첨도	= KURT(자료 전체 드래그)	1.519

[예제] 평균을 함수마법사를 이용하여 구하는 방법/ENTER

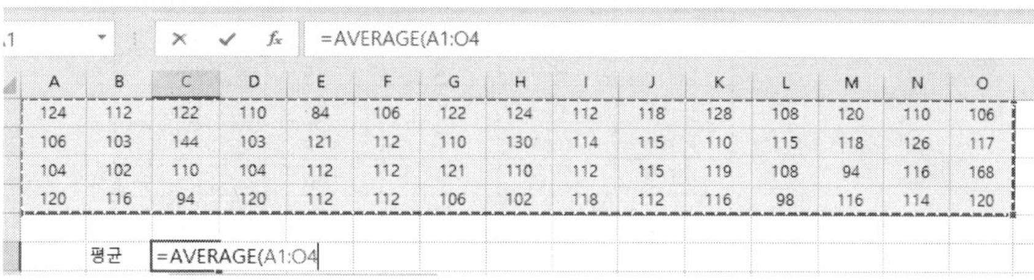
=AVERAGE(A1:O4

A	B	C	D	E	F	G	H	I	J	K	L	M	N	O
124	112	122	110	84	106	122	124	112	118	128	108	120	110	106
106	103	144	103	121	112	110	130	114	115	110	115	118	126	117
104	102	110	104	112	112	121	110	112	115	119	108	94	116	168
120	116	94	120	112	112	106	102	118	112	116	98	116	114	120

평균 =AVERAGE(A1:O4

(2) 데이터 분석을 이용

먼저 주어진 자료를 세로로 배열 후 상단에 제목 "횟수" 기재

EXCEL/데이터/데이터 분석/기술 통계법/확인/대화상자 입력

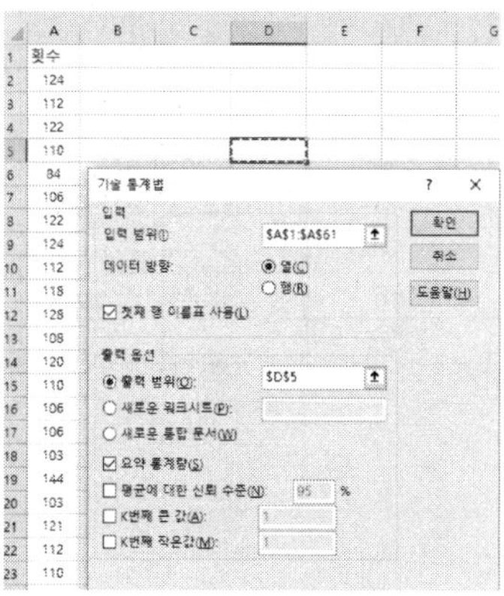

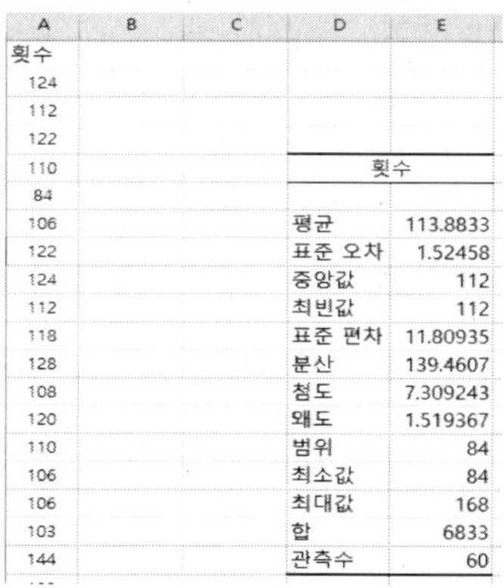

횟수	
평균	113.8833
표준 오차	1.52458
중앙값	112
최빈값	112
표준 편차	11.80935
분산	139.4607
첨도	7.309243
왜도	1.519367
범위	84
최소값	84
최대값	168
합	6833
관측수	60

3-2. 함수마법사를 이용한 도수분포표는 FREQUENCY 함수 사용

FREQUENCY 함수 사용에 따른 기본 정보 입력 후 도수분포표를 완성한다.

	A	B	C	D	E	F	G	H	I	J
1	124	106	104	120						
2	112	103	102	116	계급의 수	8				
3	122	144	110	94	계급의 간격	11	최대값	168	범위/계급의	10.5
4	110	103	104	120			최소값	84		
5	84	121	112	112			범위	84		
6	106	112	112	112	제1계급의 하한	83.5		83.5		
7	122	110	121	106						
8	124	130	110	102						
9	112	114	112	118						
10	118	115	115	112						
11	128	110	119	116						
12	108	115	108	98						
13	120	118	94	116						
14	110	126	116	114						
15	106	117	168	120						

계급구간		도수
83.5	94.5	3
94.5	105.5	7
105.5	116.5	30
116.5	127.5	16
127.5	138.5	2
138.5	149.5	1
149.5	160.5	0
160.5	171.5	1
합계		60

평균/계급값을 구한 후, 계급값과 도수를 곱한 합을 전체 도수로 나눈다.

계급구간		도수	계급값	도수*계급값
83.5	94.5	3	89	267
94.5	105.5	7	100	700
105.5	116.5	30	111	3330
116.5	127.5	16	122	1952
127.5	138.5	2	133	266
138.5	149.5	1	144	144
149.5	160.5	0	155	0
160.5	171.5	1	166	166
합계		60		6825
	평균	113.75		

분산/편차, (편차)^2, (편차)^2과 도수를 곱한 합을 전체 도수로 나눈다.

계급구간		도수	계급값	도수*계급값	편차	편차^2	편차^2*도수
83.5	94.5	3	89	267	-24.75	612.5625	1837.6875
94.5	105.5	7	100	700	-13.75	189.0625	1323.4375
105.5	116.5	30	111	3330	-2.75	7.5625	226.875
116.5	127.5	16	122	1952	8.25	68.0625	1089
127.5	138.5	2	133	266	19.25	370.5625	741.125
138.5	149.5	1	144	144	30.25	915.0625	915.0625
149.5	160.5	0	155	0	41.25	1701.563	0
160.5	171.5	1	166	166	52.25	2730.063	2730.0625
합계		60		6825			8863.25
	평균	113.75					
	분산	147.72					

3-3. A 학과의 중앙값

중앙값이 있는 구간은 제4계급이다.

제4계급의 하한 (L)은 40이다.

제4계급의 도수(f_i)는 8이다.

제3계급까지 누적도수(c)는 18이다.

계급의 간격(h)은 10이다.

총 도수(n)는 40이다.

따라서 중앙값은

$$Me = L + \frac{\left[\left(\frac{n}{2} - c\right)\right]h}{f_i} = 40 + \frac{\left(\frac{40}{2} - 18\right) \times 10}{18} = 40 + \frac{20}{18} \fallingdotseq 41.1 \text{이다.}$$

B 학과의 중앙값

중앙값이 있는 구간은 제3계급이다.

제3계급의 하한 (L)은 30이다.

제3계급의 도수(f_i)는 18이다.

제2계급까지 누적도수(c)는 3이다.

계급의 간격(h)은 10이다.

총 도수(n)는 40이다.

따라서 중앙값은

$$Me = L + \frac{\left[\left(\frac{n}{2} - c\right)\right]h}{f_i} = 30 + \frac{\left(\frac{40}{2} - 3\right) \times 10}{18} = 30 + \frac{170}{18} \fallingdotseq 39.4 \text{이다.}$$

3-4. (1) 설문 조사 결과에 대한 신뢰도는 크롬바흐 α를 구하면 된다.

EXCEL/함수마법사/VAR.S를 이용하여 다음과 같이 계산하면 된다.

하단에 분산을 쓰고 만족도 1번 문항에 대한 분산을 구한 후, 드래그하여 문항별 분산 구함.

	A	B	C	D	E
1	번호	만족도			
2		1. 우리 학원은 로봇 교육을 위한 최신 실습 장비를 갖추고 있다.	2. 우리 학원은 급수, 냉난방, 화장실 등의 시설이 잘 갖추어져 있다.	3. 우리 학원의 내부 인테리어는 디자인도 우수하고 시각적으로도 좋다.	4. 우리 학원의 각종 시설과 장비는 사용하기 편리하게 잘 작동된다.
3	1	4	5	5	4
4	2	4	5	5	4
5	3	4	5	4	4
6	4	5	5	5	5
7	5	4	5	5	5
8	6	5	5	5	4
9	7	4	5	4	5
10	8	4	5	5	5
11	9	4	5	4	5
12	10	5	5	5	5
13	11	5	5	5	5
14	12	4	4	3	4
15	13	3	5	3	4
16	14	5	5	4	3
17	15	4	4	3	4
18	16	4	5	4	5
19	17	5	5	5	5
20	18	5	5	4	4
21	19	5	5	3	4
22	20	5	5	3	4
23	분산	=VAR.S(B3:B22			

	A	B	C	D	E
1	번호	만족도			
2		1. 우리 학원은 로봇 교육을 위한 최신 실습 장비를 갖추고 있다.	2. 우리 학원은 급수, 냉난방, 화장실 등의 시설이 잘 갖추어져 있다.	3. 우리 학원의 내부 인테리어는 디자인도 우수하고 시각적으로도 좋다.	4. 우리 학원의 각종 시설과 장비는 사용하기 편리하게 잘 작동된다.
3	1	4	5	5	4
4	2	4	5	5	4
5	3	4	5	4	4
6	4	5	5	5	5
7	5	4	5	5	5
8	6	5	5	5	4
9	7	4	5	4	5
10	8	4	5	5	5
11	9	4	5	4	5
12	10	5	5	5	5
13	11	5	5	5	5
14	12	4	4	3	4
15	13	3	5	3	4
16	14	5	5	4	3
17	15	4	4	3	4
18	16	4	5	4	5
19	17	5	5	5	5
20	18	5	5	4	4
21	19	5	5	3	4
22	20	5	5	3	4
23	분산	0.357895			

문항별 분산의 합(=sum)을 구한다.

분산	0.357895	0.094737	0.694737	0.357895	=SUM(B23:E23		1.505263

상단에 합을 입력/설문자별 문항별 합/아래로 드래그 설문자별 문항별 합을 구함.

	A	B	C	D	E	F
1	번호	만족도				합계
2		1. 우리 학원은 로봇 교육을 위한 최신 실습 장비를 갖추고 있다.	2. 우리 학원은 급수, 냉난방, 화장실 등의 시설이 잘 갖추어져 있다.	3. 우리 학원의 내부 인테리어는 디자인도 우수하고 시각적으로도 좋다.	4. 우리 학원의 각종 시설과 장비는 사용하기 편리하게 잘 작동된다.	
3	1	4	5	5	4	=SUM(B3:E3
4	2	4	5	5	4	SUM(numb
5	3	4	5	4	4	
6	4	5	5	5	5	
7	5	4	5	5	5	
8	6	5	5	5	4	
9	7	4	5	4	5	
10	8	4	5	5	5	
11	9	4	5	4	5	
12	10	5	5	5	5	
13	11	5	5	5	5	
14	12	4	4	3	4	
15	13	3	5	3	4	
16	14	5	5	4	3	
17	15	4	4	3	4	
18	16	4	5	4	5	
19	17	5	5	5	5	
20	18	5	5	4	4	
21	19	5	5	3	4	
22	20	5	5	3	4	

	A	B	C	D	E	F
1	번호	만족도				합계
2		1. 우리 학원은 로봇 교육을 위한 최신 실습 장비를 갖추고 있다.	2. 우리 학원은 급수, 냉난방, 화장실 등의 시설이 잘 갖추어져 있다.	3. 우리 학원의 내부 인테리어는 디자인도 우수하고 시각적으로도 좋다.	4. 우리 학원의 각종 시설과 장비는 사용하기 편리하게 잘 작동된다.	
3	1	4	5	5	4	18
4	2	4	5	5	4	
5	3	4	5	4	4	
6	4	5	5	5	5	
7	5	4	5	5	5	
8	6	5	5	5	4	
9	7	4	5	4	5	
10	8	4	5	5	5	
11	9	4	5	4	5	
12	10	5	5	5	5	
13	11	5	5	5	5	
14	12	4	4	3	4	
15	13	3	5	3	4	
16	14	5	5	4	3	
17	15	4	4	3	4	
18	16	4	5	4	5	
19	17	5	5	5	5	
20	18	5	5	4	4	
21	19	5	5	3	4	
22	20	5	5	3	4	

합계의 분산을 입력/VAR. S를 이용하여 합계의 분산을 구함

	A	B	C	D	E	F
1	번호	만족도				합계
2		1. 우리 학원은 로봇 교육을 위한 최신 실습 장비를 갖추고 있다.	2. 우리 학원은 급수, 냉난방, 화장실 등의 시설이 잘 갖추어져 있다.	3. 우리 학원의 내부 인테리어는 디자인도 우수하고 시각적으로도 좋다.	4. 우리 학원의 각종 시설과 장비는 사용하기 편리하게 잘 작동된다.	
3	1	4	5	5	4	18
4	2	4	5	5	4	18
5	3	4	5	4	4	17
6	4	5	5	5	5	20
7	5	4	5	5	5	19
8	6	5	5	5	4	19
9	7	4	5	4	5	18
10	8	4	5	5	5	19
11	9	4	5	4	5	18
12	10	5	5	5	5	20
13	11	5	5	5	5	20
14	12	4	4	3	4	15
15	13	3	5	3	4	15
16	14	5	5	4	3	17
17	15	4	4	3	4	15
18	16	4	5	4	5	18
19	17	5	5	5	5	20
20	18	5	5	4	4	18
21	19	5	5	3	4	17
22	20	5	5	3	4	17
23	분산	0.357895	0.094737	0.694737	0.357895	1.505263
24	합계의 분	=VAR.S(F3:F22				

합계의 분산 결과 2.621053

문항 수 : 4개

크롬바흐

$$\alpha = \frac{4}{3} \times \left(1 - \frac{1.52}{2.60}\right) = 0.57$$

23	분산	0.357895	0.094737	0.694737	0.357895	1.505263
24	합계의 분	2.621053				
25						
26	크론바흐	=(4/3)*(1-(F23/B24))				

크롬바흐 α는 $\alpha = 0.57$이다.

(2) 문항별 기술통계 값들을 데이터 분석을 이용하여 구하시오.

1번 문항 2번 문항 3번 문항 4번 문항

1번 문항		2번 문항		3번 문항		4번 문항	
평균	4.4	평균	4.9	평균	4.2	평균	4.4
표준 오차	0.133771	표준 오차	0.068825	표준 오차	0.186378	표준 오차	0.133771
중앙값	4	중앙값	5	중앙값	4	중앙값	4
최빈값	4	최빈값	5	최빈값	5	최빈값	4
표준 편차	0.598243	표준 편차	0.307794	표준 편차	0.833509	표준 편차	0.598243
분산	0.357895	분산	0.094737	분산	0.694737	분산	0.357895
첨도	-0.57043	첨도	7.037037	첨도	-1.43426	첨도	-0.57043
왜도	-0.39331	왜도	-2.88794	왜도	-0.41203	왜도	-0.39331
범위	2	범위	1	범위	2	범위	2
최소값	3	최소값	4	최소값	3	최소값	3
최대값	5	최대값	5	최대값	5	최대값	5
합	88	합	98	합	84	합	88
관측수	20	관측수	20	관측수	20	관측수	20

(3) 문항별 도수분포 표는 EXCEL/함수마법사/통계/COUNTIF 함수 이용

1번 문항

구분	1번 문항
1	0
2	0
3	1
4	10
5	9
합계	20

2번 문항

구분	2번 문항
1	0
2	0
3	0
4	2
5	18
합계	20

3번 문항

구분	3번 문항
1	0
2	0
3	5
4	6
5	9
합계	20

4번 문항

구분	4번 문항
1	0
2	0
3	1
4	10
5	9
합계	20

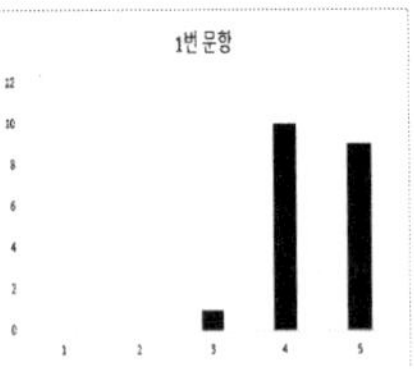

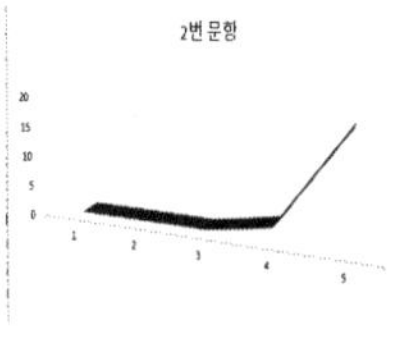

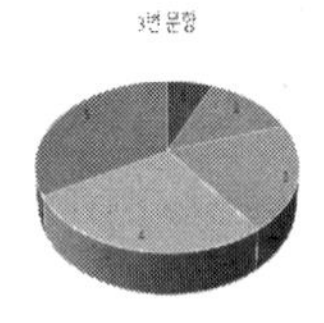

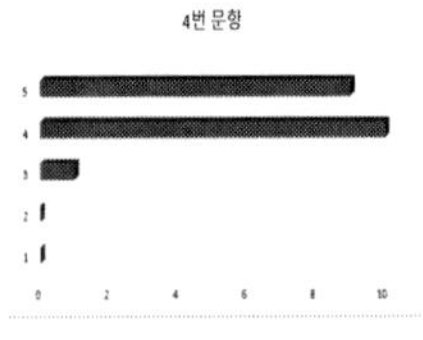

제4장 연습문제 풀이

4-1. (1) 동전 3개를 던지는 경우, 동전의 앞면을 H, 뒷면을 T라 하면, 표본공간 S는 $S=\{HHH, HHT, HTH, HTT, THH, THT, TTH, TTT\}$이고, $n(S)=8$이다. 이때, 앞면이 나올 확률변수 X에 대한 확률 분포는 다음과 같다.

X	0	1	2	3	계
$P(X)$	$\frac{1}{8}$	$\frac{3}{8}$	$\frac{3}{8}$	$\frac{1}{8}$	1

(2) $E(X)=\sum XP(X)$이므로

X	0	1	2	3	계
$P(X)$	$\frac{1}{8}$	$\frac{3}{8}$	$\frac{3}{8}$	$\frac{1}{8}$	1
$XP(X)$	$0\times\frac{1}{8}$	$1\times\frac{3}{8}$	$2\times\frac{3}{8}$	$3\times\frac{1}{8}$	$E(X)$

따라서 $E(X)=\sum XP(X)=\frac{3}{8}+\frac{6}{8}+\frac{3}{8}=\frac{12}{8}=\frac{3}{2}$이다.

또한 $V(X)=E(X^2)-(E(X))^2$이므로 X^2의 분포를 구한 후, $E(X^2)$을 구한다.

X	0	1	2	3	계
$P(X)$	$\frac{1}{8}$	$\frac{3}{8}$	$\frac{3}{8}$	$\frac{1}{8}$	1
X^2	0	1	4	9	
$X^2P(X)$	$0\times\frac{1}{8}$	$1\times\frac{3}{8}$	$4\times\frac{3}{8}$	$9\times\frac{1}{8}$	$E(X^2)$

따라서 $E(X^2)=\sum X^2P(X)=\frac{3}{8}+\frac{12}{8}+\frac{9}{8}=\frac{24}{8}=3$이다.

그러므로 $V(X)=E(X^2)-(E(X))^2=3-\left(\frac{3}{2}\right)^2=3-\frac{9}{4}=\frac{3}{4}$이다.

(3) $E(aX+b)=aE(X)+b$이고, $V(aX+b)=a^2V(X)$이므로

$E(2X)=2E(X)=2\times\frac{3}{2}=3$이고, $V(2X)=4V(X)=4\times\frac{3}{4}=3$이다.

(4) $E(X^2)=3$이므로 $X^2=T$라 하면, $E(T)=3$이다.

또한 $V(X^2)=V(T)$ 이므로 $V(T)=E(T^2)-(E(T))^2$이다.

따라서 T^2의 분포를 구한 후, $E(T^2)$을 구한다.

X	0	1	2	3	계
$P(X)$	$\frac{1}{8}$	$\frac{3}{8}$	$\frac{3}{8}$	$\frac{1}{8}$	1
T	0	1	4	9	
T^2	0	1	16	81	
$T^2P(X)$	$0\times\frac{1}{8}$	$1\times\frac{3}{8}$	$16\times\frac{3}{8}$	$81\times\frac{1}{8}$	$E(T^2)$

따라서 $E(T^2)=\frac{3}{8}+\frac{48}{8}+\frac{81}{8}=\frac{132}{8}=\frac{33}{2}$이다.

그러므로 $V(X^2)=V(T)=E(T^2)-(E(T))^2=\frac{33}{2}-9=\frac{15}{2}$이다.

4-2. $E(Y)=2$, $V(Y)=9$이며, $E(aX+b)=aE(X)+b$이고,

$V(aX+b)=a^2V(X)$이므로

(1) $-2Y$의 평균은 $E(-2Y)=-2E(Y)=-4$이다.

$-2Y$의 분산은 $V(-2Y)=4V(Y)=36$이다.

(2) $-\frac{1}{3}Y+3$의 평균은 $E(-\frac{1}{3}Y+3)=-\frac{1}{3}E(Y)+3=-\frac{2}{3}+3=\frac{4}{3}$이다.

$-\frac{1}{3}Y+3$의 분산은 $V(-\frac{1}{3}Y+3)=\frac{1}{9}V(Y)=\frac{1}{9}\times 9=1$이다.

4-3. 주어진 문제에서 생산라인별 생산량을 A, B, C라 하면,

① $P(A)=0.35$, $P(B)=0.4$, $P(C)=0.25$이며

② 생산라인별 불량품일 사건을 E라 하면,

$P(E\,|\,A)=0.01$, $P(E\,|\,B)=0.013$, $P(E\,|\,C)=0.02$

③ 불량품은 모든 생산라인별로 발생하는 관계로

$P(E)=P(A\cap E)+P(B\cap E)+P(C\cap E)$

④ 조건부확률에서 제1 생산라인에세 불량품이 발생할 확률은 $P(E\mid A)$이고,

$P(E\mid A)=\dfrac{P(A\cap E)}{P(A)}$이므로

$P(A\cap E)=P(A)P(E\mid A)=(0.35)(0.01)=0.0035$이며,

마찬가지로 $P(E\cap B)=P(B)P(E\mid B)=(0.4)(0.013)=0.0052$

$P(E\cap C)=P(C)P(E\mid C)=(0.25)(0.02)=0.005$이다.

(1) 불량품일 조건에서 불량품이 제1번 라인일 확률은 $P(A\mid E)$는

$P(A\mid E)=\dfrac{P(A\cap E)}{P(E)}$이고,

$P(A\mid E)=\dfrac{P(A\cap E)}{P(E)}=\dfrac{P(A)P(E\mid A)}{P(A\cap E)+P(B\cap E)+P(C\cap E)}$이다.

따라서 $P(A\mid E)=\dfrac{P(A)P(E\mid A)}{P(A\cap E)+P(B\cap E)+P(C\cap E)}$

$=\dfrac{0.0035}{0.0035+0.0052+0.005}=\dfrac{0.0035}{0.0137}=\dfrac{35}{137}$이다.

(2) 불량품일 조건에서 불량품이 제2번 라인일 확률은 $P(B\mid E)$는

$P(B\mid E)=\dfrac{P(B\cap E)}{P(E)}$이고,

$P(B\mid E)=\dfrac{P(B\cap E)}{P(E)}=\dfrac{P(B)P(E\mid B)}{P(A\cap E)+P(B\cap E)+P(C\cap E)}$이다.

따라서 $P(A\mid E)=\dfrac{P(B)P(E\mid B)}{P(A\cap E)+P(B\cap E)+P(C\cap E)}$

$=\dfrac{0.0052}{0.0035+0.0052+0.005}=\dfrac{0.0052}{0.0137}=\dfrac{52}{137}$이다.

(3) 불량품일 조건에서 불량품이 제3번 라인일 확률은 $P(C\mid E)$는

$P(C\mid E)=\dfrac{P(C\cap E)}{P(E)}$이고,

$P(C\mid E)=\dfrac{P(C\cap E)}{P(E)}=\dfrac{P(C)P(E\mid C)}{P(A\cap E)+P(B\cap E)+P(C\cap E)}$이다.

따라서 $P(C|E) = \dfrac{P(C)P(E|C)}{P(A\cap E)+P(B\cap E)+P(C\cap E)}$

$$= \frac{0.005}{0.0035+0.0052+0.005} = \frac{0.005}{0.0137} = \frac{50}{137}$$ 이다.

4-4. 결합확률분포가 다음과 같을 때, 다음 물음에 답하시오.

$X \setminus Y$	1	2	3	4
1	0.1	0	0.1	0
2	0.3	0	0.1	0.2
3	0	0.2	0	0

주어진 분포의 합을 구한 후, 주변확률분포를 구하면 다음과 같다.

$X \setminus Y$	1	2	3	4	합계
1	0.1	0	0.1	0	0.2
2	0.3	0	0.1	0.2	0.6
3	0	0.2	0	0	0.2
합계	0.4	0.2	0.2	0.2	1

X의 주변확률분포

X	1	2	3	합계
$P(X)$	0.2	0.6	0.2	1

Y의 주변확률분포

Y	1	2	3	4	합계
$P(Y)$	0.4	0.2	0.2	0.2	1

(1) $E(X)=2$, $E(Y)=2.2$

$X*P(X)$후 드래그/ 합계

	A	B	C	D	E
1	X	1	2	3	합계
2	P(X)	0.2	0.6	0.2	1
3	X*P(X)	=B1*B2			

	A	B	C	D	E
1	X	1	2	3	합계
2	P(X)	0.2	0.6	0.2	1
3	X*P(X)	0.2	1.2	0.6	2

$Y*P(Y)$후 드래그/ 합계

	A	B	C	D	E	F
1	Y	1	2	3	4	합계
2	P(Y)	0.4	0.2	0.2	0.2	1
3	Y*P(Y)	=B1*B2				

A	B	C	D	E	F
Y	1	2	3	4	합계
P(Y)	0.4	0.2	0.2	0.2	1
Y*P(Y)	0.4	0.4	0.6	0.8	2.2

(2) $E(X^2) = 4.4$, $E(Y^2) = 6.2$

	A	B	C	D	E
1	X	1	2	3	합계
2	P(X)	0.2	0.6	0.2	1
3	X*P(X)	0.2	1.2	0.6	2
4	X^2	1	4	9	
5	X^2*P(X)	=B4*B2			

	A	B	C	D	E	F
1	Y	1	2	3	4	합계
2	P(Y)	0.4	0.2	0.2	0.2	1
3	Y*P(Y)	0.4	0.4	0.6	0.8	2.2
4	Y^2	1	4	9	16	
5	Y^2*P(Y)	=B4*B2				

X	1	2	3	합계
P(X)	0.2	0.6	0.2	1
X*P(X)	0.2	1.2	0.6	2
X^2	1	4	9	
X^2*P(X)	0.2	2.4	1.8	4.4

Y	1	2	3	4	합계
P(Y)	0.4	0.2	0.2	0.2	1
Y*P(Y)	0.4	0.4	0.6	0.8	2.2
Y^2	1	4	9	16	
Y^2*P(Y)	0.4	0.8	1.8	3.2	6.2

(3) $V(X) = E(X^2) - (E(X))^2 = 4.4 - 2^2 = 0.4$

$V(Y) = E(Y^2) - (E(Y))^2 = 6.2 - 2.2^2 = 1.36$

(4) $E(XY) = 4.4$

$X \setminus Y$	1	2	3	4
1	0.1	0	0.1	0
2	0.3	0	0.1	0.2
3	0	0.2	0	0

⇨

$X \setminus Y$	1	2	3	4
1	(1,1)	(1,2)	(1,3)	(1,4)
2	(2,1)	(2,2)	(2,3)	(2,4)
3	(3,1)	(3,2)	(3,3)	(3,4)

$X \setminus Y$	1	2	3	4
1	0.1	0	0.1	0
2	0.3	0	0.1	0.2
3	0	0.2	0	0

⇨

$X \setminus Y$	1	2	3	4
1	(1,1)	(1,2)	(1,3)	(1,4)
2	(2,1)	(2,2)	(2,3)	(2,4)
3	(3,1)	(3,2)	(3,3)	(3,4)

XY가 취할 수 있는 수는 $XY = 1, 2, 3, 6, 8$이고, XY의 확률 분포는 다음과 같다.

XY	1	2	3	6	8	합계
$P(XY)$	0.1	0.3	0.1	0.3	0.2	1

(5) $Cov(X, Y) = E(XY) - E(X)E(Y) = 4.4 - 2 \times 2.2 = 0$

	A	B	C	D	E	F	G
1	XY	1	2	3	6	8	합계
2	P(XY)	0.1	0.3	0.1	0.3	0.2	1
3	XY*P(XY)	=B1*B2					

	A	B	C	D	E	F	G
1	XY	1	2	3	6	8	합계
2	P(XY)	0.1	0.3	0.1	0.3	0.2	1
3	XY*P(XY)	0.1	0.6	0.3	1.8	1.6	4.4

(6) X와 Y의 상관 계수 ρ는 $\rho = \dfrac{Cov(X, Y)}{\sigma_X \sigma_Y} = 0$

(7) $P(X=1,\ Y=1) = f(1,1) = 0.1$이고,

$P(X=1) \times P(Y=1) = 0.2 \times 0.4 = 0.08$이다.

따라서 $P(X=1,\ Y=1) \neq P(X=1)P(Y=1)$이므로 X와 Y는 서로 독립이 아니다.

제5장 연습문제 풀이

5-1. 5지선다형 문제이므로 이항분포를 따르므로 문제를 맞힐 확률변수를 X라 하면 $X \sim B\left(25, \frac{1}{5}\right)$를 따를 때, $P(X=3)$인 확률을 구하는 문제이므로

함수마법사/통계/BINOM. DIST 선택 대화상자 내용을 입력 후 확인 클릭

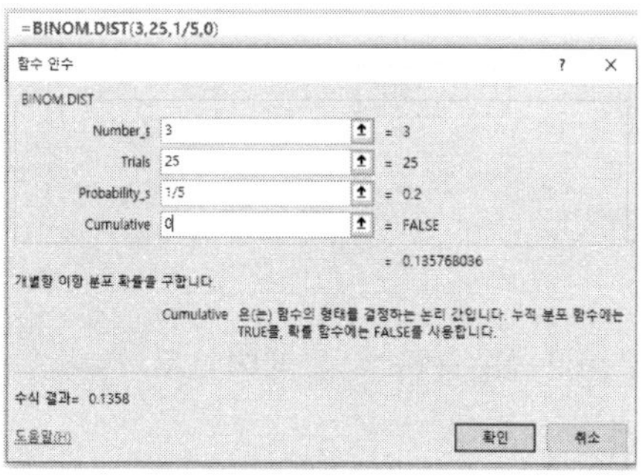

대화상자	의미와 입력 값
Number's	구하고자 하는 값 3
Trials	시행 횟수 25
Probability'S	확률 1/5
Cumulative	특정한 값 0

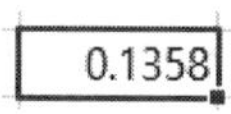

따라서 $P(X=3)=0.1358$이다.

5-2. 특정 부품의 불량품을 확률변수 X라 하면, $n=25$, $p=\frac{5}{100}=0.05$인 이항분포를 따르므로 $X \sim B(25, 0.05)$이다.

(1) 2개 이하가 불량일 확률 $P(X \le 2)$을 구하는 문제이므로

함수마법사/통계/BINOM. DIST 선택 대화상자 내용을 입력 후 확인 클릭

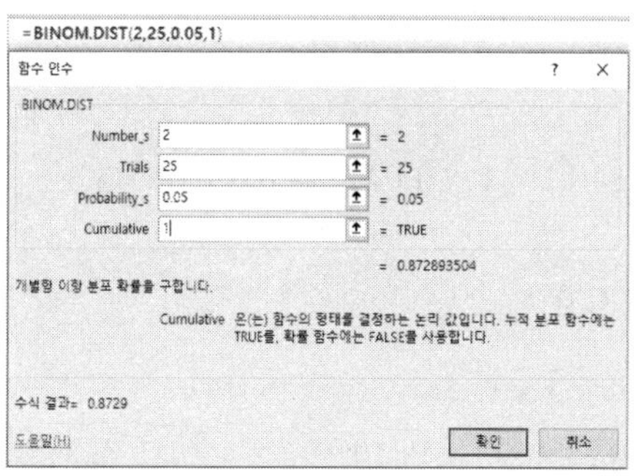

대화상자	의미와 입력 값
Number's	구하고자 하는 값 2
Trials	시행 횟수 25
Probability'S	확률 0.05
Cumulative	누적 1

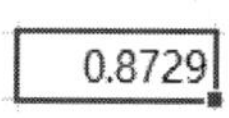

따라서 $P(X \le 2)=0.8729$이다.

(2) 2개가 불량일 확률 $P(X=2)$을 구하는 문제이므로

함수마법사/통계/BINOM. DIST 선택 대화상자 내용을 입력 후 확인 클릭

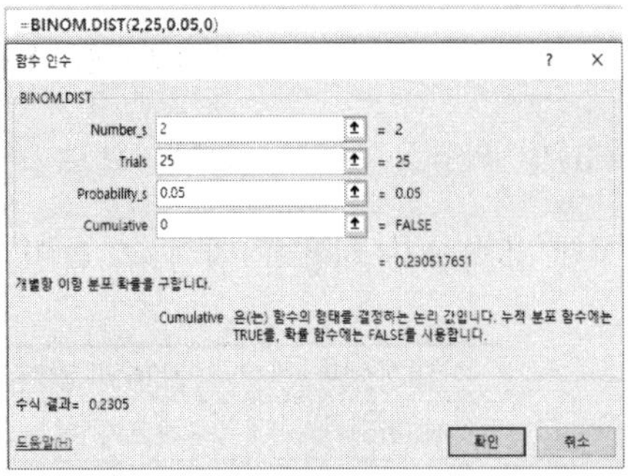

대화상자	의미와 입력 값
Number's	구하고자 하는 값 2
Trials	시행 횟수 25
Probability'S	확률 0.05
Cumulative	특정한 값 0

0.2305

따라서 $P(X=2)=0.2305$이다.

(3) 2개 이상이 불량일 확률 $P(X \geq 2)$을 구하는 문제이므로

$P(X \geq 2)=1-P(X \leq 1)$이다.

함수마법사/통계/BINOM. DIST 선택 대화상자 내용을 입력 후 확인 클릭

$[P(X \leq 1)]$

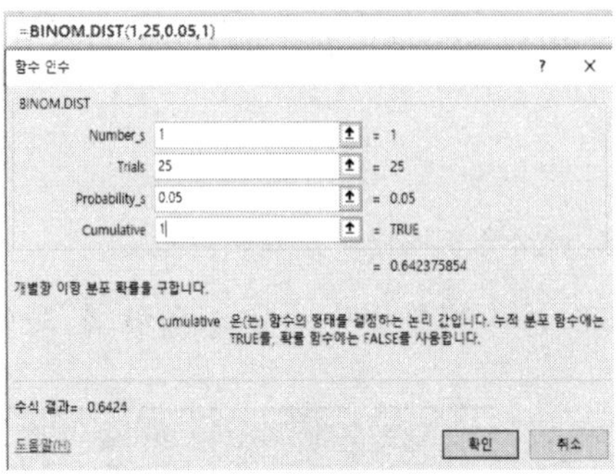

대화상자	의미와 입력 값
Number's	구하고자 하는 값 1
Trials	시행 횟수 25
Probability'S	확률 0.05
Cumulative	누적 1

0.6424

따라서 $P(X \geq 2)=1-P(X \leq 1)=1-0.6424=0.3576$이다.

(4) 불량일 기댓값과 분산을 구하시오.

기댓값 $E(X)=np=25 \times 0.05=1.25$

분산 $V(X)=npq=25 \times 0.05 \times 0.95 \fallingdotseq 1.19$

5-3. 사고 발생 신고 건수를 X라 하면, $X \sim P(6)$ 이다.

(1) 오늘 하루 24시간 동안 사고 신고 접수 건수가 1회 미만일 확률 $P(X<1)$을 구하는 문제이므로 $P(X<1)=P(X=0)$이다.

함수마법사/통계/POISSON. DIST 선택 대화상자 내용을 입력 후 확인 클릭

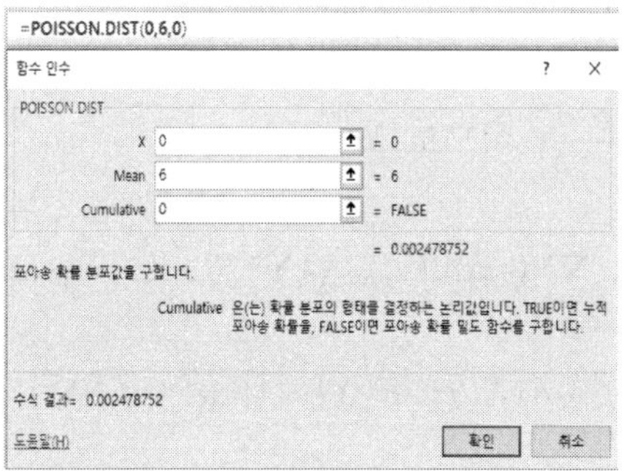

대화상자	의미와 입력 값
X	구하고자 하는 값 0
Mean	평균 6
Cumulative	누적 1/ 특정한 값 0

0.0025

따라서 $P(X=0)=0.0025$이다.

(2) 오늘 하루 24시간 동안 사고 신고 접수 건수가 3회 이상일 확률 $P(X \geq 3)$을 구하는 문제이므로 $P(X \geq 3)=1-P(X \leq 2)$이다.

함수마법사/통계/POISSON. DIST 선택 대화상자 내용을 입력 후 확인 클릭

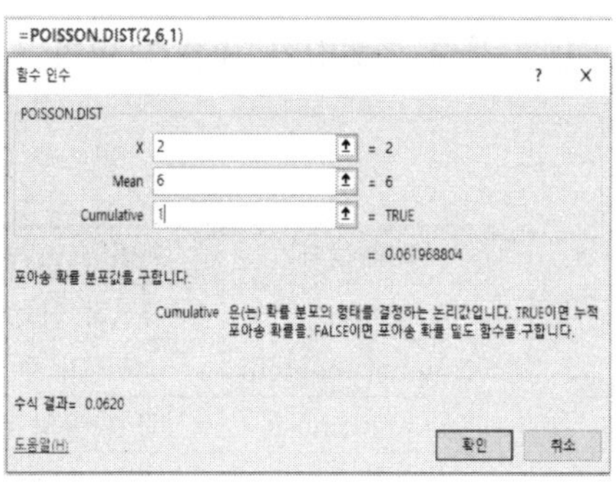

대화상자	의미와 입력 값
X	구하고자 하는 값 2
Mean	평균 6
Cumulative	누적 1/ 특정한 값 0

0.0620

따라서 $P(X \geq 3)=1-P(X \leq 2)=1-0.0620=0.9380$이다.

5-4. $Hint$: $E[X(X-1)]$ 이용

포아송 분포의 확률밀도함수는 $P(X=k)=f(x)=\dfrac{e^{-\mu}\mu^{x}}{x!}$ 이고,

$\displaystyle\sum_{t=0}^{\infty}\frac{e^{-\mu}\mu^{t}}{t!}=1$ 이며, $E(X)=\mu$이다.

그런데 $\displaystyle E[X(X-1)]=\sum_{x=0}^{\infty}x(x-1)f(x)=\sum_{x=0}^{\infty}x(x-1)\frac{e^{-\mu}\mu^{x}}{x!}$

$\displaystyle =\sum_{x=2}^{\infty}\mu^{2}\frac{e^{-\mu}\mu^{x-2}}{(x-2)!}$ 이므로

$x-2=y$라 하면, $\displaystyle E[X(X-1)]=\sum_{y=0}^{\infty}\lambda^{2}\frac{e^{-\mu}\mu^{y}}{y!}=\lambda^{2}\sum_{y=0}^{\infty}\frac{e^{-\mu}\mu^{y}}{y!}=\mu^{2}$이다.

따라서 $E[X(X-1)]=E(X^{2}-X)=E(X^{2})-E(X)$에서 $\mu^{2}=E(X^{2})-\mu$

이므로 $E(X^{2})=\mu^{2}+\mu$이다.

그런데 $V(X)=E(X^{2})-\{E(X)\}^{2}$이므로 $V(X)=\mu^{2}+\mu-\mu^{2}=\mu$이다.

5-5. 구하는 사건을 A라면, 문제로부터 $N=30$, $N_1=24$, $N_2=6$, $x_1+x_2=6$, $x_2=2$이며. $P(A\le 2)$을 구하는 문제이다.

따라서 $P(A\le 2)=P(A=0)+P(A=1)+P(A=2)$

□ 함수마법사/통계/HYPGEOM. DIST 선택 대화상자 내용을 입력 후 확인 클릭

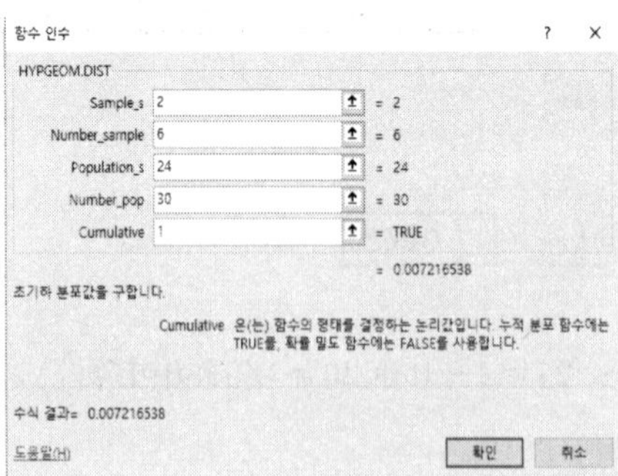

대화상자	의미와 입력 값
Sample_s	구하고자 하는 값 2
Number-sample	표본의 수 6
Population_s	성공 확률의 수 24
Number-pop	모집단의 크기 30
Cumulative	누적밀도함수 1

0.0072

따라서 $P(A\le 2)=P(A=0)+P(A=1)+P(A=2)=0.0072$

제6장 연습문제 풀이

6-1. 전자제품대리점에서 하루에 판매되는 TV의 수를 X라 하면, $X \sim N(11, 0.8^2)$이다.

(1) 9대 이상일 확률 $P(X \geq 9)$은 NORM. DIST를 이용하여 구하면 다음과 같다.

EXCEL/함수/통계/NORM. DIST

$$P(X \geq 9) = 1 - P(X \leq 9) = 1 - 0.0062 = 0.9938$$

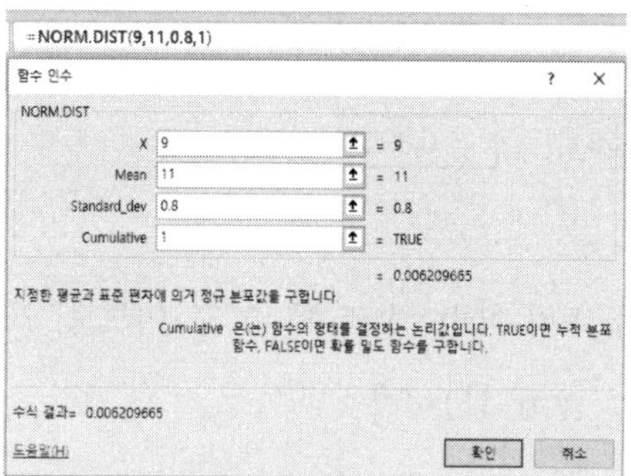

대화상자	의미와 입력 값
X	구하고자 하는 값 9
Mean	평균 11
Standard_dev	표준편차 0.8
Cumulative	누적 분포 1

0.0062

(2) 10대 이하일 확률 $P(X \leq 10)$은 NORM. DIST를 이용하여 구하면 다음과 같다.

EXCEL/함수/통계/NORM. DIST

$$P(X \leq 10) = 0.1056$$

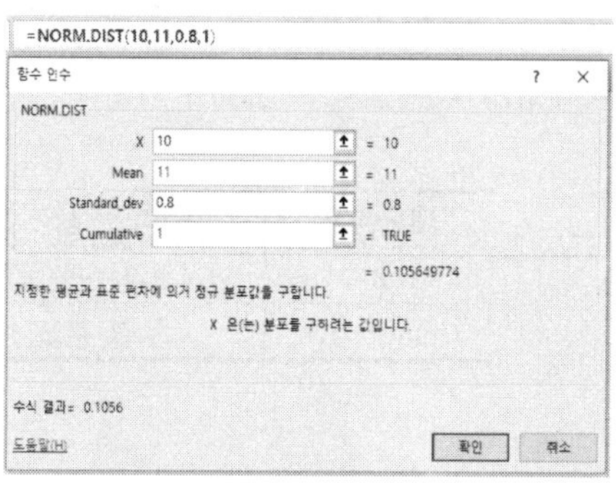

대화상자	의미와 입력 값
X	구하고자 하는 값 10
Mean	평균 11
Standard_dev	표준편차 0.8
Cumulative	누적 분포 1

0.1056

(3) 10대에서 12대일 확률 $P(10 \le X \le 12)$은 NORM. DIST를 이용하여 구하면 다음과 같다.

EXCEL/함수/통계/NORM. DIST

$$P(10 \le X \le 12) = P(X \le 12) - P(X \le 10)$$
$$= 0.8944 - 0.1056 = 0.7888$$

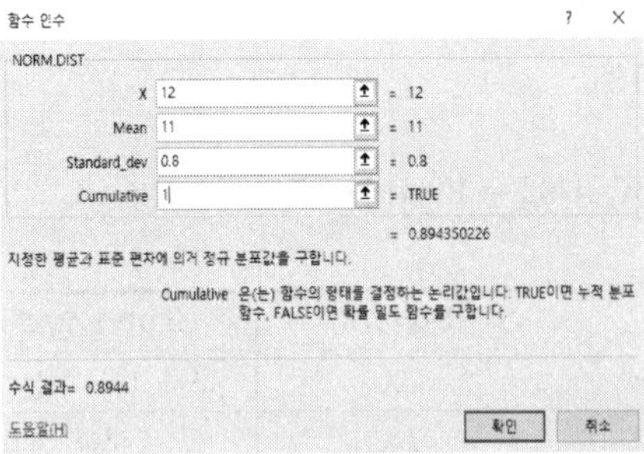

대화상자	의미와 입력 값
X	구하고자 하는 값 12
Mean	평균 11
Standard_dev	표준편차 0.8
Cumulative	누적 분포 1

0.8944

6-2. 병원을 방문한 사람들의 주차시간을 X라 하면, $X \sim N(45, 3^2)$이므로, 표준정규분포로 표준화하면, $Z = \dfrac{X-45}{3} \sim N(0, 1^1)$이다.

(1) 38~50분 주차할 확률 $P(38 \le X \le 50)$은 NORM. S. DIST를 이용하여 구하면 다음과 같다.

EXCEL/함수/통계/NORM. S. DIST

$$P(38 \le X \le 50) = P\left(\frac{38-45}{3} \le \frac{X-45}{3} \le \frac{50-45}{3}\right)$$
$$= P\left(-\frac{7}{3} \le Z \le \frac{5}{3}\right) = P(-2.3 \le Z \le 1.67)$$
$$= P(Z \le 1.67) - P(Z \le -2.3)$$

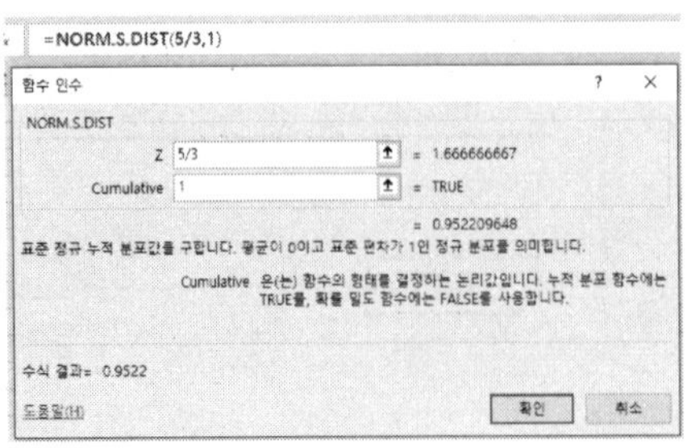

대화상자	의미와 입력 값
X	구하고자 하는 값 5/3
Cumulative	누적 분포 1

0.9522

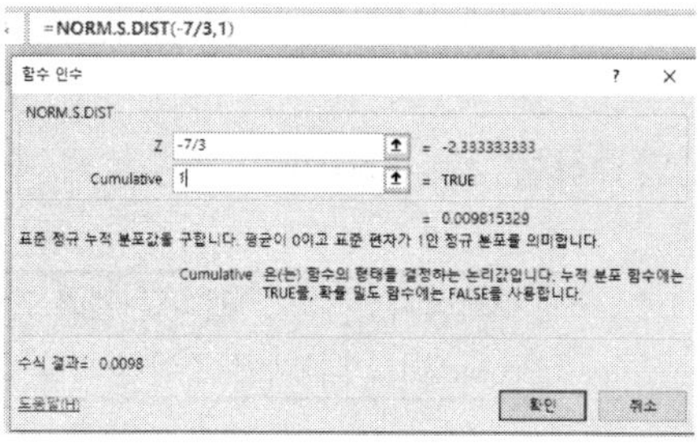

대화상자	의미와 입력 값
X	구하고자 하는 값 -7/3
Cumulative	누적 분포 1

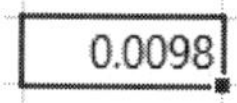

따라서 $P(38 \le X \le 50) = P(Z \le 1.67) - P(Z \le -2.3)$

$= 0.9522 - 0.0098 = 0.9424$이다.

(2) 48분 이상 주차할 확률 $P(X \ge 48)$은 NORM. S. DIST를 이용하여 구하면 다음과 같다.

EXCEL/함수/통계/NORM. S. DIST

$$P(X \ge 48) = P\left(Z \ge \frac{48-45}{3}\right) = P(Z \ge 1) = 1 - P(Z \le 1)$$

$$= 1 - 0.8413 = 0.1587$$

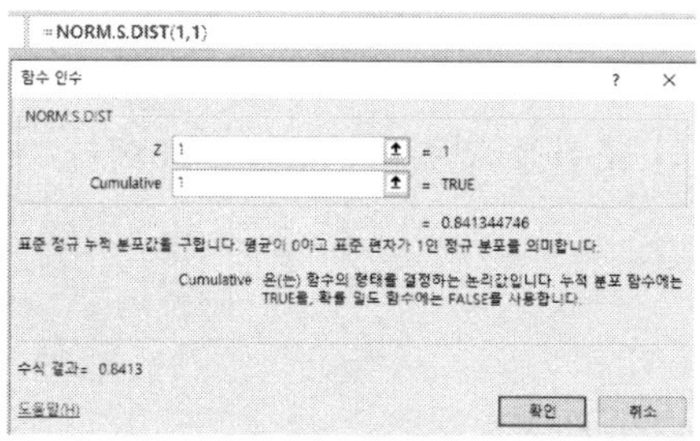

대화상자	의미와 입력 값
X	구하고자 하는 값 1
Cumulative	누적 분포 1

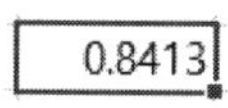

6-3. $X \sim N(127, 5^2)$일 때, NORM. S. INV를 이용하여 z값을 구하시오.

(1) $P(Z \ge z) = 0.2513$이므로 $P(Z \le z) = 1 - 0.2513 = 0.7487$이다.

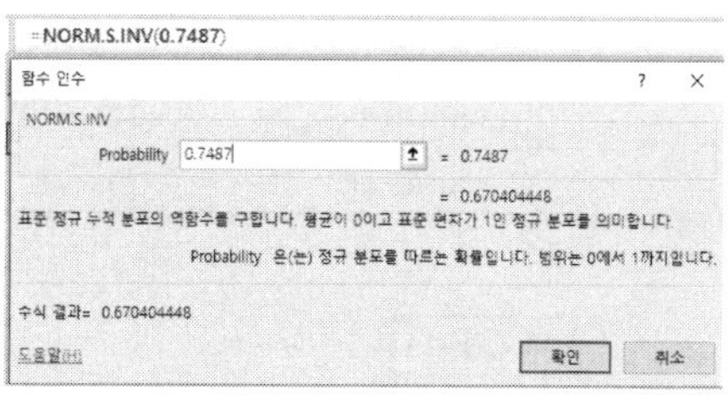

대화상자	의미와 입력 값
Probability	문제에 주어진 확률 0.7487

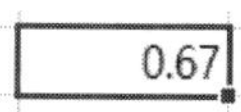

따라서 $P(Z \le z) = 0.7487$인 조건을 만족하는 $z = 0.67$이다.

(2) $P(Z \le z) = 0.7253$인 조건을 만족하는 $z = 0.60$이다.

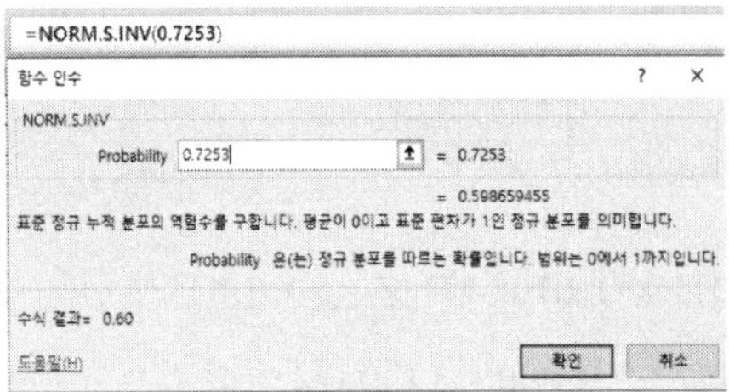

대화상자	의미와 입력 값
Probability	문제에 주어진 확률 0.7253

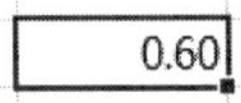

(3) $P(|Z| \le z) = 0.8242$이므로 $P(0 \le Z \le z) = 0.4121$이다.

따라서 $P(Z \le 0) = 0.5$ 이므로 $P(Z \le z) = 0.9121$이다.

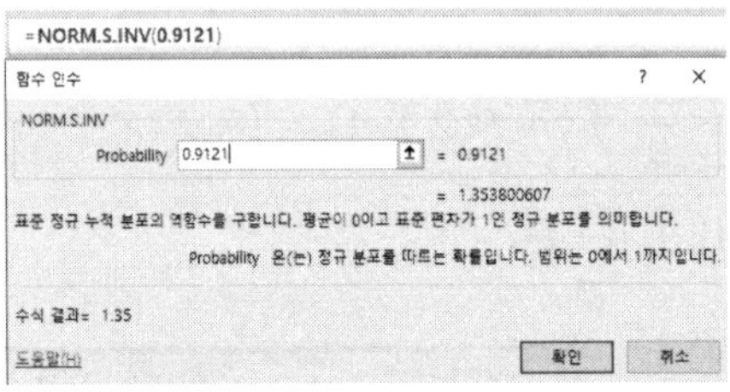

대화상자	의미와 입력 값
Probability	문제에 주어진 확률 0.9121

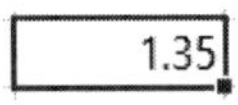

그러므로 $P(Z \le z) = 0.9121$ 인 조건을 만족하는 $z = 1.35$이다.

6-4. 첫째, 이항분포를 이용하여

$X \sim B(50, \frac{1}{6})$일 때, $P(X \ge 8) = 1 - P(X \le 7)$

☐ 함수마법사/통계/BINOM.DIST 선택 대화상자 내용을 입력 후 확인 클릭

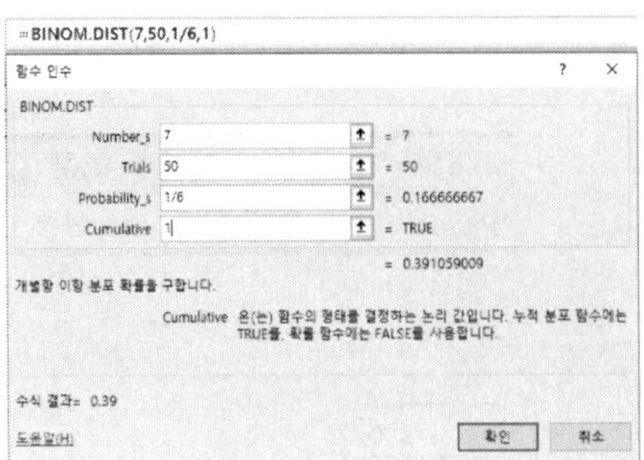

대화상자	의미와 입력 값
Number’s	구하고자 하는 값 7
Trials	시행 횟수 50
Probability’S	확률 6/2
Cumulative	누적 1

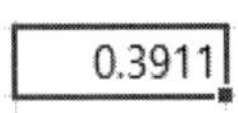

따라서 $P(X \geq 8) = 1 - P(X \leq 7) = 1 - 0.3911 = 0.6089$이다.

둘째, 정규분포를 이용하여

$X \sim B(50, \frac{1}{6})$일 때, $n = 50$이고, $p = \frac{1}{6}$이므로 평균 $\mu = np = 50 \times \frac{1}{6} = \frac{25}{3}$

이고 분산 $\sigma^2 = npq = 50 \times \frac{1}{6} \times \frac{5}{6} = 10\left(\frac{5}{6}\right)^2$이다.

따라서 $X \sim N\left(\frac{25}{3}, 10\left(\frac{5}{6}\right)^2\right)$이다.

따라서 $P(X \geq 8) = 1 - P(X \leq 7) = 1 - 3068 = 0.6932$

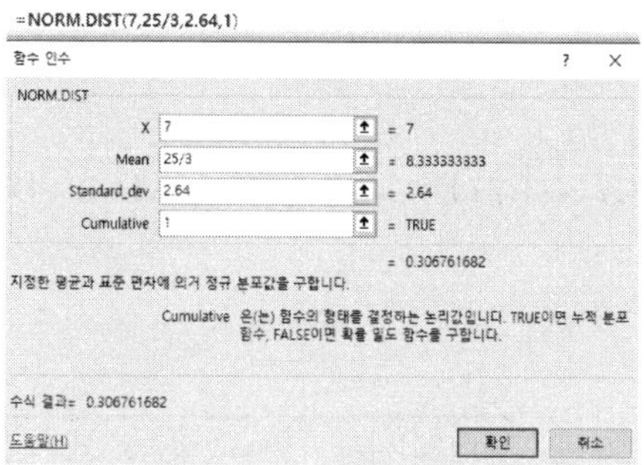

대화상자	의미와 입력 값
X	구하고자 하는 값 7
Mean	평균 25/3
Standard_dev	표준편차 2.64
Cumulative	누적 분포 1

0.3068

6-5. ① 자유도 12, 상위 5%($p = 0.05$), $X = ?$ (역 좌측) $X = 5.226$

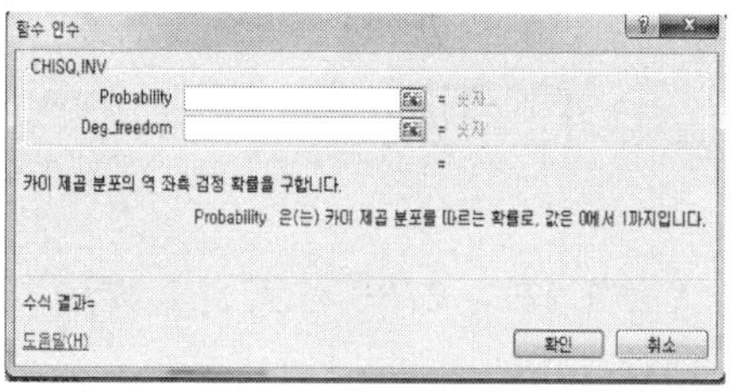

대화상자	의미와 입력 값
Probability	확률 0.05
Deg_freedom	자유도 12

= CHISQ. INV(0.05,12) = 5.226

② 자유도 12, $p = 0.05$, $X = ?$ 하위 5% (역 우측) $X = 21.026$

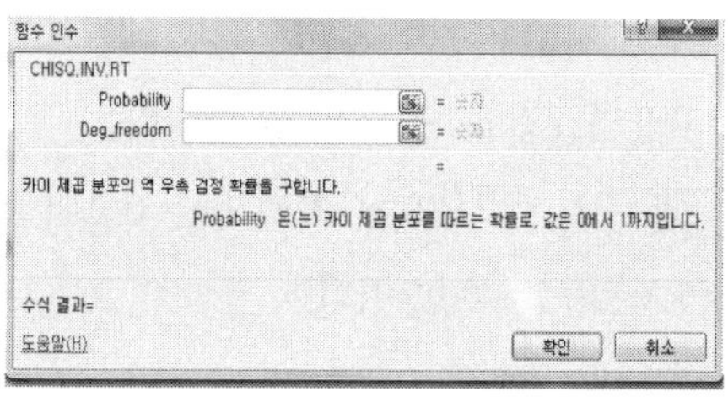

대화상자	의미와 입력 값
Probability	확률 0.05
Deg_freedom	자유도 12

= CHISQ.INV.RT(0.05,12) = 21.026

6-6. $X \sim t(9)$을 따를 때, T. DIST를 이용하여 다음 확률을 구하시오.

(1) $P(X \geq 1.27)$이므로 $P(X \geq 1.27) = 1 - P(X \leq 1.27)$이고,

$P(X \leq 1.27) = 0.8820$이다.

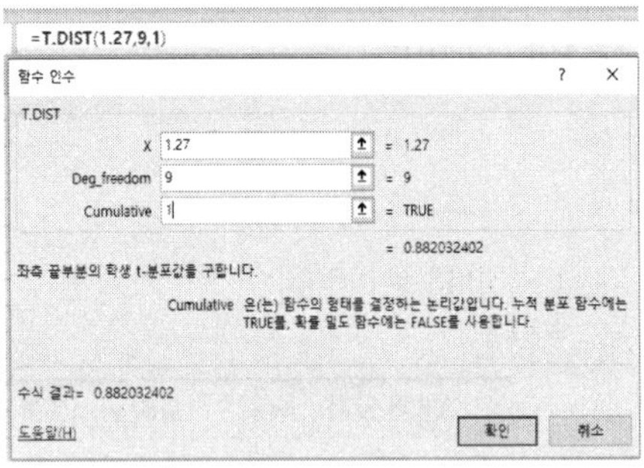

대화상자	의미와 입력 값
X	구하고자 하는 값 1.27
Deg_freedom	자유도 9
Cumulative	누적 분포 1

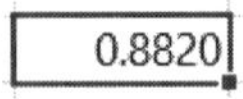

따라서 $P(X \geq 1.27) = 1 - P(X \leq 1.27) = 1 - 0.8820 = 0.1180$이다.

(2) $P(X \leq -1.27) = 0.1180$

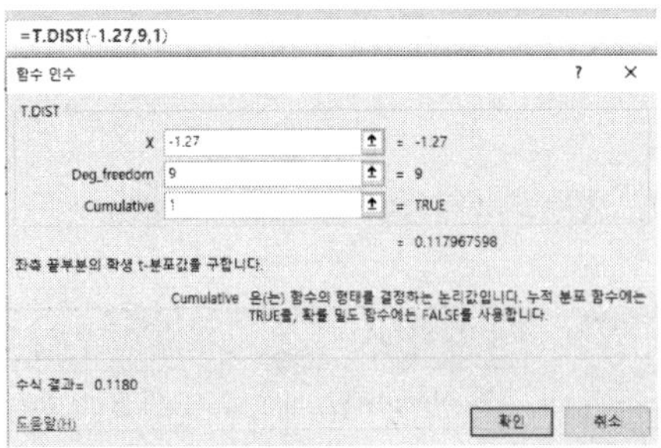

대화상자	의미와 입력 값
X	구하고자 하는 값 −1.27
Deg_freedom	자유도 9
Cumulative	누적 분포 1

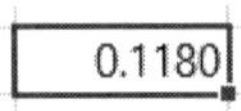

(3) $P(|X| \leq 1.27) = P(-1.27 \leq X \leq 1.27) = 2P(0 \leq X \leq 1.27)$이다.

그런데 $P(X \leq 1.27) = 0.8820$이므로

$P(0 \leq X \leq 1.27) = 0.8820 - 0.5 = 0.3320$이다.

따라서 $P(|X| \leq 1.27) = 2P(0 \leq X \leq 1.27) = 2 \times 0.3320 = 0.6640$이다.

6-7. (1) $X \sim t(9)$일 때, $P(|X| \leq t) = 0.9$인 t값을 구하는 문제이다.

그런데 $P(|X| \leq t) = P(-t \leq X \leq t) = 2P(0 \leq X \leq t) = 0.9$이고,

$P(0 \leq X \leq t) = 0.45$이므로 $P(X \leq t) = 0.95$이다.

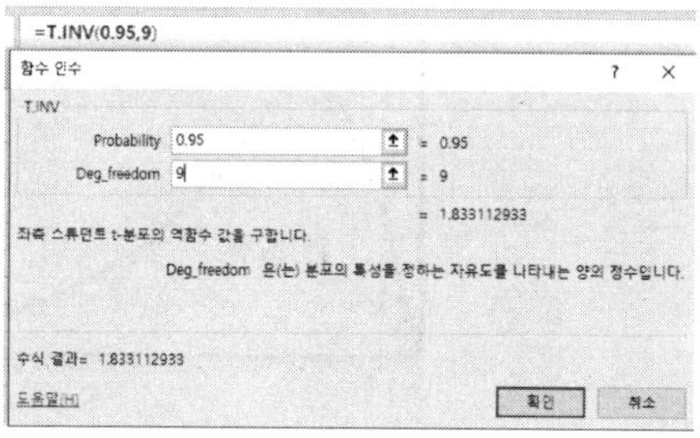

대화상자	의미와 입력 값
Probability	확률 0.95
Deg_freedom	자유도 9

1.83

따라서 $P(X \le t) = 0.95$인 조건을 만족하는 $t = 1.83,\ -1.83$이다.

(2) $X \sim t(9)$일 때, $P(|X| \le t) = 0.95$인 t값을 구하는 문제이다.
그런데 $P(|X| \le t) = P(-t \le X \le t) = 2P(0 \le X \le t) = 0.95$이고,
$P(0 \le X \le t) = 0.4750$이므로 $P(X \le t) = 0.9750$이다.

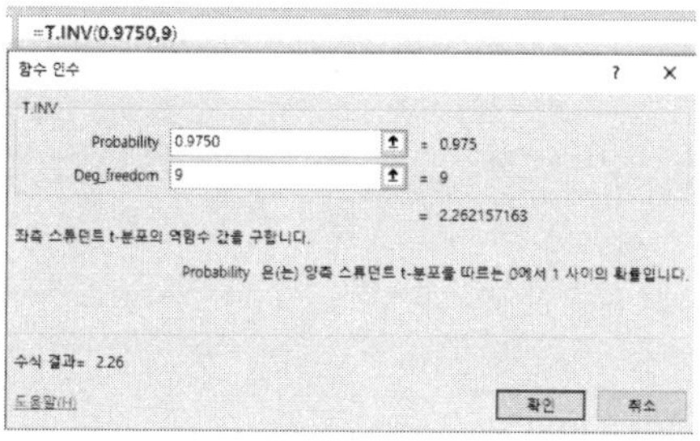

대화상자	의미와 입력 값
Probability	확률 0.9750
Deg_freedom	자유도 9

2.26

따라서 $P(X \le t) = 0.9750$인 조건을 만족하는 $t = 2.26,\ -2.26$이다.

6-8. 먼저 $\alpha = 0.01$이 양쪽에 해당하므로 $\frac{\alpha}{2} = 0.005\,(5\%)$이고, A의 분산이 크므로 분자의 자유도는 7, 분모의 자유도는 6이 된다.
따라서 F 분포표 중 $\alpha = 0.005$을 이용하여, 오른쪽 F 값은 $F(7,6) = 10.79$이며,
왼쪽 F 값은 $\frac{1}{F(6,7)} = \frac{1}{9.16} = 0.11$이다.

$\alpha = 0.005$

ν_2 \ ν_1	1	2	3	4	5	6	⑦
1	16211	20000	21615	22500	23056	23437	23715
2	198.5	199.0	199.2	199.2	199.3	199.3	199.4
3	55.55	49.80	47.47	46.19	45.39	44.84	44.43
4	31.33	26.28	24.26	23.15	22.46	21.97	21.62
5	22.78	18.31	16.53	15.56	14.94	14.51	14.20
⑥	18.63	14.54	12.92	12.03	11.46	11.07	10.79
7	16.24	12.40	10.88	10.05	9.52	9.16	8.89
8	14.69	11.04	9.60	8.81	8.30	7.95	7.69

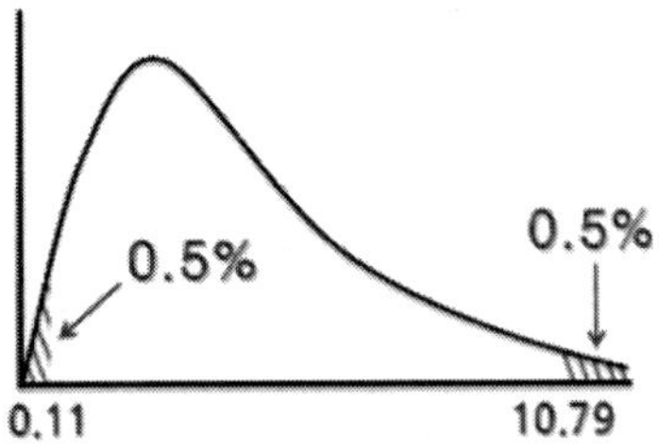

$\alpha = 0.005$

ν_2 \ ν_1	1	2	3	4	5	⑥	7
1	16211	20000	21615	22500	23056	23437	23715
2	198.5	199.0	199.2	199.2	199.3	199.3	199.4
3	55.55	49.80	47.47	46.19	45.39	44.84	44.43
4	31.33	26.28	24.26	23.15	22.46	21.97	21.62
5	22.78	18.31	16.53	15.56	14.94	14.51	14.20
6	18.63	14.54	12.92	12.03	11.46	11.07	10.79
⑦	16.24	12.40	10.88	10.05	9.52	9.16	8.89
8	14.69	11.04	9.60	8.81	8.30	7.95	7.69

제7장 연습문제 풀이

7-1. $X \sim N(40, 5^2)$이고, $n = 100$이므로 $\overline{X} \sim N(40, \frac{5^2}{100})$이다.

따라서 $\overline{X}$의 평균은 40이고, $\overline{X}$의 분산은 $\frac{5^2}{100} = \frac{1}{4}$이다.

7-2. (1) $X \sim N(668, 112^2)$이고, $n = 100$이므로 $\overline{X} \sim N(668, \frac{112^2}{100})$이다.

따라서 표본평균 $\overline{X}$의 분포는 $\overline{X} \sim N(668, 11.2^2)$이다.

(2) 표본평균이 700점 이상일 확률은 $P(\overline{X} \geq 700)$이며, EXCEL/NORM. DIST 또는 EXCEL/NORM. S. DIST를 이용할 수 있다.

EXCEL/함수마법사/NORM. S. DIST를 사용하면 다음과 같이 구하면 된다.

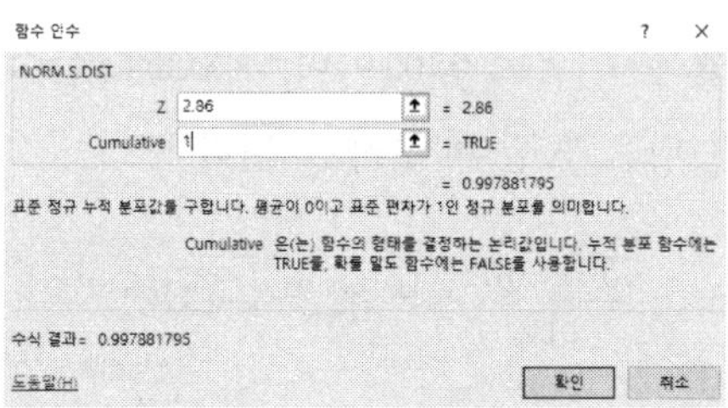

대화상자	의미와 입력 값
Z	구하고자 하는 값 2.86
Cumulative	누적 분포 1

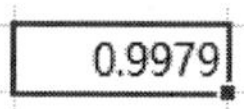

$$P(\overline{X} \geq 700) = P\left(Z \geq \frac{700 - 668}{11.2}\right) = P(Z \geq 2.86) = 1 - P(Z \leq 2.86)$$

따라서 $P(\overline{X} \geq 700) = 1 - P(Z \leq 2.86) = 1 - 0.9979 = 0.0021$

(3) 표본평균이 645점 이상 680점 이하일 확률은 $P(645 \leq \overline{X} \leq 680)$이며, EXCEL/함수마법사/NORM. S. DIST를 사용하면 다음과 같이 구하면 된다.

$$P(645 \leq \overline{X} \leq 680) = P\left(\frac{645 - 668}{11.2} \leq Z \leq \frac{680 - 668}{11.2}\right)$$

$$= P\left(\frac{-23}{11.2} \leq Z \leq \frac{12}{11.2}\right) = P(-2.05 \leq Z \leq 1.07)$$

$$= P(Z \leq 1.07) - P(Z \leq -2.05)$$

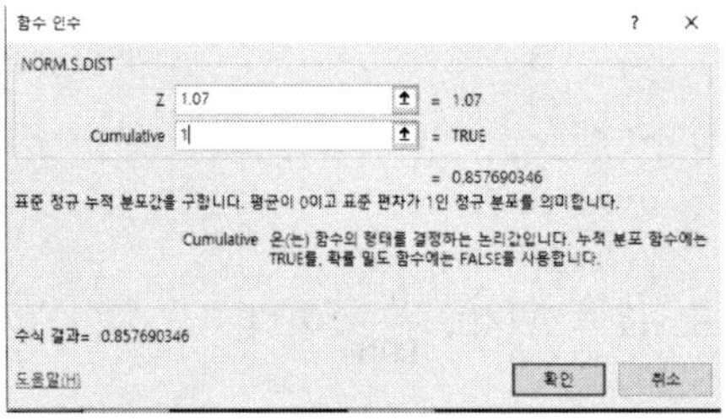

대화상자	의미와 입력 값
Z	구하고자 하는 값 1.07
Cumulative	누적 분포 1

0.8577

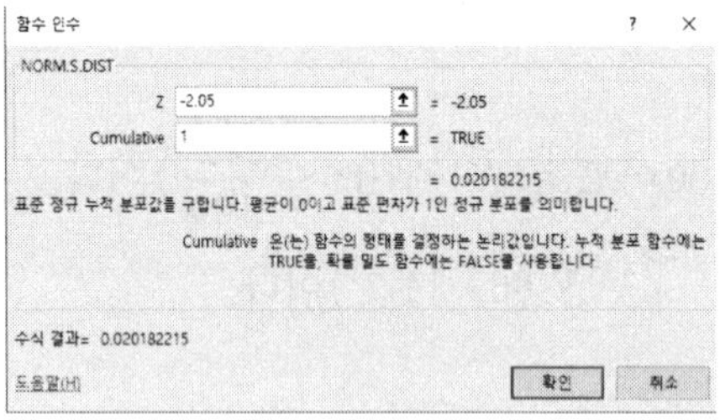

대화상자	의미와 입력 값
Z	구하고자 하는 값 -2.05
Cumulative	누적 분포 1

0.0202

따라서 $P(645 \le \overline{X} \le 680) = P(Z \le 1.07) - P(Z \le -2.05)$

$= 0.8577 - 0.0202 = 0.8375$이다.

(4) 표본평균이 650점 이하일 확률은 $P(\overline{X} \le 650)$이며, EXCEL/함수마법사/NORM. S. DIST를 사용하면 다음과 같이 구하면 된다.

$$P(\overline{X} \le 650) = P\left(Z \le \frac{650 - 668}{112}\right) = P(Z \le -1.61)$$

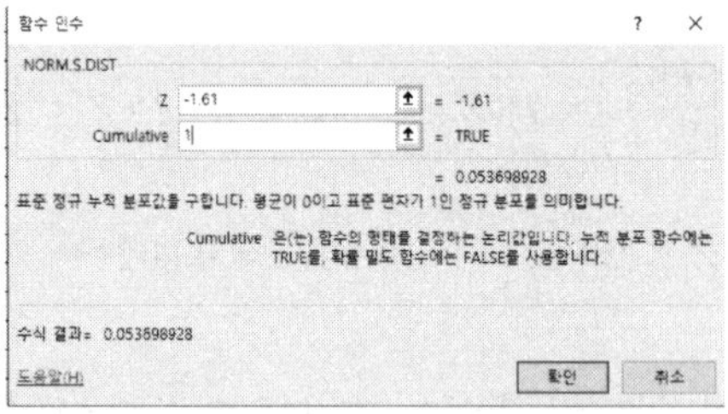

대화상자	의미와 입력 값
Z	구하고자 하는 값 -1.61
Cumulative	누적 분포 1

0.0537

7-3. (1) 모집단은 $X \sim N(\mu, \sigma^2)$이고, $n = 5$이고 표준편차를 알 수 없으므로 표본평균 $(\overline{X})$의 분포는 $\overline{X} \sim t(4)$이다.

$\overline{X} = 20.2$ $\qquad\qquad$ $S^2 = 0.31,\ S = 0.55$

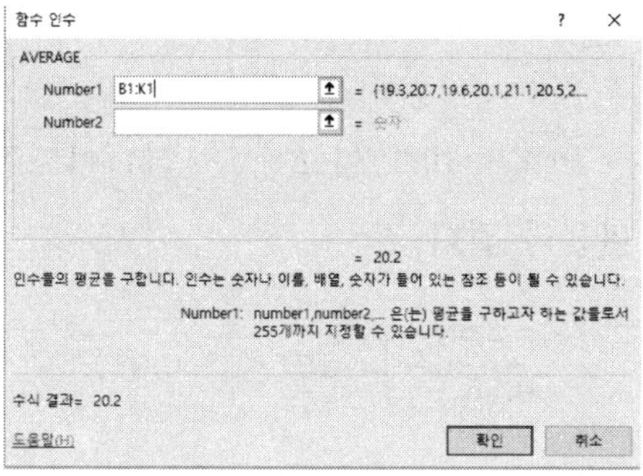

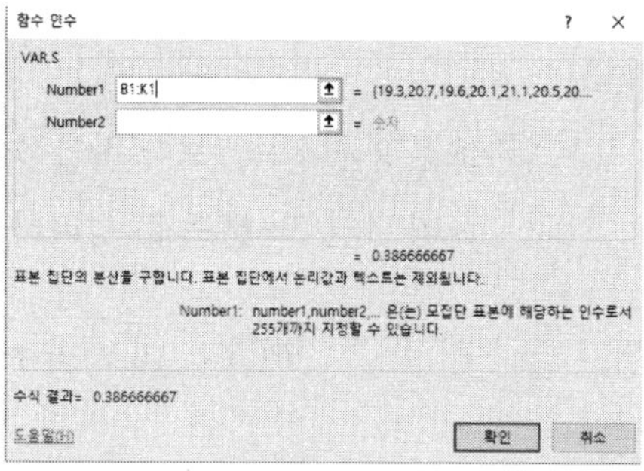

(2) 주어진 자료로부터 표본평균과 표본의 분산과 표준편차를 구하면 다음과 같다.

(3) 표본평균이 19.9보다 크고 20.5보다 작을 확률은 $P(19.9 \le \overline{X} \le 20.5)$이고, $\overline{X} \sim t(4)$이므로 자유도가 9인 T-분포로 정리하면 다음과 같다.

$$P(19.9 \le \overline{X} \le 20.5) = P\left(\frac{19.9-20.2}{0.55} \le t \le \frac{20.5-20.2}{0.55}\right)$$
$$= P(-0.61 \le t \le 0.47)$$
$$= P(t \le 0.47) - P(t \le -0.61)$$

따라서, 자유도가 4인 T-분포에서 EXCEL/함수마법사/t. DIST를 사용하여 다음과 같이 구하면 된다.

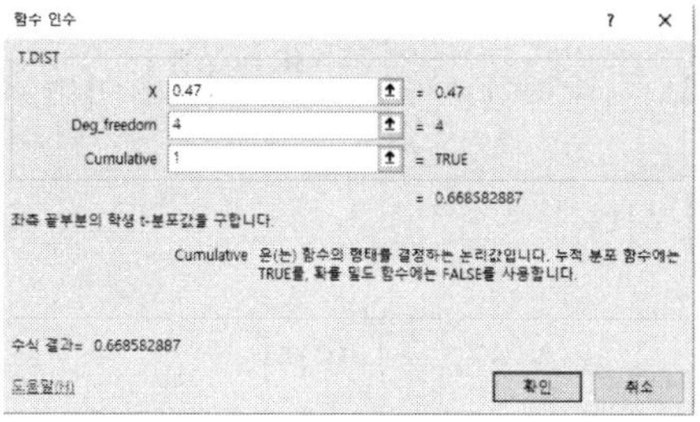

대화상자	의미와 입력 값
X	구하고자 하는 값 0.47
degree_freedom	자유도 4
Cumulative	누적 분포 1

0.6686

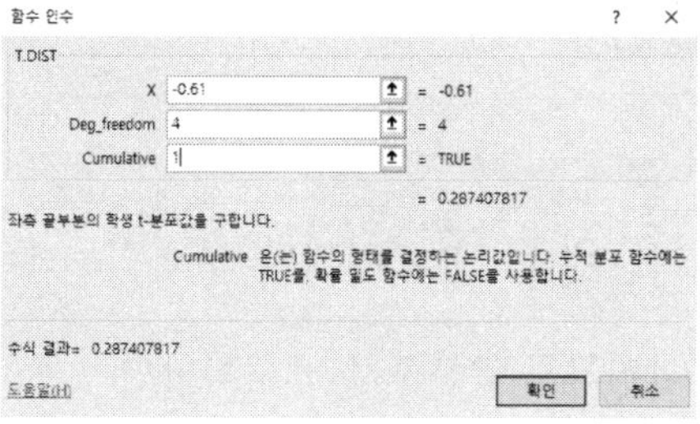

대화상자	의미와 입력 값
X	구하고자 하는 값 -0.61
degree_freedom	자유도 4
Cumulative	누적 분포 1

0.2874

따라서 $P(19.9 \le \overline{X} \le 20.5) = P(t \le 0.47) - P(t \le -0.61)$

$$= 0.6686 - 0.2874 = 0.3812$$

(4) 표본평균이 19.7보다 작을 확률은 $P(\overline{X} < 19.7)$이고, $\overline{X} \sim t(4)$이므로 자유도가 4인 T-분포로 정리하면 다음과 같다.

$$P(\overline{X} < 19.7) = P\left(t < \frac{19.7 - 20.2}{0.55}\right) = P(t < -0.97)$$

EXCEL/함수마법사/t. DIST를 사용하여 다음과 같이 구하면 된다.

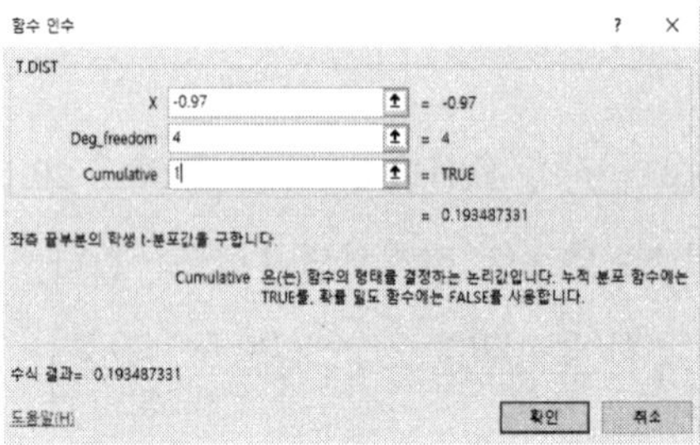

대화상자	의미와 입력 값
X	구하고자 하는 값 -0.97
degree_freedom	자유도 4
Cumulative	누적 분포 1

0.1935

따라서 $P(\overline{X} < 19.7) = P(t < -0.97) = 0.1935$이다.

7-4. (1) 모집단 1을 X, 모집단 2를 Y라고 하면, $X \sim N(54, 3^2)$이고, $Y \sim N(47, 2^2)$이다.

표본의 수가 각각 64과 36이므로 $V(\overline{X}) = \frac{3^2}{64} = \frac{9}{64} = \left(\frac{3}{8}\right)^2$이며,

$V(\overline{Y}) = \frac{2^2}{16} = \frac{4}{16} = \frac{1}{4} = \left(\frac{1}{2}\right)^2$이다.

따라서 $\overline{X} \sim N(54, \left(\frac{3}{8}\right)^2)$이고, $Y \sim N(47, \left(\frac{1}{2}\right)^2)$이다.

그러므로 $\overline{X} - \overline{Y} \sim N(54-47, \left(\frac{3}{8}\right)^2 + \left(\frac{1}{2}\right)^2)$이므로 $\overline{X} - \overline{Y} \sim N(7, \left(\frac{5}{8}\right)^2)$

이다.

(2) 표본평균의 차가 6보다 클 확률은 $P(\overline{X} - \overline{Y} > 6)$이며, $\overline{X} - \overline{Y} = A$라 하면

$A \sim N(7, \left(\frac{5}{8}\right)^2)$이며, $P(A > 6)$이므로 Z분포로 표준화하면

$$P(A>6)=P\left(Z>\frac{6-7}{\frac{5}{8}}\right)=P\left(Z>-\frac{8}{5}\right)$$

$$=P(Z>-1.6)=1-P(Z<-1.6)$$

이다. 따라서 EXCEL/함수마법사/NORM. S. DIST를 이용하여 다음과 같이 구하면 된다.

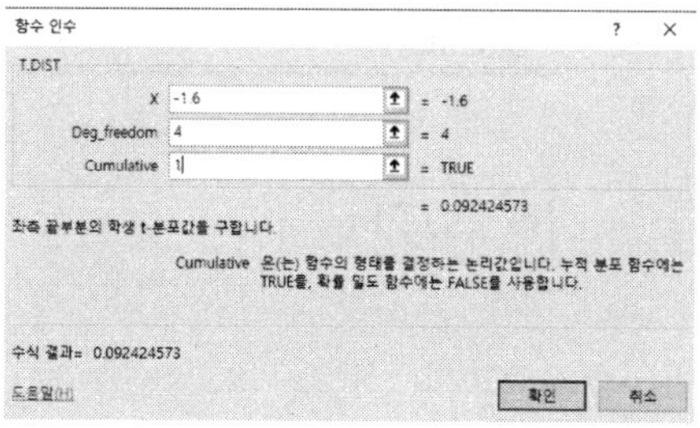

대화상자	의미와 입력 값
Z	구하고자 하는 값 -1.6
Cumulative	누적 분포 1

0.0924

따라서 $P(A>8)=P(Z>-1.6)=1-P(Z<-1.6)$

$=1-0.0924=0.9076$이다.

7-5. (1) 이상 지질혈증 증상이 있는 비율을 $\hat{p}$라 하면, $\hat{p}$의 평균은 $E(\hat{p})=0.32$이며, 분산은 $V(\hat{p})=\frac{0.32\times0.68}{100}=0.0022$, 표준편차 $\sigma(\hat{p})=0.047$이다.

따라서 표본비율($\hat{p}$)은 $\hat{p}\sim N(0.32,\, 0.047^2)$이다.

(2) 표본비율이 40% 이상일 확률 $P(\hat{p}>0.4)$은 다음과 같이 계산된다.

$$P(\hat{p}>0.4)=P\left(Z>\frac{0.4-0.32}{0.047}\right)=P(Z>1.71)=1-P(Z<1.71)$$

따라서 EXCEL/함수마법사/NORM. S. DIST를 이용하여 다음과 같이 구하면 된다.

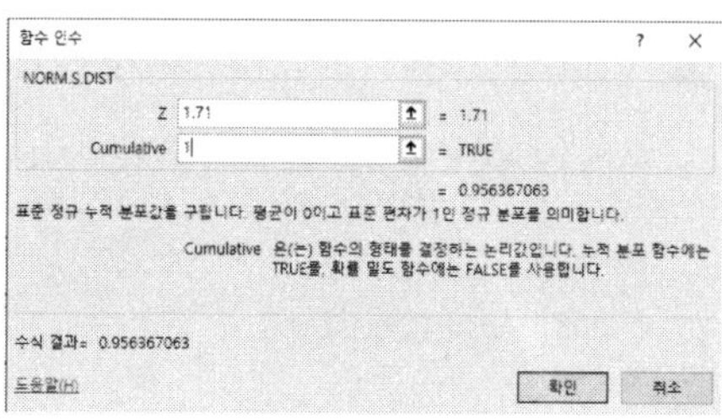

대화상자	의미와 입력 값
Probability	구하고자 하는 값 1.71
Cumulative	누적 1

0.9564

그러므로 $P(\hat{p} > 0.4) = 1 - P(Z < 1.71) = 1 - 0.9564 = 0.0436$이다.

(3) 표본비율이 30% 이하일 확률 $P(\hat{p} \leq 0.3)$은 다음과 같이 계산된다.

따라서 $P(\hat{p} < 0.3) = P\left(Z < \dfrac{0.3 - 0.32}{0.047}\right) = P(Z < -0.43) = 0.3336$이다.

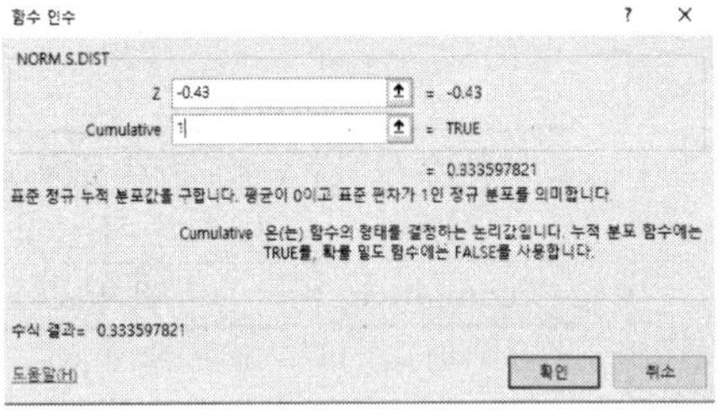

대화상자	의미와 입력 값
Probability	구하고자 하는 값 -0.43
Cumulative	누적 1

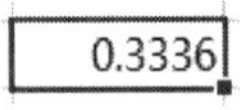

7-6. (1) 확률변수 X의 적률생성함수

표준정규분포의 확률밀도함수는 다음과 같으며, 전체 넓이는 1이다.

$$f(x) = \frac{1}{\sqrt{2\pi}} e^{-\frac{x^2}{2}} \quad (\text{단, } -\infty < x < \infty), \quad \int_{-\infty}^{\infty} f(x)dx = 1$$

$$M_X(t) = E(e^{tx}) = \int_{-\infty}^{\infty} e^{tx} f(x)dx = \int_{-\infty}^{\infty} e^{tx} \frac{1}{\sqrt{2\pi}} e^{-\frac{x^2}{2}} dx$$

$$= \int_{-\infty}^{\infty} \frac{1}{\sqrt{2\pi}} e^{tx - \frac{x^2}{2}} dx$$

먼저 e의 지수를 정리하면,

$$tx - \frac{x^2}{2} = -\frac{1}{2}(x^2 - 2tx) = -\frac{1}{2}[(x^2 - 2tx + t^2) - t^2]$$

$$= -\frac{1}{2}(x-t)^2 + \frac{1}{2}t^2$$

$$M_X(t) = E(e^{tx}) = \int_{-\infty}^{\infty} \frac{1}{\sqrt{2\pi}} e^{tx - \frac{x^2}{2}} dx$$

$$= \int_{-\infty}^{\infty} \frac{1}{\sqrt{2\pi}} e^{-\frac{1}{2}(x-t)^2 + \frac{1}{2}t^2} dx$$

$$= e^{\frac{1}{2}t^2} \int_{-\infty}^{\infty} \frac{1}{\sqrt{2\pi}} e^{-\frac{(x-t)^2}{2}} dx = e^{\frac{1}{2}t^2}$$

(2) 확률변수 X의 평균 $E(X)$과 분산 $V(X)$

$$M_X{}'(t) = [e^{\frac{1}{2}t^2}]' = e^{\frac{1}{2}t^2}(\frac{1}{2}t^2)' = e^{\frac{1}{2}t^2}t$$

$$\therefore \ M_X{}'(0) = e^{\frac{1}{2}0^2}0 = 0 = E(X)$$

$$M_X{}''(t) = [e^{\frac{1}{2}t^2}t]' = [e^{\frac{1}{2}t^2}]'t + e^{\frac{1}{2}t^2}t' = e^{\frac{1}{2}t^2}t^2 + e^{\frac{1}{2}t^2}$$

$$M_X{}''(0) = e^{\frac{1}{2}0^2}0^2 + e^{\frac{1}{2}0^2} = 1 = E(X^2)$$

$$\therefore V(X) = E(X^2) - [E(X)]^2 = 1 - 0^2 = 1$$

제8장 연습문제 풀이

8-1. 문제에 주어진 조건에서 모집단의 표준편차를 알고 있는 경우이므로, 정규분포를 따르며, 모 표준편차 $\sigma = 10$, 크기는 $n = 100$, 표본평균 $\overline{X} = 170$이 주어져 있다.

(1) 90% 신뢰구간

90% 신뢰구간을 구하는 문제이므로 $1 - \alpha = 0.90$, $\alpha = 0.10$이다. CONFIDENCE. NORM을 이용하여 오차한계를 구하면 다음과 같다.

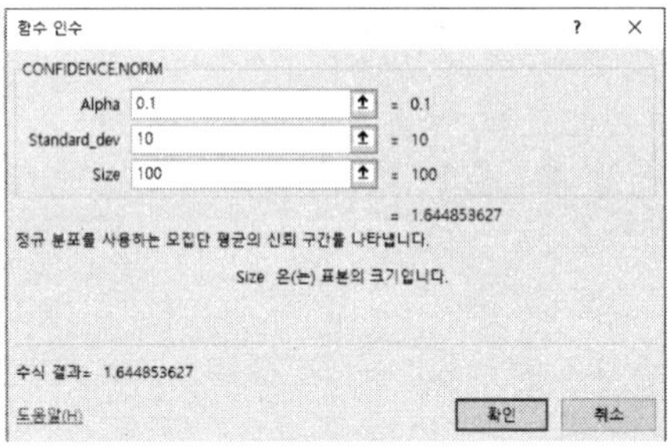

대화상자	의미와 입력 값
Alpha	유의수준 0.10
Standard. dev	표준편차 10
Size	크기 100

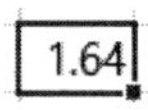

따라서 모평균 μ에 대한 90% 신뢰구간은 $170 - 1.64 \le \mu \le 170 + 1.64$이므로 $168.36 \le \mu \le 171.64$이다.

(2) 95% 신뢰구간

95% 신뢰구간을 구하는 문제이므로 $1 - \alpha = 0.95$, $\alpha = 0.05$ 이다. CONFIDENCE. NORM을 이용하여 오차한계를 구하면 다음과 같다.

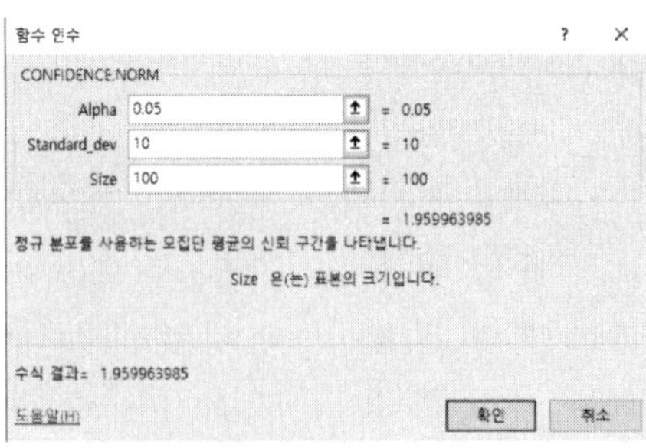

대화상자	의미와 입력 값
Alpha	유의수준 0.05
Standard. dev	표준편차 10
Size	크기 100

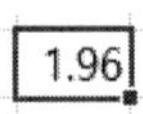

따라서 모평균 μ에 대한 95% 신뢰구간은 $170 - 1.96 \le \mu \le 170 + 1.96$이므로 $168.04 \le \mu \le 171.96$이다.

8-2. 모집단의 분포가 정규분포를 이루고 있으며, 모 표준편차를 모르고, 주어진 문제에서 표본의 수가 30 이상이므로 신뢰구간을 Z-분포를 이용하여 구할 수 있다. 문제의 조건에서 표본의 수 $n=50$, 표본의 평균 $\overline{X}=6.7$, 표본 표준편차 $S=7.3$ 이다.

(1) 95% 신뢰구간

95% 신뢰구간에서의 NORM. S. INV를 이용하면 $Z_{\frac{\alpha}{2}}=1.96$이다.

따라서 주어진 식 $\overline{X}-z_{\frac{\alpha}{2}}\frac{S}{\sqrt{n}}<\mu<\overline{X}+z_{\frac{\alpha}{2}}\frac{S}{\sqrt{n}}$에 대입하면

$$6.7-1.96\frac{7.3}{\sqrt{50}}\leq \mu \leq 6.7+1.96\frac{7.3}{\sqrt{50}}$$

$$14.6-2.02\leq \mu \leq 14.6+2.02$$

$$12.98\leq \mu \leq 16.62$$

그러므로 모평균 μ에 대한 95% 신뢰구간은 $12.98\leq \mu \leq 16.62$가 된다.

(2) 99% 신뢰구간

99% 신뢰구간에서의 NORM. S. INV를 이용하면 $Z_{\frac{\alpha}{2}}=2.57$이다.

따라서 주어진 식 $\overline{X}-z_{\frac{\alpha}{2}}\frac{S}{\sqrt{n}}<\mu<\overline{X}+z_{\frac{\alpha}{2}}\frac{S}{\sqrt{n}}$에 대입하면

$$6.7-2.57\frac{7.3}{\sqrt{50}}\leq \mu \leq 6.7+2.57\frac{7.3}{\sqrt{50}}$$

$$14.6-2.65\leq \mu \leq 14.6+2.65$$

$$11.95\leq \mu \leq 17.25$$

그러므로 모평균 μ에 대한 99% 신뢰구간은 $11.95\leq \mu \leq 17.25$가 된다.

8-3. 먼저 자료들을 세로로 배열한 후 제목(몸무게을 쓴다.

27.6	41.5	31.4	40.6	54.7
33.8	34.5	35.6	42.9	59.3
35.2	44.6	41.5	37.1	52.5
42.1	50.3	39.5	53.9	47.4
39.6	48.1	44	56.8	62.7

⇨

몸무게
27.6
41.5
31.4
40.6
54.7
33.8
34.5
35.6
42.9
59.3
35.2
44.6
41.5
37.1
52.5
42.1
50.3
39.5
53.9
47.4
39.6
48.1
44
56.8
62.7

(1) 95% 신뢰구간

데이터/데이터분석/기술 통계법/확인 클릭 후 대화상자 내용 입력/확인 클릭

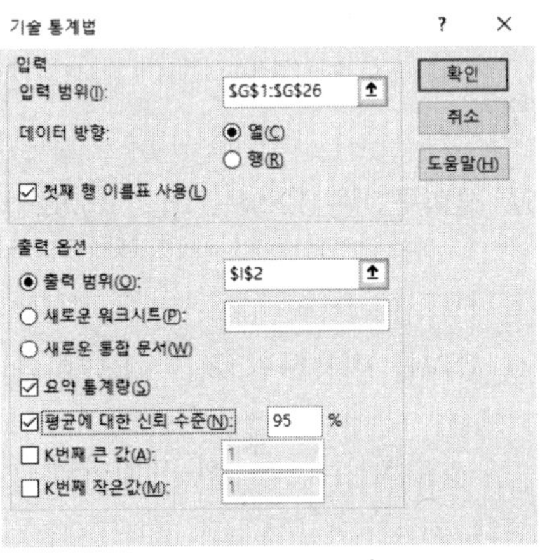

대화상자	의미와 입력 값
입력 범위	제목 포함 자료 드래그
데이터 방향	열
첫째 행 이름표 사용	제목(한글) 포함 √
출력 범위	자료의 출력 위치 현재 시트의 셀의 위치
요약 통계량	요약 통계량 출력 √
평균에 대한 신뢰수준	신뢰수준 확인 √ 95%

기술 통계법 출력 결과

몸무게	
평균	43.888
표준 오차	1.819609
중앙값	42.1
최빈값	41.5
표준 편차	9.098046
분산	82.77443
첨도	-0.54729
왜도	0.352762
범위	35.1
최소값	27.6
최대값	62.7
합	1097.2
관측수	25
신뢰 수준(	3.755489

그러므로 모평균 μ에 대한 95% 신뢰구간은 평균 43.88과 신뢰수준(95%) 3.76을 이용하여 $43.88 - 3.76 \le \mu \le 43.88 + 3.76$이므로 $40.12 \le \mu \le 47.64$이다.

(2) 97% 신뢰구간

데이터/데이터분석/기술 통계법/확인 클릭 후 대화상자 내용 입력/확인 클릭

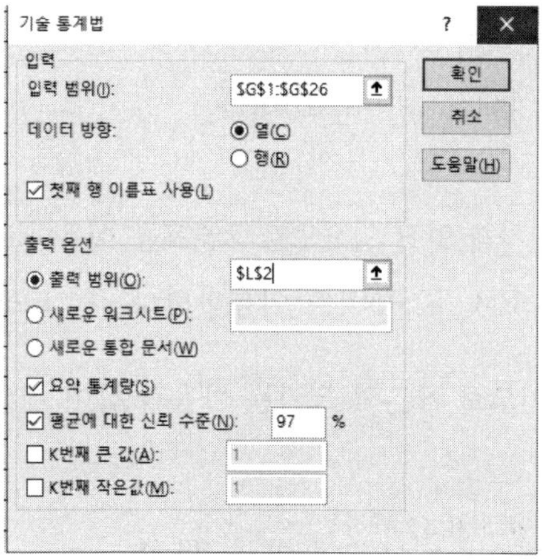

대화상자	의미와 입력 값
입력 범위	제목 포함 자료 드래그
데이터 방향	열
첫째 행 이름표 사용	제목(한글) 포함 √
출력 범위	자료의 출력 위치 현재 시트의 셀의 위치
요약 통계량	요약 통계량 출력 √
평균에 대한 신뢰수준	신뢰수준 확인 √ 97%

기술 통계법 출력 결과

몸무게	
평균	43.888
표준 오차	1.819609
중앙값	42.1
최빈값	41.5
표준 편차	9.098046
분산	82.77443
첨도	-0.54729
왜도	0.352762
범위	35.1
최소값	27.6
최대값	62.7
합	1097.2
관측수	25
신뢰 수준(	4.197681

그러므로 모평균 μ 에 대한 97% 신뢰구간은 평균 43.88과 신뢰수준(95%) 4.20을 이용하여 $43.88 - 4.20 \le \mu \le 43.88 + 4.20$ 이므로 $39.69 \le \mu \le 48.09$ 이다.

8-4. 주어진 자료로부터 $\hat{p} = \dfrac{37}{100} = 0.37$ 이므로 $\hat{q} = 0.63$ 이고,

$$\sqrt{\frac{\hat{p}\hat{q}}{n}} = \sqrt{\frac{0.37 \times 0.63}{100}} = \sqrt{\frac{0.2479}{100}} \approx 0.05 \text{이다.}$$

또한, 표본비율($\hat{p}$)의 분포는 $n = 100$ 이므로 정규분포로 근사하며,

NORM. S. INV를 이용하면 $Z_{\frac{\alpha}{2}} = 1.96$ 이다.

따라서 95% 근사 신뢰구간은 $\hat{p} - 1.96\sqrt{\frac{\hat{p}\hat{q}}{n}} \le p \le \hat{p} + 1.96\sqrt{\frac{\hat{p}\hat{q}}{n}}$ 이므로

$0.452 - (1.96)(0.05) \le p \le 0.452 + (1.96)(0.05)$이고,

$0.452 - 0.098 \le p \le 0.452 + 0.098$이다.

그러므로 95% 근사 신뢰구간은 $0.354 \le p \le 0.550$이다.

8-5. 주어진 문제로부터 모집단의 표준편차를 알고 있으므로 Z분포를 이용하고, Z분포에서는 95% 신뢰구간에서의 NORM. S. INV를 이용하면 $Z_{\frac{\alpha}{2}} = 1.96$이다.

또한 주어진 문제에서 오차 $e = 2$이므로 표본의 크기는 다음과 같이 계산된다.

$$n = \left(\frac{Z_{\frac{\alpha}{2}}\sigma}{e}\right)^2 = \left(\frac{1.96 \times 6.42}{2}\right)^2 = 6.29^2 = 39.58$$

그러므로 표본의 크기를 39대 이상을 선택해야 한다.

제9장 연습문제 풀이

9-1. 담배회사에서 새로 개발한 담배의 니코틴 함량은 정규분포를 이루고 있으며, 분산을 알고 있는 경우이므로 정규분포를 따르므로 모집단 $X \sim N(0.5, 0.04)$이다. 또한, 표본을 36개 추출한 표본평균 $\overline{X}$는 $\overline{X} \sim N\left(0.5, \frac{0.04}{36}\right)$을 따르며, $\overline{X} = 0.58$이고, 표본 표준편차는 0.333이다.

따라서 담배 제조회사의 주장이 타당한가를 유의수준 5%로 검정하는 문제이므로

첫째, 귀무가설과 대립가설의 설정

귀무가설(H_0) : $\mu = 0.5$

대립가설(H_1) : $\mu \neq 0.5$

둘째, 검정통계량의 선정 : 어떤 분포를 따르는지 파악

가정에서 모집단이 정규분포를 따르므로 $X \sim N(\mu, \sigma^2)$이고,

표본평균의 분포는 $\overline{X} \sim N(\mu, \frac{\sigma^2}{n})$이므로 Z 분포를 따른다.

셋째, 유의수준 α의 선택 : $\alpha = 0.05$

넷째, 임계값 또는 기각 영역의 결정

$Z_{\frac{\alpha}{2}} = Z_{0.025} = 1.96$ [귀무가설 채택 영역 : $-1.96 < Z < 1.96$]

다섯째, 표본으로부터의 자료를 바탕으로 검정통계량을 구한다.

주어진 문제로부터 $\mu = 0.5$, $\overline{X} = 0.58$, 표본 표준편차는 0.333이므로 Z값은 다음과 같다.

$$Z = \frac{\overline{X} - \mu}{\frac{\sigma}{\sqrt{n}}} = \frac{0.58 - 0.5}{0.33} = \frac{0.08}{0.33} = 2.4$$

〈검정 결과〉

양측검정을 통하여 확인한 결과 검정통계량 $Z = 2.4$는 귀무가설 채택 영역에 포함되지 않으므로 귀무가설을 기각하고 대립가설을 채택한다.

그러므로 담배 제조회사의 주장은 타당하지 않은 것으로 나타났다.

9-2. 졸업생의 토익 평균 점수가 800점 이상이며, 표준편차가 12.5점인 정규분포를 따른다고 하므로 $X \sim N(800, 12.5^2)$이다.

또한, 표본을 36개 추출한 표본평균 $\overline{X}$는 $\overline{X} \sim N\left(800, \frac{12.5^2}{36}\right)$을 따르며, $\overline{X} = 796$이고, 표본 표준편차는 2.08이다.

따라서 이 대학의 주장이 타당한가를 유의수준 5%로 검정하는 문제이므로

첫째, 귀무가설과 대립가설의 설정

귀무가설(H_0) : $\mu \geq 800$

대립가설(H_1) : $\mu < 800$

둘째, 검정통계량의 선정 : 어떤 분포를 따르는지 파악

가정에서 모집단이 정규분포를 따르므로 $X \sim N(\mu, \sigma^2)$이고,

표본평균의 분포는 $\overline{X} \sim N(\mu, \frac{\sigma^2}{n})$이므로 Z 분포를 따른다.

셋째, 유의수준 α의 선택 : $\alpha = 0.05$

넷째, 임계값 또는 기각 영역의 결정

$Z_\alpha = Z_{0.05} = -1.645$ [귀무가설 채택 영역 : $-1.645 < Z$]

다섯째, 표본으로부터의 자료를 바탕으로 검정통계량을 구한다.

주어진 문제로부터 $\mu = 800$, $\overline{X} = 796$, 표본 표준편차는 2.08이므로 Z값은 다음과 같다.

$$Z = \frac{\overline{X} - \mu}{\frac{\sigma}{\sqrt{n}}} = \frac{800 - 796}{2.08} = \frac{4}{2.08} = 1.92$$

〈검정 결과〉

단측검정의 결과 검정통계량 $Z = 1.92$는 귀무가설 채택 영역에 포함되므로 귀무가설을 채택한다.

그러므로 이 대학의 주장은 타당한 것으로 나타났다.

9-3. 햄버거 하나당 나트륨의 양이 평균 995mg 이하이며, 표준편차가 10.5mg인 정규분포를 이루고 있으므로 $X \sim N(995, 10.5^2)$이다.

또한, 표본을 36개 추출한 표본평균 $\overline{X}$는 $\overline{X} \sim N\left(995, \dfrac{10.5^2}{36}\right)$을 따르며, $\overline{X} = 999$이고, 표본 표준편차는 1.75이다.

따라서 햄버거 회사의 주장이 타당한가를 유의수준 3%로 검정하는 문제이므로

첫째, 귀무가설과 대립가설의 설정

귀무가설(H_0) : $\mu \leq 995$

대립가설(H_1) : $\mu > 995$

둘째, 검정통계량의 선정 : 어떤 분포를 따르는지 파악

가정에서 모집단이 정규분포를 따르므로 $X \sim N(\mu, \sigma^2)$이고,

표본평균의 분포는 $\overline{X} \sim N(\mu, \dfrac{\sigma^2}{n})$이므로 Z 분포를 따른다.

셋째, 유의수준 α의 선택 : $\alpha = 0.03$

넷째, 임계값 또는 기각 영)의 결정

$Z_\alpha = Z_{0.97} = 1.88$ [귀무가설 채택 영역 : $1.88 < Z$]

다섯째, 표본으로부터의 자료를 바탕으로 검정통계량을 구한다.

주어진 문제로부터 $\mu = 995$, $\overline{X} = 999$, 표본 표준편차는 1.75이므로 Z값은 다음과 같다.

$$Z = \frac{\overline{X} - \mu}{\dfrac{\sigma}{\sqrt{n}}} = \frac{995 - 999}{1.75} = \frac{-4}{1.75} = -2.29$$

〈검정 결과〉

단측검정 결과 검정통계량 $Z = -2.29$는 귀무가설 채택 영역에 포함되므로 귀무가설을 채택한다.

그러므로 햄버거 회사의 주장은 타당한 것으로 나타났다.

9-4. 첫째, 귀무가설과 대립가설의 설정

귀무가설(H_0) : $\mu \geq 600$

대립가설(H_1) : $\mu < 600$

둘째, 검정통계량의 선정 : 어떤 분포를 따르는지 파악

가정에서 모집단이 정규분포를 따르므로 $X \sim N(\mu, \sigma^2)$이지만 σ^2을 모르므로, 표본평균의 분포는 $\overline{X} \sim t(9)$이므로 T 분포를 따른다.

셋째, 유의수준 α의 선택 : $\alpha = 0.05$

넷째, 임계값 또는 기각 영역의 결정

유의수준 $\alpha = 0.05(5\%)$ 검정이고, 자유도가 9인 t값은 EXCEL T.INV를 이용하면 $T_\alpha = T_{0.05} = -1.83$이므로 채택 영역을 설정하면 다음과 같다.

귀무가설 채택 영역 : $-1.83 < Z$

다섯째, 표본으로부터의 자료를 바탕으로 검정통계량은 다음과 같다.

주어진 자료에서 $\mu = 600$, $\overline{X} = 599.7$, $n = 10$, $S = 9.79$이므로

$$t = \frac{\overline{X} - \mu}{\frac{S}{\sqrt{n}}} = \frac{599.7 - 600}{\frac{9.79}{\sqrt{10}}} = -\frac{0.3}{3.09} \fallingdotseq -0.1 \text{이다.}$$

〈검정 결과〉

단측검정 결과 검정통계량 $t = -0.1$는 귀무가설 채택 영역에 포함되므로 귀무가설이 채택된다.

따라서 이 기업의 주장하는 내용은 사실이다.

9-5. 먼저 가설을 세운다.

귀무가설(H_0) : $p = 0.1$

대립가설(H_1) : $p \neq 0.1$

둘째, 검정통계량의 선정 : $X \sim B(n, p)$이므로 $\hat{p} \sim N(p, \frac{pq}{n})$이고, $n = 100$

이므로 Z 분포로 근사한다.

셋째, 유의수준 α의 선택 : $\alpha = 0.10$

넷째, 임계값 또는 기각 영역의 결정

$Z_{\frac{\alpha}{2}} = Z_{0.05} = -1.645$ [귀무가설 채택 영역 : $-1.645 < Z < 1.645$]

다섯째, 표본으로부터의 자료를 바탕으로 검정통계량을 구한다.

주어진 문제로부터 $p = 0.1$, $\hat{p} = 0.12$ 이므로

$$Z = \frac{\hat{p} - p}{\sqrt{\frac{pq}{n}}} = \frac{0.12 - 0.1}{\sqrt{\frac{0.1 \times 0.9}{100}}} = \frac{0.02}{\frac{0.3}{10}} = \frac{2}{3} = 0.67$$

〈검정 결과〉

검정통계량 $Z = 0.67$이므로 귀무가설 채택 영역에 포함되므로 귀무가설이 채택되어, 이 학과의 대학원 진학률이 전국 수준보다 높다고 할 수 없다는 결론에 이른다.

9-6. 검정하는 단계는 가설을 설정한 후, 표본의 크기가 작은 경우에는 먼저 F-검정을 통하여 두 집단의 분산이 같은지(등 분산) 또는 다른지(이 분산)를 확인한 후, 등 분산 T-검정 또는 이 분산 T-검정을 통하여 확인하여야 한다.

1단계 : 가설 설정

귀무가설 $H_0: \mu_1 = \mu_2$

대립가설 $H_1: \mu_1 \neq \mu_2$

2단계 : 가설 설정(F-검정: 두 집단의 분산이 같은지(등 분산) 또는 다른지 (이 분산)를 확인)

귀무가설 $H_0: \sigma_1^2 = \sigma_2^2$

대립가설 $H_1: \sigma_1^2 \neq \sigma_2^2$

3단계 : EXCEL/데이터/데이터분석/F-검정/확인 클릭

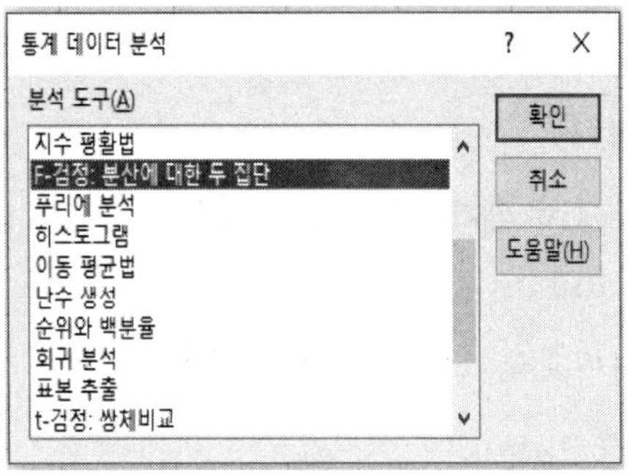

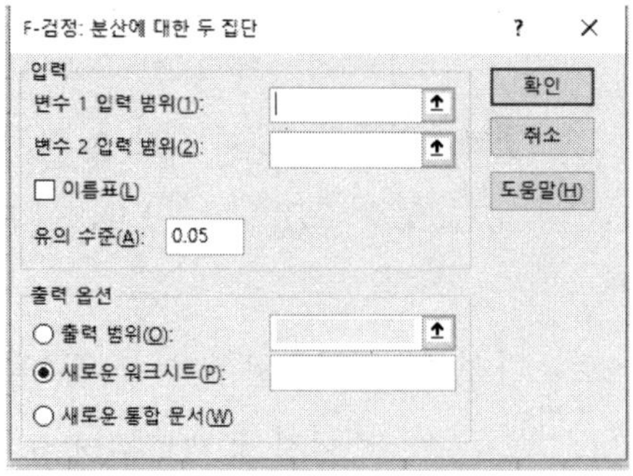

3단계 : F-검정 : 분산에 대한 두 집단 자료입력

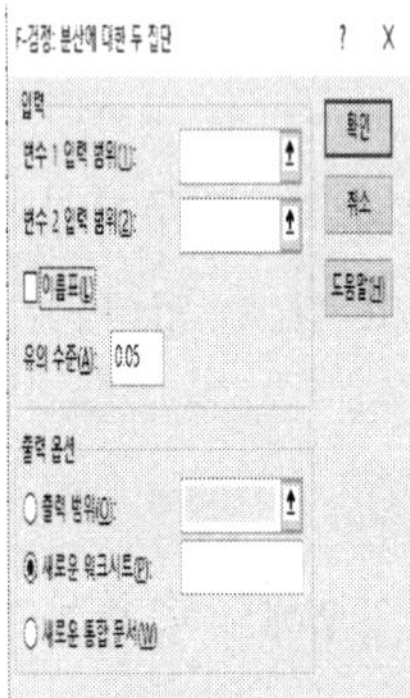

대화상자	의미와 입력값
변수 1 입력범위	내부 전체 자료 드래그
변수 2 입력범위	외부 전체 자료 드래그
이름표	변수의 입력 범위에 제목이 포함되면 체크(∨) 변수의 입력 범위에 제목이 포함되지 않으면 체크 X
유의수준	0.05(기본) 만약 문제에서 유의수준 3%인 경우, 0.03으로 변경
출력범위	결과를 출력할 셀(또는 시트)의 위치

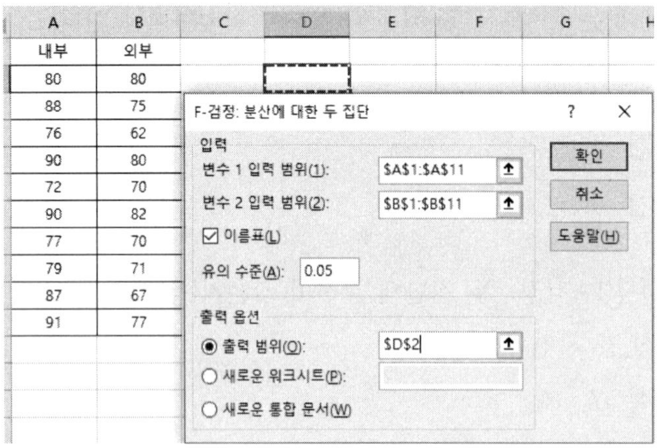

4단계 : F-검정(: 분산에 대한 두 집단) 확인/결과

F-검정: 분산에 대한 두 집단

	내부	외부
평균	83	73.4
분산	48.22	41.82
관측수	10	10
자유도	9	9
F 비	1.153	
P(F<=f) 단측	0.418	
F 기각치: 단측	3.179	

결과 분석

내부 : 평균 83, 자유도 9

분산 48.22

외부 : 평균 73.4, 자유도 9

분산 41.82

검정 결과 : 단측검정의 P값이 0.418로 유의수준 0.05보다 크므로 귀무가설을 채택하고 대립가설을 기각

5단계 : 검정 결과

결론적으로 내부와 외부의 분산이 유의수준 5%에서 같은 것으로 나타났다. 그러므로 주어진 가설은 등 분산 T-검정을 통하여 확인하여야 한다.

6단계 : EXCEL/데이터/데이터분석/등 분산 T-검정/확인 클릭

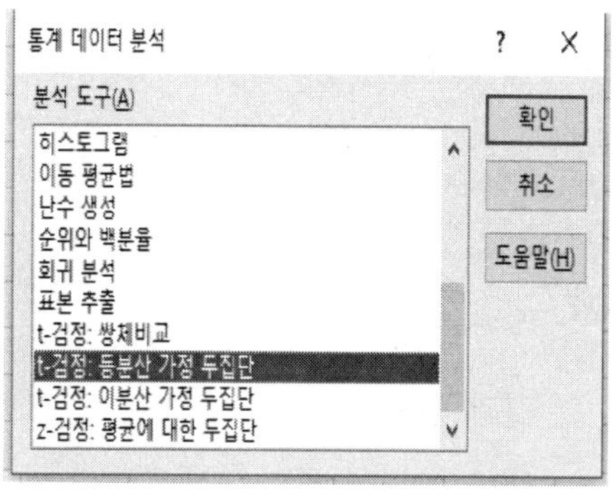

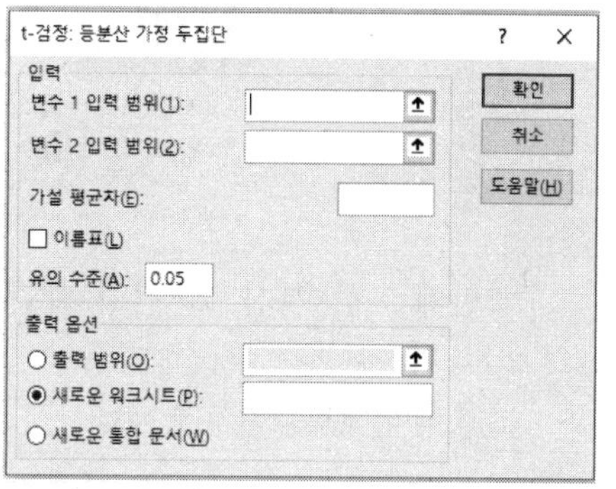

7단계 : 등 분산 T-검정을 위한 두 집단 자료입력

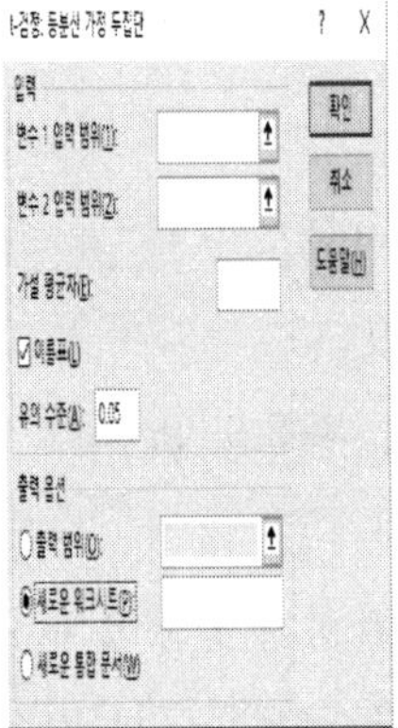

대화상자	의미와 입력값
변수 1 입력 범위	내부 전체 자료 드래그
변수 2 입력 범위	외부 전체 자료 드래그
가설 평균차	귀무가설의 평균차 0
이름표	변수의 입력 범위에 제목이 포함되면 체크(∨) 변수의 입력 범위에 제목이 포함되지 않으면 체크 X
유의수준	0.05(기본) 만약 문제에서 유의수준 3%인 경우, 0.03으로 변경
출력 범위	결과를 출력할 셀(또는 시트)의 위치

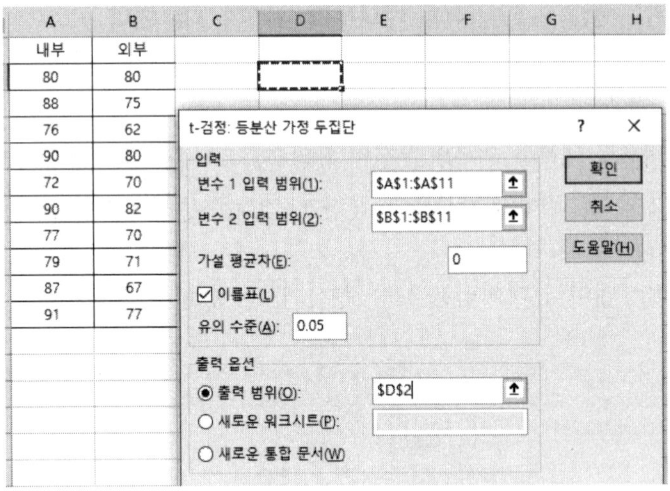

8단계 : 등 분산 T-검정 확인/결과

t-검정: 등분산 가정 두 집단

	내부	외부
평균	83	73.4
분산	48.22222	41.82222
관측수	10	10
공동(Pooled) 분	45.02222	
가설 평균차	0	
자유도	18	
t 통계량	3.19921	
P(T<=t) 단측 검	0.002486	
t 기각치 단측 검	1.734064	
P(T<=t) 양측 검	0.004971	
t 기각치 양측 검	2.100922	

결과 분석

내부 : 평균 83, 분산 48.22

외부 : 평균 73.4, 분산 41.82

검정 결과 : 양측검정의 P값이 0.111로 유의수준 0.05보다 크므로 귀무가설을 채택하고 대립가설을 기각

〈검정 결과〉

결론적으로 귀무가설을 채택하고 대립가설을 기각하므로 A 학과와 B 학과의 평균 토익점수에 차이가 없는 것으로 나타났다.

9-7. 검정하는 단계는 가설을 설정한 후, 쌍체비교 T-검정을 통하여 확인하여야 한다. 쌍체비교는 교차로의 신호 체계를 교체하기 전 평균 자동차 사고 건수를 μ_1, 교차로의 신호 체계를 교체한 후 평균 자동차 사고 건수를 μ_2라 하고, $\mu_1 - \mu_2 = d$ 라 할 때,

1단계 : 가설 설정

귀무가설 $H_0 : \mu_1 = \mu_2 \quad \Rightarrow \; d = 0$

대립가설 $H_1 : \mu_1 \neq \mu_2 \quad \Rightarrow \; d \neq 0$

2단계 : EXCEL/데이터/데이터분석/t-검정 쌍체비교/확인 클릭

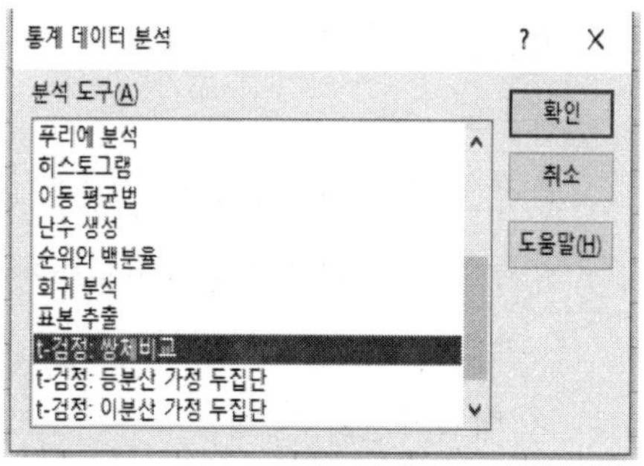

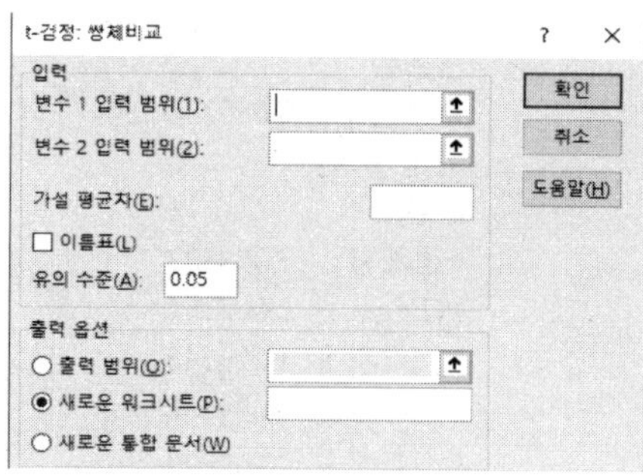

3단계 : EXCEL/데이터/데이터분석/t-검정 쌍체비교/확인 클릭

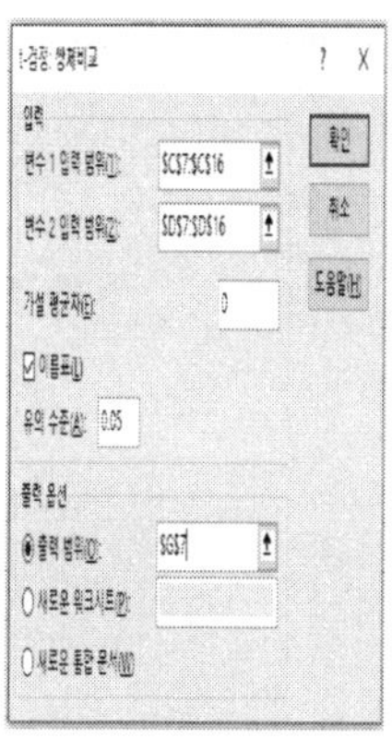

대화상자	의미와 입력값
변수 1 입력 범위	시행 전 체중 전체 자료 드래그
변수 2 입력 범위	시행 후 체중 전체 자료 드래그
가설 평균차	귀무가설의 평균차 0
이름표	변수의 입력 범위에 제목이 포함되면 체크(∨) 변수의 입력 범위에 제목이 포함되지 않으면 체크 X
유의수준	0.05(기본) 만약 문제에서 유의수준 3%인 경우, 0.03으로 변경
출력 범위	결과를 출력할 셀(또는 시트)의 위치

4단계 : t-검정 쌍체비교/결과

t-검정: 쌍체 비교		
	교체 전	교체 후
평균	8.444444	6.444444
분산	7.277778	3.527778
관측수	9	9
피어슨 상관	0.696228	
가설 평균차	0	
자유도	8	
t 통계량	3.098387	
P(T<=t) 단	0.007351	
t 기각치 단	1.859548	
P(T<=t) 양	0.014702	
t 기각치 양	2.306004	

결과 분석

교체 전 : 평균 8.4, 분산 7.27

교체 후 : 평균 6.4, 분산 3.52

피어슨 상관 계수 : 0.69

자유도 : 8

검정 결과 : 단측검정의 P값이 0.007, 양측검정의 P값이 0.015로 유의수준 0.05보다 작으므로 귀무가설을 기각하고 대립가설을 채택

5단계 : 검정 결과

결론적으로 경찰청에서 교차로의 신호 체계를 교체한 후의 평균 자동차 사고에 차이가 있는 것으로 나타났다.

제10장 연습문제 풀이

10-1. (1) EXCEL/데이터/데이터분석/반복 없는 이원 배치/확인

	A	B	C	D	E
1	번호	유 형 성			
2		[illegible]	[illegible]	[illegible]	[illegible]
3	1	4	5	5	4
4	2	4	5	5	4
5	3	4	5	4	4
6	4	5	5	5	5
7	5	4	5	5	5
8	6	5	5	5	4
9	7	4	5	4	5
10	8	4	5	5	5
11	9	4	5	4	5
12	10	5	5	5	5
13	11	5	5	5	5
14	12	4	4	3	4
15	13	3	5	3	4
16	14	5	5	4	3
17	15	4	4	3	4
18	16	4	5	4	5
19	17	5	5	5	5
20	18	5	5	4	4
21	19	5	5	3	4
22	20	5	5	3	4
23	21	5	5	4	5
24	22	4	4	3	5
25	23	5	5	3	5
26	24	3	3	2	3
27	25	4	4	4	4
28	26	4	5	3	4
29	27	4	5	4	5

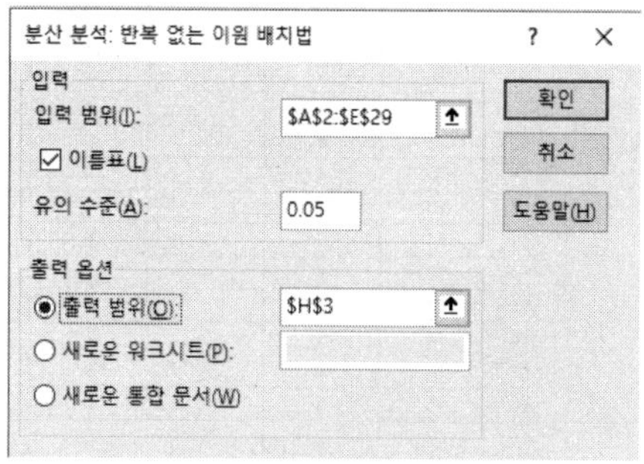

분산 분석						
변동의 요인	제곱합	자유도	제곱 평균	F 비	P-값	F 기각치
인자 A(행)	26.18519	26	1.007123	3.576728	7.13E-06	1.638019
인자 B(열)	9.037037	3	3.012346	10.69815	5.75E-06	2.721783
잔차	21.96296	78	0.281576			
계	57.18519	107				

따라서 크롬바흐 α는 $\alpha = 1 - \dfrac{0.28}{1.007} = 0.72$이므로 신뢰도는 매우 높은 것으로 나타남.

(2) 유형성 문항별 평균이 같은지 유의수준 5%에서 검정하는 문제는 ANOVA 분석이므로

1단계 : 가설을 설정하여야 한다.

귀무가설 H_0 : $\mu_1 = \mu_2 = \mu_3 = \mu_4$

대립가설 H_1 : $\mu_1, \mu_2, \mu_3, \mu_4$ 중 적어도 어느 하나의 평균은 다르다.

2단계 : EXCEL/데이터/데이터 분석/일원 배치/확인

	A	B	C	D	E
1	번호	유 형 성			
2		및 교육을 위한 회	수, 냉난방, 화장실	부 인테리어는 디	4. 우리 회원의 각종 시설과 장비는
3	1	4	5	5	4
4	2	4	5	5	4
5	3	4	5	4	4
6	4	5	5	5	5
7	5	4	5	5	5
8	6	5	5	5	4
9	7	4	5	4	5
10	8	4	5	5	5
11	9	4	5	4	5
12	10	5	5	5	5
13	11	5	5	5	5
14	12	4	4	3	4
15	13	3	5	3	4
16	14	5	5	4	3
17	15	4	4	3	4
18	16	4	5	4	5
19	17	5	5	5	5
20	18	5	5	4	4
21	19	5	5	3	4
22	20	5	5	3	4
23	21	5	5	4	5
24	22	4	4	3	5
25	23	5	5	3	5
26	24	3	3	2	3
27	25	4	4	4	4
28	26	4	5	3	4
29	27	4	5	4	5

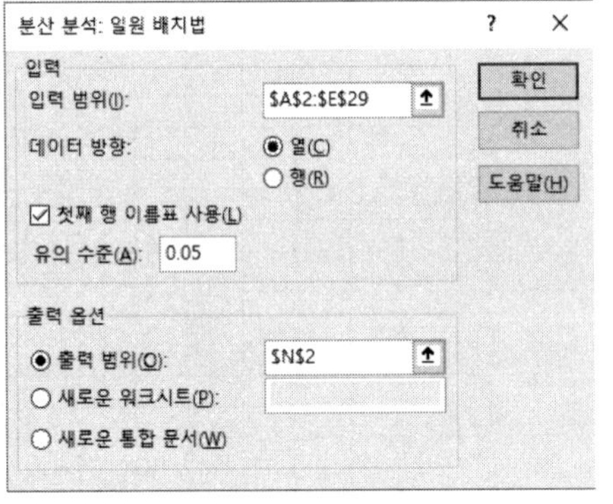

3단계 : 분산분석 : 일원배치법 /결과

분산 분석						
변동의 요인	제곱합	자유도	제곱 평균	F 비	P-값	F 기각치
처리	2012	4	503	38.7807	2.45E-21	2.44135
잔차	1686.148	130	12.97037			
계	3698.148	134				

4단계 : 검정 결과

결론적으로 $p = 2.45E-21$로 유의수준 0.05보다 작으므로 귀무가설을 버리고 대립가설을 채택한다. 따라서 유형성에 따른 만족도의 평균은 적어도 어느 하나가 다른 것으로 나타났다.

10-2. 농가에서 생산되고 있는 채소류의 평균 가격이 같은지 유의수준 5%에서 검정하는 문제는 ANOVA 분석이므로

1단계 : 가설을 설정하여야 한다.

귀무가설 H_0 : $\mu_1 = \mu_2 = \mu_3$

대립가설 H_1 : μ_1, μ_2, μ_{3_4} 중 적어도 어느 하나의 평균은 다르다.

	A	B	C	D
1		채소 1	채소 2	채소 3
2	1	15.5	13.7	13.9
3	2	13.6	16.8	14.9
4	3	13.8	13.8	16.2

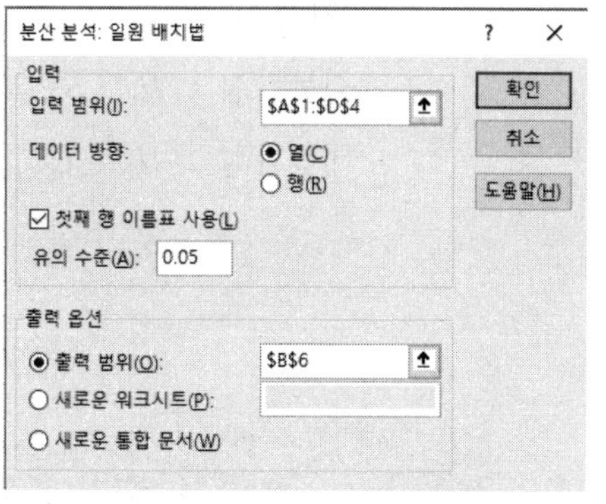

2단계 : EXCEL/데이터/데이터 분석/일원 배치/확인

3단계 : 분산분석 : 일원배치법/결과

분산 분석						
변동의 요인	제곱합	자유도	제곱 평균	F 비	P-값	F 기각치
처리	363.03	3	121.01	74.20133	3.51E-06	4.066181
잔차	13.04667	8	1.630833			
계	376.0767	11				

4단계 : 검정 결과

결론적으로 $p = 3.51E - 21$로 유의수준 0.05보다 작으므로 귀무가설을 버리고 대립가설을 채택한다. 따라서 채소류 가격의 평균은 적어도 어느 하나가 다른 것으로 나타났다.

10-3. 농가에서 생산되고 있는 채소류가 지역별로 채소별로 평균 가격이 같은지 유의수준 5%에서 검정하는 문제는 ANOVA 분석(반복 없는 이원 배치)이므로

1단계 : 가설을 설정하여야 한다. (2개)

〈가설 1〉

귀무가설 : $H_0 : \mu_1 = \mu_2 = \mu_3$

(지역에 관계없이 채소값의 평균은 모두 같다)

대립가설 : $H_1 : \mu_1, \mu_2, \mu_3$ 중 적어도 어느 하나의 평균은 다르다.

〈가설 2〉

귀무가설 : $H_0 : \mu_{강원} = \mu_{충청} = \mu_{경상}$(지역별 평균은 모두 같다)

대립가설 : $H_1 : \mu_{강원}, \mu_{충청}, \mu_{경상}$

중 적어도 어느 하나의 평균은 다르다.

	A	B	C	D
1		채소 1	채소 2	채소 3
2	강원	13.5	13.7	13.6
3	충청	13.7	15.8	13.9
4	경상	14.1	15.3	16.2

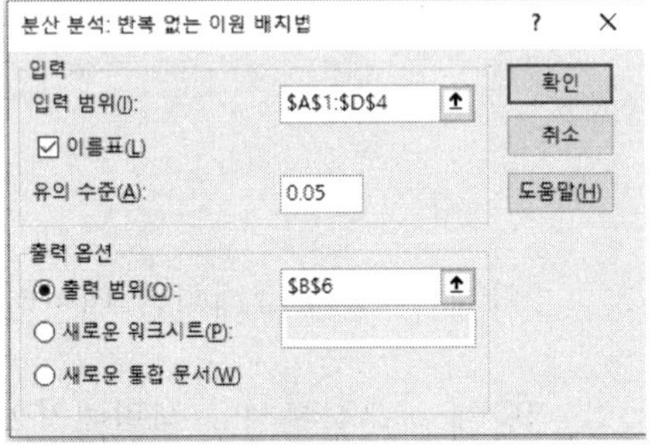

2단계 : EXCEL/데이터/데이터 분석/반복 없는 이원 배치/확인

3단계 : 분산분석 : 반복 없는 이원 배치법/결과

분산 분석						
변동의 요인	제곱합	자유도	제곱 평균	F 비	P-값	F 기각치
인자 A(행)	3.848889	2	1.924444	2.757962	0.176692	6.944272
인자 B(열)	2.135556	2	1.067778	1.530255	0.320958	6.944272
잔차	2.791111	4	0.697778			
계	8.775556	8				

4단계 : 검정 결과

결론적으로 인자 A와 인지 B의 p값이 $p = 0.18$과 $p = 0.32$로 유의수준 0.05보다 크므로 귀무가설을 채택한다. 따라서 지역별 채소별 가격의 평균은 모두 같은 것으로 나타났다.

10-4. 농가에서 생산되고 있는 채소류가 지역별로 채소별로 평균 가격이 같은지 유의수준 5%에서 검정하는 문제는 ANOVA 분석(반복 있는 이원 배치)이므로 교호작용까지 검토해야 하므로

1단계 : 가설을 설정하여야 한다. (3개)

〈가설 1〉

귀무가설 : $H_0 : \mu_1 = \mu_2 = \mu_3$

(지역에 관계없이 채소값의 평균은 모두 같다)

대립가설 : $H_1 : \mu_1, \mu_2, \mu_3$ 중 적어도 어느 하나의 평균은 다르다.

〈가설 2〉

귀무가설 : $H_0 : \mu_{강원} = \mu_{충청} = \mu_{경상}$(지역별 평균은 모두 같다)

대립가설 : $H_1 : \mu_{강원}, \mu_{충청}, \mu_{경상}$

중 적어도 어느 하나의 평균은 다르다.

〈가설 3〉

귀무가설 : H_0 : 모든 $(\alpha\beta)_{ij}$는 같다.

대립가설 : H_1 : $(\alpha\beta)_{ij}$ 중 적어도 하나는 나머지와 다르다.

	A	B	C	D
1		채소 1	채소 2	채소 3
2	강원	12.9	13.7	14.1
3		13.3	13.6	13.5
4		13.5	13.7	13.6
5	충청	13.7	15.8	13.9
6		14.1	15.3	16.2
7		15.5	13.7	13.9
8	경상	13.6	16.8	14.9
9		13.8	13.8	16.2
10		14.1	15.3	14.3

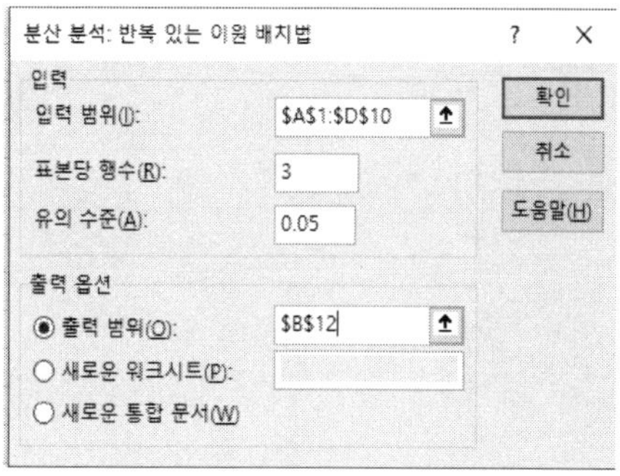

2단계 : EXCEL/데이터/데이터 분석/반복 있는 이원 배치/확인

3단계 : 분산분석 : 반복 있는 이원 배치법/결과

분산 분석						
변동의 요인	제곱합	자유도	제곱 평균	F 비	P-값	F 기각치
인자 A(행)	8.271852	2	4.135926	5.087472	0.017729	3.554557
인자 B(열)	3.342963	2	1.671481	2.056036	0.156959	3.554557
교호작용	1.343704	4	0.335926	0.413212	0.796847	2.927744
잔차	14.63333	18	0.812963			
계	27.59185	26				

4단계 : 검정 결과

결론적으로 인자 A는 p값이 $p=0.018$로 유의수준 0.05보다 작으므로 귀무가설을 버리고, 대립가설을 채택한다. 따라서 채소별 가격의 평균은 적어도 어느 하나가 다른 것으로 나타났지만, 인자 B와 인지 C의 p값이 $p=0.16$과 $p=0.79$로 유의수준 0.05보다 크므로 귀무가설을 채택한다. 따라서 지역별 채소 가격의 평균은 모두 같으며, 교호작용은 없는 것으로 나타났다.

나만 모르는 통계학 with EXCEL

인쇄 | 2024년 3월 2일
발행 | 2024년 3월 5일

지은이 | 남상복 · 이영훈

펴낸이 | 조승식
펴낸곳 | (주)도서출판 북스힐

등 록 | 1998년 7월 28일 제22-457호
주 소 | 서울시 강북구 한천로 153길 17
전 화 | (02) 994-0071
팩 스 | (02) 994-0073

홈페이지 | www.bookshill.com
이메일 | bookshill@bookshill.com

정가 28,000원

ISBN 979-11-5971-584-6

Published by bookshill, Inc. Printed in Korea.